Java高并发与集合框架

JCF和JUC源码分析与实现

银文杰 / 著

電子工業出版社
Publishing House of Electronics Industry
北京•BEIJING

内 容 简 介

本书主要对 Java 集合框架（JCF）和 Java 并发工具包（JUC）进行介绍，包括它们的适用场景、使用方法、技术理论和运行原理。为了让读者能够轻松阅读本书，本书中所有内容都采用由浅入深的方式进行介绍，先保证读者会用这些技术，再介绍这些技术的运行原理。

本书分为 3 部分，第 1 部分为 Java 编程入门知识，方便初学者对 JCF 相关知识进行查漏补缺，第 2 部分和第 3 部分对基础知识有一定的要求，适合有一些 Java 编程基础的技术人员阅读。

图书在版编目（CIP）数据

Java 高并发与集合框架：JCF 和 JUC 源码分析与实现 / 银文杰著. —北京：电子工业出版社，2022.1

ISBN 978-7-121-42265-2

Ⅰ. ①J… Ⅱ. ①银… Ⅲ. ①JAVA 语言－程序设计Ⅳ. ①TP312.8

中国版本图书馆 CIP 数据核字（2021）第 225936 号

责任编辑：付　睿　　　　特约编辑：田学清
印　　刷：三河市良远印务有限公司
装　　订：三河市良远印务有限公司
出版发行：电子工业出版社
　　　　　北京市海淀区万寿路 173 信箱　　邮编：100036
开　　本：787×980　1/16　印张：30　字数：720 千字
版　　次：2022 年 1 月第 1 版
印　　次：2022 年 1 月第 1 次印刷
定　　价：119.00 元

凡所购买电子工业出版社图书有缺损问题，请向购买书店调换。若书店售缺，请与本社发行部联系，联系及邮购电话：（010）88254888，88258888。

质量投诉请发邮件至 zlts@phei.com.cn，盗版侵权举报请发邮件到 dbqq@phei. com.cn。

本书咨询联系方式：（010）51260888-819，faq@phei.com.cn。

前言

1. 写在开篇

为什么撰写本书

笔者一直在信息系统建设的一线工作，承担过多种不同的工作职责。在工作中，笔者经常和掌握不同技术的朋友讨论具体问题的解决方案，发现在 Java 体系中，大家使用最多的是 Java 集合框架（JCF）和 Java 并发工具包（JUC）。实际上，JCF 和 JUC 已经能够覆盖笔者及朋友们工作中遇到的超过 8 成的应用场景，但是大家往往无法快速匹配最合适的技术方案。此外，在 JCF 和 JUC 中存在大量可以在实际工作中借鉴的设计方案，虽然网络上有一些零散的关于集合的介绍，但深入讲解其工作原理的内容并不多，甚至有一些资料存在质量问题。

笔者“撸码”近 17 年，庆幸头未秃、智未衰。于是笔者在 1 年前产生了这样的想法，希望将自己在实际工作中梳理、总结的 JCF、JUC 的相关知识成体系地介绍给大家，也希望将自己在阅读 JDK 源码（包括 JCF、JUC、I/O、NET 等模块）后总结和思考的可用于实际工作的技术手段成体系地分享给大家。

有了想法，便着手行动，经过大半年的整理、撰写、调整，终成本书。因个人水平有限，书中难免有错误和疏漏之处，希望各位读者能诚意指出、不吝赐教。此外，各位读者可以直接通过笔者的邮箱 yin-wen-jie@163.com 联系笔者本人。

关于本书选择的 JDK 版本

由于 JDK 版本迭代速度较快，本书的整理和撰写又需要一个较长的时间，并且书中内容包括大量源码分析和讲解，因此本书首先要解决的问题，就是选定一个本书进行源码讲解和分析所依据的 JDK 版本。

这个问题需要从 JDK 版本的更新特点、大家使用 JDK 版本的习惯和撰写本书的目的来考虑，目前大家在实际工作中使用最多的版本是 JDK 1.8 和 JDK 11，并且出于对 Oracle 商业运作的考虑，JDK 11 之后的升级版本已不再免费提供，因此大家在生产环境中一般使用 Open JDK 作为运行环境。同样出于对 Oracle 商业运作的考虑，JDK 版本的发布周期固定为每半年发布一个大版本、每 3 年发布一个 LTS/LMS 版本（长期支持版本），截至 2021 年 4 月，JDK 16 已经发布（JDK 16 是一个短期过渡版本），紧接着 2021 年 9 月，JDK 17 正式发布（这是一个 LTS/LMS 版本），这显然加大了读者学习和筛选 JDK 版本的工作量。

好消息是 Oracle 基本开源了所有已成熟的 JDK 版本，是否商业化运行并不会影响我们对这些 JDK 源码的学习（只要不用于商业用途），而且 JDK 版本的向下兼容性保证了读者在了解 JDK 的工作原理后，可以将其应用到自己正在使用的 JDK 版本上。此外，越新的 JDK 版本对关键数据结构、关键算法实现过程的优化越多，本书希望在讲解过程中，可以尽可能多地将这些有益的优化点介绍给读者。

在综合考虑各因素后，本书将 JDK 14 作为本书讲解源码依据的主要版本（在后续内容中，如果不特别说明，那么代码分析都是基于 JDK 14 进行的）。JDK 14 是在整理、编写本书时发布的版本。在该版本中，与本书主要内容有关的数据结构、核心算法、设计方案和之前的版本基本保持稳定和兼容，便于读者在常用的 JDK 1.8、JDK 11 中找到对应的实现位置。本书介绍的 JDK 14 中的源码内容是完全开源的，读者可以在 Oracle 官方网站直接下载这些源码。

本书的目标读者

本书前半部分可以作为 Java 编程的入门学习内容，也可以作为初学者进行 JCF 部分知识查漏补缺的参考资料；本书后半部分对基础知识有一定的要求，适合有一些 Java 编程基础的程序员阅读。此外，本书可以作为程序员对 JCF 部分和 JUC 部分知识结构进行梳理的参考用书。

2. 本书约定

1）关于源码注释及代码格式。

本书中有大量基于 JDK 14 的源码片段。笔者会对这些源码片段逐段说明、逐条分析，读者不用担心无法读懂这些源码。此外，大部分章节在对源码进行分析后，会使用图文方式对源码中的重要知识点进行归纳和总结。

引用大量的源码会占用篇幅。为了尽可能节约纸张，本书中的示例代码没有遵循 Java 官方推荐的注释规范和代码格式规范，本书会对代码和注释进行格式压缩。本书主要采用以下两种格式压缩方式。

- 采用单行注释代替多行注释。

Java 官方推荐的多行注释方式采用的是“/***/”，如下所示。

```
/**
 * Creates a new, empty map with an initial table size
 * accommodating the specified number of elements without the need
 * to dynamically resize.
 *
 * @throws IllegalArgumentException if the initial capacity of
 * elements is negative
 */
```

这种注释方式非常清晰且容易阅读，但是占用了过长的篇幅，所以本书会将上述注释转换为单行注释，如下所示。

```
// Basic hash bin node, used for most entries.
// (See below for TreeNode subclass, and in LinkedHashMap for its Entry
// subclass.)
```

- 采用压缩格式替换单行代码块。

如果代码块中只有一行代码，那么 Java 允许省略代码块中的大括号“{}”。例如，在 if 语句的代码块中，如果只有一行执行代码，则可以采用如下方式进行书写。

```
if (c == 0)
   result = v;
```

但这种书写方式容易在排布紧凑的局部位置引起阅读障碍，所以针对源码中的这种简写方式，本书进行了简写还原和格式压缩。书中会恢复所有被简写的代码段落的大括号“{}”，从而方便对源码进行分析，并且将只有一行代码的代码块压缩成单行，如下所示。

```
if (s == elementData.length) {
   elementData = grow();
}
// 或者
if (s == elementData.length) { elementData = grow(); }
```

2）关于 JDK 版本的命名。

JDK 1.2～JDK 1.8 都采用 1.X 格式的小版本号，但是在 JDK 1.8 后，Oracle 改为采用大版本号对其进行命名，如 JDK 9、JDK 11 等。本书也会采用这种命名方式，但是由于各个版本功能存在差异，因此为了表达从某个 JDK 版本开始支持某种功能或特性，本书会采用“+”符号表示。例如，如果要表达从 JDK 1.8 开始支持某种特性，则用 JDK 1.8+表示；如果要表达从 JDK 11 开始支持某种特性，则用 JDK 11+表示。

3）其他约定。

- 关于 JVM 的称呼约定。

本书无意深入分析 JVM 的内部运行原理，也不会深入讨论 JVM 每个模块负责的具体工作。例如，本书不会分析 JIT（即时编译器）指令重排的细节，以及在什么情况下代码指令不会被编译执行，而会被解释执行。凡是涉及内部运行原理的内容，本书将其统称为 JVM 运行过程。此外，如果没有特别说明，那么本书提到的 JVM 都表示 HotSpot 版本的虚拟机。

- 关于方法的称呼约定。

由于 Java 中的方法涉及多态场景，因此本书需要保证对 Java 中方法的称呼不出现二义性。例如，java.lang.Object 类中的 wait()方法存在多态表达，代码如下。

```
wait() throws InterruptedException

wait(long timeoutMillis) throws InterruptedException

wait(long timeoutMillis, int nanos) throws InterruptedException
```

在不产生二义性的情况下，本书会直接采用“wait()方法”的描述方式。如果需要介绍多态场景中方法名相同、入参不同的方法表达的不同工作特性，那么不加区别就会造成二义性，这时本书会采用“wait()”“wait(long)”分别进行特定描述。

- 关于图表的约定。

本书主要采用图文方式对 Java 源码进行说明、分析和总结，由于客观限制，大量的插图只能采用黑白方式呈现，因此如果有需要，则会在插图后的正文中或插图右上角给出图例说明。

- 关于 System.out 对象的使用。

在实际工作中，推荐使用 slf4j-log4j 方式进行日志/控制台输出，但本书中的代码片段大量使用 System.out 对象进行控制台输出，这并不影响读者理解这些代码片段的逻辑，也有利于不同知识水平的读者将精力集中在理解核心思路上。

- 关于包简写的约定。

本书大部分内容涉及 Java 集合框架（JCF）和 Java 并发工具包（JUC），JCF 和 JUC 通常涉及较长的包路径。例如，在 JUC 中，封装后最终向程序员开放的原子性操作工具类位于 java.util.concurrent.atomic 包下。如果本书中每一个类的全称都携带这么长的包路径，那么显然是没必要的。为了节约篇幅，本书会使用包路径下每个路径点的首字母对包路径进行简写，如将“java.util.concurrent.atomic”包简写为 j.u.c.atomic 包。

- 关于集合、集合对象、队列的约定。

读者应该都已经知晓，对象是类的实例。本书将 JCF 中的具体类称为集合，将 JCF 中类的实例对象称为集合对象。队列是一种具有特定工作效果的集合，从继承结构上来说，本书会将 JCF 中实现了 java.util.Queue 接口的集合称为队列。这主要是为了表述方便，并不代表笔者认为集合、集合对象和队列在 JVM 工作原理层面上有任何差异。

3. 必要的前置知识

本书难度适中，但仍然需要读者对 Java 编程语言具备基本认知，这样才能通畅地阅读本书所有内容。这种基本认知与工作年限没有关系，属于只要是 Java 程序员就应该掌握的知识。

1）关于位运算的知识。

Java 支持基于二进制的位运算操作。在 Java 中，使用“>>”表示无符号位的右移运算，使用“>>>”表示有符号位的右移运算，使用“<<”表示无符号位的左移运算，使用“<<<”表示有符号位的左移运算。

在 Java 中，基于整数的位运算相当于整数的乘法运算或除法运算。如“x >> 1”表示将 x 除以 2，“x << 1”表示将 x 乘以 2。在 JCF 中，无论是哪个版本的 Java 源码，都会采用位运算来实现整数与 2 的乘法运算或除法运算。此外，读者需要知道如何对某个负整数进行二进制表达。在特定情况下，Java 使用与运算替换取余运算。例如，通过语句“x & 255”可实现取余运算，这句代码的意义为对 256 取余。

2）关于对象引用、引用传递和“相等”的知识。

Java 中有八种基础类型和类类型，可以使用引用的方式给类的对象赋值。在调用方法时，除八种基础类型的变量外，传递的都是对象引用（包括基于基础类型的数组对象）。

Java 中的“相等”有两种含义，一种是值相等，另一种是引用地址相等。值相等是由对象中的 equals()方法和 hashCode()方法配合实现的（如果两个对象的值相等，那么使用 equals()方法对这两个对象进行比较会返回 true，并且使用 hashCode()方法对这两个对象进行比较返回的 int 类型的值也必然相同）；引用地址相等是由两个对象（注意：不是基本类型数据）使用“==”运算符进行比较得到的。

本书虽然未涉及动态常量池、字符串常量池的相关知识，但需要读者知晓这些，否则无法理解类似于“String”的字符串对象或基础类型装箱后的对象关于“相等”的工作原理。

3）关于对象序列化和反序列化的知识。

Java 的序列化和反序列化过程主要是指由 java.io 包支持的将对象转换为字节序列并输出的过程和将字节序列转换为对象并输入的过程。JCF 中的大部分集合都对对象的序列化和反序列化过程进行了重新实现。其中要解决的问题有很多，包括提高各种集合在序列化和反序列化过程中的性能问题（这个很关键，因为集合中通常存储了大量数据），以及如何保证集合在不同 JDK 版本中进行反序列化时的兼容性问题。

本书不会专门讲解每一种集合在序列化和反序列化过程中的工作细节，以及如何解决上述问题，并且默认读者知晓 Java 中的对象可以使用 writeObject(ObjectOutputStream)方法和 readObject(ObjectInputStream)方法对序列化和反序列化过程进行干预。

4）关于线程的知识。

为了介绍在高并发场景中工作的集合，本书会先介绍 Java 并发工具包（JUC）中的相关知识点，所以读者需要知道 Java 中的基本线程使用方法，如如何创建和运行一个用户线程。

5）关于原子性操作的基础知识。

在阅读本书前，读者无须知道引起原子性操作问题的底层原因，但需要知道 Java 并不能保证所有场景中的原子性操作。例如，在多线程情况下，如果没有施加任何安全措施，那么 Java 无法保证类似于“i++”语句的原子性。

4. 本书的知识结构和脉络

由于 JCF 和 JUC 有非常庞大的知识体系，因此无法用有限的篇幅覆盖所有知识点。例如，本书并未讲解 JCF 中的每种集合对 fail-fast 机制的匹配设计，也没有讲解每种集合对对象序列化和反序列化的优化设计。此外，即使要讲解指定范围内的知识点，也需要有清晰的思路和知识脉络，从而帮助读者更好地理解。因此，在正式阅读本书内容前，需要了解本书内容的介绍路径。

首先，本书会介绍最基础的集合，它们都属于 JCF 的知识范畴，分别属于 List、Queue、Map 和 Set 性质的集合，并且与 JUC 不存在使用场景交集。在这一部分，本书会介绍这些集合的基本工作原理（这些集合的外在功能表现各不相同，但它们的内在数据结构具备共性），并且选择其中的重要集合及其数据结构来详细讲解。

然后，本书会向在高并发场景中工作的集合进行过渡，在这一部分，本书的内容难度有所提升，所以在正式介绍这些集合前，会先介绍与之有关的高并发知识。例如，在高并发场景中如何保证原子性、可见性和有序性，Java 中两种管程的工作原理和使用方法，Java 为什么需要通过自行实现的管程技术解决多线程问题。实际上，这些都是 JUC 的相关知识，如图 0-1 所示。

最后，本书会介绍在高并发场景中使用的集合，这些集合主要负责两类任务，一类任务是在高并发场景中正确完成数据的存储工作并为多个线程分享数据，另一类任务是在高并发场景中主导消费者线程（从集合中读取数据的线程）和生产者线程（向集合中写入数据的线程）之间的数据传输工作。这部分主要介绍 Queue/Deque 集合，以及它们是如何在保证线程安全性的前提下，利用各种设计技巧提高工作效率的。

根据本书的知识逻辑，读者会从 JCF 部分的知识脉络过渡到 JUC 部分的知识脉络，最后回到 JCF 本身，其中涉及的集合和数据结构如图 0-2 所示。需要注意的是，本书不会对图 0-2 中的所有集合和数据结构进行详细讲解，而是有选择地进行详细讲解。例如，HashMap

集合具有代表性，所以会对其进行详细讲解，然后在此基础上说明 LinkedHashMap 集合是如何对前者进行结构扩展的；对于 HashSet 集合，虽然该集合经常在工作中使用，但其工作原理依赖于 HashMap 集合，所以只会对其进行粗略讲解；为了让读者清晰理解那些适合工作在高并发场景中的集合是如何工作的，本书除了介绍 Java 中的两种管程技术、多线程中的三性问题等知识，还会详细介绍具有工作共性的数据结构（如堆、红黑树、数组、链表等），使读者能在高并发场景中结合数据结构进行思考和理解。

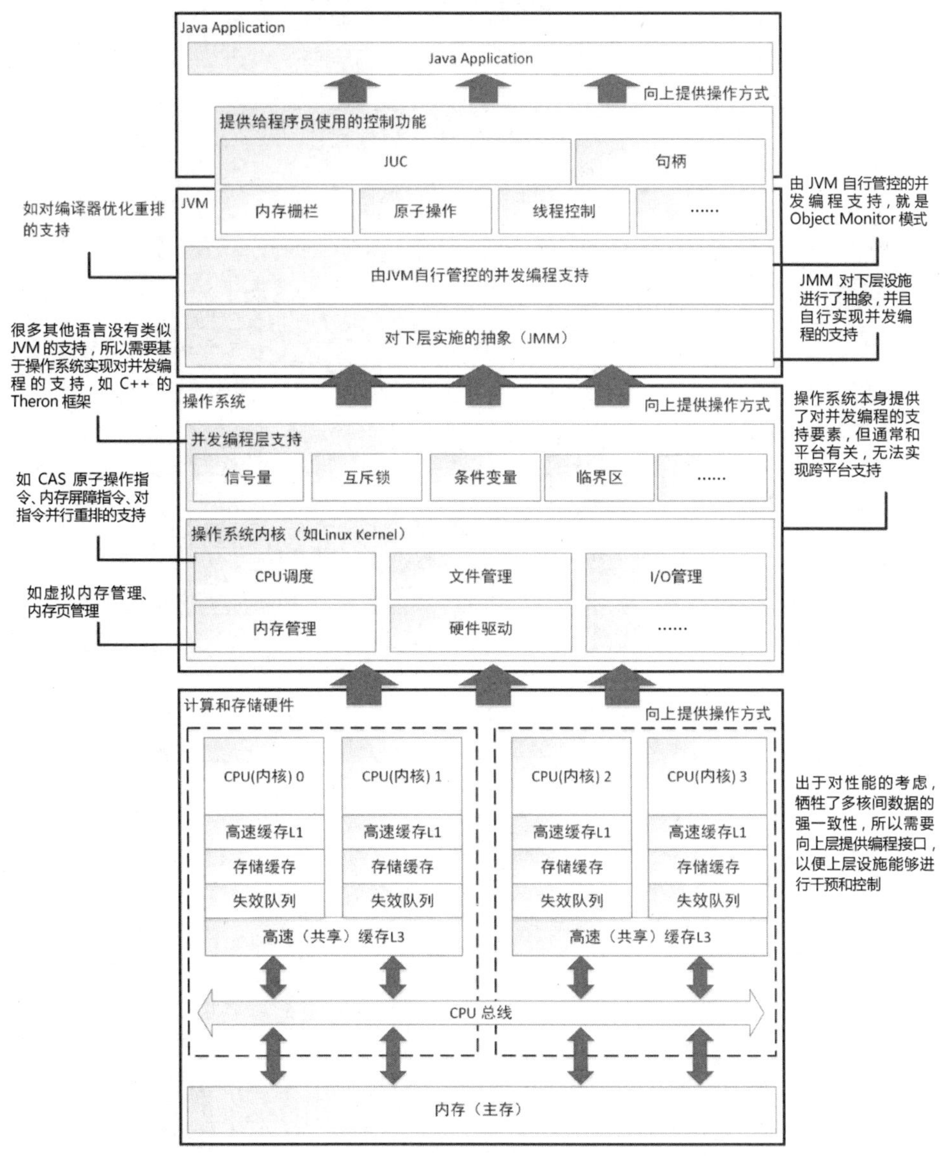

图 0-1

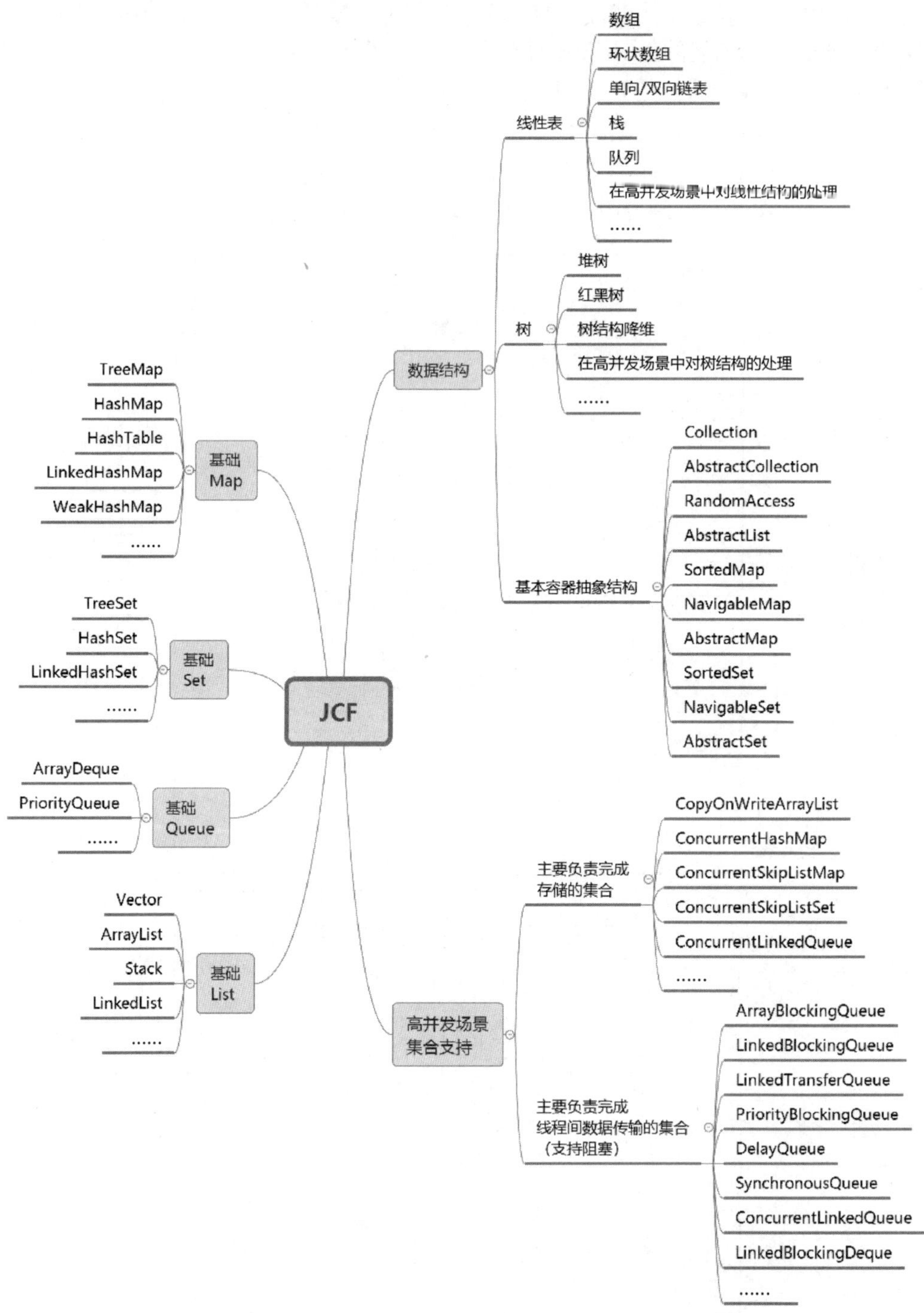
JCF
数据结构
线性表
数组
环状数组
单向/双向链表
栈
队列
在高并发场景中对线性结构的处理
……
树
堆树
红黑树
树结构降维
在高并发场景中对树结构的处理
……
基本容器抽象结构
Collection
AbstractCollection
RandomAccess
AbstractList
SortedMap
NavigableMap
AbstractMap
SortedSet
NavigableSet
AbstractSet
高并发场景集合支持
主要负责完成存储的集合
CopyOnWriteArrayList
ConcurrentHashMap
ConcurrentSkipListMap
ConcurrentSkipListSet
ConcurrentLinkedQueue
……
主要负责完成线程间数据传输的集合（支持阻塞）
ArrayBlockingQueue
LinkedBlockingQueue
LinkedTransferQueue
PriorityBlockingQueue
DelayQueue
SynchronousQueue
ConcurrentLinkedQueue
LinkedBlockingDeque
……
基础Map
TreeMap
HashMap
HashTable
LinkedHashMap
WeakHashMap
……
基础Set
TreeSet
HashSet
LinkedHashSet
……
基础Queue
ArrayDeque
PriorityQueue
……
基础List
Vector
ArrayList
Stack
LinkedList
……

图 0-2

目录

第 I 部分　Java 集合框架

Java 集合框架（Java Collection Framework，JCF）是 Java 标准平台（J2SE）的重要组成部分，也是 Java 程序员必须掌握的关键知识。从 Java 诞生之初，Java 集合框架就一直在改进、演化。目前，如果根据操作特性划分 Java 集合框架，则可以将其分成四大部分：List 集合（线性集合）、Set 集合（去重集合）、Queue 集合（队列集合）和 Map 集合（K-V 键值对集合）；如果根据工作场景特性划分 Java 集合框架，则可以将其分成支持高并发场景的集合和不支持高并发场景的集合；如果根据提供者划分 Java 集合框架，则可以将其分成原生集合和由第三方组织提供的集合，如图 I-1 所示。

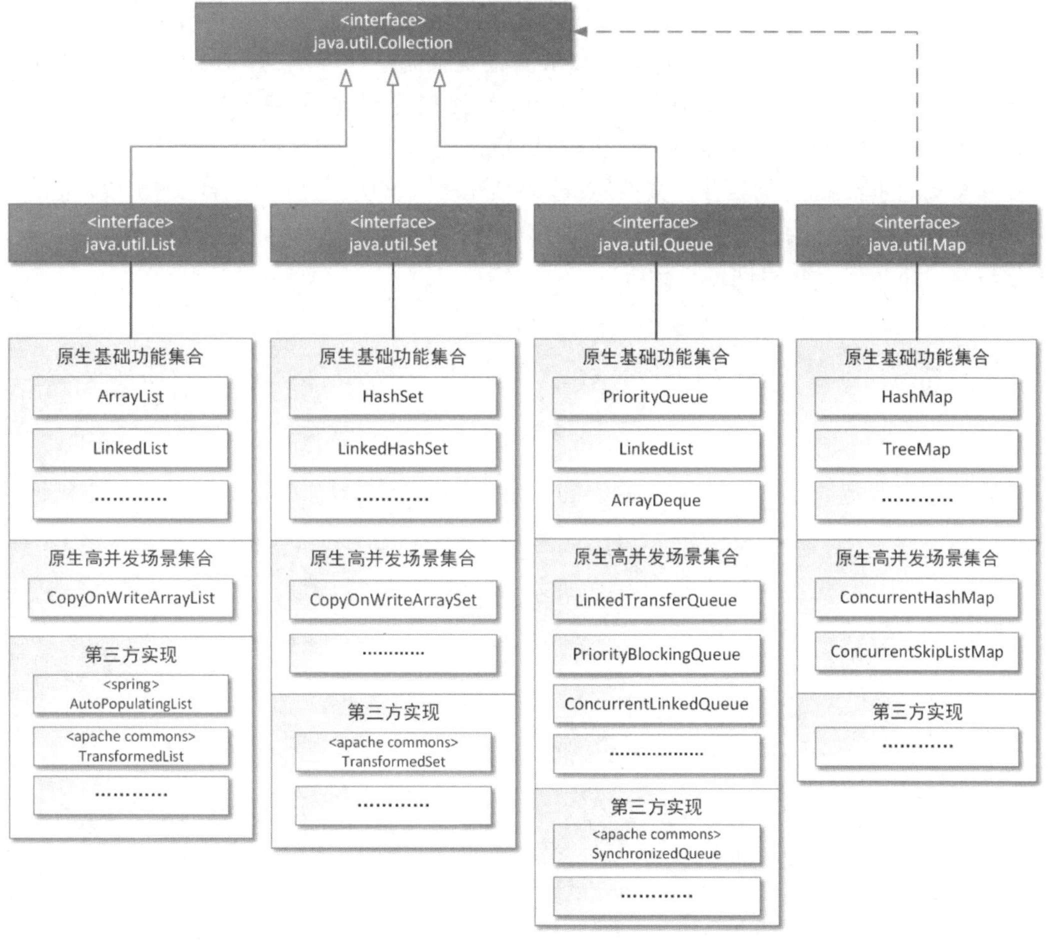

图 I-1

- List 集合：此类集合的基本特点是，集合内部使用一种线性表结构进行数据的实际存储，程序员可以按照指定的数据存入顺序获取数据，也可以按照需要操作集合的任意有效位置执行数据的存取操作。
- Set 集合：此类集合的基本特点是，通过某种特定的规则，对集合内部的数据进行去重。此外，此类集合使用的是根据一定的内置规则确定的数据存储顺序，不一定使用程序员将数据存入集合的先后顺序。
- Queue 集合：此类集合的基本特点是，程序员可以按照数据在集合中先入先出（FIFO）的顺序或先入后出（FILO）的顺序，从集合头部或集合尾部进行数据读/写操作。
- Map 集合：此类集合主要用于读/写 K-V 键值对形式的数据，并且数据的 Key 键信息在此类集合中不允许有重复。具体的集合实现可以根据适用场景自行决定是否向程序员提供按照数据写入顺序进行数据读取的工作特性。

除了由 Java 标准平台（J2SE）提供的丰富的、可覆盖大部分使用场景的原生集合外，大量第三方组织也遵循（或部分遵循）Java 容器框架的设计规范，提供了大量集合供自身功能或程序员使用。例如，Google Guava 工具包提供了多种高性能集合实现，如 ImmutableList、ImmutableSet、ImmutableMap 等。

Java 原生提供的各类集合，其性能虽然不是最优秀的，但这些集合的内部设计思想值得程序员借鉴到自己的日常工作中。该部分内容会为读者介绍 Java 原生的基本集合功能，对这些集合的内部工作原理进行剖析。

第 1 章

JCF 中的 List 集合

JCF 中的 List 集合是程序员最常使用的集合之一。本书首先介绍 List 集合，可以帮助读者快速上手本书内容，降低阅读门槛。

1.1 List 集合概要和重要接口介绍

JCF 中的 List 集合涉及的部分重要接口、抽象类和具体实现类(包括 java.util.ArrayList、java.util.LinkedList、java.util.Vector 和 java.util.Stack)，如图 1-1 所示。

其中 java.util.Vector 集合和 java.util.Stack 集合之间是继承关系，它们从 JDK 1.0 开始就供开发人员使用，后来又被性能和设计更好的集合代替。例如，从名字就可以看出是后进先出（LIFO）性质的 java.util.Stack 集合，在其自身的文档中（JDK 1.7+）已建议开发者优先使用性能更好的 java.util.ArrayDeque 集合作为代替方案（后续会进行详细介绍）。但是本节仍然会介绍 java.util.Vector 集合和 java.util.Stack 集合，因为本书主要分析 Java 源码的设计思想，以便读者将这些设计思想应用到实际工作中。

要理解 java.util 包中关于 java.util.List 接口的重要实现类，首先要搞清楚其上层和下层涉及的主要接口（如 java.lang.Iterable 接口、java.util.Collection 接口）、抽象类（如 java.util.AbstractList 抽象类、java.util.AbstractSequentialList 抽象类）及其功能特性。

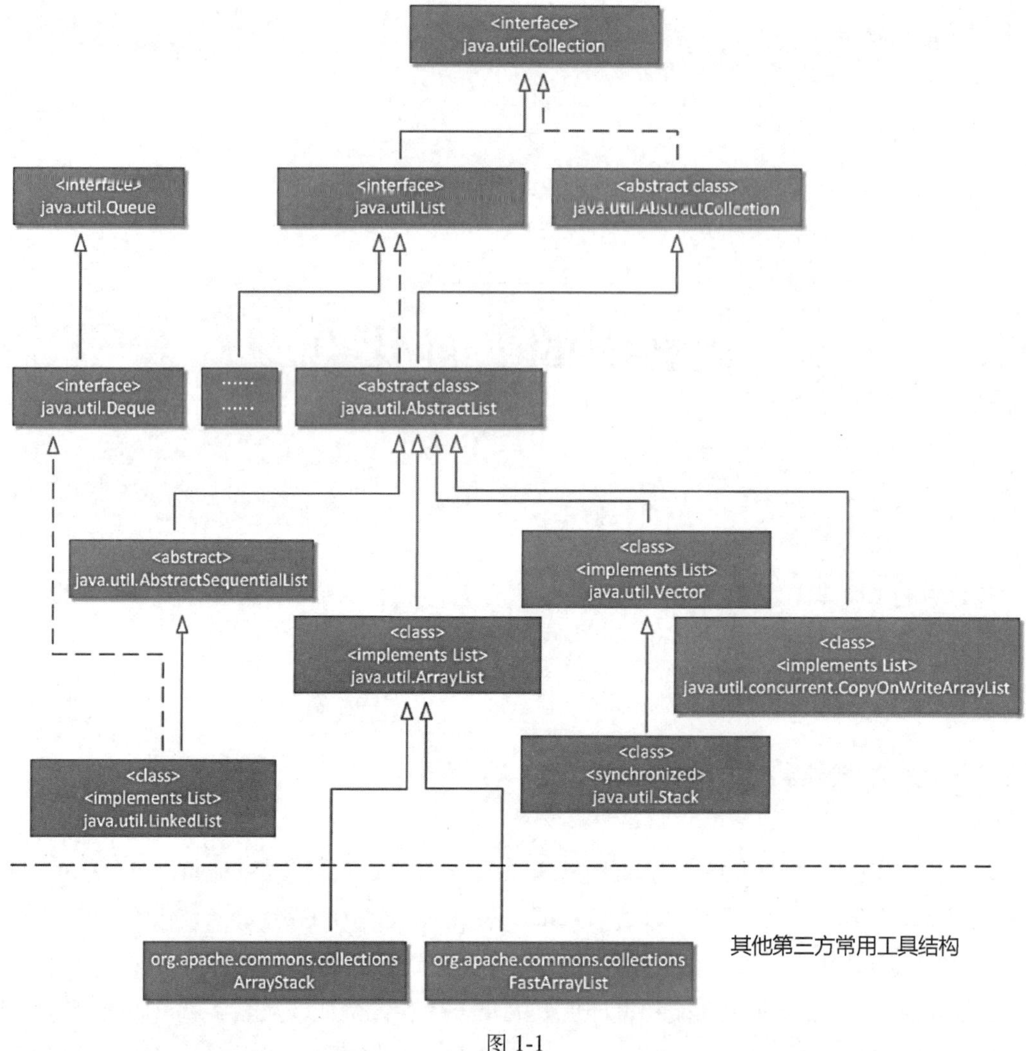

图 1-1

1.1.1 java.lang.Iterable 接口

List、Set、Queue 集合的上层都需要继承 java.lang.Iterable 接口，如图 1-2 所示。

根据 java.lang.Iterable 接口自带的注释描述，实现该接口的类可以使用 for each 循环语句进行操作处理。但实际上该接口还提供了两个操作方法（JDK 1.8+），分别为 forEach(Consumer<? super T> action)方法和 spliterator()方法。forEach(Consumer<? super T> action)方法的一般使用方法示例如下。

```
// 这里创建一个 LinkedList 对象，并且使用 forEach(Consumer<? super T> action)方法，
// 消费其中的每个数据对象
```

```
new LinkedList<>().forEach(item -> {
  // 这里对每个 item 数据对象进行消费
});
// 再举一个例子，这里的 Lists 是 Google Common 工具包提供的一个 List 性质集合相关的处理包
Lists.newArrayList("value1","value2","value3","value4").forEach(item -> {
  // 这里对每个 item 数据对象进行消费
});
```

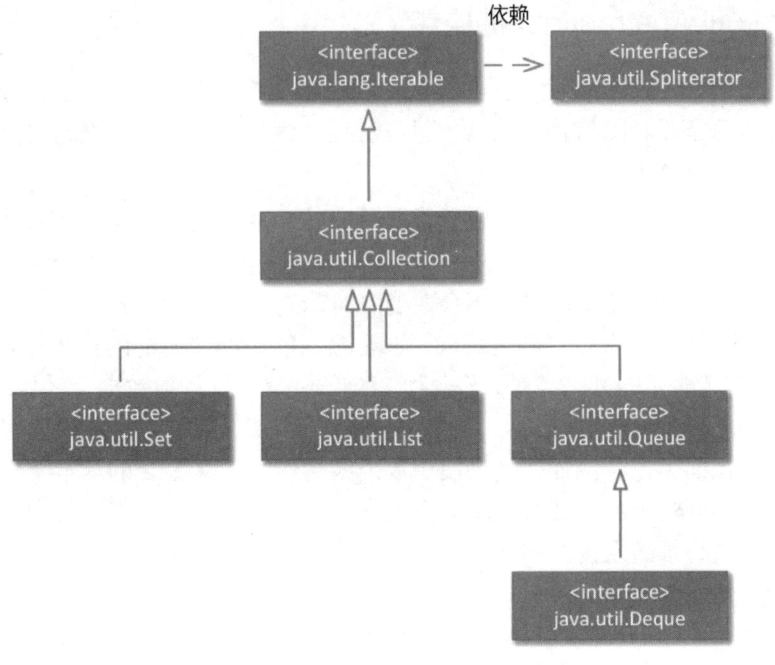

图 1-2

forEach(Consumer<? super T> action)方法中的 Consumer 接口定义在 java.util.function 包（由 JDK 1.8+提供）中，其中包括大量函数式编程功能，java.util.function.Consumer 接口就是其中之一，该接口表示消费某个对象。

1.1.2　java.util.Collection 接口

java.util.Collection 接口是一个非常关键的接口，如果读者仔细观察 java.util 包中的源码结构，就会发现该接口并没有直接的实现类。实现了该接口的下级类或接口，以及聚合该接口工作的下级类或接口，都属于 JCF 的一部分（可以大概理解为 JCF 中的集合不一定实现了该接口，但实现了该接口的集合一定是 JCF 中的集合）。

间接实现 java.util.Collection 接口的类都是可以按照某种逻辑结构存储一组数据的集

合，这种逻辑结构可以是链表（如 LinkedList 集合），也可以是固定长度的数组（如 Vector 集合），还可以是树结构（如 TreeMap 集合）；向外界的输出结果可以是有序的（如 ArrayList 集合），也可以是无序的（如 HashSet 集合）；可以是保证多线程下的操作安全性的（如 CopyOnWriteArrayList 集合），也可以是不保证多线程下的操作安全性的（如 ArrayDeque 集合）。

1.1.3 java.util.AbstractList 抽象类

在 JCF 中，可以根据 List 集合在各维度上表现出来的工作特点对其进行分类，分类标准有三种：根据是否支持随机访问的特点进行分类，根据是否具有数据的可修改权限进行分类，根据集合容量是否可变进行分类。

根据是否支持随机访问的特点进行分类，可以将 List 集合分为支持随机访问（读）的 List 集合和不支持随机访问（读）的 List 集合。支持随机访问的 List 集合可以查询集合中任意位置的数据，并且所花费的时间不会改变（时间复杂度为 $O(1)$）。

JCF 中为 List 集合定义的“随机访问”和磁盘 I/O 中的“随机读”是有区别的（也有相似点），虽然二者表示的都是“可以在某个指定的独立位置读取数据”，但磁盘 I/O 描述的“随机读”属于硬件层面的知识点，注意区分；List 集合定义的“随机访问”需要从算法的时间复杂度层面考虑。例如，如果使用数组结构作为 List 集合的基本结构，那么其找到指定索引位的时间复杂度为常量 $O(1)$，这是因为可以直接定位到指定的内存起始位置，并且通过偏移量进行最终定位。因此，支持随机访问的 List 集合在数据读取性能方面远远优于不支持随机访问的 List 集合。

根据是否具有数据的可修改权限进行分类，可以将 List 集合分为可修改的 List 集合和不可修改的 List 集合。对于可修改的 List 集合，操作者可以在集合中的指定索引位上指定一个存储值。对于不可修改的 List 集合，操作者可以获取集合中指定索引位上的存储值，但不能对这个索引位上的值进行修改；操作者也可以获取当前集合的大小，但不能对当前集合的大小进行修改。

根据集合容量是否可变进行分类，可以将 List 集合分为大小可变的 List 集合和大小不可变的 List 集合。大小不可变的 List 集合是指在实例化后，大小就固定下来不再变化的 List 集合。大小可变的 List 集合的定义与之相反。

针对这三个维度的不同类型，开发人员可以定义不同操作特性的 List 集合。为了保证具有不同分类特点的 List 集合提供的操作方法符合规范，也为了减少开发人员针对不同分类特点的 List 集合的开发工作量，还为了向操作者屏蔽分类定义的细节差异，Java 提供了 java.util.AbstractList 抽象类，继承该抽象类的各种具体的 List 集合只需根据自身情况重写 java.util.AbstractList 抽象类中的不同方法。例如，set(int)方法的功能是替换指定索引位上的数据对象，如果当前 List 集合不支持修改，则一定会抛出 UnsupportedOperationException

异常；对于不可修改的 List 集合，开发人员只需重写 java.util.AbstractList 抽象类中的 get(int)方法和 size()方法；如果开发人员自行定义一个大小可变的 List 集合，则只需重写 add(int, E)方法和 remove(int)方法；如果开发人员不需要实现支持随机访问的 List 集合，则可以使其继承 java.util.AbstractSequentialList 抽象类。

1.1.4　java.util.RandomAccess 接口

java.util.RandomAccess 接口是一种标识接口。标识接口是指 Java 中用于标识某个类具有某种操作特性、功能类型的接口。Java 中有很多标识接口，如 java.lang.Cloneable 接口、java.io.Serializable 接口。

标识接口通常不需要下层类实现任何方法。例如，java.lang.Cloneable 接口的源码中没有任何需要实现的方法描述，其源码如下。

```
public interface Cloneable {
}
```

前面已经提到，List 集合中有一组具体集合，支持集合中数据对象的随机访问，包括 java.util.ArrayList 集合、java.util.Vector 集合和 java.util.concurrent.CopyOnWriteArrayList 集合。java.util. RandomAccess 标识接口主要用于向调用者表示这些 List 集合支持集合中数据对象的随机访问，如图 1-3 所示。

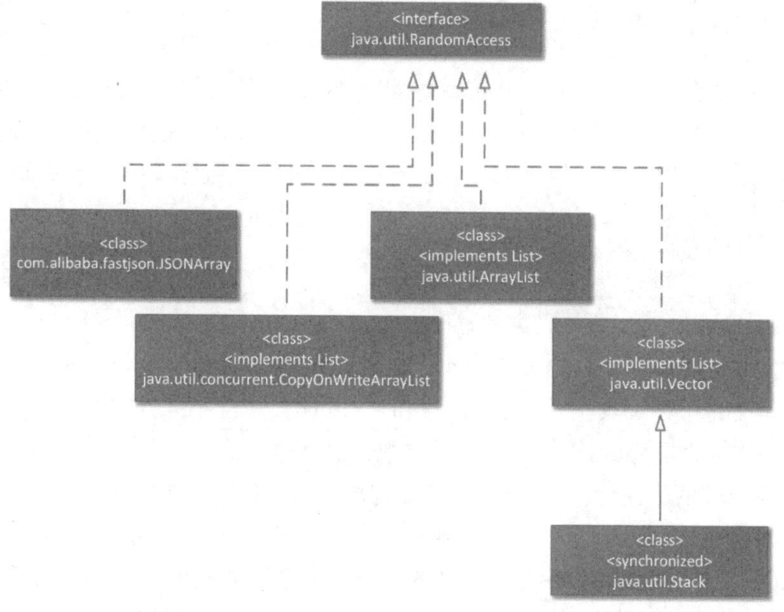

图 1-3

根据图 1-3 可知，java.util.ArrayList 集合、java.util.Vector 集合和 java.util.concurrent. CopyOnWriteArrayList 集合都实现了 java.util.RandomAccess 接口，表示它们支持集合中数据对象的随机访问。实现 java.util.RandomAccess 接口的还有很多第三方类库，如一些厂商封装的 JSON 工具中的 JSONArray 类。这些实现了 java.util.RandomAccess 标识接口的 List 集合在工作时也会被区别对待，如下所示。

```
public static <T> void fill(List<? super T> list, T obj) {
  int size = list.size();
  // 如果当前集合的大小规模小于FILL_THRESHOLD(25),或者当前List集合支持集合中数据对象的随机访问,
  // 那么优先使用索引定位的方式替换集合中每个索引位上的数据对象引用
  if (size < FILL_THRESHOLD || list instanceof RandomAccess) {
    for (int i=0; i<size; i++) {
      list.set(i, obj);
    }
  }
  // 否则使用 ListIterator迭代器一次性找到集合中的每个索引位，并且替换其上的数据对象引用
  else {
    ListIterator<? super T> itr = list.listIterator();
    for (int i=0; i<size; i++) {
      itr.next();
      itr.set(obj);
    }
  }
}
```

以上源码片段中有一个隐藏的知识点，即 instanceof 修饰符在 JDK 14、JDK 15 中的用法：从 JDK 14 开始，Java 为 instanceof 修饰符提供了一个新的使用方法——模式匹配。模式匹配可以有效减少程序员在使用 instanceof 修饰符时的机械化源码，示例如下。

```
// 通过模式匹配直接进行向下转型
if(animal instanceof Girraffe girraffe) {
  // 此处代码省略
}
```

上述示例代码来自 java.util.Collections 类(注意不是 java.util.Collection 接口，Collections 类是 JCF 中提供的一种工具类，二者命名相似，但意义完全不同）中的 fill()方法，该方法主要用于向 List 集合填充默认的 Object 对象数据。在这个方法中，如果当前指定的 List 集合支持随机访问，则优先使用 for()循环定位并填充/替换集合中的每个索引位上的数据对象。如果当前指定的 List 集合不支持随机访问，但集合中的数据对象数量少于 FILL_THRESHOLD（常量，默认值为 25)，则仍然使用 for 循环依次填充/替换每个索引位上的数据对象；如果不支持随机访问的集合拥有较多数据对象数量，则使用 ListIterator 迭代器顺序定位并填充/替换集合中的每个索引位上的数据对象。

为什么会出现这种处理逻辑呢？这主要是因为支持随机访问的集合对 set()方法的实现方式与不支持随机访问的集合对 set()方法的实现方式不一样，前者可以基于随机访问特性快速定位到指定的索引位，而后者不能。

LinkedList 集合是一种不支持随机访问的集合。下面以 LinkedList 集合为例，看一下不支持随机访问的集合对 set()方法的实现方式，源码如下。需要注意的是，LinkedList 集合的内部结构是一个双向链表，后续章节还会专门介绍 LinkedList 集合。

```
public E set(int index, E element) {
  checkElementIndex(index);
  // node()方法可以定位到指定的索引位上
  Node<E> x = node(index);
  // 以下代码对指定索引位上的数据对象进行替换
  E oldVal = x.item;
  x.item = element;
  return oldVal;
}

// 通过该方法遍历定位到 LinkedList 集合中的指定索引位
Node<E> node(int index) {
  // assert isElementIndex(index);
  // 如果满足条件，则从双向链表的前半部分开始搜索指定的索引位
  if (index < (size >> 1)) {
    Node<E> x = first;
    for (int i = 0; i < index; i++) {x = x.next;}
    return x;
  }
  // 否则从双向链表的后半部分开始搜索指定的索引位
  else {
    Node<E> x = last;
    for (int i = size - 1; i > index; i--) {x = x.prev;}
    return x;
  }
}
```

LinkedList 集合的内部结构是一个双向链表，要寻找链表中某个索引位上的数据对象，只能从头部或尾部依次查询，如图 1-4 所示（在实际使用时，综合客观情况后的时间复杂度可能更高）。

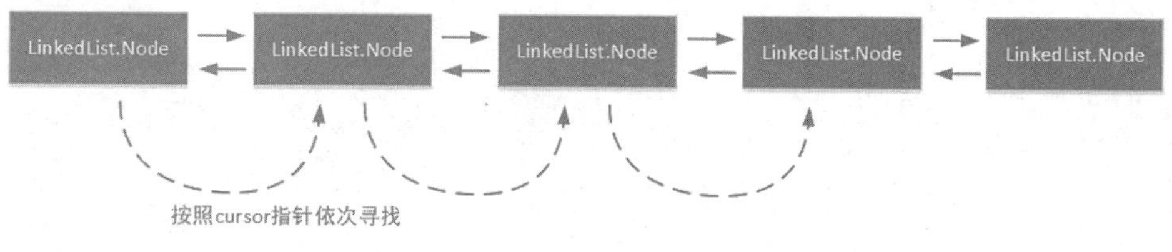

图 1-4

这样我们就可以在 java.util.Collections 类的 fill()方法中复盘，如果需要被填充/替换数据对象的 LinkedList 集合中的数据对象数量并不多（少于 25 个），则如何进行 LinkedList 集合中的数据对象填充/替换操作，如图 1-5 所示。

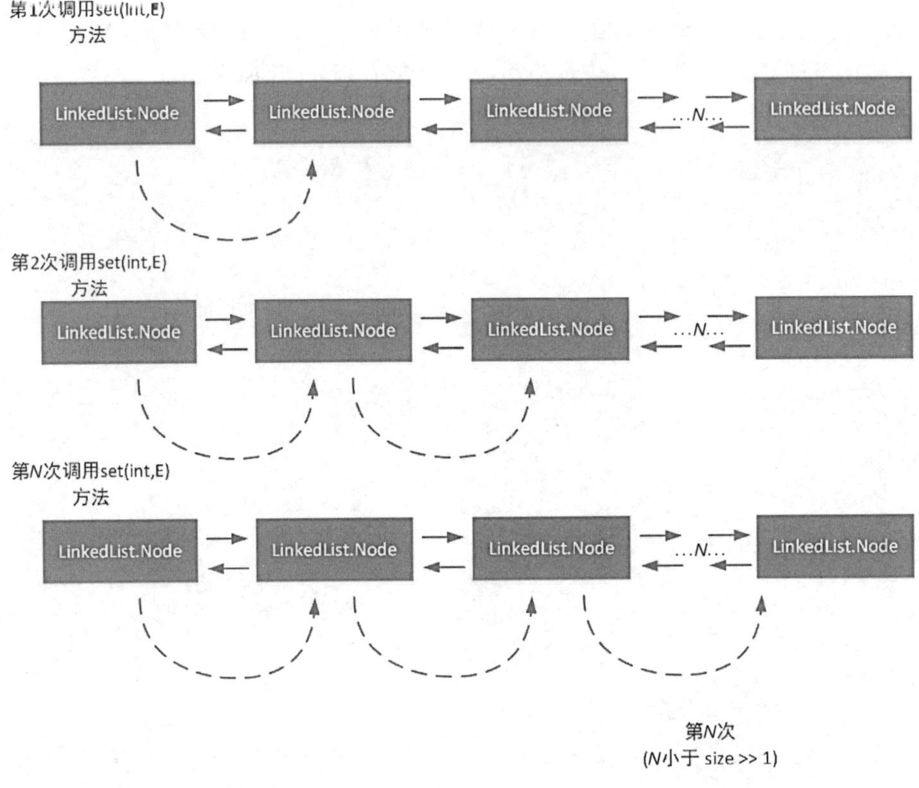

图 1-5

根据图 1-5 可知，每次调用 set(int, E)方法，LinkedList 集合都需要重新定位指定的索引位，当 LinkedList 集合中的数据对象数量不多时，这种缺陷不会对性能造成过多浪费。

ArrayList 集合是一种支持随机访问的集合。下面以 ArrayList 集合为例，看一下支持随机访问的集合对 set()方法的实现方式，源码如下。后续章节会详细介绍 ArrayList 集合。

```
// ArrayList 集合中的 set()方法
public E set(int index, E element) {
  Objects.checkIndex(index, size);
  // 使用 elementData()方法查询指定索引位上的数据对象，
  // 保证了对随机访问特性的支持，对算法时间复杂度 O(1)的支持
  E oldValue = elementData(index);
  elementData[index] = element;
  return oldValue;
```

```
    }

    E elementData(int index) {
        return (E) elementData[index];
    }
```

ArrayList 集合本质上是一个数组，要寻找数组中某个索引位上的数据对象，无须从头依次查询。JVM 会根据数据对象在内存空间中的起始位置和数组位置的偏移量直接找到这个索引位上的数据对象引用。因此，在 java.util.Collections 类的 fill()方法中，ArrayList 集合的数据对象填充过程如图 1-6 所示。

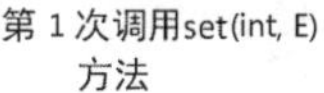

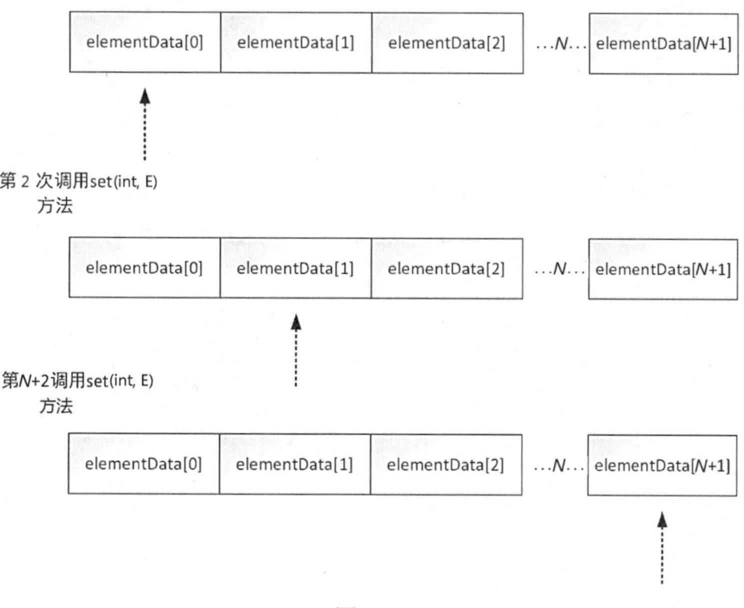

图 1-6

在图 1-6 中，调用 ArrayList 集合中的 set(int,E)方法，进行一次遍历即可完成所有数据对象的填充/替换操作。

很显然，ArrayList 集合在数据对象填充/替换场景的设计效果要优于 LinkedList 集合，这主要得益于 ArrayList 集合对随机访问的支持，本质上得益于 ArrayList 集合内部数组结构的设计方式。一个显而易见的效果是，无论使用 java.util.Collections.fill()方法填充/替换的 ArrayList 集合中有多少数据对象，其操作性能都非常高。

前面讨论的都是集合中数据对象数量不多的情况。如果不支持随机访问的集合拥有较多的数据对象数量，那么是否有比较合理的数据对象填充/替换方法呢？显然是有的，这就是 fill()方法中的另一半源码逻辑——使用集合的迭代器功能依次对每个索引位上的数据对象进行填充/替换操作。

```
//
public static <T> void fill(List<? super T> list, T obj) {
  int size = list.size();
  // 这段代码已经在前面详细讲解过了，这里不再赘述
  if (size < FILL_THRESHOLD || list instanceof RandomAccess) {
    // 忽略这段代码
  }
  // 这段代码会使用集合的迭代器对每个索引位上的数据进行填充/替换操作
  else {
    ListIterator<? super T> itr = list.listIterator();
    for (int i=0; i<size; i++) {
      itr.next();
      itr.set(obj);
    }
  }
}
```

使用迭代器的好处在于，可以帮助不支持随机访问的集合避免不必要的索引位查询操作。在每次调用 next()方法时，迭代器都可以基于上一次操作的索引位继续寻找下一个索引位，而不需要重新从第一个索引位进行查询。

下面看一下在 List 集合默认的上层抽象类 java.util.AbstractList 中，list.listIterator()方法返回的 ListIterator 迭代器是如何实现 next()方法的，源码如下。

```
public abstract class AbstractList<E> extends AbstractCollection<E> implements
List<E> {
  // 此处代码省略
  // Collections 类中的 fill()方法调用的就是该方法
  public ListIterator<E> listIterator() {
    return listIterator(0);
  }
  public ListIterator<E> listIterator(final int index) {
    rangeCheckForAdd(index);
    return new ListItr(index);
  }
  // 此处代码省略
  // AbstractList 类中并未实现 get()方法，它将该方法的实现交给了具体的实现类，
  // 也就是说，在不同的实现类中实现不同的 get()方法
  abstract public E get(int index);
  // 此处代码省略
  // next()方法的实现
  private class Itr implements Iterator<E> {
    // 此处代码省略
```

```
    // next()方法的调用过程如下
    public E next() {
      checkForComodification();
      try {
        // 关于cursor变量和lastRet变量在迭代器中的意义，在后面会进行介绍
        // 这里我们主要关注get()方法
        int i = cursor;
        E next = get(i);
        lastRet = i;
        cursor = i + 1;
        return next;
      } catch (IndexOutOfBoundsException e) {
        checkForComodification();
        throw new NoSuchElementException();
      }
    }
    // 此处代码省略
  }
}
```

根据以上源码可知，在 next()方法中使用全局变量 cursor 记录了当前处理的索引位，当再次调用 next()方法时，只需将 cursor 代表的索引值加 1，如图 1-7 所示。

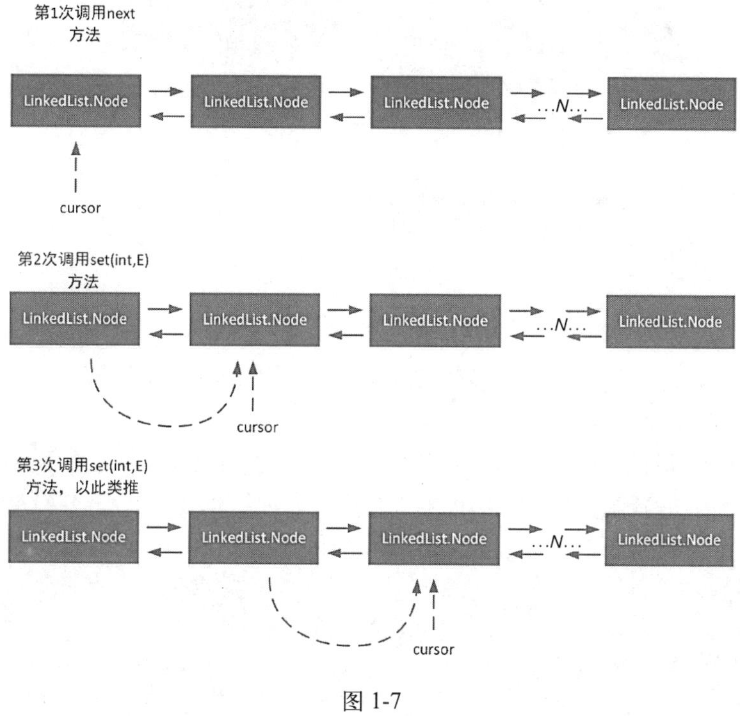

图 1-7

在本节中，我们对支持随机访问和不支持随机访问的 List 集合在访问性能上的工作差异进行了介绍。实际上，典型的 ArrayList 集合和 LinkedList 集合的性能差异不止于此，后面会进行详细说明。

1.2 List 集合实现——Vector

java.util.Vector 集合是从 Java 早期版本（从 JDK 1.0 开始）就开始提供的一种 List 集合，其主要的继承体系如图 1-8 所示。

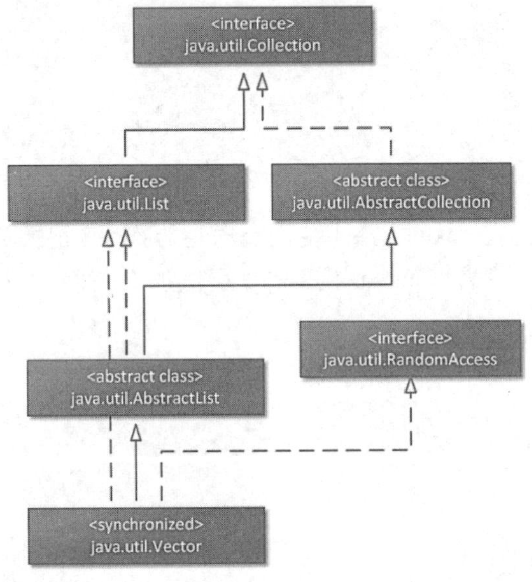

图 1-8

根据图 1-8 可知，Vector 集合是支持随机访问的，该特性在 1.1 节中已经进行了讲解，这里不再赘述。Vector 集合的工作特性除了支持数据对象的随机访问，还有集合的大小可变、保证线程安全的运行环境等。

下面对 Vector 集合中的典型操作进行详细介绍（注意源码版本为 JDK 9+，直到 JDK 14 官方都未对该源码进行调整）。首先介绍存在于 Vector 集合（及其上级 AbstractList 类）中的重要变量信息，源码如下。

```
// 此处代码省略
public class Vector<E>
    extends AbstractList<E>
    implements List<E>, RandomAccess, Cloneable, java.io.Serializable {
```

```
    // 此处代码省略
    // 该数组主要用于存储 Vector 集合中的所有数据对象
    // 该数组的容量可以扩展，并且扩展后的数组容量足以存储已写入 Vector 集合的所有数据对象
    // 该数组的容量值可以大于当前已写入 Vector 集合的所有数据对象数量，
    // 多出来的数组位置上的值都为 null
    // 该数组的初始化大小由构造方法中的 initialCapacity 参数决定，initialCapacity 参数的默认值为 10
    protected Object[] elementData;
    // 这个变量主要用于记录当前 Vector 集合中的数据对象数量
    // 在后续的代码中，可以发现这个值在整个操作过程中起到了验证作用
    // 例如，判断数据对象的索引值是否超过了最大索引值
    protected int elementCount;
    // Vector 集合支持扩容操作，即对其中的 elementData 数组进行容量变化操作
    // capacityIncrement 变量表示每次扩容的大小
    // 如果 capacityIncrement 的值小于或等于 0，那么在进行扩容操作后，集合容量变为原容量的 2 倍
    protected int capacityIncrement;
    // 此处代码省略
  }
  // 此处代码省略
```

根据对以上 3 个重要变量的描述可知，Vector 集合的基本结构包括一个数组、一个指向当前数组的可验证边界、一个数组扩容的参考值，如图 1-9 所示。

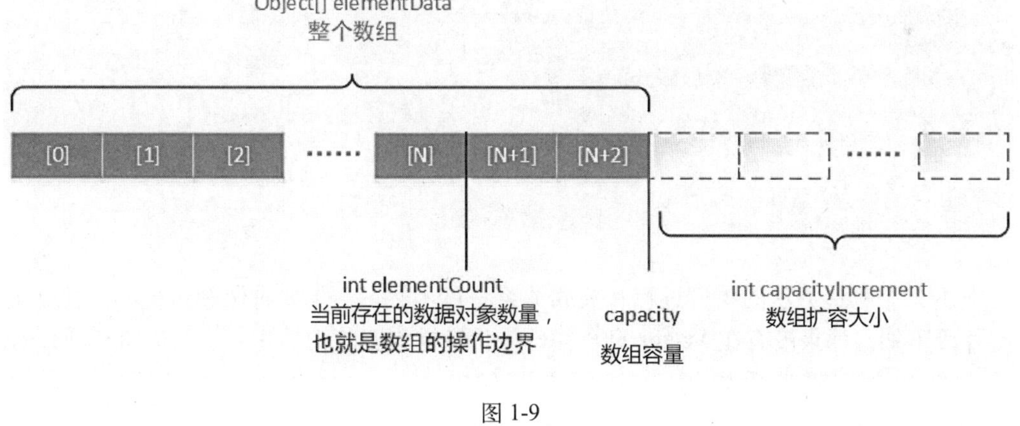

图 1-9

在 Vector 集合中，elementCount 变量非常重要，它在 Vector 集合进行写性质操作时会发生变化。elementCount 变量的值可以小于 elementData 数组的容量值（使用 capacity()方法可获取当前数组的容量值），也可以和 elementData 数组的容量值相等。当 elementData 数组中的每个索引位上都添加了数据对象时，可以将这些数据对象设置为 null。

1.2.1 Vector 集合的扩容操作

1. 什么时候扩容

Vector 集合需要进行扩容操作的情况有多种。Vector 集合在初始化时会进行扩容操作，它的 elementData 数组会进行初始化；在 Vector 集合中，当数据对象数量 elementCount 的值大于 elementData 数组的最大容量 capacity 的值时，也会进行扩容操作，这时，elementData 数组中的数据对象会被复制到另一个更大的数组中，并且 elementData 数组变量的引用会重新指向后者；当 Vector 集合的调用者明确要求重新确认集合容量时，也可能会进行扩容操作。

1）在初始化 Vector 集合时，扩容过程的详细源码如下。

```
// 此处代码省略
// 该构造方法可以设置集合的初始化大小和扩容增量
// 如果扩容增量值为 0，那么扩容增量为当前容量的 1 倍
public Vector(int initialCapacity, int capacityIncrement) {
  super();
  if (initialCapacity < 0) { throw new IllegalArgumentException("Illegal Capacity: " +
initialCapacity); }
  // elementData 数组重新引用了一个新的数组对象，数组大小默认值为 10;
  this.elementData = new Object[initialCapacity];
  this.capacityIncrement = capacityIncrement;
}
// 该构造方法可以设置集合的初始化大小
public Vector(int initialCapacity) { this(initialCapacity, 0); }
// 这是默认的构造方法，设置 Vector 集合的初始化容量值为 10
public Vector() { this(10); }
// 此处代码省略
```

上述 3 个构造方法的执行过程和关联关系一目了然，不需要再做过多说明。根据上述源码片段可知，如果没有在 Vector 集合初始化时指定集合的初始化容量（initialCapacity），则会将初始化容量值设置为 10；如果没有在 Vector 集合初始化时指定扩容增量（capacityIncrement），则会将扩容增量值设置为 0。如果扩容增量值被设置成了 0，那么在随后进行的每次扩容操作中，elementData 数组扩容后的容量都会变为扩容前容量的 2 倍，即 10->20->40->80……以此类推。

2）在当前 Vector 集合中的数据对象总量超出数组容量上限时，会进行扩容操作。

以 Vector 集合中的 add(E)方法为例，源码片段如下。

```
// 此处代码省略
// 该私有方法进行真正的添加操作
```

```
private void add(E e, Object[] elementData, int s) {
  // 在添加前，如果条件成立，则表示 elementData 数组中已经没有多余的空间了，需要进行扩容操作
  if (s == elementData.length) { elementData = grow(); }
  elementData[s] = e;
  elementCount = s + 1;
}
// 向集合中添加一个数据对象
// 添加操作的索引位为当前数组 elementData 中索引值最小的可用位置
public synchronized boolean add(E e) {
  modCount++;
  // 在当前数组 elementData 中的 elementCount 号索引位上添加新的数据对象，数据对象可以为 null
  add(e, elementData, elementCount);
  return true;
}
// 此处代码省略
```

add()方法的操作过程分为以下两种情况。

- 当集合中对象数据数量 elementCount 的值小于当前 elementData 数组容量的值时，不必对 elementData 数组进行扩容操作，直接在 elementData 数组中的 elementCount 号索引位上添加新的数据对象即可。
- 当集合中数据对象数量 elementCount 的值大于或等于 elementData 数组容量的值时，需要先对 elementData 数组进行扩容操作，再在 elementCount 号索引位上添加新的数据对象。

3）当调用者明确要求重新确认 Vector 集合容量时，也可能会进行扩容操作。例如，Vector 集合中的 setSize(int)方法允许调用者重新为 Vector 集合设置一个容量值，如果这个容量值大于当前 Vector 集合的容量值，则会进行扩容操作；如果新的容量值小于当前容量值，则会将多余的数据对象丢弃，源码片段如下。

```
// 为 Vector 集合设置一个新的容量值
public synchronized void setSize(int newSize) {
  modCount++;
  // 如果新的容量值大于当前数组的容量值，则进行扩容操作
  if (newSize > elementData.length) { grow(newSize); }
  final Object[] es = elementData;
  // 如果新的容量值小于当前数组的容量值，
  // 那么从新的容量值位置开始，将之后索引位上的数据对象都设置为 null
  for (int to = elementCount, i = newSize; i < to; i++) { es[i] = null; }
  // 将新的容量值作为当前数据对象数量计数器的值
  elementCount = newSize;
}
```

注意：在特定的场景中，可以减小 Vector 集合的数组容量（缩容）。可查看 Vector 集合中的 trimToSize() 方法。

2．详细的扩容过程

根据前面的源码可知，Vector 集合进行扩容操作的主要方法是 grow(int)方法，所以我们主要对这个方法进行分析（在 JDK 14 中，该方法已经简化，更容易理解），源码如下。

```
// 扩容，容量值至少增加至入参 minCapacity 的值
private Object[] grow(int minCapacity) {
  int oldCapacity = elementData.length;
  // 该语句主要用于判定数组扩容后的新容量，
  // 其中 minCapacity - oldCapacity 的值表示最小增加的容量值
  // capacityIncrement 和 0 的比较结果将决定在一般场景中获得的增量值
  int newCapacity = ArraysSupport.newLength(oldCapacity, minCapacity - oldCapacity,
       capacityIncrement > 0 ? capacityIncrement : oldCapacity);
  return elementData = Arrays.copyOf(elementData, newCapacity);
}
private Object[] grow() {
  return grow(elementCount + 1);
}
```

根据上述源码可知，如果当前 Vector 集合没有在实例化时指定增量 capacityIncrement 的值，那么在一般情况下，每次扩容增加的容量都是当前容量的 1 倍；如果当前 Vector 集合在实例化时指定了增量 capacityIncrement 的值，那么在一般情况下，会按照指定的增量 capacityIncrement 的值进行扩容操作。

下面重点讲解一下 Arrays.copyOf()方法和 ArraysSupport.newLength()方法。

1）Arrays.copyOf(T[] original, int newLength)方法。

该方法是一个工具性质的方法，主要用于将原始数组（original）复制为一个新的数组，后者的长度为指定的新长度（newLength）。

按照这样的描述，对于指定的新长度（newLength），会出现以下两种情况。

- 指定的新长度（newLength）小于原始数组（original）的长度，那么原始数组（original）无法复制的部分会被抛弃。
- 指定的新长度（newLength）大于或等于原始数组（original）的长度，那么原始数组（original）中的所有数据对象（的引用）会按照原来的索引位被依次复制到新的数组中，新数组中多出来的空余部分会被填充为 null，如图 1-10 所示。

图 1-10 中不包括新长度（newLength）无效的情况。例如，当 newLength 的值为负数时，Arrays.copyOf(T[] original, int newLength)方法会抛出 java.lang.NegativeArraySizeException 异常。有的读者会问，当 newLength 的值为 0 时，会出现什么情况？这种情况满足以上描述的第一种情况——没有任何数据对象可以填充，所以会输出一个空数组。

此外，图 1-10 中也不包括对 Java 基础类型数组（int[]、long[]、float[]等）进行复制的场景。在这些基础类型数组的复制过程中，新数组中多余的位置上会填充这个基础类型的默认值。例如，在 int[]数组的复制过程中，新数组中多余的位置上会被填充“0”。

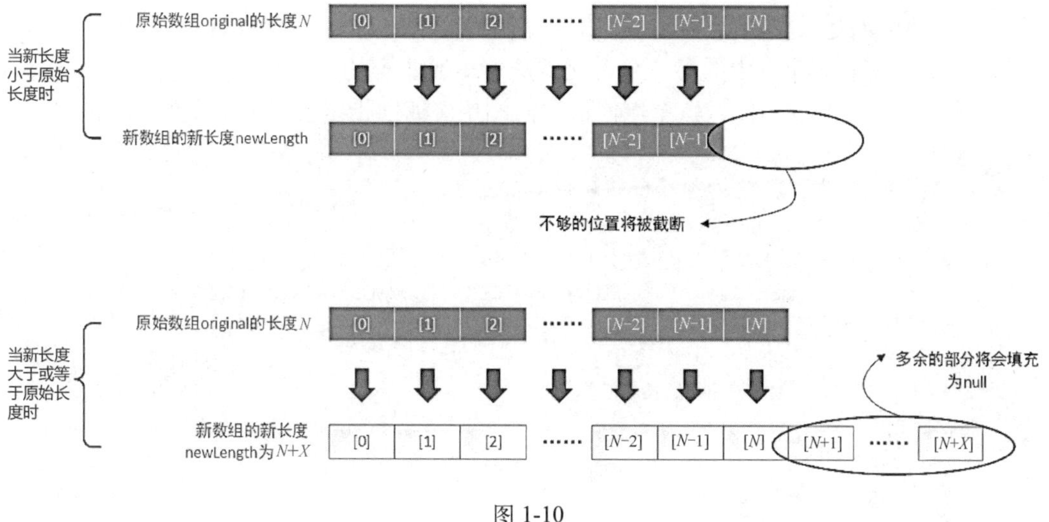

图 1-10

2）ArraysSupport.newLength(int oldLength, int minGrowth, int prefGrowth)方法。

该方法同样是一个工具性质的方法，主要用于帮助数组在扩容前在不同的场景中找到新的数组容量，并且防止新的数组容量超过系统规定的数组容量上限。该方法的参数如下。

- oldLength：扩容前的数组容量。
- minGrowth：最小的容量增量（必须为正数）。
- prefGrowth：常规的容量增量，该值需要大于 minGrowth 的值，否则会被忽略。

在计算扩容后数组容量的过程中，如果 prefGrowth 的值大于 minGrowth 的值，则以 prefGrowth 的值计算扩容后的新容量，否则以 minGrowth 的值计算扩容后的新容量。

如果计算得到的新容量大于系统规定的数组容量上限（使用 MAX_ARRAY_LENGTH 常量表示，在 64 位 Windows 操作系统中该值为 2 147 483 639），则需要进行容量限制处理（在实际工作中很少出现这样的情况，但必须考虑到）。

在进行容量限制处理时，如果通过 minGrowth（最小容量增加值）计算得到的新容量值小于常量 MAX_ARRAY_LENGTH 的值，则返回常量 MAX_ARRAY_LENGTH 的值，否则返回 Integer.MAX_VALUE 的值。

1.2.2　Vector 集合的修改方法——set(int, E)

set(int, E)方法主要用于在指定索引位上设置新的数据对象，设置的数据对象可以为 null。该方法有两个参数，第一个参数为 int 型数据，表示索引位；第二个参数为需要在这个索引位上设置的新的数据对象。

set(int, E)方法有以下几个关键点。

- 可以指定索引位的有效范围上限。不是依据当前 Vector 集合中 elementData 数组大小的值，而是依据当前 Vector 集合中存在的数据量 elementCount 的值（elementCount 的值在 Vector 集合中的另一个含义就是 Vector 集合的大小）。

- 该方法有一个返回值，这个返回值会向调用者返回指定索引位上变更之前的值。

```
// 替换指定索引位上的数据对象
// 指定的索引值只能小于 elementCount 的值
public synchronized E set(int index, E element) {
  // 如果指定的索引值大于或等于 elementCount 的值，则抛出超界异常
  if (index >= elementCount) { throw new ArrayIndexOutOfBoundsException(index); }
  // 原始值会在替换操作之前被保存下来，以便进行返回
  E oldValue = elementData(index);
  // 将 elementData 数组的指定位置的值替换成新的值
  elementData[index] = element;
  return oldValue;
}
```

1.2.3 Vector 集合的删除方法——removeElementAt(int)

removeElementAt(int)方法主要用于移除 Vector 集合中 elementData 数组指定索引位上的数据对象，并且改变其索引位的指向。在操作者看来，这个操作可以成功移除 *X* 号索引位上的数据对象（*X*<elementCount），并且在操作成功后，操作者虽然依旧可以通过 *X* 号索引位取得数据对象（*X*< elementCount），但此时取得的是与原数据对象紧邻的数据对象，如图 1-11 所示。

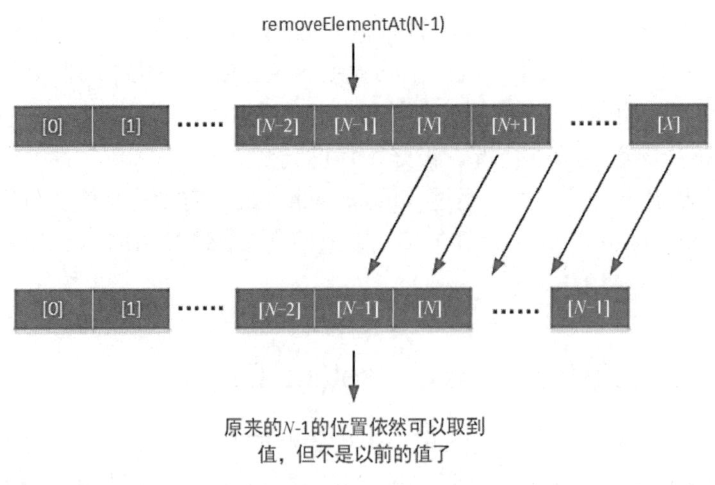

图 1-11

图 1-11 展示了 removeElementAt(int)方法的运行实质：以当前指定的索引位为起点，将后续数据对象的索引位依次向前移动。该方法的源码如下。

```
  public synchronized void removeElementAt(int index) {
    if (index >= elementCount) { throw new ArrayIndexOutOfBoundsException(index + " >=
" + elementCount); }
    else if (index < 0) { throw new ArrayIndexOutOfBoundsException(index); }
    // j 代表 elementData 数组要移动部分的长度
    int j = elementCount - index - 1;
    // 当 index 指向当前 elementData 数组的最后一个索引位时，j=0
    if (j > 0) { System.arraycopy(elementData, index + 1, elementData, index, j); }
    modCount++;
    // 数据对象数量 - 1
    elementCount --;
    // 这行代码会着重说明
    elementData[elementCount] = null; /* to let gc do its work */
  }
```

首先讲解上述源码中的 System.arraycopy(Object src, int srcPos, Object dest, int destPos, int length)方法。该方法是一种 JNI native 方法，是 JDK 提供的用于进行两个数组中数据对象复制的性能最好的方法之一。该方法的参数如下。

- src：该参数只能传入数组，表示当前进行数组复制的源数组。
- srcPos：表示在源数组中进行复制操作的起始位置。
- dest：该参数同样只能传入数组，表示当前进行数组复制的目标数组。
- destPos：表示在目标数组中进行复制操作的起始位置。
- length：用于指定进行复制操作的长度。

上述源码使用 System.arraycopy()方法的意图如图 1-12 所示。

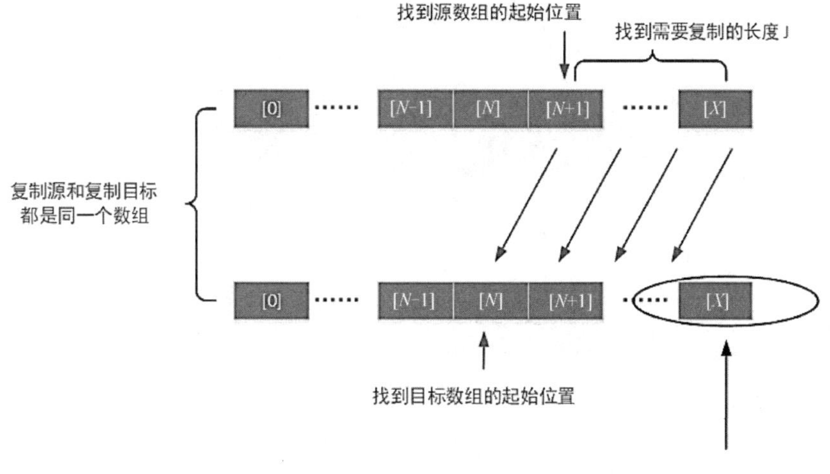

图 1-12

在图 1-12 中，虽然完成了数组自身的数据移动，但这时数组中最后一个索引位上的数据对象并没有改变，所以需要手动减小数组中的数据值，并且手动设置最后一个索引位上的数据对象为 null。所以上述源码中会出现如下内容。

```
public synchronized void removeElementAt(int index) {
  // 此处代码省略
  elementCount--;
  elementData[elementCount] = null; /* to let gc do its work */
  // 此处代码省略
}
```

读者应该已经注意到了，源码片段中多次出现对 elementCount 变量的操作，这个变量实际上对 CAS 思想进行了借鉴，本书将在后续相关章节进行介绍。

1.3 List 集合实现——ArrayList

ArrayList 集合是 JCF 中非常重要的集合之一，也是实际工作中最常使用的集合之一。ArrayList 集合拥有与 Vector 集合类似的接口和操作逻辑（从 JDK 1.2 开始提供），但它不支持线程安全操作（Vector 集合支持线程安全操作，但是基于线程安全的多线程操作性能不高）。ArrayList 集合也支持随机访问，也就是说，ArrayList 集合在单线程下对指定索引位上的数据读取操作的时间复杂度为 $O(1)$。ArrayList 集合的主要继承体系如图 1-13 所示。

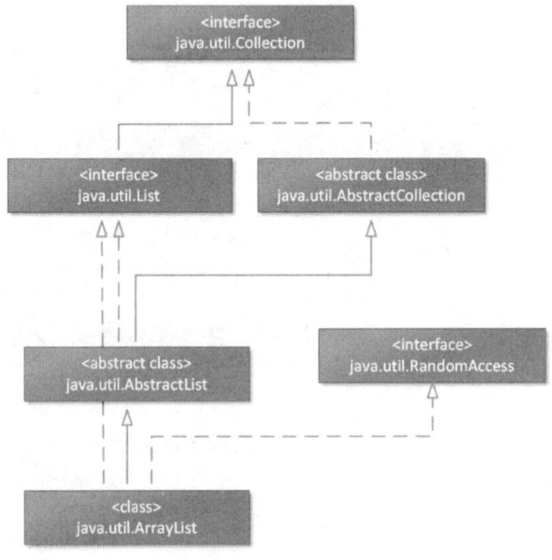

图 1-13

1.3.1　ArrayList 集合概述

ArrayList 集合是程序员在单线程操作场景中最常使用的 List 集合之一。该集合的内部结构是一个数组，并且这个数组在需要的时候可以进行扩容操作，所以理论上 ArrayList 集合能存储任意数量的数据对象（但实际上受各种客观因素限制而无法实现）。ArrayList 集合允许将数据对象添加到数组的任意有效索引位上，并且允许从数组的任意有效索引位上获取数据对象。描述 ArrayList 集合中重要全局变量和常量的源码如下。

```
public class ArrayList<E>
  extends AbstractList<E> implements List<E>, RandomAccess, Cloneable,
java.io.Serializable {
  // 该常量表示 ArrayList 集合默认的初始化容量，实际上这个值在 ArrayList 集合中很少使用，
  // 在使用默认构造方法的情况下，只出现在 ArrayList 集合第一次确认容量时
  private static final int DEFAULT_CAPACITY = 10;
  // 该常量会在初始化 ArrayList 集合时使用，用于将 elementData 数组初始化为一个空数组
  private static final Object[] EMPTY_ELEMENTDATA = {};
  // 该常量会在 ArrayList 集合第一次添加数据时使用，
  // 在默认情况下，用于作为 ArrayList 集合第一次扩容的判定依据
  private static final Object[] DEFAULTCAPACITY_EMPTY_ELEMENTDATA = {};
  // 该数组变量主要用于存储 ArrayList 集合中的各个数据对象（的引用）
  // 注意：为了简化嵌套类访问限制，该变量并没有使用 private 修饰符进行修饰
  transient Object[] elementData;
  // 该变量主要用于记录当前 ArrayList 集合的容量，类似于 Vector 集合中的 elementCount 变量
  private int size;
  // 此处代码省略
}
```

关于 transient 修饰符的作用，本书默认各位读者已经知晓，这里不再赘述。从全局变量的定义方式来看，ArrayList 集合和 Vector 集合的工作思路类似：都支持随机访问，都继承了 AbstractList 抽象类，都使用数组存储数据对象，但这两种集合在细节处理上存在较大差异。

1.3.2　ArrayList 集合的初始化操作和扩容操作

本节主要讲解 ArrayList 集合的初始化操作和扩容操作，并且与前面已经介绍的 Vector 集合进行对比。首先讲解 ArrayList 集合的初始化方法，相关源码片段如下。

```
// 该构造方法主要用于为 ArrayList 集合设置一个指定大小的初始容量，
// 并且将集合中所有索引位上的数据对象赋值为 null
// 参数 initialCapacity 主要用于设置 ArrayList 集合的初始容量
public ArrayList(int initialCapacity) {
  if (initialCapacity > 0) { this.elementData = new Object[initialCapacity]; }
```

```
  else if (initialCapacity == 0) { this.elementData = EMPTY_ELEMENTDATA;}
  // 容量值不能小于 0
  else { throw new IllegalArgumentException("Illegal Capacity: "+ initialCapacity); }
}
// 默认设置一个初始容量为 0 的 ArrayList 集合
public ArrayList() {
  this.elementData = DEFAULTCAPACITY_EMPTY_ELEMENTDATA;
}

// 这是第三个构造方法，使用一个参照集合，对 ArrayList 集合进行初始化操作
public ArrayList(Collection<? extends E> c) {
  // 外部的参考集合 c 不能为 null，否则会报错
  // 这里思考一个问题：elementData 数组在被赋值后，一定仍是 Object[]类型的吗？
  elementData = c.toArray();
  if ((size = elementData.length) != 0) {
    if (elementData.getClass() != Object[].class) {
      elementData = Arrays.copyOf(elementData, size, Object[].class);
    }
  } else {
    // replace with empty array.
    this.elementData = EMPTY_ELEMENTDATA;
  }
}
```

根据上述源码片段可知，如果在进行初始化时不指定 ArrayList 集合的容量，那么 ArrayList 集合会被初始化成一个容量为 0 的集合。对于上述源码片段中的默认构造方法，官方给出的初始化意义是“Constructs an empty list with an initial capacity of ten”。这是因为当 ArrayList 集合处于这种状态时，后续在向 ArrayList 集合添加新数据对象时，无论是使用 add(E)方法，还是使用 add(int, E)方法（或其他方法），ArrayList 集合都会使用 grow(int)方法将 elementData 数组扩容成一个新的容量为 10 的数组。

grow(int)方法是 ArrayList 集合实际进行扩容操作的方法。由于一个数组在完成初始化后，其容量不能改变。因此 ArrayList 集合实际的扩容机制是**通过某种规则创建一个容量更大的数组，并且按照一定的逻辑将原数组中的数据对象依次复制（引用）到新的数组中**。grow(int)方法的完整源码如下。

```
// 从外部调用情况来看，入参一般是原数组容量 + 1 或常量 DEFAULT_CAPACITY（值为 10）
private Object[] grow(int minCapacity) {
  // 存储原数组的容量值，后面要使用
  int oldCapacity = elementData.length;
  // 如果条件成立，则说明不是第一次扩容或原始集合的容量值不为 0
  // 这时，数组增量为原来容量的 50%（注意右移运算符“>>”的意义）
  // 在计算得到新的数组容量值后，使用 Arrays.copyOf()方法完成新数组的创建，
  // 并且将原数组中的数据对象复制（引用）到新数组中
  if (oldCapacity > 0 || elementData != DEFAULTCAPACITY_EMPTY_ELEMENTDATA) {
```

```
        // 等同于:
        //  newCapacity = newCapacity + (oldCapacity >> 1 < minCapacity - oldCapacity?
        //minCapacity  - oldCapacity: oldCapacity >> 1);
        int newCapacity = ArraysSupport.newLength(oldCapacity, minCapacity - oldCapacity,
oldCapacity >> 1);
        return elementData = Arrays.copyOf(elementData, newCapacity);
      }
      // 如果以上条件不成立，则说明当前 ArrayList 集合还处于默认的容量为 0 的状态
      // 此时取 DEFAULT_CAPACITY 和 minCapacity 的最大值作为新数组的容量值
      else {
        return elementData = new Object[Math.max(DEFAULT_CAPACITY, minCapacity)];
      }
    }

    private Object[] grow() { return grow(size + 1); }
```

根据上述源码可知，ArrayList 集合的扩容操作主要分为两种情况：在进行扩容操作前，ArrayList 集合的容量值为 0 的情况和不为 0 的情况。

- 在进行扩容操作前，ArrayList 集合容量值不为 0。

这种情况就是以上源码片段中判定条件“oldCapacity > 0 || elementData != DEFAULTCAPACITY_EMPTY_ELEMENTDATA”为 true 的情况。处理逻辑为，以传入的 minCapacity 参数值和原始容量默认的 50%增量值的比较结果为依据进行扩容操作。一般会按照原始容量默认的 50%增量值进行扩容操作。

- 在进行扩容操作前，ArrayList 集合的容量值为 0。

这种情况实际上就是 ArrayList 集合使用默认的构造方法刚完成初始化操作的情况——只要之前发生了一次添加操作，ArrayList 集合就不会是这样的状态。

扩容操作中的两种逻辑场景如图 1-14 所示。

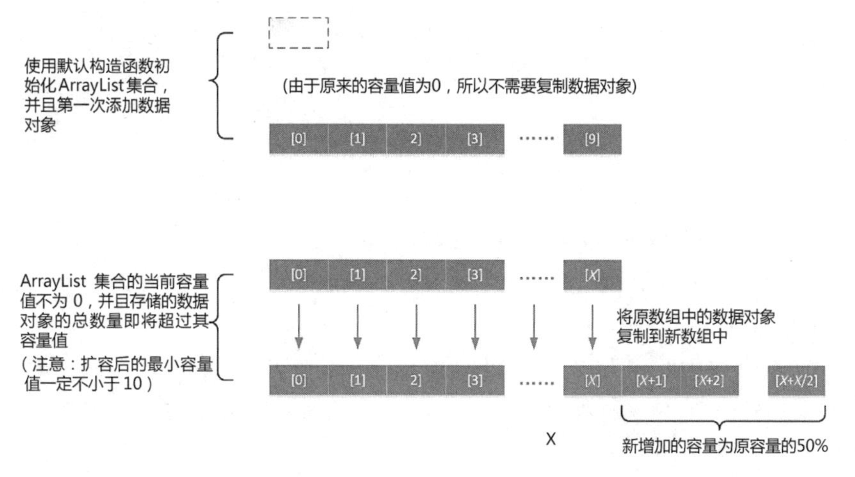

图 1-14

ArrayList 集合内部的数组在长度为 0 的情况下进行数组引用的替换，严格来说都不能称为扩容操作，因为没有最关键的数据复制过程。但为了统一考虑处理逻辑，我们将其视为扩容操作的一种特殊场景。

1.3.3 ArrayList 集合中的 add(E)方法

ArrayList 集合中的 add(E)方法和 Vector 集合中的 add(E)方法功能类似，其处理过程都可以概括如下。

如果集合中还有多余索引位可以存储数据对象，那么直接在数组最后一个有效索引位的下一个索引位上添加新数据对象；如果集合中没有多余的索引位可以存储数据对象，那么先进行扩容操作，再进行新数据对象的添加操作。

两种集合中的 add(E)方法在一些处理细节上有所不同，具体如下。

两个 add(E)方法都是在当前集合中的有效索引位（尾部）的下一个索引位上进行数据对象的添加操作，但两种集合定义记录尾部的属性不一样。ArrayList 集合使用 size 属性记录尾部，Vector 集合使用 elementCount 属性记录尾部。注意，这里的“尾部”并不是用 elementData 数组的 length 属性表示的。ArrayList 集合中的 add(E)方法的相关源码片段如下。

```
// 该方法主要用于在 ArrayList 集合中的有效索引位的下一个索引位上添加一个新的数据对象
public boolean add(E e) {
  modCount++;
  add(e, elementData, size);
  return true;
}
// 该私有方法是真正用于控制新数据对象添加过程的处理方法
private void add(E e, Object[] elementData, int s) {
  // 如果条件成立，则需要先进行扩容操作
  if (s == elementData.length) { elementData = grow(); }
  // 对数组中的 s 号索引位（有效索引位的下一个索引位）上的数据对象进行赋值
  elementData[s] = e;
  // 集合当前已使用的容量值 + 1
  size = s + 1;
}
```

ArrayList 集合中的 add(E)方法并不是线程安全的，Vector 集合中的 add(E)方法，虽然加入了保证线程安全性的机制，但仍然不适合用于高并发场景中。两种集合在进行扩容操作时，它们的扩容逻辑也不相同。

ArrayList 集合还为使用者提供了 add(int, E)方法。使用 add(int, E)方法，调用者可以在指定的有效索引位上插入一个新的数据对象，在插入新数据对象前，这个索引位上的数据对象会向后移动，源码如下。

```
// 在指定的索引位上插入新的数据对象
```

```
// @param index 主要用于指定的索引位，该索引位上数据对象的值小于 size 的值，并且不为负数
// @param element 表示新插入的数据对象（数据对象可以为 null）
public void add(int index, E element) {
  // 检测指定的 index 索引位是否符合要求
  rangeCheckForAdd(index);
  modCount++;
  final int s;
  Object[] elementData;
  // 如果条件成立，则说明在插入数据对象前，集合中没有多余的索引位，此时需要先进行扩容操作
  if ((s = size) == (elementData = this.elementData).length) { elementData = grow(); }
  // 从当前指定的 index 索引位开始，将后续索引位上的所有数据对象向后移动一位
  System.arraycopy(elementData, index, elementData, index + 1, s - index);
  // 将数组当前的索引位重新设置为新值
  elementData[index] = element;
  // ArrayList 集合当前已使用的容量值+1
  size++;
}

private void rangeCheckForAdd(int index) {
  if (index > size || index < 0) {
    throw new IndexOutOfBoundsException(outOfBoundsMsg(index));
  }
}
```

add(int, E)方法和 add(E)方法的工作差异在 arraycopy()方法处才显现出来，具体来说，add(int, E)方法可以使用 arraycopy()方法将数据对象的添加操作和指定索引位上数据对象的移位操作一次性处理完，如图 1-15 所示。

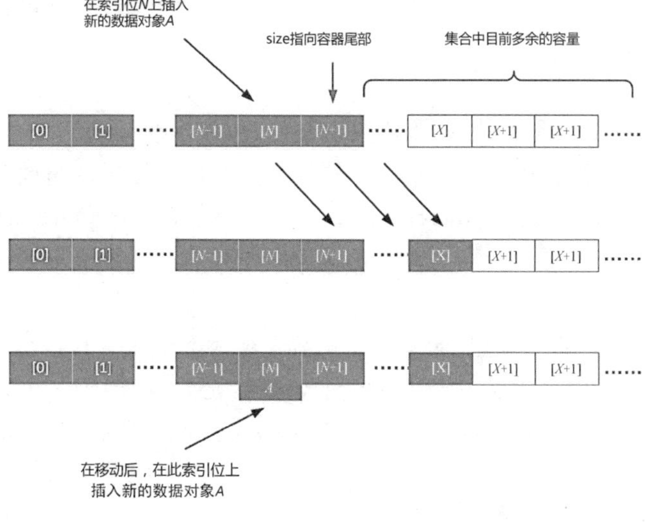

图 1-15

图 1-15 中的操作过程是在调用 add(int, E)方法时集合容量充足的情况。如果集合容量不充足，那么首先进行扩容操作，然后使用 arraycopy()方法将 elementData 数组中的指定索引位及后续索引位上的数据对象依次向后移动一位，最后将新的数据对象添加（引用）到指定的索引位上。

1.3.4 Vector 集合与 ArrayList 集合对比

本节在介绍 ArrayList 集合的工作逻辑时，会刻意和 Vector 集合进行对比，因为这两种集合的结构、处理逻辑、应用场景都非常相似。

1. 对集合的内部结构进行对比

Vector 集合和 ArrayList 集合的内部结构都是数组，甚至代表数组的变量名都一样(elementData)。Vector 集合中数组的初始化容量值默认为 10，并且使用者可以指定 Vector 集合的初始化容量值。

ArrayList 集合中数组的默认初始化容量值也为 10，也可以指定集合中数组的初始化容量值，但如果使用者没有指定初始化容量值，那么 ArrayList 集合中的 elementData 数组会被初始化为一个容量值为 0 的空数组。

```
// 此处代码省略
public ArrayList() {
  this.elementData = DEFAULTCAPACITY_EMPTY_ELEMENTDATA;
}
// 此处代码省略
```

2. 对扩容逻辑进行对比

Vector 集合和 ArrayList 集合的扩容逻辑不同，因为两种集合对扩容平衡性的处理思路不一样。Vector 集合默认采用当前容量的 1 倍大小进行扩容操作，而且 Vector 集合可以指定一个固定的扩容增量（capacityIncrement），但除非使用者很明确 Vector 集合即将承载的数据量规模，否则不推荐使用这种方法，因为固定的扩容增量要么导致频繁扩容，要么比必要扩容浪费更多的存储空间。

ArrayList 集合在进行扩容操作时会将当前容量增大 50%，并且扩容逻辑不能干预，除非扩容前容量值小于 10（如果发生这样的情况，则首先扩容到 10）。ArrayList 集合的扩容逻辑相对动态，这保证了在扩容操作频率和扩容大小之间更好的平衡性。

3. 对线程安全性保证进行对比

Vector集合的线程安全性体现在该集合提供给外部调用者使用的读/写方法中都会使用synchronized修饰符进行修饰（Object Monitor模式），示例代码如下。

```
// 此处代码省略
public synchronized int size() {
  return elementCount;
}
// 此处代码省略
public synchronized boolean isEmpty() {
  return elementCount == 0;
}
// 此处代码省略
```

这种线程安全保证方式的锁粒度太过粗放，并且已经被本书后续要介绍的各种在高并发场景中使用的集合代替，所以不推荐为了保证线程安全性而使用Vector集合。

ArrayList集合并不是线程安全的，官方也不推荐在多线程场景中使用ArrayList集合。如果使用者强行这么做，那么ArrayList集合很可能出现“脏数据”问题（实际上ArrayList集合会在迭代器中通过modCount全局变量标记的操作数进行一些避免“脏读”问题的限制，这是一种CAS思想的借鉴）。

4. 对序列化过程进行对比

Vector集合并没有对集合的序列化过程和反序列化过程进行特殊优化处理（虽然重写了readObject()方法和writeObject()方法）。在序列化过程中，当前elementData数组中多余的索引位会一起被序列化，这很明显产生了不必要的性能消耗。

ArrayList集合会对集合的序列化过程和反序列化过程进行针对性的优化处理，在对ArrayList集合进行序列化时，只会对elementData数组中已使用的索引位进行序列化，未使用的索引位不会被序列化；相对地，在原ArrayList集合中已被序列化的各个数据对象被反序列化成新的ArrayList集合中的数据对象时，新的elementData数组不会产生多余的容量，只有在下一次被要求向该集合中添加数据对象时，才会开始新一轮的扩容操作。

1.4 List集合实现——Stack

顾名思义，Stack集合的工作效果符合栈结构的定义。栈结构是指能使集合中的数据对象具有后进先出（LIFO）操作特性的集合结构，如图1-16所示。最初的JDK版本就已经提供了java.util.Stack集合。

java.util.Stack 集合的主要继承体系如图 1-17 所示。可以看出 java.util.Stack 集合继承自 java.util.Vector 集合。也就是说，Stack 集合除了具有 Vector 集合的所有操作特性，还具有栈结构的操作功能。例如，Stack 集合同样有线程安全操作特性（但同样不适合在高并发场景中使用），Stack 集合的扩容增量通常也是当前容量的 1 倍；Stack 集合也不会对集合的序列化过程和反序列化过程进行特殊优化处理。

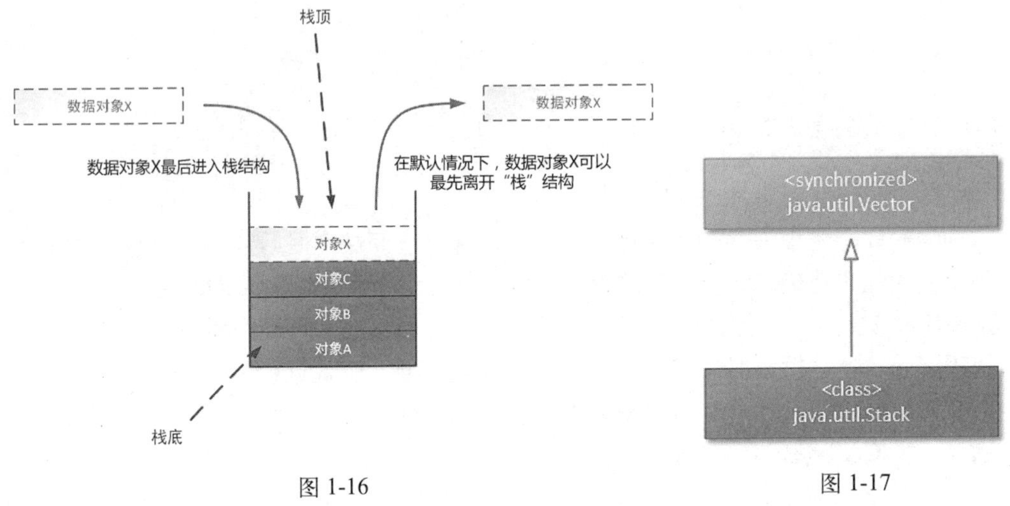

图 1-16　　图 1-17

注意：java.util.Stack 集合在 JDK 1.6 后就不再推荐使用，这里也只是出于学习 JCF 设计思路、演进过程的目的，才对该集合进行介绍。在实际工作中，如果需要在无须保证线程安全性的场景中使用栈结构（如局部变量），那么官方推荐使用 java.util.ArrayDeque 集合；如果需要在保证线程安全性的场景中使用栈结构，那么官方推荐使用 java.util.concurrent.LinkedBlockingDeque 集合。

在去除注释后，JDK 14 中 Stack 集合的全部源码如下（实际上这些源码从 JDK 1.8 开始就没有进行过改动，因为该集合早已不推荐使用）。

```
public class Stack<E> extends Vector<E> {
  public Stack() {}
  public E push(E item) {
    addElement(item);
    return item;
  }
  public synchronized E pop() {
    E obj;
    int len = size();
    obj = peek();
    removeElementAt(len - 1);
    return obj;
  }
  public synchronized E peek() {
```

```
    int len = size();
    if (len == 0) { throw new EmptyStackException();}
    return elementAt(len - 1);
  }
  public boolean empty() { return size() == 0;}
  public synchronized int search(Object o) {
    int i = lastIndexOf(o);
    if (i >= 0) { return size() - i; }
    return -1;
  }
  private static final long serialVersionUID = 1224463164541339165L;
}
```

Stack 集合的内部结构仍然是一个数组，使用数组的尾部模拟栈结构的栈顶，使用数组的头部模拟栈结构的栈底。以 push()方法为例，该方法将传入的数据对象放置在栈结构的栈顶，使其作为新的栈顶数据对象。

注意：由于 Stack 集合使用 elementCount 变量的值，在 elementData 数组的指定索引位上模拟栈结构的栈顶，因此 push()方法的实际操作就是调用 Vector 集合中的 addElement(item)方法，在 elementCount 变量代表的数组尾部添加一个新的数据对象。数组和栈结构的转换示意图如图 1-18 所示。

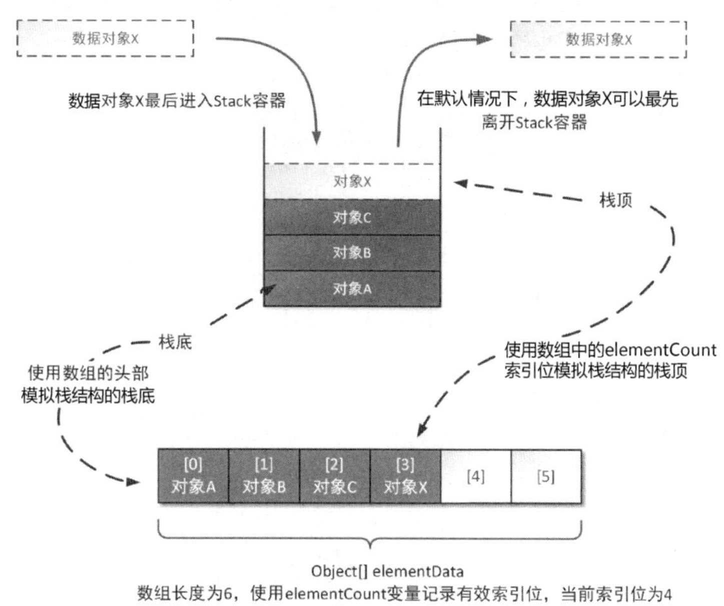

图 1-18

Stack 集合和 Vector 集合的核心设计思想、实现的功能、稳定性都没有任何问题，但 JCF 已不再推荐使用它们，因为 **Stack 集合和 Vector 集合的所有主要工作特性都有更合适的集合可以实现。**

- Stack 集合和 Vector 集合虽然是线程安全的，但在适用场景中已被专门用于高并发场景中的处理集合 LinkedBlockingDeque、CopyOnWriteArrayList 等代替。
- Stack 集合和 Vector 集合没有针对序列化过程和反序列化过程进行任何优化，而工作效果相似的 ArrayDeque 集合、ArrayList 集合都对序列化过程的反序列化过程进行了优化。
- Stack 集合和 Vector 集合的内部结构都是数组，所以都存在数组扩容操作的问题，主要表现为每次将当前容量增大 1 倍的扩容方式不够灵活。如果容量较小，那么这种扩容方式的适应性还好；如果容量基数较大，那么这种扩容方式容易造成不必要的浪费，并且有更高的容量超界风险。相较而言，ArrayList 集合提供的按照 50%的标准进行扩容操作的方式适应性更好。

1.5 List 集合实现——LinkedList

java.util.LinkedList 集合是本书讲解的最后一种主要的 List 集合，也是本书讲解的第一种 Queue 集合。换句话说，**LinkedList 集合同时具有 List 集合和 Queue 集合的基本特性。** java.util.LinkedList 集合的主要继承体系如图 1-19 所示。

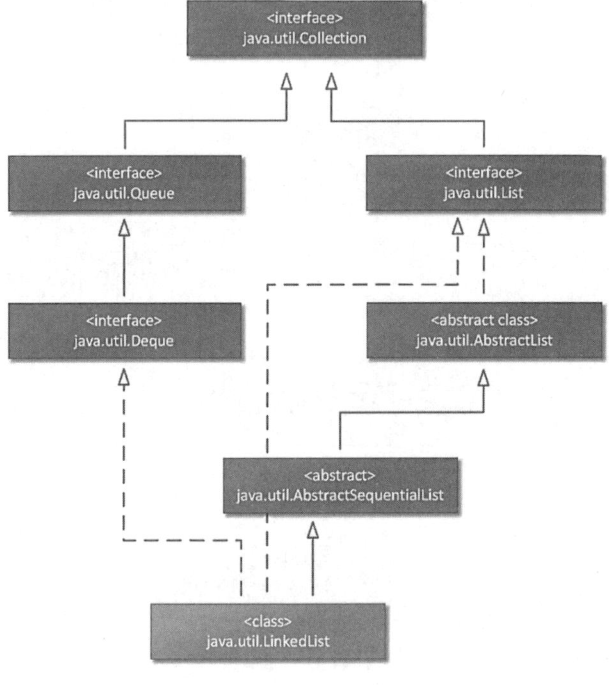

图 1-19

根据图 1-19 可知，LinkedList 集合同时实现了 List 接口和 Queue 接口，这两个接口分别代表了 JCF 中三大集合结构（List、Queue、Set）中的两个。在 JDK 1.2 版本后、JDK 1.6 版本前，官方推荐使用 LinkedList 集合模拟栈结构。

1.5.1 LinkedList 集合的主要结构

LinkedList 集合的主要结构是双向链表。双向链表中的节点不要求有连续的内存存储地址，因此在向双向链表中插入新节点时，无须申请一块连续的存储空间，只需按需申请存储空间。LinkedList 集合中的链表的每个节点都使用一个 java.util.LinkedList.Node 类的对象进行描述。链表的基本结构如图 1-20 所示。

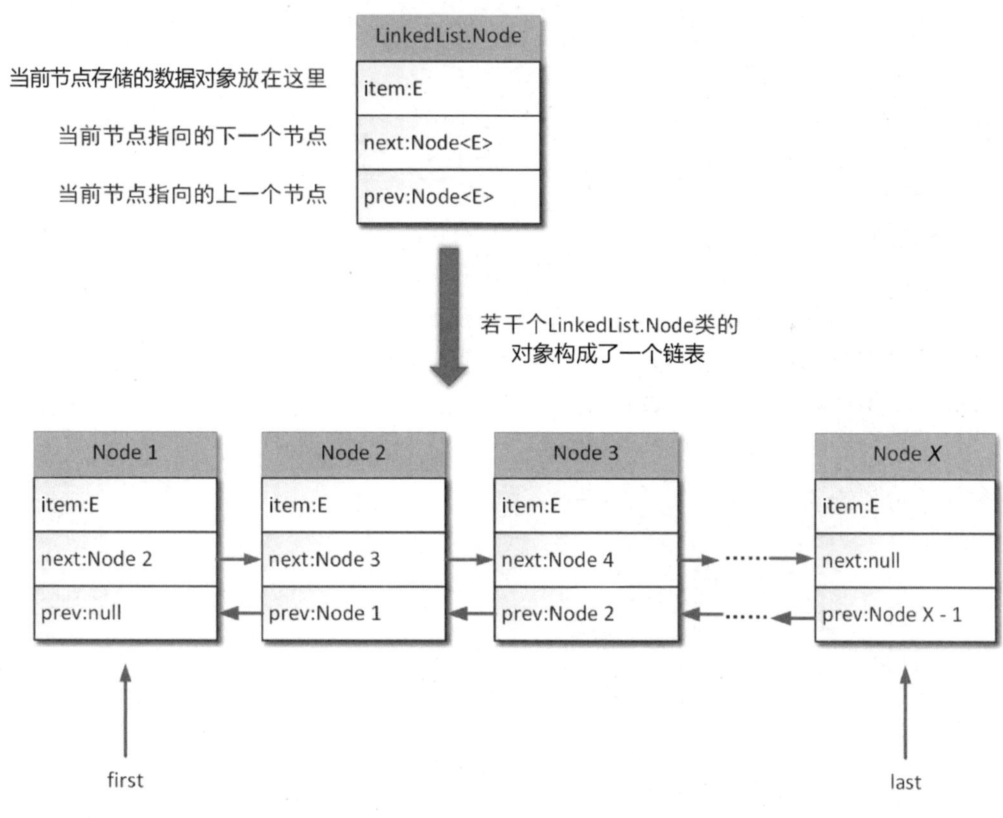

图 1-20

根据图 1-20 可知，LinkedList.Node 类有 3 个重要属性。

- item 属性：该属性主要用于在当前 Node 节点上存储具体的数据对象。
- next 属性：该属性的类型也是 LinkedList.Node，表示当前节点指向的下一个节点。
- prev 属性：该属性的类型也是 LinkedList.Node，表示当前节点指向的上一个节点。

在图 1-20 中，双向链表的头节点和尾节点的特点如下。

- 头节点的 prev 属性在任何时候都为 null。
- 尾节点的 next 属性在任何时候都为 null。

LinkedList Node 类的详细定义源码如下。

```
public class LinkedList<E>
    extends AbstractSequentialList<E>
    implements List<E>, Deque<E>, Cloneable, java.io.Serializable {
  // 此处代码省略
  // Node 类的定义很简单
  private static class Node<E> {
    E item;
    Node<E> next;
    Node<E> prev;
    Node(Node<E> prev, E element, Node<E> next) {
      this.item = element;
      this.next = next;
      this.prev = prev;
    }
  }
  // 此处代码省略
}
```

LinkedList 集合采用如下手段对内部的双向链表进行描述：使用 first 属性记录双向链表的头节点；使用 last 属性记录双向链表的尾节点，使用 size 变量记录双向链表的当前长度。LinkedList 集合的源码片段如下。

```
public class LinkedList<E>
    extends AbstractSequentialList<E>
    implements List<E>, Deque<E>, Cloneable, java.io.Serializable {
    // 此处代码省略
    // 记录当前双向链表的长度
    transient int size = 0;
    // 记录当前双向链表的头节点
    transient Node<E> first;
    // 记录当前双向链表的尾节点
    transient Node<E> last;
    // 注意以下官方注释给出的 first 属性和 last 属性的合规检查要求
    /*
    void dataStructureInvariants() {
      assert (size == 0) ? (first == null && last == null) : (first.prev == null &&
last.next == null);
    }
    */
    // 此处代码省略
}
```

根据上述源码片段可知，LinkedList 集合的以下内部状态场景都是正常的。

- **first == null && last == null：** 当双向链表中没有任何数据对象时，first 属性和 last 属性一定都为 null，如图 1-21 所示。
- **first == last：** 当双向链表中只有一个数据对象时，first 属性和 last 属性一定指向同一个节点，如图 1-22 所示。
- **first != null && last != null：** 当双向链表中至少有一个数据对象时，first 属性和 last 属性都不可能为 null，如图 1-23 所示。

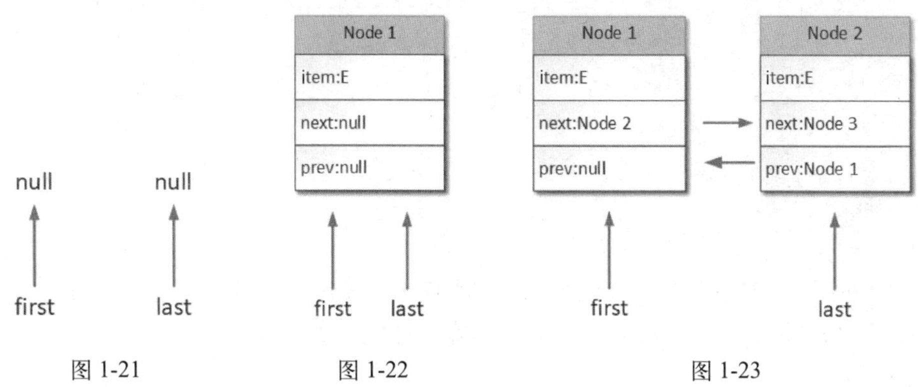

图 1-21　　图 1-22　　图 1-23

基于以上描述，这些 LinkedList 集合的内部状态场景是不可能出现的：(**first != null && last == null**）或（**first == null && last != null**)。因为 first 属性和 last 属性要么都为 null，要么都不为 null。

1.5.2　LinkedList 集合的添加操作

从 JDK 1.8 开始，LinkedList 集合中有 3 个用于在链表的不同位置添加新的节点的关键方法，分别是 linkFirst(E)方法、linkLast(E)方法和 linkBefore(E , Node)方法。值得注意的是，这 3 个方法都不是用 public 修饰的方法，从源码可以看出，这些方法实际上要通过 add(E)、addLast(E)、addFirst(E)等方法进行封装，然后才能对外提供服务。所以只要了解了以上 3 个方法的工作过程，就基本可以理解在 LinkedList 集合中添加数据对象的工作思路了。

1．linkFirst(E)方法

使用 linkFirst(E)方法可以在双向链表的头部添加一个新的 Node 节点，用于存储新添加的数据对象，并且调整当前 first 属性的指向位置。该方法的源码如下。

```
private void linkFirst(E e) {
  // 使用一个临时变量记录操作前 first 属性中的信息
```

```
    final Node<E> f = first;
    // 创建一个数据信息为 e 的新节点，此节点的前置节点引用为 null，后置节点引用指向原来的头节点
    final Node<E> newNode = new Node<>(null, e, f);
    // 这句很关键，由于要在双向链表的头部添加新的节点，
    // 因此实际上会基于 newNode 节点将 first 属性中的信息进行重设置
    first = newNode;
    // 如果条件成立，则说明在进行添加操作时，双向链表中没有任何节点
    // 因此需要将双向链表中的 last 属性也指向新节点，让 first 属性和 last 属性指向同一个节点
    if (f == null) { last = newNode; }
    // 如果条件不成立，则说明在操作前双向链表中至少有一个节点，
    // 因此只需将原来头节点的前置节点引用指向新的头节点 newNode
    else { f.prev = newNode; }
    // 双向链表长度 + 1
    size++;
    // LinkedList 集合的操作次数 + 1
    modCount++;
  }
```

上述源码片段的注释已经非常详细，但是有的读者可能还是觉得理解困难。下面用图文说明的方式描述 LinkFirst(E)方法的工作步骤，如图 1-24 所示。

2．linkLast(E) 方法

使用 linkLast(E)方法可以在当前双向链表的尾节点之后添加一个新的节点，并且调整当前 last 属性的指向位置。该方法的源码如下。

```
  void linkLast(E e) {
    // 使用一个临时变量记录操作前 last 属性中的信息
    final Node<E> l = last;
    // 创建一个新节点,其 item 属性值为 e,新节点的前置节点引用为链表原来的尾节点,后置节点引用为 null
    final Node<E> newNode = new Node<>(l, e, null);
    // 这句很关键，由于要在双向链表的尾部添加新的节点，
    // 因此实际上会基于 newNode 节点将 last 属性中的信息进行重设置
    last = newNode;
    // 如果条件成立，则说明在进行添加操作时双向链表中没有任何节点，
    // 因此需要将双向链表中的 first 属性也指向新节点，让 first 属性和 last 属性指向同一个节点
    if (l == null) { first = newNode; }
    // 如果条件不成立，则说明在操作前双向链表中至少有一个节点，
    // 因此只需将原来尾节点的后置节点引用指向新的尾节点 newNode
    else {l.next = newNode;}
    // 双向链表长度 + 1
    size++;
    // LinkedList 集合的操作次数 + 1
```

```
    modCount++;
}
```

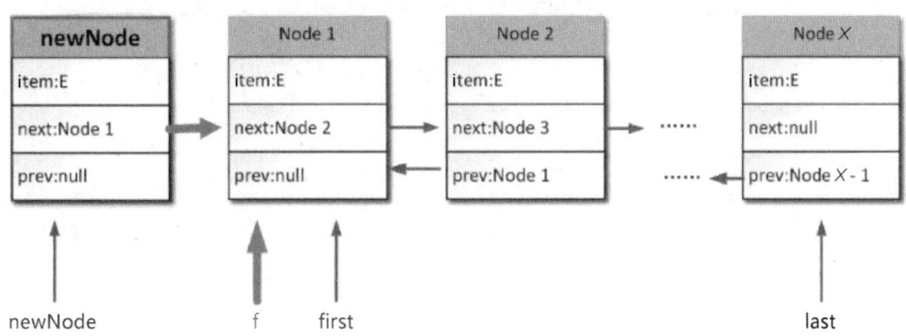

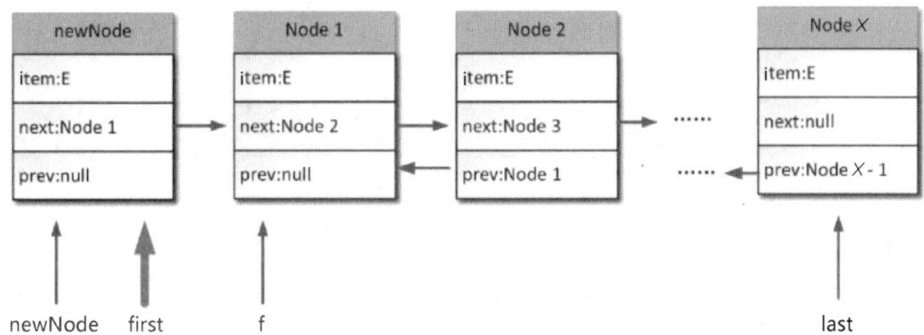

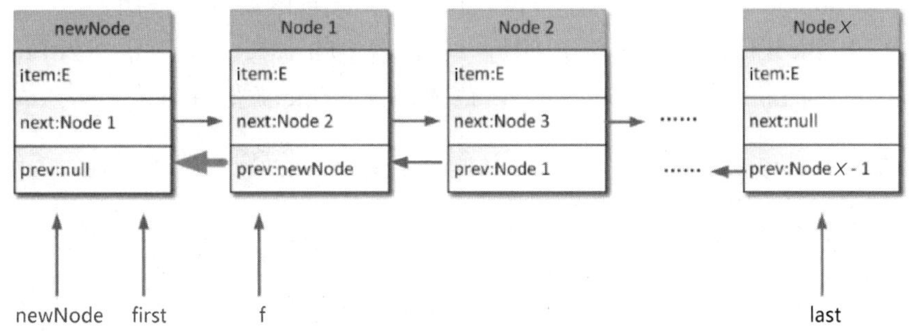

图 1-24

用图文说明的方式描述 LinkLast(E)方法的工作过程，如图 1-25 所示。

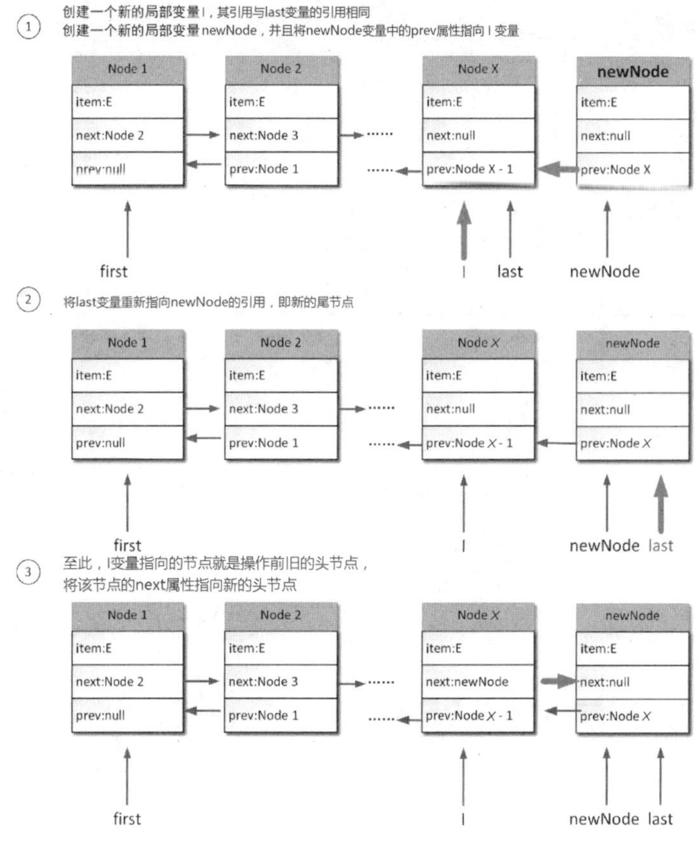

图 1-25

3．linkBefore(E, Node<E>)方法

使用 linkBefore(E, Node<E>)方法可以在指定的节点前的索引位上插入一个新节点。需要注意的是，LinkedList 集合的操作逻辑可以保证这里的 succ 入参一定不为 null，并且一定已经存储于当前 LinkedList 集合中的某个位置。该方法的源码如下。

```
void linkBefore(E e, Node<E> succ) {
  // 创建一个变量 pred，用于记录当前 succ 节点的前置节点引用（可能为 null）
  final Node<E> pred = succ.prev;
  // 创建一个新的节点 newNode，该节点的前置节点引用指向 succ 节点的前置节点
  // 该节点的后置节点引用指向 succ 节点
  final Node<E> newNode = new Node<>(pred, e, succ);
  // 将 succ 节点的前置节点重新设置为创建的新节点 newNode
  succ.prev = newNode;
  // 如果条件成立，则说明当前 succ 节点原本就是双向链表的头节点
  // 也就是说，当前操作的实质是在链表的头部增加一个新节点
```

```
    // 这时将 LinkedList 集合中指向头节点的 first 属性指向新创建的节点 newNode
    if (pred == null) { first = newNode; }
    // 在其他情况下，将 pred 属性指向节点的后置节点设置为当前创建的新节点 newNode
    else { pred.next = newNode; }
    size++;
    modCount++;
}
```

用图文说明的方式描述 linkBefore(E, Node<E>)方法的工作过程，如图 1-26 所示。

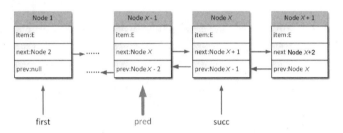

① 这一组示意图表达了在双向链表中的Node X 节点前插入一个新节点newNode的详细步骤，也就是说，入参succ是节点Node X 的一个引用。
首先创建一个新的变量 pred，这个变量指向 succ.prev 属性引用的节点 Node X-1

Node 1 | item:E | next:Node 2 | prev:null
Node X - 1 | item:E | next:Node X | prev:Node X - 2
Node X | item:E | next:Node X + 1 | prev:Node X - 1
Node X + 1 | item:E | next Node X+2 | prev:Node X
first　pred　succ

② 然后创建一个新的newNode节点，这个节点的前置节点指向 pred 属性指向的节点 Node X-1；
其后置节点指向 succ 变量指向的节点 Node X
紧接着将 succ 变量指向的节点原来的前置节点从节点 Node X -1更改成新的节点newNode

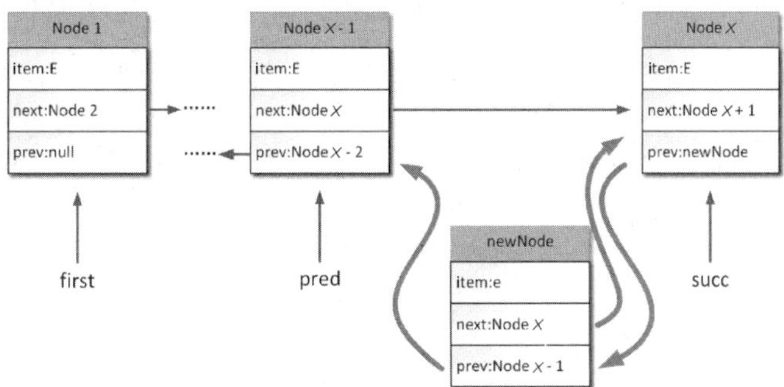

③ 最后将pred属性指向的节点的后置节点从节点Node X 更改成新的节点newNode。至此操作完成

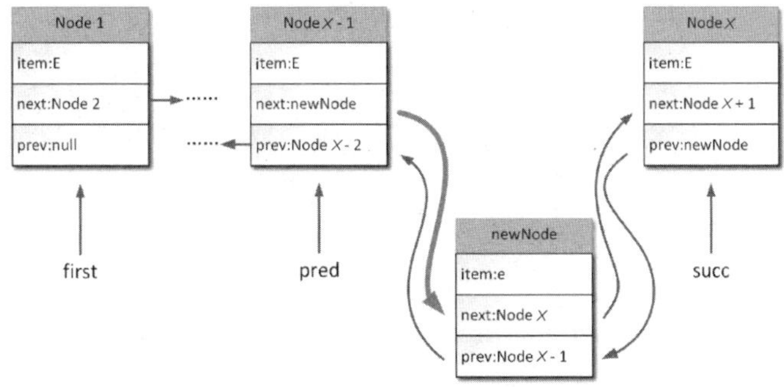

图 1-26

1.5.3 LinkedList 集合的移除操作

LinkedList 集合的移除操作和 LinkedList 集合的添加操作的源码同样具有阅读意义。实际上，LinkedList 集合中有 3 个负责移除集合中数据对象的关键方法，分别为 unlinkFirst (Node)方法、unlinkLast(Node)方法和 unlink(Node)方法。LinkedList 集合中的 removeFirst()方法、removeLast()方法和 remove(Object)方法的内部实现都基于前面提到的 3 个方法。

1. unlinkFirst(Node)方法

使用 unlinkFirst(Node)方法可以移除 LinkedList 集合中双向链表的头节点，并且重新设置它的后续节点为新的头节点。需要注意的是，该方法的入参 f 就是当前双向链表的头节点引用（入参 f 在经过调用者处理后一定不为 null）。该方法的源码如下。

```
// Unlinks non-null first node f
private E unlinkFirst(Node<E> f) {
  // 定义一个 element 变量，用于记录当前双向链表头节点中的数据对象，以便方法最后将其返回
  final E element = f.item;
  // 创建一个 next 变量，用于记录当前双向链表头节点的后置节点引用。注意该变量的值可能为 null
  final Node<E> next = f.next;
  // 设置当前双向链表头节点中的数据对象为 null、后置节点引用为 null
  f.item = null;
  f.next = null; // 帮助进行 GC
  // 设置双向链表中新的头节点为当前节点的后续节点
  first = next;
  // 如果条件成立，则说明在完成头节点的移除操作后，双向链表中已没有任何节点了
  // 需要同时将双向链表中的 next 变量和 last 属性值设置为 null
  if (next == null) {last = null;}
  // 在其他情况下，设置新的头节点的前置节点引用为 null，因为原来的前置节点引用指向操作前的头节点
  else {next.prev = null;}
  // 双向链表长度 - 1
  size--;
  // LinkedList 集合的操作次数 + 1
  modCount++;
  return element;
}
```

用图文说明的方式描述 unlinkFirst(Node)方法的工作过程，如图 1-27 所示。

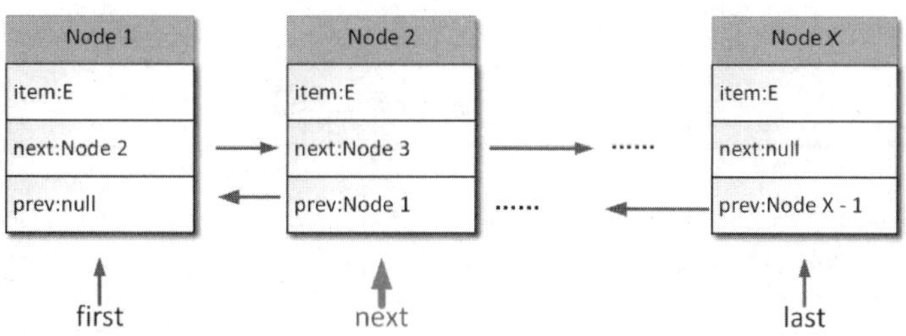

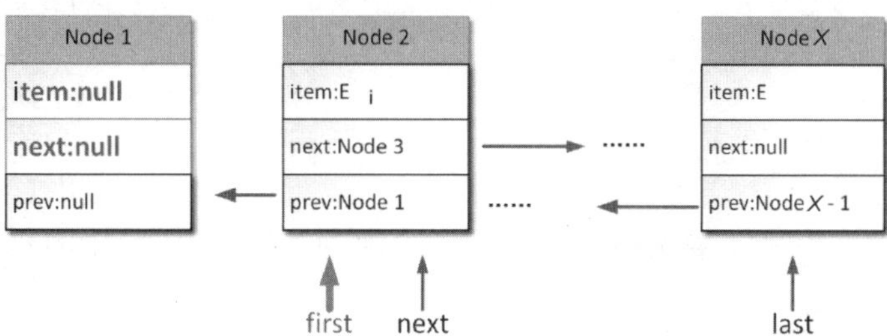

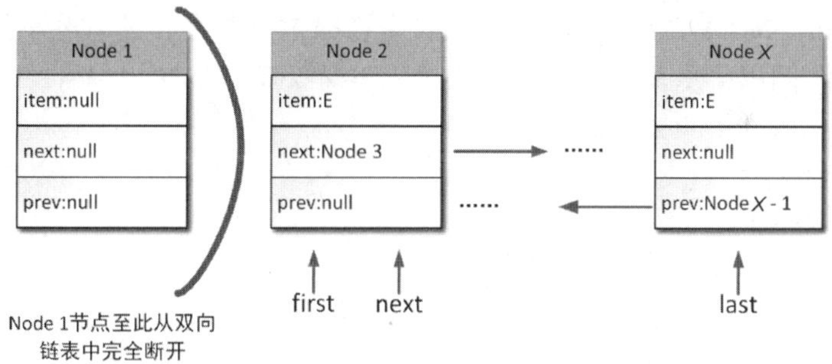

图 1-27

2．unlinkLast(Node)方法

使用 **unlinkLast(Node)**方法可以移除 **LinkedList** 集合中双向链表的尾节点，并且重新设置它的前置节点为新的尾节点。需要注意的是，该方法的入参 l 就是当前双向链表的尾节点引用（入参 l 在经过调用者处理后一定不为 null）。该方法的源码如下。

```
// Unlinks non-null last node l.
private E unlinkLast(Node<E> l) {
  // 定义一个 element 变量，用于记录当前双向链表尾节点中的数据对象，以便在方法最后将其返回
  final E element = l.item;
  // 创建一个 prev 变量，用于记录当前双向链表尾节点的前置节点引用。注意：该变量的值可能为 null
  final Node<E> prev = l.prev;
```

```
    // 设置当前双向链表尾节点中的数据对象为 null、前置节点引用为 null
    l.item = null;
    l.prev = null; // 帮助进行 GC
    // 设置当前尾节点的前置节点为新的尾节点
    last = prev;
    // 如果条件成立，则说明在移除当前双向链表的尾节点后，双向链表中已没有任何节点了
    // 这时设置头节点的引用为 null
    if (prev == null) { first = null; }
    // 在其他情况下，设置当前新的尾节点的后置节点引用为 null
    else { prev.next = null; }
    // 双向链表长度 - 1
    size--;
    // LinkedList 集合的操作次数 + 1
    modCount++;
    return element;
}
```

用图文说明的方式描述 unlinkLast(Node)方法的工作过程，如图 1-28 所示。

3. unlink(Node)方法

使用 **unlink(Node)**方法可以从双向链表中移除指定节点。该方法不能被 LinkedList 集合的使用者直接调用，集合内部在经过相关调整者处理后，其入参 x 所指向的节点一定位于双向链表中。该方法的源码如下。

```
// Unlinks non-null node x.
E unlink(Node<E> x) {
    // 定义一个 element 变量，用于记录当前节点中的数据对象，以便方法最后将其返回
    final E element = x.item;
    // 创建一个 next 变量，用于记录当前节点的前置节点引用。注意：该变量的值可能为 null
    final Node<E> next = x.next;
    // 创建一个 prev 变量，用于记录当前节点的后置节点引用。注意：该变量的值可能为 null
    final Node<E> prev = x.prev;
    // 如果条件成立，则说明被移除的 x 节点是双向链表的头节点
    // 这时将 x 节点的后置节点设置为新的头节点
    if (prev == null) { first = next; }
    // 在其他情况下，将 x 节点的前置节点的后置节点引用跳过 x 节点，将 x 节点的前置节点引用设置为 null
    else {
      prev.next = next;
      x.prev = null;
    }
    // 如果条件成立，则说明被移除的 x 节点是双向链表的尾节点
    // 这时将 x 节点的前置节点设置为新的尾节点
    if (next == null) { last = prev; }
```

```
    // 在其他情况下，将当前 x 节点的后置节点的前置节点引用跳过 x 节点，将 x 节点的后置节点引用设置为 null
    else {
      next.prev = prev;
      x.next = null;
    }
    // 将 x 节点的数据对象设置为 null
    x.item = null;
    // 双向链表长度 - 1
    size--;
    // LinkedList 集合的操作次数 + 1
    modCount++;
    return element;
  }
```

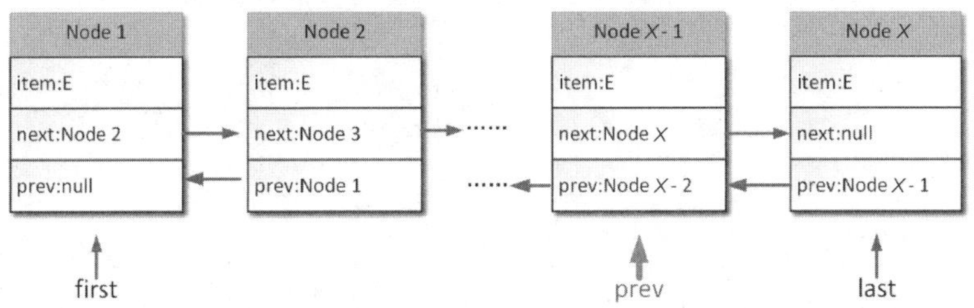

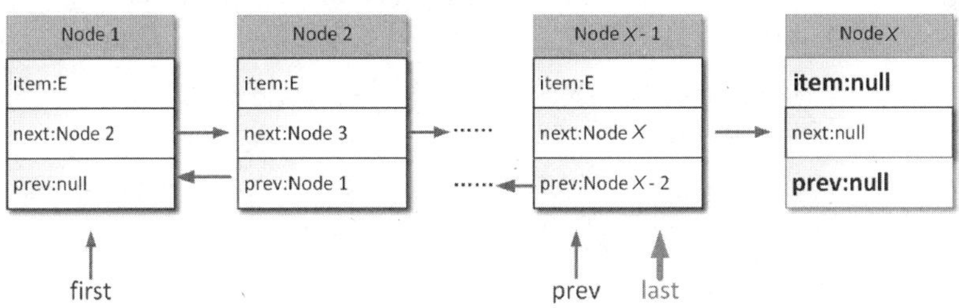

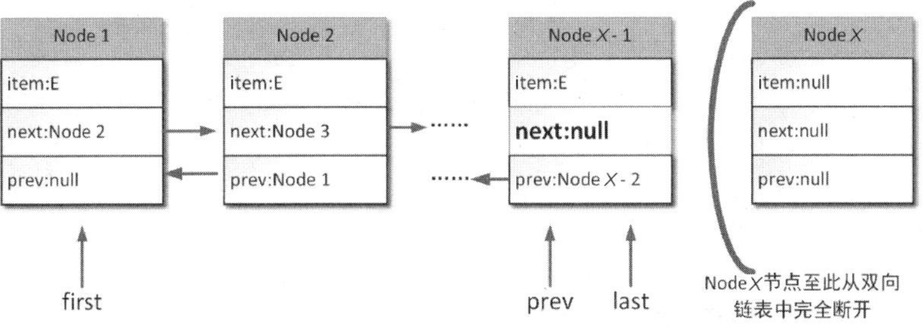

图 1-28

用图文说明的方式描述 unlink(Node)方法的工作过程（当 *X* 节点既不是双向链表的头节点，又不是双向链表的尾节点时），如图 1-29 所示。

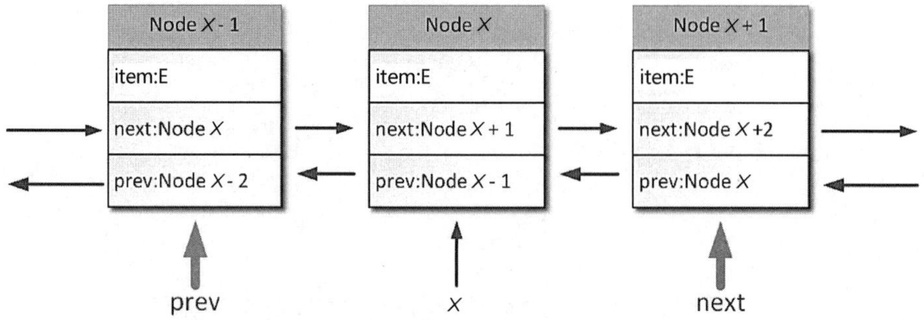

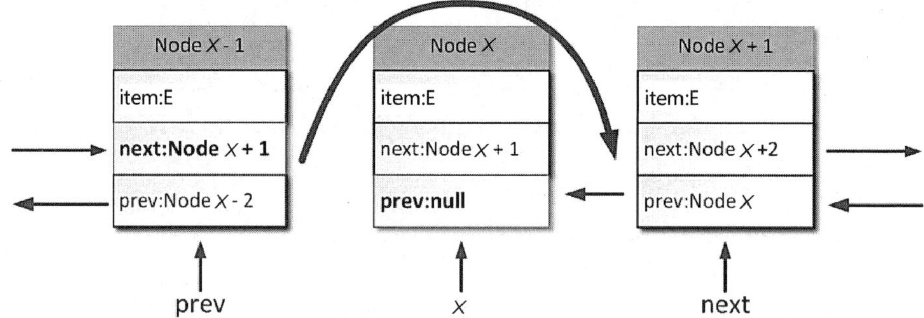

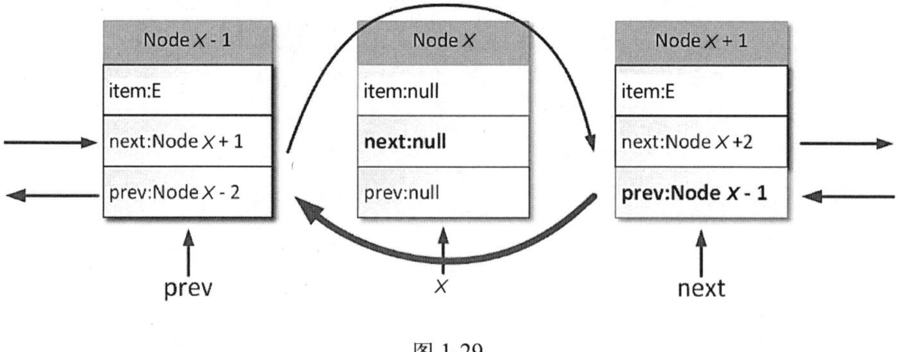

图 1-29

1.5.4 LinkedList 集合的查找操作

当 java.util.LinkedList 集合中的其他方法调用 linkBefore(E, Node)方法插入新节点，或

者调用 unlink(Node)方法移除指定节点时，**都需要先找到这个要被操作的节点**。由于双向链表的构造结构，LinkedList 集合不可能像 ArrayList 集合那样，通过指定一个数值便可以定位到指定索引位，因此 LinkedList 集合一定会涉及查询操作。

双向链表查询指定索引位的方式，就是从头节点或尾节点开始进行遍历。具体的实现方法为 java.util.LinkedList 集合中的 node(int)方法，源码如下。

```
// 注意：该方法返回的结果不为 null
// 入参 index 为当前操作要查询的节点索引值，开始 index 值为 0
Node<E> node(int index) {
  // 如果条件成立，则说明当前指定的 index 号索引位在双向链表的前半段，
  // 从当前双向链表的头节点开始向后依次查询
  if (index < (size >> 1)) {
    Node<E> x = first;
    for (int i = 0; i < index; i++) { x = x.next; }
    return x;
  }
  // 否则说明当前指定的 index 号索引位在双向链表的后半段，
  // 从当前双向链表的尾节点开始向前依次查询
  else {
    Node<E> x = last;
    for (int i = size - 1; i > index; i--) { x = x.prev; }
    return x;
  }
}
```

node(int)方法在 java.util.LinkedList 集合中的使用具有普遍性，addAll(int, Collection)方法、get(int)方法、set(int, E)方法、add(int, E)方法、remove(int)方法等的读/写操作都使用 node(int)方法查询双向链表中的指定索引位，如图 1-30 所示。

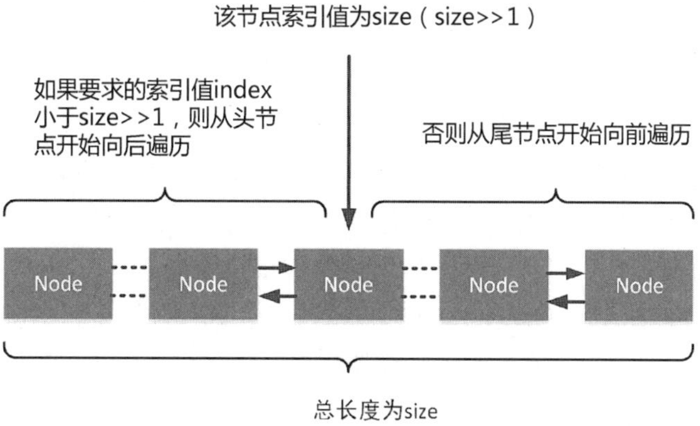

图 1-30

有一些方法比较特殊，如 indexOf(Object)方法、lastIndexOf(Object)方法、remove(Object)方法，这些方法不使用 node(int)方法查询指定索引位，它们使用指定的数据对象引用信息查询指定索引位。下面以 indexOf(Object)方法为例，对这些以数据对象引用信息为依据查询指定索引位的方法进行讲解。indexOf(Object)方法的源码如下。

```
// indexOf(Object)方法主要用于从双向链表的头节点开始，查询离 0 号索引位最近的一个节点
// 这个节点的特点是，item 属性存储的数据信息（引用地址）等于
// 当前方法入参 o 所代表的数据信息（引用地址）——当然 equals 方法可以被重写，如 String 类
// 此外，该方法规定，如果当前入参 o 为 null，则查询离头节点最近的 item 属性也为 null 的节点，
// 如果未找到满足条件的节点，则该方法返回-1
public int indexOf(Object o) {
  int index = 0;
  // 如果当前入参 o 为 null，那么从头节点开始向后遍历，直到发现某个 item 属性值为 null 的节点
  if (o == null) {
    for (Node<E> x = first; x != null; x = x.next) {
      if (x.item == null) { return index; }
      index++;
    }
  }
  // 如果当前入参 o 不为 null，那么从头节点开始向后遍历，
  // 直到发现某个 item 属性指向的内存地址与 o 参数指向的内存地址相同的节点（this == obj）
  // 注意：equals()方法可以被重写，这表示不同数据库对“相等”的理解可以不同
  else {
    for (Node<E> x = first; x != null; x = x.next) {
      if (o.equals(x.item)) { return index; }
      index++;
    }
  }
  return -1;
}
```

1.5.5 使用 LinkedList 集合的栈工作特性

LinkedList 集合既实现了 List 接口，又实现了 Deque 接口。它是 JCF 中为数不多的同时要求具备 List 集合工作特性和 Queue（Deque）集合工作特性的集合。而 Deque 接口具有传统队列的特殊定义：我们知道，JCF 中的 Queue 接口代表队列结构的普遍性操作（如入队操作和出队操作），而 Deque 是双端队列，它支持从队列的两端独立检索和添加节点，因此 Deque 接口既支持 LIFO（后进先出）操作模式，又支持 FIFO（先进先出）操作模式，并且具有由操作者自行决定出入队列顺序的操作方式。

这也解释了为什么在 **JDK 1.2** 后、**JDK 1.6** 前，官方都推荐使用 **LinkedList** 集合代替 **Stack** 集合——因为 LinkedList 集合完全适合用于栈结构的所有操作，并且提供了更丰富的

操作定义形式。下面列举 LinkedList 集合中涉及的双端队列的重要操作，如表 1-1 所示。

表 1-1

方 法 名	方 法 说 明
addFirst(E)	使用该方法可以在双向链表的头部添加一个节点，用于存储新的数据对象，并且将该节点设置成新的头节点。实际上，该方法的作用与 push(E)方法的作用相同。该方法在操作失败时会抛出异常
addLast(E)	使用该方法可以在双向链表的尾部添加一个节点，并且将该节点设置成新的尾节点。该方法在操作失败时会抛出异常
offerFirst(E)	该方法的作用与 addFirst (E)方法的作用类似
offerLast(E)	该方法的作用与 addLast (E)方法的作用类似
getFirst()	使用该方法可以返回当前双向链表头节点中的数据对象，如果当前双向链表中没有任何节点，则会抛出异常
getLast()	使用该方法可以返回当前双向链表尾节点中的数据对象，如果当前双向链表中没有任何节点，则会抛出异常
peekFirst()	使用该方法可以返回当前双向链表头节点中的数据对象，该方法的工作方式与 getFirst()方法的工作方式类似，不同的是，如果当前双向链表中没有任何节点，则该方法会返回 null，不会抛出异常
peekLast()	使用该方法可以返回当前双向链表尾节点中的数据对象，该方法的工作方式与 getLast()方法的工作方式类似，不同的是，如果当前双向链表中没有任何节点，则该方法会返回 null，不会抛出异常
push(E)	当使用 LinkedList 集合作为一种栈结构进行操作时，向栈顶放入一个新的数据对象。实际上，该方法就是在双向链表的头部设置一个新的节点，之前头节点中的数据对象向后移动。该方法在操作失败时会抛出异常
pop()	当使用 LinkedList 集合作为一种栈结构进行操作时，从栈顶移出数据对象。实际上，该方法就是从双向链表中移除当前的头节点。该方法在操作失败时会抛出异常
removeFirst()	使用该方法可以从双向链表的头部移除一个数据对象，并且将这个数据对象返回。该方法的作用与 pop()方法的作用类似
removeLast()	使用该方法可以从双向链表的尾部移除一个数据对象，并且将这个数据对象返回。如果该方法操作失败，则会抛出异常
pollFirst()	使用该方法可以从双向链表的头部移除一个数据对象，并且将这个数据对象返回。该方法内部实际调用的是 unlinkFirst(Node)方法，区别在于该方法在操作错误时会返回 null
pollLast()	使用该方法可以从双向链表的尾部移除一个数据对象，并且将这个数据对象返回。该方法内部实际调用的是 unlinkLast(Node)方法，区别在于该方法在操作错误时会返回 null

总而言之，如果需要将 LinkedList 集合作为栈结构进行操作，那么只需使用以下配对的操作方法，如表 1-2 所示。

表 1-2

方 法 名	方 法 说 明
push(E)	用于向栈顶放入新的数据对象
pop()	用于从栈顶移出数据对象

1.6 LinkedList 集合与 ArrayList 集合的对比

基于链表的设计思路广泛存在于 JCF 中的多种集合设计中（双向链表或单向链表），如 HashMap 集合、ConcurrentLinkedDeque 集合、LinkedBlockingQueue 队列等。LinkedList 集合的设计思路值得所有开发者学习并应用。**但是这仅限于对 Java 设计思想的研究学习，除了一些特殊的操作场景外，本书推荐在实际工作中优先使用 ArrayList 集合。**

1.6.1 两种集合写操作性能的比较

根据前面讲解的内容，读者应该已经知晓，基于数组结构的 ArrayList 集合在进行写操作时，会存在以下可能的处理情况。

- 当使用 add(E)方法在数组的尾部（size 变量所指示的位置）添加新的数据对象时，在大部分情况下，数组中都有多余容量，以便直接进行添加操作。由于数组的索引特性，要找到正确的添加索引位，基本上没有时间消耗，时间复杂度为 $O(1)$。
- 当使用 add(E)方法在数组的尾部（size 变量所指示的位置）添加新的数据对象时，在数组中没有多余容量（根据 elementData.length 属性确认）的情况下，数组会先进行扩容操作，这时会有较多的时间消耗。
- 基于数组构造的 ArrayList 集合，理论上写操作性能最差的情况是**一直在数组中的 0 号索引位上使用 add(int, E)方法添加新的数据对象**，即一直在数组中的第一个索引位（头部）上添加新的数据对象。在这种情况下，数组每添加一个新的数据对象，都会将当前数组中的所有数据对象整体向后移动一个索引位，并且在数组中没有多余容量的情况下，会首先进行扩容操作。
- 以上极端情况完全可以通过编程技巧进行规避：**每次都在数组的末尾添加新数据对象，在进行数据遍历时，从数组尾部开始向数组头部进行读取（反向读）**。这样，在通常情况下，可以保证数组的写操作性能维持在一个较高的、稳定的级别。

基于链表结构的 LinkedList 集合在进行写操作时，会存在以下可能的处理情况。

- 如果在双向链表的头节点或尾节点中添加新的数据对象（使用 addFirst(E)方法、addLast(E)方法、add(E)方法等），那么只需更改头节点或尾节点的引用信息。在这种操作场景中，没有任何查询索引位的时间消耗，所以无论当前双向链表的容量有多大，操作的时间复杂度均为 $O(1)$。

- 如果添加操作并不在当前双向链表的头节点或尾节点位置进行，而是在靠近双向链表中部的位置进行，那么无论是从双向链表的头节点开始查询，还是从双向链表的尾开始查询，找到正确索引位的时间复杂度都为 $O(n)$。

根据以上比较可知：在一般情况下，两种集合在尾部顺序添加新数据对象时，ArrayList 集合的添加操作并不比 LinkedList 集合的添加操作性能差，二者的时间复杂度都为 $O(1)$；只有在 ArrayList 集合的容量为特定值的情况下，ArrayList 集合才会先进行扩容操作，这时 ArrayList 集合的写操作性能低于 LinkedList 集合的写操作性能。如果在进行添加操作前已经知道数据的规模，那么这种扩容操作也是完全可以避免的——直接将数组容量初始化为数据规模需要的值。

如果添加操作并不是在两种集合的尾部进行的，那么两种集合的处理情况完全不一样，通常基于数组结构的 ArrayList 集合会进行数据移动操作。但幸运的是，大部分实际操作场景都不是这样的。

1.6.2　两种集合读操作性能的比较

基于数组结构的 ArrayList 集合在进行读操作时，会存在以下可能的处理情况。

无论操作者是要遍历数组中的数据对象，还是要在数组中的某个指定索引位上读取数据对象，读操作性能的消耗都是相同的，时间复杂度均为 $O(1)$，因为 ArrayList 集合支持随机访问。

ArrayList 集合的查询性能非常好，所以在其工作逻辑中并没有对读操作进行独立优化。例如，ArrayList 集合也可以使用 Iterator 迭代器进行数据遍历，但实际上其操作过程并没有进行特别的优化。相较而言，基于链表结构的 LinkedList 集合在进行读操作时，存在的处理情况要复杂得多。

- 如果操作者从双向链表的头节点或尾节点读取数据，那么由于头节点和尾节点分别有 first 属性和 last 属性进行标识，因此不存在查询过程的额外耗时，直接读取数据即可。
- 如果操作者并非在双向链表的头节点或尾节点读取数据，那么肯定存在查询过程，而查询过程都是依据节点间的引用关系遍历双向链表的。不过 LinkedList 集合对查询过程做了一些优化处理。例如，根据当前指定的索引位是在双向链表的前半段，还是在双向链表的后半段，确定是从双向链表的头节点开始查询，还是从双向链表的尾节点开始查询。
- 双向链表查询性能最差的情况是查询接近双向链表中部的数据对象，这时双向链表并没有很好的优化方式，无论是从头节点开始查询，还是从尾节点开始查询，性能消耗都差不多。

总而言之，在双向链表中查询指定索引位上数据对象的平均时间复杂度为 $O(n)$。

1.6.3 不同遍历方式对 LinkedList 集合的意义

在目前的 JDK 版本中，程序员有多种方式对 LinkedList 集合进行遍历操作，可以使用 for(;;)操作字、for(:)操作字、stream()方法、Iterator 迭代器等多种方式对双向链表进行遍历，示例代码如下。

```
LinkedList<Item> items = new LinkedList<>();
// 此处代码省略
// 添加数据对象的代码被忽略
// 此处代码省略
// 对于 items 的遍历有多种方式
// 第 1 种：传统的 for 循环，使用 get(int)方法获取数据
for(int index = 0 ; index < items.size() ; index++) {
  items.get(index);
  // 此处代码省略
}
// 第 2 种：传统的迭代器方式
Iterator<Item> iterator = items.iterator();
while(iterator.hasNext()) {
  iterator.next();
  //此处代码省略
}
// 第 3 种：实际上内部使用的还是迭代器方式（从 JDK 8 开始提供的一种可分割迭代器 Spliterator）
items.forEach(i -> {
  //此处代码省略
});
// 第 4 种：传统 for 循环的简化版，其内部使用的也是传统迭代器方法（第 2 种）
for (Item item : items) {
  // 此处代码省略
}
// 第 5 种：stream 提供的遍历方式（本质上基于可分割迭代器 Spliterator）
items.stream().forEach(i -> {
  //此处代码省略
});
```

在传统的 for 循环中，当使用 get(int)方法获取双向链表（LinkedList 集合）中指定的数据对象时，**get(int)方法从当前双向链表的头节点或尾节点进行查询操作**。举个例子，当前

双向链表的长度为 100，那么 get(2)方法、get(10)方法、get(30)方法都会从头节点向后依次进行查询操作，get(90)方法会从双向链表的尾节点向前依次进行查询操作。**这样算下来，使用 get(int)方法对双向链表进行遍历的时间复杂度为 $O(n^2)$。**

LinkedList 集合在传统的 for(;;)循环中，使用 get(int)方法进行查询操作的工作过程示意图（上面示例代码中第 1 种 for 循环方式）如图 1-31 所示。

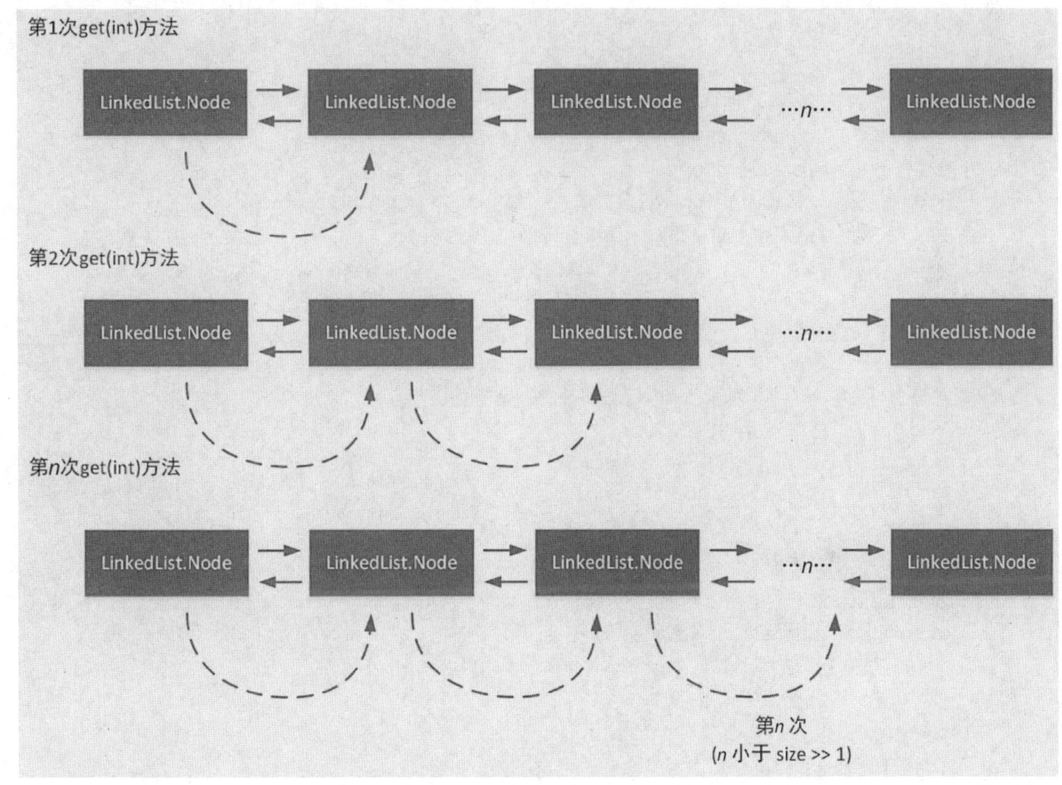

图 1-31

LinkedList 集合中第 2、3、4、5 种遍历方式本质上都是使用迭代器方式（包括传统的迭代器 Iterator 和从 JDK 8 开始提供的可分割迭代器 Spliterator）进行遍历的。它们的共同特点是，在双向链表开始遍历的位置添加相应的引用标识（或索引值计数器），以便在每次查询时能够从上一次查询的结束位置继续进行，而不是每次都从头节点或尾节点进行查询操作。

下面给出 LinkedList 集合中的 LinkedList.ListItr 类对 ListIterator 接口进行的实现（ListIterator 接口是 LinkedList 集合中对传统迭代器 Iterator 的实现，而 LinkedList 集合中对可分割迭代器 Spliterator 的实现是 LinkedList.LLSpliterator 类），以便向读者详细描述，当读者使用 for(:)操作字对 LinkedList 集合进行遍历时，传统迭代器 Iterator 是如何工作的，主要源码片段如下。

```
// 此处代码省略
private class ListItr implements ListIterator<E> {
  // 指向迭代器最后一次返回的节点
  private Node<E> lastReturned;
  // 执行迭代器下一次要返回的节点
  private Node<E> next;
  // 指向下一个要返回节点的索引位
  private int nextIndex;
  // 扩展操作次数的计数器，以便验证遍历过程中当前双向链表的线程操作安全性
  // 注意是“验证”，而不是“保证”
  private int expectedModCount = modCount;
  // 在创建迭代器时，必须传入一个开始索引位
  // ListItr 类会在指定索引位上添加一个变量引用
  ListItr(int index) {
    next = (index == size) ? null : node(index);
    nextIndex = index;
  }
  // 如果记录的下一个要查询的索引位大于或等于当前集合的大小，
  // 则表示没有下一个要查询的节点了
  public boolean hasNext() {
    return nextIndex < size;
  }
  // 该方法主要用于查询下一个遍历的节点
  public E next() {
    checkForComodification();
    if (!hasNext()) { throw new NoSuchElementException();}
    // 设置最后一次返回的节点为当前节点
    lastReturned = next;
    // next 变量向双向链表中的下一个节点移动
    next = next.next;
    // 将记录下一个索引位的变量 nextIndex + 1
    nextIndex++;
    // 使用 lastReturned 变量记录当前遍历的节点，返回其数据（引用）信息
    return lastReturned.item;
  }
  // 如果条件成立，则说明在当前迭代器进行遍历操作时，当前双向链表的结构已经发生了变化
  final void checkForComodification() {
    if (modCount != expectedModCount) { throw new ConcurrentModificationException();}
  }
  // 此处代码省略
}
// 此处代码省略
```

上述源码片段的主要工作逻辑示意图如图 1-32 所示。

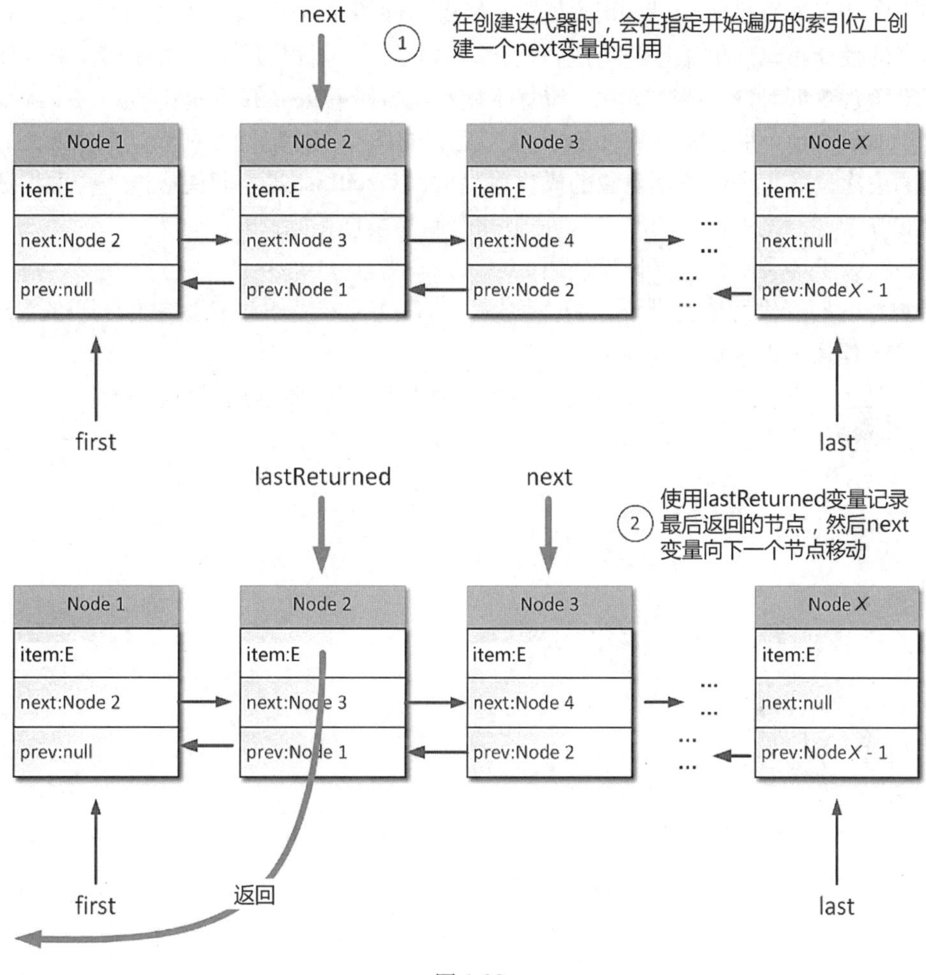

图 1-32

如果需要遍历双向链表中的下一个节点，则可以从图 1-32 中的 next 变量记录的索引位开始，无须从双向链表的头节点或尾节点重新开始。使用迭代器中的 next()方法可以完成双向链表中所有数据对象的遍历，该操作的时间复杂度从原来的 $O(n^2)$降为 $O(n)$。

由此可知，**ArrayList 集合的读操作性能全面优于 LinkedList 集合的读操作性能**。在实际工作中，在对 LinkedList 集合中的数据对象进行遍历操作时，如果 ArrayList 集合不进行任何操作优化，那么其操作的时间复杂度为 $O(1)$。对于 LinkedList 集合，如果在编程时注意使用编程技巧，那么其操作的时间复杂度最低为 $O(n)$；如果不注意使用编程技巧，那么其操作的时间复杂度可能会上升为 $O(n^2)$。

1.6.4 在什么场景中推荐选择 LinkedList 集合

在通常情况下，虽然 LinkedList 集合的写操作性能比 ArrayList 集合的写操作性能好，但是后者的性能可以通过编程技巧进行优化，并且在经过优化后，在实际工作中，使用在集合尾部添加数据对象的操作方式可以保证两种集合没有太大的性能差异。

对于 LinkedList 集合和 ArrayList 集合，后者的读操作性能优于前者。在实际工作中，在常见的依次读取集合中数据对象的操作场景中，LinkedList 集合即使通过一些编程技巧优化其时间复杂度，也无法和 ArrayList 集合的时间复杂度相比。

但是在以下场景中，本书推荐使用 LinkedList 集合。

- 集合的写操作规模远大于读操作规模，并且这种写操作并不是在集合尾部进行的或是不能通过编程技巧规避的。
- 满足上一条中的集合操作场景，同时需要对集合进行栈结构性质的操作（单纯的栈结构操作推荐使用 java.util.ArrayDeque 集合）。

第 2 章

JCF 中的 Queue、Deque 集合

Queue（队列）、Deque（双端队列）集合是 JCF 中另一种重要的集合。

队列存储的数据允许从结构的一端进行添加操作（入队操作），并且从结构的另一端进行移除操作（出队操作）。进行入队操作的一端称为队列尾部；进行出队操作的一端称为队列头部。双端队列是指可以在一端既进行入队操作，又进行出队操作的队列结构。

注意： 队列和双端队列都不允许在除了队列头部或队列尾部的其他索引位上进行数据的读/写操作。在 JCF 中，具有队列操作特性的集合都实现或间接实现了 java.util.Queue 接口；具有双端队列操作特性的集合都实现或间接实现了 java.util.Deque 接口。

JCF 中的 java.util.Queue 接口、java.util.Deque 接口涉及的部分重要接口、抽象类及其在 java.util 包中的具体实现类如图 2-1 所示。在 JCF 中，还有大量关于 Queue（队列）接口和 Deque（双端队列）接口的实现集合位于 java.util.concurrent 包中，这些集合都是可以工作在高并发场景中的队列或双端队列，如 LinkedBlockingDeque 队列、ArrayBlockingQueue 队列、PriorityBlockingQueue 队列等。本书会在后续章节中介绍 JUC 的必要知识后，再对这些队列进行详细介绍。

java.util.ArrayDeque 集合和 java.util.PriorityQueue 队列分别是 Queue（队列）接口和 Deque（双端队列）接口在 JCF 中的基础集合。ArrayDeque 集合为了保证对已有数组控件的充分利用，使用的是可循环的双指针数组（但不代表不进行扩容操作）；PriorityQueue 队列使用的是小顶堆结构，对基于权值的排序性能进行了优化。

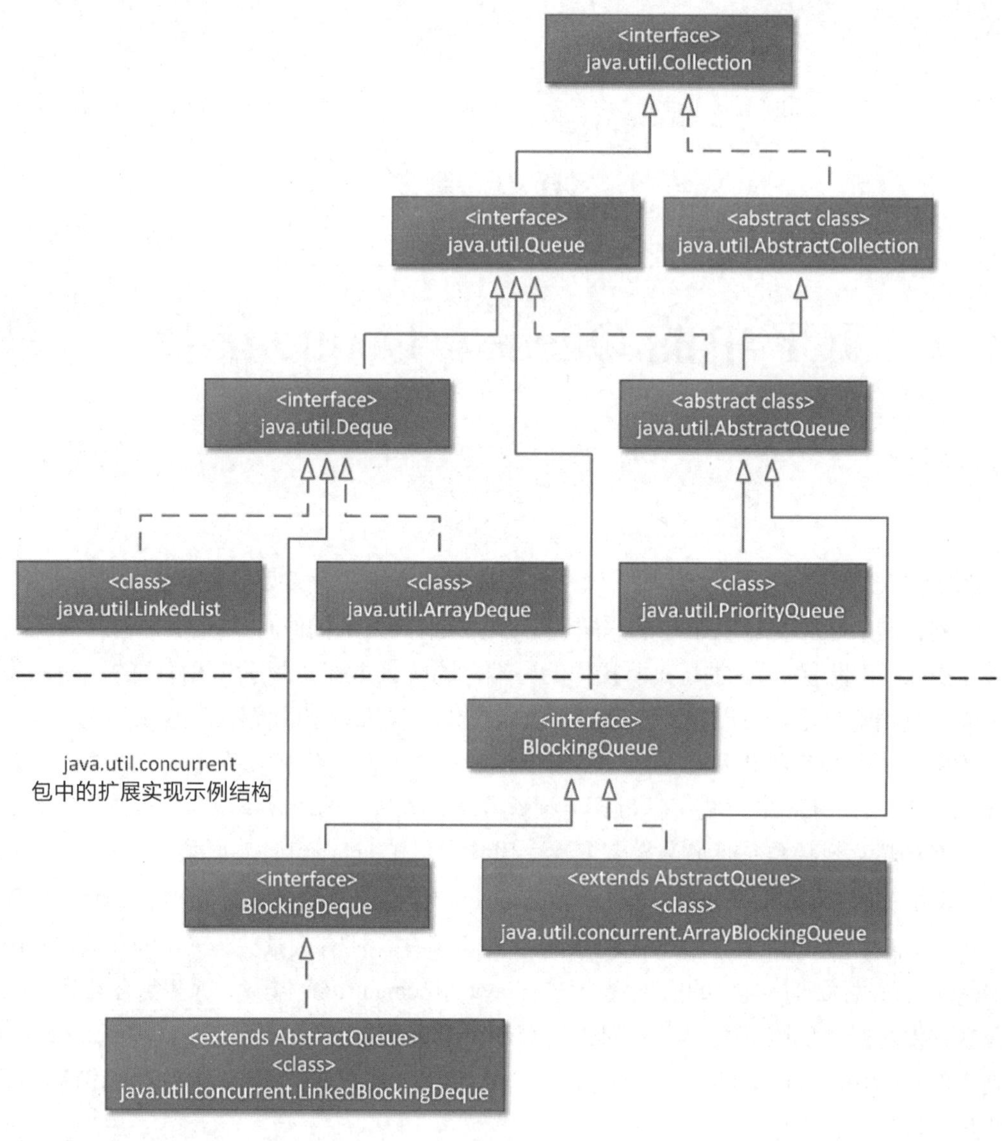

图 2-1

2.1 Queue 集合实现——ArrayDeque

ArrayDeque 集合是从 JDK 1.6 开始推出的，它是一个基于数组（可扩容的数组）结构实现的双端队列。与普通的数组结构相比，这种数组结构是一种可循环使用的数组结构，可以有效减少数组扩容的次数。ArrayDeque 集合是线程不安全的，不能在多线程场景中使用。

ArrayDeque 集合既有队列、双端队列的操作特点，又有栈结构的操作特点。因此在 JDK 1.6 发布后，ArrayDeque 集合是官方推荐的继 Stack 集合和 LinkedList 集合后，用于进行栈结构操作的新集合。官方文档中的推荐原因如下。

```
    "This class is likely to be faster than Stack when used as a stack, and faster than
LinkedList when used as a queue. "
```

在本书中，实现了 Queue 接口的集合都可以称为队列，这里之所以没有将 ArrayDeque 集合称为队列，主要是因为 ArrayDeque 集合实现了 Deque 接口（间接实现了 Queue 接口），因此同时具有队列和双端队列的工作特点，如果将 ArrayDeque 集合统称为 ArrayDeque 队列，则会使读者忽略其双端队列的工作特点。

2.1.1　ArrayDeque 集合的主要结构及相关方法

ArrayDeque 集合内部的主要结构是一个数组，ArrayDeque 集合的设计者将这个数组设计成了可循环利用的形式，称为循环数组。循环数组是一个固定大小的数组，并且定义了一个动态的有效数据范围（这个有效数据范围的长度不会大于数组的固定长度），只有在这个有效数据范围内的数据对象才能被读/写，并且这个有效数据范围不受数组的头部和尾部限制，如图 2-2 所示。

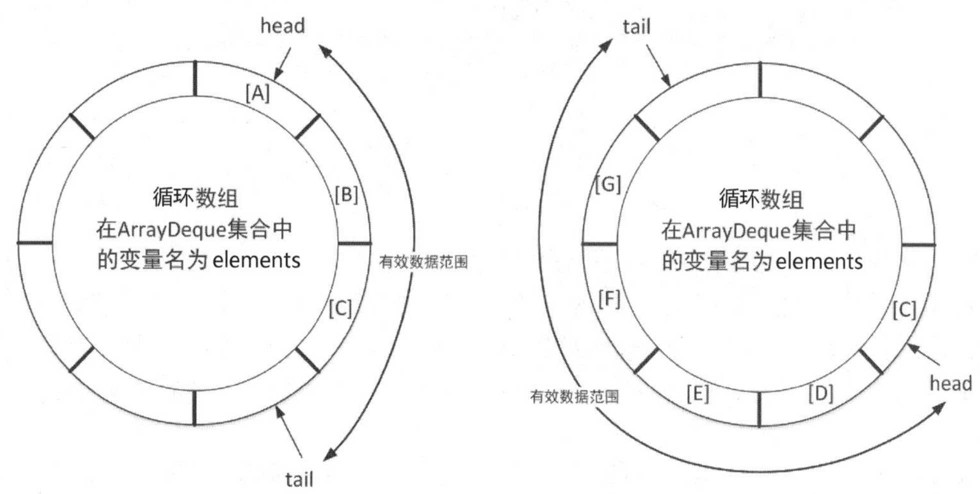

图 2-2

根据图 2-2 可知，ArrayDeque 集合的内部结构是一个循环数组，该循环数组在 ArrayDeque 集合中的变量名为 elements；ArrayDeque 集合中有一个名为 head 的属性，主要用于标识下一次进行移除操作的数据对象索引位（队列头部的索引位）；ArrayDeque 集合中还有一个名为 tail 的属性，主要用于标识下一次进行添加操作的数据对象索引位（队列尾部的索引位）。head 属性和 tail 属性所标识的有效数据范围在不停地变化，甚至有时 tail 属性记录的索引值会小于 head 属性记录的索引值，但这丝毫不影响它们对有效数据范围的标识。将图 2-2 中的循环数组展开，如图 2-3 所示，可以发现，tail 属性记录的索引值小于 head 属性记录的索引值。

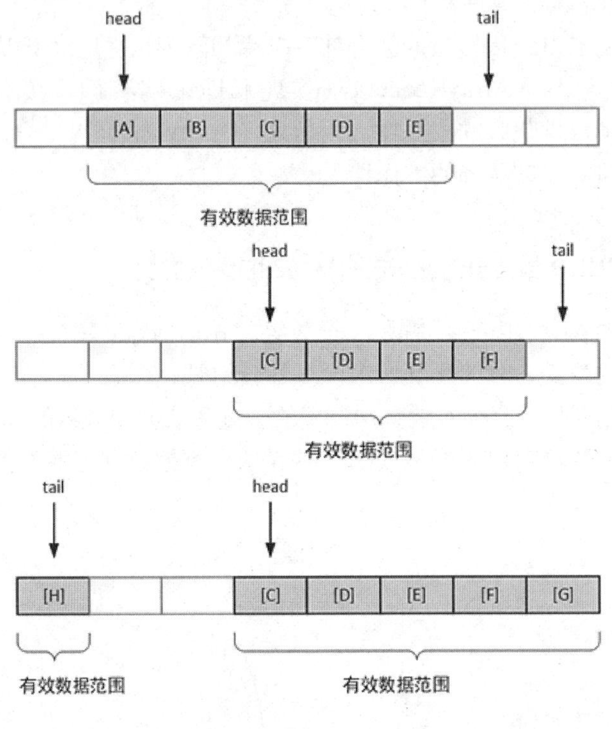

图 2-3

当 tail 属性指向数组中的最后一个索引位并进行下一次添加操作时，数组不一定进行扩容操作，更可能发生的情况是，tail 属性重新从当前数组的 0 号索引位开始，循环利用有效数据范围外的数组索引位存储新的数据对象（ArrayDeque 集合内部虽然是一个可以循环利用的数组结构，但同样存在扩容场景，并且在扩容时需要考虑的各种情况较为复杂，在后续章节中会进行详细说明）。

ArrayDeque 集合中有多组成对出现的操作方法，使用者使用哪一组操作方法，完全取决于使用者以什么样的结构操作 ArrayDeque 集合。

- 将 ArrayDeque 集合作为队列结构使用。

只允许在 ArrayDeque 集合的尾部添加数据对象，在 ArrayDeque 集合的头部移除或读取数据对象，相关方法如表 2-1 所示。

表 2-1

方 法 名	方 法 意 义
add(e)	在队列尾部添加新的数据对象，新数据对象不能为 null，在操作成功后，该方法会返回 true
offer(e)	该方法效果与 add(e)方法的效果一致，都是在队列尾部添加新的数据对象，新数据对象不能为 null，在操作成功后，该方法会返回 true
remove()	从队列头部移除数据对象，在集合中没有数据对象的情况下，会抛出 NoSuchElementException 异常
poll()	从队列头部移除数据对象，在集合中没有数据对象的情况下，不会抛出异常，只会返回 null
element()	试图从队列头部获取数据对象，但不会试图从头部移除这个数据对象。在集合中没有数据对象的情况下，会抛出 NoSuchElementException 异常
peek()	试图从队列头部获取数据对象，但不会试图从头部移除这个数据对象。在集合中没有数据对象的情况下，不会抛出异常，只会返回 null

- 将 ArrayDeque 集合作为双端队列结构使用。

ArrayDeque 集合实现了 java.util.Deque 接口，也就是说，它可以使用具有双端队列操作特性的相关方法，如表 2-2 所示。

表 2-2

方 法 名	方 法 意 义
addLast(e)	在双端队列尾部添加新的数据对象，注意插入的新数据对象不能为 null，否则会抛出 NullPointerException 异常
addFirst(e)	在双端队列头部添加新的数据对象，注意插入的新数据对象不能为 null，否则会抛出 NullPointerException 异常
offerLast(e)	在双端队列尾部添加新的数据对象，注意插入的新数据对象不能为 null，否则会抛出 NullPointerException 异常。该方法会在操作完成后返回 true
offerFirst(e)	在双端队列头部添加新的数据对象，注意插入的新数据对象不能为 null，否则会抛出 NullPointerException 异常。该方法会在操作完成后返回 true
removeFirst()	从双端队列头部移除数据对象，如果当前双端队列中已没有任何数据对象可移除，则抛出 NoSuchElementException 异常
removeLast()	双端队列尾部移除数据对象，如果当前双端队列中已没有任何数据对象可移除，则抛出 NoSuchElementException 异常
pollFirst()	从双端队列头部移除数据对象，如果当前双端队列中已没有任何数据对象可移除，则返回 null
pollLast()	从双端队列尾部移除数据对象，如果当前双端队列中已没有任何数据对象可移除，则返回 null
getFirst()	在双端队列头部获取数据对象，但不会移除数据对象，如果当前双端队列中已没有任何数据对象可获取，则抛出 NoSuchElementException 异常

续表

方　法　名	方 法 意 义
getLast()	在双端队列尾部获取数据对象，但不会移除数据对象，如果当前双端队列中已没有任何数据对象可获取，则抛出 NoSuchElementException 异常
peekFirst()	在双端队列头部获取数据对象，但不会移除数据对象，如果当前双端队列中已没有任何数据对象可获取，则返回 null
peekLast()	在双端队列尾部获取数据对象，但不会移除数据对象，如果当前双端队列中已没有任何数据对象可获取，则返回 null

- 将 ArrayDeque 集合作为栈结构使用。

java.util.Deque 接口所代表的双端队列具有栈结构的操作特性。与栈结构操作有关的方法如表 2-3 所示。

表 2-3

方　法　名	方 法 意 义
push(e)	在栈结构头部添加新的数据对象，该数据对象不能为 null
pop()	从栈结构头部移除数据对象，如果当前栈结构中没有任何数据对象可移除，则抛出 NoSuchElementException 异常

2.1.2　ArrayDeque 集合的初始化过程

ArrayDeque 集合中有 3 个重要的属性和 3 个构造方法，源码片段如下。

```
  public class ArrayDeque<E> extends AbstractCollection<E> implements Deque<E>,
Cloneable, Serializable {
    // 此处代码省略
    // 这个数组主要用于存储队列或双端队列中的数据对象（注意 transient 标识符）
    transient Object[] elements;
    // 该变量指向数组所描述的队列头部（注意 transient 标识符）
    // 例如，可以通过该变量确定在 remove()、pop()等方法中，从队列/双端队列中移除数据对象的索引位
    transient int head;
    // 该变量指向数组所描述的队列尾部的下一个索引位（注意 transient 标识符）
    // 例如，可以通过该变量确定在 addLast(E)、add(E)、push(E)等方法中，
    // 在队列/双端队列中添加数据对象的索引位
    transient int tail;
    // 集合的容量上限
    private static final int MAX_ARRAY_SIZE = Integer.MAX_VALUE - 8;
    // 此处代码省略
    // 该构造方法是默认的构造方法，主要用于初始化一个长度为 16 + 1 的数组
    public ArrayDeque { elements = new Object[16 + 1]; }
    // 设置 ArrayDeque 集合的初始化容量，如果容量值小于 1，则初始化一个容量值为 1 的数组
    public ArrayDeque(int numElements) {
```

```
    elements = new Object[(numElements < 1) ? 1 :
          (numElements == Integer.MAX_VALUE) ? Integer.MAX_VALUE : numElements + 1];
  }
  // 在初始化成功后，该构造方法会直接向 ArrayDeque 集合中添加一系列数据对象（引用）
  public ArrayDeque(Collection<? extends E> c) {
    this(c.size());
    copyElements(c);
  }
  // 此处代码省略
}
```

JDK 1.8+对 ArrayDeque 集合的内部逻辑做了较大幅度的修改，在保留 ArrayDeque 集合的基本工作原理（循环数组）的基础上，显著降低了工作过程中的源码理解成本。最主要的思路之一是，在循环数组中增加一个空置索引位，用于标识在完成数据对象添加操作后是否需要进行扩容操作。此外，对扩容过程也进行了调整，使数组的容量值不需要严格满足 2 的幂数，这个特点从上述初始化过程就可以看出。

2.1.3　ArrayDeque 集合的添加操作

在完成 ArrayDeque 集合的初始化操作后，调用者就可以使用 push(E)、offerFirst(E)、addFirst(E)、addLast(E)等方法，在 head 属性和 tail 属性所标识的有效数据范围的头部或尾部添加新的数据对象了。使用什么样的添加操作同样取决于调用者以何种方式（队列、双端队列或栈）使用 ArrayDeque 集合。

总而言之，无论调用哪种添加方法，进行实际工作的方法只有两个，分别是 addFirst(E)方法和 addLast(E)方法。前者负责在 ArrayDeque 集合的头部添加新的数据对象，后者负责在 ArrayDeque 集合的尾部添加新的数据对象。下面对这两个方法进行详细讲解。

1．addFirst(E)方法

使用 addFirst(E)方法可以在双端队列的头部添加数据对象，注意添加的数据对象不能为 null，否则会抛出 NullPointerException 异常。

```
public void addFirst(E e) {
  // 新添加的数据对象不能为 null
if (e == null) { throw new NullPointerException(); }
  final Object[] es = elements;
  // 取得上一个索引位，并且将新的数据对象设置于上一个索引位上
  // 将上一个索引位上的数据对象赋给全局变量 head，使其成为双循环数组新的头节点
  es[head = dec(head, es.length)] = e;
  // 如果条件成立，则说明在进行添加操作后，数组中已没有空余的索引位，需要进行扩容操作
  if (head == tail) { grow(1); }
```

```
}
// 该方法是一种工具方法，主要用于找到当前索引位在循环数组中的上一个索引位
// 关键是确认 0 号索引位的上一个索引位上的数据对象
static final int dec(int i, int modulus) {
  // 如果条件成立，则说明当前 i 的值为 0，将 modulus-1 的值返回
  if (--i < 0) { i = modulus - 1; }
  return i;
}
```

上述源码的主要逻辑很简单，实际上就是将循环数组中上一个索引位作为 head 属性记录的新的索引位，并且进行数据对象添加操作；如果在添加新的数据对象后，发现 head 属性记录的索引位（简称 head 索引位）和 tail 属性记录的索引位（简称 tail 索引位）重合，就进行扩容操作。在通常情况下，addFirst(E)方法的工作逻辑如图 2-4 所示。

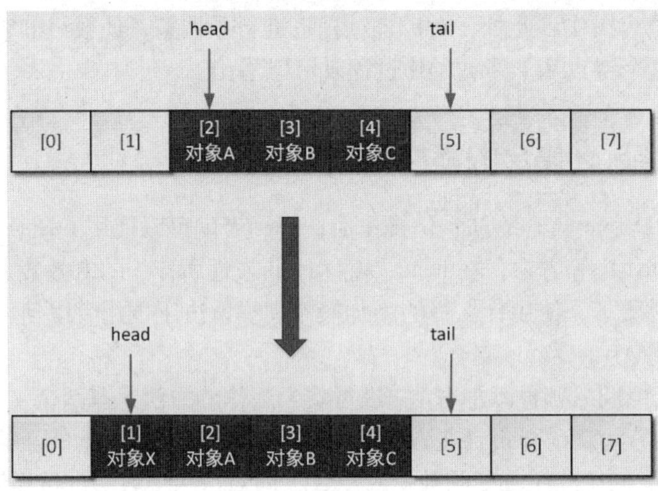

图 2-4

在 head 索引位上添加新的数据对象后，将 head 属性值递减。如果在递减后，head 属性值小于 0，那么将 head 索引位设置为 elements 数组中的最后一个有效索引位。如果在递减后，head 索引位刚好和 tail 索引位一致，那么说明 elements 数组中已经没有可容纳新数据对象的空余的索引位了，需要进行扩容操作。

2. addLast(E)方法

使用 addLast(E)方法可以在双端队列的尾部添加数据对象。需要注意的是，添加的数据对象不能为 null，否则会抛出 NullPointerException 异常。

```
public void addLast(E e) {
  // 添加的数据对象不能为 null
  if (e == null) { throw new NullPointerException(); }
```

```
    final Object[] es = elements;
    // 注意：在操作前，tail 索引位上本来就没有数据对象，并且该索引位一定是有效索引位
    // 所以直接在 tail 索引位上添加新的数据对象即可
    es[tail] = e;
    // 将当前 tail 属性的值 + 1，用于记录循环数组新的尾节点所在的索引位
    // 如果在添加新的数据对象时没有空余的索引位，则进行扩容操作
    if (head == (tail = inc(tail, es.length))) { grow(1);}
  }
  // 这是一个工具性质的方法，
  // 主要用于在循环数组中寻找当前指定索引位（i 号索引位）的下一个索引位，
  // 该方法的工作原理类似于上面介绍的 dec(int, int)方法
  static final int inc(int i, int modulus) {
    // 判断当前索引值+1 后的值是否超过数组的有效索引值，如果是，则下一个索引位回到 0 号索引位
    if (++i >= modulus) { i = 0; }
    return i;
  }
```

addLast(E)方法的主要工作逻辑如图 2-5 所示。

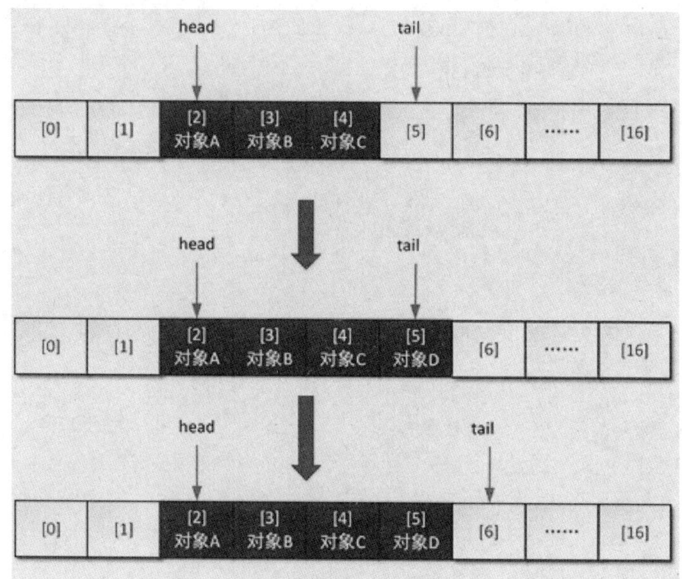

图 2-5

在成功添加数据对象后，将 tail 属性值递增。如果在递增后，tail 属性值超过了数组最大的合法索引值，则 inc(int, int)方法可以让 tail 索引位重新回到 elements 数组的 0 号索引位。如果在递增后，tail 索引位刚好和 head 索引位一致，则说明 elements 数组中已经没有可容纳新数据对象的空余的索引位了，需要进行扩容操作。

2.1.4 ArrayDeque 集合的扩容操作

前面介绍的两种添加操作都涉及扩容操作，本节会详细介绍 ArrayDeque 集合的扩容操作，源码片段如下。

```
// ArrayDeque 集合的扩容方法
// @param needed 入参表示本次扩容所需的最小新容量，必须为正数
private void grow(int needed) {
  // 得到扩容前的容量
  final int oldCapacity = elements.length;
  int newCapacity;
  // ======== 以下代码主要用于计算新的容量，以及进行容量超限后的处理

  // 注意：jump 变量的值是扩容增量值
  // 确定扩容策略，如果扩容前的容量值小于 64（过小），则扩容增量值为扩容前的容量值，
  // 否则扩容增量值为扩容前容量值的 50%
    int jump = (oldCapacity < 64) ? (oldCapacity + 2) : (oldCapacity >> 1);
  // 注意：真正确认新容量的是"newCapacity = (oldCapacity + jump)" 这句代码
  // 如果条件成立，则说明新扩容的增量值不符合最小扩容增量值的要求，
  // 或者在扩容后，新的容量会大于 MAX_ARRAY_SIZE 常量的限制，
  // 这时需要使用 newCapacity(int, int)方法进行临界值计算
  if (jump < needed || (newCapacity = (oldCapacity + jump)) - MAX_ARRAY_SIZE > 0) {
   newCapacity = newCapacity(needed, jump);
  }

  // ======== 以下代码正式开始进行扩容操作
  // 这条代码通过数组复制的方式完成扩容操作（前面讲解过，此处不再赘述）
  final Object[] es = elements = Arrays.copyOf(elements, newCapacity);
  // 这里需要考虑数组复制后的几种特殊情况
  // 例如，循环数组的 tail 属性和 head 属性所表示的有效数据范围刚好跨过 0 号索引位，
  // 或者 tail 索引位和 head 索引位交汇
  // 在这些情况下，需要重新修正扩容操作后新的循环数组中的数据对象存储状况
  if (tail < head || (tail == head && es[head] != null)) {
      // 这段代码后面会用图形化的方式进行说明
      int newSpace = newCapacity - oldCapacity;
      System.arraycopy(es, head, es, head + newSpace, oldCapacity - head);
      for (int i = head, to = (head += newSpace); i < to; i++) { es[i] = null; }
  }
}
```

整个扩容操作包括以下两步。

（1）根据当前集合容量计算新的容量。如果扩容前的容量值较小，则按照扩容前容量

值的 1 倍计算扩容增量值；如果扩容前的容量值较大（超过了 64），则按照扩容前容量值的 50%计算扩容增量值。在计算扩容增量值时，需要注意容量上限。

（2）按照计算得到的扩容增量值，使用 System.arraycopy 方法正式进行扩容操作。

只是进行扩容操作就完成了整个操作吗？显然不是，因为扩容后的数组结构不一定符合循环数组的结构要求，所以在执行 System.arraycopy()方法时，需要考虑原数组中哪些索引位上的数据对象需要进行移动。最后，使用 for 循环语句对 head 索引位进行修正。

要明白以上处理过程，需要思考以下问题：如果只是简单地对数组进行扩容操作，并且将原数组中的数据对象按照原有的索引位复制到新的数组中，那么可以实现正确的扩容效果吗？显然是不行的，如果按照这种方式进行扩容操作，则可能出现 3 种扩容后的数组结构，如图 2-6 所示。

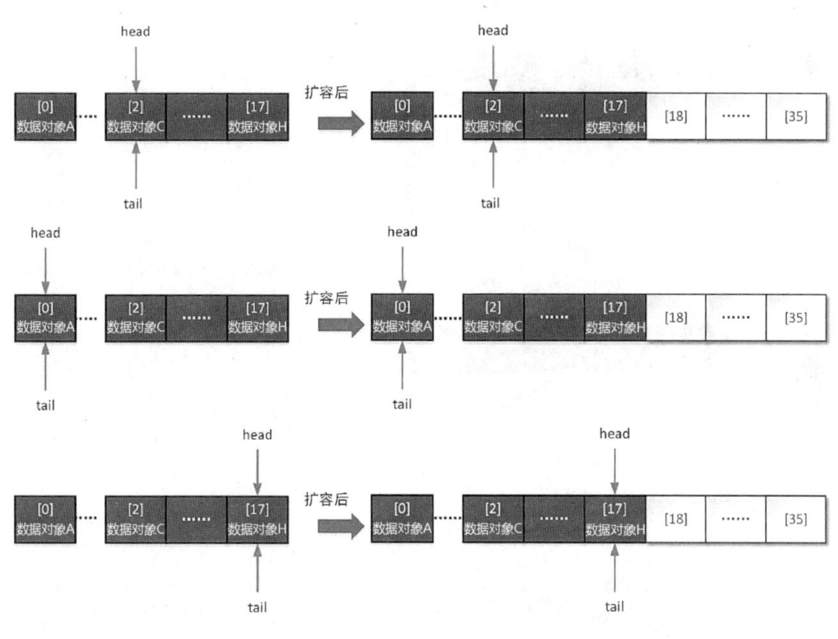

图 2-6

图 2-6 展示了 3 种循环数组扩容前的状态，它们在扩容后都不能继续保证从头节点到尾节点仍然可以形成一个有连续数据对象的循环数组，所以需要对其进行修正。在扩容后，修正循环数组结构的主要源码如下。

```
// 此处代码省略
// 计算得到新容量值和旧容量值的差值
int newSpace = newCapacity - oldCapacity;
// 将当前 head 索引位之后的数据对象复制到从 head + newSpace 开始的索引位上
System.arraycopy(es, head, es, head + newSpace, oldCapacity - head);
// 从当前 head 索引位开始，向后一边清理错误位置上的数据对象，
```

```
// 一边重新定位head索引位，直到正确为止
for (int i = head, to = (head += newSpace); i < to; i++) { es[i] = null; }
// 此处代码省略
```

修正循环数组结构的核心思想是修正 head 索引位，并且保证所有数据对象重新回到正确的索引位上。这个过程分为以下两步。

（1）移动一些数据对象，让循环数组形成从 head 索引位到 tail 索引位都存储着数据对象的结构。

（2）重新确认正确的 head 索引位。

循环数组结构的修正过程如图 2-7 所示。

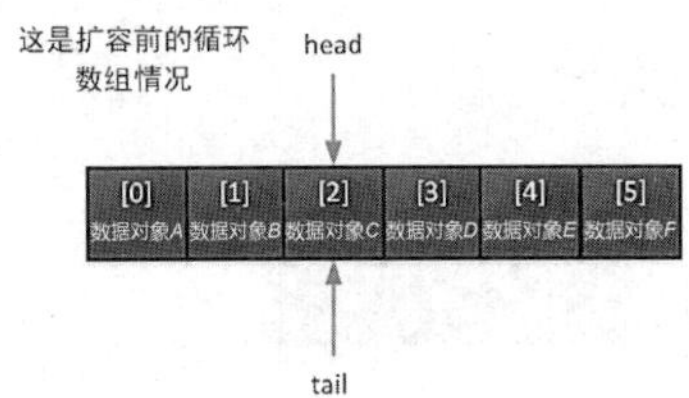

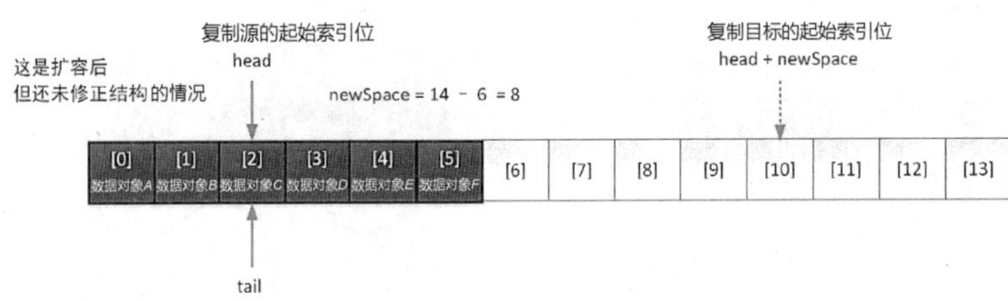

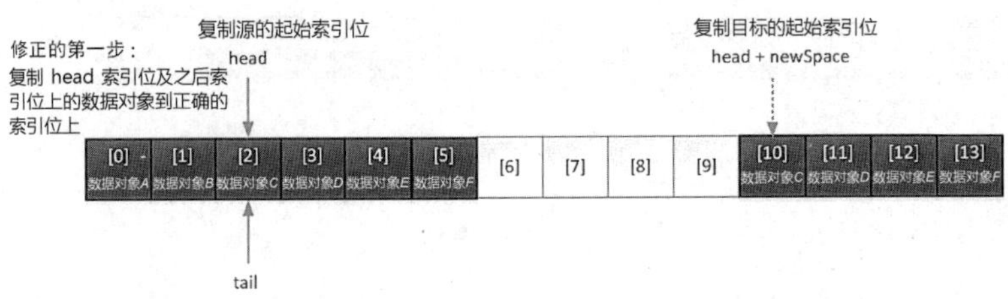

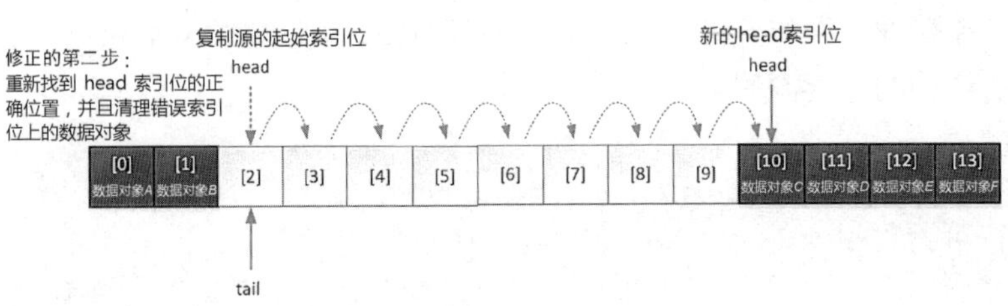

图 2-7

根据源码的逻辑，图 2-7 中的修正过程只会发生在 head 属性值大于 tail 属性值的情况下，或者发生在 head 属性值和 tail 属性值相等且相应索引位上存在数据对象的情况下。这些情况说明数组结构的头部和尾部发生了颠倒，如果不移动数据对象，那么在数组扩容后，大部分原数据对象的索引位会发生错位。

2.2　堆和堆排序

在 JCF 中，除了基于线性数据结构工作的集合，还有大量基于树结构工作的集合，这些集合主要基于几类性能较高且稳定的树结构工作，如堆、红黑树及跳跃表（一种树的变形结构）。后面要介绍的 PriorityQueue 队列，就是一种基于小顶堆结构工作的集合。在介绍这类集合前，有必要先介绍一下计算机体系中的树结构。

2.2.1　树、二叉树

1．树的层次和树的深度

假设树的根节点层次为 1，其他节点的层次是其父节点层次加 1。一棵树中所有节点层次的最大值就是这棵树的深度，示例如图 2-8 所示。

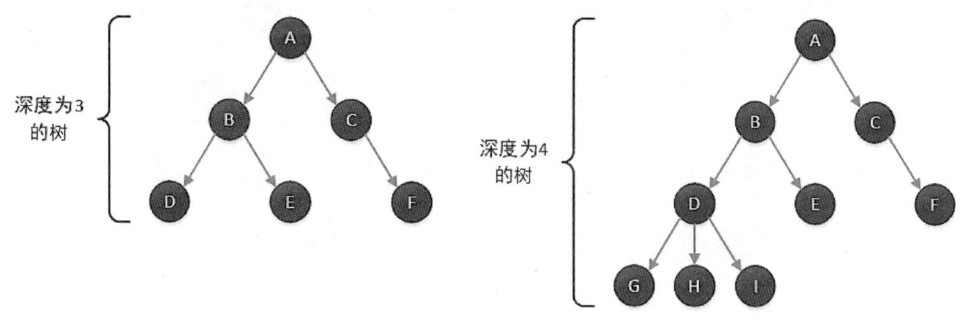

图 2-8

2．儿子节点和双亲节点（父节点）

在一个节点数量为 n（$n > 1$）的树结构中，任意节点的上层节点是这个节点的双亲节点（父节点），树结构中的任意节点最多有一个双亲节点。如果以上条件不成立，则这个结构就不是树结构。

3．根节点

树结构中没有双亲节点（父节点）的节点就是这棵树的根节点。

4．子树

对于树结构中的节点，如果存在儿子节点，那么以儿子节点为新的根节点，可以构成相互独立的新的树结构。这些新的树结构称为子树。如果以上条件不成立，那么这个结构不是树结构。例如，如图 2-9 所示，以 B 节点为根节点的树结构中有两棵子树，这两棵子树相对独立，没有任何连接关系。

5．度、叶子节点、分支节点

以树中任意节点为子树根节点，其直接拥有的子树数量为当前节点的度。度为 0 的节点为叶子节点，度不为 0 的节点为分支节点。树的所有节点中度最大的值，就是这棵树的度。

6．二叉树

二叉树是指整个树结构中不存在度大于 2 的节点的子树。也就是说，二叉树最多有两棵子树，分别为左子树和右子树，如图 2-10 所示。

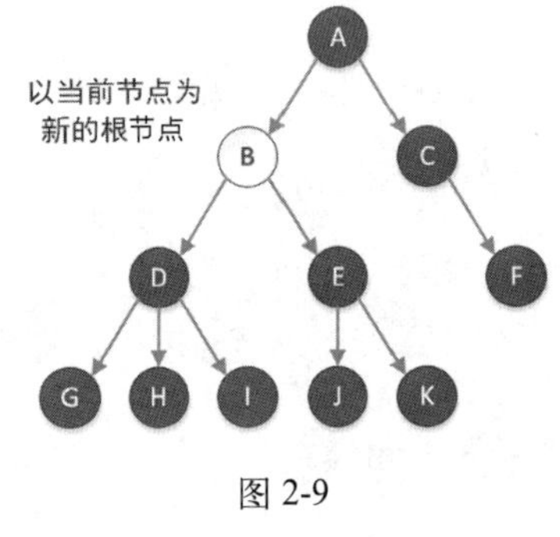

图 2-9

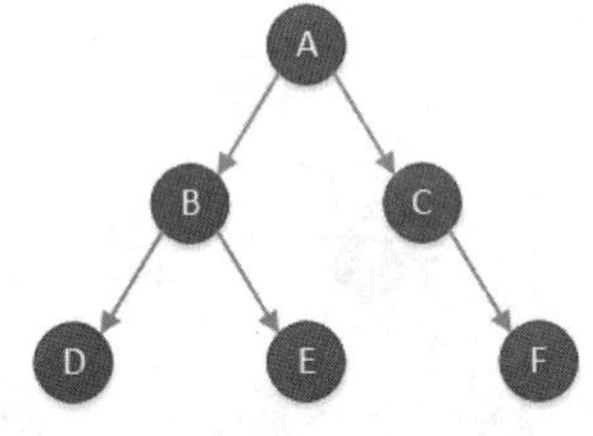

图 2-10

7．满二叉树

定义一棵深度为 k 的二叉树，如果它有 2^k-1 个节点，那么它是满二叉树。满二叉树的树结构示例如图 2-11 所示。

8．完全二叉树

完全二叉树也是一种常见的二叉树，由满二叉树引申而来：对于深度为 k、有 n 个节点的二叉树，当且仅当其每一个节点都与深度为 k 的满二叉树中编号从 1 至 n 的节点按顺序对应时，称其为完全二叉树。简单地说，完全二叉树的所有非叶子节点可构成一棵满二叉树，并且所有叶子节点都从最左侧的非叶子节点开始关联。完全二叉树的树结构示例如图 2-12 所示。

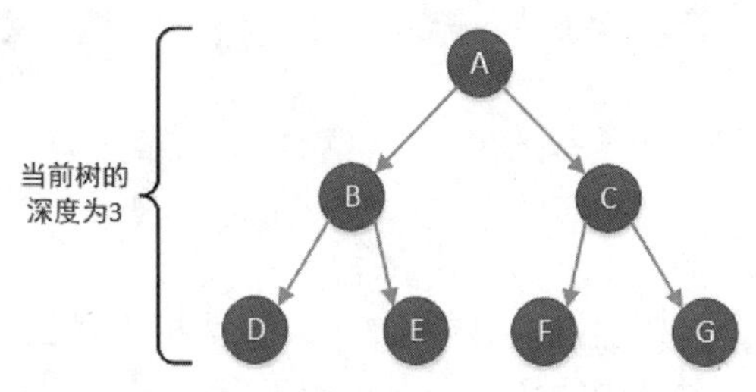
当前树的
深度为3
A
B
C
D
E
F
G
所以节点总数为7的二叉树是一棵满二叉树

图 2-11

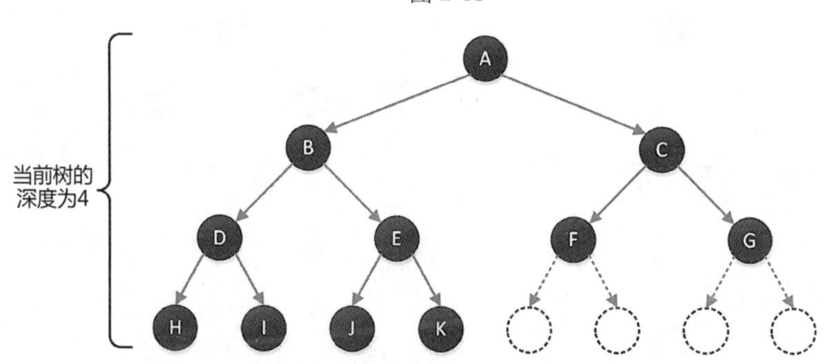
当前树的
深度为4
A
B
C
D
E
F
G
H
I
J
K
节点总数为15的二叉树是一棵满二叉树
虽然目前树的节点总数没有达到15，
但是已有的11个节点都是按照编号位依次排列的，中间没有任何空出的位置

图 2-12

2.2.2　堆、小顶堆、大顶堆

堆满足以下特点。

- 堆是一棵完全二叉树。
- 堆中某个非叶子节点的值，总是不大于或不小于其任意儿子节点的值。
- 堆中每个节点的子树都是堆。

这里解释一下第二个要点：如果堆中某个非叶子节点的值总是小于或等于其任意儿子节点的值，那么将这个堆称为小顶堆；如果堆中某个非叶子节点的值总是大于或等于其任意儿子节点的值，那么将这个堆称为大顶堆。标准的小顶堆和大顶堆示例如图 2-13 所示。

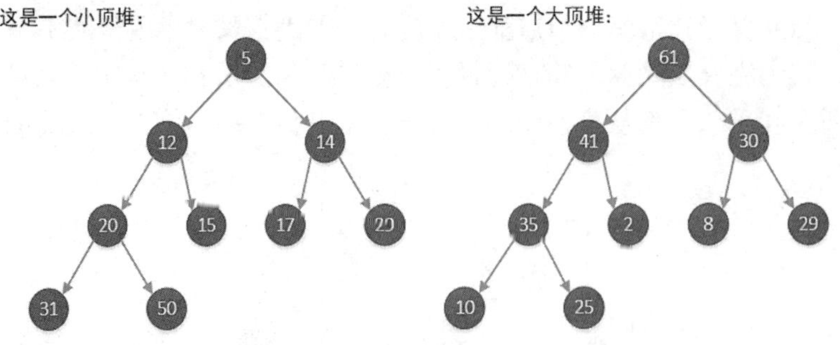

图 2-13

以大顶堆为例，只要是一棵完全二叉树，就可以依据相关算法将其调整为一个大顶堆。算法过程如下。从当前完全二叉树的最后一个非叶子节点开始，将基于每个非叶子节点构造的子树都调整为大顶堆，如图 2-14 所示。

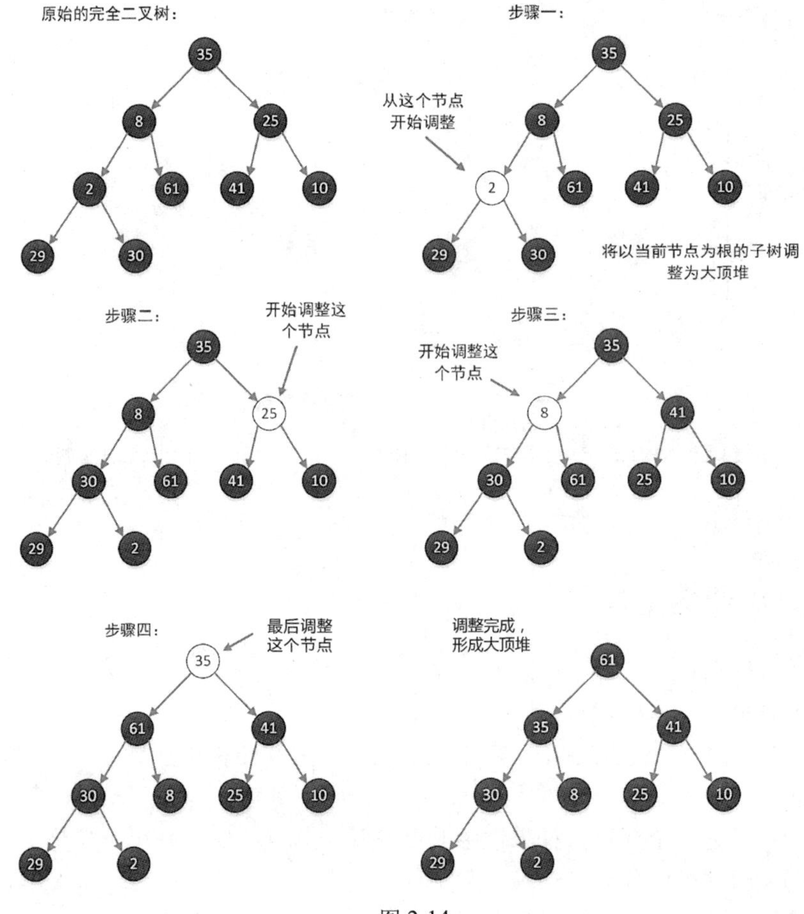

图 2-14

2.2.3 堆的降维——使用数组表示堆结构

完全二叉树可以使用数组表示，也就是说，树结构可以降维成数组结构。而堆的基础是完全二叉树，所以对完全二叉树的降维就是对堆的降维。降维操作的可行性实际上和二叉树的组织特点有关，如图 2-15 所示。

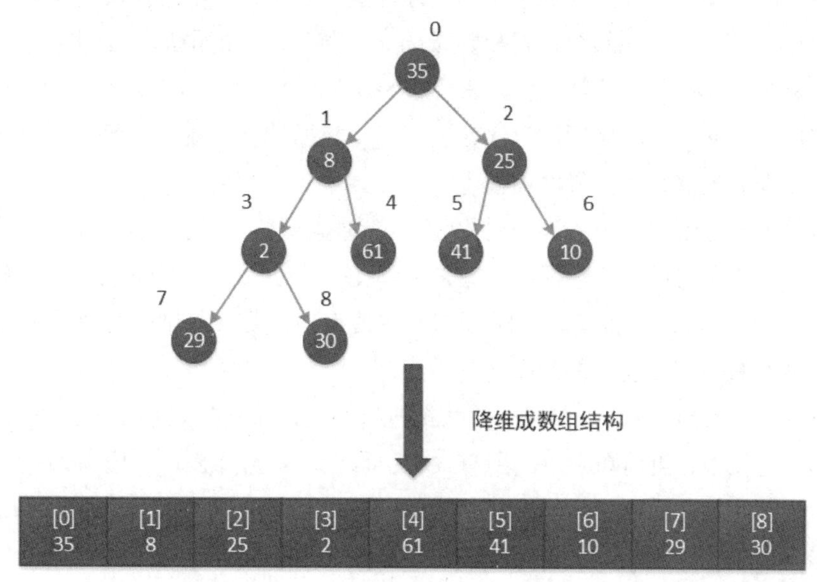

图 2-15

由于完全二叉树（节点总数记为 n）是在其满二叉树的数值范围内进行的依次存储，因此完全二叉树的根节点位于数组中的 0 号索引位上，完全二叉树的左儿子节点位于数组中的 1 号索引位上，以此类推，完全二叉树的第一个叶子节点位于$(n >> 1)-1$ 号索引位上，并且我们可以推导出以下公式。

- 当前非叶子节点的左儿子节点索引位 = 当前节点索引位 × 2 + 1，更准确的说法是，当前节点索引位 << 1 + 1。
- 当前非叶子节点的右儿子节点索引位 = 当前节点索引位 × 2 + 2，更准确的说法是，当前节点索引位 << 1 + 2。
- 当前节点的父节点索引位 = (当前节点索引位 − 1) / 2，更准确的说法是，(当前节点索引位 − 1) >> 1。

需要注意的是，完全二叉树在降维后形成的数组长度为 *n*，并且只有数组的后半段是叶子节点。

2.2.4　堆排序

一个显而易见的事实是，可以使用堆结构处理排序问题，这样的排序过程称为堆排序。另一个事实是，**线性的数组结构通常比树结构更易于编程**，所以使用完全二叉树的数组结构进行排序，既方便理解，又具有较高的处理性能。基于大顶堆的排序过程如下。

（1）假设当前参与排序的数据对象数量为 n，首先从堆的最后一个非叶子节点开始排序，计算公式为，最后一个非叶子节点索引位 = $(n >> 1) - 1$。

（2）使用上面介绍过的大顶堆算法，进行一轮数据调整，将当前数组范围（$0 \sim n-1$）内值最大的数据对象调整到 0 号索引位上。

（3）将目前 0 号索引位上的数据对象和 $n-1$ 号索引位上的数据对象进行交换。

（4）设置当前参与排序的数据对象数量为 $n-1$，使其成为新的 n 值。如果新的 n 值仍然大于 1，那么继续执行步骤（2）和步骤（3），使直到需要参与排序的数据对象数量为 1。

基于大顶堆的排序过程示例如图 2-16 所示。

图 2-16 是一个节点数为 6 的完全二叉树进行第一次堆排序过程（大顶堆方式）。在第一次排序操作过程中，当前数组中的所有索引位都会参与排序操作（记为 n=6）。在经过多次基于大顶堆算法的交换操作后，数组中最大的值 61 放到了完全二叉树的根节点上，即数组中的 0 号索引位上。最后，将 0 号索引位上的数值和参与本次排序操作的最后一个索引位上的数值进行交换，**保证参与本次排序操作的最后一个索引位上的值是本次排序操作中的最大值**。在图 2-16 中，整个数组都参与了排序操作，所以最大值 61 从当前 0 号索引位上被交换到了数组中的最后一个索引位上。**下一次大顶堆排序的过程就不需要将当前最后一个索引位纳入排序操作范围了**，所以参与排序操作的节点数减 1。

接着进行第二次大顶堆排序过程，如图 2-17 所示。

图 2-17 中的步骤完成了基于完全二叉树的第二次排序，将参与排序的所有节点中值最大（41）的节点找到，并且将其交换到参与本次排序操作的最后一个有效索引位上。

根据上述操作，我们可以发现大顶堆的排序操作次数明显减少，并且交换操作次数也明显减少，这是因为在第一次排序过程中，大部分数值已经完成了比较和交换操作过程，而且参与排序操作的节点数量减少了。接下来根据以上方式完成剩余索引位上的数值排序，如图 2-18 所示。

堆排序算法是非常灵活的，只要掌握上述降维方式，以及节点与其左、右儿子节点的对应关系，开发人员就可以根据需要调整堆排序算法的次要步骤。

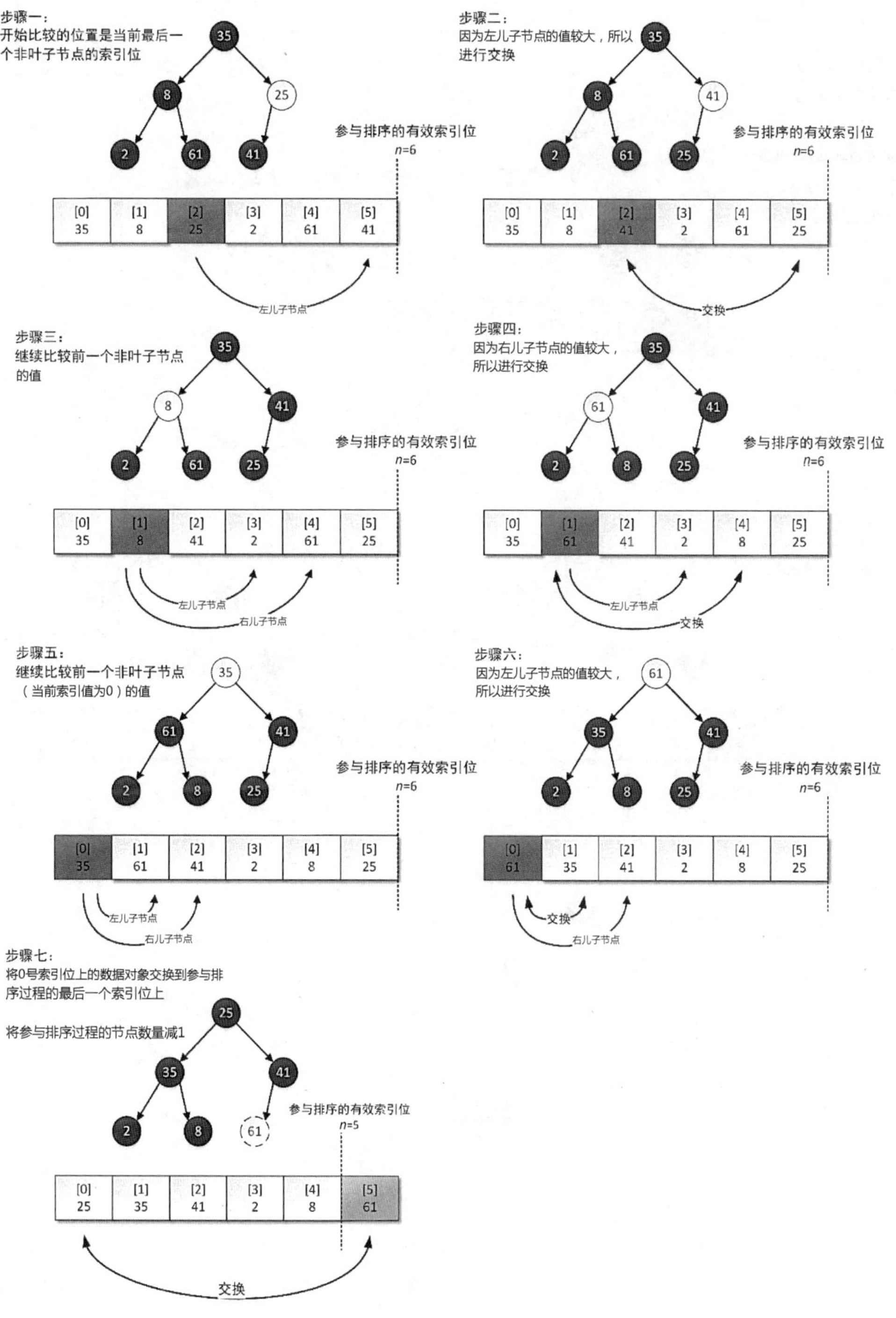

步骤一：
开始比较的位置是当前最后一个非叶子节点的索引位
参与排序的有效索引位
n=6
左儿子节点
步骤二：
因为左儿子节点的值较大，所以进行交换
参与排序的有效索引位
n=6
交换
步骤三：
继续比较前一个非叶子节点的值
参与排序的有效索引位
n=6
左儿子节点
右儿子节点
步骤四：
因为右儿子节点的值较大，所以进行交换
参与排序的有效索引位
n=6
左儿子节点
交换
步骤五：
继续比较前一个非叶子节点（当前索引值为0）的值
参与排序的有效索引位
n=6
左儿子节点
右儿子节点
步骤六：
因为左儿子节点的值较大，所以进行交换
参与排序的有效索引位
n=6
交换
右儿子节点
步骤七：
将0号索引位上的数据对象交换到参与排序过程的最后一个索引位上
将参与排序过程的节点数量减1
参与排序的有效索引位
n=5
交换

图 2-16

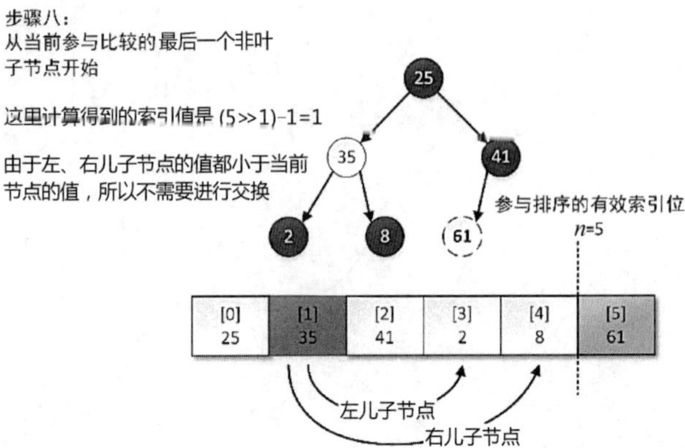
步骤八：
从当前参与比较的最后一个非叶子节点开始
这里计算得到的索引值是 (5>>1)-1=1
由于左、右儿子节点的值都小于当前节点的值，所以不需要进行交换
参与排序的有效索引位
n=5
左儿子节点
右儿子节点

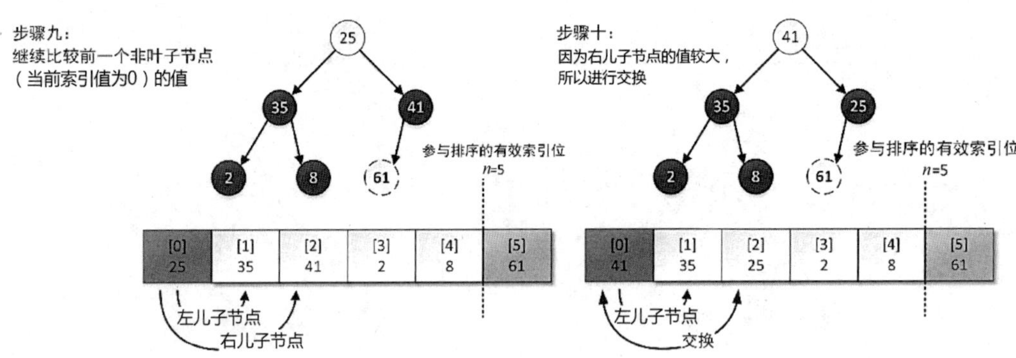
步骤九：
继续比较前一个非叶子节点（当前索引值为0）的值
参与排序的有效索引位
n=5
左儿子节点
右儿子节点
步骤十：
因为右儿子节点的值较大，所以进行交换
参与排序的有效索引位
n=5
左儿子节点
交换

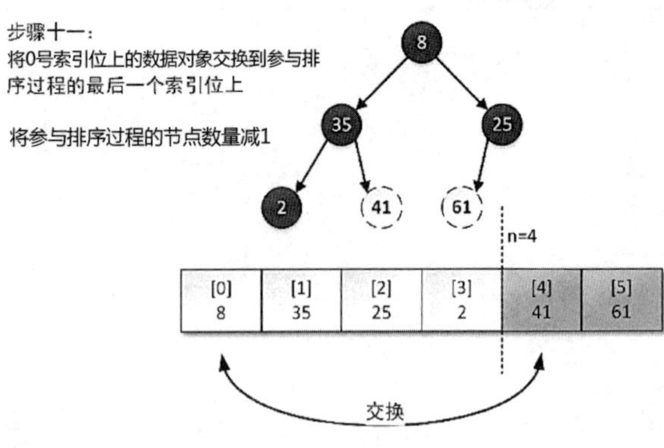
步骤十一：
将0号索引位上的数据对象交换到参与排序过程的最后一个索引位上
将参与排序过程的节点数量减1
n=4
交换

图 2-17

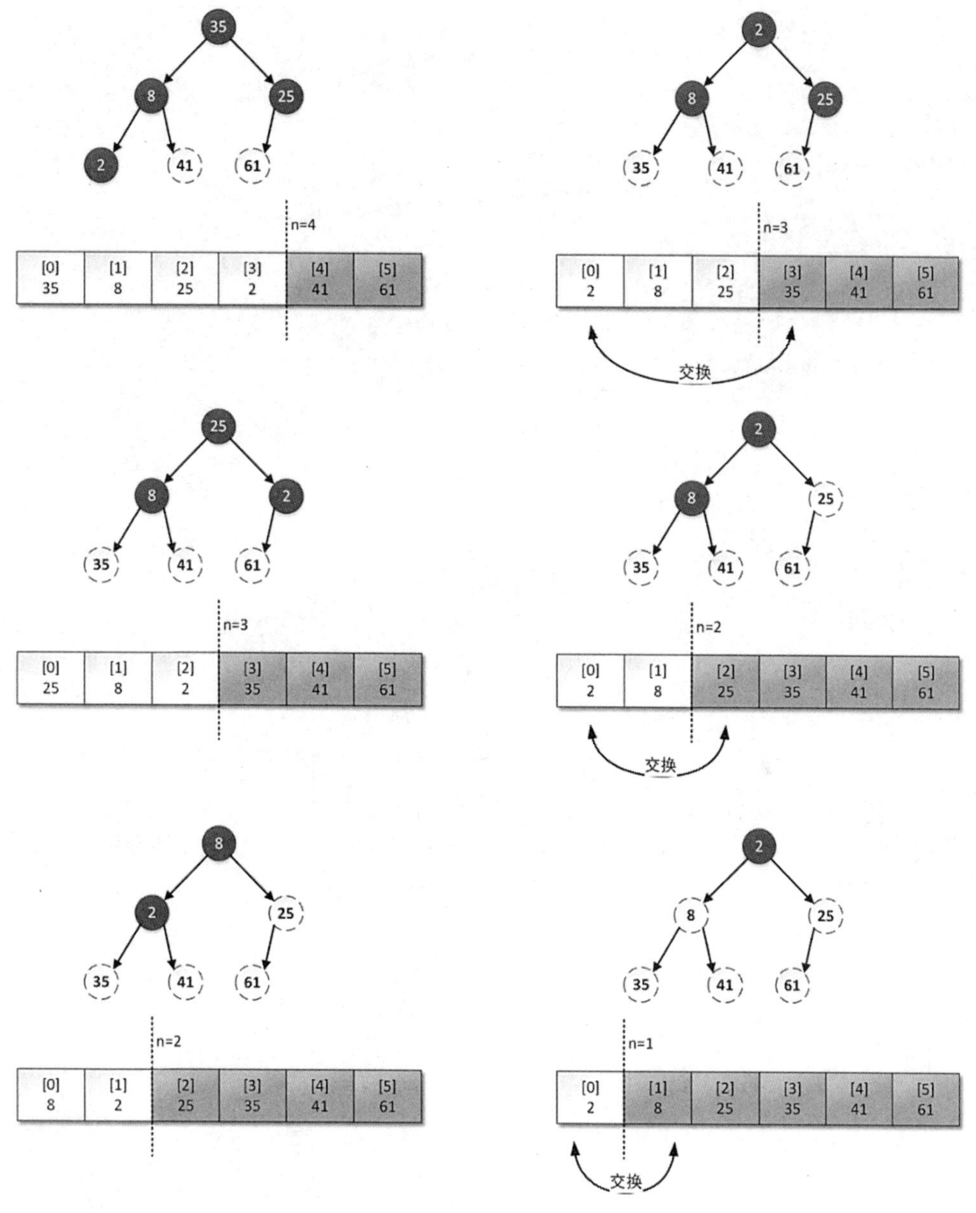

图 2-18

2.2.5　自行完成一个堆排序

2.2.4 节讲解了堆排序的过程，本节使用源码展示完整的堆排序算法（后续还有更高效的堆排序），源码片段如下。

```
// 主要用于展示堆排序算法，类名在这里并不重要
public class XXXXX {
  // 这是一个堆排序算法
  private static void heapify(int[] beSorteds) {
    int size = beSorteds.length;
    // 1. 首先从当前参与排序的完全二叉树的最后一个非叶子节点开始计算，
    // 也就是以索引值为 (effectiveScope >> 1) - 1 的节点开始计算
    // 2. 依次遍历这些非叶子节点，
    // 并且基于大顶堆算法将当前非叶子节点、非叶子节点的左儿子节点和右儿子节点进行比较、交换
    // 3. 第 2 步是需要循环完成的，在每次完成比较和交换操作后，
    // 0 号索引位上的值都会成为最大值，然后将其与 effectiveScope - 1 号索引位上的值进行交换
    // =====================步骤 1:
    // effectiveScope 变量，表示参与当前排序过程的节点数量
    for(int effectiveScope = size ; effectiveScope > 1 ; effectiveScope--) {
      // ===================步骤 2:
      for(int currentParent = (effectiveScope >> 1) - 1 ; currentParent >= 0 ;
currentParent--) {
        // 获取左儿子节点和右儿子节点的理论索引值
        int leftChild = (currentParent << 1) + 1;
        int rightChild = leftChild + 1;
        int n;
        // 首先比较的是左儿子节点的值大，还是右儿子节点的值大
        if(rightChild < effectiveScope && beSorteds[rightChild] >
beSorteds[leftChild]) { n = rightChild; }
        else { n = leftChild; }
        // 比较值较大的儿子节点的值和父节点的值，如果后者更大，则不进行交换，否则进行交换
        if(beSorteds[n] > beSorteds[currentParent]) {
          int c = beSorteds[currentParent];
          beSorteds[currentParent] = beSorteds[n];
          beSorteds[n] = c;
        }
      }
      // ===================步骤 3:
      int c = beSorteds[effectiveScope - 1];
      beSorteds[effectiveScope - 1] = beSorteds[0];
      beSorteds[0] = c;
    }
  }

  // 输入的原始数组:
  // 11 , 88 , 8 , 19 , 129 , 33 , 44 , 22 , 77 , 55 , 505 , 15 , 198 , 189  , 200
  // 根据以上堆排序算法，输出排序后的数组:
  // 8 , 11 , 15 , 19 , 22, 33, 44, 55, 77 , 88 , 129 , 189 , 198 , 200 , 505
```

以上堆排序算法充分利用了 2.2 节介绍的知识点。例如，进行数据结构的降维，使用

计算公式“(当前参与排序的节点总数>>1) -1”找到完全二叉树中最后一个非叶子节点，使用计算公式“(当前节点索引位<<1) +1”和“(当前节点索引位)+2”找到当前节点的左儿子节点和右儿子节点（下一个公式可以使用“左儿子节点索引位+1”的计算方式进行简化）。

2.3 Queue 集合实现——PriorityQueue

2.3.1 PriorityQueue 队列的基本使用方法

PriorityQueue 队列是基于堆结构构建的，具体来说，是基于数组形式的小顶堆构建的。它保证了在每次添加新数据对象、移除已有数据对象后，集合都能维持小顶堆的结构特点。下面我们来看一下 PriorityQueue 队列的基本使用方法，示例代码如下。

```
// 此处代码省略
PriorityQueue<Integer> priorityQueue = new PriorityQueue<>();
// 向 priorityQueue 队列中添加数据对象
priorityQueue.add(11);
priorityQueue.add(88);
priorityQueue.add(8);
priorityQueue.add(19);
priorityQueue.add(129);
priorityQueue.add(33);
priorityQueue.add(44);
priorityQueue.add(22);
priorityQueue.add(77);
priorityQueue.add(55);
priorityQueue.add(505);
priorityQueue.add(15);
priorityQueue.add(198);
priorityQueue.add(189);
priorityQueue.add(200);
// 从 priorityQueue 队列中移除数据对象
for (int index = 0 ; index < priorityQueue.size() ; ) {
  System.out.println("priorityQueue item = " + priorityQueue.poll());
}
// 此处代码省略

// 以上代码输出的数据对象如下
// priorityQueue item = 8
// priorityQueue item = 11
```

```
// priorityQueue item = 15
// priorityQueue item = 19
// 此处输出结果省略
// priorityQueue item = 88
// priorityQueue item = 129
// priorityQueue item = 189
// priorityQueue item = 198
// priorityQueue item = 200
// priorityQueue item = 505
```

PriorityQueue 队列存储的数据对象的数据类型要么实现了 java.lang.Comparable 接口，要么在实例化 PriorityQueue 队列时实现了 java.util.Comparator 接口，否则在添加数据对象时会发生 cannot be cast to java.lang.Comparable 异常。

java.lang.Comparable 接口主要提供了两个相同类型对象的权值比较过程。例如，在上述源码片段中，Integer 类就实现了 Comparable 接口，我们常用的 String 类也实现了 Comparable 接口。后续内容将详细介绍 PriorityQueue 队列中的核心方法，如堆排序方法、节点上升方法和节点下降方法等。

2.3.2 PriorityQueue 队列的构造

下面介绍 PriorityQueue 队列中的几个重要属性和常量，源码如下。这些属性和常量都会在后续的源码讲解中涉及。

```
  public class PriorityQueue<E> extends AbstractQueue<E> implements
java.io.Serializable {
    // 此处代码省略
    // 该常量主要用于设置 queue 数组默认的容量
    private static final int DEFAULT_INITIAL_CAPACITY = 11;
    // 这个数组变量是一个完全二叉树的降维表达，其中的数据对象满足以下要求：
    // the two children of queue[n] are queue[2*n+1] and queue[2*(n+1)]
    transient Object[] queue;
    // size 变量表示当前 PriorityQueue 队列中的数据规模
    // size 的值表示当前集合中的数据对象数量，不一定是当前 queue 数组的大小，前者只可能小于或等于后者
    private int size = 0;
    // PriorityQueue 队列的堆（完全二叉树）中各节点上数据对象的比较采用两种方式：
    // 如果当前队列设置了 comparator 对象引用，则采用该 comparator 对象进行比较；
    // 如果该队列的 comparator 对象为 null，但数据对象本身的类定义实现了 Comparator 接口，
    // 则采用数据对象本身的比较方式进行操作
    private final Comparator<? super E> comparator;
    // modCount 变量表示当前 PriorityQueqe 队列从完成初始化到目前为止，其数据对象被修改的次数，
    // 即进行数据写入操作的次数，这主要借鉴了 CAS 思想，即在非线程安全的场景中实现简单的数据安全判定
    transient int modCount = 0;
```

```
    // 此处代码省略
  }
```

PriorityQueue 队列中的重要属性、常量和本书已经介绍过的 ArrayList 集合、LinkedList 集合中的重要属性、常量类似。其中的 comparator 对象是实现了 java.util.Comparator 接口的类的对象。java.util.Comparator 接口是一个函数式接口，该接口中要求实现的 compare(o1, o2)方法，主要用于比较两个对象的权值大小。在默认情况下，返回的整数代表第一个入参 o1 和第二个入参 o2 的权值差异。也就是说，如果 o1 的权值大于 o2 的权值，则返回正数；如果 o1 的权值小于 o2 的权值，则返回负数；如果 o1 的权值和 o2 的权值相等，则返回 0。

PriorityQueue 队列的构造方法较多，在 JDK 14 中就有 7 个，其中比较重要的构造方法有两个，源码如下。

```
  public class PriorityQueue<E> extends AbstractQueue<E> implements
java.io.Serializable {
    // 此处代码省略
    // 设置当前 PriorityQueue 队列的初始化容量及 PriorityQueue 队列排序使用的 Comparator 接口实现，
    // 以便完成初始化
    // 对于该构造方法的 comparator 入参，可以不传入具体值，
    // 但如果 initialCapacity 参数的值小于 1，则会抛出异常
    public PriorityQueue(int initialCapacity, Comparator<? super E> comparator) {
      if (initialCapacity < 1) { throw new IllegalArgumentException(); }
      // queue 数组中每个索引位上的数据对象都为 null
      this.queue = new Object[initialCapacity];
      this.comparator = comparator;
    }
    // 创建一个包含指定第三方集合中所有数据对象（引用）的 PriorityQueue 队列
    public PriorityQueue(Collection<? extends E> c) {
      // 如果当前参照的 Collection 集合实现了 java.util.SortedSet 接口，
      // 那么使用 Collection 集合中的 comparator 对象进行权值比较
      if (c instanceof SortedSet<?>) {
        SortedSet<? extends E> ss = (SortedSet<? extends E>) c;
        this.comparator = (Comparator<? super E>) ss.comparator();
        // 并且使用 initElementsFromCollection()方法完成队列的初始化操作
        initElementsFromCollection(ss);
      }
      // 如果当前参照的 Collection 集合本来就是另一个 priorityQueue 队列，
      // 那么使用参照的 priorityQueue 队列中的 comparator 对象进行权值比较
      else if (c instanceof PriorityQueue<?>) {
        PriorityQueue<? extends E> pq = (PriorityQueue<? extends E>) c;
        this.comparator = (Comparator<? super E>) pq.comparator();
        // 并且使用 initFromPriorityQueue()方法完成队列的初始化操作
        initFromPriorityQueue(pq);
      }
      // 在其他情况下，不设置新的 PriorityQueue 队列中的 comparator 对象
```

```
      else {
        this.comparator = null;
        // 并且使用 initFromCollection()方法完成队列的初始化操作
        initFromCollection(c);
      }
    }
    // 此处代码省略
  }
```

如果可以理解以上两个构造方法的工作逻辑，基本上就可以理解 PriorityQueue 队列的初始化方法。

第一个构造方法 PriorityQueue(int, Comparator)的第一个参数主要用于设置 PriorityQueue 队列的初始化大小，必须传入一个大于或等于 1 的整数，如果由其他构造方法传入了之前介绍的常量 DEFAULT_INITIAL_CAPACITY，则表示初始化大小为 11；该构造方法的第二个参数是 Comparator 接口的对象，该参数指定了 PriorityQueue 队列中两个对象的权值比较方式（该参数可以为 null）。如果第二个参数为 null，那么 PriorityQueue 队列在进行降序、升序操作时，会直接使用对象本身定义的权值比较方式，如果对象没有权值比较方式，即没有实现 Comparator 接口，则会在操作时抛出异常。

第二个构造方法 PriorityQueue(Collection)没有权值比较方式，它会根据传入的 Collection 集合对 PriorityQueue 队列进行实例化，Collection 集合中的数据对象会被赋值（引用）到新的 PriorityQueue 队列中，并且按照 PriorityQueue 队列的要求重新排序。该构造方法会根据传入的 Collection 集合的性质决定处理细节。

在 PriorityQueue(Collection)构造方法中还可以使用 initElementsFromCollection()方法、initFromPriorityQueue()方法和 initFromCollection()方法，源码如下。

```
  public PriorityQueue(Collection<? extends E> c) {
    // 此处代码省略
    private void initElementsFromCollection(Collection<? extends E> c) {
      // 首先取得当前参照的 c 集合中的所有数据对象——以数组的方式获取
      // 注意：这时在 a 数组中，数据对象的排列情况不一定满足 PriorityQueue 队列的要求，即不一定是有序的
      Object[] a = c.toArray();
      // 如果条件成立，那么最有可能的情况是 c 集合中的每一个数据对象本身就是一个数组
      // 在这种情况下，需要使用 Arrays.copyOf()方法进行数组复制操作
      // If c.toArray incorrectly doesn't return Object[], copy it.
      if (a.getClass() != Object[].class) { a = Arrays.copyOf(a, a.length,
Object[].class); }
      int len = a.length;
      // 如果条件成立，则需要依次判定 a 数组中的每一个索引位上的数据对象是否都不为 null
      if (len == 1 || this.comparator != null) {
        for (int i = 0; i < len; i++) {
          if (a[i] == null) { throw new NullPointerException(); }
        }
      }
```

```
    // 将 es 数组指定为 PriorityQueue 队列的 queue 数组
    this.queue = ensureNonEmpty(es);
    // 将 a 数组的长度作为当前 PriorityQueue 队列中的数据对象数量进行记录
    this.size = len;
  }
  private void initFromPriorityQueue(PriorityQueue<? extends E> c) {
    // 在一般情况下，以下条件都会成立，因为该私有方法只有构造方法可以直接使用
    if (c.getClass() == PriorityQueue.class) {
      // 将参照的 PriorityQueue 队列中的数据对象作为当前 PriorityQueue 队列中的数据对象
      this.queue = ensureNonEmpty(c.toArray());
      // 将参照的 PriorityQueue 队列中的数据对象数量作为当前 PriorityQueue 队列中的数据对象数量
      this.size = c.size();
    } else {
      initFromCollection(c);
    }
  }
  private void initFromCollection(Collection<? extends E> c) {
    initElementsFromCollection(c);
    // 在完成这种场景中的初始化操作后，
    // queue 数组中的数据对象排列方式不一定满足 PriorityQueue 队列的要求，
    // 所以要使用 heapify()方法对数据对象进行堆排序
    heapify();
  }
  // 此处代码省略
}
```

这里需要重点说明一下 initElementsFromCollection(collection)方法，该方法本身并不总能保证初始化后的 queue 数组中的数据对象都按照一定的权值比较结果进行排序，也不一定按照小顶堆结构进行排序。所以在以下情况下，需要使用 heapify()方法（该方法将在后面进行详细介绍）进行一次排序处理。

- **当参照集合是另一个 PriorityQueue 队列时。**

这种情况的初始化操作非常简单，就是将参照的 PriorityQueue 队列中的数据对象依次复制（引用）到新的 PriorityQueue 队列的 queue 数组中，并且将参照的 PriorityQueue 队列的 size 值作为新的 PriorityQueue 队列的 size 值。此时，初始化后的 PriorityQueue 队列中的数据对象一定是按照小顶堆结构进行排序的。

- **当参照集合是一个实现了 java.util.SortedSet 接口的集合时。**

实现了 SortedSet 接口的 Set 集合是一个可以保证集合内部数据对象能有序排列的 Set 集合。这里的“有序”是指基于数据对象权值的有序性，要么按照权值从大到小进行排序，要么按照权值从小到大进行排序。实现了 SortedSet 接口的 Set 集合之所以能支持这样的工作特性，是因为该接口要求实现它的具体 Set 集合内部必须依赖一个实现了 java.util.Comparator 接口的对象（这从 SortedSet 接口定义的 comparator()方法可以得到证明）。所以，实现了 SortedSet 接口的 Set 集合要怎么进行内部数据对象的排序，完全取决

于开发人员如何定义、使用 java.util.Comparator 接口。

无论怎么排序，新的 PriorityQueue 队列都可以继承这种排序方式，因为新的 PriorityQueue 队列会继续使用实现了 SortedSet 接口的 Set 集合中的 Comparator 对象来管理自己的排序方式。此外，无论怎么排序，新创建的 PriorityQueue 队列中的数据对象都会符合 PriorityQueue 队列对数据对象存储的结构要求。

- **当参照集合是除以上两种集合外的任意一种集合时。**

除以上两种集合外，其他集合都不能保证新的 PriorityQueue 队列中初始数据对象权值的有序性，所以在逻辑处理过程中，还需要使用 heapify()方法进行堆排序操作。

2.3.3 PriorityQueue 队列的核心工作原理

PriorityQueue 队列为了保证读/写性能的平衡，始终维护着一个堆结构（默认为小顶堆结构，在程序员通过 Comparator 接口实现干预数据对象比较标准后可以转变成一个大顶堆结构）。也就是说，PriorityQueue 队列每进行一次写操作，都会针对集合中新的数据情况进行调整，保证集合中所有数据对象始终按照小顶堆或大顶堆的结构特点进行排序。

PriorityQueue 队列使用一个数组变量 queue 存储数据对象。PriorityQueue 队列的主要继承体系如图 2-19 所示。

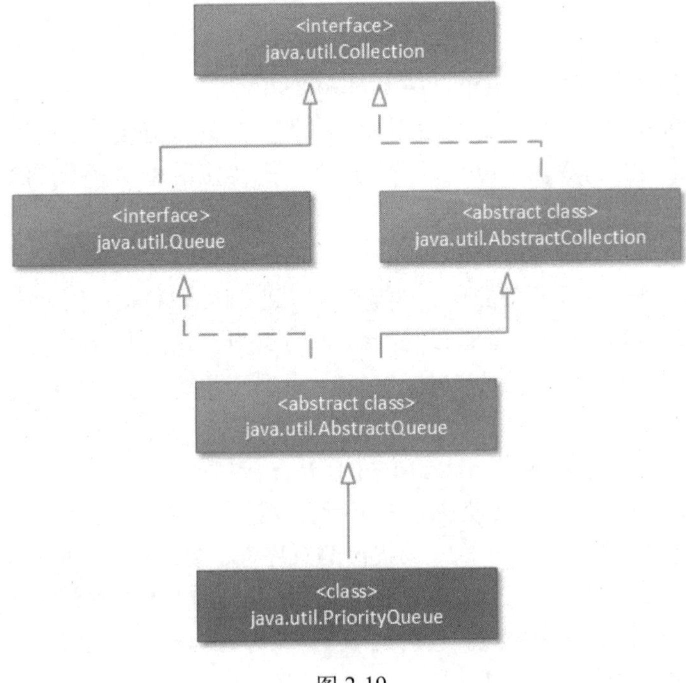

图 2-19

1．堆的升序操作

由于 PriorityQueue 队列内部始终保持堆结构（在未特别说明的情况下，后面提到的堆均表示小顶堆），因此在添加新的数据对象时，需要根据数据对象权值确认要添加的数据对象的索引位，使 PriorityQueue 队列内部继续维持小顶堆结构。小顶堆结构的构建过程示例如图 2-20 所示，其中包括堆的升序操作。

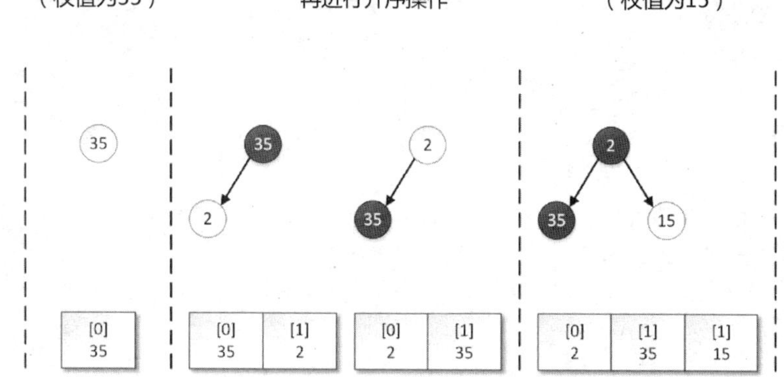

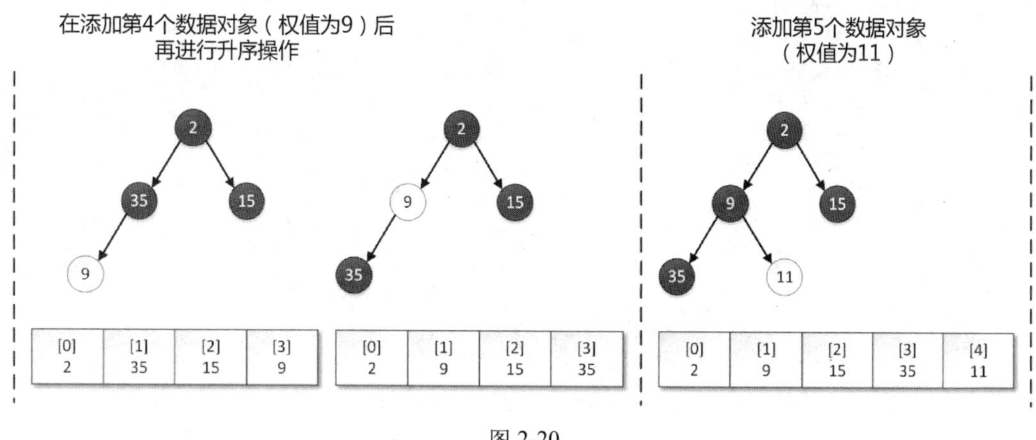

图 2-20

在数组中已存储数据对象的最后一个有效索引位的下一个索引位上添加新的数据对象，按照**完全二叉树的降维原理，这个索引位一定是当前完全二叉树的最后一个叶子节点。**

在将数据对象添加到数组中后，PriorityQueue 队列会验证该完全二叉树是否还是一个堆结构，如果不是，则需要根据新添加的数据对象的权值调整其索引位，使 PriorityQueue 队列内部的完全二叉树重新变为小顶堆，这个过程称为堆的升序操作。PriorityQueue 队列中与该升序操作有关的源码如下。

```
// 此处代码省略
// 该方法用于在完全二叉树指定的 k 号索引位上添加新的数据对象 x，
// 并且为了保证堆结构的稳定，会从 k 位置开始，调整数据对象 x 到符合要求的索引位（升序操作）上
private void siftUp(int k, E x) {
  // 根据不同的场景，调用了两种不同的方法
  // 如果 PriorityQueue 队列独立设置了比较器对象 comparator，
  // 那么调用 siftUpUsingComparator()方法，
  // 否则调用 siftUpComparable()方法
  if (comparator != null) { siftUpUsingComparator(k, x, queue, comparator); }
  else { siftUpComparable(k, x, queue); }
}

@SuppressWarnings("unchecked")
private static <T> void siftUpComparable(int k, T x, Object[] es) {
  Comparable<? super E> key = (Comparable<? super E>) x;
  // 如果条件成立，则说明索引值 k 仍然在当前 queue 数组的有效索引值范围内
  while (k > 0) {
    // 通过计算得到当前索引位的父级索引位
    // 如果不能理解这句话，那么参考前面介绍的堆降维后在数组中的结构表达方式
    int parent = (k - 1) >>> 1;
    Object e = es[parent];
    // 如果当前要插入的数据对象实现了 Comparable 接口，
    // 并且当前节点的权值大于父节点的权值，则说明当前节点不能再进行升序了，此时跳出 while 循环
    if (key.compareTo((T) e) >= 0) { break; }
    // 执行到这里，说明当前节点（k 号索引位）上的数据对象需要和其父节点上的数据对象进行交换
    // 通过以下代码将 e 代表的父节点上的数据对象赋值（引用）给当前节点
    es[k] = e;
    // 将 parent 的值赋给 k，准备进行下一次循环比较
    k = parent;
  }
  queue[k] = key;
}

// 该方法的思路和 siftUpComparable()方法的思路一致，此处不再赘述。
// 该方法与 siftUpComparable()方法唯一的不同点是，
// Comparator 接口的实现并不是来自将要添加的数据对象 x，
// 而是来自 PriorityQueue 队列的构造方法
@SuppressWarnings("unchecked")
private void siftUpUsingComparator(int k, T x, Object[] es, Comparator<? super T>
cmp) {
  while (k > 0) {
```

```
      int parent = (k - 1) >>> 1;
      Object e = es[parent];
      if (cmp.compare(x, (T) e) >= 0) { break; }
      es[k] = e;
      k = parent;
    }
    es[k] = x;
  }
  // 此处代码省略
```

通过(k－1) >>> 1 的方式，可以找到 k 号索引位的双亲节点（父节点）所在的索引位。关于 java.util.Comparator 接口的实现和使用方法，此处不再赘述。

2. 堆的降序操作

当从 PriorityQueue 队列中移除数据对象时，会始终移除根节点上的数据对象（queue 数组中 0 号索引位上的数据对象），并且将完全二叉树上最后一个叶子节点上的数据对象（当前 queue 数组中最后一个有效索引位上的数据对象）替换到根节点上，然后 PriorityQueue 队列会判断当前的完全二叉树是否还能保持堆结构，如果不能，则基于当前的完全二叉树结构，从根节点开始进行降序操作，直到整个完全二叉树重新恢复成堆结构，具体操作示例如图 2-21 所示。

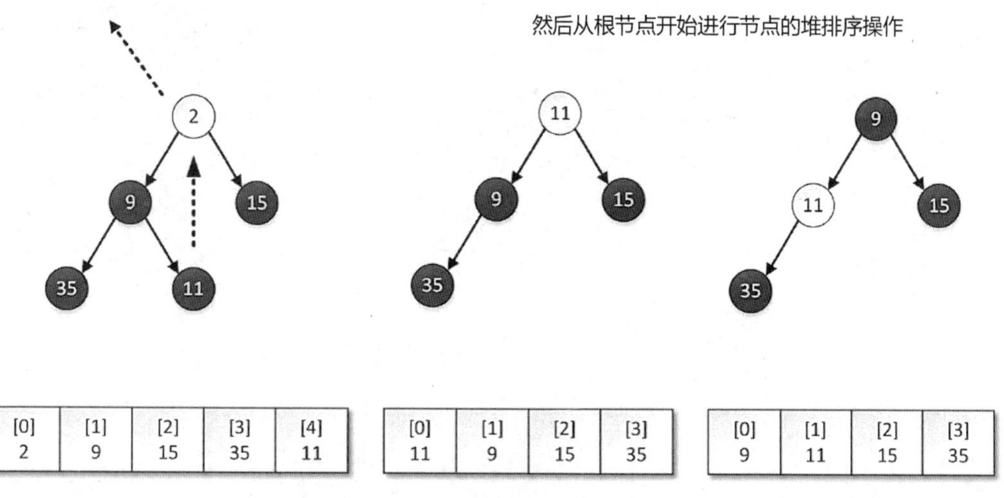

图 2-21

PriorityQueue 队列中与降序操作有关的源码如下（以下源码只描述降序操作本身，并不包括数据对象的移除操作）。

```
// 该方法主要用于在完全二叉树中的 k 号索引位上添加新的数据对象 x
// 为了保证堆结构的稳定性，会从 k 号索引位开始，调整数据对象 x 到符合要求的索引位上（降序操作）
private void siftDown(int k, E x) {
  if (comparator != null) { siftDownUsingComparator(k, x, queue, size, comparator); }
  else { siftDownComparable(k, x, queue, size); }
}
@SuppressWarnings("unchecked")
private static <T> void siftDownComparable(int k, T x, Object[] es, int n) {
  Comparable<? super T> key = (Comparable<? super T>)x;
  // 如果需要判定一个节点是否进行降序操作，那么一定是在非叶子节点上判定的，
  // 因为叶子节点是无法进行降序操作的，所以通过以下代码，
  // 可以获得当前完全二叉树中最后一个（索引值最大的一个）非叶子节点的索引位
  int half = size >>> 1;
  // 如果条件成立，则说明有可能会继续进行降序判定，因为 k 号索引位上的节点并不是叶子节点
  while (k < half) {
    // 通过以下代码，取得当前节点的左儿子节点的索引位
    // 注意：作为一个完全二叉树的数组结构表达，一个非叶子节点一定存在左儿子节点
    int child = (k << 1) + 1;
    Object c = es[child];
    // 将左儿子节点的索引值+1，即可得到当前节点的右儿子节点的索引值，
    // 但当前非叶子节点不一定有右儿子节点
    int right = child + 1;
    // 如果条件成立，说明当前节点存在右儿子节点，
    // 并且右儿子节点上数据对象的权值小于左儿子节点上数据对象的权值，
    // 那么将当前节点右儿子节点上的数据对象权值在下一步和当前节点上的数据对象权值进行比较
    if (right < size && ((Comparable<? super T>) c).compareTo((T) es[right]) > 0)
{ c = es[child = right]; }
    // 如果条件成立，说明当前节点上的数据对象权值小于或等于其权值较小的儿子节点上的数据对象权值，
    // 那么当前节点上的数据对象无须进行降序操作，跳出 while 循环
    if (key.compareTo((T) c) <= 0) { break; }
    // 如果程序运行到这里，则说明当前节点上的数据对象需要和其儿子节点上权值较小的数据对象进行交换
    es[k] = c;
    // 设置数据对象权值较小的儿子节点的索引值为 k，为下一次循环比较操作做好准备
    k = child;
  }
  // 在以上循环比较、降序操作结束后，k 号索引位就是新插入的数据对象的最终索引位
  es[k] = key;
}

// 该方法的思路和 siftDownComparable()方法的思路一致，此处不再赘述
// 该方法与 siftDownComparable()方法唯一的不同点是，
// Comparator 接口的实现并不是来自要添加的数据对象 x，
```

```
// 而是来自 PriorityQueue 队列构造方法
@SuppressWarnings("unchecked")
private void siftDownUsingComparator(int k, T x, Object[] es, int n, Comparator<?
super T> cmp) {
    int half = size >>> 1;
    while (k < half) {
    int child = (k << 1) + 1;
    Object c = es[child];
    int right = child + 1;
    if (right < size && comparator.compare((T) c, (T) es[right]) > 0) { c = queue[child
= right]; }
    if (comparator.compare(x, (T) c) <= 0) { break; }
    es[k] = c;
    k = child;
  }
  es[k] = x;
}
```

3. 小顶堆的修复性排序

在一些场景中，PriorityQueue 队列中的小顶堆结构需要进行修复性排序，这是因为在某些场景中，PriorityQueue 队列中的完全二叉树不一定是小顶堆结构，而且出现这种情况的原因并不是添加或删除某个节点而导致的堆中某部分出现排序偏差，而是整个完全二叉树的排序情况发生了整体性偏差，如 PriorityQueue 队列在基于一个指定的集合进行初始化操作时（相关源码在 2.3.2 节出现过，读者可以参阅）就可能出现整体性偏差。

我们知道，PriorityQueue 队列在参照其他集合进行实例化时，在参照的集合中，所有数据对象都会被依次赋值（引用）到 PriorityQueue 队列的 queue 数组中。

由于参照集合中的数据对象不一定是按照小顶堆结构存储的，因为在完成赋值（引用）操作后，PriorityQueue 队列会使用 heapify()方法对 PriorityQueue 队列中的数据对象进行小顶堆排序，源码片段如下。

```
// 无论 PriorityQueue 队列的 queue 数组中以前存储的数据对象的排列顺序如何，
// 都通过该方法重建小顶堆结构
@SuppressWarnings("unchecked")
private void heapify() {
  final Object[] es = queue;
  int n = size, i = (n >>> 1) - 1;
  final Comparator<? super E> cmp;
  if ((cmp = comparator) == null) {
    for (; i >= 0; i--) {
      siftDownComparable(i, (E) es[i], es, n);
    }
  } else {
    for (; i >= 0; i--) { siftDownUsingComparator(i, (E) es[i], es, n, cmp); }
  }
}
```

重建小顶堆结构的过程，实际上是对 queue 数组中所有非叶子节点上的数据对象按照权值依次进行降序操作的过程。PriorityQueue 队列中基于小顶堆结构的降序排序方法，比 2.2.5 节中的实现方法性能更好、空间复杂度更低，具体示例如图 2-22 所示。

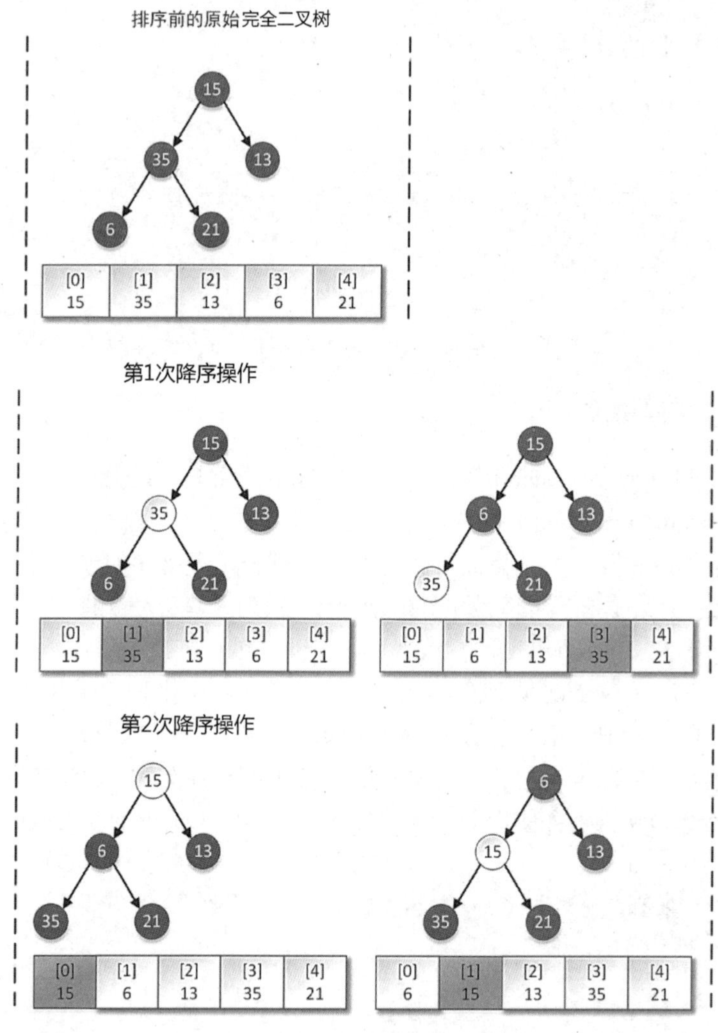

图 2-22

2.3.4 PriorityQueue 队列的扩容操作

PriorityQueue 队列中用于描述完全二叉树的结构是一个数组，**当数组容量达到上限时，需要进行扩容操作。**PriorityQueue 队列中用于进行扩容操作的主要方法为 grow(int)，具体源码片段如下。

```
// 此处代码省略
// 扩容操作，minCapacity 变量表示扩容后的最小容量值
private void grow(int minCapacity) {
  // oldCapacity 变量主要用于记录扩容前的数组容量，即扩容前 PriorityQueue 队列的原始容量
  int oldCapacity = queue.length;
  // Double size if small; else grow by 50%
  // 如果 PriorityQueue 队列的原始容量值小于 64，那么进行双倍扩容（实际上是双倍容量+2）
  // 如果 PriorityQueue 队列的原始容量值大于 64，那么进行 50%的扩容
  int newCapacity = ArraysSupport.newLength(oldCapacity,
    minCapacity - oldCapacity,  oldCapacity < 64 ? oldCapacity + 2 : oldCapacity >> 1);
  // 使用 Arrays 工具，将 queue 数组中的数据对象复制（引用）到一个新的数组中
  queue = Arrays.copyOf(queue, newCapacity);
}
// 此处代码省略
```

grow(int)方法的源码不太复杂，具体工作逻辑不再赘述。在阅读该方法时，可以对比前面介绍 ArrayList 集合时的扩容操作。这里强调一下注意事项。

- ArraysSupport.newLength(int, int, int)方法：该方法在前面已经介绍过，可参考 1.2.1 节中的相关介绍。
- Arrays.copyOf(Object[], int)方法：该方法主要用于将一个指定的数组扩容/缩容到指定的容量；如果是扩容操作，那么会将指定数组中的数据对象一次性复制（引用）到新的数组中，从 0 号索引位开始；如果是缩容操作，那么会将指定数组中的数据对象一次性复制（引用）到新的数组中。不同的是，新数组容量比原数组容量小，不能装载的原始数据对象的引用会被丢弃，如图 2-23 所示。

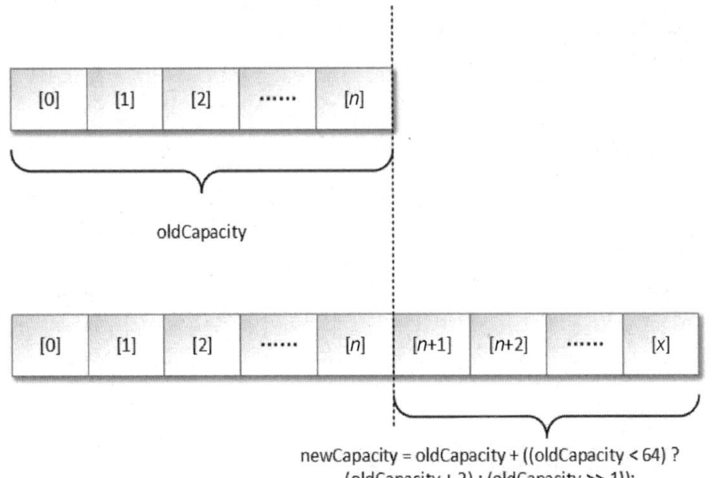

图 2-23

2.3.5 PriorityQueue 队列的添加操作

PriorityQueue 队列中有两个添加操作方法，分别为 add(E)方法和 offer(E)方法，查看源码可知，offer(E)方法才是实际工作的方法。这是因为 PriorityQueue 队列实现了 Queue 集合，它具备队列的操作特点，可以通过特定的方法在集合的尾部添加数据对象，在集合的头部移出数据对象。

```
// add(E)方法调用了 offer(E)方法
public boolean add(E e) { return offer(e); }
// offer(E)方法会在 PriorityQueue 队列尾部(数组当前有效索引位的下一个索引位上)添加指定数据对象
// 因为当前 PriorityQueue 队列需要保持小顶堆结构，
// 所以 PriorityQueue 队列会将新添加的数据对象与指定索引位上的数据对象进行交换
public boolean offer(E e) {
  // 新添加的数据对象不能为 null
  if (e == null) { throw new NullPointerException(); }
  // 因为 PriorityQueue 队列不是线程安全的，
  // 所以需要一个思路验证 PriorityQueue 队列的线程合法性，这里的思路借鉴了 CAS 思路
  modCount++;
  // 变量 i 主要用于记录在添加数据对象前，PriorityQueue 队列中的数据对象数量
  int i = size;
  // 如果条件成立，则说明当前 PriorityQueue 队列中存储的数据对象数量
  // 已经达到了当前 queue 数组的存储上限，需要进行扩容操作
  if (i >= queue.length) { grow(i + 1); }
  // 前面提过，为了保证小顶堆结构，PriorityQueue 队列使用 siftUp()方法，
  // 在当前最后一个有效索引位后的索引位上插入新的数据对象，并且进行升序操作
  siftUp(i, e);
  // 当前集合中的有效数据对象数量 + 1
  size = i + 1;
  return true;
}
```

在上述源码中，如果 size 和 queue.length 的值相等，则说明在添加数据对象前已经判定出当前 queue 数组中没有多空闲索引位了，需要进行扩容操作。注意 siftUp()方法（升序操作方法）在 offer(E)方法中的调用逻辑：在 i 号索引位上添加新的数据对象 e，并且从 i 号索引位开始对数据对象 e 进行升序操作，直到数据对象 e 最后的索引位满足堆结构特点（可参考 2.3.3 节中描述堆的升序操作的图例）。

2.3.6 PriorityQueue 队列的移除操作

PriorityQueue 队列通常使用 poll()方法移除数据对象。poll()方法同样具备队列的操作特点，即从队列的头部移除数据对象，具体源码如下。

```
// 该方法主要用于从 PriorityQueue 队列中移除一个数据对象
// 被移除的数据对象一定位于当前 queue 数组中的 0 号索引位上
@SuppressWarnings("unchecked")
public E poll() {
  final Object[] es;
  final E result;
  // 如果条件成立，则说明数组中的 0 号索引位上存在数据对象，可以进行移除操作
  // 该条件判定语句将 es 变量、result 变量的赋值操作一次性完成
  if ((result = (E) ((es = queue)[0])) != null) {
    // 操作计数器 + 1
    modCount++;
    final int n;
    // 从当前数组中的最后一个索引位上取得新的数据对象，
    // 这是为了将数组中最后一个索引位上的数据对象替换到完全二叉树的根节点上，以便进行降序操作
    final E x = (E) es[(n = --size)];
    es[n] = null;
    if (n > 0) {
      final Comparator<? super E> cmp;
      // 该条件判定语句的意义前面已经说明过，此处不再赘述
      if ((cmp = comparator) == null) { siftDownComparable(0, x, es, n); }
      else { siftDownUsingComparator(0, x, es, n, cmp); }
    }
  }
  // 在移除操作完成后，返回 result 变量
  return result;
}
```

如果需要从 PriorityQueue 队列中的任意索引位上移除数据对象，那么应该怎么处理呢？首先可以肯定的是，随意移除小顶堆中某个节点上的数据对象，大概率会破坏堆结构的稳定性，甚至可能无法保证 PriorityQueue 队列内部是一个完全二叉树，如图 2-24 所示。

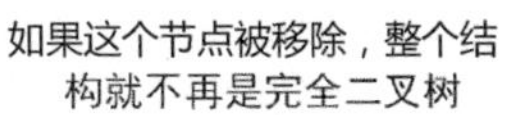

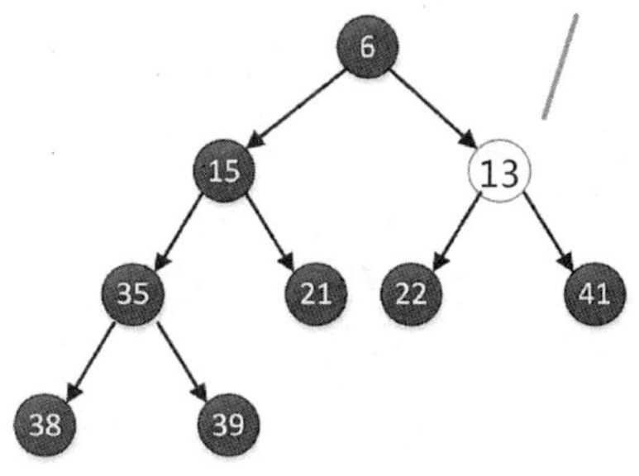

图 2-24

在随意移除任意索引位上的数据对象后，PriorityQueue 队列的堆结构可能只是部分被破坏，无须进行全局修复。如果需要移除任意索引位上的数据对象，那么首先应该使 PriorityQueue 队列保持完全二叉树结构，然后将完全二叉树修复成一个堆。完整的移除操作步骤如下。

（1）在当前完全二叉树降维表达的数组中，使用最后一个有效索引位上的数据对象替换被移除的数据对象，从而保证移除数据对象后的内部结构满足完全二叉树的要求，如图 2-25 所示。

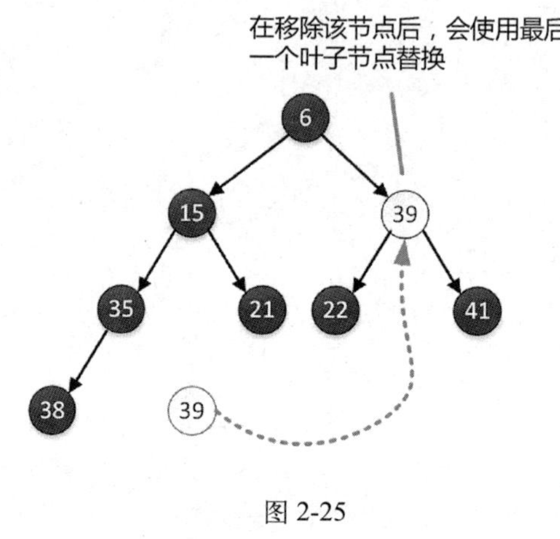

图 2-25

（2）在保证内部结构仍然是一个完全二叉树结构后，对被破坏的部分堆结构进行修复。方法是从移除操作的索引位开始进行降序操作；如果无法进行降序操作，则进行升序操作，如图 2-26 所示。

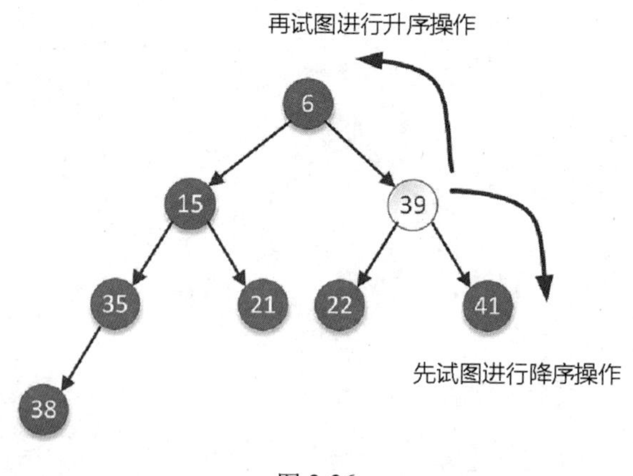

图 2-26

（3）还有一种特殊情况，就是从移除操作的索引位开始，既无法进行降序操作，又无法进行升序操作，这说明该节点的权值刚好可以匹配该节点，相关源码如下。

```
// 此处代码省略
// 该方法对移除堆结构中任意节点上的数据对象进行支持
E removeAt(int i) {
  final Object[] es = queue;
  modCount++;
  int s = --size;
  // 如果恰巧移除的是堆结构中最后一个叶子节点上的数据对象，则直接进行移除操作
  if (s == i) { es[i] = null; }
  else {
    // 将当前数组中最后一个有效索引位上的数据对象赋值给 moved 变量，
    // 并且将这个索引位上的数据对象设置为 null
    E moved = (E) es[s];
    es[s] = null;
    // 注意：i 号索引位的替换操作和从 i 号索引位开始的降序操作都是使用 siftDown()方法完成的
    siftDown(i, moved);
    // 如果条件成立，说明无法进行降序操作，那么进行升序操作
    if (es[i] == moved) {
      siftUp(i, moved);
      // 如果条件成立，则说明升序操作也无法进行
      if (es[i] != moved) {return moved;}
    }
  }
  return null;
}
// 此处代码省略
```

第 3 章

JCF 中的 Map 集合

JCF 中的 Map 集合和 Set 集合之间存在非常密切的关联关系，从相应集合的命名可以看出来，如 HashMap 集合和 HashSet 集合、TreeMap 集合和 TreeSet 集合、LinkedHashMap 集合和 LinkedHashSet 集合、ConcurrentSkipListSet 集合和 ConcurrentSkipListMap 集合。因此，如果搞清楚了 JCF 中的 Map 集合结构，就基本搞清楚了 JCF 中的 Set 集合结构。本书首先介绍 JCF 中具有代表性的 Map 集合，然后在此基础上针对性地介绍 Set 集合。

3.1 Map 集合概述

Map 集合属于 JCF 的知识范畴，但是代表 Map 集合的顶级接口 java.util.Map 并没有继承 JCF 的顶级接口 java.util.Collection。这是因为 Map 集合结构属于映射式结构，即一个 Key 键对应一个 Value 值（简称 K-V 键值对），并且同一个集合中不能出现两个相同的 Key 键信息。

```
An object that maps keys to values. A map cannot contain duplicate keys;each key can map to at most one value.
```

JCF 原生的一些重要的 Map 集合的主要继承体系如图 3-1 所示。

本节会重点介绍 TreeMap 集合、HashMap 集合和 LinkedHashMap 集合，其中 TreeMap 集合是基于红黑树结构构造的，HashMap 集合和 LinkedHashMap 集合是基于数组+链表+红黑树的复合结构构造的，这两种集合的区别仅体现在 LinkedHashMap 集合中增加了一个虚拟的链表结构。

ConcurrentHashMap 集合和 ConcurrentSkipListMap 集合也是 Map 集合体系中重要的线程安全的集合，本书会在介绍完 JUC 的必要知识后，介绍 ConcurrentHashMap 集合的相关结构。

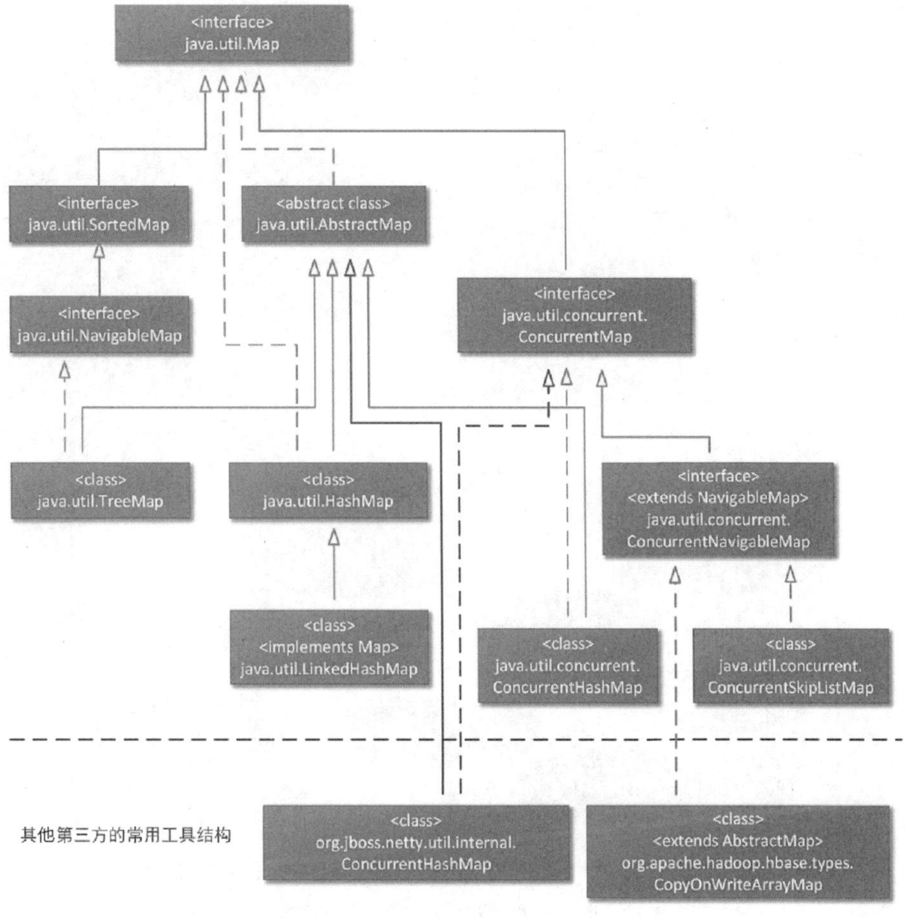

图 3-1

3.1.1　K-V 键值对节点定义——Entry

Map 集合中存储的是 K-V 键值对节点，即用一个 Key 键信息和一个 Value 值信息映射关联后的对象描述。Map 集合中可以有成千上万个 K-V 键值对节点，每一个 K-V 键值对都使用实现了 Map.Entry<K,V>接口的类的对象进行描述——也就是说，**一个 Map 集合中可以有成千上万个 Map.Entry<K,V>接口的实例化对象**，如图 3-2 所示。

Map.Entry<K , V>接口的主要源码如下。

```
public interface Map<K,V> {
  // 此处代码省略
  interface Entry<K,V> {
    // 获取当前 Entry 描述的 K-V 键值对节点的 Key 键信息
    K getKey();
```

```
        // 获取当前 Entry 描述的 K-V 键值对节点的 Value 值信息
        V getValue();
        // 设置当前 Entry 描述的 K-V 键值对节点的 Value 值信息
        V setValue(V value);
        // 比较两个 K-V 键值对节点是否相同
        boolean equals(Object o);
        // 计算当前 K-V 键值对节点的 Hash 值
        int hashCode();
        // 此处代码省略
    }
    // 此处代码省略
}
```

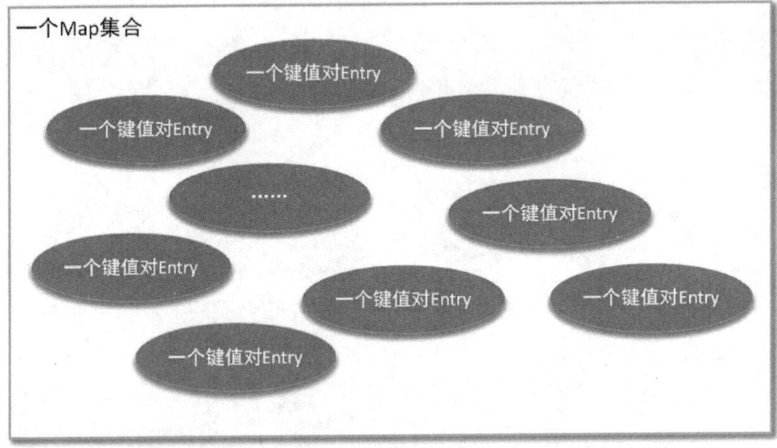

Map集合中的若干个K-V键值对节点，都按照一定的规律进行存储。这个存储规则由实现Map接口的具体集合进行管理

图 3-2

实际上，从 JDK 1.8 开始，Map.Entry<K, V>接口中增加了一些其他定义，这里暂时不予介绍。在一般情况下，实现了 Map.Entry<K, V>接口的具体类，都会根据自己的结构特点实现 Map.Entry<K, V>接口中的方法。例如，AbstractMap 类中的 AbstractMap.SimpleEntry 类实现了 Map.Entry<K, V>接口，HashMap 类中的 HashMap.Node 类实现 Map.Entry<K, V>接口，TreeMap 类中的 TreeMap.Entry 类实现 Map.Entry<K, V>接口，这些 Map.Entry<K, V>接口的具体实现类，都根据自己存储 K-V 键值对节点的特性做了不同的扩展或调整。下面以 TreeMap 集合为例，看一下 TreeMap.Entry<K, V>类的定义（TreeMap 集合中对 K-V 键值对节点的定义），源码如下。

```
public class TreeMap<K,V>
    extends AbstractMap<K,V>
    implements NavigableMap<K,V>, Cloneable, java.io.Serializable {
```

```
  // 此处代码省略
  // 实现了 Map.Entry<K , V>接口，用于描述红黑树中的一个 K-V 键值对节点
  static final class Entry<K,V> implements Map.Entry<K,V> {
    K key;
    V value;
    Entry<K,V> left;
    Entry<K,V> right;
    Entry<K,V> parent;
    boolean color = BLACK;
    // 可以在实例化时为这个 K-V 键值对节点指定父级 Entry
    Entry(K key, V value, Entry<K,V> parent) {
      this.key = key;
      this.value = value;
      this.parent = parent;
    }
    // 此处代码省略
  }
  // 此处代码省略
}
```

使用 K-V 键值对节点存储数据对象的 java.util.TreeMap 集合，内部所有的 K-V 键值对节点构成一棵红黑树。也就是说，代表 K-V 键值对节点的 TreeMap.Entry 对象需要记录当前树节点的双亲节点（父节点）、左儿子节点、右儿子节点及当前树节点的颜色。

3.1.2　与 Map 集合有关的重要接口和抽象类

为了便于读者理解 JCF 中的 TreeMap 集合、HashMap 集合和 LinkedHashMap 集合，本书首先讲解与 Map 集合有关的几个重要接口和抽象类：java.util.Map 接口、java.util.SortedMap 接口、java.util.NavigableMap 接口和 java.util.AbstractMap 抽象类。

1．java.util.Map 接口

java.util.Map 接口是 JCF 中 Map 集合的顶层接口，它给出了 Map 体系中的基本操作功能，并且要求下层具体的 Map 集合对其进行实现，具体如下。

- 向集合中添加一个新的 K-V 键值对节点。如果在操作之前已经存在这样的 K-V 键值关联，那么新的值会替换原有的值，并且返回之前的值。

```
V put(K key, V value);
```

- 清除当前 Map 集合中的所有 K-V 键值对。

```
void clear();
```

- 根据指定的 K-V 键值对中的 Key 键信息，返回其对应的 Value 值信息，如果当前 Map 集合中不存在这个 Key 键信息，则返回 null。

```
V get(Object key);
```

- 返回当前 Map 集合中存储的 K-V 键值对节点的数量，如果数量大于 Integer.MAX_VALUE（$2^{31}-1$），则返回 Integer.MAX_VALUE。

```
int size();
```

- 判定当前 Map 集合中是否至少存在一个 K-V 键值对节点，如果不存在，则返回 true，否则返回 false。

```
boolean isEmpty();
```

java.util.Map 接口的方法列表（摘自 JDK 1.8）如图 3-3 所示。

图 3-3

2．java.util.SortedMap 接口

Map 集合中定义的各种 K-V 键值对读/写方法，不一定能保证 Key 键的顺序。例如，Key 键为 K1、K2 和 K3 的 3 个 K-V 键值对节点通过 Map 集合中的 put(K,V)方法被放入 Map 集合中，而它们在 Map 集合中不一定按照存入的顺序进行存储——甚至有可能三者在 Map 集合中的存储位置没有任何关联关系。但在很多业务场景中，需要存储在 Map 集合中

的 K-V 键值对节点按照一定的规则有序存储，这时我们可能需要使用实现了 SortedMap 接口的 Map 集合。需要注意的是，这里所说的有序存储不一定是线性存储的，如利用红黑树结构进行的有序存储。

SortedMap 接口提供了很多与有序存储有关的方法，具体如下。

- 既然实现了 SortedMap 接口的集合可以将 K-V 键值对节点按照一定的规则进行有序存储，就会用到 Comparator 比较器。使用以下方法可以获得当前集合使用的 Comparator 比较器。

```
Comparator<? super K> comparator()
```

- SortedMap 集合中的 K-V 键值对节点是有序存储的，可以指定开始位上的 Key 键信息及结束位上的 Key 键信息，并且返回一个承载两者之间 K-V 键值对节点的新的 SortedMap 集合，源码如下。需要注意的是，由于新的 SortedMap 集合中存储的是已有的 K-V 键值对节点的引用，因此对新的 SortedMap 集合中 K-V 键值对节点的写操作结果会反映在原有 SortedMap 集合中，反之亦然。此外，如果指定开始位上的 Key 键信息和指定结束位上的 Key 键信息相同，则会返回一个空集合。

```
SortedMap<K,V> subMap(K fromKey, K toKey)
```

- 在以下方法中，通过指定一个 Key 键信息，返回一个新的 SortedMap 集合，该 SortedMap 集合中存储的所有 K-V 键值对节点的 Key 键信息都小于指定的 Key 键信息。此外，新的 SortedMap 集合的操作特性和 subMap(K, K)方法返回的新的 SortedMap 集合的操作特性一致。需要注意的是，如果指定的 Key 键信息并不在当前 SortedMap 集合中，那么该方法会抛出 IllegalArgumentException 异常。

```
SortedMap<K,V> headMap(K toKey);
```

- 在以下方法中，通过指定一个 Key 键信息，返回一个新的 SortedMap 集合，后者存储的所有 K-V 键值对节点的 Key 键信息都大于或等于当前指定的 Key 键信息。此外，新的 SortedMap 集合的操作特性和 headMap()方法返回的新的 SortedMap 集合的操作特性一致。

```
SortedMap<K,V> tailMap(K fromKey);
```

- 以下方法会在使用 Comparator 比较器进行比较后，返回当前 SortedMap 集合中权值最小的 Key 键信息。

```
K firstKey();
```

- 以下方法会在使用 Comparator 比较器进行比较后，返回当前 SortedMap 集合中权值最大的 Key 键信息。

```
K lastKey();
```

java.util.SortedMap 接口中完整的方法定义如图 3-4 所示。

3．java.util.NavigableMap 接口

如果 SortedMap 接口为有序的 K-V 键值对节点存储定义了基本操作，那么 NavigableMap 接口对有序的相关操作进行了细化，如图 3-5 所示。NavigableMap 接口精确定义了返回上一个 Key 键信息或 K-V 键值对节点、下一个 Key 键信息或 K-V 键值对节点、最小 Key 键信息或 K-V 键值对节点、最大 Key 键信息或 K-V 键值对节点等一系列操作。

图 3-4

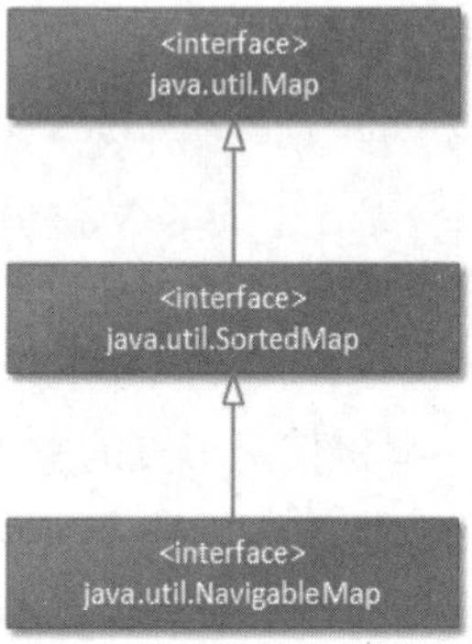

<interface>
java.util.Map

<interface>
java.util.SortedMap

<interface>
java.util.NavigableMap

图 3-5

- 以下两个方法会返回一个 K-V 键值对节点或 Key 键信息，这个被返回的信息满足如下条件：首先它属于一个集合 A，集合 A 是原集合的子集；其次它所代表的 K-V 键值对节点的 Key 键信息是集合 A 中权值最大的。如果原集合中没有入参 key 所代表的 K-V 键值对节点，则返回 null。

```
Map.Entry<K,V> lowerEntry(K key);

K lowerKey(K key);
```

- 以下两个方法会返回一个 K-V 键值对节点或 Key 键信息，这个被返回的信息满足如下条件：首先它属于一个集合 A，集合 A 是原集合的子集；其次它所代表的 K-V 键值对节点的 Key 键信息是集合 A 中权值最大的。如果不存在这样的集合 A，则返回入参 key 所代表的 K-V 键值对节点或 Key 键信息；如果原集合中没有入参 key 所代表的 K-V 键值对节点，则返回 null。

```
Map.Entry<K,V> floorEntry(K key);

K floorKey(K key);
```

- 以下两个方法会返回一个 K-V 键值对节点或 Key 键信息，这个被返回的信息满足如下条件：首先它属于一个集合 A，集合 A 是原集合的子集；其次它所代表的 K-V 键值对节点的 Key 键信息是集合 A 中权值最小的。如果原集合中没有入参 key 所代表的 K-V 键值对节点，则返回 null。

```
Map.Entry<K,V> higherEntry(K key);

K higherKey(K key);
```

- 以下两个方法返回一个 K-V 键值对节点或 Key 键信息，这个被返回的信息满足这样的条件：首先它属于一个集合 A，集合 A 是原集合的子集；其次它所代表的 K-V 键值对节点的 Key 键信息是集合 A 中权值最小的。如果不存在这样的集合 A，则返回入参 key 所代表的 K-V 键值对节点或 Key 键信息；如果原集合中没有入参 key 所代表的 K-V 键值对节点，则返回 null。

```
Map.Entry<K,V> ceilingEntry(K key);

K ceilingKey(K key);
```

java.util.NavigableMap 接口中完整的方法定义（基于 JDK 14）如图 3-6 所示。

```
NavigableMap<K, V>
  lowerEntry(K) : Entry<K, V>
  lowerKey(K) : K
  floorEntry(K) : Entry<K, V>
  floorKey(K) : K
  ceilingEntry(K) : Entry<K, V>
  ceilingKey(K) : K
  higherEntry(K) : Entry<K, V>
  higherKey(K) : K
  firstEntry() : Entry<K, V>
  lastEntry() : Entry<K, V>
  pollFirstEntry() : Entry<K, V>
  pollLastEntry() : Entry<K, V>
  descendingMap() : NavigableMap<K, V>
  navigableKeySet() : NavigableSet<K>
  descendingKeySet() : NavigableSet<K>
  subMap(K, boolean, K, boolean) : NavigableMap<K, V>
  headMap(K, boolean) : NavigableMap<K, V>
  tailMap(K, boolean) : NavigableMap<K, V>
  subMap(K, K) : SortedMap<K, V>
  headMap(K) : SortedMap<K, V>
  tailMap(K) : SortedMap<K, V>
```

图 3-6

4．java.util.AbstractMap 抽象类

java.util.AbstractMap 抽象类是实现了 java.util.Map 接口的一个抽象类，主要用于向下层具体的 Map 集合提供一些默认的功能逻辑，**以便减少具体 Map 集合的构建源码量，从而降低实现具体 Map 集合的难度**。

1）AbstractMap 抽象类的基本介绍。

AbstractMap 抽象类中已实现的默认逻辑实际上不能独立运行，因为这些源码逻辑中的重要过程都是缺失的。例如，在 AbstractMap 抽象类中，对 size()方法进行了实现，源码如下。

```
public abstract class AbstractMap<K,V> implements Map<K,V> {
  // 此处代码省略
  public int size() { return entrySet().size(); }
  // 此处代码省略
}
```

仔细观察可以发现，上述源码片段使用了 Map 接口中定义的 entrySet()方法，该方法会返回 Map 集合中存储的所有 Map.Entry 对象。但是 AbstractMap 抽象类中没有对 entrySet()方法进行实现，需要继承 AbstractMap 抽象类的具体 Map 集合进行实现，源码如下。

```
// AbstractMap 抽象类并没有对 entrySet()方法进行实现
public abstract class AbstractMap<K,V> implements Map<K,V> {
  // 此处代码省略
  public abstract Set<Entry<K,V>> entrySet();
  // 此处代码省略
}
```

java.util.HashMap 集合对 entrySet()方法的实现如下。

```
public class HashMap<K,V> extends AbstractMap<K,V> implements Map<K,V>, Cloneable,
Serializable {
   // 此处代码省略
   public Set<Map.Entry<K,V>> entrySet() {
     Set<Map.Entry<K,V>> es;
     return (es = entrySet) == null ? (entrySet = new EntrySet()) : es;
   }
   // 此处代码省略
}
```

就像前面介绍的，AbstractMap 抽象类的作用是减少实现具体 Map 集合时的编码工作量，降低编写具体 Map 集合的难度。AbstractMap 抽象类还为下层不同性质的 Map 集合实现提供了编码建议。例如，如果基于 AbstractMap 抽象类实现的具体 Map 集合是一个不可新增 K-V 键值对节点的集合，那么只需实现前面提到的 entrySet()方法，无须实现 put()方法和 remove()方法，因为 AbstractMap 抽象类中存在默认的 put()方法和 remove()方法实现，并且默认的方法实现会抛出 UnsupportedOperationException 异常，源码片段如下。

```
public abstract class AbstractMap<K,V> implements Map<K,V> {
  // 此处代码省略
  public V put(K key, V value) { throw new UnsupportedOperationException(); }
  // 此处代码省略
}
// AbstractMap 抽象类实现的 remove()方法，最终会依赖使用 Iterator 迭代器中的 remove()方法
public interface Iterator<E> {
  default void remove() { throw new UnsupportedOperationException("remove"); }
}
```

如果继承了 AbstractMap 抽象类的某个具体 Map 集合是一个可新增 K-V 键值对节点的集

合，则需要后者自行实现 put()方法，并且 entrySet()方法所使用的迭代器中的 remove()方法，实际上是以上源码片段中提到的 java.util.Iterator 接口中的 remove()方法，源码片段如下。

```
  To implement an unmodifiable map, the programmer needs only to extend this class and
provide an implementation for the entrySet method, whichreturns a set-view of the map's
mappings. Typically, the returned setwill, in turn, be implemented atop AbstractSet.
This set shouldnot support the add or remove methods, and its iteratorshould not support
the remove method.

  To implement a modifiable map, the programmer must additionally override this class's
put method (which otherwise throws an UnsupportedOperationException), and the iterator
returned by entrySet().iterator() must additionally implement its remove method.
```

2）AbstractMap 抽象类中的 SimpleEntry 类。

AbstractMap 抽象类还提供了一个 Map.Entry 接口的默认实现：AbstractMap. SimpleEntry 类。SimpleEntry 类对 K-V 键值对节点进行了简单的定义（在一般情况下，继承了 AbstractMap 抽象类的具体 Map 集合，都自行实现了 Map.Entry 接口），源码如下。

```
public static class SimpleEntry<K,V>  implements Entry<K,V>, java.io.Serializable
{
  private final K key;
  private V value;
  public SimpleEntry(K key, V value) {
    this.key   = key;
    this.value = value;
  }
  // 此处代码省略
  public K getKey() { return key; }
  public V getValue() { return value; }
 // 此处代码省略
}
```

3.2　红黑树略讲

从 JDK 1.8 开始，JCF 提供的几个重要 Map 集合（TreeMap 集合、HashMap 集合和 LinkedHashMap 集合）在构造思路上基本未进行大的调整，即 TreeMap 集合是基于红黑树结构构造的，HashMap 集合和 LinkedHashMap 集合是基于数组+链表+红黑树的复合结构构造的。因此，在正式介绍这些 Map 集合前，有必要先介绍一下红黑树的结构。

红黑树是一种自平衡二叉查找树，**由于其稳定的查找特性，因此 JCF 中有多个具体的集合都是基于红黑树结构构造的**。与堆的操作原理相比，红黑树的操作原理要复杂一些，但不是无法理解，读者可以跟随本节思路对红黑树的几种典型变化场景进行理解，并且自行动手对其中提到的关键点进行验证，即可掌握红黑树的基本原理。为了方便读者理解，下面会使用图文结合的方式介绍红黑树的相关知识。

3.2.1 二叉查找树（二叉搜索树）

二叉查找树的特点如下。

- 它是一棵二叉树。
- 如果当前树的根节点存在左子树，那么左子树中的任意节点的权值均小于当前根节点的权值。
- 如果当前树的根节点存在右子树，那么右子树中的任意节点的权值均大于当前根节点的权值。
- 以此类推，如果以当前树中任何节点为根节点，则其左子树和右子树中节点的权值特点分别满足第 2 点和第 3 点描述。
- 在二叉查找树中，没有权值相等的两个节点。

需要注意的是，二叉查找树的定义比堆的定义更严格。图 3-7 所示的树结构都是二叉查找树。图 3-8 所示的树结构不是二叉查找树，因为权值为 32 的节点在权值为 35 的根节点的右子树中，这不符合二叉查找树的特点。

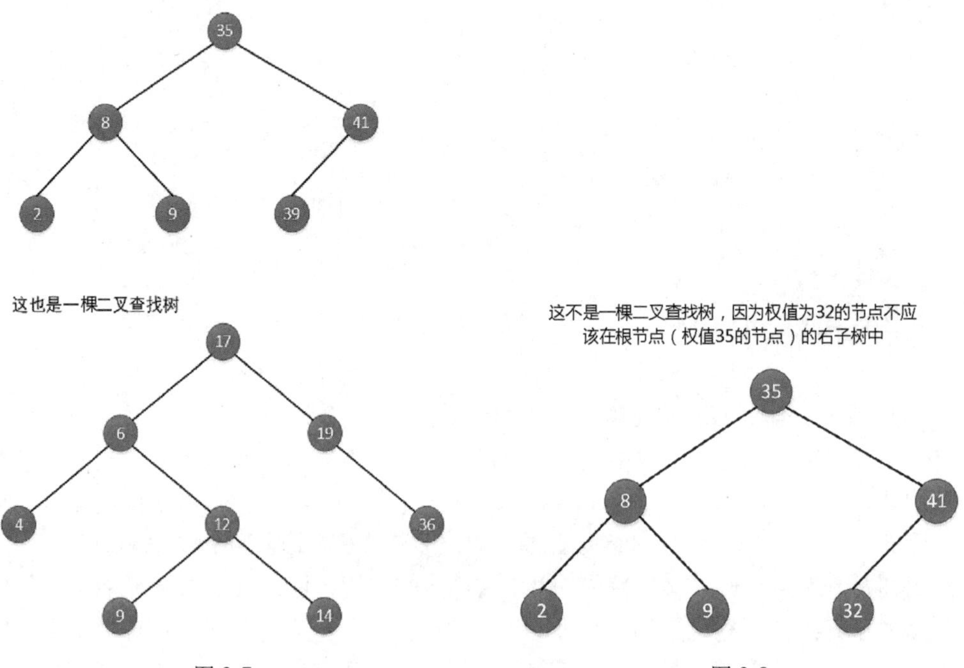

图 3-7

图 3-8

3.2.2　二叉查找树的查找操作和添加操作

1．二叉查找树的查找操作

如果需要在某个二叉查找树中查找权值为 x 的节点，那么从二叉查找树的根节点开始，递归进行以下步骤。

（1）如果当前搜索的节点为空（遇到空树或空子树），则说明要查找的权值为 x 的节点不在树中，查找失败。

（2）如果当前搜索的节点的权值等于要查找的权值 x，则说明当前节点是要查找的节点，查找成功。

（3）如果要查找的节点权值小于当前节点的权值，则说明要查找的节点如果存在，就只可能存在于当前节点的左子树中，所以取当前节点的左儿子节点，并且返回步骤（1），继续递归执行。

（4）如果要查找的节点权值大于当前节点的权值，则说明要查找的节点如果存在，就只可能存在于当前节点的右子树上，所以取当前节点的右儿子节点，并且返回步骤（1），继续递归执行。

二叉查找树的查找操作示例如图 3-9 所示。

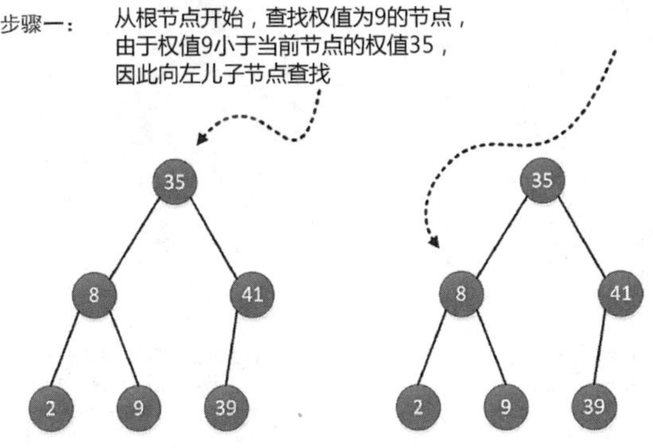

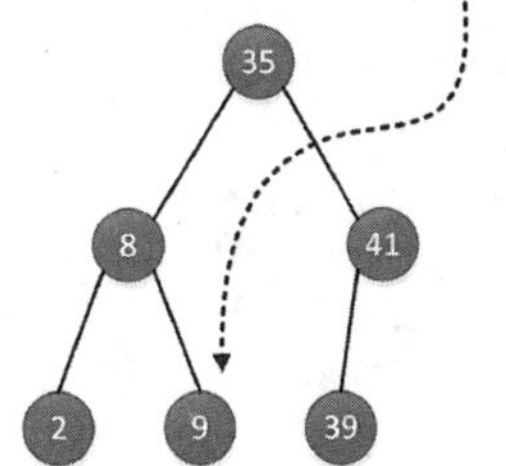

图 3-9

2．二叉查找树的添加操作

当向一个二叉查找树中添加一个权值为 x 的节点时，首先应该查找可以添加新节点的位置，在查找过程中还需要检查二叉查找树中是否已有权值相同的节点，如果有，则不应该再添加这个权值相同的节点，具体过程如下。

（1）如果要添加的新节点的权值大于当前节点的权值，则在当前节点的右子树中查找要添加节点的位置。如果当前节点没有右儿子节点，则说明可以在这个位置添加新节点；如果当前节点存在右儿子节点，则以当前节点的右儿子节点为根节点，递归进行步骤（1）。

（2）如果当前要添加的新节点的权值小于当前节点的权值，则在当前节点的左子树中查找要添加节点的位置。如果当前节点没有左儿子节点，则说明可以在这个位置添加新节点；如果当前节点存在左儿子节点，则以当前节点的左儿子节点为根节点，递归进行步骤（2）。

二叉查找树的添加操作示例如图 3-10 所示。

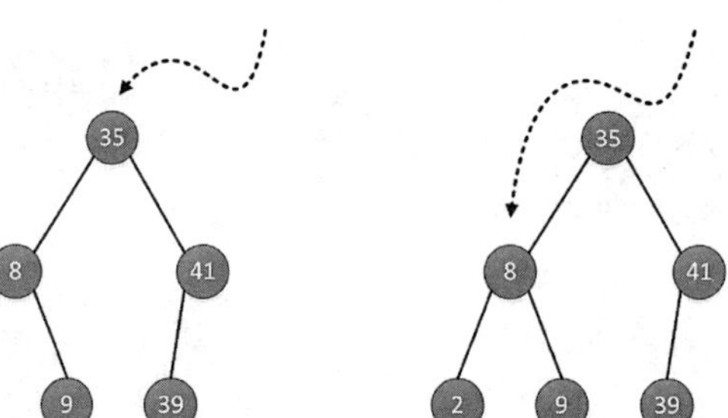

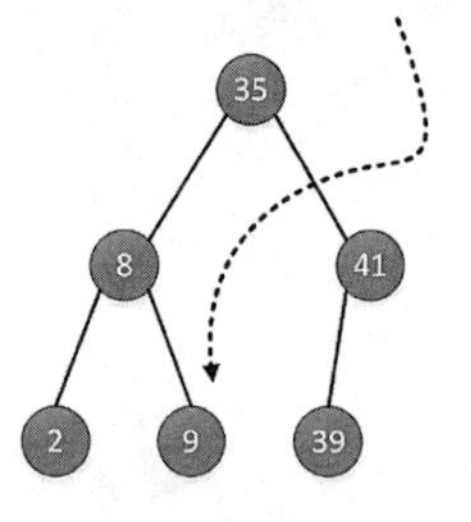

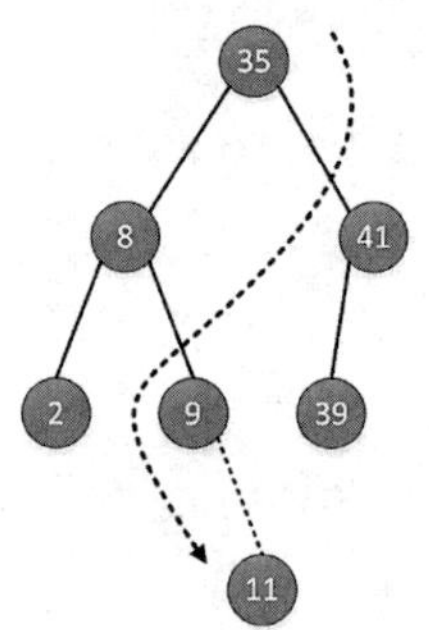

图 3-10

3.2.3　为什么需要红黑树

二叉查找树具有较良好的查找性能，只要不是极端情况，其查找操作的时间复杂度就可以控制为 $O(\log n)$。但是也会出现一些极端情况，使二叉查找树的查找操作性能明显下降。极端情况的二叉查找树结构示例如图 3-11 所示。

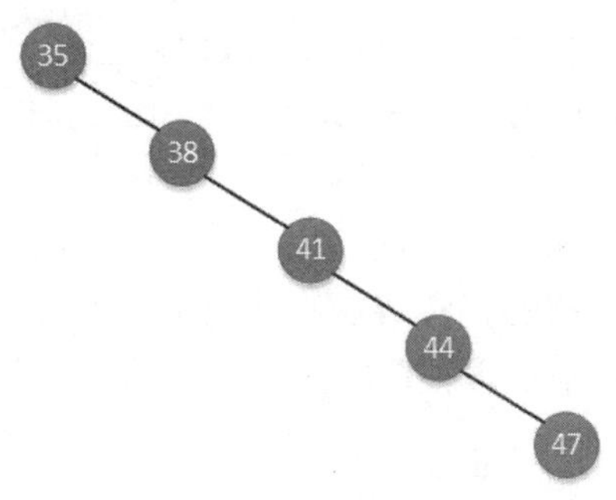

图 3-11

图 3-11 中的树结构满足二叉查找树的定义，但它实际上是一个节点权值有序的链表结构，其查找操作的时间复杂度为 $O(n)$。出现这种情况的根本原因是二叉查找树并不“平衡”，树中的所有节点明显“右倾”。

注意： 平衡二叉树要么是空树，要么树中任意非叶子节点的左、右子树高度差不大于 1。

为了避免出现二叉查找树的以上极端情况，需要找到一种方式，使二叉查找树能够引入类似平衡二叉树的约束，并且无论怎样对二叉查找树进行写操作，二叉查找树都可以自行调整并稳定这个平衡结构——这就是红黑树。

需要注意的是，**红黑树并不是平衡二叉树，二者最大的区别是红黑树放弃了绝对的子树平衡，转而追求一种大致平衡，这保证了在与平衡二叉树的时间复杂度相差不大的情况下，在红黑树中新增的节点最多进行三次旋转操作，就能重新满足红黑树结构要求。**

3.2.4　红黑树的基本结构

为了简化红黑树的处理逻辑，需要引入外部节点（虚拟节点）的概念。需要注意的是，外部节点只是一种记号，并不存储真实数据，也不是红黑树中的实际节点。外部节点的作用是方便程序员在设计和编程时理解节点的操作理则，在实际应用中并没有实际意义。红黑树除了具有外部节点，还具有以下特性。

- 包括外部节点在内的所有节点都带有颜色，要么是黑色的，要么是红色的（部分资料中将外部节点称为叶子节点或哨兵节点，本书为了保证与已介绍的堆结构进行区别，将其称为外部节点或虚拟节点）。
- 红黑树的根节点一定是黑色的。

- 如果红黑树中某个节点没有左子树或右子树，则会使用外部节点（虚拟节点）进行补齐，外部节点是黑色的。
- 每个红节点的儿子节点必须是黑色的，但是黑节点的儿子节点既可以是红色的，又可以是黑色的。这个规则可以理解为“红不相邻”。
- 在任意节点到其所属子树中的任意外部节点的路径上，标记为黑色的节点数量相同——这个规则可以理解为“黑平衡”。该规则适用于红黑树中的任意子树。
- 在添加节点时，默认添加的节点是红色的。如果添加的节点是整棵红黑树的根节点，则会涉及改色操作。

在以上红黑树特性中，第 4 条的“红不相邻”特性和第 5 条的“黑平衡”特性是最重要的特性。本书使用圆形表示树的真实节点，使用正方形表示树的外部节点，使用深灰色表示黑节点，使用白色表示红节点。根据红黑树的特性，图 3-12 所示为一棵红黑树。

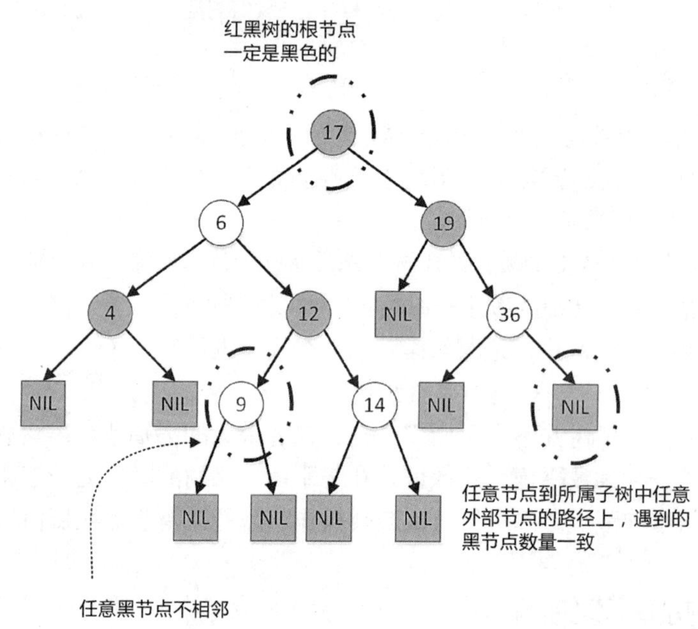

图 3-12

需要注意的是，外部节点（虚拟节点）保证了红黑树的相对平衡特性，并且可以帮助技术人员理解红黑树结构，可以在后续进行红黑树的添加和删除操作时帮助技术人员理解相关逻辑。

3.2.5 红黑树的操作规则

当红黑树受到某些写操作的影响而变得不再满足红黑树的结构要求时，红黑树就会自行修正当前的树结构，使自己重新满足红黑树的结构要求。

红黑树的修正操作有 3 种，分别为改色操作、节点左旋操作和节点右旋操作。无论红黑树在写操作中出现什么情况，都可以通过这 3 种操作使其重新满足红黑树的结构要求。这 3 种操作会对红黑树进行局部调整，调整过程涉及的节点包括当前节点及其父节点、祖父节点、叔节点（父节点的兄弟节点）、侄子节点。无论红黑树的节点规模有多大，单一操作都可以将时间复杂度控制在一定的范围内。

1．红黑树的改色操作

改色操作可以在红黑树的“红不相邻”特性受到影响时进行。当左右子树的平衡性发生变化时，也需要进行改色操作。这句话可能读者暂时不明白，没关系，这里先记下来，继续往后阅读即可。

2．红黑树的节点左旋操作

以某个节点为旋转节点 P，将节点 P 向其左儿子节点（记为节点 LP）的位置移动，节点 P 原来的右儿子节点（记为节点 RP）会占据节点 P 的原位置，成为节点 P 的父节点；节点 RP 的左儿子节点会成为节点 P 的右儿子节点，如图 3-13 所示。

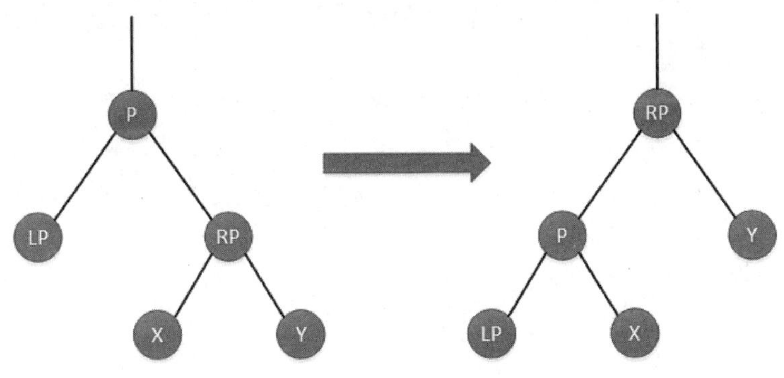

图 3-13

节点左旋操作可以有效减少以当前节点 P 为根节点的左、右子树的平衡度，并且不会改变当前子树的节点规模。也就是说，增加左子树的深度（左子树深度+1），减少右子树的深度（右子树深度-1）。

3．红黑树的节点右旋操作

以某个节点为旋转节点 P，将节点 P 向其右儿子（记为节点 RP）的位置移动，节点 P 原来的左儿子节点（记为节点 LP）会占据节点 P 的原位置，成为节点 P 的父节点；节点

LP 的右儿子节点会成为节点 P 的左儿子节点，如图 3-14 所示。

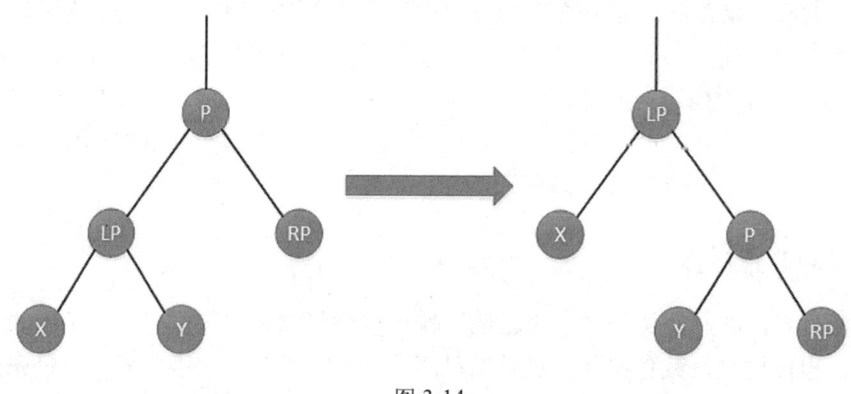

图 3-14

3.2.6 红黑树的节点添加操作

红黑树的节点添加操作包括两个步骤。

（1）根据权值将新的节点添加到红黑树的正确位置，这一步相对简单。如果读者不清楚，可以参考 3.2.2 节中的内容。

（2）从新添加的节点开始，重新递归调整红黑树的平衡性。这是因为节点添加操作可能破坏了红黑树的平衡结构。

为了在讲解过程中不出现误读，需要提前针对操作中各种节点的命名给出统一说明，如图 3-15 所示。

在进行红黑树操作描述时，本书统一使用深灰色表示黑节点，使用白色表示红节点，如图 3-16 所示。

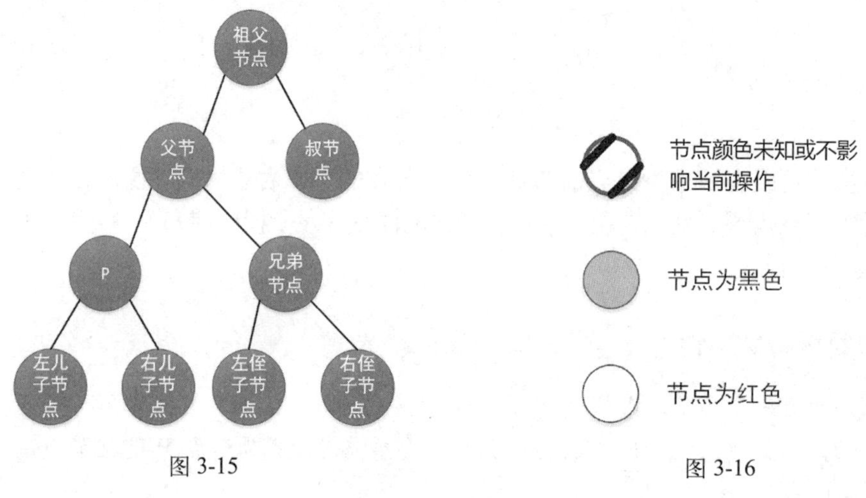

图 3-15　　图 3-16

1．简单的节点添加操作场景

1）场景一：当前红黑树没有任何节点。

这种情况表示要向红黑树中添加第一个节点，并且将这个节点作为红黑树的根节点。因为默认当前添加的节点是红色的，而红黑树结构要求根节点必须是黑色的，**所以在这种情况下只需更改新增节点的颜色。这是一个必要的过程，无论在哪种添加操作场景中，都需要在每次完成处理后，保证红黑树的根节点是黑色的。**

2）场景二：当前节点的父节点是黑色的。

在这种情况下，新添加的红节点 P 不会影响红黑树的“红不相邻”及“黑平衡”特性，所以无须进行任何额外处理。将新节点 P 关联到正确的黑节点下，即可完成添加操作，如图 3-17 所示。

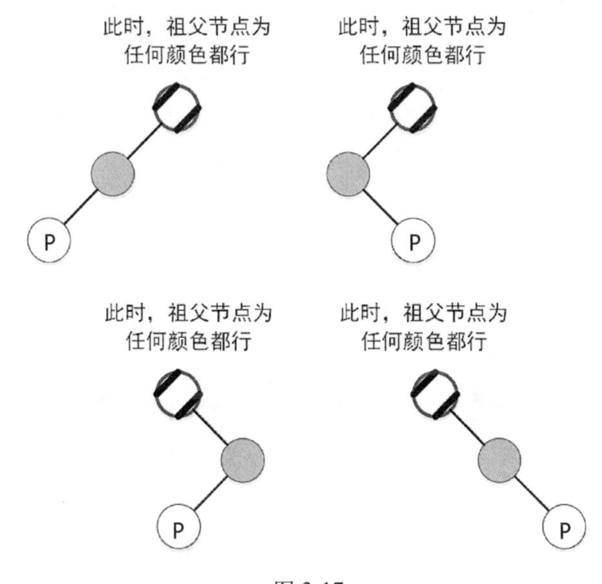

图 3-17

3）场景三：当前节点的父节点和叔节点都是红色的。

在这种情况下，当前节点的祖父节点必定是黑色的，否则不符合“红不相邻”特性。因为新添加的节点是红色的，所以需要进行改色操作，将当前节点的父节点和叔节点的颜色改为黑色，将当前节点的祖父节点的颜色改为红色，并且以当前节点的祖父节点为下一次递归处理的依据节点，具体操作如图 3-18 所示。

图 3-18 中的 4 种情况都满足父节点和叔节点颜色是红色的场景，只是 P 节点所处的位置不一样。这里有一个非常重要的注意事项：在所有递归处理结束后，如果当前节点是整棵树的根节点，则需要在最后将根节点从红色转换成黑色，从而确保整棵树的根节点始终是黑色的。

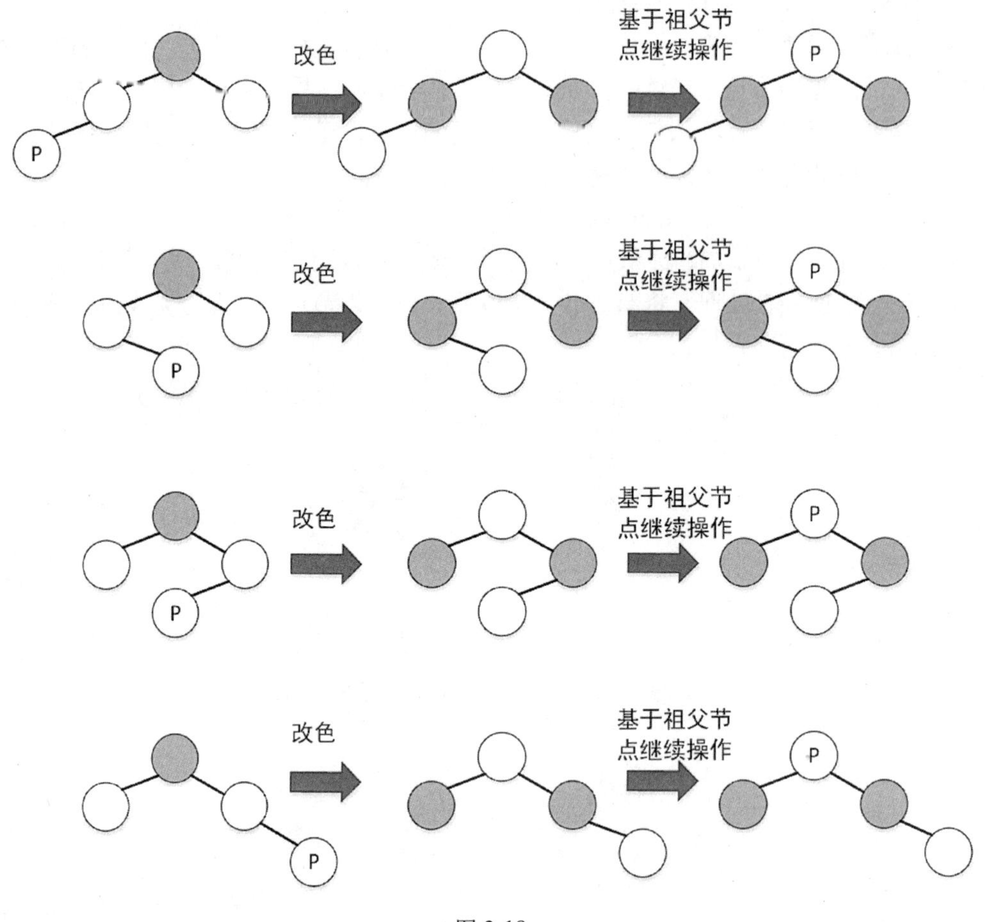

图 3-18

2．较复杂的节点添加操作场景

以上 3 种场景都是简单处理场景，处理过程要么是直接添加，要么是在添加后进行改色操作，都未涉及当前节点 P 的旋转操作。下面介绍几种较复杂的处理场景，这些场景都会涉及当前节点 P 的旋转操作。

这些场景之所以需要进行节点旋转操作，是因为在添加新的红节点后，“红不相邻”和“黑平衡”特性同时受到了破坏，需要通过改色操作和节点旋转操作使其重新符合红黑树规则。

在这些场景中，新增节点的父节点只能是红色的（因为如果父节点是黑色的，则只需添加新节点，无须进行其他任何操作），也就是说，叔节点是黑色的（因为如果叔节点是红色的，则属于场景三）。这些复杂场景有四种。

1）场景四：当前节点是父节点的右儿子节点，父节点是祖父节点的右儿子节点。

该场景的情况如图 3-19 所示。

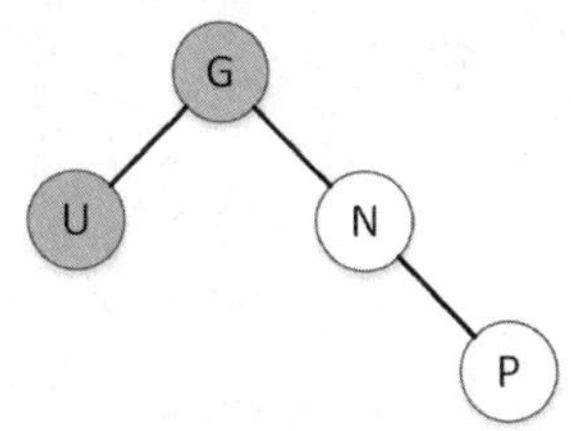
节点P表示当前正在处理的节点
节点N表示父节点
节点G表示祖父节点
节点U表示叔节点
G
U
N
P

图 3-19

在这种情况下，会以当前节点的祖父节点为基点进行节点左旋操作。因为在进行节点左旋操作后，以祖父节点为根节点的子树平衡性会被破坏，所以需要在进行节点左旋操作前进行改色操作：将当前节点的父节点颜色改为黑色，将当前节点的祖父节点颜色改为红色。具体操作过程如图 3-20 所示。

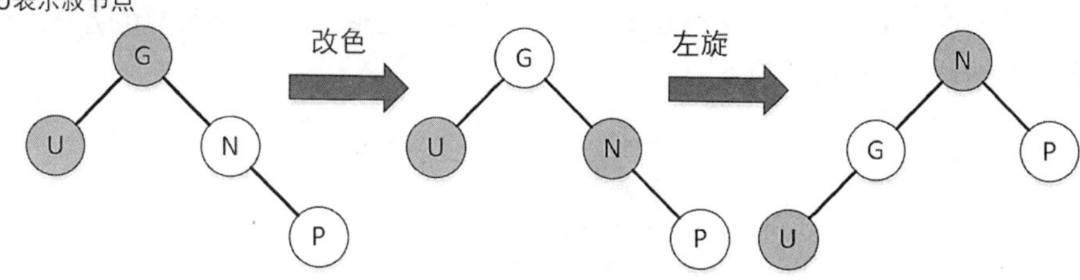
节点P表示当前正在处理的节点
节点N表示父节点
节点G表示祖父节点
节点U表示叔节点
改色
左旋
G
U
N
P

图 3-20

在进行节点左旋操作后，会以当前节点 P 为基点继续进行递归调整操作。

2）场景五：当前节点是父节点的左儿子节点，父节点是祖父节点的左儿子节点。

该场景的情况如图 3-21 所示。

在这种情况下，会以当前节点的祖父节点为基点进行节点右旋操作。因为在进行节点右旋操作后，以祖父节点为根节点的子树平衡性会被破坏，所以需要在进行节点右旋操作前进行改色操作：将当前节点的父节点颜色改为黑色，将当前节点的祖父节点颜色改为红色。具体操作过程如图 3-22 所示。

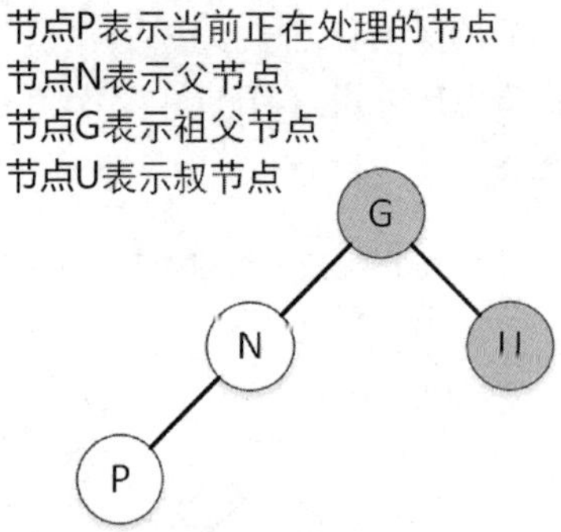

节点P表示当前正在处理的节点
节点N表示父节点
节点G表示祖父节点
节点U表示叔节点
G
N
U
P

图 3-21

节点P表示当前正在处理的节点
节点N表示父节点
节点G表示祖父节点
节点U表示叔节点
G
N
U
P
改色
G
N
U
P
右旋
N
P
G
U

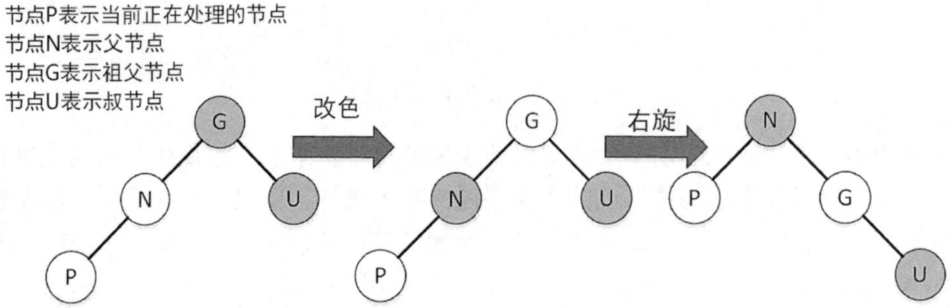

图 3-22

在进行节点右旋操作后，会以当前节点 P 为基点继续进行递归调整操作。

3）场景六：当前节点是父节点的右儿子节点，父节点是祖父节点的左儿子节点。该场景的情况如图 3-23 所示。

节点P表示当前正在处理的节点
节点N表示父节点
节点G表示祖父节点
节点U表示叔节点
G
N
U
P

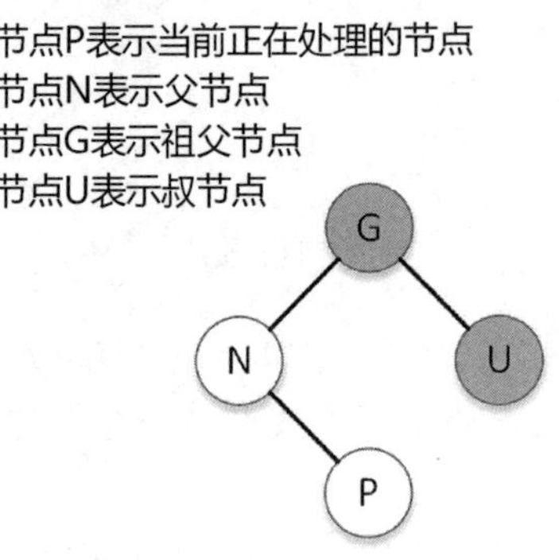

图 3-23

在这种情况下，首先需要通过节点旋转（左旋）操作将 4 个节点的结构转换为场景五中的结构，然后按照场景五的处理方法进行处理。需要注意的是，在将场景六转换为场景五后，参照节点换成了当前节点的父节点（节点 N），这样才真正满足场景五的操作要求，如图 3-24 所示。

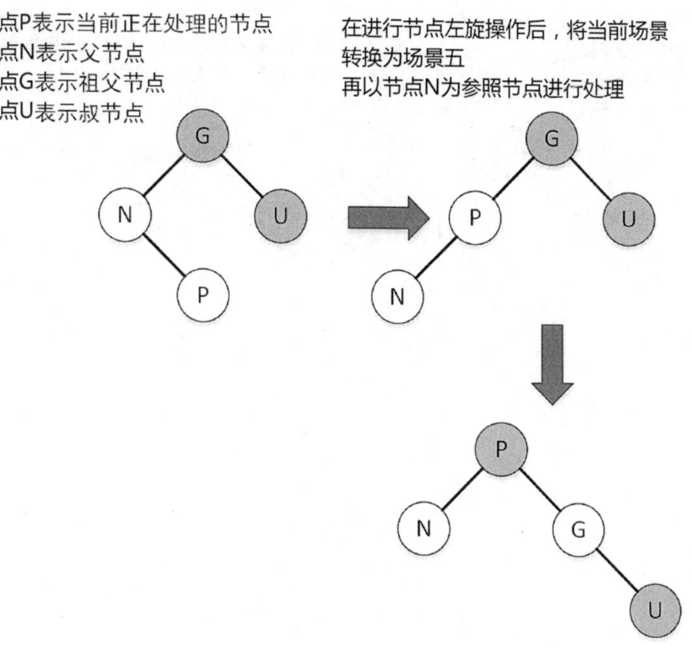
节点P表示当前正在处理的节点
节点N表示父节点
节点G表示祖父节点
节点U表示叔节点
在进行节点左旋操作后，将当前场景
转换为场景五
再以节点N为参照节点进行处理
G
N
U
P
G
P
U
N
P
N
G
U

图 3-24

4）场景七：当前节点是父节点的左儿子节点，父节点是祖父节点的右儿子节点。该场景的情况如图 3-25 所示。

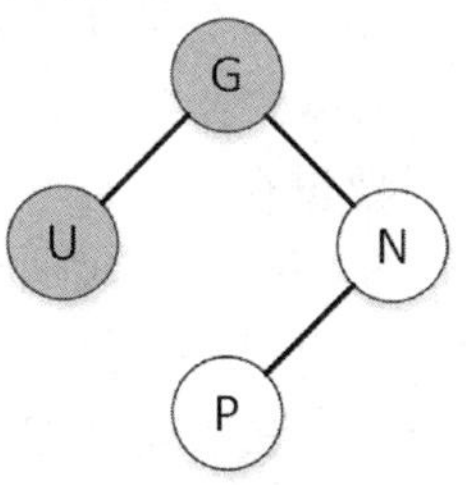
节点P表示当前正在处理的节点
节点N表示父节点
节点G表示祖父节点
节点U表示叔节点
G
U
N
P

图 3-25

在这种情况下，首先需要通过节点旋转（右旋）操作将 4 个节点的结构转换为场景四中的结构，然后按照场景四的处理方法进行处理。需要注意的是，在将场景七转换为场景四后，参照节点换成了当前节点的父节点（节点 N），这样才真正满足场景四的操作要求，如图 3-26 所示。

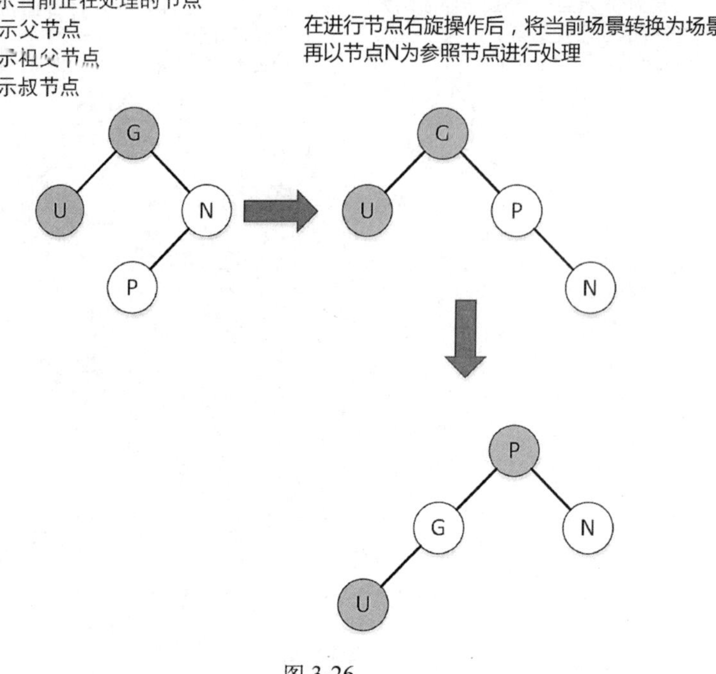
节点P表示当前正在处理的节点
节点N表示父节点
节点G表示祖父节点
节点U表示叔节点
在进行节点右旋操作后，将当前场景转换为场景四
再以节点N为参照节点进行处理
G
U
N
P
G
U
P
N
P
G
N
U

图 3-26

3. 红黑树的节点添加操作实例

以上操作场景覆盖了红黑树节点添加操作的所有可能性，对以上场景进行分析总结，可以发现这些场景的共性，具体如下。

这些场景实际上都是为了保证在添加新节点后，将节点添加操作对“红不相邻”和“黑平衡”特性的影响控制在最小范围内。当添加节点的父节点颜色为黑色时，节点添加操作既不会影响“红不相邻”特性，也不会影响“黑平衡”特性，所以在进行节点添加操作后，既不需要进行改色操作，又不需要进行节点旋转操作。场景一和场景二就是这样的情况，如图 3-27 所示。需要注意的是，这里讨论的场景包括对虚拟节点的考虑。

如果只进行简单的改色操作就可以保证最小范围内的子树能够恢复“红不相邻”和“黑平衡”特性，则优先进行改色操作，因为成本最低。前面讨论的场景三就是这样的情况，如图 3-28 所示。

在进行改色操作后，因为节点 P 的祖父节点颜色发生了变化，可能对上级子树的“红不相邻”特性造成破坏，所以需要将调整压力向上级子树递归传递，这就是场景三在进行改色操作后，会拟定节点 P 的祖父节点为新的操作节点，继续向上递归处理的原因。

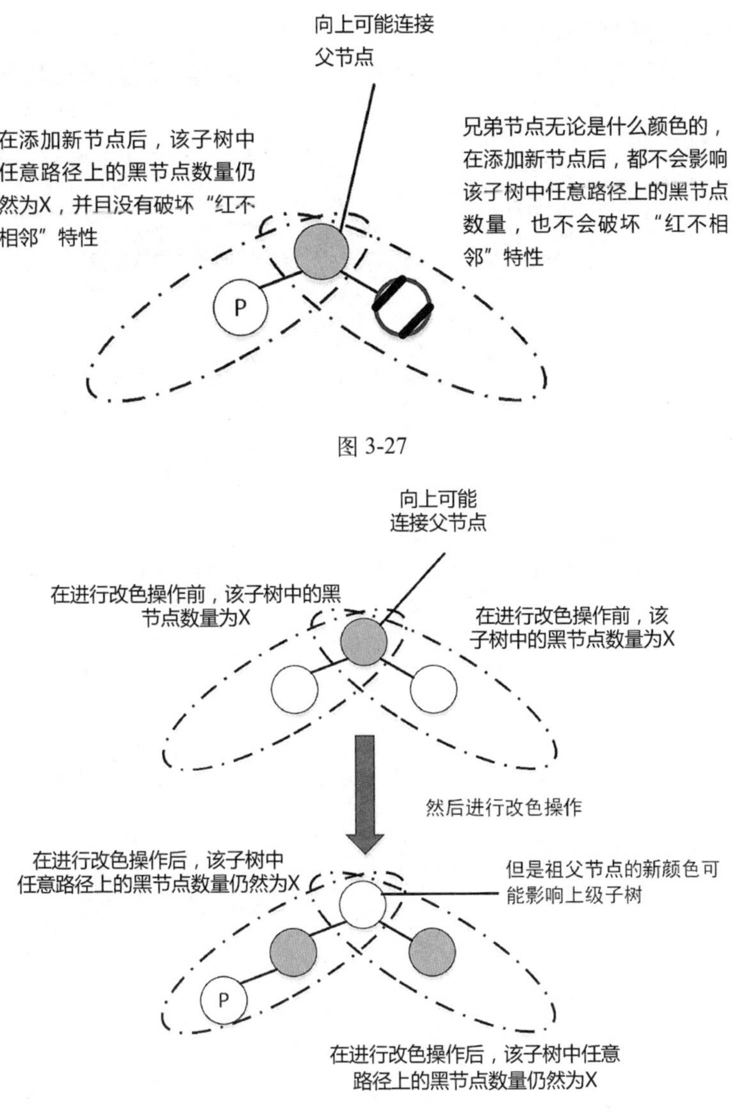

图 3-27

图 3-28

如果在进行节点添加操作后，只进行改色操作已无法恢复子树的“红不相邻”和“黑平衡”特性，则需要进行节点旋转操作。前面讨论的场景四、场景五、场景六、场景七都是这样的情况，如图 3-29 所示。

在图 3-29 中，细心的读者会发现，在进行节点旋转操作后，节点 G 不符合“黑平衡”特性，因为节点 G 到其下任意虚拟节点路径上的黑节点数量不一致。造成这种现象的原因是将节点 U 作为实际存在的黑节点进行考虑。但节点 U 在这样的场景中不可能是一个实际存在的节点，只可能是一个虚拟节点。因为如果节点 U 是一个实际节点，那么在进行节点添加操作前，该红黑树的“黑平衡”特性就已经无法保证了（从节点 N 到其下任意虚拟节点路径上的黑节点数量与从节点 U 到其下任意虚拟节点路径上的黑节点数量不一致）。

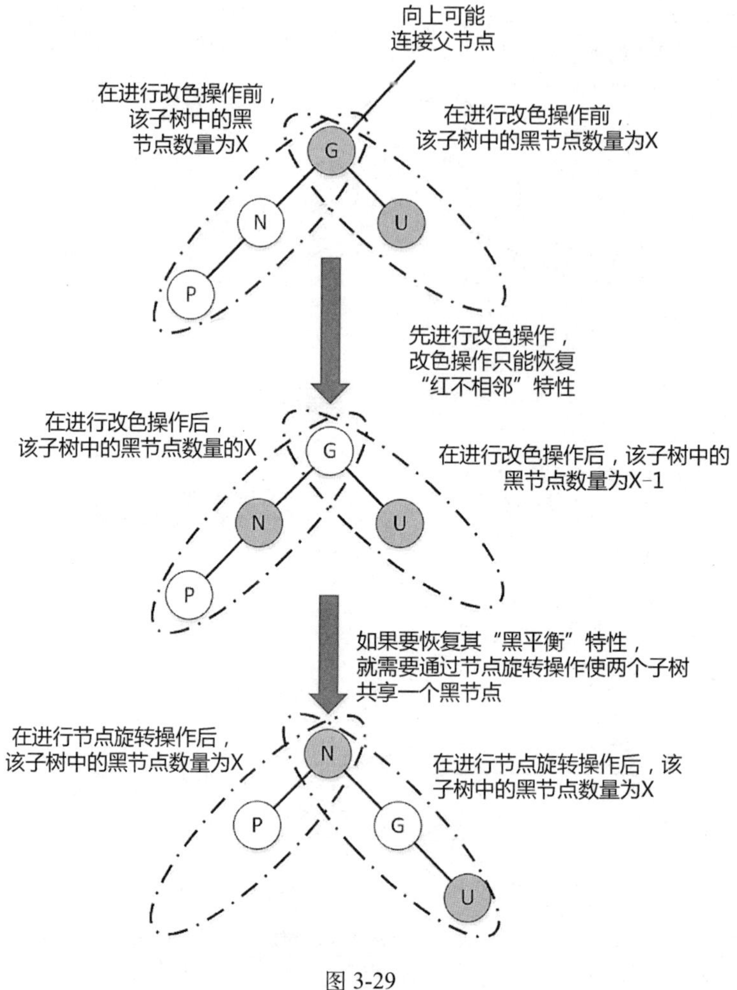

图 3-29

当节点 U 只是一个虚拟节点时，在进行改色操作和节点旋转操作后，“红不相邻”特性重新得到满足，并且“黑平衡”特性仍然保持不变，它们都保持在最小的子树范围内进行调整，不会将调整压力传导至上级子树。

此外，我们可以根据以上各种场景描述推断出一个隐含的操作：虽然从理论层面来说，红黑树在进行节点添加操作后的调整操作是递归进行的，但实际上在递归处理到当前节点的父节点颜色为黑色时，整个处理过程就结束了。因为这样的场景满足场景二中的相关描述。因此红黑树的节点添加操作的性能是非常高的（时间复杂度为 $O(\log n)$），基本不会因为树的深度加大而让其时间复杂度失控。

下面我们根据前面介绍的各种场景，使用多个带有不同权值的节点，通过若干次节点添加操作构造一棵红黑树，如图 3-30 所示。

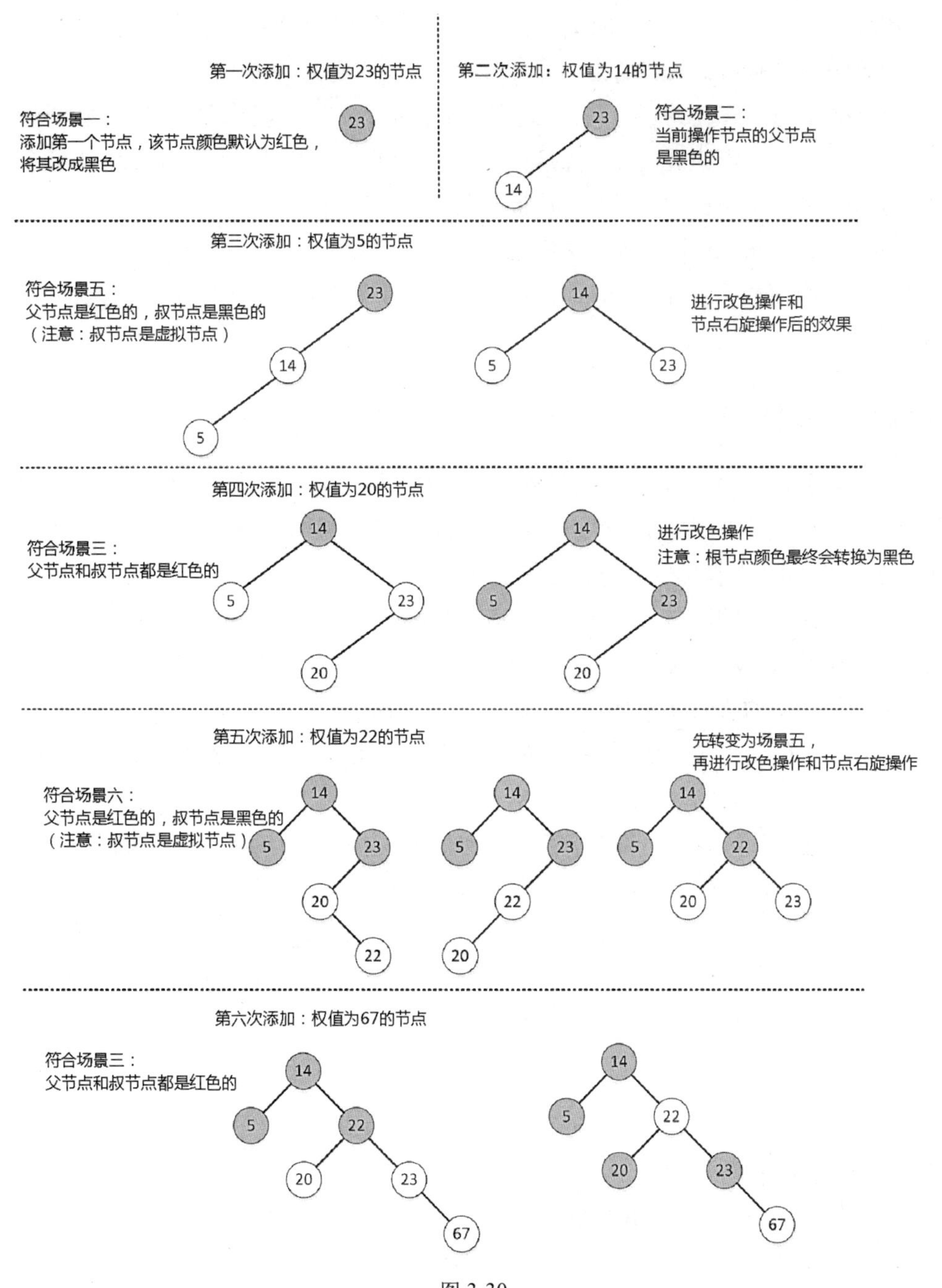

图 3-30

3.2.7 红黑树的节点删除操作

与红黑树的节点添加操作相比，红黑树的节点删除操作较难理解，这主要是一个推导过程，需要读者充分理解外部节点（虚拟节点）在其中起到的转化作用。

我们重温一下红黑树的节点调整基本原理：通过改色操作保证红黑树中某棵子树的“红不相邻”特性，通过节点旋转操作保证红黑树中某棵子树的“黑平衡”特性。其操作本质是使当前节点左、右子树中的黑节点数量一致。

对于红黑树的节点删除操作，关键是在删除节点后，如何保证整棵红黑树的“红不相邻”特性和“黑平衡”特性。保证“红不相邻”特性和“黑平衡”特性的基本方式是进行改色操作和节点旋转操作。

1．节点删除操作推导

我们已经知道，在红黑树中针对随机节点的删除操作很可能破坏红黑树的结构完整性，如果要尽可能保证红黑树的完整性，就需要找到一种对结构影响最小的节点删除方式，从而保证在节点被删除后对结构的影响能够控制在最小子树范围内。

本书已经讲解过的堆节点删除方式可以给我们一些启发。**删除堆结构中的叶子节点带来的结构影响是最小的**。在删除任意位置 X 上的节点时，堆采取的节点删除方式是用最后一个有效索引位上的节点 A 替换当前要删除的节点 B（节点 B 变为节点 A，同时将最后一个有效索引位上的节点 A 删除），接着对位置 X 上替换后的节点进行升序或降序操作，从而达到重新平衡堆的目的。

红黑树的节点删除操作与堆的节点删除操作类似，但也有一定区别。红黑树的节点删除操作是用最后一个有效索引位上的节点 A 替换当前要删除的节点 B(节点 B 变为节点 A，但此时最后一个索引位上的节点 A 并未被删除)；为了保证红黑树的“红不相邻”特性和“黑平衡”特性，在必要时还要进行改色操作、节点旋转操作，从而递归修正子树结构；最后将原来的节点 A 删除。

2．如何找到替换节点

1）寻找替换节点的原理。

在红黑树中按照权值进行排列的节点，遵循二叉查找树的排列特点，如果将一棵二叉查找树降维成线性（数组）结构，那么它可以表现出如图 3-31 所示的效果。

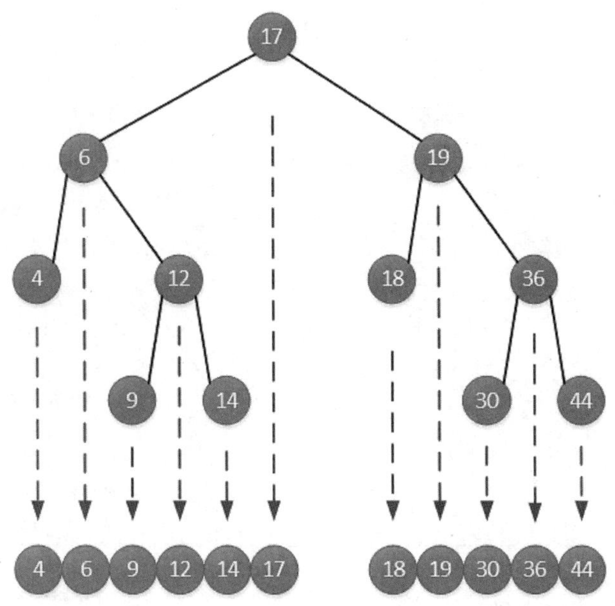

图 3-31

根据图 3-31 可知，在将二叉查找树降维成数组结构后，所有节点会按照权值大小在线性平面上有序排列，便于寻找某个节点的前置节点和后置节点。

我们知道红黑树是满足二叉查找树的要求的，最直观的现象是，**红黑树中某节点右子树中所有节点的权值都大于该节点的权值；红黑树中某节点左子树中所有节点的权值都小于该节点的权值**。基于这样的基本原则，在使用新节点**替换红黑树中当前被删除的节点后，需要使红黑树满足二叉查找树的这个基本原则**。

有 4 种查找方式可以找到被删除节点的替换节点（相邻节点），如图 3-32 所示。这样的查找过程在本书后面介绍的 TreeMap 集合中有相关应用。TreeMap 集合中拥有完整的寻找二叉查找树中前置节点和后置节点的方法，分别为 predecessor()方法和 successor()方法，寻找替换节点的操作是基于 successor()方法实现的。如果当前要删除的节点是叶子节点，则不必进行这样的查找操作。

如果当前将要删除的节点同时存在左子树和右子树，那么查找要删除节点在权值排列上的后置节点，并且将其作为替换节点。在找到替换节点后，可以**先使用替换节点（记为节点 R）代替当前被删除的节点（记为节点 P），如果有必要，则会进行相应改色操作和节点旋转操作，最后删除节点 R**，如图 3-33 所示。

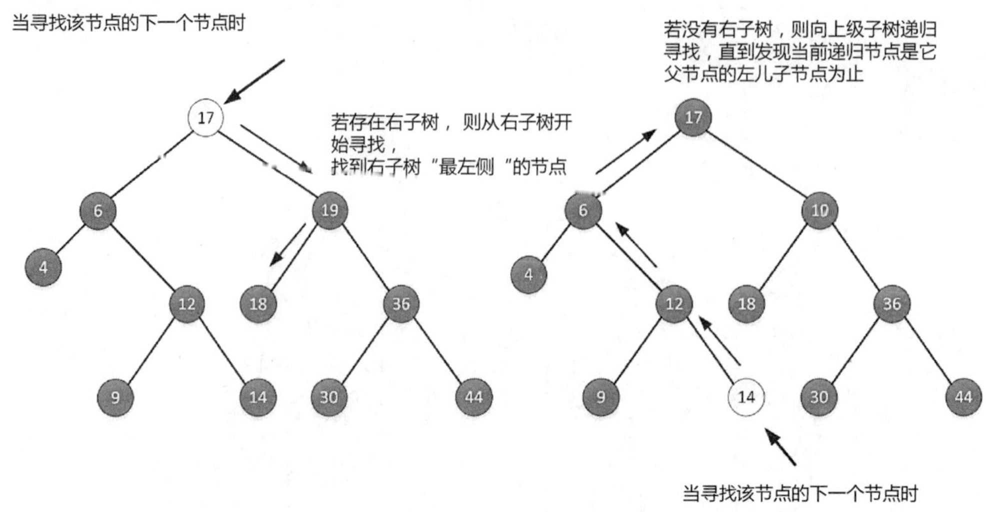

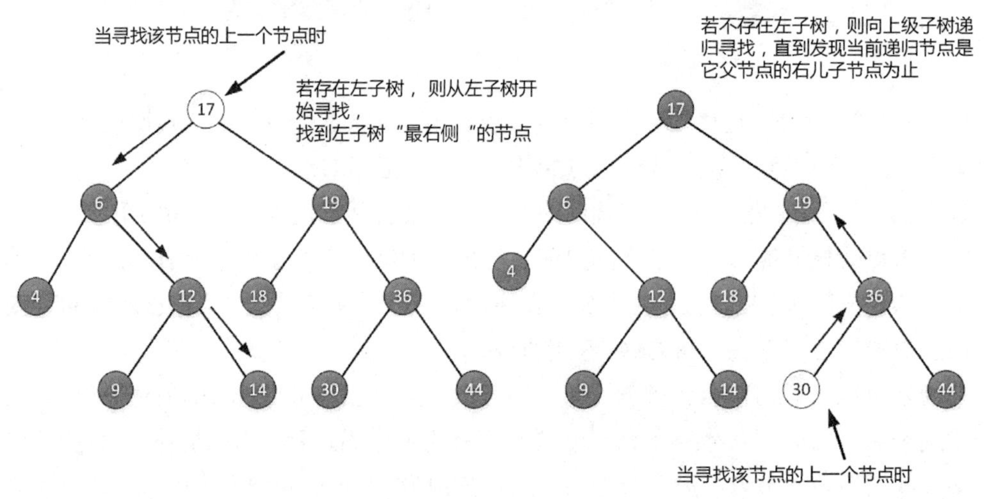

图 3-32

2）归纳几种节点删除的情况。

- 情况一：要删除的节点是根节点。

这种情况最简单，在确定操作者要删除根节点后，直接设置 root 对象为 null 即可。

- 情况二：要删除的节点只存在右子树或左子树。

在这种情况下，根据红黑树的构造特点可知，当前节点左、右子树的高度差不会超过 1，所以构造情况无非是如图 3-34 所示的两种情况。

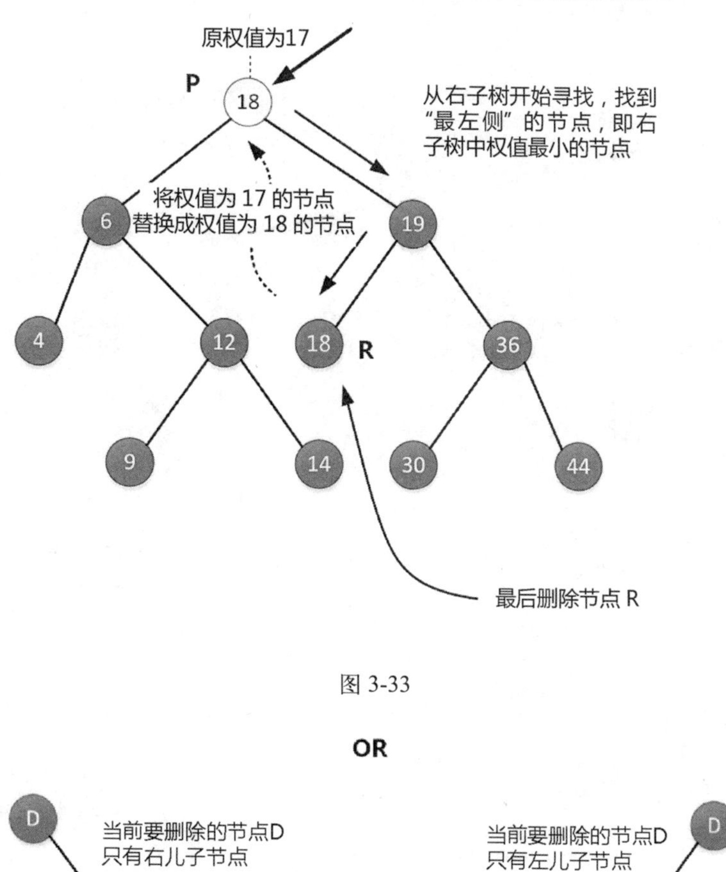

图 3-33

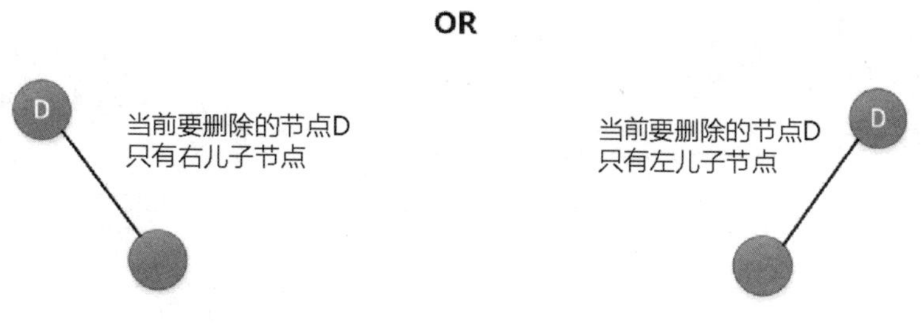

OR

D
当前要删除的节点D
只有右儿子节点
当前要删除的节点D
只有左儿子节点
D

图 3-34

这种情况可能是在删除节点时，找到了相邻的替换节点 D；也可能是当前操作者就是要删除节点 D。在这种情况下，节点 D 只可能有一侧的儿子节点（要么只有左儿子节点，要么只有右儿子节点），所以可以使用儿子节点替换节点 D。但因为不知道节点 D 原来的颜色，所以在将其删除后，可能需要对红黑树进行调整（此处暂不涉及对红黑树进行调整的场景，先讨论替换-删除的场景）。

- 情况三：要删除的节点没有左子树和右子树。

在这种情况下，要删除的节点没有儿子节点，可以直接将其删除。但因为不知道要删除的节点原来的颜色，所以在将其删除后，需要对红黑树进行调整。

替换-删除转换关系的三种情况如图 3-35 所示。

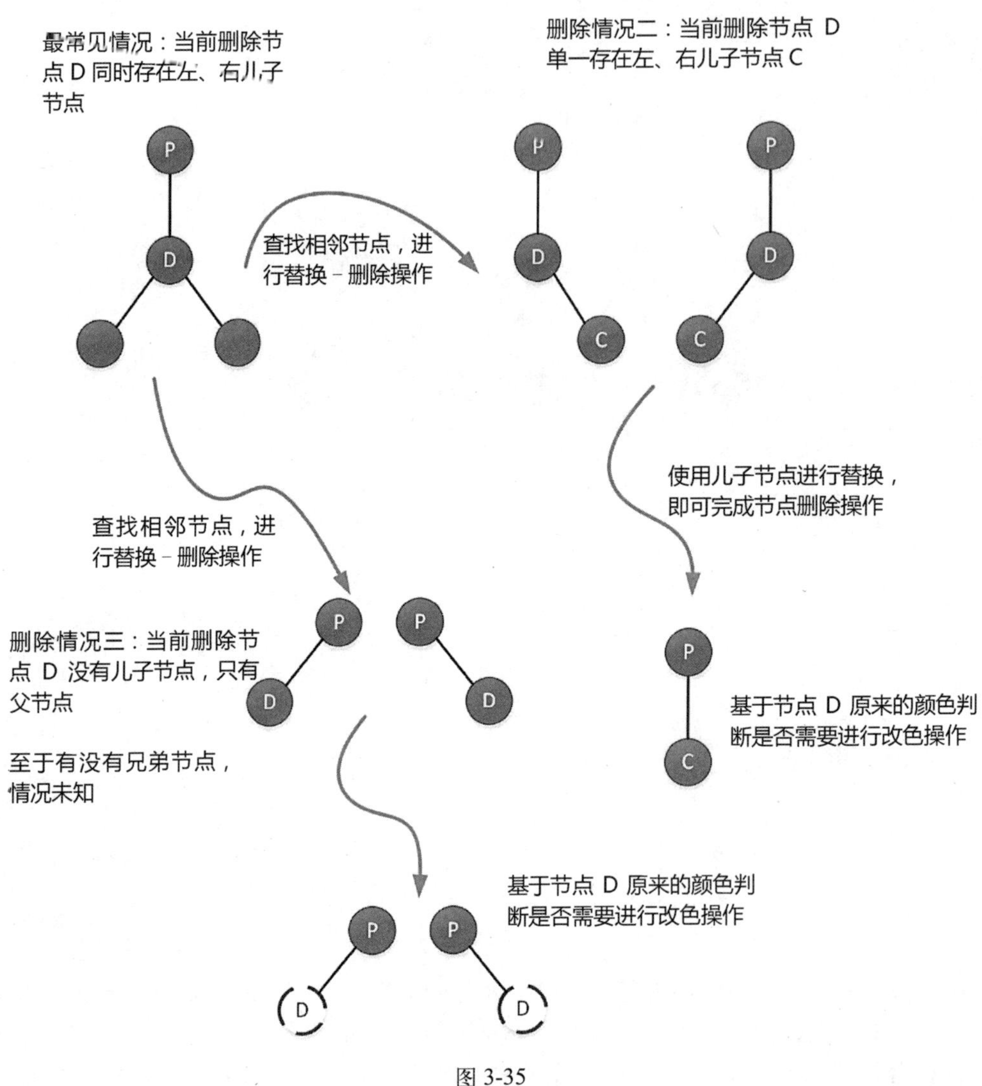

图 3-35

至此，我们完成了红黑树节点删除操作的第一步：找到当前要删除节点，并且根据实际情况，直接删除节点，或者使用其相邻节点进行替换。

3．进行红黑树的调整操作

下面我们开始进行第二步操作。在删除或完全替换节点后，可能需要进行改色操作，这主要取决于在删除或替换节点后，会不会影响红黑树的结构。为了不影响红黑树的结构，需要满足以下要求。

- 包括外部节点（虚拟节点）在内的所有节点都带有颜色，要么是黑色的，要么是红色的。
- 根节点一定是黑色的。
- 如果红黑树中的某个节点没有左、右子树，则会使用外部节点（虚拟节点）进行补齐，外部节点是黑色的。
- 每个红节点的儿子节点一定是黑色的，但是黑节点的儿子节点既可以是红色的，又可以是黑色的，可以理解为“红不相邻”特性。
- 在根节点到任意外部节点（虚拟节点）的路径上，标记为黑色的节点数量相同，可以理解为“黑平衡”特性，该特性适用于红黑树中的任意子树。
- 在进行节点添加操作时，默认添加的节点是红色的。如果添加后的节点是整棵树的根节点，则会涉及改色操作。
- 在完成了全部的调整过程后，需要将替换节点 D 删除。

重点是保证红黑树满足“红不相邻”特性和“黑平衡”特性。要保证红黑树满足这两种特性，就要保证每棵子树都满足这两种特性。基于这个原则，下面介绍几种调整操作场景。

4．简单的调整操作场景

调整操作的关键点如下。

- 调整操作以替换节点的起始位置为调整的开始位置。
- 调整操作开始位置上的节点，只可能有两种结构情况，一种情况是该节点没有任何子树；另一种情况是该节点只有左子树或右子树。
- 调整操作始终是在一棵满足红黑树特性的树结构上进行的，这些特性包括“红不相邻”特性和“黑平衡”特性。

此外，读者需要清楚，红黑树节点删除操作的关键点在于，**在子树中的节点被删除后，如果子树内部无法通过有效手段重新平衡左、右子树任意路径上的黑节点数量，就只能将恢复红黑树“黑平衡”特性的工作压力传递给上级子树。**

1）场景一：要删除或替换的节点是红色的。

如果要删除或替换的节点是红色的，并且该节点没有子树，那么删除该节点并不会影响红黑树中任意子树的“红不相邻”特性和“黑平衡”特性。所以只需进行删除节点操作，无须进行改色操作或节点旋转操作。删除或替换红节点的情况如图 3-36 所示。

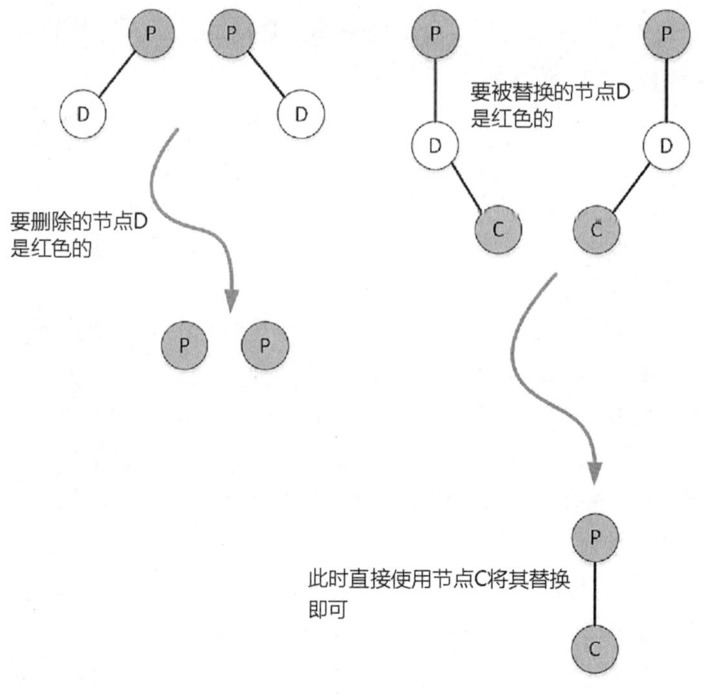

图 3-36

在子树中的节点被删除后，如果子树内部无法通过有效手段重新平衡左、右子树任意路径上的黑节点数量，那么需要在子树内部进行折中处理：将和删除节点相对的另一棵子树中最接近子树根节点的黑节点颜色改为红色。然后将重新平衡左、右子树中黑节点数量的任务递归传递给上级子树。

如果要删除或替换的节点是红色的，并且该节点有儿子节点，则其儿子节点一定是黑色的。在删除此节点后，可以直接使用其儿子节点进行替换，当前子树中的黑节点数量不会发生变化，也不会破坏“红不相邻”特性。

注意：在图 3-36 中，节点 P 和节点 C 的连线是垂直的，表示此时节点 C 无论是节点 P 的左儿子节点，还是节点 P 的右儿子节点，都不会产生任何差异（下同）。

在下述各个场景中，我们讨论各子树在处理完成后是否仍然保证“黑平衡”特性的前提是，**节点 D 最后会被删除或替换**。在阅读后文时，一定要注意这一点，否则很难理解为什么在进行改色、节点旋转等一系列操作后，各子树中的黑节点数量仍然保持不变。

2）场景二：要替换的节点是黑色的。

如果在满足上一个场景（删除场景一）的基础上（要删除的节点没有儿子节点、只有左儿子节点或只有右儿子节点），被删除或替换的节点 D 是黑色的，**那么根据“黑平衡”特性，节点 D 的儿子节点一定是红色的**。此时，如果节点 D 被替换掉，那么子树的“黑平衡”特性会受到影响。此时，可以在使用这个红色的儿子节点替换节点 D 后，将其颜色改为黑色，即可恢复子树的“黑平衡”特性，其“黑平衡”特性的恢复压力也不用向上级子树递归传递。相关操作如图 3-37 所示。

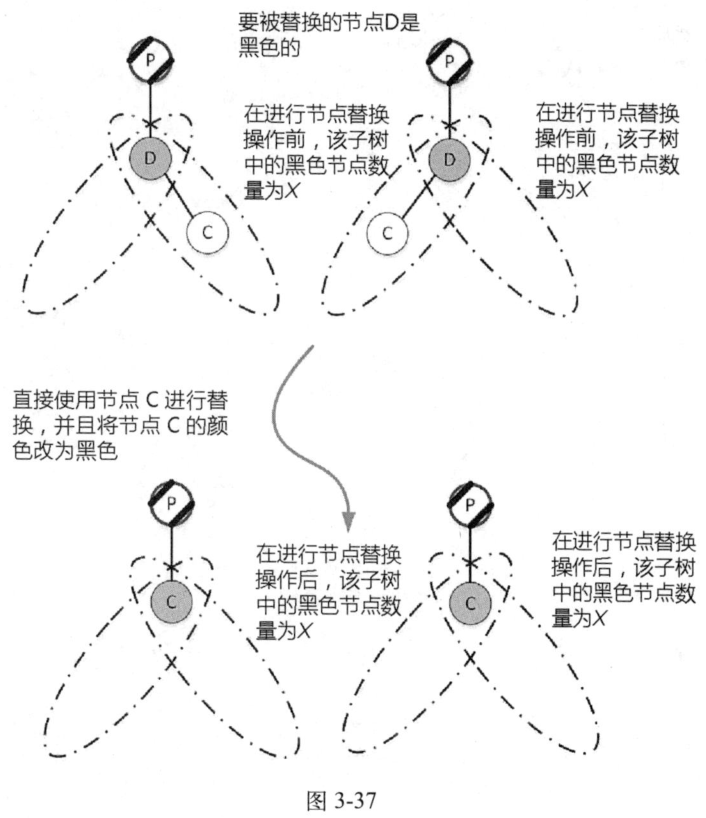

图 3-37

如果当前正在处理的节点是由后面介绍的场景三递归传递过来的，那么将该节点的颜色改为红色即可。

5．复杂的调整操作场景

复杂的调整操作场景有两种情况，一种需要进行改色操作和节点旋转操作才能恢复子树内部的“红不相邻”特性和“黑平衡”特性；另一种需要将红黑树结构的恢复任务递归传递给上级子树，因为子树内部无法进行改色操作和节点旋转操作。这些场景的共同特点是要删除的节点是黑色的。

1）场景三：要删除的节点是黑色的，其兄弟节点是黑色，侄子节点也是黑色的。

在这种情况下，其侄子节点可能是虚拟节点，但是不是虚拟节点本质上不影响处理过程。这种情况的核心问题是，因为当前子树中没有红节点，所以完全没有将“黑平衡”特性调整控制在本子树范围内的可能性。那么最可行的处理方式是将当前子树左、右两侧的黑节点减少相同的数量，并且将恢复“黑平衡”特性的处理任务递归传递给其上级子树，直到上级子树能够恢复“黑平衡”特性，如图 3-38 所示。

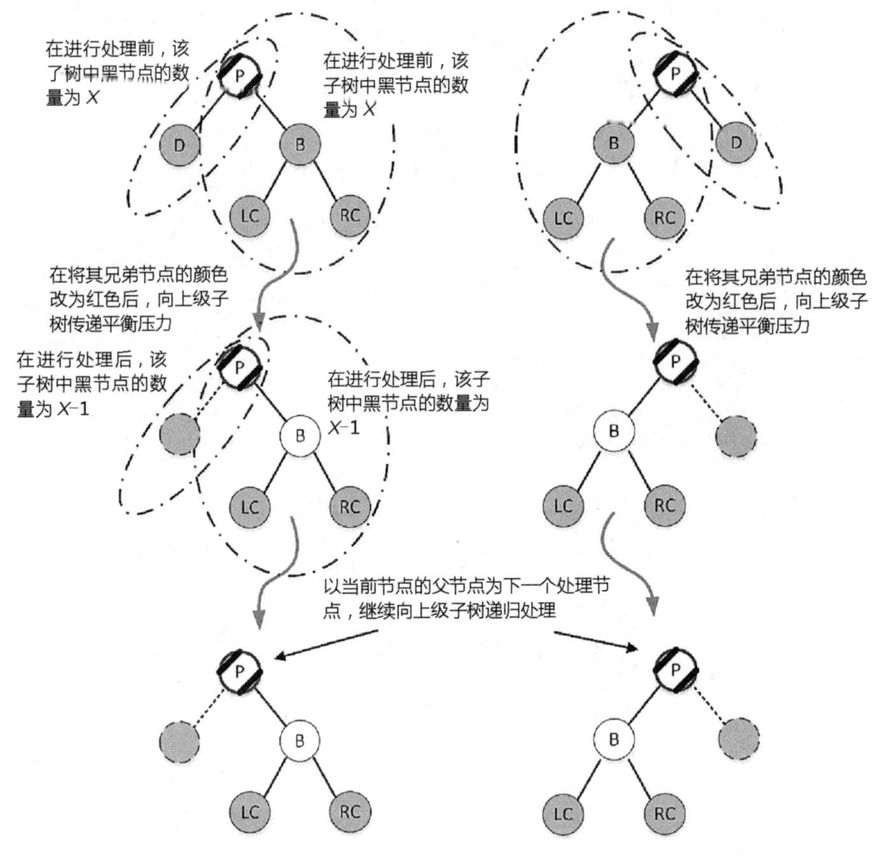

图 3-38

- 将兄弟节点的颜色设置为红色，以便在删除节点 D 后，保证其左、右子树任意路径上减少的黑节点数量一样（左、右子树中黑节点数量都减少 1）。
- 以当前节点的父节点 P 为新的处理节点，继续向上级子树递归处理。

注意：在该处理场景中，两个侄子节点 LC、RC 可能是虚拟节点，也可能是真实节点，这主要取决于本次处理是基于当前要删除的节点，还是基于递归向上传递的一次处理，但是节点 LC、LR 一定是同色的。

将红黑树的平衡任务向上传递实际上是一种必然的处理结果，因为随着节点删除操作不断地删除节点，每条路径上黑节点的数量减少是不可避免的。如果在一棵子树范围内无法解决因黑节点减少所带来的失衡问题，则选择这种处理方式。

2）场景四：要删除的节点是黑色的，其兄弟节点是黑色的，远离自己的侄子节点是红色的。

这种场景比较好处理，因为在进行节点旋转操作后，可以将变换颜色后的父节点移动到自己一侧的子树中，而兄弟节点原来所在一侧的子树，“黑平衡”特性刚好可以维持不变。本场景未进行调整前的情况如图 3-39 所示。

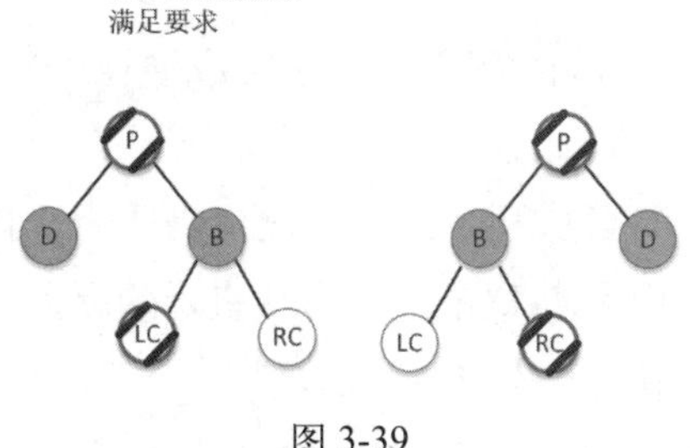

图 3-39

注意：在这样的场景中，如果靠近自己的侄子节点不是虚拟节点，则一定是红节点。因为只有这样，才能保证以上子树的“黑平衡”特性。对这种场景的处理，需要将父节点和远离自己的侄子节点颜色转换为黑色，再基于父节点 P 进行节点左旋或右旋操作，如图 3-40 所示。

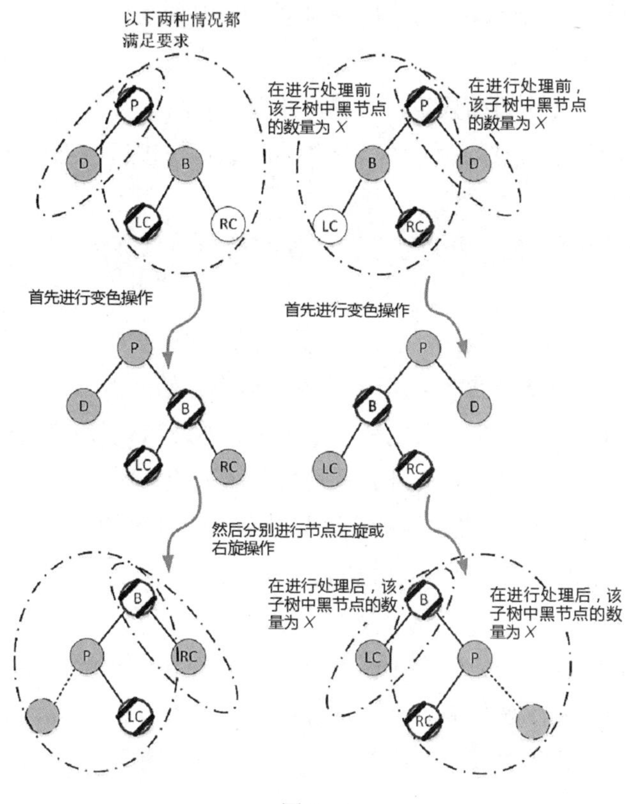

图 3-40

- 将兄弟节点 B 的颜色设置为父节点 P 的颜色，以便在进行节点旋转操作后能够替换节点 P。
- 将父节点 P 的颜色设置为黑色，以便在进行节点旋转操作后补足左子树中黑节点的数量。
- 将远离自己的侄子节点的颜色设置为黑色，以便在进行节点旋转操作后弥补原来节点 B 的位置。
- 图 3-40 中各子树在处理结束后，黑节点数量仍然为 X 的原因是黑节点 D 最后会被删除。这也是图 3-40 中节点 D 最后以虚线表示的原因。

在图 3-40 中，如果一个节点不为虚拟节点，那么该节点必为红节点的节点（节点 D 的近侄子节点），以及将在红黑树稳定后被正式删除的节点（节点 D）在操作前后的变化。这样，在这种场景中，通过子树内部的调整就可以重新恢复“红不相邻”和“黑平衡”特性，无须将红黑树的调整任务向上级子树传递。那么为什么不尝试将后续多个**复杂的调整场景，尽可能转换为这种场景，从而降低处理难度**呢？这当然是可以的。

3）场景五：要删除的节点是黑色的，其兄弟节点是黑色的，靠近自己的侄子节点是红色的。

可以先将这种场景转换为场景四，再进行处理，如图 3-41 所示。

- 将靠近自己的侄子节点的颜色设置为黑色，以便在进行节点旋转操作后，可以替换原兄弟节点 B。
- 将兄弟节点 B 的颜色设置为红色，以便在进行节点旋转操作后，将其作为新的侄子节点。
- 最终将场景五转换为场景四，然后进行场景四的相关处理。

在图 3-41 中，虽然远离节点 D 的侄子节点在操作开始前被标识为不限制颜色，但实际上它只能是一个虚拟节点。因为如果它是一个实际的黑节点，那么该子树不满足“黑平衡”特性；如果它是一个实际的红节点，那么该场景为场景四，无须进行转换操作。

4）场景六：要删除的节点是黑色的，其兄弟节点是红色的。

如果要删除的节点的兄弟节点是红色的，那么其父节点是黑色的，并且其侄子节点也是黑色的，如图 3-42 所示。

此时，需要在保证兄弟节点所在子树所有路径上黑节点数量不变的情况下，将“黑平衡”特性向兄弟节点的另一侧倾斜，从而保证在当前节点被删除后，可以维持子树的“黑平衡”特性。因此，至少需要进行一次节点旋转操作，如图 3-43 所示。

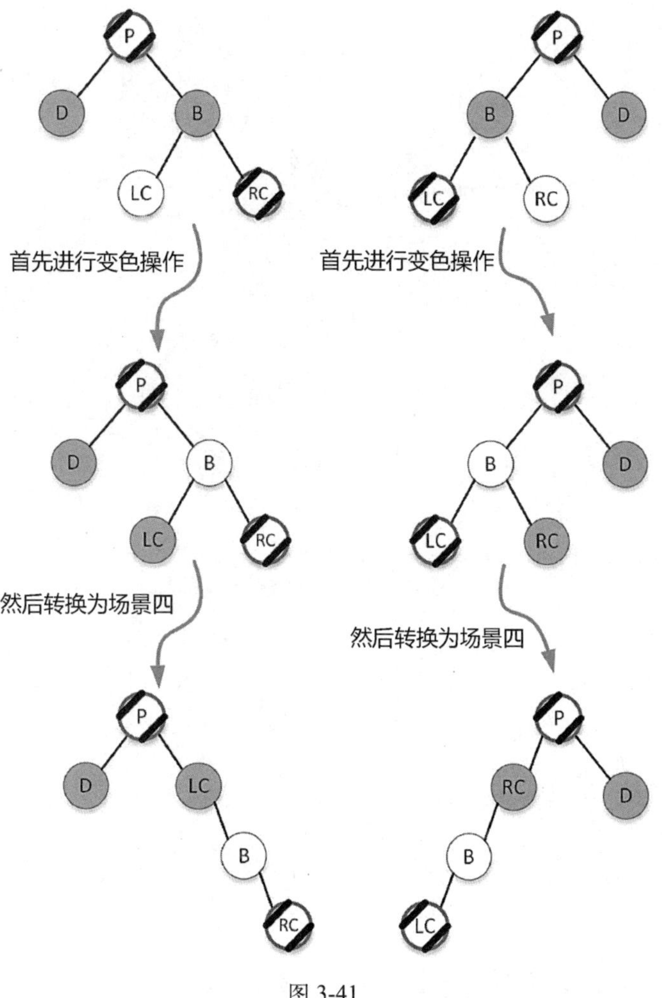
P
D
B
LC
RC
首先进行变色操作
P
B
D
LC
RC
首先进行变色操作
P
D
B
LC
RC
然后转换为场景四
P
B
D
LC
RC
然后转换为场景四
P
D
LC
B
RC
P
RC
D
B
LC

图 3-41

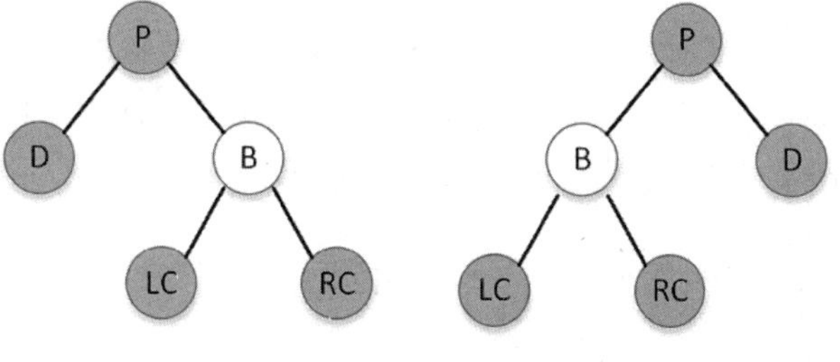
节点D为要删除的节点
P
D
B
LC
RC
P
B
D
LC
RC

图 3-42

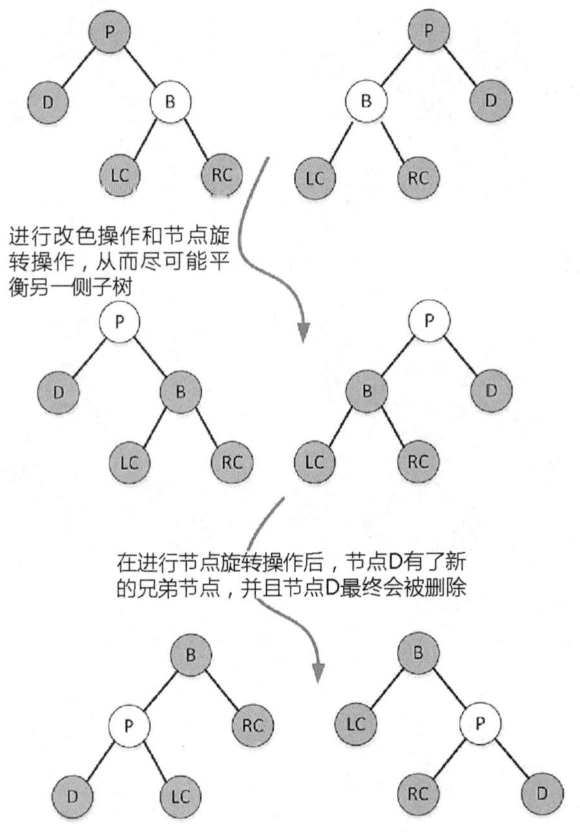
P
D
B
LC
RC
P
B
D
LC
RC
进行改色操作和节点旋转操作，从而尽可能平衡另一侧子树
P
D
B
LC
RC
P
B
D
LC
RC
在进行节点旋转操作后，节点D有了新的兄弟节点，并且节点D最终会被删除
B
P
RC
D
LC
B
LC
P
RC
D
节点LC为节点D新的兄弟节点
节点RC为节点D新的兄弟节点

图 3-43

- 将兄弟节点的颜色设置为黑色，以便在进行节点旋转操作后，可以替换当前父节点 P。
- 将父节点的颜色设置为红色，以便在进行节点旋转操作后，可以维持相关子树的“黑平衡”特性。

在节点 D 被删除后，节点 D 所在子树仍然不能维持“黑平衡”特性，所以还需要以当前节点 D 为基点继续进行处理。因为这时节点 D 的兄弟节点所在子树的挂载的情况未知，以下情况都是有可能的（未完全列举），如图 3-44 所示。

6. 红黑树的节点删除操作实例

红黑树的节点删除操作主要包括三个步骤：首先找到可以替换当前删除节点的相邻节点；然后以相邻节点为起始节点，重新调整红黑树的局部平衡性；最后正式删除这个节点。

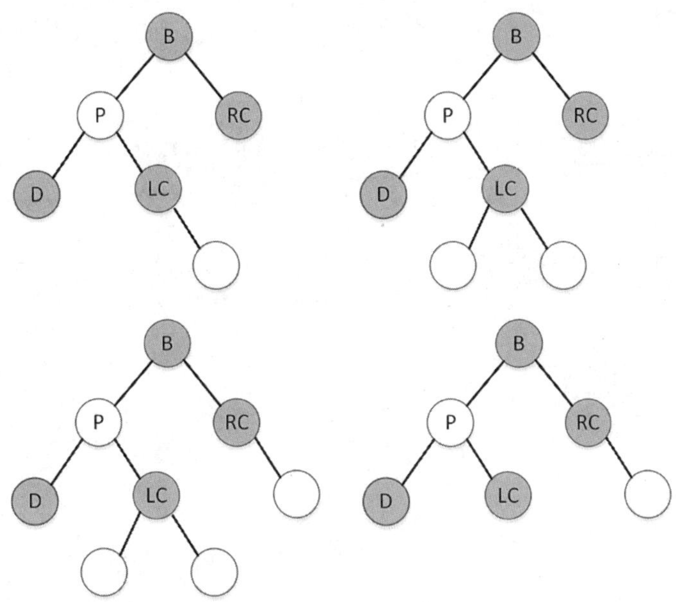

图 3-44

（1）因为直接删除任意节点可能会对稳定的红黑树结构造成全局性破坏，所以红黑树会先为这个节点找到一个替换节点，再通过删除替换节点控制破坏范围。替换节点要么是一个叶子节点，要么只有一个儿子节点（还有一种特例是红黑树只有一个节点，单节点的情况太简单，本书不做过多讨论）。

（2）红黑树会以这个替换节点为开始节点，递归进行红黑树的调整工作。调整策略包括前面提到的多种处理场景，有时单一场景并不能保证将红黑树调整到位，可能需要将多个场景组合起来或进行场景转换操作。在调整过程中，要注意虚拟节点的情况，以及替换节点最终会被删除的事实。

（3）在红黑树恢复“红不相邻”和“黑平衡”特性后，将这个替换节点删除。

红黑树的节点删除操作过程如图 3-45 所示。

因为本书目前已经花费大量篇幅介绍红黑树，所以在后续讲解 TreeMap 集合和 HashMap 集合时，会默认读者已经清楚此部分源码（不过相关场景的源码实现会在介绍 TreeMap 集合时给出）。下面我们一起完成一个比较复杂的节点删除操作实例。删除红黑树中权值为 28 的节点（根节点），并且呈现最终的删除效果，如图 3-46 所示。

这是一棵典型的红黑树，并且要删除的节点需要进行替换操作，节点删除操作过程如图 3-47 所示。

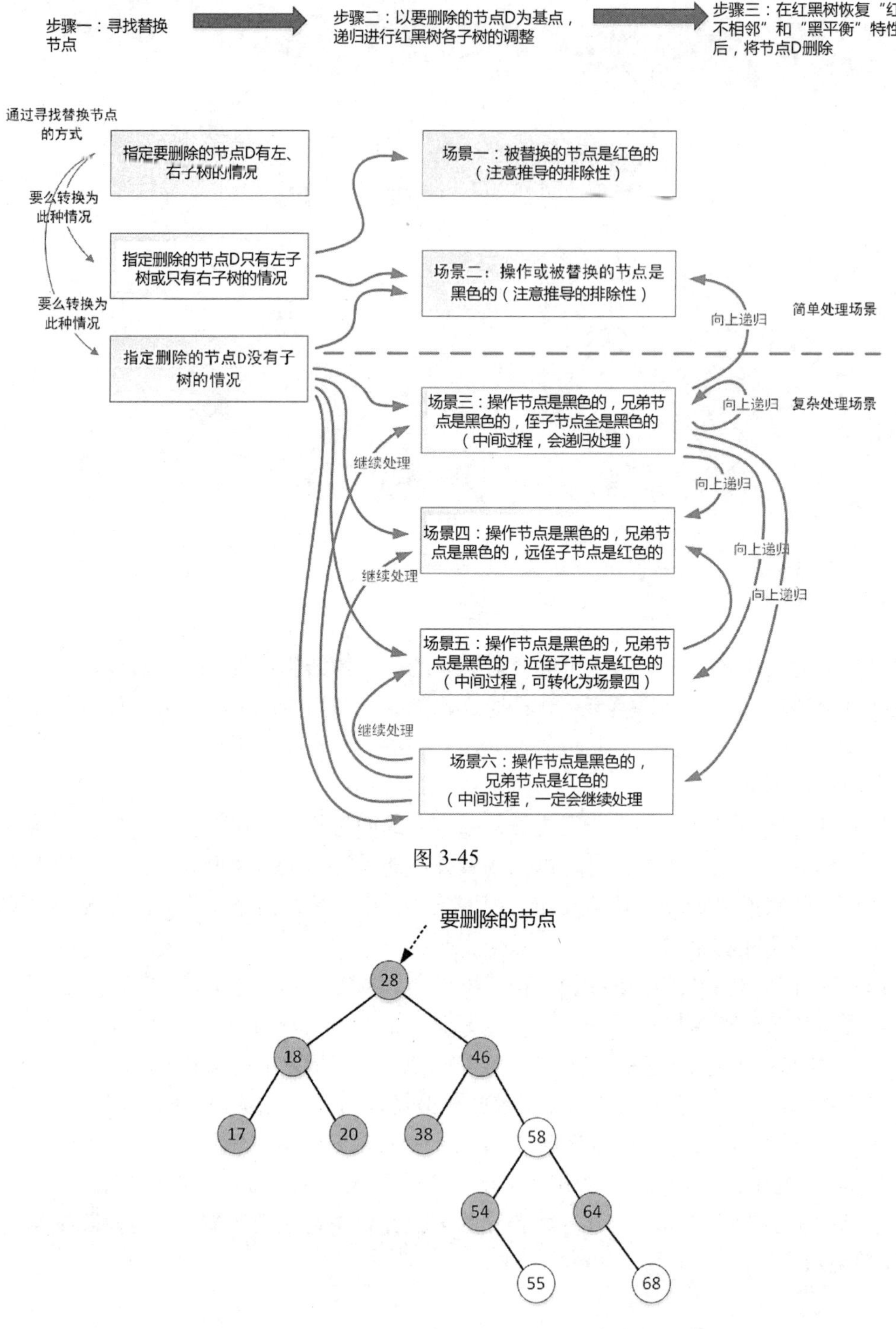
步骤一：寻找替换节点
步骤二：以要删除的节点D为基点，递归进行红黑树各子树的调整
步骤三：在红黑树恢复“红不相邻”和“黑平衡”特性后，将节点D删除
通过寻找替换节点的方式
指定要删除的节点D有左、右子树的情况
要么转换为此种情况
指定删除的节点D只有左子树或只有右子树的情况
要么转换为此种情况
指定删除的节点D没有子树的情况
场景一：被替换的节点是红色的（注意推导的排除性）
场景二：操作或被替换的节点是黑色的（注意推导的排除性）
向上递归
简单处理场景
复杂处理场景
场景三：操作节点是黑色的，兄弟节点是黑色的，侄子节点全是黑色的（中间过程，会递归处理）
继续处理
场景四：操作节点是黑色的，兄弟节点是黑色的，远侄子节点是红色的
场景五：操作节点是黑色的，兄弟节点是黑色的，近侄子节点是红色的（中间过程，可转化为场景四）
场景六：操作节点是黑色的，兄弟节点是红色的（中间过程，一定会继续处理

图 3-45

要删除的节点
28
18
46
17
20
38
58
54
64
55
68

图 3-46

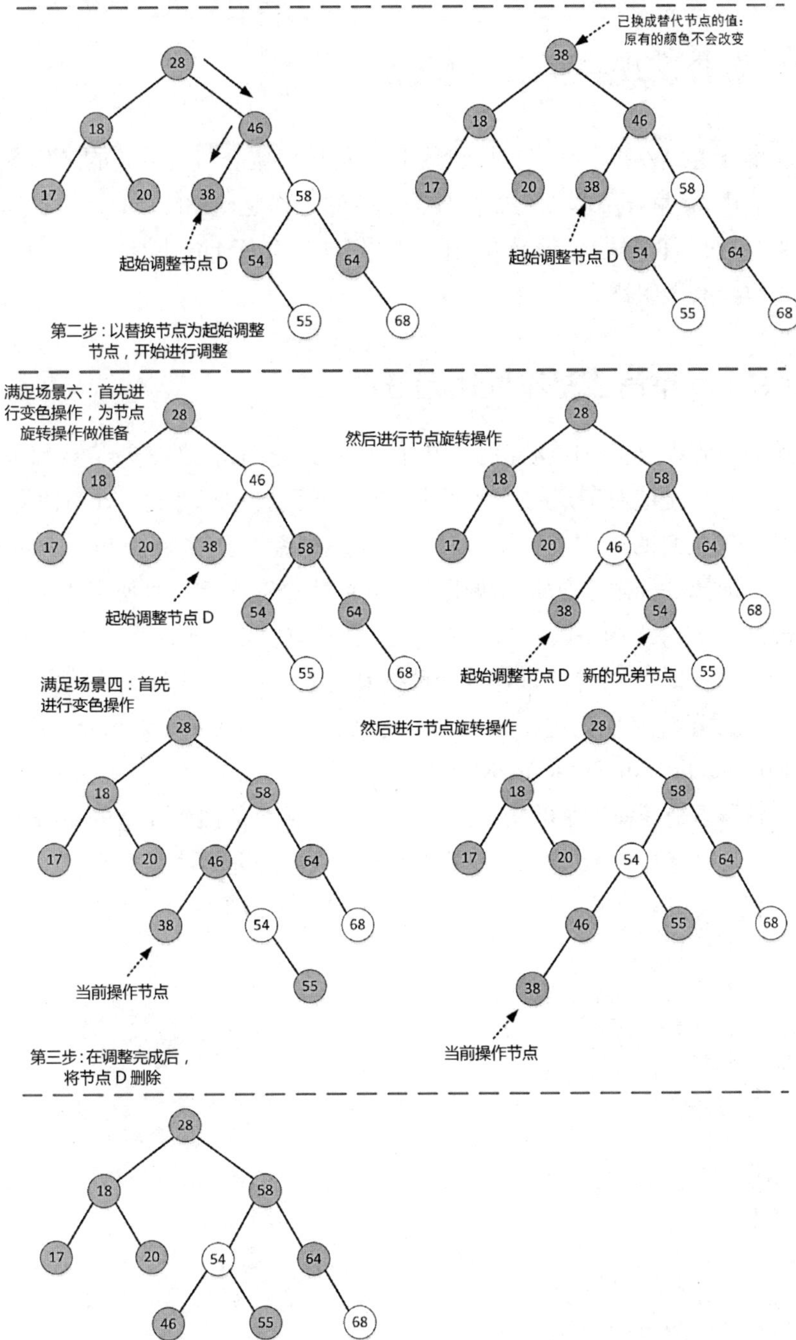

第一步：因为要删除的节点满足同时存在左、右子树的情况，所以需要寻找替换节点
已换成替代节点的值：原有的颜色不会改变
起始调整节点 D
起始调整节点 D
第二步：以替换节点为起始调整节点，开始进行调整
满足场景六：首先进行变色操作，为节点旋转操作做准备
然后进行节点旋转操作
起始调整节点 D
起始调整节点 D
新的兄弟节点
满足场景四：首先进行变色操作
然后进行节点旋转操作
当前操作节点
当前操作节点
第三步：在调整完成后，将节点 D 删除

图 3-47

3.3 Map 集合实现——TreeMap

TreeMap 集合是一种基于红黑树构建的 K-V 键值对集合，其主要的工作逻辑和本书后面要介绍的 HashMap 集合中基于红黑树结构部分的工作逻辑相似（HashMap 集合内部是复合结构：数组+链表+红黑树），但又有所区别。例如，TreeMap 集合中没有 HashMap 集合中的桶概念，也没有数组概念。

3.3.1 TreeMap 集合的基本使用方法

TreeMap 集合是基于红黑树构建的，其集合内的所有 K-V 键值对节点都是这棵红黑树上的节点。这些 K-V 键值对节点的排列顺序主要基于两种逻辑考虑：第一种是基于 K-V 键值对节点中 Key 键信息的 Hash 值，第二种是基于使用者设置的 java.util.Comparator 接口实现的比较结果。选择哪种排序逻辑取决于 TreeMap 集合在实例化时使用哪个构造方法。

由于内部是红黑树结构，因此 TreeMap 集合拥有较低的时间复杂度，在进行节点查询、添加、删除操作时，平均时间复杂度可控制为 $O(\log n)$。此外，一些第三方工具包针对 TreeMap 集合做了针对性优化，如 Apache 提供的 org.apache.commons 工具包中的 org. apache. commons. collections.FastTreeMap 集合。

TreeMap 集合不是线程安全的集合，并且在 JCF 原生的线程安全的集合中并没有与其结构类似的集合可供选择。所以如果使用者需要在线程安全的情况下使用 TreeMap 集合，则可以采用如下方式将一个线程不安全的集合封装为一个线程安全的集合（这种封装方式同样适用其他类似集合）。

```
// 此处代码省略
TreeMap<String, Object> currentMap = new TreeMap<>();
// 封装成线程安全的 Map 集合
Map<String, Object> cMap = Collections.synchronizedMap(currentMap);
// 此处代码省略
```

在上述源码中，转换过程主要是 Collections 工具类的 synchronizedMap()方法在起作用，该方法的源码片段如下。

```
// 此处代码省略
public static <K,V> Map<K,V> synchronizedMap(Map<K,V> m) {
  return new SynchronizedMap<>(m);
}
private static class SynchronizedMap<K,V> implements Map<K,V>, Serializable {
```

```
  // 被 SynchronizedMap 类代理的真实 Map 对象
  private final Map<K,V> m;
  // 用于加同步锁的对象
  final Object mutex;
  SynchronizedMap(Map<K,V> m) {
    this.m = Objects.requireNonNull(m);
    mutex = this;
  }
  SynchronizedMap(Map<K,V> m, Object mutex) {
      this.m = m;
      this.mutex = mutex;
  }
  public int size() {
    synchronized (mutex) {return m.size();}
  }
  public boolean isEmpty() {
    synchronized (mutex) {return m.isEmpty();}
  }
  // 此处代码省略
  public V remove(Object key) {
    synchronized (mutex) {return m.remove(key);}
  }
  public void clear() {
    synchronized (mutex) {m.clear();}
  }
  // 此处代码省略
  @Override
  public void forEach(BiConsumer<? super K, ? super V> action) {
      synchronized (mutex) {m.forEach(action);}
  }
  @Override
  public V replace(K key, V value) {
    synchronized (mutex) {return m.replace(key, value);}
  }
  // 此处代码省略
}
```

虽然 JCF 提供的 SynchronizedMap 代理类可以将一个线程不安全的集合封装为一个线程安全的集合，但是由于 SynchronizedMap 类内部使用的是 Object Monitor 机制的悲观锁实现，并且锁的粒度过于粗放，因此本书推荐在高并发场景中优先选择 JUC 中的相关数据结构类（本书后续章节会详细讲解）。TreeMap 集合的主要继承体系如图 3-48 所示。

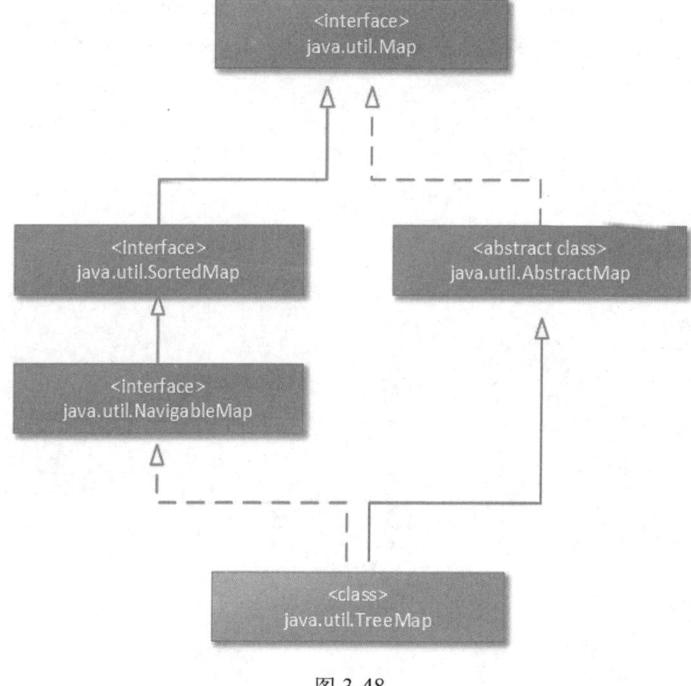

图 3-48

3.3.2 TreeMap 集合的重要属性和方法

1. TreeMap 集合的重要属性和构造方法

TreeMap 集合中的几个重要属性和 TreeMap 集合的内部结构紧密相关，这些属性源码片段如下。

```
public class TreeMap<K,V> extends AbstractMap<K,V>
  implements NavigableMap<K,V>, Cloneable, java.io.Serializable {
  // 此处代码省略
  // 这个比较器对象非常重要，它记录了红黑树中各节点排列顺序的判定逻辑
  // 该比较器对象可以为 null，如果为 null，那么在判定红黑树节点的排列顺序时，
  // 会采用 TreeMap 集合原生的基于 K-V 键值对 Key-Hash 值的判定方式
  private final Comparator<? super K> comparator;
  // 该变量主要用于记录当前 TreeMap 集合中红黑树的根节点
  private transient Entry<K,V> root;
  // 该变量主要用于记录当前 TreeMap 集合中 K-V 键值对节点的数量
  private transient int size = 0;
  // modCount 变量主要用于记录当前 TreeMap 集合执行写操作的次数
  private transient int modCount = 0;
  // 此处代码省略
}
```

TreeMap 集合有 4 个构造方法，这 4 个构造方法实际上进行的是同一个工作，即根据入参情况决定 comparator 变量的赋值情况，以及 TreeMap 集合在进行初始化操作时的红黑树结构状态。

```
public class TreeMap<K,V> extends AbstractMap<K,V>
  implements NavigableMap<K,V>, Cloneable, java.io.Serializable {
  // 此处代码省略
  // 默认的构造方法，会设置 TreeMap 集合中的比较器对象 comparator 为 null
  // 实例化的 TreeMap 集合会使用 K-V 键值对节点的 Key 键信息的 Hash 值进行排序
  public TreeMap() { comparator = null; }
  // 该构造方法可以为当前 TreeMap 集合对象设置一个比较器对象
  public TreeMap(Comparator<? super K> comparator) { this.comparator = comparator; }
  // 该构造方法可以将一个特定 Map 集合中的所有 K-V 键值对节点复制（引用）到新的 TreeMap 集合中
  // 因为源集合没有实现 SortedMap 接口,所以将当前 TreeMap 集合的比较器对象 comparator 设置为 null
  public TreeMap(Map<? extends K, ? extends V> m) {
    comparator = null;
    putAll(m);
  }
  // 该构造方法可以将一个实现了 SortedMap 接口的集合中的所有对象复制到新的 TreeMap 集合中
  // 因为原集合实现了 SortedMap 接口，所以将源集合使用的比较器对象 comparator 赋值给当前集合
  public TreeMap(SortedMap<K, ? extends V> m) {
    comparator = m.comparator();
    try {
      buildFromSorted(m.size(), m.entrySet().iterator(), null, null);
    } catch (java.io.IOException | ClassNotFoundException cannotHappen) { }
  // 此处代码省略
}
```

需要注意的是，在上述源码片段中，buildFromSorted()方法可以基于一个有序集合（可能是某个有序的 Map 集合中基于 Map.Entries 的迭代器，也可能是某个有序的 Map 集合中基于所有 K-V 键值对节点中的 Key 键信息的迭代器）构建一棵红黑树。这个方法在 TreeMap 集合的方法定义中有两个多态表达，源码如下。

```
  // 此处代码省略
  private void buildFromSorted(int size, Iterator<?> it, ObjectInputStream str, V
defaultVal) {
    this.size = size;
    // 递归进行处理
    root = buildFromSorted(0, 0, size-1, computeRedLevel(size), it, str, defaultVal);
  }
  // 该方法中的 level 变量表示当前正在构建的满二叉树的深度
  // lo 变量表示当前子树的第一个节点索引位，在进行第一次递归时从 0 号索引位开始
  // hi 变量表示当前子树的最后一个节点索引位，在进行第一次递归时从 size-1 号索引位开始
  // redLevel 变量表示红黑树中红节点的起始深度
```

```
   private final Entry<K,V> buildFromSorted(int level, int lo, int hi, int redLevel,
                                 Iterator<?> it, ObjectInputStream str, V defaultVal) {
     // 如果条件成立，则说明满二叉树构造完成，返回 null
     if (hi < lo) { return null; }
     // 找到本次遍历集合的中间索引位，代码很好理解：右移一位，表示除以 2。
     int mid = (lo + hi) >>> 1;
     Entry<K,V> left  = null;
     // 如果当前子树的最小索引值小于当前确定的中间索引值，
     // 则继续构建下一级子树（以当前中间索引位为根节点的左子树）
     // 在构造下一级左子树时，指定的满二叉树深度+1，子树的起始索引值为 0，子树的结束索引值为 mid-1
     if (lo < mid) { left = buildFromSorted(level+1, lo, mid - 1, redLevel, it, str,
defaultVal); }
     K key;
     V value;
     // 以上代码只是确定了子树的索引位，还没有真正开始将集合构建成满二叉树
     // 这里开始进行满二叉树的构建：一共有 4 种可能的场景
     // 当 it != null、defaultVal == null 时，以 Map.Entry 的形式取得对象，构建本次红黑树的节点
     // 当 it != null、defaultVal != null 时，以 K-V 键值对的形式取得对象，构建本次红黑树的节点
     // key 的值来源于 it 迭代器，value 的值默认为 defaultVal
     // 当 it == null、defaultVal == null 时，以对象反序列化的形式取得对象，构建本次红黑树的节点
     // key 和 value 的值都来源于 str 反序列化读取的对象信息
     // 当 it == null、defaultVal != null 时，以对象反序列化的形式取得对象，构建本次红黑树的节点
     // key 的值来源于 str 反序列化读取的对象信息，value 的值采用默认值 defaultVal
     if (it != null) {
       if (defaultVal==null) {
         Map.Entry<?,?> entry = (Map.Entry<?,?>)it.next();
         key = (K)entry.getKey();
         value = (V)entry.getValue();
       } else {
         key = (K)it.next();
         value = defaultVal;
       }
     } else {
       key = (K) str.readObject();
       value = (defaultVal != null ? defaultVal : (V) str.readObject());
     }
     Entry<K,V> middle =  new Entry<>(key, value, null);

     // 如果当前正在构建的满二叉树的深度刚好是构建满二叉树前计算出的红节点的深度，
     // 则将本次构建的 middle 节点的颜色设置为红色
     if (level == redLevel) { middle.color = RED; }
     // 如果当前节点的左子树不为 null，则将当前节点和它的左子树进行关联
     if (left != null) {
       middle.left = left;
```

```
      left.parent = middle;
    }

    // 如果之前计算得到的当前节点的子树的结束索引值大于计算得到的中间索引值，
    // 则以当前 middle 节点为根节点，构建右子树
    if (mid < hi) {
      Entry<K,V> right = buildFromSorted(level+1, mid+1, hi, redLevel, it, str,
defaultVal);
      middle.right = right;
      right.parent = middle;
    }
    return middle;
  }
  // 此处代码省略
```

上述源码的作用并不是读取当前正在处理节点的 Key 键信息和 Value 值信息并形成一个新的 TreeMap.Entry 对象，而是通过递归的方式找到需要构建的红黑树的第一个节点索引位，相关操作步骤如图 3-49 所示。需要注意的是，两个整数的除法运算在 Java 中不会出现小数。

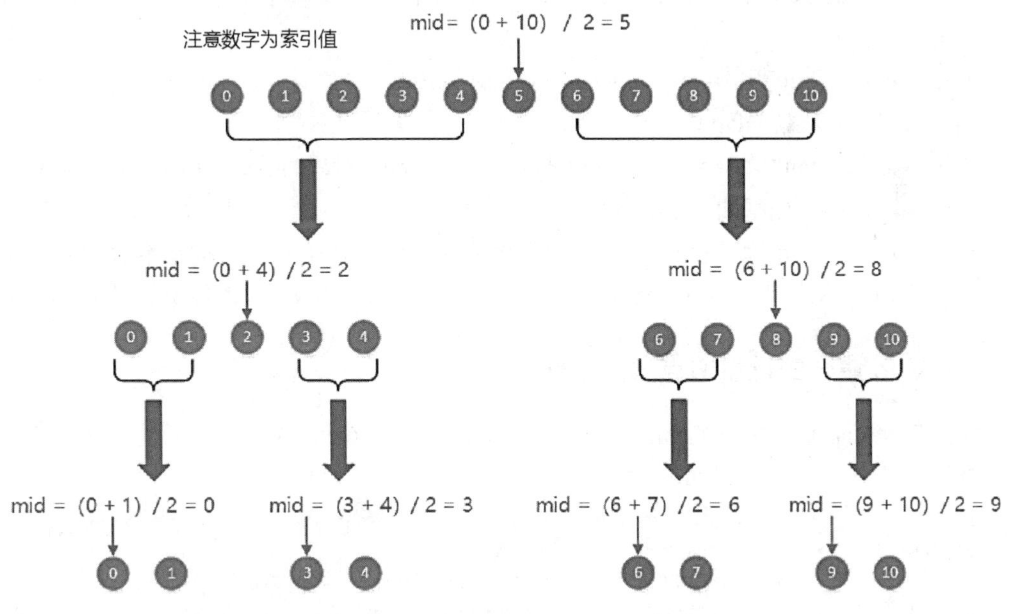

图 3-49

在使用递归方法构建红黑树时，第一个被初始化的 TreeMap.Entry 对象的位置是 0 号索引位；第二个被初始化的 TreeMap.Entry 对象的位置是 1 号索引位，该对象表示第一个节点的右子树。

根据图 3-49 可知，在每次递归构建红黑树时，都会以当前计算得到的 mid 号索引位上

的节点为根节点构建其左子树和右子树。当前节点可能没有左子树，但其右子树中一定有节点，如图 3-50 所示。

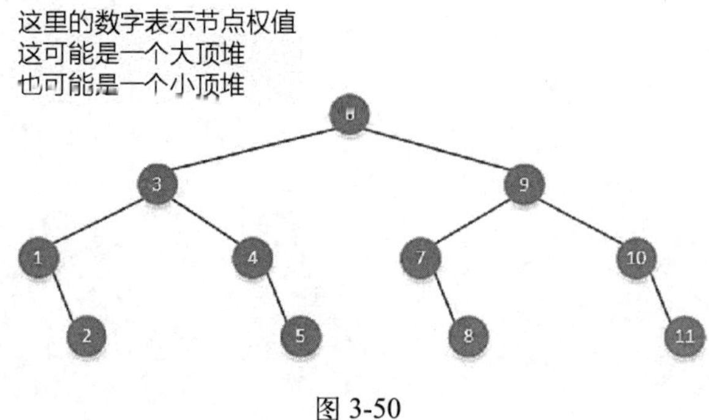
这里的数字表示节点权值
这可能是一个大顶堆
也可能是一个小顶堆
3
9
1
4
7
10
2
5
8
11

图 3-50

在构造指定索引位上的红黑树节点时，每一个节点都是一个 TreeMap.Entry 对象，根据 size 参数、it 参数、str 参数、defaultVal 参数的传值效果，这个新对象中 Key 键信息的来源和 Value 值信息的来源会有所区别。

- it != null,defaultVal == null：参照一个 TreeMap.Entry 对象构造另一个 TreeMap.Entry 对象。
- it != null,defaultVal != null：在构造 TreeMap.Entry 对象时，key 值来源于 it 迭代器，value 值默认为 defaultVal。
- it == null,defaultVal == null：在构造 TreeMap.Entry 对象时，key 和 value 的值都来源于 str 反序列化读取的对象信息。
- it == null,defaultVal != null：以对象反序列化的形式取得对象，构建本次满二叉树的节点，key 的值来源于 str 反序列化读取的对象信息，但 value 的值默认为 defaultVal。

2. TreeMap 集合的批量节点添加操作

使用 TreeMap 集合提供的 putAll(Map<? extends K, ? extends V> map)方法可以批量添加 K-V 键值对节点，具体源码如下。

```
public void putAll(Map<? extends K, ? extends V> map) {
  int mapSize = map.size();
  // 如果当前 TreeMap 集合中的 K-V 键值对节点数量为 0，要添加的 K-V 键值对节点数量不为 0，
  // 并且当前传入的 Map 集合实现了 SortedMap 接口（说明是有序的 Map 集合），则继续进行后续判断
  if (size==0 && mapSize!=0 && map instanceof SortedMap) {
    // 取得传入的有序 Map 集合的比较器对象 comparator
    // 如果比较器对象与当前 TreeMap 集合使用的比较器对象是同一个对象，
    // 则使用前面介绍的 buildFromSorted()方法构建一棵新的红黑树
    // 这意味着不再对在执行该方法前，当前 TreeMap 集合中已有的 K-V 键值对节点进行维护
```

```
    // 但在执行该方法前，当前 TreeMap 集合中并没有 K-V 键值对节点
    if (Objects.equals(comparator, ((SortedMap<?,?>)map).comparator())) {
      ++modCount;
      try {
        buildFromSorted(mapSize, map.entrySet().iterator(), null, null);
      } catch (java.io.IOException | ClassNotFoundException cannotHappen) {
        // 该异常块中没有任何代码，因为在运行过程中这里不会出现相关异常
      }
      return;
    }
  }
  // 如果当前 TreeMap 集合的状态不能使上述两个嵌套的 if 条件成立，
  // 则对当前批量添加的 K-V 键值对节点逐一进行操作
  super.putAll(map);
}
```

3. TreeMap 集合的节点添加操作

TreeMap 集合可以使用 put(K, V)方法添加新的 K-V 键值对节点，具体方法参照之前介绍的红黑树添加新节点的方法。在 TreeMap 集合中添加新的 K-V 键值对节点，包含两个关键步骤。

（1）通过堆查询的方式找到合适的节点，将新的节点添加成前者的左叶子节点或右叶子节点。

（2）节点添加操作可能导致红黑树失去平衡性，需要使红黑树重新恢复平衡性。

在 TreeMap 集合中添加新的 K-V 键值对节点的源码如下。

```
// put()方法中的代码主要用于处理步骤（1）
// put()方法中调用的 fixAfterInsertion()方法主要用于处理步骤（2）
public V put(K key, V value) {
  Entry<K,V> t = root;
  // 如果该条件成立，则表示当前红黑树为 null，即没有红黑树结构
  if (t == null) {
    // 在这种情况下，需要进行 compare 操作，
    // 一个作用是保证当前红黑树使用的 compare 比较器对方法运行时传入的 key 是有效的；
    // 另一个作用是确保 key 不为 null
    compare(key, key);
    // 创建一个 root 节点，修改 modCount 变量代表的操作次数
    // 完成节点添加操作
    root = new Entry<>(key, value, null);
    size = 1;
    modCount++;
    return null;
  }
  int cmp;
```

```
  Entry<K,V> parent;
  // comparator 对象是在 TreeMap 集合实例化时设置的比较器
  // 根据前文中 TreeMap 集合的实例化过程，comparator 对象可能为 null
  Comparator<? super K> cpr = comparator;
  // 如果 comparator 对象不为 null，那么基于这个 comparator 对象寻找添加节点的位置
  if (cpr != null) {
    do {
      parent = t;
      cmp = cpr.compare(key, t.key);
      // 如果条件成立，则说明要添加的节点的权值小于当前比较的红黑树中节点的权值
      // 在 t 节点的左子树中寻找添加节点的位置
      if (cmp < 0) { t = t.left; }
      // 如果条件成立，则说明要添加的节点的权值大于当前比较的红黑树中节点的权值
      else if (cmp > 0) { t = t.right; }
      // 否则说明要添加的节点的权值等于当前比较的红黑树中节点的权值
      // 将节点添加操作转换为节点修改操作
      else { return t.setValue(value); }
    } while (t != null);
  }
  // 如果 comparator 对象为 null，那么基于 key 自带的 comparator 对象寻找添加节点的位置
  // 寻找节点添加位置的逻辑和以上条件代码块的逻辑相同，此处不再赘述
  else {
    if (key == null) { throw new NullPointerException(); }
    @SuppressWarnings("unchecked")
    Comparable<? super K> k = (Comparable<? super K>) key;
    do {
      parent = t;
      cmp = k.compareTo(t.key);
      if (cmp < 0) { t = t.left; }
      else if (cmp > 0) { t = t.right; }
      else { return t.setValue(value); }
    } while (t != null);
  }
  // 如果 t 为 null，则说明找到了添加新节点的位置，
  // parent 对象代表的红黑树中的节点就是新节点的父节点
  Entry<K,V> e = new Entry<>(key, value, parent);
  // 如果条件成立，则说明应该将新节点添加成 parent 节点的左儿子节点
  // 否则就添加成 Parent 节点的右儿子节点
  if (cmp < 0) { parent.left = e; }
  else { parent.right = e; }
  // 因为节点添加操作可能破坏红黑树的“红不相邻”或“黑平衡”特性，
  // 所以使用 fixAfterInsertion()方法进行处理，重新平衡红黑树
  fixAfterInsertion(e);
  size++;
  modCount++;
  return null;
}
```

TreeMap 集合的节点添加操作还需要处理很多特殊场景。例如，在查找节点添加位置时发现要添加的 K-V 键值对节点的 Key 键信息已经存储于红黑树中，这时将节点添加操作转换为节点修改操作；在当前 TreeMap 集合中没有任何节点的情况下（root == null），节点添加操作就是对 root 节点的添加操作。

当然以上源码片段不是最关键的源码片段，在前面介绍红黑树时，已经讲解过红黑树节点添加过程中的节点调整操作，而 TreeMap 集合的 fixAfterInsertion(Entry)方法实现了这个处理过程（如果不了解红黑树的相关知识，可以复习 3.2 节中的相关内容），源码如下（采用 3.2.6 节中的场景编号）。

```
private void fixAfterInsertion(Entry<K,V> x) {
  x.color = RED;
  // 只要当前操作节点 x 不是根节点，并且父节点不是红色的，就要继续进行循环处理
  while (x != null && x != root && x.parent.color == RED) {
    // 根据操作节点的父节点 N 和祖父节点 G 的不同位置分为两部分
    // 如果此条件成立，则说明节点 N 是节点 G 的左儿子节点
    if (parentOf(x) == leftOf(parentOf(parentOf(x)))) {
      // 节点 y 是当前操作节点 x 的叔节点
      Entry<K,V> y = rightOf(parentOf(parentOf(x)));
      // 场景三：叔节点和父节点都是红色的
      // 在处理完成后，以祖父节点 G 为基点继续进行递归处理
      if (colorOf(y) == RED) {
        setColor(parentOf(x), BLACK);
        setColor(y, BLACK);
        setColor(parentOf(parentOf(x)), RED);
        x = parentOf(parentOf(x));
      } else {
        // 场景六：当前节点是父节点的右儿子节点，父节点是祖父节点的左儿子节点
        // 在处理完成后，转换为场景五，继续进行处理
        if (x == rightOf(parentOf(x))) {
          x = parentOf(x);
          rotateLeft(x);
        }
        // 场景五：当前节点是父节点的左儿子节点，父节点是祖父节点的左儿子节点
        // 在处理完成后，以当前操作节点为基点，继续进行递归处理
        setColor(parentOf(x), BLACK);
        setColor(parentOf(parentOf(x)), RED);
        rotateRight(parentOf(parentOf(x)));
      }
    }
    // 该条件说明节点 N 是节点 G 的右儿子节点
    else {
      Entry<K,V> y = leftOf(parentOf(parentOf(x)));
      // 同样是场景三：叔节点和父节点都是红色的
```

```
      // 在处理完成后，以祖父节点 G 为基点继续进行递归处理
      if (colorOf(y) == RED) {
        setColor(parentOf(x), BLACK);
        setColor(y, BLACK);
        setColor(parentOf(parentOf(x)), RED);
        x = parentOf(parentOf(x));
      } else {
        // 场景七：当前节点是父节点的左儿子节点，父节点是祖父节点的右儿子节点
        // 在处理完成后，转换为场景四，继续进行处理
        if (x == leftOf(parentOf(x))) {
          x = parentOf(x);
          rotateRight(x);
        }
        // 场景四：当前节点是父节点的右儿子节点，父节点是祖父节点的右儿子节点
        // 在处理完成后，以当前操作节点为基点，继续进行递归处理
        setColor(parentOf(x), BLACK);
        setColor(parentOf(parentOf(x)), RED);
        rotateLeft(parentOf(parentOf(x)));
      }
    }
  }
  // 最终将红黑树的根节点颜色设置为黑色
  // 如果是场景一或场景二，则直接设置根节点颜色为黑色
  root.color = BLACK;
}
```

4. TreeMap 集合的节点删除操作

在讲解红黑树的相关知识时，节点删除操作的关键点是如何找到要删除或替换的节点，以及在删除或替换节点后如何进行红黑树的结构调整。本节重点讲解这两个步骤在 TreeMap 集合中的具体表现方式。

1）如何找到替换节点。

TreeMap 集合使用 successor()方法寻找当前节点在权值排列上的下一个节点(需要替换的节点)，如果返回 null，则说明当前节点没有下一个节点，具体源码如下。

```
// Returns the successor of the specified Entry, or null if no such
static <K,V> TreeMap.Entry<K,V> successor(Entry<K,V> t) {
  // 如果 t 为 null，则说明不满足处理要求，返回 null
  if (t == null) { return null; }
  // 如果条件成立，说明当前节点存在右子树，
  // 那么从当前节点的右子树开始寻找，找到右子树上“最左侧”的节点
  else if (t.right != null) {
    Entry<K,V> p = t.right;
    while (p.left != null) { p = p.left; }
    return p;
```

```
  }
  // 如果当前节点没有右子树，则向上级子树递归查找，
  // 直到当前递归节点（节点 p）是其父节点的左儿子节点为止
  else {
    Entry<K,V> p = t.parent;
    Entry<K,V> ch = t;
    while (p != null && ch == p.right) {
      ch = p;
      p = p.parent;
    }
    return p;
  }
}
```

TreeMap 集合中有一个 predecessor()的方法，也可以使用该方法寻找指定节点的相邻节点，但该方法主要用于进行节点删除操作，此处不再介绍，读者可以自行查阅相关资料。

2）如何进行红黑树的调整操作。

TreeMap 集合主要使用 fixAfterDeletion(Entry)方法进行节点正式删除前的红黑树调整操作，该方法涉及本书已介绍的各种调整场景，源码如下（采用 3.2.7 节中的场景编号）。

```
// 注意场景一：按照 fixAfterDeletion()方法的外部调用情况
// 如果是场景一，那么根本不会进入 fixAfterDeletion()方法，即不需要处理
// 此处代码省略
// 只有在当前操作节点是黑节点且不是父节点的情况下，才会继续进行递归操作
while (x != root && colorOf(x) == BLACK) {
  // 整段代码被分成两个部分，两个部分为对称情况，即同一种场景的两种对称情况
  if (x == leftOf(parentOf(x))) {
    // 这是兄弟节点
    Entry<K,V> sib = rightOf(parentOf(x));
    // 场景六：操作节点是黑色的，其兄弟节点是红色的
    // 在进行改色操作后，以当前父节点为基点进行节点左旋操作
    // 在进行左旋操作后，重新确定当前节点的兄弟节点，然后继续进行处理（这只是一个中间状态）
    if (colorOf(sib) == RED) {
      setColor(sib, BLACK);
      setColor(parentOf(x), RED);
      rotateLeft(parentOf(x));
      sib = rightOf(parentOf(x));
    }
    // 场景三：操作节点是黑色的，其兄弟节点是黑色的，其侄子节点也是黑色的
    // 在按照规则进行改色操作后，继续以其父节点为基点，递归处理上级子树
    if (colorOf(leftOf(sib))  == BLACK && colorOf(rightOf(sib)) == BLACK) {
      setColor(sib, RED);
      x = parentOf(x);
    }
    // 其他情况：兄弟节点有两个红色的儿子节点，以及兄弟节点的右儿子或左儿子节点为红节点
```

```
        else {
          // 场景五：操作节点是黑色的，其兄弟节点是黑色的，靠近自己的侄子节点是红色的
          // 在转换为场景四后，继续进行处理（这只是一种中间状态）
          if (colorOf(rightOf(sib)) == BLACK) {
            setColor(leftOf(sib), BLACK);
            setColor(sib, RED);
            rotateRight(sib);
            sib = rightOf(parentOf(x));
          }
          // 场景四：在处理完成后，整个调整过程就可以结束了
          setColor(sib, colorOf(parentOf(x)));
          setColor(parentOf(x), BLACK);
          setColor(rightOf(sib), BLACK);
          rotateLeft(parentOf(x));
          x = root;
        }
      }
      // 以下是对称情况，不再进行单独说明
      else {
        // 此处代码省略
      }
    }
    // 场景二：如果是场景二，则会使用 replacement 节点
    // 而按照场景二的推断，replacement 节点一定是红色的，所以不会进入循环
    // 直接将其颜色改为黑色即可
    setColor(x, BLACK);
    // 此处代码省略
```

3.4 Map 集合实现——HashMap

HashMap 集合是指利用 Hash（哈希）算法构造的 Map 集合，这种集合是多种数据结构在 JCF 中的典型复合应用。具体来说，就是利用 K-V 键值对节点中 Key 键对象的某个属性（默认使用该对象"内存起始位置值"属性）作为计算依据进行哈希计算，然后根据计算结果，将当前 K-V 键值对节点添加到 HashMap 集合中的某个位置上，这个位置和上一次添加 K-V 键值对节点的位置可能没有因果联系。HashMap 集合的继承体系如图 3-51 所示。

hashCode()方法是计算 Hash 值的关键方法，这个方法遵循以下默认原则。

- 对于同一个对象，无论它的 hashCode()方法被调用多少次，返回的值都是一样的。
- 如果使用对象的 equals(Object)方法进行比较，得到两个对象相等的结果，那么调用这两个对象的 hashCode()方法会得到相同的返回值；如果调用两个对象的 hashCode()

方法得到了不同的返回值，那么对象的 equals(object)方法进行比较，会得到两个对象不相等的结果。

- 程序员可根据对象的使用场景重写 hashCode()方法，但基于以上两条原则，除了 hashCode()方法，程序员还需要重写 equals(Object)方法。

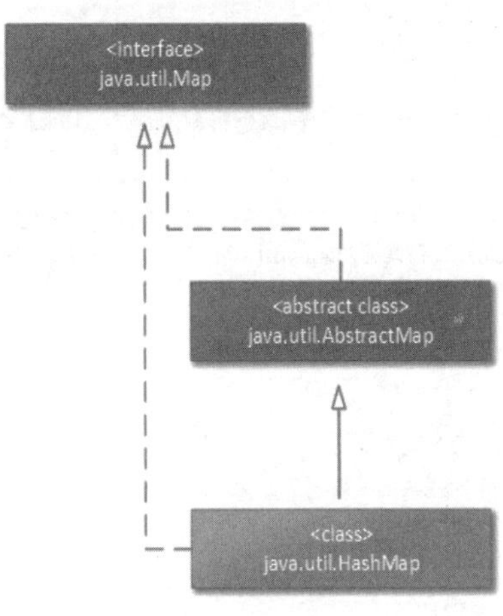

图 3-51

HashMap 集合的使用方法很简单，示例代码如下。

```
// 此处代码省略
// 以下代码展示了 HashMap 集合的简单使用方法
HashMap<String, String> map = new HashMap<>();
// Key 键信息使用字符串作为标识
// Value 值信息是字符串类型
map.put("key1", "vlaue1");
map.put("key2", "vlaue2");
map.put("key3", "vlaue3");
map.put("key4", "vlaue4");
map.put("key5", "vlaue4");
// Value 值信息允许重复，但 Key 键信息不允许重复
// key3 的 Key 键信息在这里重新关联的值是 valueX，那么之前的 value3 的 Value 值信息将被替换
map.put("key3", "vlaueX");
// 通过以下迭代器的输出，可以知道 Key 键信息在 HashMap 集合中并不是顺序存储的
Set<String> keys = map.keySet();
for (String key : keys) {
  System.out.println(String.format("key = %s and key's value = %s" , key ,
map.get(key)));
}
// 上述代码的输出结果如下。
key = key1 and key's value = vlaue1
```

```
key = key2 and key's value = vlaue2
key = key5 and key's value = vlaue4
key = key3 and key's value = vlaueX
key = key4 and key's value = vlaue4
```

3.4.1 HashMap 集合的结构

HashMap 集合的主要结构包括一个数组结构、一个链表结构和一个红黑树结构，如图 3-52 所示。

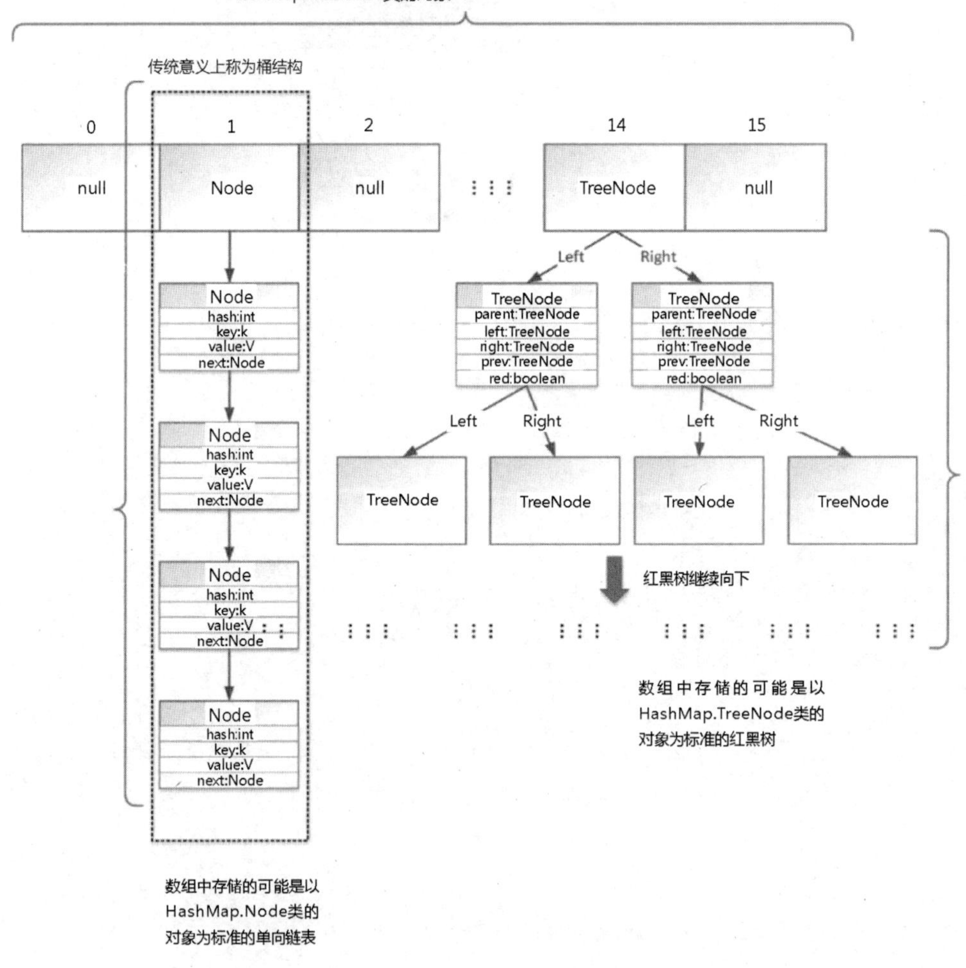

图 3-52

图 3-52 展示了 HashMap 集合的主要结构，可以发现，HashMap 集合的基础结构是一

个数组（变量名为 table），这个数组的长度最小为 16，并且可以以 2 的幂数进行数组扩容操作——这是一个非常有趣的现象，后面我们会对这个数组特性进行说明。

数组索引位上可能存储着 K-V 键值对节点，也可能没有存储任何对象（null）。当数组索引位上存储着 K-V 键值对节点时，如果这个 K-V 键值对节点是 HashMap.Node 类的对象，那么会以这个索引位上的节点为开始节点构建一个单向链表；如果这个 K-V 键值对节点是 HashMap.TreeNode 类的对象，那么会以这个索引位上的节点为根节点构建一棵红黑树。与单向链表相比，红黑树的时间复杂度更低、平衡性更好。

1. HashMap 集合中的链表

HashMap 集合使用 HashMap.Node 类的对象构建单向链表（中的每一个节点），以 HashMap 集合中数组（前面提到的 HashMap 集合中 table 变量所代表的数组）中的每一个索引位上的数据对象为基础，都可以构建一个独立的单向链表，如图 3-53 所示。HashMap.Node 类的相关源码如下。

```
// Basic hash bin node, used for most entries.
// (See below for TreeNode subclass, and in LinkedHashMap for its Entry subclass.)
static class Node<K,V> implements Map.Entry<K,V> {
  // 该属性主要用于存储当前 K-V 键值对节点排列在 HashMap 集合中所依据的 Hash 计算结果
  // 它的赋值过程可以参考 HashMap 集合中的 newNode()方法和 replacementNode()方法
  final int hash;
  // 记录当前 K-V 键值对节点的 Key 键信息
  // 因为 K-V 键值对节点在 HashMap 集合中的排列位置完全参考 Key 键对象的 hashCode()方法的返回值,
  // 所以 K-V 键值对节点一旦完成初始化操作，该变量就不允许变更了
  final K key;
  // 记录当前 K-V 键值对节点的 Value 值信息
  V value;
  // 因为需要使用 Node 节点构建单向链表，所以需要 next 属性存储单向链表中当前节点的下一个节点引用
  Node<K,V> next;
  Node(int hash, K key, V value, Node<K,V> next) {
    this.hash = hash;
    this.key = key;
    this.value = value;
    this.next = next;
  }
  // 省略不重要的代码

  // 重写 hashCode()方法，为计算当前 K-V 键值对节点的 Hash 值提供另一种逻辑
  public final int hashCode() {
    // 将 Node 节点的 Key 键信息的 Hash 值和 Value 值信息的 Hash 值进行异或运算,
    // 得到当前 K-V 键值对节点的 Hash 值
    return Objects.hashCode(key) ^ Objects.hashCode(value);
```

```
    }
    // 重写 hashCode()方法，意味着其 equals()方法也必须被重写
    public final boolean equals(Object o) {
      // 如果进行比较的两个 K-V 键值对节点的内存起始地址相同，则表示两个 K-V 键值对节点是相同的
      if (o == this) { return true; }
      if (o instanceof Map.Entry) {
        Map.Entry<?,?> e = (Map.Entry<?,?>)o;
        // 如果进行比较的两个 K-V 键值对节点的 Key 键信息相等，并且 Value 值信息也相等，
        // 则表示两个 K-V 键值对节点是相同的
        if (Objects.equals(key, e.getKey()) && Objects.equals(value, e.getValue()))
{ return true; }
      }
      // 在其他情况下，进行比较的两个 K-V 键值对节点不相同
      return false;
    }
  }
```

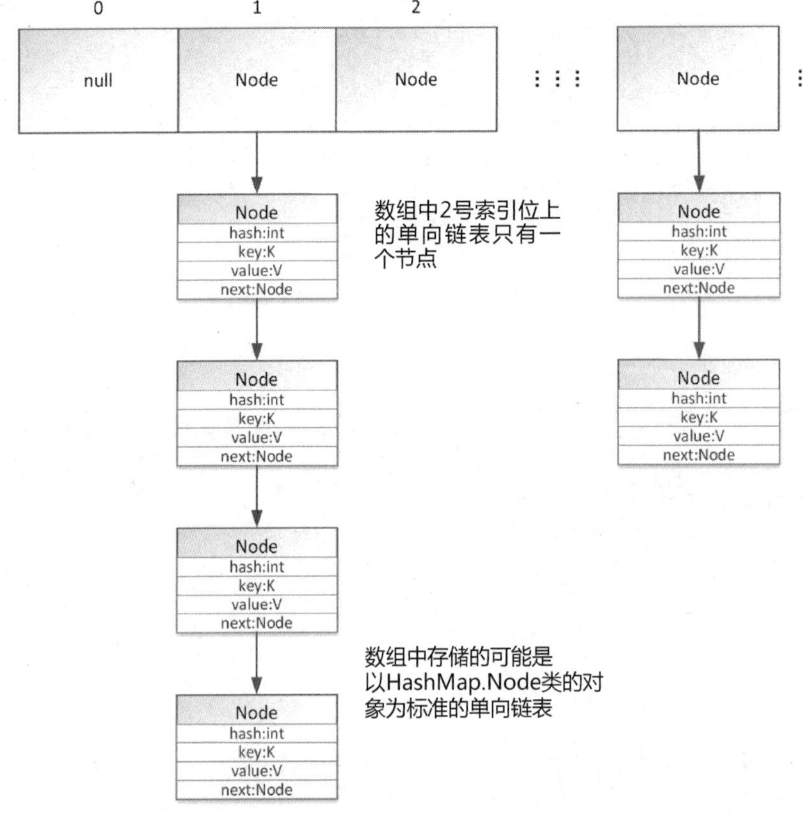

图 3-53

上述源码片段并不复杂，下面对以下几个关键点进行详细讲解。

1）hashCode()方法被重写的要求。

Java 官方对重写对象的 hashCode()方法有严格的要求，这个要求前面介绍过，这里再进行一次强调——在这种情况下重写 hashCode()方法，需要重写相应的 equals()方法。如果根据对象的 equals（object）方法进行比较，得到两个对象相等的结果，那么调用两个对象的 hashCode()方法会得到相同的返回值；换句话说，在这种情况下，如果调用两个对象的 hashCode()方法得到了不同的返回值，那么根据对象的 equals（object）方法进行比较，会得到两个对象不相等的结果。

2）Node 类中的 hashCode()方法。

虽然当前 HashMap.Node 类中的 hashCode()方法被重写了，但是该方法的返回值并不会作为 HashMap 集合中定位某个节点所在位置的依据，确认这个位置依据的是 K-V 键值对节点中的 Key 键信息的 hashCode()方法的计算结果。

3）Objects 工具类。

从 JDK 1.7 开始，Java 为开发者提供了一个工具类——Objects。Objects 工具类为程序员提供了进行对象比较、检验的基本操作，如两个对象的比较操作（compare(T, S, Comparator)）、计算对象 Hash 值（hashCode(Object)）、计算多个对象的 Hash 值组合（hashCode(Object[])）、校验或确认当前对象是否为空（isNull(Object)、nonNull(Object)、requireNonNull(Object)等）、返回对象的字符串信息（toString(Object)）。

4）HashMap.Node 类的继承体系如图 3-54 所示。

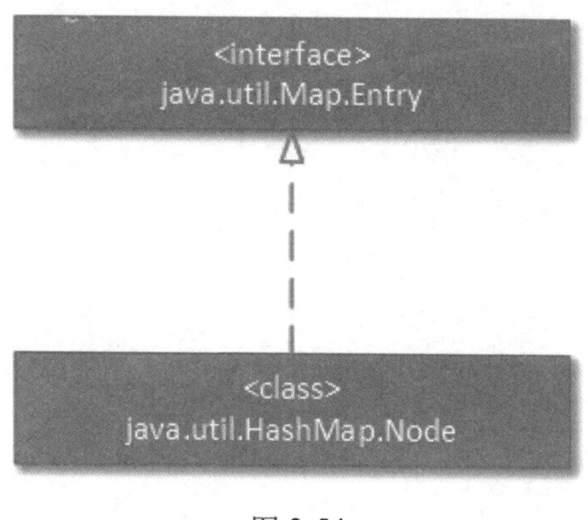

图 3-54

2．HashMap 集合中的红黑树

当某个索引位上的链表长度达到指定的阈值（默认为单向链表长度超过 8）时，单向链表会转化为红黑树；当红黑树中的节点足够少（默认为红黑树中的节点数量少于 6 个）时，红黑树会转换为单向链表。 HashMap 集合使用 HashMap.TreeNode 类的对象表示红黑

树中的节点，从而构成一棵红黑树，如图 3-55 所示。

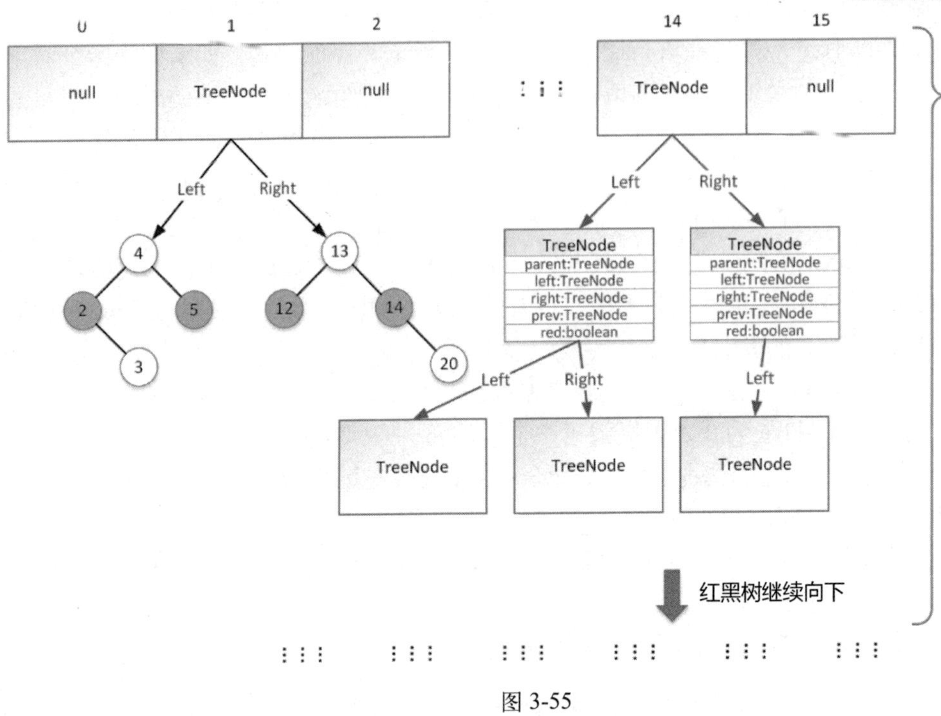

图 3-55

定义 HashMap.TreeNode 类的相关源码片段如下。

```
// 定义红黑树节点的相关源码
static final class TreeNode<K,V> extends LinkedHashMap.Entry<K,V> {
  // 当前节点的双亲节点（父节点）
  TreeNode<K,V> parent;
  // 当前节点的左儿子节点
  TreeNode<K,V> left;
  // 当前节点的右儿子节点
  TreeNode<K,V> right;
  // 该属性在讲解 LinkedHashMap 集合时会提到
  TreeNode<K,V> prev;
  // 当前节点的颜色是红色还是黑色
  boolean red;
  TreeNode(int hash, K key, V val, Node<K,V> next) {
    super(hash, key, val, next);
  }
  // 此处代码省略
```

```
    // TreeNode 中还有构建红黑树、解构红黑树、添加节点、移除节点的操作方法
  }
```

HashMap.TreeNode 类的主要继承体系如图 3-56 所示，可以看出，该类间接实现的接口就是本书之前介绍过的 Map.Entry 接口。

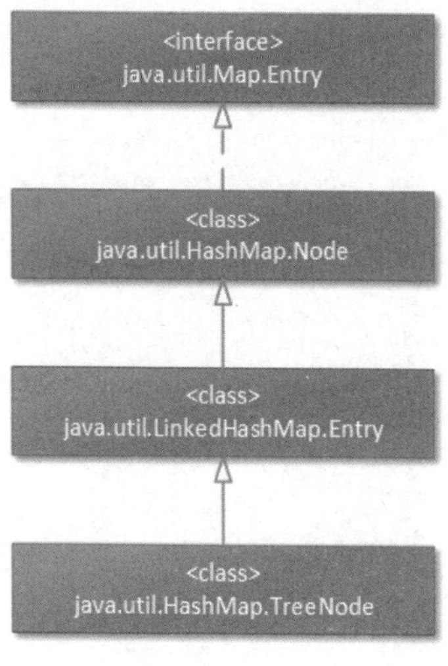

图 3-56

3.4.2　HashMap 集合的主要工作过程

1．关键常量和属性

HashMap 集合的三大基础结构：数组、链表和红黑树，它们是如何进行相互协作的呢？HashMap 集合中有一些关键的常量信息和变量信息，它们会在交互过程中发挥作用，源码如下。

```
  public class HashMap<K,V> extends AbstractMap<K,V> implements Map<K,V>, Cloneable,
Serializable {
    // 之前的代码省略
    // 默认的数组初始化容量为 16，这个容量只能以 2 的指数倍进行扩容操作
    static final int DEFAULT_INITIAL_CAPACITY = 1 << 4;
    // 数组最大容量
    static final int MAXIMUM_CAPACITY = 1 << 30;
    // 默认的负载因子值为 0.75
    static final float DEFAULT_LOAD_FACTOR = 0.75f;
    // 桶的树化阈值，如果一个桶（单向链表）中的节点数量大于该值，则需要将该桶转换成红黑树
    // 该值至少为 8
    // 是否需要进行树化，需要依据 MIN_TREEIFY_CAPACITY 常量的值进行判定
```

```
    static final int TREEIFY_THRESHOLD = 8;
    // 桶的反树化阈值，如果一个桶中的红黑树节点数量小于该值，则需要将该桶从红黑树重新转换为链表
    static final int UNTREEIFY_THRESHOLD = 6;
    // 当集合中的K-V键值对节点过多时，是进行树化操作还是进行扩容操作呢?
    // 针对这个问题，HashMap 集合使用 MIN_TREEIFY_CAPACITY 常量进行控制
    // 只有当集合中K-V键值对节点数大于该值，
    // 并且某个桶中的K-V键值对节点数大于 TREEIFY_THRESHOLD 的值时，该桶才会进行树化操作
    static final int MIN_TREEIFY_CAPACITY = 64;
    // 使用该变量记录 HashMap 集合的数组结构
    // 数组可以扩容，甚至在进行某些操作时允许数组的长度为 0
    transient Node<K,V>[] table;
    // 该 Set 集合存储了当前集合中所有 K-V 键值对节点的引用
    // 可以将该 Set 集合理解为缓存方案，它不在意每个 K-V 键值对节点的真实存储位置，
    // 还可以有效减少 HashMap 集合的编码工作量
    transient Set<Map.Entry<K,V>> entrySet;
    // 记录当前 K-V 键值对节点的数量
    transient int size;
    // 记录该集合在初始化后进行写操作的次数
    transient int modCount;
    // table 数组下一次进行扩容操作的门槛，这个门槛值=当前集合容量值 * loadFactor
    int threshold;
    // 设置的负载因子，默认为 DEFAULT_LOAD_FACTOR，可以设置该值大于 1
    final float loadFactor;
    // 后续代码省略
}
```

1）负载因子 loadFactor。

从表面上看，负载因子 loadFactor 维护着集合内 K-V 键值对节点的数量与集合中数组大小的平衡，将当前集合容量值与负载因子 loadFactor 相乘，可以得到数组下一次进行扩容操作的 K-V 键值对节点数量；从实质上看，**负载因子 loadFactor 维护着集合存储所需的空间资源和集合操作所需的时间资源之间的平衡。**

2）数组 table 和容量的定义。

需要注意的是，数组 table 的容量并不是 HashMap 集合的容量，因为从数组中的任意一个索引位出发，都可能存在一个单向链表或一棵红黑树；即使在数组中的某些索引位上还没有存储任何 K-V 键值对节点的情况下，数组也会进行扩容操作。

2. HashMap 集合的初始化

HashMap 集合的初始化过程，主要是构建 HashMap 集合中数组结构、初始化负载因子、确定扩容门槛的过程，相关源码片段如下。

```
  public class HashMap<K,V> extends AbstractMap<K,V> implements Map<K,V>, Cloneable,
Serializable {
```

```
    // 该构造方法有一个传入参数，表示初始化的容量
    public HashMap(int initialCapacity) { this(initialCapacity,
DEFAULT_LOAD_FACTOR); }
    // 该构造方法没有传入参数
    // 这时设置集合的负载因子为默认值（0.75）
    public HashMap() {  this.loadFactor = DEFAULT_LOAD_FACTOR; }
    // 该构造方法有两个传入参数
    // initialCapacity：指定的初始化容量，不能小于 0
    // loadFactor 表示指定的负载因子，不能小于 0
    public HashMap(int initialCapacity, float loadFactor) {
      if (initialCapacity < 0) { throw new IllegalArgumentException("Illegal initial
capacity: " + initialCapacity); }
      // 该判定条件约定了当前指定的初始化容量不能大于最大容量
      if (initialCapacity > MAXIMUM_CAPACITY) { initialCapacity = MAXIMUM_CAPACITY; }
      if (loadFactor <= 0 || Float.isNaN(loadFactor)) {
        throw new IllegalArgumentException("Illegal load factor: " + loadFactor);
      }
      this.loadFactor = loadFactor;
      // 根据 initialCapacity 的值，使用 tableSizeFor()方法，确定正确的初始化容量
      // tableSizeFor()方法有一个返回值，表示 table 数组下一次进行扩容操作的门槛值
      // 在集合对象实例化完成后，table 数组仍然是没有容量的
      this.threshold = tableSizeFor(initialCapacity);
    }
    static final int tableSizeFor(int cap) {
      int n = -1 >>> Integer.numberOfLeadingZeros(cap - 1);
      return (n < 0) ? 1 : (n >= MAXIMUM_CAPACITY) ? MAXIMUM_CAPACITY : n + 1;
    }
  }
```

tableSizeFor(int)方法主要用于返回一个比当前入参 cap 大且最接近 2 的幂数的值。这句话如何理解呢？2 的幂数为 2、4、8、16、32、64、128、256、512、1024 等，当 cap 的值为 500 时，该方法会返回 512；当 cap 值为 100 时，该方法会返回 128。

tableSizeFor(int)方法中有一个关键的调用语句是“Integer.numberOfLeadingZeros(cap - 1);”。这里的 Integer.numberOfLeadingZeros(int)方法是从 JDK 1.5 开始提供的一个方法，它的作用是根据入参代表的无符号正数，返回这个数最高非零位前面的 0 的个数（包括符号位在内）。例如，数值 100 是一个 32 位整数，它的二进制表达为“0000 0000 0000 0000 0000 0000 0110 0100”，而它的最高非 0 位前面，包括符号位在内，有 25 个 0，所以 Integer.numberOfLeadingZeros(int)方法会返回 25。

前文已经介绍过，负数的二进制表达是其对应的正数的补码，所以-1 的二进制表达为“1111 1111 1111 1111 1111 1111 1111 1111”，在将-1 的二进制表达左移 25 位后，可以得到数值 127 的二进制表达。

3.4.3 向 HashMap 集合中添加 K-V 键值对节点（链表方式）

HashMap 集合使用 put(K, V)方法添加新的 K-V 键值对节点，如果新加入的 K-V 键值对节点的 Key 键信息与某个已存在于集合中的 K-V 键值对节点的 Key 键信息相同（相同是指 Key 键对象的 Hash 值相同），则替换原来的 K-V 键值对节点中的 Value 值信息。put(K, V)方法的源码片段如下。

```
  public class HashMap<K,V> extends AbstractMap<K,V> implements Map<K,V>, Cloneable,
Serializable {
    // 此处代码省略
    public V put(K key, V value) {
      return putVal(hash(key), key, value, false, true);
    }
    // 使用该方法可以计算指定对象的 Hash 值
    // HashMap 集合主要使用该方法计算 K-V 键值对节点中 Key 键对象的 Hash 值
    // 如果当前传入的对象为 null，则返回 0，这就是 HashMap 集合允许 Key 键对象为 null 的原因
    static final int hash(Object key) {
      int h;
      // 对象的 hashcode()方法的返回值
      // 通过位右移运算和异或运算计算对象的 Hash 值
      return (key == null) ? 0 : (h = key.hashCode()) ^ (h >>> 16);
    }
    // onlyIfAbsent：如果值为 false，则不更新
    final V putVal(int hash, K key, V value, boolean onlyIfAbsent, boolean evict) {
      Node<K,V>[] tab; Node<K,V> p; int n, i;
      // 如果当前 HashMap 集合使用的数组为 null 或数组长度为 0，
      // 则首先进行扩容操作
      if ((tab = table) == null || (n = tab.length) == 0) {
        n = (tab = resize()).length;
      }
      // 注意：在 i = (n - 1) & hash 中，n 表示当前集合中数组的长度，i 的值不会超过 n-1
      // 这个表达式可以得到新的 K-V 键值对节点所属的桶，以及当前桶中的第一个节点 p
      // 如果条件成立，则说明当前数组的索引位上没有任何 K-V 键值对节点
      if ((p = tab[i = (n - 1) & hash]) == null) {
        // 直接在这个索引位上添加一个新的 K-V 键值对节点
        tab[i] = newNode(hash, key, value, null);
      }
      // 如果是其他情况，则说明当前桶中已经存在 K-V 键值对节点（可能是链表的头节点，也可能是红黑树的根节点）
      else {
        Node<K,V> e; K k;
        // 如果条件成立，
        // 则说明 K-V 键值对节点的 Key 键对象的 Hash 值和当前桶中第一个节点的 Key 键对象的 Hash 值相同
        // 将节点 P 赋值给变量 e
        if (p.hash == hash &&((k = p.key) == key || (key != null && key.equals(k))))
{ e = p; }
```

```
      // 如果条件成立，则说明当前桶中存储的是红黑树节点，所以使用红黑树方式添加节点
      // 该方法的返回值表示是否已存在和当前正在添加的K-V键值对节点中Key键信息相同的红黑树节点
      else if (p instanceof TreeNode) {
        e = ((TreeNode<K,V>)p).putTreeVal(this, tab, hash, key, value);
      } else {
        // 在其他情况下，通过以下for循环依次遍历当前桶中单向链表中的每一个节点
        for (int binCount = 0; ; ++binCount) {
          // 如果以下条件成立，则说明已经遍历完当前链表中的所有节点
          if ((e = p.next) == null) {
            p.next = newNode(hash, key, value, null);
            if (binCount >= TREEIFY_THRESHOLD - 1) { treeifyBin(tab, hash); }
            break;
          }
          // 如果当前条件成立，则说明当前节点的Key键信息和当前添加的K-V键值对节点的Key键信息相同
          // 这时直接退出循环：e变量的赋值操作是通过之前的代码"e = p.next"完成的
          if (e.hash == hash && ((k = e.key) == key || (key != null && key.equals(k)))) { break; }
          // 如果循环执行到这里，则说明以上情况都不成立
          // 将p.next节点赋值给p节点，以便进行下一次遍历
          p = e;
        }
      }
      // 如果条件成立，说明集合中已存在和新添加的K-V键值对节点的Key键信息相同的红黑树节点，
      // 那么本次操作不是节点添加操作，而是节点更新操作
      if (e != null) {
        V oldValue = e.value;
        // 如果条件成立，则进行更新
        if (!onlyIfAbsent || oldValue == null) { e.value = value; }
        // 触发afterNodeAccess()方法
        afterNodeAccess(e);
        return oldValue;
      }
    }
    // 代码执行到这里，说明当前操作是节点添加操作
    // 写操作计数器加1
    ++modCount;
    // 如果在节点添加操作结束后，当前集合中的节点总数大于门槛值，
    // 则执行扩容操作，扩容操作会在后面详细介绍
    if (++size > threshold) { resize(); }
    afterNodeInsertion(evict);
    return null;
  }
}
```

这里对上述源码片段中几个重要的源码信息进行讲解，以便协助读者理解。

- (h = key.hashCode()) ^ (h >>> 16)。

hash(Object)方法通过以上表达式得到指定对象的Hash值，这里是取得当前对象的Hash值，首先进行带符号位的右移 16 位操作（这时候对象 Hash 值的高位段就变成了低位段），然后与对象原来的 Hash 值进行异或运算。计算过程示例如图 3-57 所示。

```
        0010 1001 1100 1010 1001 0000 0001 1110

>>> 16  0000 0000 0000 0000 0010 1001 1100 1010
        ---------------------------------------  XOR
        0010 1001 1100 1010 1011 1001 1101 0100
```

图 3-57

- i = (n - 1) & hash。

在 putVal(int, K, V, boolean, boolean) 方法中，通过该表达式得到某个 Hash 值应该存储在数组中的哪个索引位上（哪一个桶上）；需要注意的是，表达式中的 n 表示当前数组的长度，将长度减一后的与运算结果不可能超过 n-1（因为这相当于取余操作），因此可以确定 Hash 值代表的当前对象在当前数组中的哪个索引位上。这个过程示例如图 3-58 所示。

```
0010 1001 1100 1010 1011 1001 1101 0100

当n-256时，n-1=255          1111 1111
---------------------------------------  与运算 &
与运算的结果一定不大于255    1101 0100
```

图 3-58

- (k = p.key) == key || (key != null && key.equals(k))。

这个表达式在 putVal(int, K, V, boolean, boolean)方法中的两个位置出现过，一个是在得到新增 K-V 键值对节点应该存储的桶的初始位置后（并且桶中至少有一个节点），在判定新增的 K-V 键值对节点的 Key 键信息是否匹配桶中的第一个节点的 Key 键信息时；另一个是在桶结构是单向链表结构的前提下，在循环判定新增的 K-V 键值对节点的 Key 键信息是否匹配当前链表中某一个节点的 Key 键信息时。

判定条件：新增的 K-V 键值对节点的 Key 键对象的内存起始位置和当前节点 Key 键对象的内存起始位置一致；或者在新增的 K-V 键值对节点的 Key 键对象不为 null 的情况下，使用 equals()方法对两个节点的 Key 键对象的值进行比对，返回结果为 true。

3.4.4 向 HashMap 集合中添加 K-V 键值对节点（红黑树方式）

在 HashMap 集合的 table 数组中的某个索引位上（某个桶上），数据对象可能是按照红黑树结构进行组织的。所以有时需要基于红黑树进行 K-V 键值对节点（HashMap.

TreeNode<K, V>类的对象）的添加操作。在介绍这个操作前，我们首先需要明确一下 HashMap 集合中红黑树结构中的每个节点是如何构成的，源码片段如下（此段源码已经在上面出现过，这里不再进行逐句注释说明）。

```
// HashMap.TreeNode 类的部分定义
static final class TreeNode<K,V> extends LinkedHashMap.Entry<K,V> {
  // 以下属性负责将树中的各个节点连接在一起
  TreeNode<K,V> parent;
  TreeNode<K,V> left;
  TreeNode<K,V> right;
  // 该属性主要在删除场景中使用
  TreeNode<K,V> prev;
  boolean red;
  // 此处代码省略
}
// 此处代码省略
// LinkedHashMap.Entry 类的部分定义
static class Entry<K,V> extends HashMap.Node<K,V> {
  Entry<K,V> before, after;
  // 此处代码省略
}
// 此处代码省略
// HashMap.Node 类的部分定义
static class Node<K,V> implements Map.Entry<K,V> {
  final int hash;
  final K key;
  V value;
  Node<K,V> next;
  // 此处代码省略
}
```

根据上述源码中的继承关系可知，在 HashMap 集合中，红黑树中的每个节点属性不止包括父级节点引用（parent）、左儿子节点引用（left）、右儿子节点引用（right）和红黑标记（red），还包括一些其他属性，如在双向链表中才会采用的前置节点引用（prev）、后置节点引用（next）、描述当前节点 Hash 值的属性（hash）、描述当前节点 Key 键信息的属性（key）、描述当前节点 Value 值信息的属性（value）。在 HashMap 集合中，基于红黑树结构添加 K-V 键值对节点的源码片段如下。

```
    public class HashMap<K,V> extends AbstractMap<K,V> implements Map<K,V>, Cloneable,
Serializable {
      //此处代码省略
      static final class TreeNode<K,V> extends LinkedHashMap.Entry<K,V> {
        //此处代码省略
        // 该方法主要用于在指定的红黑树节点上添加新的节点，入参如下。
        // map: 当前正在被操作的 HashMap 集合对象
        // tab: 当前 HashMap 集合对象中的 tab 数组
```

```
// h：当前新添加的K-V键值对节点的Hash值
// k：当前新添加的K-V键值对节点的Key键信息
// v：当前新添加的K-V键值对节点的Value值信息
// 注意：如果该方法返回的不是null，则说明在进行节点添加操作前，
// 已经在指定的红黑树结构中找到了Key键信息与将要添加的K-V键值对节点的Key键信息相同的K-V键值对节点
// 于是后者会被返回，本次节点添加操作终止（会变成修改操作）
final TreeNode<K,V> putTreeVal(HashMap<K,V> map, Node<K,V>[] tab, int h, K k, V v) {
  Class<?> kc = null;
  boolean searched = false;
  // 注意：parent变量是一个全局变量，主要用于指示当前操作节点的父节点
  // 当前操作节点并不是当前新增的节点，而是被作为新增操作的基准节点
  // 如果进行调用过程的溯源，那么当前操作的节点一般是table数组指定索引位上的红黑树节点
  // 使用root()方法可以找到当前红黑树中的根节点
  TreeNode<K,V> root = (parent != null) ? root() : this;
  // 在找到根节点后，从根节点开始进行遍历，寻找红黑树中是否存在指定的K-V键值对节点
  // "存在"的依据是，在两个参与比较的K-V键值对节点中，Key键信息的Hash值是否一致
  for (TreeNode<K,V> p = root;;) {
    int dir, ph; K pk;
    if ((ph = p.hash) > h) { dir = -1; }
    else if (ph < h) { dir = 1; }
    // 如果条件成立，则说明当前红黑树中存在相同的K-V键值对节点，
    // 将该K-V键值对节点返回，方法结束
    else if ((pk = p.key) == k || (k != null && k.equals(pk))) { return p; }
    // comparableClassFor()方法会返回如下结果：
    // 查找在当前k对象的类实现的接口或其各父类实现的接口中，是否有java.lang.Comparable接口
    // 如果没有，则返回null
    // compareComparables()方法利用已实现的java.lang.Comparable接口，
    // 让当前操作节点的Key键信息和传入的新增K-V键值对节点的Key键信息进行比较，
    // 并且返回比较结果，
    // 如果返回0，则说明参与比较的两个K-V键值对节点的Key键信息相同
    else if ((kc == null && (kc = comparableClassFor(k)) == null)
      || (dir = compareComparables(kc, k, pk)) == 0) {
      // 在这样的情况下，如果条件成立，则说明找到了匹配的K-V键值对节点
      if (!searched) {
        TreeNode<K,V> q, ch;
        searched = true;
        // 注意find()方法，该方法会以ch代表的红黑树节点为根节点，
        // 基于传入的Hash信息（h）和Key键信息（k），
        // 依据实现Comparable接口的类在红黑树中进行搜索
        // 如果找到Key键信息匹配的K-V键值对节点，则返回该K-V键值对节点
        // 如果没有找到，则使用tieBreakOrder()方法重新确认红黑树后续的查找方向
        if (((ch = p.left) != null && (q = ch.find(h, k, kc)) != null) ||
            ((ch = p.right) != null && (q = ch.find(h, k, kc)) != null)) { return q; }
      }
```

```
        dir = tieBreakOrder(k, pk);
      }
      // 以上代码片段中的dir信息很重要，它直接决定了后续的判定走向（红黑树的查找方向）
      // 执行到这里，说明当前递归遍历过程并没有找到和p节点“相同”的节点，所以进行以下处理：
      // 1. 上述代码中判定新添加节点的Hash值小于或等于p节点的Hash值：
      // 如果当前p节点存在左儿子节点，那么向当前p节点的左儿子节点进行下次递归遍历；
      // 如果当前p节点不存在左儿子节点，则说明当前新增的节点应该添加成当前p节点的左儿子节点
      // 2. 判定新添加节点的Hash值大于p节点的Hash值：
      // 如果当前p节点存在右儿子节点，那么向当前p节点的右儿子节点进行下次递归遍历；
      // 如果当前p节点不存在右儿子节点，则说明当前新增的节点应该添加成当前p节点的右儿子节点
      TreeNode<K,V> xp = p;
      // 注意：以下代码中的xp表示当前节点p
      if ((p = (dir <= 0) ? p.left : p.right) == null) {
        // 如果代码执行到这里，则说明可以在当前p节点的左儿子节点或右儿子节点处添加新节点
        Node<K,V> xpn = xp.next;
        // 创建一个新的节点x
        TreeNode<K,V> x = map.newTreeNode(h, k, v, xpn);
        // 如果条件成立，则将新节点添加成当前节点的左儿子节点；
        // 否则将新节点添加成当前节点的右儿子节点
        if (dir <= 0) { xp.left = x; }
        else { xp.right = x; }
        // 将当前节点的后置节点引用指向新添加的节点
        xp.next = x;
        // 将新添加节点的前置节点/父节点引用指向当前节点
        x.parent = x.prev = xp;
        // 如果以下条件成立，则说明当前p节点的next引用之前指向了某个已有节点（记为xpn）
        // 需要将xpn节点的前置节点引用指向新添加的节点
        if (xpn != null) {  ((TreeNode<K,V>)xpn).prev = x; }
        // balanceInsertion()方法的作用是在红黑树中增加新的节点后，重新实现红黑树的平衡
        // 而HashMap集合中的红黑树内部存在一个隐含的双向链表，
        // 在重新实现红黑树的平衡后，双向链表的头节点不一定是红黑树中的根节点
        // moveRootToFron()方法的作用是让红黑树中的根节点和隐含的双向链表的头节点保持统一
        moveRootToFront(tab, balanceInsertion(root, x));
        // 在完成节点添加、红黑树重平衡、隐含双向链表头节点调整这一系列操作后返回null，
        // 代表节点添加操作完成
        return null;
      }
    } // end for
  } // end putTreeVal
  //此处代码省略
 }
 //此处代码省略
}
```

上述源码可以归纳总结为以下步骤。

（1）在当前红黑树中查找当前要添加的 K-V 键值对节点的 Key 键信息是否已经存在

于树中，判断依据是看要添加的 K-V 键值对节点的 Key 键对象的 Hash 值是否和红黑树中的某个 K-V 键值对节点的 Key 键对象的 Hash 值一致。在更细节的场景中，还要看当前 Key 键对象的类是否规范化地重写了 hash()方法和 equals()方法，或者是否实现了 java.lang.Comparable 接口。

（2）如果在步骤（1）中，在红黑树中找到了匹配的节点，那么本次操作结束，将红黑树中匹配的 K-V 键值对节点返回，由外部调用者更改这个 K-V 键值对节点的 Value 值信息——本次节点添加操作就变成了节点修改操作。

（3）如果在步骤（1）中，没有在红黑树中找到匹配的 K-V 键值对节点，那么在红黑树中满足添加位置要求的某个缺失左儿子节点或右儿子节点的节点处添加新的 K-V 键值对节点（实际上就是红黑树的节点添加操作）。

（4）在步骤（3）结束后，红黑树的平衡性可能被破坏了，需要使用红黑树的再平衡算法，重新恢复红黑树的平衡（前面讲解红黑树操作时提到的改色操作和节点旋转操作）。

（5）这里红黑树节点的添加过程和我们预想的情况有一些不一样，除了对红黑树相关的父节点引用及左、右儿子节点引用进行操作，还对与双向链表有关的后置节点引用、前置节点引用进行了操作，以便将红黑树转换为链表。这里为什么要将红黑树转换为链表呢？这个问题会在后面进行解答。根据以上的源码描述，我们知道了 HashMap 集合中的红黑树结构和我们所知晓的传统红黑树结构是不同的，后者的真实结构如图 3-59 所示。

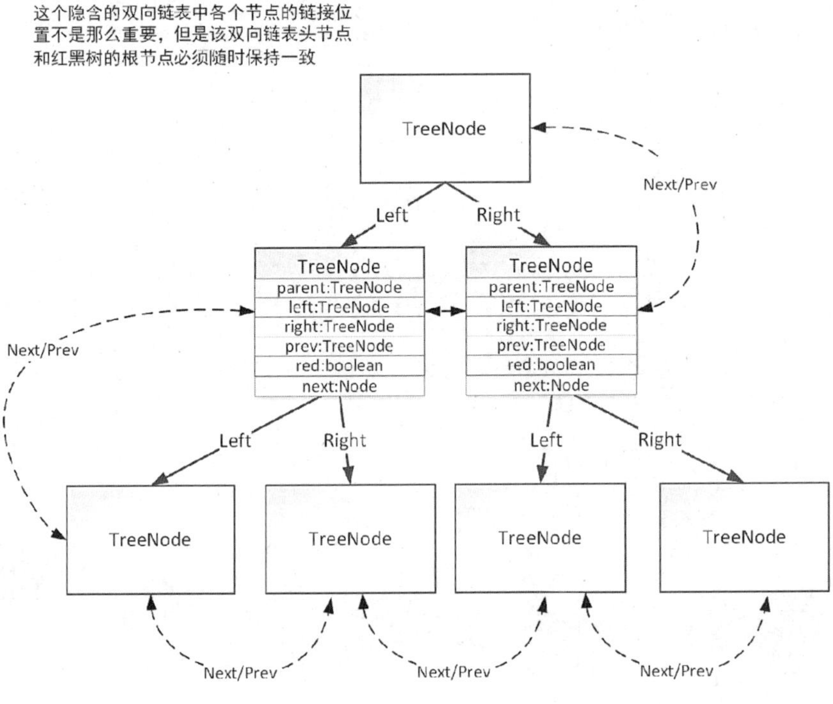

图 3-59

图 3-59 中已经进行了说明：隐含的双向链表中各个节点的链接位置不是那么重要，但是该**双向链表和头节点和红黑树的根节点必须随时保持一致**。HashMap.TreeNode.moveRootToFront()方法的作用就是保证以上特性随时成立。

3.4.5　HashMap 集合红黑树、链表互相转换

根据前面的介绍，读者已经知道，HashMap 集合中 table 数组中每个索引位上（不同的桶结构上）的 K-V 键值对节点构成的结构可能是单向链表，也可能是红黑树，**在特定的场景中，单向链表和红黑树可以互相转换。转换原则简单概括如下。单向链表在超过一定长度的情况下会转换为红黑树，红黑树在节点数量足够少的情况下会转换为单向链表。**

1．将单向链表转换为红黑树

转换条件如下。

- 在向单向链表中添加新的节点后，链表中的节点总数大于某个值。
- HashMap 集合中的 table 数组长度大于 64。

这里所说的节点添加操作包括很多种场景，如使用 HashMap 集合的 put(K, V)方法添加新的 K-V 键值对节点。而 put(K, V)方法内部实质进行 K-V 键值对节点添加操作的方法是 putVal()方法。在 putVal()方法中，将单向链表转换为红黑树的判定逻辑源码片段如下。

```
final V putVal(int hash, K key, V value, boolean onlyIfAbsent, boolean evict) {
  // 此处代码片段与本节内容关联性不强，这里省略
  else {
    // 遍历当前单向链表，并且使用 binCount 计数器记录当前单向链表的长度
    for (int binCount = 0; ; ++binCount) {
      if ((e = p.next) == null) {
        // 如果已经遍历到当前链表的最后一个节点，则在这个节点的后面添加一个新的节点
        p.next = newNode(hash, key, value, null);
        // 如果在添加新节点后，单向链表的长度大于或等于 TREEIFY_THRESHOLD（值为 8），
        // 也就是说，在添加新节点前，单向链表的长度大于或等于 TREEIFY_THRESHOLD - 1，
        // 则使用 treeifyBin()方法将单向链表结构转换为红黑树结构
        if (binCount >= TREEIFY_THRESHOLD - 1) { treeifyBin(tab, hash); }
        break;
      }
      // 此处代码省略
    }
  }
  //此处代码省略
}
```

上述源码在 3.4.3 节的源码说明中已经详细介绍了，此处不再赘述。

下面我们看一下如何将单向链表转换为红黑树，源码如下。

```
final void treeifyBin(Node<K,V>[] tab, int hash) {
  int n, index; Node<K,V> e;
  // 即使转换红黑树的条件成立，也不一定真要转换为红黑树
  // 例如，如果 HashMap 集合中 table 数组的大小小于 MIN_TREEIFY_CAPACITY 常量（该常量为 64），
  // 则不进行红黑树转换，进行 HashMap 集合的扩容操作
  if (tab == null || (n = tab.length) < MIN_TREEIFY_CAPACITY) { resize(); }
  // 通过以下判断条件取得和当前 hash 相匹配的索引位上第一个 K-V 键值对节点的对象引用 e
  else if ((e = tab[index = (n - 1) & hash]) != null) {
    TreeNode<K,V> hd = null, tl = null;
    // 以下循环的作用是从头节点开始依次遍历当前单向链表中的所有节点
    do {
      // 在每次进行遍历时，都会为当前 Node 节点创建一个新的、对应的 TreeNode 节点
      // 注意：这时所有 TreeNode 节点还没有构成红黑树，它们首先构成了一个新的双向链表结构
      // 这是为以后可能进行的将红黑树转换为单向链表操作做准备
      TreeNode<K,V> p = replacementTreeNode(e, null);
      // 如果条件成立，则说明新创建的 TreeNode 节点是新的双向链表的头节点
      if (tl == null) { hd = p; }
      else {
        p.prev = tl;
        tl.next = p;
      }
      // 通过以上代码构建一条双向链表
      tl = p;
    } while ((e = e.next) != null);
    // 将双向链表的头节点赋给当前索引位上的节点
    if ((tab[index] = hd) != null) {
      // 基于新的双向链表进行红黑树转换——使用 treeify()方法
      hd.treeify(tab);
    }
  }
}

// Forms tree of the nodes linked from this node.
final void treeify(Node<K,V>[] tab) {
  TreeNode<K,V> root = null;
  // 根据上文可知，this 对象指向新的双向链表的头节点
  for (TreeNode<K,V> x = this, next; x != null; x = next) {
    next = (TreeNode<K,V>)x.next;
    x.left = x.right = null;
```

```
    // 如果条件成立，则构造红黑树的根节点，根节点默认为双向链表的头节点
    if (root == null) {
      x.parent = null;
      x.red = false;
      root = x;
    }
    // 否则基于红黑树的结构要求进行处理
    // 以下代码块和之前介绍过的 putTreeVal() 方法类似，此处不再赘述
    // 简单来说，就是遍历双向链表中的每一个节点，将它们依次添加到新的红黑树中，
    // 并且在每次添加完成后重新平衡红黑树
    else {
      K k = x.key;
      int h = x.hash;
      Class<?> kc = null;
      for (TreeNode<K,V> p = root;;) {
        int dir, ph;
        K pk = p.key;
        if ((ph = p.hash) > h) { dir = -1;}
        else if (ph < h) { dir = 1; }
        else if ((kc == null && (kc = comparableClassFor(k)) == null)
          || (dir = compareComparables(kc, k, pk)) == 0) { dir = tieBreakOrder(k, pk); }
        TreeNode<K,V> xp = p;
        if ((p = (dir <= 0) ? p.left : p.right) == null) {
          x.parent = xp;
          if (dir <= 0) { xp.left = x; }
          else { xp.right = x; }
          // 重新平衡红黑树
          root = balanceInsertion(root, x);
          break;
        }
      }
    }
  }
  // 在红黑树构建完成后，
  // 使用 moveRootToFront() 方法保证红黑树的根节点和双向链表的头节点是同一个节点
  moveRootToFront(tab, root);
}
```

以上两段源码的工作过程如图 3-60 所示。需要注意的是，图 3-60 展示的是一个桶结构中的数据情况，不是 HashMap 集合中的数组表达。

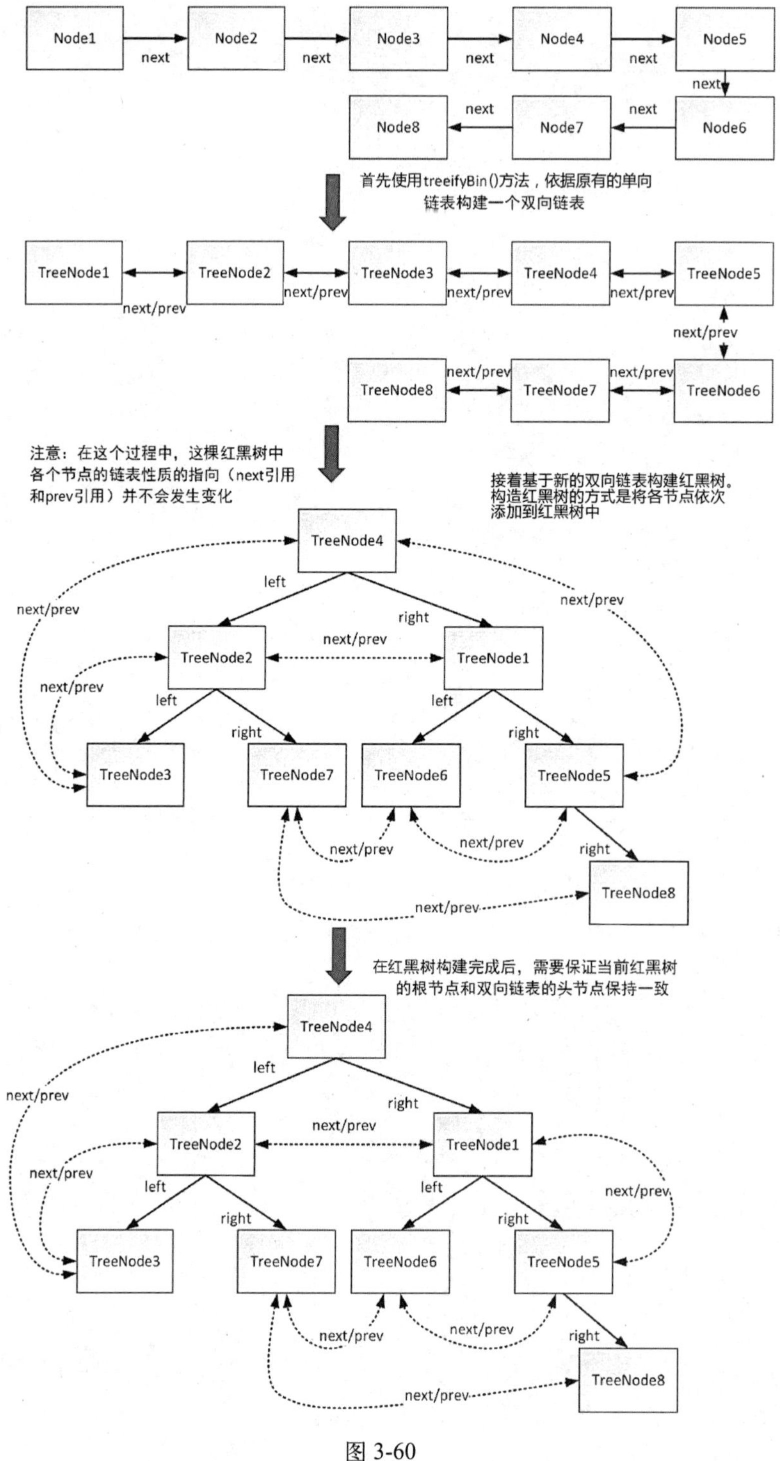
Node1
next
Node2
next
Node3
next
Node4
next
Node5
next
Node6
next
Node7
next
Node8
首先使用treeifyBin()方法，依据原有的单向链表构建一个双向链表
TreeNode1
TreeNode2
TreeNode3
TreeNode4
TreeNode5
TreeNode6
TreeNode7
TreeNode8
next/prev
注意：在这个过程中，这棵红黑树中各个节点的链表性质的指向（next引用和prev引用）并不会发生变化
接着基于新的双向链表构建红黑树。构造红黑树的方式是将各节点依次添加到红黑树中
left
right
在红黑树构建完成后，需要保证当前红黑树的根节点和双向链表的头节点保持一致

图 3-60

2. 将红黑树转换为单向链表

在以下两种情况下，可以将红黑树转换为单向链表。**这两种情况可以概括为，在进行某个操作后，红黑树变得足够小。**

1）当 HashMap 集合中的 table 数组进行扩容操作时。

在这种情况下，**为了保证依据 K-V 键值对节点中 Key 键信息的 Hash 值，HashMap 集合仍然能正确定位到节点存储的数组索引位，需要依次对这些索引位上的红黑树进行拆分操作**——拆分结果可能形成两棵红黑树，一棵红黑树被引用到原来的索引位上；另一棵红黑树被引用到“**原索引值 + 原数组长度**”号索引位上。

如果以上两棵红黑树的其中一棵中的节点总数小于或等于 UNTREEIFY_THRESHOLD 常量值（该常量值在 JDK 1.8+中的值为 6），那么可以将这棵红黑树转换为单向链表，相关源码片段如下。

```
// 此处代码省略
// 如果条件成立，则说明拆分后存在一棵将引用回原索引位上的红黑树
if (loHead != null) {
  // 如果条件成立，说明这棵红黑树中的节点总数不大于 6，那么将该红黑树转换为单向链表
  // lc 变量是一个计数器，记录了在将红黑树拆分后，其中一棵新树中的节点总数
  if (lc <= UNTREEIFY_THRESHOLD) {
    tab[index] = loHead.untreeify(map);
  } else {
    // 此处代码省略
  }
}
// 如果条件成立，则说明在拆分后有另一棵红黑树
if (hiHead != null) {
  // 如果条件成立，说明这棵红黑树中的节点总数不大于 6，那么将该红黑树转换为单向链表
  // hc 变量是另一个计数器，记录了在将红黑树拆分后，另一棵新树中的节点总数
  if (hc <= UNTREEIFY_THRESHOLD) {
    tab[index + bit] = hiHead.untreeify(map);
} else {
    // 此处代码省略
  }
}
// (在 3.4.6 节讲解红黑树的扩容操作时，还会详细讲解这种场景)
```

2）当使用 HashMap 集合中的 remove(K)方法进行 K-V 键值对节点的移除操作时。

在这种情况下，在 table 数组中，如果某个索引位上移除的红黑树节点足够多，导致根节点的左儿子节点为 null，或者根节点的右儿子节点为 null，甚至根节点本身为 null，那么

可以将这棵红黑树转换为单向链表，相关源码片段如下。

```
// 此处代码省略
if (root.parent != null) { root = root.root(); }
// 因为有以上判断条件的支持，所以当代码运行到这里时，root 引用一定指向红黑树的根节点
if (root == null || root.right == null || (rl = root.left) == null || rl.left == null) {
  // 使用 untreeify()方法可以将当前 HashMap 集合中当前索引位上的红黑树转换为单向链表
  tab[index] = first.untreeify(map);
  return;
}
// 此处代码省略
```

在上述源码片段中，红黑树足够小的情况如图 3-61 所示。

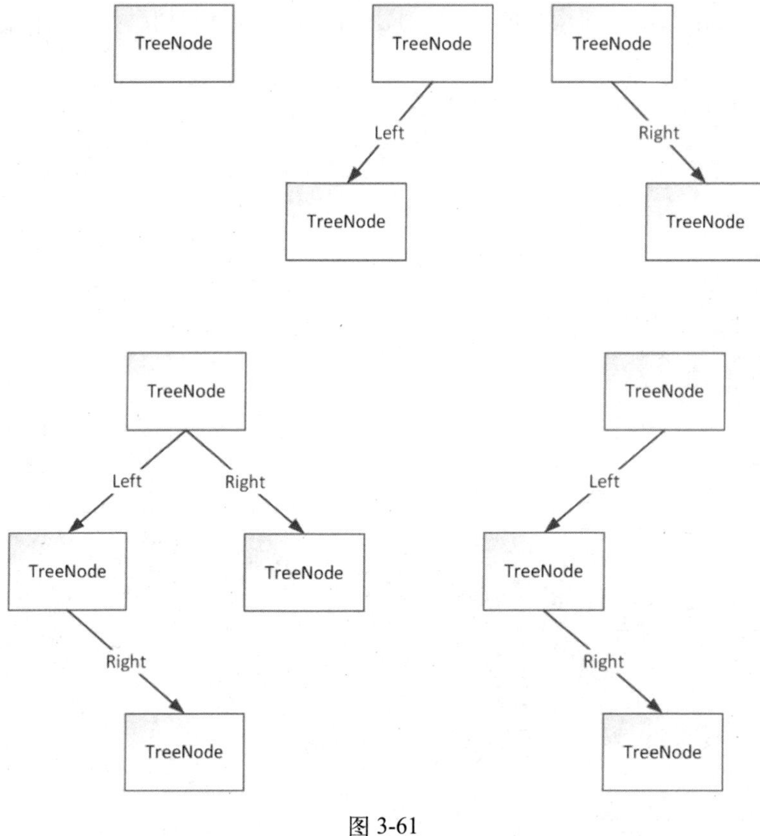

图 3-61

前面分析了将红黑树转换为单向链表的两种情况，其转换过程都由 untreeify (HashMap<K,V>)方法完成，相关源码片段如下。

```
final void removeTreeNode(HashMap<K,V> map, Node<K,V>[] tab, boolean movable) {
  // 此处代码省略
```

```
    if (root == null || root.right == null || (rl = root.left) == null || rl.left ==
null) {
      tab[index] = first.untreeify(map);
      return;
    }
    // 此处代码省略
  }
  // 此处代码省略
  static final class TreeNode<K,V> extends LinkedHashMap.Entry<K,V> {
    // 此处代码省略
    // 使用此方法将红黑树转换为单向链表
    final Node<K,V> untreeify(HashMap<K,V> map) {
      // hd 表示转换后的单向链表的头节点引用
      Node<K,V> hd = null, tl = null;
      // this 代表当前节点，这里 this 对象的初始值是红黑树中的第一个节点
      // 该循环从当前红黑树中的第一个节点开始，按照节点的 next 引用依次进行遍历
      for (Node<K,V> q = this; q != null; q = q.next) {
        // 使用 replacementNode() 方法可以创建一个新的 Node 节点
        // 第一个参数是创建 Node 节点所参考的 TreeNode 节点
        // 第二个参数是新创建的 Node 节点指向的下一个 Node 节点
        Node<K,V> p = map.replacementNode(q, null);
        // 如果条件成立，则说明这是转换后生成的单向链表中的第一个节点
        // 将 hd 引用指向新生成的 p 节点
        if (tl == null) { hd = p;}
        else { tl.next = p; }
        tl = p;
      }
      // 将新的单向链表（的头节点）返回，以便调用者获取这个新的单向链表
      return hd;
    }
    // 此处代码省略
  }
  // 此处代码省略
```

在上述源码中，untreeify(HashMap<K,V>)方法的工作过程如图 3-62 所示。

根据图 3-62 可知，在将红黑树转换为单向链表的过程中，之前隐藏在红黑树中的双向链表结构发挥了重大作用：对红黑树的遍历操作不是依据红黑树结构进行的，而是依据红黑树中隐藏的双向链表结构进行的。然后将这个双向链表结构替换成符合要求的单向链表结构。

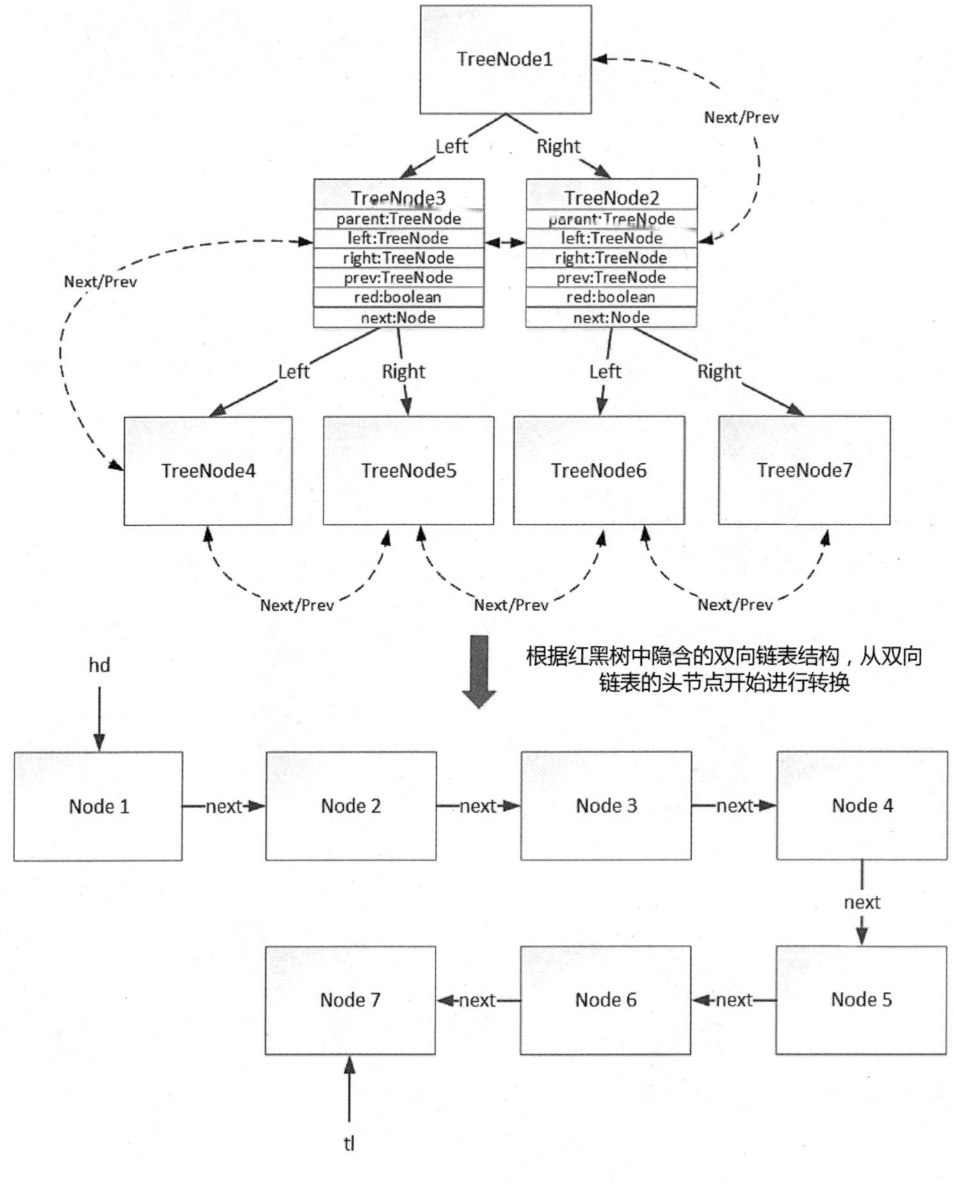

图 3-62

3.4.6 HashMap 集合的扩容操作

1．HashMap 集合的扩容操作场景

HashMap 集合的扩容操作主要是对 HashMap 集合中的 table 数组进行容量扩充操作——

将原有的 table 数组替换成一个容量更大的数组。在前面讲解 HashMap 集合的节点添加操作时已经提到，在以下几种场景中，HashMap 集合会进行扩容操作。

1）当 table 数组为 null 或长度为 0 时，需要进行扩容操作。

实际上这种场景也可以理解为数组的第一次初始化操作。例如，在负责添加新的 K-V 键值对节点的 putVal()方法中存在这种场景，相关源码片段如下。

```
final V putVal(int hash, K key, V value, boolean onlyIfAbsent, boolean evict) {
  // 此处代码省略
  if ((tab = table) == null || (n = tab.length) == 0){
    n = (tab = resize()).length;
    }
  // 此处代码省略
}
```

2）在添加新的 K-V 键值对节点后，当 HashMap 集合中 K-V 键值对节点的数量即将超过扩容门槛值时，需要进行扩容操作。

在 putVal()方法中也存在这种场景，相关源码片段如下。

```
final V putVal(int hash, K key, V value, boolean onlyIfAbsent, boolean evict) {
  // 此处代码省略
  if (++size > threshold)
    resize();
  // 此处代码省略
}
```

threshold 变量的值即扩容门槛值。在上述源码片段中，当 HashMap 集合的大小已经超过扩容门槛值时，进行扩容操作。threshold 变量的值可以使用 tableSizeFor()方法计算得到。

使用 tableSizeFor()方法可以计算出大于当前方法入参值，并且和当前方法入参值最接近的 2 的幂数。扩容门槛值是可以变化的，具体策略可参考下面介绍的详细扩容过程。

2. HashMap 集合的扩容操作过程

HashMap 集合的扩容操作过程可以概括如下。构建一个容量更大的数组，然后将数据对象迁移到新的数组中。但实际上有很多细节需要进行说明，如在迁移数据对象时为什么涉及桶结构的拆分。本书先讲解相关源码，再对相关关键点进行说明。

```
final Node<K,V>[] resize() {
  // 将扩容前的数组引用记为 oldTab 变量
  Node<K,V>[] oldTab = table;
  // 该变量主要用于记录扩容操作前的数组容量
  int oldCap = (oldTab == null) ? 0 : oldTab.length;
  // 该变量主要用于记录扩容操作前的扩容门槛值
  int oldThr = threshold;
  // newCap 表示扩容后新的数组容量值，注意区分数组容量和 HashMap 集合中的数据对象数量
```

```
    // newThr 表示扩容后新得到的扩容门槛值
    int newCap, newThr = 0;
    // ======操作步骤一：根据当前 HashMap 集合的大小，确认新的数组容量值和新的扩容门槛值
    // 如果扩容前的数组容量值大于 0，则执行以下操作
    if (oldCap > 0) {
      // 如果扩容前的数组容量值（数组大小）大于 HashMap 集合设置的最大数组容量值（1 073 741 824）
      // 则设置下一次扩容门槛值为最大数组容量值，并且不再进行真实的扩容操作
      // 在这种情况下，扩容操作会返回原来的数组大小
      if (oldCap >= MAXIMUM_CAPACITY) {
        threshold = Integer.MAX_VALUE;
        return oldTab;
      }
      // 如果以下条件成立，则说明扩容后新的数组容量值小于 HashMap 集合设置的最大数组容量值
      // 并且扩容前的数组容量值大于 DEFAULT_INITIAL_CAPACITY（16），这是扩容操作中最常见的情况
      // 在这种情况下，设置新的数组容量值为原容量值的 2 倍，设置新的扩容门槛值为原扩容门槛值的 2 倍
      else if ((newCap = oldCap << 1) < MAXIMUM_CAPACITY && oldCap >=
DEFAULT_INITIAL_CAPACITY) {
        newThr = oldThr << 1;
      }
    }
    // 如果扩容前的扩容门槛值大于 0（这个判定条件的优先级低于以 oldCap 参数为依据的判定条件的优先级），
    // 这种情况出现在使用类似于 HashMap(int,float) 的构造方法完成实例化后的第一次扩容时，
    // 这时原有的数组容量（oldCap）值为 0，
    // 在使用 tableSizeFor(int) 方法计算后，threshold 的值大于 0，
    // 那么将新的数据容量值设置为原始的扩容门槛值
    else if (oldThr > 0) {
      newCap = oldThr;
    }
    // 如果扩容前数组容量值为 0，并且扩容前的扩容门槛值为 0
    // 这种情况出现在使用 HashMap() 构造方法进行实例化，并且进行第一次扩容操作时
    else {
      // 新的数组容量值默认为 16
      newCap = DEFAULT_INITIAL_CAPACITY;
      // 新的扩容门槛值(下一次扩容的门槛值) = 默认的负载因子(0.75) * 默认的初始化数组容量值(16)
      newThr = (int)(DEFAULT_LOAD_FACTOR * DEFAULT_INITIAL_CAPACITY);
    }
    // 如果新的扩容门槛值为 0，这种情况承接以上源码中“oldThr > 0”的场景
    // 那么新的扩容门槛值 = 新的数组容量值 * 当前的负载因子
    if (newThr == 0) {
      float ft = (float)newCap * loadFactor;
      newThr = (newCap < MAXIMUM_CAPACITY && ft < (float)MAXIMUM_CAPACITY ? (int)ft :
Integer.MAX_VALUE);
    }
```

```
    threshold = newThr;
    //扩容后新的数组容量值一定为 2 的幂数，如 32、64、128......

    // ====操作步骤二：在进行扩容操作后，需要对原数组中各 K-V 键值对节点进行调整，使集合结构恢复平衡
    // 根据新的数组容量值创建一个新的数组
    @SuppressWarnings({"rawtypes","unchecked"})
    Node<K,V>[] newTab = (Node<K,V>[])new Node[newCap];
    table = newTab;
    // HashMap 集合扩容操作的核心，并不在于重新计算扩容后新的数组容量值和新的扩容门槛值，
    // 而在于在扩容成新的数组后，原有数组结构如何恢复平衡，恢复平衡的过程如下：
    // 只有在扩容前数组不为空的情况下，才进行原数组中各 K-V 键值对节点的再平衡处理
    if (oldTab != null) {
      // 依次遍历扩容前数组中的每一个索引位（桶结构），注意在这些索引位上，
      // 可能一个 K-V 键值对节点都没有；
      // 也可能有多个 K-V 键值对节点，并且以单向链表形式存在；
      // 还可能有多个 K-V 键值对节点，并且以红黑树形式存在
      for (int j = 0; j < oldCap; ++j) {
        Node<K,V> e;
        // 如果当前遍历的索引位上没有任何 K-V 键值对节点，则不需要进行再平衡处理
        if ((e = oldTab[j]) != null) {
          // 设置为 null，以便于 GC
          oldTab[j] = null;
          // 如果条件成立，则说明基于当前索引位的桶结构上，只有一个 K-V 键值对节点
          // 这时，通过“e.hash & (newCap - 1)”重新计算这个 K-V 键值对节点在新的数组中的存储位置
          // 注意：因为基于 newCap - 1 的与运算，所以这个计算结果一定不是 newCap - 1
          if (e.next == null) { newTab[e.hash & (newCap - 1)] = e; }
          // 如果条件成立，说明基于当前索引位的桶结构上是一棵红黑树，
          // 那么使用 TreeNode.split()方法进行 K-V 键值对节点的再平衡处理
          // 实际操作是对当前索引位上的红黑树进行拆分
          else if (e instanceof TreeNode) { ((TreeNode<K,V>)e).split(this, newTab, j,
oldCap); }
          // 如果是其他情况，说明基于当前索引位的桶结构上是一个单向链表，
          // 并且链表中的数据对象数一定大于 1，
          // 那么对单向链表中的每个 K-V 键值对节点进行调整
          else {
            // 以下代码的作用，是将原数组当前索引位（当前桶）上的链表随机拆分成两个新的链表
            // 其中一个新的链表作为新的数组相同索引位上的链表
            // 另一个新的链表作为新的数组相同索引值 + oldCap 号索引位上的链表，
            // 以便保证节点的重新分配
            Node<K,V> loHead = null, loTail = null;
            Node<K,V> hiHead = null, hiTail = null;
            Node<K,V> next;
```

```
          do {
            // 将当前 e 节点的 next 引用（当前节点的后置节点引用）赋值给 next 变量
            // 注意：在第一次循环过程中，e.next 一定不为 null，
            // 因为 e.next == null 的情况已在上面的逻辑中判定过
            next = e.next;
            // 这个条件有一定的概率成立，根据条件成立情况，
            // 将原来在 j 号索引位上的单向链表拆分成两个新的链表，
            // 这两个新的链表分别以 loHead、hiHead 为头节点标识，以 loTail、hiTail 为尾节点标识
            if ((e.hash & oldCap) == 0) {
              if (loTail == null) { loHead = e;}
              else { loTail.next = e; }
              loTail = e;
            }
            else {
              if (hiTail == null) { hiHead = e; }
              else{ hiTail.next = e;}
              hiTail = e;
            }
          } while ((e = next) != null);

          // 如果以 loTail 为尾节点标识的新的单向链表确实存在（至少一个节点），
          // 那么将新的单向链表存储到 j 号索引位上
          if (loTail != null) {
            loTail.next = null;
            newTab[j] = loHead;
          }
          // 如果以 hiTail 为尾节点标识的新的单向链表确实存在（至少一个节点），
          // 那么将新的单向链表存储到 j + oldCap 号索引位上
          if (hiTail != null) {
            hiTail.next = null;
            newTab[j + oldCap] = hiHead;
          }
        }
      }
    }
  }
  return newTab;
}
```

根据上述源码注释可知，HashMap 集合的扩容过程分为两步。

第一步，根据当前 HashMap 集合的情况，确认 HashMap 集合新的容量值和新的扩容门槛值。

第二步，在经过计算后，HashMap 集合新的容量值一定大于并等于 16，并且为 2 的幂

数（如 16、32、64、128、256、512……）；场景不同，新的扩容门槛值也会有所不同。

1）进行链表节点或红黑树节点调整的原因。

首先看一下在进行扩容操作后，如果不调整原集合中各个节点（包括可能的红黑树节点或链表节点）的位置，那么会有什么样的效果。一个只进行了数组 2 倍容量扩容操作，但没有进行节点位置调整操作的集合内部结构如图 3-63 所示。

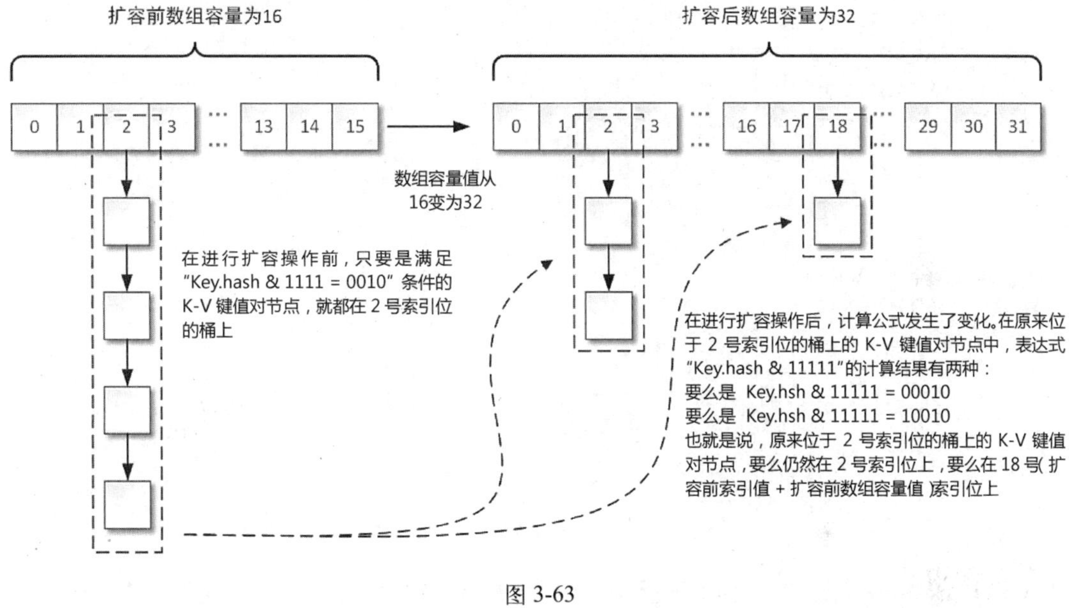

图 3-63

基于计算公式发生的变化，实际上就是“当前容量值减 1”的结果发生的变化。所以在重新确认 K-V 键值对节点索引位时，一部分存储在原索引位上的节点不再能够匹配正确的索引位。这些不再能够匹配正确索引位的 K-V 键值对节点需要在扩容时进行移动——重新移动到另外的索引位上。这样才能保证在扩容后，操作者在使用 get(K)方法获取 K-V 键值对节点时，HashMap 集合能够正确定位到该 K-V 键值对节点的新索引位。

2）链表中各节点的调整效果。

如果扩容前某个索引位上的 K-V 键值对节点是以单向链表结构组织的，则需要通过以下方式将当前链表拆分为两个新的单向链表，如图 3-64 所示。

在原链表中，满足“(e.hash & oldCap) == 0”条件的节点会构成新的单向链表，这个链表中的节点会按照原索引位顺序存储于新的 HashMap 集合的 table 数组中；满足“(e.hash & oldCap) != 0”条件的节点会构成另一个新的单向链表，并且将原索引值+原数组长度的计算结果作为新的索引值存储于新的 HashMap 集合的 table 数组中。

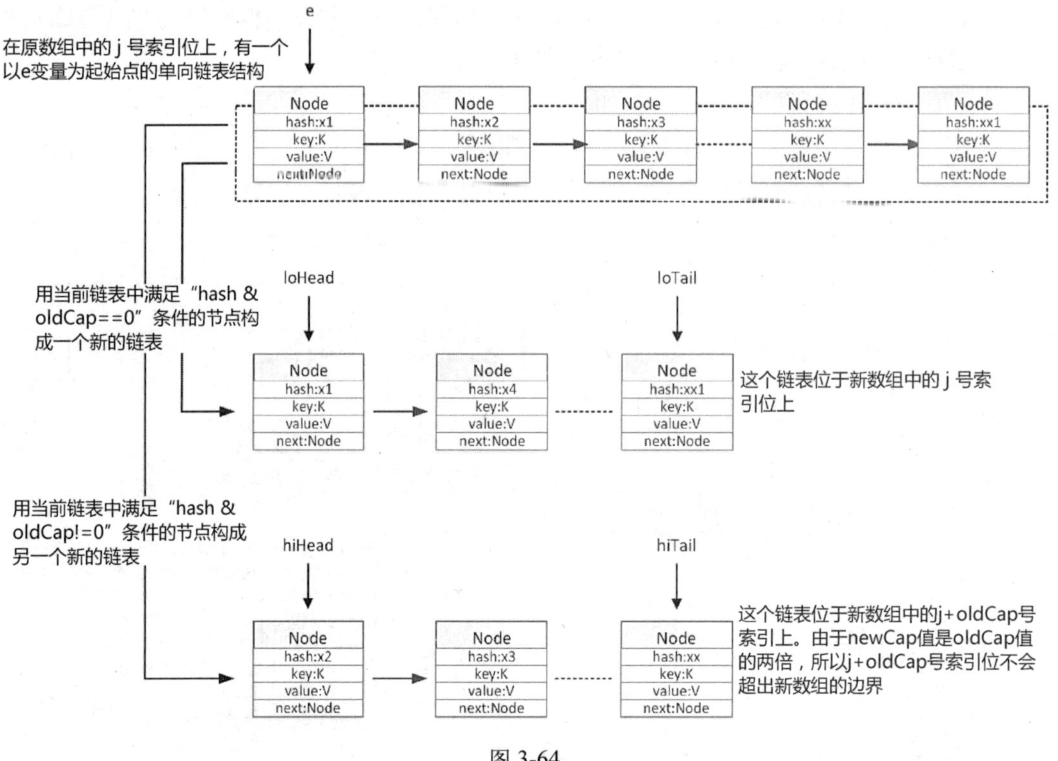

图 3-64

在 **HashMap** 集合中，**table** 数组都是以 **2** 的幂数进行扩容操作的，也就是说，将原容量值左移 **1** 位。在这种情况下，在进行扩容操作后，各个 **K-V** 键值对节点是否仍能在原索引位上，取决于新增的一位在进行与运算时是否为 **0**。而 **oldCap** 的值就是扩容操作后新增的一位。所以满足"(e.hash & oldCap) == 0"条件的节点可以继续在原索引位上存储，不满足该条件的节点则需要进行移动操作。

3）红黑树中各节点的调整过程。

如果扩容前某个索引位上的 K-V 键值对节点是以红黑树结构组织的，则需要根据以上原理，将这棵红黑树拆分成两棵新的红黑树（如果红黑树中的节点数量不大于 6，那么会将红黑树结构转换为链表结构）。一棵红黑树（或链表）留在原索引位上，另一棵红黑树（或链表）放到原索引值+原数组容量值的计算结果对应的新索引位上。相关源码如下。

```
// 该方法负责完成红黑树结构的拆分工作，注意点如下：
// 如果拆分后的红黑树节点数不大于 6，那么将红黑树结构转换为链表结构
// 这里传入的 bit 值就是扩容前 HashMap 集合的 table 数组的原始容量值
final void split(HashMap<K,V> map, Node<K,V>[] tab, int index, int bit) {
  TreeNode<K,V> b = this;
  TreeNode<K,V> loHead = null, loTail = null;
  TreeNode<K,V> hiHead = null, hiTail = null;
```

```
int lc = 0, hc = 0;
// 根据以上代码可知，循环遍历是从当前红黑树的根节点开始的，
// 并且按照红黑树中隐含的双向链表依次进行
for (TreeNode<K,V> e = b, next; e != null; e = next) {
  // 一定要割断当前正在处理的节点在链表中的 next 引用，
  // 因为要根据 e.hash & bit 的计算情况，构造两个新的链表
  next = (TreeNode<K,V>)e.next;
  e.next = null;
  // 如果条件成立，则说明在进行扩容操作后，
  // 这个 K-V 键值对节点的 Hash 值计算结果还会落在原来的索引位上，
  // 在这种情况下，无须移动当前 K-V 键值对节点
  if ((e.hash & bit) == 0) {
    // 通过以下的代码片段，可以将这些无须移动的 K-V 键值对节点组成一个新的链表
    if ((e.prev = loTail) == null) {loHead = e;}
    else { loTail.next = e;}
    loTail = e;
    ++lc;
  }
  // 如果条件“(e.hash & bit) == 0”不成立，
  // 则说明在进行扩容操作后，这个 K-V 键值对节点的 Hash 值计算结果不会落在原来的索引位上，
  // 而会落在当前索引值 + bit 号索引位上
  else {
    if ((e.prev = hiTail) == null) { hiHead = e;}
    else { hiTail.next = e;}
    hiTail = e;
    ++hc;
  }
}

// 执行到这里，即可开始下一步：将两个新的链表树化或取消树化
// 这里的代码前面讲解过，此处不再赘述
if (loHead != null) {
  if (lc <= UNTREEIFY_THRESHOLD) { tab[index] = loHead.untreeify(map);}
  else {
    tab[index] = loHead;
    if (hiHead != null) { loHead.treeify(tab);}
  }
}
if (hiHead != null) {
  if (hc <= UNTREEIFY_THRESHOLD) { tab[index + bit] = hiHead.untreeify(map); }
  else {
    tab[index + bit] = hiHead;
    if (loHead != null) { hiHead.treeify(tab); }
```

```
            }
        }
    }
```

红黑树中隐含的双向链表结构非常重要，在将红黑树结构转换为链表结构的过程中，需要使用这个隐含的双向链表进行遍历；在红黑树结构的拆分过程中，也需要使用这个隐含的双向链表进行遍历。上述源码描述的过程如图 3-65 所示。

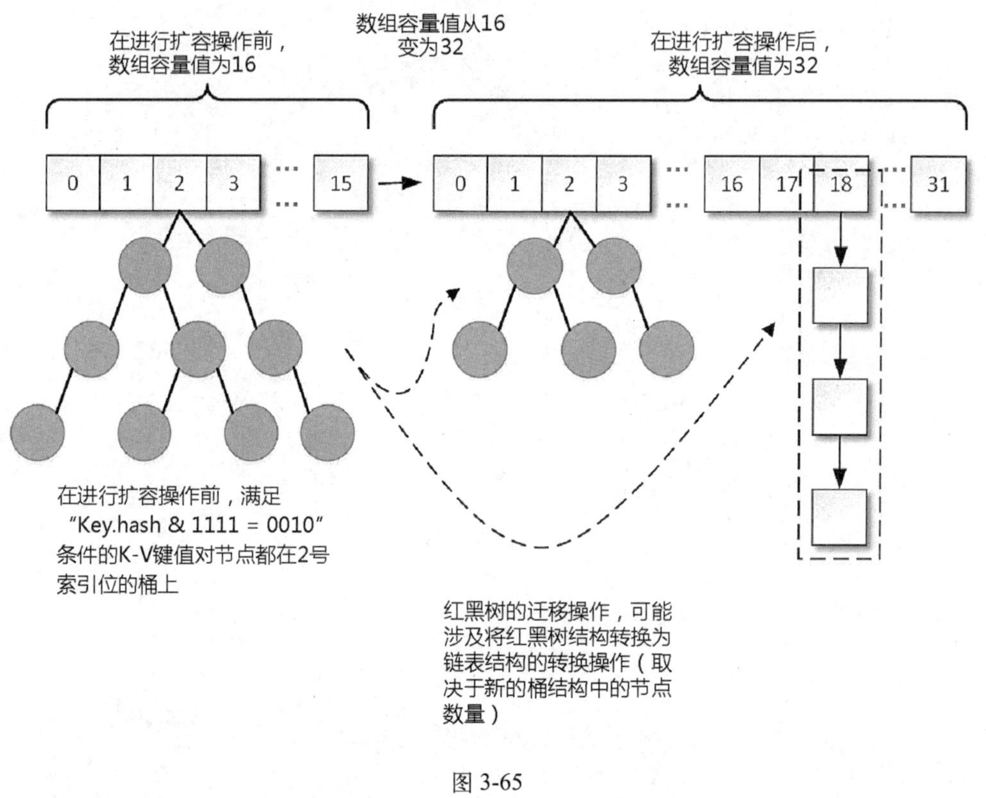

图 3-65

3.5 Map 集合实现——LinkedHashMap

LinkedHashMap 集合是 JCF 中从 JDK 1.4 就开始提供的一种集合，可以这样理解该集合：LinkedHashMap = HashMap + LinkedList。LinkedHashMap 集合的主要继承体系如图 3-66 所示。

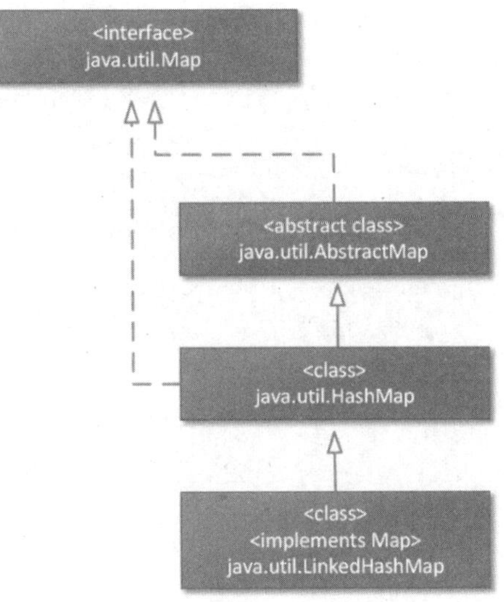

图 3-66

LinkedHashMap 集合继承自 HashMap 集合，也就是说，前者和后者的基本结构一致。在 HashMap 集合的基础上，LinkedHashMap 集合提供了一个新的特性，用于保证整个集合内部各个节点可以以某种顺序进行遍历（迭代器支持）。

- 可以根据节点添加到集合中的时间确认这个顺序（insertion-order）：在使用 LinkedHashMap 集合的迭代器进行遍历时，先添加到集合中的 K-V 键值对节点先被遍历。这个遍历顺序和 K-V 键值对节点属于哪一个桶结构，以及该桶结构是按照单向链表排列的，还是按照红黑树排列的都没有关系。
- 可以根据节点在集合中最后一次被操作（读操作或写操作）的时间确认这个顺序（access-order）：在 LinkedHashMap 集合中指定的 K-V 键值对节点被进行了操作（修改操作或读取操作）后，它会被重新排列到遍历结果的末尾。

采用哪种遍历顺序，取决于 LinkedHashMap 集合实例化时设置的参数，示例代码如下。

```
//此处代码省略
// LinkedHashMap 集合默认使用 K-V 键值对节点的添加顺序（access-order）作为遍历顺序
LinkedHashMap<String, String> accessOrderMap = new LinkedHashMap<>();
accessOrderMap.put("key1", "value1");
accessOrderMap.put("key2", "value2");
accessOrderMap.put("key3", "value3");
// 省略了一些添加代码
accessOrderMap.put("key7", "value7");
accessOrderMap.put("key8", "value8");
Set<Entry<String, String>> accessOrderSets = accessOrderMap.entrySet();
System.out.println("//accessOrderSets===================第一次遍历顺序");
for (Entry<String, String> entry : accessOrderSets) {
```

```
    System.out.println("current entry : " + entry);
  }
  // 当对某一个 K-V 键值对节点进行修改时，不会引起遍历顺序的变化
  accessOrderMap.put("key4", "value44");
  // 这次遍历顺序与上次遍历顺序一致
  System.out.println("//accessOrderSets====================第二次遍历顺序");
  for (Entry<String, String> entry : accessOrderSets) {
    System.out.println("current entry : " + entry);
  }

  // 如果使用以下实例化方式，
  // 那么 LinkedHashMap 集合会使用 K-V 键值对节点的操作顺序（insertion-order）作为遍历顺序
  LinkedHashMap<String, String> insertionOrderMap = new LinkedHashMap<>(16, 0.75f,
true);
  insertionOrderMap.put("key1", "value1");
  insertionOrderMap.put("key2", "value2");
  // 省略了一些添加代码
  insertionOrderMap.put("key6", "value6");
  insertionOrderMap.put("key7", "value7");
  insertionOrderMap.put("key8", "value8");
  Set<Entry<String, String>> insertionOrderSets = insertionOrderMap.entrySet();
  System.out.println("//insertionOrderSets====================第一次遍历顺序");
  for (Entry<String, String> entry : insertionOrderSets) {
    System.out.println("current entry : " + entry);
  }
  // 当对某一个 K-V 键值对节点进行修改时，会引起遍历顺序的变化
  insertionOrderMap.put("key4", "value44");
  // 当对某一个 K-V 键值对节点进行读取操作时，同样会引起遍历顺序的变化
  insertionOrderMap.get("key7");
  // 这次遍历顺序与上次遍历顺序不一致
  System.out.println("//insertionOrderSets====================第二次遍历顺序");
  for (Entry<String, String> entry : insertionOrderSets) {
    System.out.println("current entry : " + entry);
  }
  //此处代码省略
```

本书篇幅有限，不再展示上述源码的执行效果，读者可以自行编码验证。

3.5.1 LinkedHashMap 集合的节点结构

在 LinkedHashMap 集合中，使用 LinkedHashMap.Entry 类构造节点，其继承体系如图 3-67 所示。

根据图 3-67 可知，LinkedHashMap.Entry 类继承自 HashMap.Node 类，结合 LinkedHashMap.Entry 类的源码中的各属性，即可知道 LinkedHashMap 集合中的节点具有哪些属性。节点

的定义源码如下。

```
// HashMap.Node 节点的属性定义，前面已经介绍过了，这里不再赘述
static class Node<K,V> implements Map.Entry<K,V> {
  final int hash;
  final K key;
  V value;
  // next 属性，用于提高 HashMap 集合将红黑树转换为链表的效率
  Node<K,V> next;
}
// 此处代码省略
// TreeNode 节点的属性在上面也已经介绍过
// 当 HashMap 集合中某个桶结构为红黑树结构时，使用这样的节点定义
static final class TreeNode<K,V> extends
LinkedHashMap.Entry<K,V> {
  // 记录当前红黑树节点的父节点
  TreeNode<K,V> parent;
  // 记录当前红黑树节点的左儿子节点
  TreeNode<K,V> left;
  // 记录当前红黑树节点的右儿子节点
  TreeNode<K,V> right;
  // 这是红黑树结构中隐含的双向链表结构
  // 在将单向链表结构转换为红黑树结构后，该属性用于记录各子节点的前置节点
  TreeNode<K,V> prev;
  // 该属性用于表示当前节点是红色的还是黑色的
  boolean red;
}
// 此处代码省略
static class Entry<K,V> extends HashMap.Node<K,V> {
  // LinkedHashMap 集合中的节点可以互相连接，形成一个双向链表
  // 该属性用于记录当前 LinkedHashMap 集合中，双向链表中的前置节点
  Entry<K,V> before;
  // 该属性用于记录当前 LinkedHashMap 集合中，双向链表中的后置节点
  Entry<K,V> after;
}
```

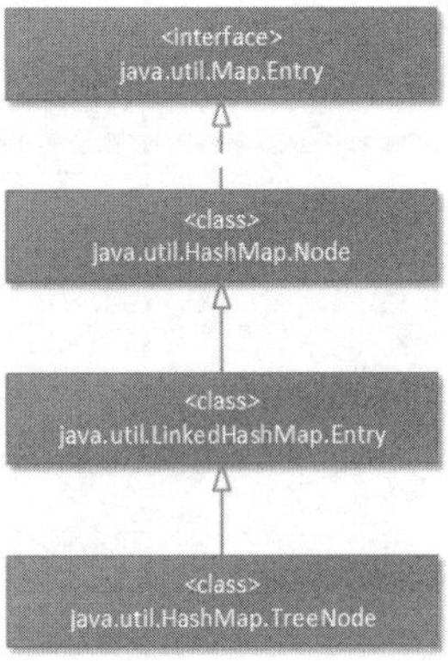

图 3-67

LinkedHashMap 集合中的节点拥有的各个属性，主要分为两种情况。

- 如果当前 LinkedHashMap 集合中指定位置（table 数组中的某个索引位）的桶中存储的是单向链表，那么对应的节点结构如图 3-68 所示。
- 如果 LinkedHashMap 集合中指定位置（table 数组中的某个索引位）的桶中存储的是红黑树，那么对应的节点结构如图 3-69 所示。

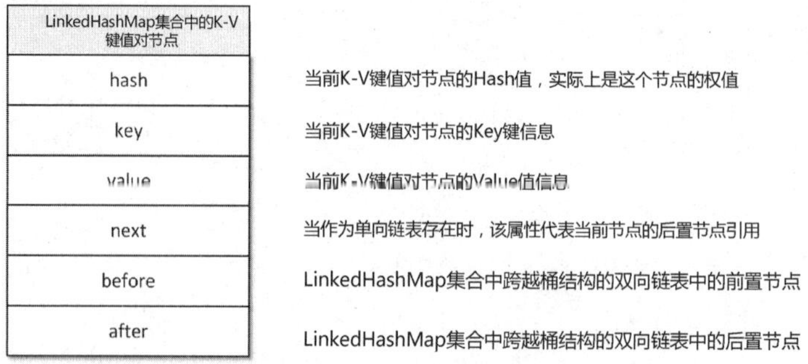

LinkedHashMap集合中的K-V键值对节点	
hash	当前K-V键值对节点的Hash值，实际上是这个节点的权值
key	当前K-V键值对节点的Key键信息
value	当前K-V键值对节点的Value值信息
next	当作为单向链表存在时，该属性代表当前节点的后置节点引用
before	LinkedHashMap集合中跨越桶结构的双向链表中的前置节点
after	LinkedHashMap集合中跨越桶结构的双向链表中的后置节点

图 3-68

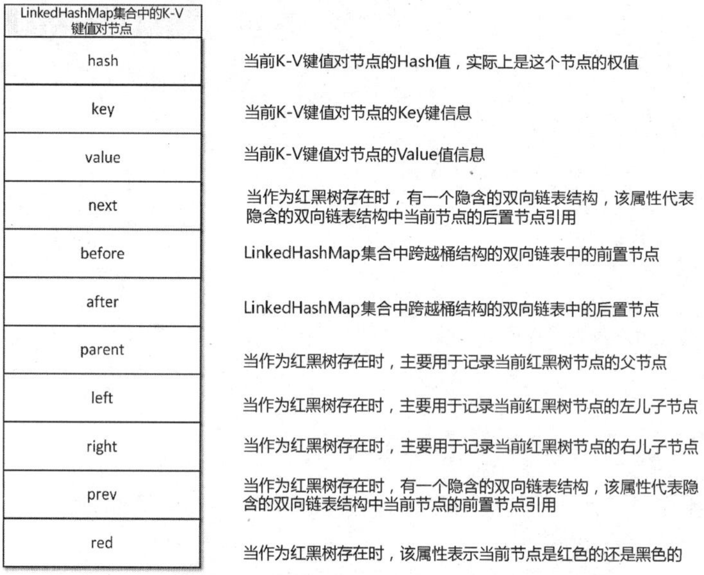

LinkedHashMap集合中的K-V键值对节点	
hash	当前K-V键值对节点的Hash值，实际上是这个节点的权值
key	当前K-V键值对节点的Key键信息
value	当前K-V键值对节点的Value值信息
next	当作为红黑树存在时，有一个隐含的双向链表结构，该属性代表隐含的双向链表结构中当前节点的后置节点引用
before	LinkedHashMap集合中跨越桶结构的双向链表中的前置节点
after	LinkedHashMap集合中跨越桶结构的双向链表中的后置节点
parent	当作为红黑树存在时，主要用于记录当前红黑树节点的父节点
left	当作为红黑树存在时，主要用于记录当前红黑树节点的左儿子节点
right	当作为红黑树存在时，主要用于记录当前红黑树节点的右儿子节点
prev	当作为红黑树存在时，有一个隐含的双向链表结构，该属性代表隐含的双向链表结构中当前节点的前置节点引用
red	当作为红黑树存在时，该属性表示当前节点是红色的还是黑色的

图 3-69

3.5.2 LinkedHashMap 集合的主要结构

在分析完 LinkedHashMap 集合中每个 K-V 键值对节点的结构后，我们再来看看在 LinkedHashMap 集合整体结构层面上做了哪些扩展。LinkedHashMap 集合扩展属性的源码片段如下。

```
// LinkedHashMap 集合的基本属性定义
public class LinkedHashMap<K,V> extends HashMap<K,V> implements Map<K,V> {
  // 此处代码省略
  // 双向链表的头节点引用
  transient LinkedHashMap.Entry<K,V> head;
  // 双向链表的尾节点引用，根据前面提到的 LinkedHashMap 集合中的构造设置，
```

```
    // 这里的尾节点可能是最后添加到 LinkedHashMap 集合中的节点，
    // 也可能是 LinkedHashMap 集合中最近被访问的节点
    transient LinkedHashMap.Entry<K,V> tail;
    // 该属性表示 LinkedHashMap 集合中特有的双向链表中节点的排序特点
    // 如果为 false（默认为 false），那么按照节点被添加到 LinkedHashMap 集合中的顺序进行排序；
    // 如果为 true，那么按照节点最近被操作（修改操作或读取操作）的顺序进行排序
    final boolean accessOrder;
    // 此处代码省略
}
```

由于 LinkedHashMap 集合继承自 HashMap 集合，因此 LinkedHashMap 集合中具有 HashMap 集合中的属性，如用于存储桶结构的数组变量 table。LinkedHashMap 集合的节点存储示意图如图 3-70 所示。

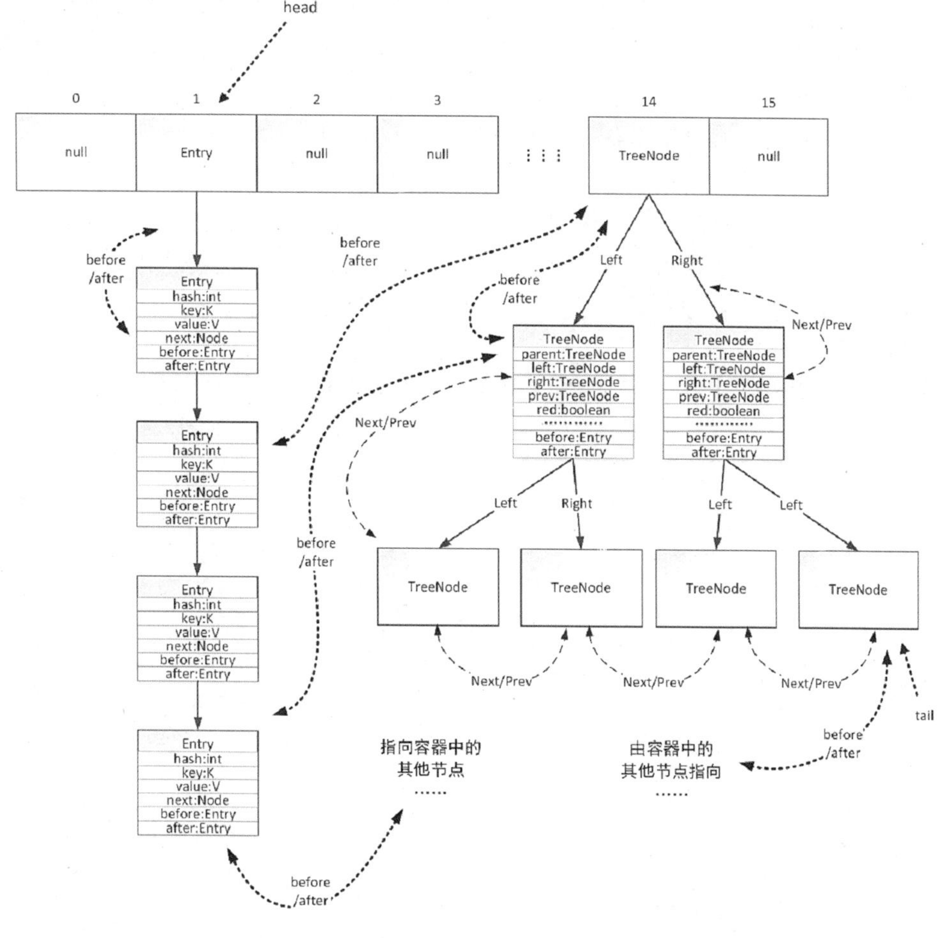

图 3-70

根据 LinkedHashMap 集合中每个节点的 before、after 属性形成的双向链表，串联 LinkedHashMap 集合中的所有节点；**这些节点在双向链表中的顺序和这些节点处于哪一个桶结构中，桶结构本身是单向链表结构还是红黑树结构并没有关系，有关系的只是这个节点代表的 K-V 键值对节点在时间维度上被添加到 LinkedHashMap 集合中的顺序。**

LinkedHashMap 集合中的 head 属性和 tail 属性可以保证被串联的节点可以跨越不同的桶结构。需要注意的是，根据 LinkedHashMap 集合的初始化设置，head 属性和 tail 属性指向的节点可能会发生变化。

3.5.3 LinkedHashMap 集合的迭代器

由于 LinkedHashMap 集合继承自 HashMap 集合，其内部结构是在 HashMap 集合的内部结构基础上进行扩充的，用于满足顺序遍历的要求，因此不再对 LinkedHashMap 集合中的节点添加、节点修改等操作进行详细介绍，本节主要针对 LinkedHashMap 集合中的一些方法进行扩展性说明。

在 LinkedHashMap 集合的源码中定义了多种迭代器，用于满足 LinkedHashMap 集合在不同场景中的调用要求。

可以按照 LinkedHashMap 集合中 K-V 键值对节点的 Key 键信息进行迭代器遍历，也可以按照 LinkedHashMap 集合中 K-V 键值对节点的 Value 值信息进行迭代器遍历，还可以按照 LinkedHashMap 集合中的 K-V 键值对节点进行迭代器遍历。

1. 获取 LinkedHashMap 集合中 K-V 键值对节点的 Key 键信息集合并获取迭代器

```
// 此处代码省略
// 该方法用于获取 Key 键信息集合
public Set<K> keySet() {
  // keySet 变量是由 AbstractMap 抽象类定义的全局变量，
  // 主要用于指向当前已经实例化的 Key 键信息集合
  Set<K> ks = keySet;
  // 如果当前 keySet 为空，则生成一个 LinkedKeySet 类的对象
  if (ks == null) {
    ks = new LinkedKeySet();
    keySet = ks;
  }
  return ks;
}
// 以下是 LinkedKeySet 类的主要定义
final class LinkedKeySet extends AbstractSet<K> {
  // Key 键信息集合的大小
  public final int size() { return size; }
```

```
  // 此处代码省略
  // 获取一个 LinkedKeyIterator 迭代器
  public final Iterator<K> iterator() { return new LinkedKeyIterator(); }
  // 此处代码省略
  // 使用该方法，可以调用当前的 Key 键信息，从而删除当前集合中对应的 K-V 键值对节点
  // 这个方法实际上调用的是 HashMap 集合的父类中的 removeNode()方法
  public final boolean remove(Object key) {
    return removeNode(hash(key), key, null, false, true) != null;
  }
  // 此处代码省略
  public final void forEach(Consumer<? super K> action) {
    if (action == null) { throw new NullPointerException(); }
    int mc = modCount;
    for (LinkedHashMap.Entry<K,V> e = head; e != null; e = e.after) {
      action.accept(e.key);
    }
    if (modCount != mc) { throw new ConcurrentModificationException(); }
  }
}
// 这个迭代器是基于 LinkedHashMap 集合中的 K-V 键值对节点的 Key 键信息集合工作的迭代器
final class LinkedKeyIterator extends LinkedHashIterator implements Iterator<K> {
  public final K next() { return nextNode().getKey(); }
}
```

由此可知，LinkedHashMap 集合中主要的迭代器实现逻辑存储于 LinkedHashIterator 类中。LinkedHashIterator 类本身并没有实现 Iterator 接口，但是它将 LinkedHashMap 集合中多种迭代器的共性放在了一起，以便保持源码整洁。该类的定义源码如下。

```
abstract class LinkedHashIterator {
  // 该变量指向当前迭代器正在处理的节点的后置节点
  LinkedHashMap.Entry<K,V> next;
  // 该变量指向当前迭代器正在处理的节点
  LinkedHashMap.Entry<K,V> current;
  int expectedModCount;
  // 注意 LinkedHashIterator 类的构造方法
  LinkedHashIterator() {
    // 全局变量 head，来自当前 LinkedHashMap 集合的对象，
    // 表示 LinkedHashMap 集合中存在的全局双向链表的开始节点
    next = head;
    // 全局变量 modCount，来自当前 LinkedHashMap 集合的对象，
    // 表示当前 LinkedHashMap 集合被进行写操作的次数
    expectedModCount = modCount;
    current = null;
  }
  // 如果 next 变量不为空，则认为有需要迭代器处理的后置节点
```

```
    public final boolean hasNext() { return next != null; }
    // 该方法主要用于获取迭代器要处理的后置节点
    final LinkedHashMap.Entry<K,V> nextNode() {
      //局部变量e，就是要返回的结果
      LinkedHashMap.Entry<K,V> e = next;
      // 如果条件成立，则说明当前LinkedHashMap集合的对象在遍历过程中被额外进行了写操作处理
      // 这个写操作可能是当前线程执行的，也可能是其他线程执行的
      // 这是不被允许的（除非写操作同时修改了expectedModCount的记录值），
      // 因为很可能会修改节点应有的迭代顺序
      if (modCount != expectedModCount) { throw new ConcurrentModificationException(); }
      // 如果当前迭代器中没有可以遍历处理的节点，则会抛出异常
      if (e == null) { throw new NoSuchElementException(); }
      current = e;
      // 将当前节点中after属性引用的节点作为要处理的后置节点，并且将next属性指向该节点
      next = e.after;
      return e;
    }
    // 此处代码省略
  }
```

根据上述介绍，我们可以得到 LinkedHashMap 集合中三种迭代器获取场景的类图结构，如图 3-71 所示。

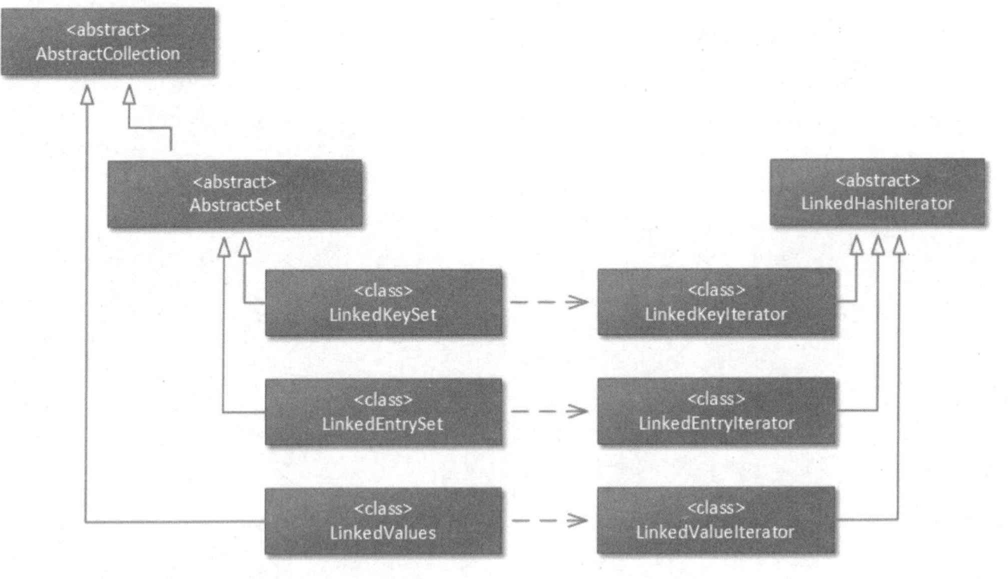

图 3-71

在图 3-71 中，无论是根据 LinkedHashMap 集合中 K-V 键值对节点的 Key 键信息获取迭代器，还是根据 LinkedHashMap 集合中 K-V 键值对节点的 Value 值信息获取迭代器，还

是根据 LinkedHashMap 集合中的 K-V 键值对节点获取迭代器，它们的获取方式都可以得到一个特定类型的 Set 集合（或其他集合），并且这个 Set 集合（或其他集合）都依赖于一种特定工作模式的 Iterator 迭代器定义方式。**多种特定工作模式的 Iterator 迭代器的基本工作原理类似，差异只在于其 next()方法的实现细节。**

2．获取 LinkedHashMap 集合中 K-V 键值对节点的 Value 值信息集合并获取迭代器

```
public Collection<V> values() {
  Collection<V> vs = values;
  // 如果条件成立，则实例化一个 LinkedValues 类的对象
  // 和 keys()方法中实例化 LinkedKeySet 类的对象的场景类似
  if (vs == null) {
    vs = new LinkedValues();
    values = vs;
  }
  return vs;
}
// 以下是 LinkedValues 类的定义，其基本逻辑与 LinkedKeySet 类的基本逻辑类似，
// 不同的是它继承了 AbstractCollection 类
final class LinkedValues extends AbstractCollection<V> {
  public final int size() { return size; }
  public final void clear() { LinkedHashMap.this.clear(); }
  // LinkedValues 类中获取的迭代器是 LinkedValueIterator 类的对象
  public final Iterator<V> iterator() { return new LinkedValueIterator(); }
  // 此处代码省略
  public final void forEach(Consumer<? super V> action) {
    // 此处代码省略
  }
}
// 以下是 LinkedValueIterator 类的定义，和 LinkedKeyIterator 类的定义不同的是，
// 前者的 next()方法中返回的是迭代器当前遍历节点的 Value 值信息
final class LinkedValueIterator extends LinkedHashIterator implements Iterator<V> {
  public final V next() { return nextNode().value; }
}
```

3．基于 LinkedHashMap 集合中的 K-V 键值对节点获取迭代器

```
public Set<Map.Entry<K,V>> entrySet() {
  Set<Map.Entry<K,V>> es;
  return (es = entrySet) == null ? (entrySet = new LinkedEntrySet()) : es;
}
final class LinkedEntrySet extends AbstractSet<Map.Entry<K,V>> {
  public final int size() { return size; }
```

```
    public final void clear() { LinkedHashMap.this.clear(); }
    public final Iterator<Map.Entry<K,V>> iterator() {
      // 这里创建了 LinkedEntryIterator 类的对象
      return new LinkedEntryIterator();
    }
    // 此处代码省略
    public final void forEach(Consumer<? super Map.Entry<K,V>> action) {
      // 此处代码省略
    }
  }
  // 以下是 LinkedValueIterator 类的定义
  final class LinkedEntryIterator extends LinkedHashIterator implements
Iterator<Map.Entry<K,V>> {
    public final Map.Entry<K,V> next() { return nextNode(); }
  }
```

第 4 章

JCF 的 Set 集合

Set 集合中不存在值相同的节点，相信各位读者都知道如何判断两个对象是否相同：将这两个对象分别记为 e1 和 e2，如果"e1.equals(e2)"的结果为 true，或者 e1 对象和 e2 对象的内存地址相同（e1 == e2），就认为这两个对象相同。

这个标准也是 Map 集合中判定两个 Key 键对象是否相同的标准。这实际上可以解释为什么 JCF 中的多个原生 Set 集合，其内部结构都依赖于对应的 Map 集合的内部结构。

本书在介绍 Set 集合前，先介绍了 JCF 中的多个原生 Map 集合，也主要是这个原因。例如，本书后面要介绍的 HashSet 集合，其内部主要依赖于 HashMap 集合的内部结构；后面要介绍的 TreeSet 集合，其内部结构主要依赖于 HashMap 集合的内部结构，如图 4-1 所示。

为了方便读者阅读，这里再次给出 HashMap 集合中判定 Key 键对象是否一致的源码片段：

```
// 此处代码省略
// 如果两个 Key 键对象的内存地址相同，或者两个 Key 键对象的 equals() 方法返回 true,
// 就认为两个 Key 键对象相同
if (p.hash == hash &&((k = p.key) == key || (key != null && key.equals(k))))
// 此处代码省略
```

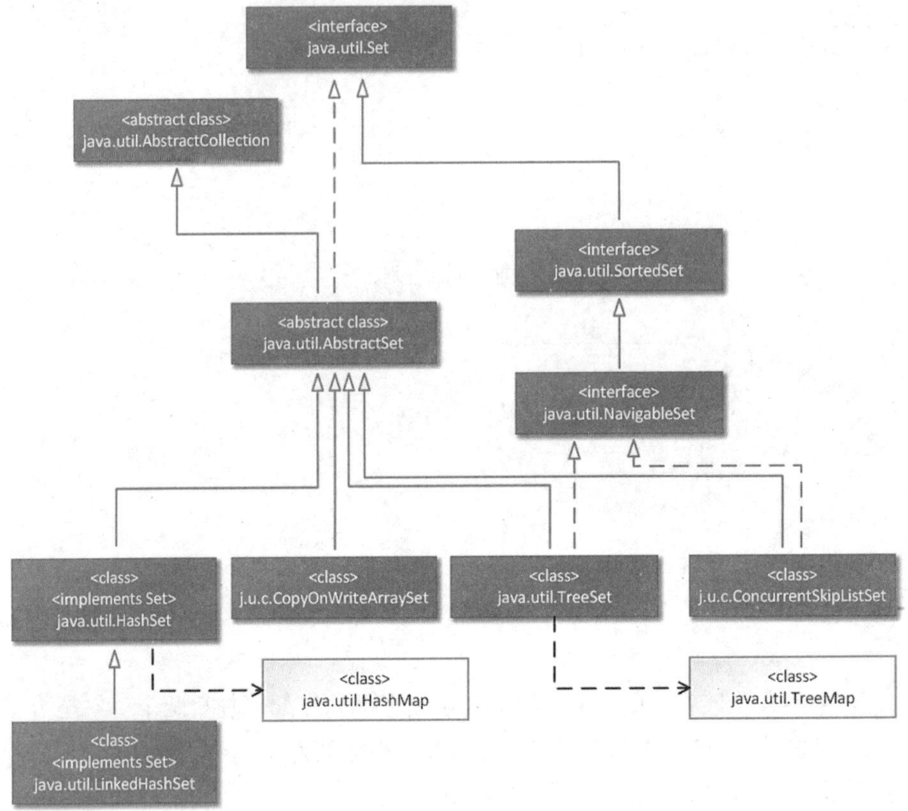

图 4-1

4.1 Set 集合概述

因为 JCF 中各种原生 Set 集合的内部结构都依赖于对应的 Map 集合进行实现，而 JCF 中重要的原生 Map 集合已在第 3 章中进行了详细介绍，所以本章内容相对精简，实际上是在 Map 集合的工作原理之上做一些知识点补充。在介绍具体的 Set 集合前，需要介绍一下 Set 集合中几个重要的接口和抽象类：java.util.SortedSet 接口、java.util.NavigableSet 接口和 java.util.AbstractSet 抽象类。

4.1.1 java.util.SortedSet 接口

在一般情况下，Set 集合中的数据对象是无序的。例如，在 HashSet 集合中，可以使用

add()方法添加多个数据对象，这些数据对象在 HashSet 集合中的位置顺序会受添加顺序的影响，示例代码如下。

```
// 此处代码省略
// 创建一个 HashSet 集合，并且添加字符串对象
HashSet<String> set = new HashSet<>();
set.add("a");
set.add("b");
set.add("c");
set.add("1");
set.add("2");
set.add("3");
Iterator<String> itr = set.iterator();
while(itr.hasNext()) {
  String item = itr.next();
  System.out.println(String.format("item = %s" , item));
}
// 以下代码改变了数据对象的添加顺序，使 HashSet 集合中数据对象的存储顺序也发生了改变
System.out.println("//======================");
set = new HashSet<>();
set.add("1");
set.add("2");
set.add("3");
set.add("a");
set.add("b");
set.add("c");
itr = set.iterator();
while(itr.hasNext()) {
  String item = itr.next();
  System.out.println(String.format("item = %s" , item));
}
（输出结果从略）
```

出现这样的情况，是由 HashSet 集合的内部结构决定的——HashSet 集合的内部结构和 HashMap 集合的内部结构相同。如果某个具体的 Set 集合实现了 java.util.SortedSet 接口，就表示该集合中的数据对象会按照某种比较方法进行全局性的有序排列。**实现了 java.util.SortedSet 接口的集合都提供了以下两种比较方法。**

- 使用一个实现了 Comparable 接口的类的对象进行比较。这个对象来源于集合中 K-V 键值对节点的 Key 键信息。
- 通过在集合实例化时设置的 Comparator 比较器进行比较。如果要采用这种方法，那么 Set 集合需要实现 java.util.SortedSet 接口。

如果以上两种比较方法都不可用，那么在调用相关方法或对象时，会抛出ClassCastException 异常。在 java.util. SortedSet 接口中的主要方法源码如下。

```
public interface SortedSet<E> extends Set<E> {
  // 该方法会返回一个比较器，这个比较器用于在集合的各个操作中进行数据对象的比较
  // 返回的比较器允许为 null，如果为 null，则表示该 Set 集合在进行对象比较时，
  // 会采用数据对象自身实现的 java.lang.Comparable 接口
  // 如果以上两种情况都不成立，则会抛出 ClassCastException 异常
  Comparator<? super E> comparator();
  // 该方法会返回一个有序的子集
  // 这个有序的子集中包括从 from 数据对象开始（包含）到 to 数据对象结束（不包含）的所有数据对象
  // 注意：如果 from 数据对象和 to 数据对象相同，那么该方法会返回一个空集合
  // 此外，from 数据对象或 to 数据对象不一定存储于集合中，
  // 因为取子集的比较操作主要参照数据对象的值进行
  // 注意：返回的子集中的数据对象是原集合中各数据对象的引用，
  // 所以对子集进行的操作，都会反映到原集合中
  // 不能进行写操作，否则会抛出 IllegalArgumentException 异常
  SortedSet<E> subSet(E from, E to);
  // 返回有序集合中数据对象值小于 to 数据对象值的子集
  // 该方法的注意事项和 subSet()方法的注意事项类似
  SortedSet<E> headSet(E to);
  // 返回有序集合中数据对象值大于或等于 from 数据对象值的子集
  // 该方法的注意事项和 subSet()方法的注意事项类似
  SortedSet<E> tailSet(E from);
  // 返回当前有序集合中，值最小的数据对象
  // 如果当前集合中没有任何数据对象，则抛出 NoSuchElementException 异常
  E first();
  // 返回当前有序集合中值最大的数据对象
  // 如果当前集合中没有任何数据对象，则抛出 NoSuchElementException 异常
  E last();
}
```

注意 java.util.Comparator 接口和 java.lang.Comparable 接口的区别，具体如下。

- java.util.Comparator：该接口可以解释为比较器，实现该接口的类类似于一个工具，可以对两个传入的对象进行比较。所以 Comparator 接口中需要被实现的 compare(T o1, T o2)方法有两个入参，分别表示要进行比较的对象 o1 和对象 o2。本书所说的比较器，通常是指实现了 java.util.Comparator 接口的类，这些类的对象本身不具有排序功能，它们像工具一样，主要用于帮助其他类的对象完成排序工作。

- java.lang.Comparable：该接口可以解释为类的对象本身是可比较的，也就是说，实现该接口的类的对象本身是具有排序功能的，所以 Comparable 接口中需要被实现的 compareTo(T o)方法只有一个入参，表示与本对象进行比较的目标对象。本书所说的一个类的对象能进行比较，通常是指该类实现了 java.lang.Comparable 接口。

4.1.2　java.util.NavigableSet 接口

java.util.NavigableSet 接口是 java.util.SortedSet 接口的子级接口，可以将其理解成支持基于参照对象进行引导操作的 Set 集合。也就是说，在满足集合中对象有序组织的前提下，可以参照指定的数据对象进行集合中各数据对象的读/写操作。例如，可以参照集合中已有的数据对象 X，查询集合中所有值小于或等于该数据对象 X 权值的数据对象。

保证基于参照数据对象进行引导操作的前提是集合中的数据对象按照一定的顺序排列，这也就解释了为什么 java.util.NavigableSet 接口是 java.util.SortedSet 接口的一个子级接口。java.util.NavigableSet 接口中的主要方法源码如下。

```
public interface NavigableSet<E> extends SortedSet<E> {
  // 返回有序集合中值小于指定数据对象的值，并且值最大的数据对象
  // 如果没有任何数据对象符合要求，则返回 null
  E lower(E e);
  // 返回有序集合中值小于或等于指定数据对象的值，并且值最大的数据对象
  // 如果没有任何数据对象符合要求，则返回 null
  // lower()方法和 floor()方法最大的区别就是是否包括对值相等的判定
  E floor(E e);
  // 返回有序集合中值大于指定数据对象的值，并且值最小的数据对象
  // 如果没有任何数据对象符合要求，则返回 null
  E higher(E e);
  // 返回有序集合中值大于或等于指定数据对象的值，并且值最小的数据对象
  // 如果没有任何数据对象符合要求，则返回 null
  // higher()方法和 ceiling()方法最大的区别就是是否包括对值相等的判定
  E ceiling(E e);
  // 返回并删除有序集合中的第一个（值最小的）数据对象
  // 如果当前集合中没有数据对象，则返回 null
  E pollFirst();
  // 返回并删除有序集合中的最后一个（值最大的）数据对象
  // 如果当前集合中没有数据对象，则返回 null
  E pollLast();
  // 返回一个迭代器
  // 这个迭代器可以将集合中的数据对象按照从小到大、从第一个到最后一个的顺序进行遍历
  Iterator<E> iterator();
  // 返回一个迭代器，这个迭代器是基于当前集合的反序集合的，也就是说，
```

```
    // 这个迭代器可以将集合中的数据对象按照从大到小、从最后一个到第一个的顺序进行遍历
    Iterator<E> descendingIterator();
    // 该方法可以返回当前有序集合的反序集合
    // 注意：这个反序集合中的各个数据对象并不是新的数据对象，而是原集合中数据对象的引用，
    // 只是这些数据对象间的关联方向发生了变化，
    // 所以对原集合中数据对象的修改操作结果也会反应到反序集合中
    // 如果在对任意一个集合进行迭代操作时对其进行了修改（通过迭代器自己的移除操作除外），
    // 则会抛出类似于 ConcurrentModificationException 的异常
    NavigableSet<E> descendingSet();
    // subSet()方法的操作意义已经在介绍 SortedSet 接口时介绍过了，这里不再赘述
    // 其中有两个多出的参数，意义如下
    // fromInclusive：该参数主要用于描述返回的集合中是否包括 from 数据对象
    // toInclusive：该参数主要用于描述返回的集合中是否包括 to 数据对象
    NavigableSet<E> subSet(E from, boolean fromInclusive, E to, boolean toInclusive);
    // 返回有序集合中数据对象值小于 to 数据对象值的子集
    // inclusive：该参数主要用于描述返回的集合中是否包括 to 数据对象
    NavigableSet<E> headSet(E to, boolean inclusive);
    // 返回有序集合中数据对象值大于 from 对象数据值的子集
    // inclusive：该参数主要用于描述返回的集合中是否包括 from 数据对象
    NavigableSet<E> tailSet(E from, boolean inclusive);

    // 此处代码省略
}
```

下面讲解 java.util.TreeSet 集合，该集合实现了 NavigableSet 接口，我们可以基于该集合的使用效果进行后续分析。TreeSet 集合的使用示例代码如下。

```
// 此处代码省略
// 注意：在示例代码中，向 TreeSet 集合中存入了 java.lang.String 类的实例
// java.lang.String 类实现了 Comparable 接口，
// 所以集合中的各数据对象会使用 String.compareTo(String)方法进行比较操作
TreeSet<String> treeSet = new TreeSet<>();
treeSet.add("b");
treeSet.add("d");
treeSet.add("a");
treeSet.add("c");
treeSet.add("1");
treeSet.add("3");
treeSet.add("5");
treeSet.add("4");
treeSet.add("2");

// 进行正序遍历
```

```
Iterator<String> itr = treeSet.iterator();
while(itr.hasNext()) {
  String item = itr.next();
  System.out.println(String.format("item = %s" , item));
}
// 此处代码省略
```

上述代码的输出结果如下。

```
item = 1
item = 2
item = 3
item = 4
item = 5
item = a
item = b
item = c
item = d
```

接着进行获取反序集合的操作，代码如下。

```
// 基于上述代码片段中创建的 treeSet 集合
// 此处代码省略
NavigableSet<String> descendingSet = treeSet.descendingSet();
Iterator<String> descItr = descendingSet.iterator();
while(descItr.hasNext()) {
  String item = descItr.next();
  System.out.println(String.format("item = %s" , item));
}
// 此处代码省略
```

上述代码的输出结果如下。

```
item = d
item = c
item = b
item = a
item = 5
item = 4
item = 3
item = 2
item = 1
```

最后进行从该集合中获取子集的操作，代码如下。

```
// 基于上述代码片段中创建的 treeSet 集合
// 此处代码省略
SortedSet<String> subSetOne = treeSet.subSet("3", "c");
```

```
Iterator<String> subItr = subSetOne.iterator();
while(subItr.hasNext()) {
  String item = subItr.next();
  System.out.println(String.format("item = %s" , item));
}
// 在子集中添加数据对象时，会抛出 IllegalArgumentException 异常
//subSetOne.add("0");
// 抛出 IllegalArgumentException 异常
// subSetOne.add("10");
// 抛出 IllegalArgumentException 异常
// subSetOne.add("1");

// 以下是不推荐的获取子集的方法，如果 to 数据对象或 from 数据对象不存在于集合中，
// 那么以下方法会返回一个空集合
SortedSet<String> subSetTwo = treeSet.subSet("00", "00");
Validate.isTrue(subSetTwo.isEmpty() , "subSetTwo 确实是空集合");
subSetTwo = treeSet.subSet("1", "1");
// 取得的子集中的数据对象包括:" 2"、" 3"、" 4"、" 5" 和" a"
// 注意: from 参数传入的字符串 "10" 并不存在于集合中,
// 因为在对字符串进行比较时，字符串 "10" 的比较值介于字符串 "1" 和 "2" 之间
subSetTwo = treeSet.subSet("10", "b");
// 此处代码省略
```

有读者可能会问，为什么字符串"10"的比较值会介于字符串"1"和"2"之间呢？这实际上是 java.lang.String 类的比较逻辑决定的。该类在对两个字符串进行比较时，首先按照字符进行比较，如果没有比较出结果，则按照字符串长度进行比较，源码片段如下。

```
// 在该方法中，首先对字符串中的每个字符进行比较，
// 如果没有比较出两个字符串的大小，则对字符串的长度进行比较
public int compareTo(String anotherString) {
  int len1 = value.length;
  int len2 = anotherString.value.length;
  int lim = Math.min(len1, len2);
  char v1[] = value;
  char v2[] = anotherString.value;

  int k = 0;
  // 对两个字符串中的每一个字符进行比较
  while (k < lim) {
    char c1 = v1[k];
    char c2 = v2[k];
    if (c1 != c2) {
      return c1 - c2;
```

```
    }
    k++;
  }
  // 如果没有比较出两个字符串的大小，则对两个字符串的长度进行比较
  return len1 - len2;
}
```

4.1.3 java.util.AbstractSet 抽象类

java.util.AbstractSet 抽象类存在的意义和 java.util.AbstractMap 抽象类存在的意义相似，主要是为了有效降低具体的 Set 集合的实现复杂度。该抽象类提供了一些通用方法的实现逻辑，包括 equals()方法、hashCode()方法、removeAll()方法（在一般情况下，不需要在具体集合中对这些方法进行改动）。该抽象类的部分源码如下。

```
public abstract class AbstractSet<E> extends AbstractCollection<E> implements Set<E> {
  public boolean equals(Object o) {
    // 如果两个对象的内存地址相同，则认为两个对象相等
    if (o == this) { return true;}
    // 如果当前进行比较的对象并不是同一种 Set 集合对象，则返回 false
    if (!(o instanceof Set)) { return false; }
    Collection<?> c = (Collection<?>) o;
    // 如果进行比较的两个集合对象的容量不同，则认为两个集合对象不同，返回 false
    if (c.size() != size()) { return false; }
    try {
      // containsAll()方法的意义在于，
      // 如果集合对象 c 中的所有数据对象同时存在于当前集合对象中，则返回 true
      // 如果是其他情况，则返回 false
      return containsAll(c);
    } catch (ClassCastException unused) { return false; }
    catch (NullPointerException unused) { return false; }
  }
  // equals()方法和 hashCode()方法通常需要进行配对实现
  public int hashCode() {
    int h = 0;
    Iterator<E> i = iterator();
    while (i.hasNext()) {
      E obj = i.next();
      if (obj != null) { h += obj.hashCode(); }
    }
    return h;
  }
}
```

4.2 Set 集合实现——HashSet

在较全面地讲解了 HashMap 集合的结构后，理解 HashSet 集合的结构就简单多了。HashSet 集合的内部结构和 HashMap 集合的内部结构相同。HashMap 集合中 K-V 键值对节点的 Key 键信息在 HashSet 集合中为存储的真实数据，它在 HashSet 集合中使用一个固定对象进行填充，记为“PRESENT”，源码如下。

```
// 此处代码省略
private static final Object PRESENT = new Object();
// 此处代码省略
```

HashSet 集合继承了 AbstractSet 抽象类。AbstractSet 抽象类中包含大部分关于 Set 集合中的通用方法，包括但不限于 equals(Object)方法、hashCode()方法、isEmpty()方法、contains(Object)方法。原文说明如下。

```
This class provides a skeletal implementation of the Set interface to minimize the
effort required to implement this interface.
```

HashSet 集合的主要继承体系如图 4-2 所示。

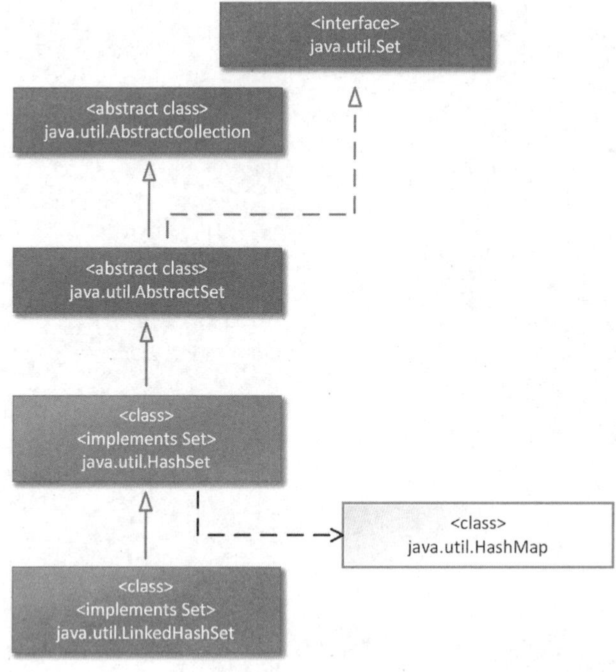

图 4-2

因为 HashSet 集合是基于 HashMap 集合的工作原理进行工作的，所以 HashSet 集合至少具有以下几个工作特点。

- HashSet 集合中不允许存储值相同的数据对象。

"相同"的表述已经在前面明确讲解过，源码如下。

```
if (p.hash == hash &&((k = p.key) == key || (key != null && key.equals(k))))
```

- HashSet 集合中存储的数据对象并不是有序的。例如，将同一组数据对象按照不同的添加顺序添加到 HashSet 集合中，这些数据对象在集合中存储的位置可能是不同的（示例代码已在前面给出，这里不再赘述）。

4.2.1　HashSet 集合的主要属性

HashSet 集合中主要属性的定义源码如下。

```
public class HashSet<E> extends AbstractSet<E> implements Set<E>, Cloneable,
java.io.Serializable {
  // 此处代码省略
  // 这是在 HashSet 集合中工作的 HashMap 集合。注意：它不参与集合的序列化过程
  private transient HashMap<E,Object> map;
  // Dummy value to associate with an Object in the backing Map
  // 当 HashSet 集合基于 HashMap 集合添加数据对象时，
  // HashMap 集合中的每一个 K-V 键值对节点的 Value 值信息都使用这个常量进行描述
  private static final Object PRESENT = new Object();
  // 此处代码省略
}
```

由于 HashSet 集合的工作过程是由其内部的 HashMap 集合负责完成的，因此 HashSet 集合内部的属性非常简单。**实际上，HashSet 集合的源码只有 300 多行（包括超过一半的注释）。**

4.2.2　HashSet 集合的构造方法

HashSet 集合的构造方法主要用于对其内部的 HashMap 集合进行实例化，源码片段如下。

```
// 默认构造方法主要用于对内部 HashMap 集合进行实例化
public HashSet() {
  map = new HashMap<>();
}
// 参考一个指定集合中的数据对象对内部 HashMap 集合进行初始化
// 注意：HashMap 集合的初始化容量值为当前两个数值中较大的一个：源集合容量值的 175%和固定值 16
public HashSet(Collection<? extends E> c) {
```

```
    map = new HashMap<>(Math.max((int) (c.size()/.75f) + 1, 16));
    addAll(c);
  }
  // 该构造方法可以为内部使用的 HashMap 集合指定两个关键参数，
  // 一个是 HashMap 集合的初始化容量，另一个是 HashMap 集合的负载因子
  public HashSet(int initialCapacity, float loadFactor) {
    map = new HashMap<>(initialCapacity, loadFactor);
  }
  // 该构造方法可以为内部使用的 HashMap 集合指定一个关键参数，是 HashMap 集合的初始化容量
  // 负载因子采用默认值 0.75
  public HashSet(int initialCapacity) {
    map = new HashMap<>(initialCapacity);
  }

  // 这个构造方法很有趣，这是一个访问控制级别为"包内访问"的构造方法，
  // 事实上，它是专门对 HashSet 集合的子类 LinkedHashSet 集合进行实例化的构造方法
  // 后面会介绍 LinkedHashSet 集合
  HashSet(int initialCapacity, float loadFactor, boolean dummy) {
    map = new LinkedHashMap<>(initialCapacity, loadFactor);
  }
```

根据 HashSet 集合的构造方法的注释可知，可以直接使用 HashSet 集合的构造方法对其内部的 HashMap 集合进行初始化。

4.2.3 HashSet 集合的主要操作方法

HashSet 集合的主要操作方法都是对其内部 HashMap 集合主要方法的调用方法，源码片段如下。

```
public class HashSet<E> extends AbstractSet<E> implements Set<E>, Cloneable,
java.io.Serializable {
  // 此处代码省略
  // HashSet 集合中的节点添加操作方法调用了 HashMap 集合中的节点添加操作方法
  // 注意：写入的 Value 值信息是一个常量
  // @return true, if this set did not already contain the specified element
  public boolean add(E e) {
    return map.put(e, PRESENT)==null;
  }

  // HashSet 集合中的节点移除操作方法调用了 HashMap 集合中的节点移除操作方法
  // @return <tt>true</tt> if the set contained the specified element
  public boolean remove(Object o) {
    return map.remove(o)==PRESENT;
```

```
  }

  // HashSet 集合中的节点清除操作方法调用了 HashMap 集合中的节点清除操作方法
  public void clear() {
    map.clear();
  }

  // 其他操作方法不再赘述
  // 此处代码省略
}
```

4.3 Set 集合实现——LinkedHashSet、TreeSet

和 HashSet 集合的设计思路类似，LinkedHashSet 集合和 TreeSet 集合也进行了类似的依赖封装。LinkedHashSet 集合继承自 HashSet 集合，并且依赖于 HashSet 集合中的构造方法进行实例化。TreeSet 集合的内部结构和 TreeMap 集合的内部结构相同，也就是说，TreeSet 集合的内部结构同样是红黑树结构。

4.3.1 LinkedHashSet 集合

LinkedHashSet 集合的主要继承体系已经在前面给出（图 4-2），此处不再赘述。LinkedHashSet 集合的源码非常简单，是 JCF 中源码最简单的几种集合之一（源码加注释一共不到 200 行）。

1. LinkedHashSet 集合的构造方法

LinkedHashSet 集合的构造方法的相关源码片段如下。

```
public class LinkedHashSet<E>
    extends HashSet<E>
    implements Set<E>, Cloneable, java.io.Serializable {
  // 此处代码省略
  // 可以看到，LinkedHashSet 集合中的所有构造方法都调用了父类 HashSet 集合中相应的构造方法
  // initialCapacity 表示初始化容量，loadFactor 表示负载因子
  public LinkedHashSet(int initialCapacity, float loadFactor) {
    super(initialCapacity, loadFactor, true);
  }
  // 这些构造方法的作用此处不再赘述
  public LinkedHashSet(int initialCapacity) {
```

```
    super(initialCapacity, .75f, true);
  }
  // 初始化容量值为 16，负载因子值为 0.75
  public LinkedHashSet() {
    super(16, .75f, true);
  }
  public LinkedHashSet(Collection<? extends E> c) {
    // 将 LinkedHashSet 集合的初始化容量值设置为当前参照集合 c 的容量值的 2 倍
    // 如果前者小于 11，那么设置 LinkedHashSet 集合的初始化容量值为 11
    super(Math.max(2*c.size(), 11), .75f, true);
    addAll(c);
  }
  // 此处代码省略
}
```

根据上述源码片段可知，要了解 LinkedHashSet 集合中的各种构造方法，只需了解其父类 HashSet 集合中的 HashSet(int, float, boolean)构造方法，相关源码片段如下。

```
public class HashSet<E>
  extends AbstractSet<E>
  implements Set<E>, Cloneable, java.io.Serializable {

  // 此处代码省略
  HashSet(int initialCapacity, float loadFactor, boolean dummy) {
    map = new LinkedHashMap<>(initialCapacity, loadFactor);
  }
  // 此处代码省略
}
```

2．LinkedHashSet 集合的主要方法

因为 LinkedHashSet 集合继承自 HashSet 集合，并且保留了 LinkedHashMap 集合的所有特性，所以 LinkedHashSet 集合一般无须额外实现方法。当然也有例外。例如，LinkedHashSet 集合中被覆盖的 spliterator()方法，该方法在 JDK 1.8+中定义，主要用于返回一个可分割集合的（并行）迭代器。

4.3.2 TreeSet 集合

TreeSet 集合是一个基于红黑树结构的有序集合，它的内部功能由 TreeMap 集合实现。TreeSet 集合充分利用了 TreeMap 集合中 K-V 键值对节点的 Key 键信息不相同的特性，用于实现自身集合中没有对象值相同的功能。TreeSet 集合的主要继承体系如图 4-3 所示。

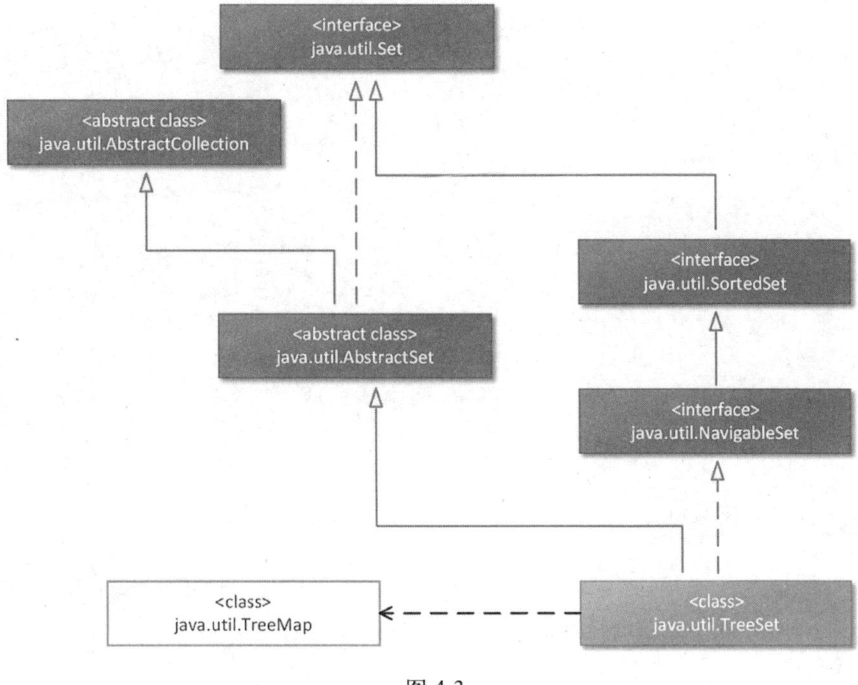

图 4-3

1. TreeSet 集合的主要属性和构造方法

TreeSet 集合的主要属性和构造方法实际上都是对封装的 TreeMap 集合的描述和初始化操作，相关源码片段如下。

```
public class TreeSet<E> extends AbstractSet<E>
  implements NavigableSet<E>, Cloneable, java.io.Serializable {
  // 此处代码省略
  // 这是 TreeSet 集合中依赖的 Map 集合，看似是一个 NavigableMap 抽象类，
  // 根据后续代码分析，它是一个 TreeMap 集合
  private transient NavigableMap<E,Object> m;
  // 此处代码省略
  // 这个构造方法的访问安全级别为包保护，外部调用者无法直接使用
  // 该构造方法接受一个 NavigableMap 对象，NavigableMap 是大部分 Map 集合的父级接口，
  // 是 TreeSet 集合内部所依赖的 Map 集合结构
  TreeSet(NavigableMap<E,Object> m) { this.m = m; }
  // 默认的 TreeSet 集合构造方法，主要用于将 TreeSet 集合依赖的 Map 集合初始化为 TreeMap 集合
  public TreeSet() { this(new TreeMap<E,Object>()); }

  // 该构造方法允许传入一个比较器，并且为内部的 TreeMap 集合导入这个比较器
  public TreeSet(Comparator<? super E> comparator) {
```

```
    this(new TreeMap<>(comparator));
  }
  // 该构造方法允许传入一个其他种类的集合，并且在内部完成 TreeMap 集合的初始化操作
  // 将传入集合 c 中的数据对象存入 TreeSet 集合
  public TreeSet(Collection<? extends E> c) {
    this();
    addAll(c);
  }
  // 该构造方法类似于上一个构造方法，不同的是，它允许传入一个支持有序排列的 Set 集合
  public TreeSet(SortedSet<E> s) {
    this(s.comparator());
    addAll(s);
  }
  // 此处代码省略
}
```

2. TreeSet 集合的主要方法

由于 TreeSet 集合依赖于 TreeMap 集合进行工作，因此 TreeSet 集合中的大部分方法直接调用了 TreeMap 集合中对应的方法（以 NavigableMap 抽象类的对象进行表达），源码如下。

```
public class TreeSet<E> extends AbstractSet<E>
  implements NavigableSet<E>, Cloneable, java.io.Serializable {
  private transient NavigableMap<E,Object> m;
  // 负责进行 Value 值信息填充的对象
  private static final Object PRESENT = new Object();
  // 此处代码省略
  // 向 TreeSet 集合中添加一个数据对象
  // 实际上调用了 TreeMap 集合中的 put()方法，其中的 Value 值信息采用了一个常量 PRESENT
  public boolean add(E e) {
    return m.put(e, PRESENT)==null;
  }
  // 清理 TreeSet 集合中的所有数据对象
  // 实际上调用了 TreeMap 集合中的 clear()方法
  public void clear() { m.clear(); }
  // 清理 TreeSet 集合中的指定数据对象
  // 实际上调用了 TreeMap 集合中的 remove()方法
  public boolean remove(Object o) {
    return m.remove(o)==PRESENT;
  }
  // 该方法会在 TreeSet 集合中，基于指定的 fromElement 参数和指定的 toElement 参数寻找一个子集
  // 如果找到了这个子集，则构造一个新的 TreeSet 集合并返回
  // fromInclusive 参数表示返回的子集是否包括起始数据对象
```

```
    // toInclusive 参数表示返回的子集是否包括结束数据对象
    public NavigableSet<E> subSet(E fromElement, boolean fromInclusive, E toElement,
boolean toInclusive) {
      return new TreeSet<>(m.subMap(fromElement, fromInclusive, toElement,
toInclusive));
    }
    // 该方法会在 TreeSet 集合中，从集合中的第一个数据对象开始，
    // 基于指定的 toElement 参数，寻找一个子集
    // inclusive 参数表示子集中是否包括指定的数据对象
    public NavigableSet<E> headSet(E toElement, boolean inclusive) {
      return new TreeSet<>(m.headMap(toElement, inclusive));
    }
    // 返回 TreeSet 集合中第一个数据对象的方法
    public E first() { return m.firstKey(); }
    // 此处代码省略
  }
```

总而言之，Java 提供的多种原生 Set 集合的实现都非常简单，都是基于对应的 Map 集合完成的。例如，TreeSet 集合内部依赖于 TreeMap 集合进行工作，HashSet 集合内部依赖于 HashMap 集合进行工作。因此，只要理解介绍的多种 Map 集合，就不难理解这些 Set 集合了。

第 II 部分 JUC 与高并发概述

在第 I 部分介绍的 JCF 相关知识中，所有实现 Set、Map、List、Queue 接口的集合都不推荐在高并发场景中使用，虽然有一些已介绍的集合使用 synchronized 修饰符或 java.util.Collections 工具类中的线程安全性封装进行了处理，但这些集合同样不适合在高并发场景中使用。Java 推荐在高并发场景中使用 JUC（java.util.concurrent，Java 并发工具包）进行编程，并且使用 JUC 提供的集合在高并发场景中工作。

要了解 JUC 和 JCF 之间的关联，首先需要对 JUC 进行介绍。JUC 是一个较为庞大的知识话题，Doug Lea 的著作 *Concurrent Programming in Java* 对 JUC 的核心设计思想进行了详尽描述。限于本书的篇幅和主旨，本书只选取 JUC 中与集合工作有关的知识点进行介绍（实际上这些知识点已经足够读者了解 JUC 的设计思想）。

首先需要回答一个问题：在高并发场景中，应用程序主要需要考虑哪些问题？

1. 线程安全性的三性

1）内存可见性。

内存可见性问题是由 Java 内存模型（JMM）引起的问题，在 Java 内存模型中，每一个线程都有自己的工作内存区，工作内存区相对独立，其中的值为主内存区中值的副本，概要结构如图 II-1 所示。

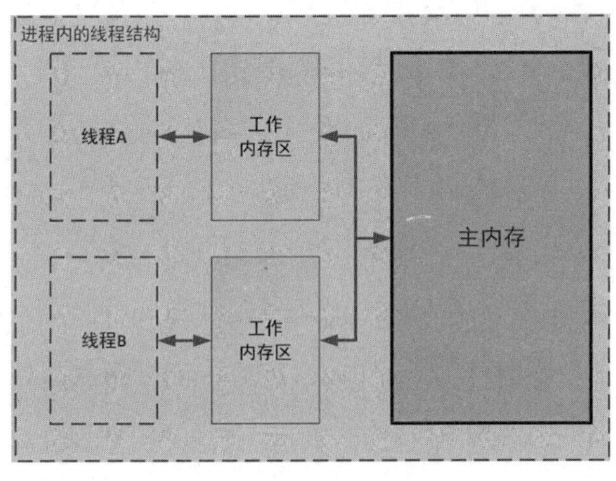

图 II-1

之所以设计 JMM，是因为现在的 CPU 大部分是多核 CPU，有自己的一级和二级缓存，要保证 JVM 在各种计算机硬件环境中都能正常工作，需要对匹配的硬件环境和操作系统进行抽象处理。但是这样会引发一些问题。例如，当两个或多个线程共享同一个变量时，这个变量的值会同时存在于多个工作内存区中，在线程 A 修改这个值后，如何将这个变化通知其他内存工作区？

这个问题在单线程场景及并发性不是很高的场景中都不是什么大问题，毕竟 CPU 在切换时间片时，工作内存区会被刷新。但如果在高并发场景中，这个问题就会很严重。因为在一个 CPU 时间片中，该共享变量的值可能被读/写操作多次，如果不能及时向其他线程的内存工作区通知这些变化，就会使这些关键数值发生错误。

2）保证多线程执行的有序性。

在线程内，两行源码的实际执行顺序和其编写顺序可能不一致，这主要是 JIT（可以理解为 JVM）出于对执行过程优化的考虑，在编译时（注意：不是在编译 class 文件时）重新对源码执行顺序进行调整，这个过程称为指令重排。

指令重排过程往往是科学的，因为不是所有程序员都清楚 CPU 指令流水，也不会关注 CPU 品牌、指令集和执行流水线的细节区别。大部分程序员最关心的是如何保证源码更符合业务逻辑而非技术逻辑。所以源码的执行顺序是非常有必要交给计算机进行优化的。但指令重排在高并发场景中可能引发一些问题：在线程交替执行的场景中（通常都是这样的场景），同一段源码被重排后的执行顺序不同，可能导致主内存中某个变量的赋值顺序不同，最终导致程序返回的结果不同。

我们结合前面提到的 JMM 工作原理进行举例：线程 A 先后更新了共享变量 X 和共享变量 Y，但由于在单线程内进行了指令重排，导致只有共享变量 Y 刷新到了主内存中。这时在线程 B 看来，相当于变量 Y 的赋值操作重排到了变量 X 的赋值操作之前，最终导致线程 B 的处理结果和预期发生偏差。也就是说，在一些关键位置，必须对指令重排进行限制，否则这样的执行偏差完全无法预测。需要注意的是，有序性问题和可见性问题的相互作用是比较强的。

3）操作的原子性不被破坏。

原子性是指一行源码或一段源码是不可分割的一个整体，如一个“赋值运算”过程的原子性，是指这个“赋值运算”操作不会被其他操作干扰，其他操作要么在本运算全部完成后运行，要么在本运算执行前运行。

以上三点描述了线程安全性的三性（可见性、有序性和原子性）。只有解决了三性问题，才认为应用程序是线程安全的。

2．提高应用程序的性能

解决了线程安全性问题并不意味着支持高并发场景，后者还会涉及性能问题。在保证线程安全性的前提下，尽可能提高应用程序的性能，我们还需要考虑以下问题。

1）线程平衡性问题。

并不是线程越多，处理性能越高。事实上，单纯增加线程数量反而会降低处理性能，因为线程越多，CPU 消耗在切换线程上的时间资源越多。在高并发场景中，需要找到一种方法，用于保证线程数量和 CPU 切换时间的平衡性。

2）寻找高效的线程互斥/同步方式。

在支持多线程模式的操作系统中，多线程控制问题的本质是解决线程间的同步问题和互斥问题。同步问题是指线程间存在一种协作机制，保证它们能够合作完成一项工作。通过这种协作机制，线程间可以知道彼此的存在和状态。互斥问题主要是指描述线程间操作的排他性问题，通过某种竞争方式，线程间可以在彼此不知道对方状态的情况下实现对竞争资源的操作。

解决多线程控制问题的具体方案可以由操作系统提供，也可以由各种高级语言自行完成（有业界统一的问题解决规范和需要遵循的标准）。后面将要介绍的管程方式就是一种典型的多线程控制问题解决方案。

3）时间复杂度更低、更稳定的结构算法。

时间复杂度不同，意味着完成同一种计算过程所需的时间代价不同，并且同一种结构算法在不同场景中所需的时间代价不一定稳定。例如，由于二叉查找树没有平衡性约束，因此其在数据规模相同的情况下查找不同数据所需的时间无法保持稳定。

几种典型的时间复杂度的曲率变化（n 表示数据规模，t 表示所需时间）如图Ⅱ-2 所示。

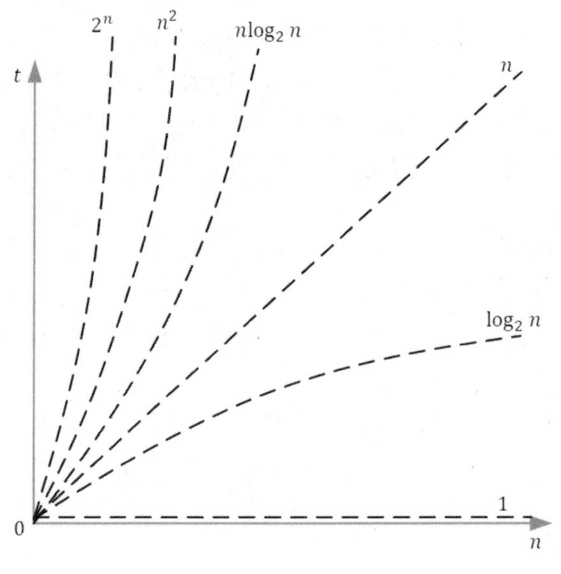

图 II-2

对于高并发场景中的性能支持，应尽可能寻找时间复杂度低，并且在不同操作（查询、添加、修改等）场景中可以保证时间复杂度稳定性的算法方案。

4）寻找更灵活的资源控制方式。

虽然通过资源独占操作权的控制思路，可以保证线程安全性（包括同时满足三性要求）。但在一些场景中，独占方式限制了处理性能进一步提升的可能性。例如，当 N 个线程同时对资源 X 进行抢占时，只能由一个线程拿到独占操作权，其他线程都需要阻塞等待。因此，我们需要寻找一种更细粒度的控制方式，让这些线程无须完全阻塞，并且可以在某种程度上共享对资源 X 的操作权，从而提高性能。

5）其他性能优化方案。

支持高并发场景的 JCF 中还有很多性能优化方案，我们将在后面进行总结。

为什么使用 synchronized 修饰符对多线程进行控制，无法满足所有高并发场景中的技术需求呢？为什么 Java 除了提供 synchronized 修饰符进行线程控制，还提供了 JUC 来满足这些需求呢？首先可以肯定的是，这绝不单纯是对性能的考虑。在本部分的首章（第 5 章）中，我们先介绍一下 synchronized 修饰符的使用及其大致的工作原理，再总结这种控制模式的使用限制性，并且介绍另一种控制模式。

第 5 章

Object Monitor 管程实现

5.1 悲观锁和乐观锁

为了在不同场景中保证多线程工作的安全性，Java 主要基于两种思想进行线程安全性的设计：悲观锁思想和乐观锁思想。

我们可以先假设一种在多线程工作环境中，对共享资源操作绝对安全的操作思想。

- 该思想假设，在任何时候都会有其他操作者同时要求操作资源，从而产生操作冲突。
- 该思想还假设，如果没有绝对安全的资源独占前提，那么对资源的操作一定会出现问题。

基于这种思想，如果要保证在多线程工作环境中资源操作的安全性，就需要在操作资源前独占该资源，最后在操作完成后释放该资源的独占操作权；其他操作者如果需要操作该资源，则需要等待，直到自己获得该资源的独占操作权，才能进行操作。由此可见，这种思想假设带有绝对性，对客观工作环境有严格的前提约束，这种安全性操作思想称为悲观锁思想，如图 5-1 所示。

悲观锁在 Java 中有两种典型的实现方式，一种是基于 Object Monitor 模式的资源操作方式，另一种是基于 AQS 技术的资源操作方式。它们的共同特点是，需要操作者获得资源的独占操作权才能对相关资源进行操作。但是二者在底层实现上存在较大差异，本书将分别介绍这两种悲观锁的工作原理、实现方式和优缺点。

还有一种操作思想。

- 该思想假设，并不是任何时候都有两个或多个操作者同时操作相同的资源，从而产生操作冲突。

- 该思想还假设，即使操作结果存在错误也没有关系。可以通过对比预期值和实际值来确认操作的正误，如果出现错误，则放弃本次操作，重新操作即可。

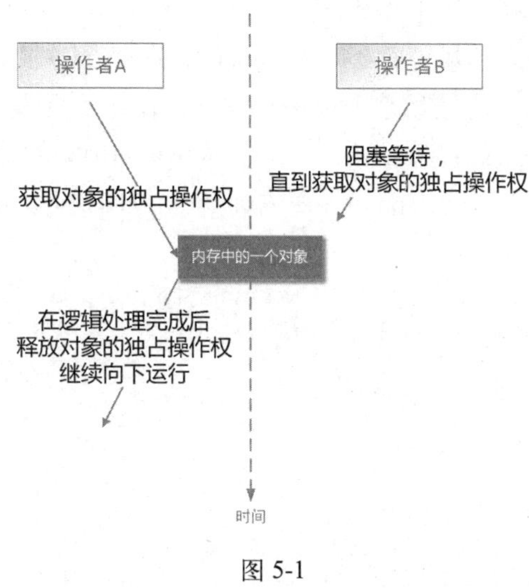

图 5-1

基于这种思想，操作者无须获得资源的操作独占权，也无须等待其他操作者释放资源的独占操作权。简单来说，这是一种无须加锁的，带有并发操作性的思想。在操作结束后，操作者只需比较实际操作结果是否符合预期操作结果，如果不符合，则放弃本次操作并重试。这种线程安全性的操作思想称为乐观锁思想，如图 5-2 所示。

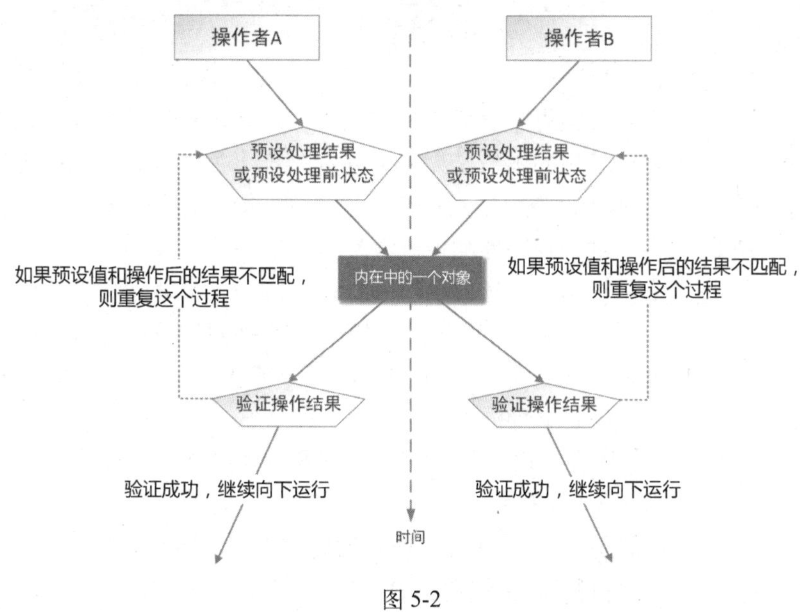

图 5-2

乐观锁思想的本质是无锁，这种思想对客观工作条件的限制更宽松，包容度更好；对工作过程中产生操作冲突的预测也更乐观。操作者只需在可能产生错误数据的关键位置应用这种对比方式，无须将操作停止并等待。

Java 中的乐观锁思想通常基于 CAS（Compare and Swap，比较与交换）技术实现，但 CAS 进行比较的判定依据及比较后是否要进行重试，往往由操作者自行决定。所以在 Java 中，基于乐观锁工作的工具类都存在类似于 for(;;)或 while(true)的源码结构，这并不是 BUG，而是为了匹配乐观锁的实现思想。例如，在 ConcurrentHashMap 集合中，基于乐观锁思想添加数据对象的源码片段如下。

```
public class ConcurrentHashMap<K,V> extends AbstractMap<K,V>
    implements ConcurrentMap<K,V>, Serializable {
  // 此处代码省略
  // 使用 putVal()方法添加数据对象
  final V putVal(K key, V value, boolean onlyIfAbsent) {
    // 此处代码省略
    // 不停进行重试，在满足操作条件后退出循环
    for (Node<K,V>[] tab = table;;) {
      // 此处代码省略
      // 这是一个基于 CAS 的操作过程，只有在 CAS 操作成功后才会返回 true
      if (casTabAt(tab, i, null, new Node<K,V>(hash, key, value))) { break; }
      // 此处代码省略
    }
    // 此处代码省略
  }
  // 此处代码省略
}
```

在通常情况下，基于乐观锁思想完成的逻辑实现比基于悲观锁思想完成的逻辑实现具有更高的性能，因为乐观锁思想的本质是无锁，并且赋予了工作场景更高的宽松性。但是 CAS 技术往往无法独立完成线程安全中对三性（原子性、有序性和可见性）的控制，它更关注对原子性问题的解决，对于有序性和可见性，需要借助其他控制要素。

例如，JUC 中提供了一个用于进行整数原子性操作的工具类 AtomicInteger，该工具类的功能实现基本上是基于 CAS 的乐观锁思想完成的，但它同时使用了 volatile 修饰符，用于保证数据的有序性和可见性（后面会详细介绍 volatile 修饰符），从而保证 AtomicInteger 工具类在高并发场景中的线程安全性。

注意： 虽然乐观锁的本质是无锁，但并不代表 CAS 操作没有多余的性能消耗。事实上，CAS 操作也需要执行额外的 CPU 指令。

乐观锁思想和悲观锁思想并不是 Java 中独有的技术思想，相反它们是一种开放的技术思想，并且在各种支持多线程模型的编程语言中得以实现。

5.2　synchronized 修饰符和线程控制

5.2.1　线程的基本特点

线程是一个操作系统级别的概念。Java（包括其他编程语言）并不能创建线程，它只可以调用操作系统提供的接口进行线程的创建、控制、销毁等操作。

- Java 基于操作系统工作的基本线程结构如图 5-3 所示。注意其中的线程状态，这些线程状态是基本的线程状态抽象，实际的线程状态情况要更复杂（本书后续内容会进行介绍）。

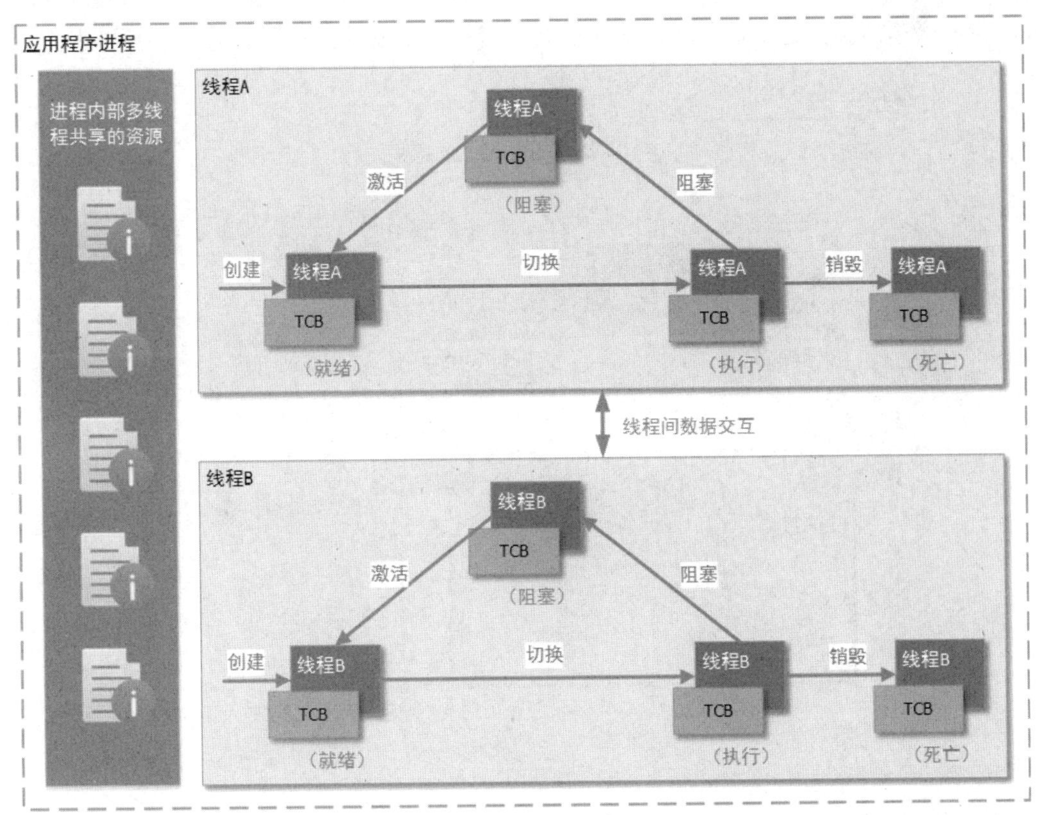

图 5-3

- 不同的操作系统（Windows、UNIX、Linux 等）支持的线程底层实现和操作效果不同。不过操作系统支持的线程状态至少可以归为四类，分别为就绪、执行、阻塞和结束，**这四种状态可以互相切换。**

- 在创建线程时，操作系统不会为它分配独立的资源。一个应用程序（进程）中的所有线程，都可以共享这个应用程序（进程）中的资源，如这个应用程序的 CPU 资源、I/O 资源、内存资源。
- **基本上主流操作系统都支持多线程实现**，即可以在一个应用程序（进程）中创建多个线程。在一个应用程序中，各个线程之间可以进行通信，可以进行状态互操作。在一个进程中，至少有一个线程存在。
- 本书默认读者知道如何使用 Java 创建并运行一个用户线程，相关代码不再赘述。

5.2.2 线程状态切换和操作方法

图 5-4 所示为一张被抽象出来的、最简要的线程状态切换示意图。随着本书内容的深入，我们会逐渐细化这张示意图，将其根据不同的使用场景、不同的原理进行细分。

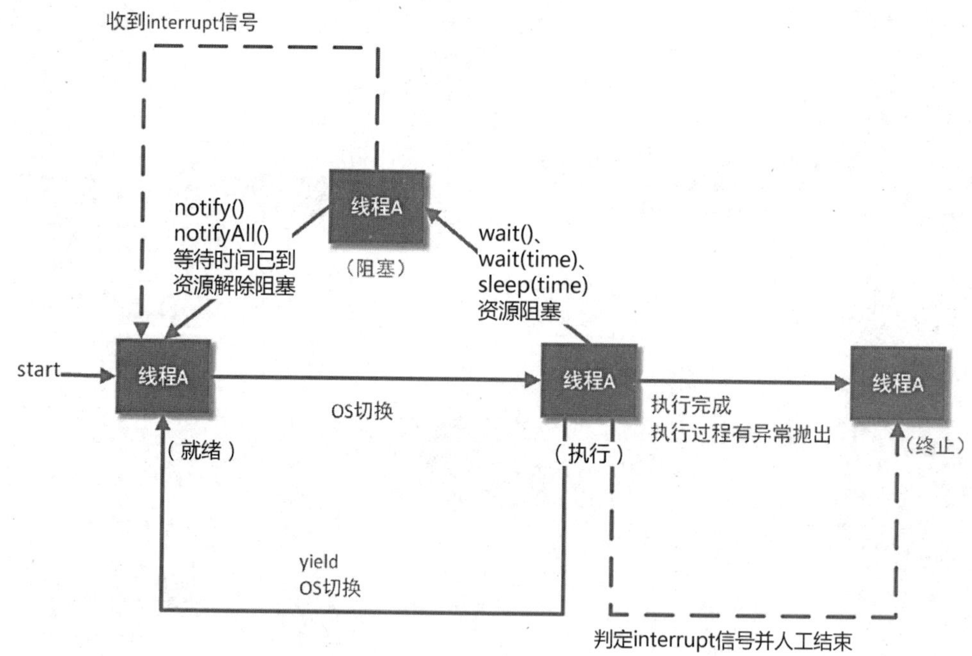

图 5-4

注意图 5-4 中虚线的意义，虽然在 JDK 的早期版本中就提供了 Thread.stop()、Thread.suspend()等方法来改变线程状态，但在 JDK 1.2 后，这些方法就已经被官方弃用。如果要在异常情况下中断线程的运行（或通知线程进入中断逻辑），则需要向线程发出 interrupt 中断信号，下面会讲解 interrupt 中断信号的使用过程。

1．synchronized 修饰符和 Object Monitor 模式

图 5-4 中的线程状态切换图展示了 Java 中的部分方法如何对线程间的切换施加影响。这些方法都和 synchronized 修饰符有关，后者代表一种经典的线程控制模式——Object Monitor 模式。

Object Monitor 模式是一种典型的悲观锁实现，使用 Java 对象模型中的特定区域对线程状态、对象状态的描述进行线程操作。下面看一下在这种模式下的线程操作实例，代码如下。

```
public class ThreadLock {
  // 专门用于加锁的对象（基于该对象进行 Object Monitor 模式控制）
  private static final Object WAIT_OBJECT = new Object();
  // 日志，如果读者没有 log4j/slf4j，则使用 System.out()方法
  private static final Log LOGGER = LogFactory.getLog(ThreadLock.class);
  // 执行方法
  public static void main(String[] args) throws Exception {
    // 创建一个线程，并且定义执行过程
    Thread threadA = new Thread(new Runnable() {
      @Override
      public void run() {
        // 检查 Object Monitor 模式的状态
        synchronized (ThreadLock.WAIT_OBJECT) {
          ThreadLock.LOGGER.info("做了一些事情。。。。");
        }
      }
    });
    // 创建另一个线程，并且定义执行过程
    Thread threadB = new Thread(new Runnable() {
      @Override
      public void run() {
        // 检查 Object Monitor 模式的状态
        synchronized (ThreadLock.WAIT_OBJECT) {
          ThreadLock.LOGGER.info("做了另一些事情……");
        }
      }
    });
    threadA.start();
    threadB.start();
  }
}
```

在 Object Monitor 模式下，多个线程要对特定的对象进行操作，首先需要获取这个对象的独占操作权，然后进入 synchronized 修饰符对应的代码块（简称 synchronized 代码块）进行执行。未获得对象独占操作权的线程会在 synchronized 代码块外阻塞等待（可理解为一种临界状态），直到获取对象的独占操作权。当然，synchronized 代码块内正在执行的线

程也可以主动释放对象的独占操作权（如使用 wait()方法），并且使自己进入阻塞状态，以便其他处于阻塞状态的线程重新抢占该对象的独占操作权。

基于以上描述，synchronized 修饰符最基本的工作原则如下。在相同的时间内，**synchronized 代码块中有且最多有一个线程持有对象的独占操作权，并且处于就绪状态。** 上述代码片段的工作过程如图 5-5 所示。

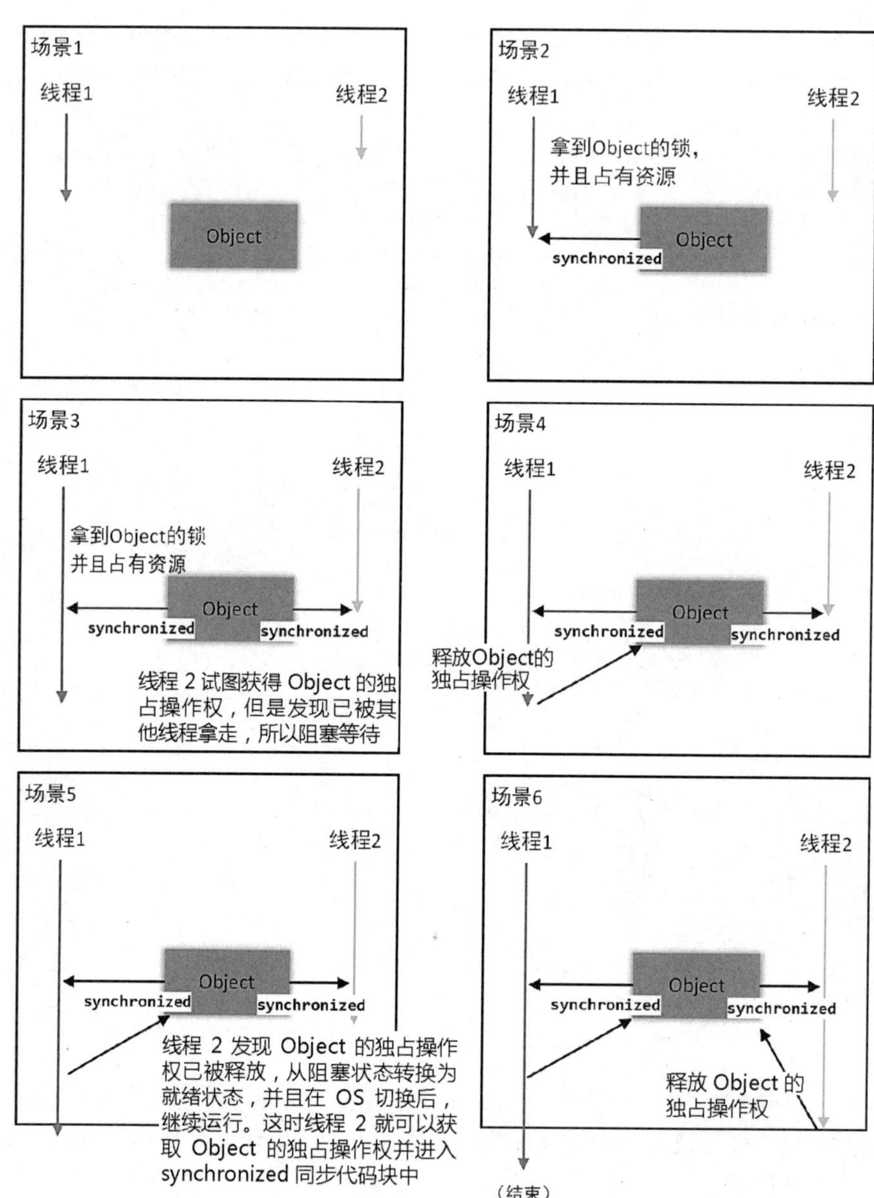

图 5-5

图 5-5 中有两个线程，分别为线程 1 和线程 2，这两个线程的执行过程都需要检查 ThreadLock.WAIT_OBJECT 对象的锁状态（检查独占操作权）。下面我们通过调试信息验证线程的执行过程。

（1）线程 1 和线程 2 开始工作，这时两个线程都没有获得 ThreadLock. WAIT_OBJECT 对象（图 5-5 中的 Object）的独占操作权（图 5-5 中提到的“锁”）。

（2）线程 1 开始检查 ThreadLock.WAIT_OBJECT 对象的锁状态，发现没有任何线程占有这个对象的独占操作权，于是线程 1 通过改变 ThreadLock.WAIT_OBJECT 对象结构中特定区域的数据，获得了这个对象的独占操作权并进入 synchronized 代码块继续执行。

（3）接着线程 2 开始检查 ThreadLock.WAIT_OBJECT 对象的锁状态，发现 ThreadLock. WAIT_OBJECT 对象的独占操作权已经被其他线程占据，于是在检查位阻塞等待。

（4）线程 1 继续运行，直到 synchronized 代码块执行完毕，然后线程 1 释放 ThreadLock. WAIT_OBJECT 对象的独占操作权。线程 2 被通知 ThreadLock.WAIT_OBJECT 对象不再处于被独占状态，可以重新抢占该对象的独占操作权。如果线程 2 获取了 ThreadLock. WAIT_OBJECT 对象的独占操作权，就会解除阻塞状态，进入 synchronized 代码块继续执行（这之前线程 2 会处于阻塞状态）。

2. synchronized 修饰符可标注的位置

在 Java 中，synchronized 修饰符可标注的位置很多，可以在方法定义中添加 synchronized 修饰符，也可以在方法体中添加 synchronized 修饰符，还可以在 static 代码块中添加 synchronized 修饰符。synchronized 修饰符的以下使用方法都是正确的。

```
// 源码片段 1
static {
 synchronized(YourClass.class) { }
}
// 源码片段 2
public synchronized void someMethod() { }
// 源码片段 3
public synchronized static void someMethod() { }
// 源码片段 4
public static void someMethod() {
 synchronized (YourClass.class) { }
}
// 源码片段 5
public void someMethod() {
 synchronized (YourClass.class) { }
}
```

不同位置的 synchronized 修饰符代表的意义不同。在 synchronized(){}语句中，可以在小括号中指定需要进行 Object Monitor 模式检查的对象。下面对以上几种 synchronized 修饰符的意义进行概要解释。

- 将 synchronized 修饰符加载在非静态方法上，其代表的意义和 synchronized(this) { } 语句代表的意义类似，即对拥有这个方法的对象进行 Object Monitor 模式下的锁状态检查。但两者的栈帧状态是有所区别的。
- 将 synchronized 修饰符加载在静态方法上，其代表的意义和 synchronized (Class.class) { }语句代表的意义类似，即对拥有这个方法的类对象（类本身也是对象）进行 Object Monitor 模式下的锁状态检查。
- 在 Object Monitor 模式下需要关注对象的锁粒度。例如，基于 synchronized (Class.class) { }语句的锁是不被推荐的，包括直接加在静态方法上的 synchronized 修饰符也不被推荐。因为控制粒度太过粗放，受影响的范围无法得到有效限制。
- 一个操作是否是线程安全的，需要开发人员真正理解 synchronized 修饰符在不同场景中的意义并正确使用，而不是盲目地使用 synchronized 修饰符。在两个线程的 doOtherthing()方法中操作同一个对象 NOWVALUE 的示例代码如下，这段示例代码展示了 synchronized 修饰符的错误使用方法。

```
public class SyncThread implements Runnable {
  private Integer value;
  // 多个线程共同操作的整数值对象
  private static Integer NOWVALUE;
  public SyncThread(int value) {
    this.value = value;
  }
  // 对这个类的实例化对象进行检查
  private synchronized void doOtherthing() {
    NOWVALUE = this.value;
    System.out.println("当前 NOWVALUE 的值: " + NOWVALUE);
  }
  @Override
  public void run() {
    this.doOtherthing();
  }
  public static void main(String[] args) throws Exception {
    Thread syncThread1 = new Thread(new SyncThread(10));
    Thread syncThread2 = new Thread(new SyncThread(100));
    syncThread1.start();
    syncThread2.start();
  }
}
```

从 DEBUG 的情况来看，可能发生静态对象 NOWVALUE 的值出现脏读的情况，输出结果如下。

```
0 [Thread-1] INFO test.thread.yield.SyncThread  - 当前 NOWVALUE 的值：100
730 [Thread-0] INFO test.thread.yield.SyncThread  - 当前 NOWVALUE 的值：100
```

源码出现 BUG 的原因分析如下。

- syncThread1 对象和 syncThread2 对象是 SyncThread 类的两个不同实例化对象。基于 doOtherthing()方法的 synchronized 修饰符进行的锁状态检查，其目标对象并不是同一个对象。
- 如果读者要对 SyncThread 类的多个实例对象进行 Object Monitor 模式下的锁状态检查，那么应该对这个类的 class 对象进行 Object Monitor 模式下的锁状态检查。类似的语句应该是“private synchronized static void doOtherthing()”。
- 为了对 SyncThread 类的 class 对象进行锁状态检查，甚至无须在静态方法中标注 synchronized 修饰符，只需单独对 SyncThread 类的 class 对象标注 synchronized 修饰符。

```
// 以下是一种正确的处理方式
private void doOtherthing() {
  synchronized (SyncThread.class) {
    NOWVALUE = this.value;
    LOGGER.info("当前 NOWVALUE 的值：" + NOWVALUE);
  }
}
```

3．wait()方法

在 Object Monitor 模式下，要确保一个对象是线程安全的，除了正确使用 synchronized 修饰符，还需要多种相关方法协助控制（线程间同步），以便实现复杂的控制逻辑。其中一组重要方法是 wait()方法、notify()方法、notifyAll()方法。

1）wait()方法的基本使用方法。

wait()方法由 java.lang.Object 类提供，该方法使用 final 修饰符进行修饰，代表不允许子类重载。wait()方法内部直接通过 JNI 调用 JVM 内核源码完成工作，即完成指定对象在 Object Monitor 模式下的状态改变。

使用 wait()方法可以使当前线程在获取某个对象独占操作权的情况下，主动释放该对象的独占操作权，并且将当前线程的状态切换为阻塞状态（WAITING 状态）。这样，其他需要当前对象独占操作权且进入阻塞状态的线程，就可以重新抢占该对象的独占操作权了。

- 对象的 wait()方法只能在 synchronized 代码块中调用。如果没有这样做，就会抛出“IllegalMonitorStateException”异常。
- 在这个 synchronized 代码块中，调用 wait()方法的对象必须是 Object Monitor 模式的检查对象。以下示例代码片段是错误的，因为 synchronized 代码块指定的进行 Object Monitor 模式检查的对象并不是当前调用 wait()方法的对象。

```
// 此处代码省略
// 进行 Object Monitor 模式检查的是 currentObject 对象
synchronized (currentObject) {
  // 调用 wait()方法的对象是一个 class 对象
  Object.class.wait();
}
// 此处代码省略
```

- 在正常情况下，使用 wait()方法进入阻塞状态的线程，会主动释放当前对象的独占操作权，如果要再次进入就绪状态，就必须重新获得当前对象的独占操作权。这个规则没有例外，即使在抛出异常时也没有例外，相应源码如下。

```
// 此处代码省略
synchronized (currentObject) {
  try {
    currentObject.wait();
  } catch (InterruptedException e) {
    // 此处代码省略
  }
}
// 此处代码省略
```

在上述源码片段中，线程在通过 wait()方法主动释放 currentObject 对象的独占操作权后，就会进入阻塞状态。即使出于某种原因，该线程在阻塞状态收到了 interrupt 中断信号，也需要在重新获取该对象的独占操作权后，才能运行 catch 语句中的源码。

2）wait()方法的多态表达。

wait()方法的多态表达包括 wait(long)和 wait(long, int)，这两种方法的具体解释如下。

- wait(long)：阻塞一段时间（单位为毫秒），如果这段时间内没有收到 notify 信号、notifyAll 信号，也没有收到 interrupt 中断信号，则重新允许该线程参与对象独占操作权的抢占工作。如果抢占成功，则该线程继续执行。
- wait(long, int)：该方法和上述方法类似，但要注意第二个参数，该参数传入一个纳秒数（1 毫秒 = 1000000 纳秒，CPU 一个指令大约需要 2～4 纳秒），这个入参所代表的纳秒数是在阻塞时间结束后，允许当前线程继续等待的 1 毫秒内的时间偏移量，它的取值范围为 0～999999。

3）解除 wait()方法的阻塞状态。

有几种场景可以将使用 wait()方法进入阻塞状态的线程状态重新切换为就绪状态。

- 获得当前对象独占操作权的线程 X 在 synchronized 代码块中调用 notify()方法或 notifyAll()方法，并且当前线程重新获得对象的独占操作权。

- 在使用 wait()方法时指定一个最长的阻塞等待时间，在到时间后，当前线程会重新参与当前对象独占操作权的抢占工作，并且重新获取当前对象的独占操作权。
- 当前线程收到 interrupt 中断信号，并且重新参与当前对象独占操作权的抢占工作。

4. notify()方法和 notifyAll()方法

在 Java JDK 中，对 notify()方法和 notifyAll()方法的解释分别如下。

1）notify()方法。

```
    Wakes up a single thread that is waiting on this object's monitor. If any threads
are waiting on this object, one of them is chosen to be awakened. The choice is arbitrary
and occurs at the discretion of the implementation. A thread waits on an object's monitor
by calling one of the wait methods.

    The awakened thread will not be able to proceed until the current thread relinquishes
the lock on this object. The awakened thread will compete in the usual manner with any
other threads that might be actively competing to synchronize on this object; for example,
the awakened thread enjoys no reliable privilege or disadvantage in being the next thread
to lock this object.
```

2）notifyAll()方法。

```
    Wakes up all threads that are waiting on this object's monitor. A thread waits on
an object's monitor by calling one of the wait methods.

    The awakened threads will not be able to proceed until the current thread relinquishes
the lock on this object. The awakened threads will compete in the usual manner with any
other threads that might be actively competing to synchronize on this object; for example,
the awakened threads enjoy no reliable privilege or disadvantage in being the next thread
to lock this object.
```

通过调用某个对象的 notify()方法或 notifyAll()方法，可以通知某个或所有因为没有该对象独占操作权而在 Wait Set 区域阻塞等待的线程（一般是主动调用 wait()方法释放掉该对象独占操作权而进入阻塞状态的线程），可以重新参与该对象独占操作权的抢占工作了。两个方法的区别是，notify()方法会通知一个相关线程，notifyAll()方法会通知所有相关线程。

但从使用层面来看，这种工作方式具有一定的局限性。

在实际的并发场景中，程序员往往不能严格控制两个线程或多个线程的执行顺序。如果要控制两个线程或多个线程的执行顺序，则需要花费一定的设计成本。例如，需要重新调整程序结构，或者引入其他线程，才能保证线程 A 调用 wait()方法一定在线程 B 调用 notify()方法/notifyAll()方法之前。本书后面会介绍一种无须严格限制两个同步线程的执行顺序，也能唤醒线程的方式。

5. interrupt 中断信号

通过向一个指定的线程发送 interrupt 中断信号，可以通知这个线程进行中断，但是否要真的中断线程运行，或者在中断线程运行前是否要完成一些额外的工作，取决于程序员设计的具体处理逻辑。可以使用以下方法向指定线程发出一次 interrupt 中断信号（当然向自身线程发出 interrupt 中断信号也是可以的）。

```
// 此处代码省略
Thread otherThread = new Thread("other thread");
// 此处代码省略
// 向 other thread 这个线程发送 interrupt 中断信号
otherThread.interrupt();
// 向当前线程发送 interrupt 中断信号（自己发信号给自己）
Thread.currentThread().interrupt();
// 此处代码省略
```

1）判断是否收到 interrupt 中断信号的方法。

线程在收到 interrupt 中断信号时可能处于就绪状态，也可能处于阻塞状态。如果线程处于就绪状态，则可以使用 static boolean interrupted()方法或 boolean isInterrupted()方法进行判断，如果 interrupted()方法返回 true，则表示当前线程收到了 interrupt 中断信号，线程中的相关逻辑可以根据实际情况决定是立即中断处理，还是继续处理，示例代码如下。

```
// 此处代码省略
Thread currentThread = Thread.currentThread();
// 自己给自己发送 interrupt 中断信号
currentThread.interrupt();
// 返回 true
System.out.println("当前线程收到 interrupt 中断信号? " + currentThread.isInterrupted());
// 此处代码省略
```

如果线程处于阻塞状态，则会抛出“java.lang.InterruptedException”异常，程序员可以在异常代码块中编写相关业务代码，决定是立即中断处理，还是继续处理，示例代码如下。

```
try {
  synchronized (currentObject) {
     // 在调用 wait()方法进入阻塞状态前，判断当前线程是否处于收到 interrupt 中断信号的状态
     // 如果当前线程处于收到 interrupt 中断信号的状态，就不会进入阻塞状态，
     // 而会直接抛出 InterruptedException 异常
     currentObject.wait();
   }
  } catch (InterruptedException e) {
   // 一旦在阻塞状态下收到了 interrupt 中断信号，就会抛出该异常
   // 此处代码省略
```

```
    }
}
```

2）判断是否收到 interrupt 中断信号的注意事项。

- static boolean interrupted()方法和 boolean isInterrupted()方法的主要区别是，前者在返回结果后会重置 interrupt 中断信号的状态，因此，在第二次调用该方法时，返回结果就会变为 false——除非在两次调用的间隙又收到新的 interrupt 中断信号，而 boolean isInterrupted()方法在返回结果后不会重置 interrupt 中断信号的状态，示例代码如下。

```
// 此处代码省略
Thread currentThread = Thread.currentThread();
// 自己给自己发送 interrupt 中断信号，多发几次
currentThread.interrupt();
currentThread.interrupt();
currentThread.interrupt();
// 返回 true
System.out.println("当前线程收到 interrupt 中断信号？" + Thread.interrupted());
// 返回 false
System.out.println("当前线程收到 interrupt 中断信号？" + Thread.interrupted());
// 自己给自己发送 interrupt 中断信号
currentThread.interrupt();
// 返回 true
System.out.println("当前线程收到 interrupt 中断信号？" + currentThread.isInterrupted());
// 返回 true
System.out.println("当前线程收到 interrupt 中断信号？" + currentThread.isInterrupted());
// 此处代码省略
```

- 如果连续收到多次 interrupt 中断信号，那么系统会认为是一次 interrupt 中断信号，更贴切的表述是“线程处于收到 interrupt 中断信号的状态”。
- 处于阻塞状态的线程在收到 interrupt 中断信号后，会**继续阻塞等待，直到当前线程获取指定对象的独占操作权**，才会执行与异常处理相关的源码，或者向上层抛出异常。
- 线程在收到 interrupt 中断信号时，如果处于就绪状态，那么会保持这个 interrupt 中断信号不被重置，直到该线程调用 wait()、join()等方法。这时该线程并不会因为调用 wait()、join()等方法而进入阻塞状态，它会直接抛出“java.lang.InterruptedException”异常。

6. join()方法

使用 join()方法可以使两个线程的执行过程具有先后顺序：如果线程 ThreadA 调用线程 ThreadB 的 join()方法，线程 ThreadA 就会一直阻塞等待（或阻塞等待指定的时间），直到线程 ThreadB 执行完成（结束/中断状态），线程 ThreadA 才会继续执行，如图 5-6 所示。

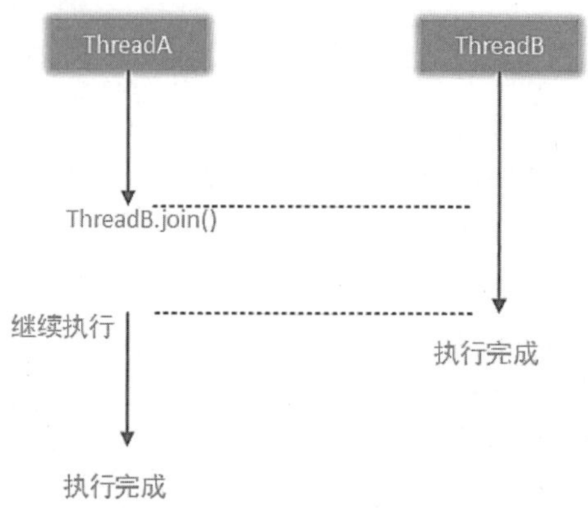

图 5-6

下面展示一段示例代码，该代码中创建了两个线程：一个是 main()方法执行的线程（记为 mainThread），另一个是名为 joinThread 的线程。接下来我们在线程 mainThread 中调用线程 joinThread 的 join()方法，让线程 mainThread 一直阻塞等待，在线程 joinThread 执行结束后，线程 mainThread 再继续执行。

```
public class JoinThread implements Runnable {
  // 此处代码省略
  public static void main(String[] args) throws Exception {
    // 启动一个子线程 joinThread，然后等待子线程 joinThread 执行结束，这个线程再继续执行
    Thread currentThread = Thread.currentThread();
    long id = currentThread.getId();
    Thread joinThread = new Thread(new JoinThread());
    joinThread.start();
    try {
      // 阻塞等待，直到线程 joinThread 执行完成，线程 mainThread 才继续执行
      joinThread.join();
      JoinThread.LOGGER.info("线程" + id + "继续执行! ");
    } catch (InterruptedException e) {
      e.printStackTrace();
    }
  }
  @Override
  public void run() {
    Thread currentThread = Thread.currentThread();
    long id = currentThread.getId();
    JoinThread.LOGGER.info("线程" + id + "启动成功，准备进入等待状态（5 秒）");
    // 使用 sleep()方法，模拟这个线程执行业务代码的过程
    try {
      Thread.sleep(5000);
    } catch (InterruptedException e) {
```

```
        LOGGER.error(e.getMessage(), e);
      }
      //执行到这里，说明线程被唤醒了
      JoinThread.LOGGER.info("线程" + id + "执行完成！");
    }
  }
```

在 Java 的基本线程操作中，调用 join()、join(long)和 join(long, int)方法都可以使目标线程进入阻塞状态，这 3 个方法的区别主要在阻塞时间上。

- join()：相当于调用 join(0)，调用该方法的线程会一直阻塞等待，直到目标线程执行结束，才会继续执行。
- join(long millis)：调用该方法的线程在等待 millis 毫秒后，无论目标线程是否执行结束，都会继续执行。
- join(long millis, int nanos)：调用该方法的线程会阻塞 millis 毫秒+nanos 纳秒，无论目标线程是否执行结束，都会继续执行。实际上，第二个参数 nanos 只是一个参考值（修正值），该参考值主要用于帮助程序进行以毫秒为单位的修正工作。该方法的源码如下。

```
  public final synchronized void join(long millis, int nanos) throws
InterruptedException {
    if (millis < 0) {
      throw new IllegalArgumentException("timeout value is negative");
    }
    if (nanos < 0 || nanos > 999999) {
      throw new IllegalArgumentException("nanosecond timeout value out of range");
    }
    if (nanos > 0 && millis < Long.MAX_VALUE) {
      millis++;
    }
    join(millis);
  }
```

在现代计算机体系中，让某种高级语言精确到 1 纳秒是一件困难的事。读者可以想象一下，主频为 2.4GHz 的 CPU 在 1 秒内可以产生 24 亿次高低电压，而一次硬件级别的位运算需要多次高低电压。这就不难理解，为什么在 join(long millis, int nanos)方法中，第二个参数只是一个参考值了，因为根本没办法精确控制 1 纳秒的时间。

5.3　Object Monitor 基本结构概要

前面提到，基于 Object Monitor 模式的资源管理方式是一种典型的悲观锁思想的实现。那么 Object Monitor 模式是怎样完成工作的呢？

5.3.1 synchronized 修饰符和锁升级过程

1. 和同步块控制有关的对象结构

在 HotSpot JVM 的工作区中将对象结构分为 3 个区域，分别为对象头（Header）、对象实际数据（Instance Data）和对齐区（可能存在），如图 5-7 所示。其中，对象头是实现 Object Monitor 管程控制模式的关键。

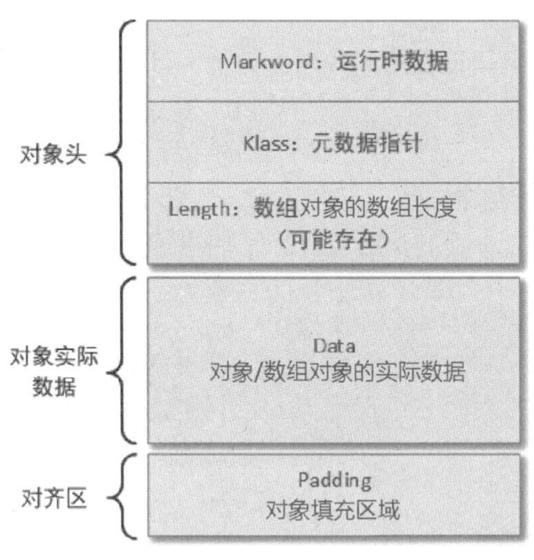

图 5-7

对齐区（Padding）：对齐区并不是必须存在的，它最大的作用是占位，因为 HotSpot JVM 要求被管理的对象的大小是 8 字节的整数倍，在某些情况下，需要对不足的对象区域进行填充。

对象实际数据：这个区域主要用于描述真实的对象数据，包括对象中的所有成员的属性信息，如其他对象的地址引用、基础数据类型的数据值。

对象头（Header）：对象头是本节重点讨论的部分，在不同操作系统中、不同 JVM 配置（如是否开启指针压缩）下，对象头的结构不完全一致。为了便于讲解，本书讨论 64 位 JDK 在 64 位操作系统中的内部结构（不考虑对象压缩）。

注意：整个对象头的结构长度并不是固定不变的，在 32 位操作系统和 64 位操作系统中就有结构长度上的差异，并且在启用对象指针压缩和没有启用对象指针压缩的情况下，对象头的结构长度也不一样。例如，在 64 位操作系统中，原生对象头的结构长度为 16 字节（不包括数组长度区），压缩后的对象头的结构长度为 12 字节。

根据具体情况，对象头区域可分为 2～3 部分。

- Length（只有数组形式的对象会有这个区域）：如果一个对象是数组，那么这个区域表示数组长度，在未压缩时为 8 字节，共 64 位。
- Klass：是一个指针区域，这个指针区域指向元数据区中（JDK 1.8+）该对象所代表的类，这样 JVM 才知道这个对象是哪个类的实例，在未压缩时为 8 字节，共 64 位。
- Markword：在 64 位 JVM 中，该区域在未压缩时占据对象头区域中的 8 字节，共 64 位，主要用于存储对象在运行时的数据，并且记录对象当前锁机制的相关信息。

这里我们重点讨论和 synchronized 代码块加锁过程有关的 Markword 区域，首先说明以下两点。

- 对象的锁状态不同，Markword 区域的存储结构不同。例如，在对象处于轻量级锁状态的情况下，Markword 区域的存储结构是一种；在对象处于偏向锁状态的情况下，Markword 区域的存储结构是另一种。
- Markword 区域在 64 位 JVM 中和在 32 位 JVM 中的结构长度不同。在 64 位 JVM 中，常见的 Markword 区域结构如图 5-8 所示。

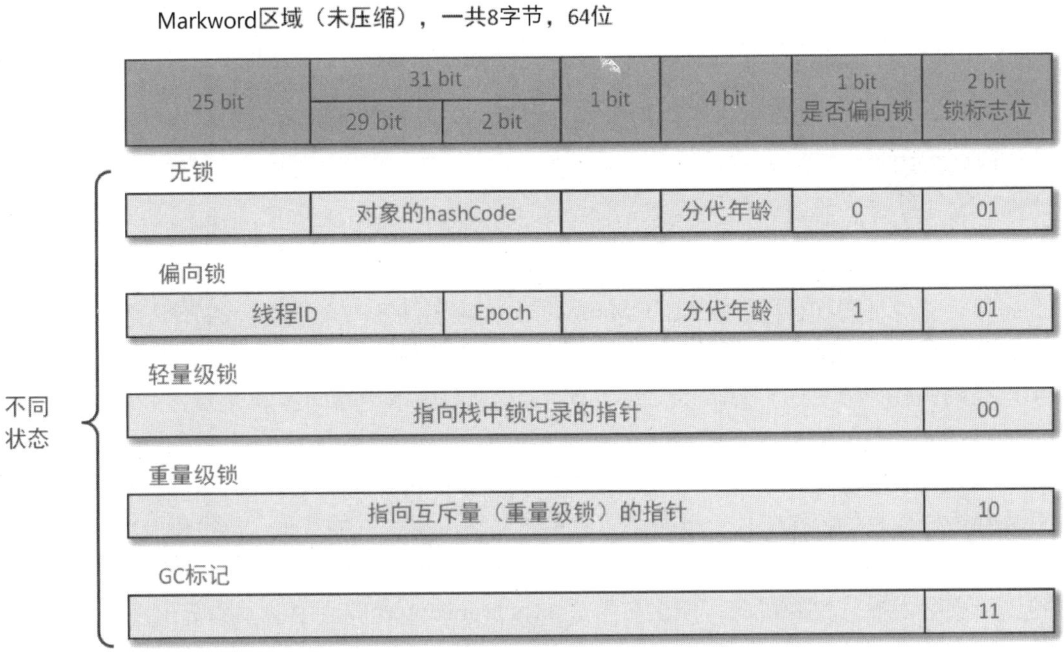

Markword区域（未压缩），一共8字节，64位

不同状态	25 bit	31 bit		1 bit	4 bit	1 bit 是否偏向锁	2 bit 锁标志位
		29 bit	2 bit				
无锁		对象的hashCode			分代年龄	0	01
偏向锁	线程ID		Epoch		分代年龄	1	01
轻量级锁	指向栈中锁记录的指针						00
重量级锁	指向互斥量（重量级锁）的指针						10
GC标记							11

图 5-8

对象结构有大量的第三方资料，但是这些资料要么没有说清楚 JVM 的运行状态，要么是直接从书本上摘抄的。要深入了解对象结构，最好的方法是自行实践。这里推荐一

个好用、开源的 Java 对象结构分析工具——JOL。使用 JOL 工具，可以查看特定对象的结构细节。

注意：从 JDK 1.8 开始，JVM 在运行时默认开启对象压缩功能，可以尝试在开启和关闭对象压缩功能的情况下，分别对对象结构细节进行分析。在 JVM 内有空间没有压缩的情况下，使用 JOL 工具查看到的 Java 对象在刚完成初始化工作后的内存结构如图 5-9 所示。

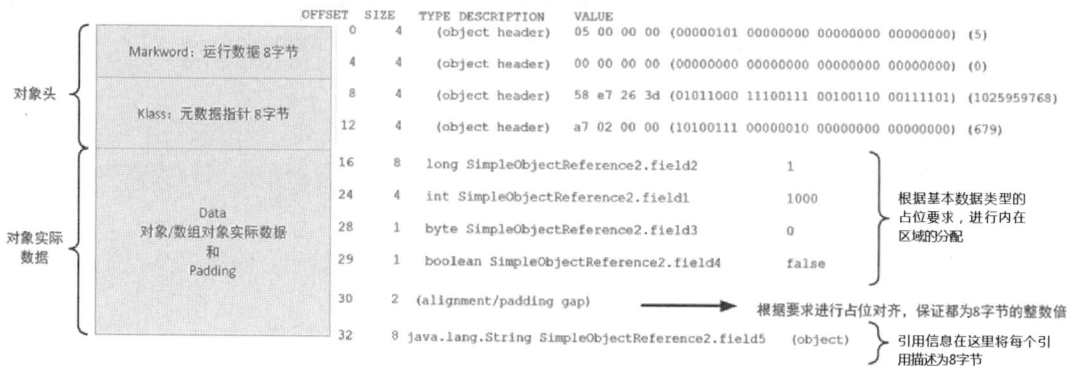

图 5-9

2. 锁状态升级

程序员在 Object Monitor 模式下协调多个线程抢占同一个对象的独占操作权，就是通过改变该对象 Markword 区域中的数据实现的。线程在 Object Monitor 模式下的执行过程中，为了尽可能保证操作性能，对象的 Markword 区域还涉及一个锁机制的升级过程（又称为锁膨胀过程），**升级顺序为偏向锁→轻量级锁→重量级锁**。需要注意的是，偏向锁在 JDK 15 中已经确认被去掉，但不影响本书对 JDK 14 及之前版本中偏向锁的介绍。

1）偏向锁。

偏向锁实际上是在没有多个线程抢占指定对象独占操作权的情况下，完全取消对这个对象独占操作权的抢占工作。当前唯一请求对象独占操作权的线程，其线程 ID 会被对象记录到对象头的 Markword 区域中（使用 CAS 技术更新记录）。如果一直没有出现其他线程抢占对象独占操作权的情况，那么在当前 synchronized 代码块中基本不会出现针对独占权抢占工作的额外处理。

举个例子，当前进程中只有线程 A 在请求对象 Y 的独占操作权，以便进入相关的 synchronized 代码块，这时 Object Monitor 模式就会将对象 Y 的对象头标记为“偏向锁”，并且指向线程 A，**表示为线程 A 分配了一个偏向锁，之后会取消针对对象 Y 独占操作权的**

抢占操作。如果在线程 A 执行同步代码块时，线程 B 试图抢占对象 Y 的独占操作权，并且线程 B 在通过自旋操作后仍然没有获取对象 Y 的独占操作权，那么在 Object Monitor 模式会消除对象 Y 上针对线程 A 的偏向锁，将其升级为轻量级锁。

2）轻量级锁。

按照之前对偏向锁的描述，**偏向锁主要用于解决在没有对象抢占的情况下，由单个线程进入同步代码块时的加锁问题。一旦出现了两个或多个线程抢占对象独占操作权的情况，偏向锁就会升级为轻量级锁**。轻量级锁使用 CAS 技术实现，表示多个需要抢占对象独占操作权的线程，基于 CAS 技术持续尝试获取对象独占操作权的过程。

由此可知，轻量级锁是一种乐观锁实现，因为它主要依靠 CAS+重试（自旋）的方式实现。下面来看一个实例。在将当前对象 Y 的锁级别升级为轻量级锁后，JVM 会在线程 A、线程 B 和之后请求获取对象 Y 独占操作权的若干个线程的栈帧中，添加一个锁记录空间（记为 Key 空间），并且将对象头中的 Markword 区域中的数据复制到锁记录空间中。然后线程会持续尝试使用 CAS 技术将对象头中的 Markword 区域中的数据替换为指向本线程锁记录空间的指针。如果替换成功，那么当前线程获得这个对象的独占操作权，如图 5-10 所示；如果多次 CAS 操作都失败了，那么说明当前对象的多线程抢占现象比较严重，将该对象的锁级别升级为重量级锁。

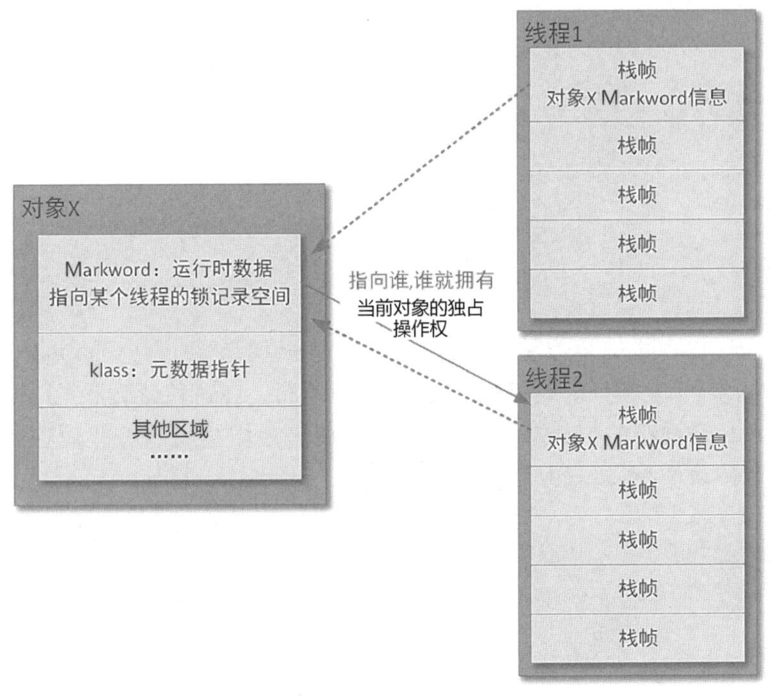

图 5-10

3）重量级锁。

synchronized 修饰符所代表的线程管理方式从最初的 JDK 版本就已经提供，在 JDK 1.6 中做了较大的升级。例如，引入偏向锁，实现轻量级锁，还提供了锁升级机制，用于优化抢占性能。如果出现了较大规模的对象独占操作权抢占现象，并且轻量级锁不能平衡各线程的抢占冲突，那么锁工作机制最终会被升级为重量级锁。

重量级锁是一种管程模型的实现，它在有操作系统协助的情况下，对线程间的锁竞争进行管理（后面会对该管程进行介绍）。

3. 锁粗化和锁消除

JVM 对于 Object Monitor 模式的性能优化不止体现在锁的升级过程中，还体现在对锁的粗化效果和对锁的消除效果上。在正常情况下，synchronized 代码块规模应该越小越好。这个要求很好理解，synchronized 代码块规模越小，说明锁的控制粒度越好，需要进行独占操作的冲突区域就越小。但是，如果为了满足这个要求而强制使用多个 synchronized 修饰符将指定代码片段拆分为多个 synchronized 代码块，那么不仅达不到优化效果，还会造成多余的性能损耗，代码如下。

```
synchronized (object) {
 // A段落
}
// 此处代码省略
synchronized (object) {
 // B段落
}
// 此处代码省略
synchronized (object) {
 // C段落
}
```

在上述代码中，同一个方法的代码块被人为分割为多个 synchronized 代码块，在 synchronized 同步代码块之间只有很少一部分代码逻辑。在这种情况下，JVM 会根据语境对 synchronized 修饰符的修饰效果进行优化，具体操作是将这些代码逻辑挪到同一个 synchronized 代码块中执行，如下所示。

```
// 此处代码省略
synchronized (object) {
 // 此处代码省略
 // A段落
 // B段落
 // C段落
 // 此处代码省略
```

```
}
// 此处代码省略
```

锁的消除是 JVM 另一种针对 Object Monitor 模式的性能优化方式，如果 JVM 发现 synchronized 代码块所参照的对象实际上并不涉及任何多线程工作场景（这种优化方式需要基于逃逸分析，JVM 中基于逃逸分析的优化要点涉及多个方面，如标量替换、栈上分配，逃逸分析是 JDK 1.8+提供的非常有效的优化手段，并且 JDK 1.8+默认开启逃逸分析功能），那么 JVM 会在即时编译阶段忽略加锁操作，更不会涉及在 Object Monitor 模式下的任何操作。

举例来说，Vector 集合支持在多线程场景中工作（但不建议在高并发场景中使用），具体操作是在对象方法维度添加 synchronized 修饰符，这种方法类似于对 this 对象加锁。如果使用 Vector 集合作为某个方法内的局部变量，那么 JVM 在经过逃逸分析后就不会对 Vector 集合对象进行加锁操作，甚至可能不会在堆区中创建这个对象（这是逃逸分析的另一个知识点，有兴趣的读者可以查看相关资料）。

```
synchronized (object) {
  // 代码段落
}
```

如果 object 对象不涉及任何多线程操作，甚至只是线程 X 中的一个局部变量，那么锁消除后的效果如下。

```
// 代码段落
```

5.3.2　管程与 synchronized 修饰符

在支持多线程操作模式的操作系统中，为了保证线程操作的安全性，需要上层的高级语言解决两个基本问题：互斥问题和同步问题。为解决管程问题而存在的几种业界标准技术模型，Java 主要遵循其中的 MESA 模型，并且提供了两种管程实现。

synchronized 修饰符背后的工作过程就是其中一种管程实现——Object Monitor 模式。Object Monitor 模式可直译为对象检查，实际上它的专业名称应该是基于 Object 对象状态的单条件变量管程模型实现，Monitor 意译为管程（后面为了保持表达的统一，本书采用 Object Monitor 模式检查或 Object Monitor 模式）。

在这个管程实现中，使用 synchronized 代码块解决互斥问题，即 synchronized 代码块中的逻辑代码在同一时间只能由一个线程执行；使用 wait()、notify()、notiyAll()、join()等方法解决同步问题，即通过调用这些方法，可以达到线程间状态切换和线程间协作通知的目的，如图 5-11 所示。

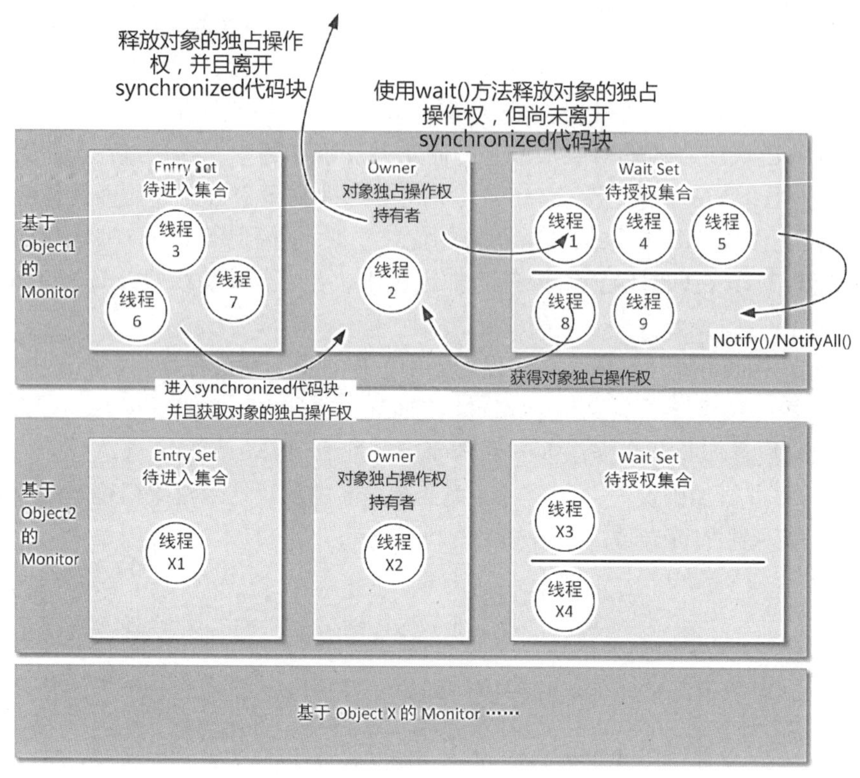

图 5-11

在对象的 Object Monitor 模式的控制结构中，一共存在三个控制象限。

- 第一个控制象限为待进入 synchronized 代码块的区域（Entry Set），停留在这个区域内的线程还没有获得对象的独占操作权，因此仍然停留在 synchronized 代码块外，即代码“synchronized(Object)”的位置。**处于 Entry Set 区域内的线程，其线程状态被标识为 BLOCKED**，该状态可以使用 jstack 命令观察到（后面会进行详细介绍）。
- 第二个控制象限为对象独占操作权持有区域（Owner），在对象的 Object Monitor 模式下，在同一时间最多有一个线程处于这个区域内，**所以 Object Monitor 模式就会出现同一时间只能有一个线程在 synchronize 代码块内执行的效果。**当前持有对象独占操作权的线程互斥量会被记录到该对象的对象头中。
- 第三个象限为待授权区域（Wait Set），没有退出 synchronized 代码块，并且暂时没有对象独占操作权的线程会被放置到该区域内。注意**对象独占操作权和抢占权之间的关系：**如果某个线程使用 wait()等方法释放了对象的独占操作权，那么只要这个线程没有退出 synchronized 代码块，在未来就有权被通知重新参与对象独占操作权的抢占工作。并不是处于待授权区域（Wait Set）的线程都可以重新参与对象独占操作权的抢占工作，只有使用 notify()方法或类似方法被通知转移的线程才可以参与。

需要注意的是，**每个对象的 Object Monitor 模式检查过程相对独立，但是一个线程可以同时拥有一个或多个对象的独占操作权。**

前面提到的所有线程状态，都可以使用 Java 提供的 jstack 命令进行观察（还可以使用基于 JMX 协议工作的各种监控工具进行观察）。处于不同象限的线程，会表现出不同的线程状态，本书后续示例会给出详细说明。

5.3.3 对线程状态切换示意图进行细化

根据前面介绍的线程状态，我们可以对 5.2.2 节中的线程状态切换示意图进行细化：将 Object Monitor 模式下的线程状态细分为 WAITING 状态和 BLOCKED 状态，如图 5-12 所示。

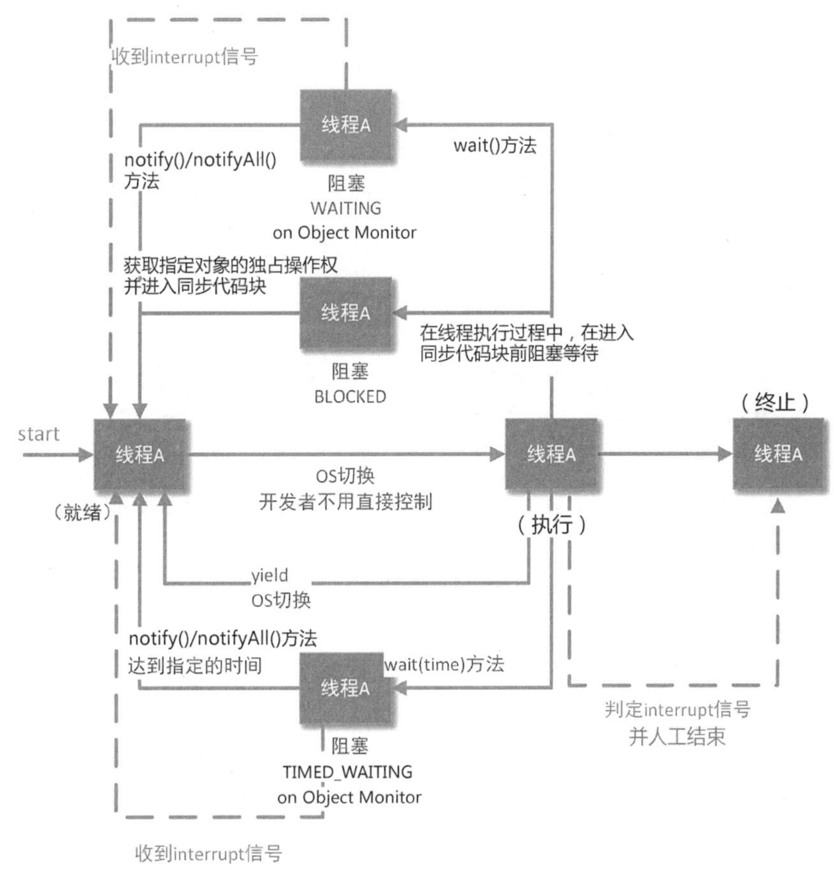

图 5-12

实际上线程状态切换的细分状态还有很多，本书会在后续讲解中继续对其进行细化。

在图 5-12 中，线程间状态切换仅限于使用 Object Monitor 模式的工作场景，并不包括直接或间接使用 LockSupport 工具类中相关方法的切换场景。而这些线程状态在 java.lang.Thread.State 类中都有大致介绍，如图 5-13 所示。

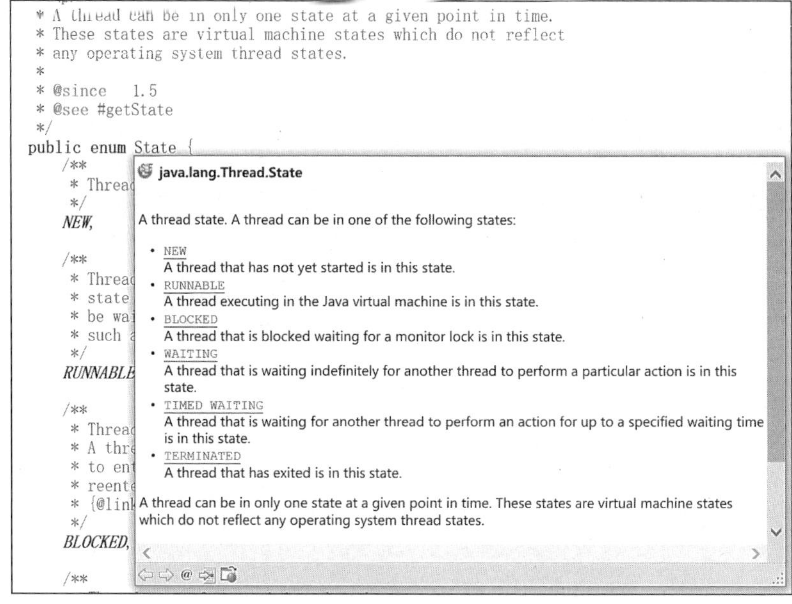

图 5-13

- **NEW**：该状态表示一个线程刚刚被创建，但是还没有开始运行。
- **RUNNABLE**：就绪状态。单线程是否在运行，还要看这个线程是否获得了 CPU 的时间片，这个过程开发者不能直接控制。需要注意的是，处于这种状态的线程可能在其方法栈中能看到 locked 关键字，这表示它获得了某个对象的独占操作权，并且继续进行着后续的处理工作。
- **BLOCKED**：处于 Entry Set 象限中的线程状态。处于该状态的线程会试图获取指定对象的独占操作权，从而进入 synchronized 代码块。但是出于某种原因，当前线程没有获得指定对象的独占操作权，还在 synchronized 代码块外处于阻塞状态。
- **WAITING**：这是一种不限时间的阻塞状态。处于该状态的线程一般停留在 park()、wait()、join()等方法位置，并且会一直等待另一个线程执行特定的唤醒操作（如调用 notify()方法、发出 interrupt 中断信号等）。如果进入这种状态的方式不一样，那么阻塞状态会有细微的差别。
- **TIMED_WAITING**：有时限的阻塞状态，处于该状态的线程会等待另一个线程的特定操作。与 WAITING 状态的区别可能是在 wait()方法中加上了时间限制，即使用 wait(timeout)方法，也可能是调用了 sleep()方法。

- **TERMINATED**：终止状态，表示线程已退出。

以上状态是程序员通过 SDK 可以获取的线程状态。使用各种监控工具观察线程状态通常是无法观察到 NEW 状态的，因为在 NEW 状态下，线程还未真正在操作系统中创建出来；TERMINATED 状态也很难观察到，这主要取决于监控工具是否支持，因为处于该状态的线程已经在操作系统层面上消亡了。

在通常情况下，当线程处于运行状态时，线程的状态名应该是 RUN、RUNNING 等单词，但**为什么在 Java 官方描述中，处于运行状态的线程使用 RUNNABLE 进行标识呢？**

这是因为线程和线程调度都是操作系统级别的概念，某个线程是否由 CPU 运行，不是由开发者直接决定的，也不是由 JVM 直接决定的（JVM 向开发者暴露的接口只对线程优先级、线程调度类型的选择提供支持），而是由操作系统决定的。

5.4　使用 jstack 命令观察线程状态

jstack 命令主要用于输出指定 Java 进程中每个线程的工作状态、每个线程栈当前的方法执行顺序等。也就是说，使用该命令，可以在线或离线分析 Java 进程中的线程情况，这是技术人员常用的应用程序调试方法。

需要注意的是，使用 jstack 命令并不能观察到 JVM 中所有结构模块的工作状态。例如，使用 jstack 命令不能观察堆内存中的情况，以及垃圾回收引擎的 GC 工作情况。但这并不影响对线程状态问题的讨论。在 JDK 14 中，垃圾回收引擎做出了多次较大规模的调整。例如，放弃 CMS 回收器，增加了 G1 回收器，推出新的 Shenandoah 回收器，正式推荐使用完善的 ZGC 回收器，等等。有兴趣的读者可以参考相关官方文档。

5.4.1　jstack 基本命令

jstack 基本命令的使用方法如下。

```
#jstack -help
Usage:
    jstack [-l] <pid>
        (to connect to running process)
    jstack -F [-m] [-l] <pid>
        (to connect to a hung process)
    jstack [-m] [-l] <executable> <core>
        (to connect to a core file)
    jstack [-m] [-l] [server_id@]<remote server IP or hostname>
        (to connect to a remote debug server)
```

```
    Options:
        -F  to force a thread dump. Use when jstack <pid> does not respond (process is
hung)
        -m  to print both java and native frames (mixed mode)
        -l  long listing. Prints additional information about locks
        -h or -help to print this help message
```

- pid 是当前要进行线程栈情况分析的 Java 进程的进程号。
- F：强制显示线程栈中的 dump 信息，在这种情况下，通常 JVM 进程已经因为某种原因停止响应了。这个参数很有用，因为一般对 Java 进程进行线程栈情况分析的场景，是因为 Java 进程不工作了。
- m：打印包括 Java 线程（用户线程、GC 线程、JVM 内部线程）和 Native 线程（如果当前快照时间点存在 JIN 调用）在内的所有线程状态。
- l：该参数主要用于指示 jstack 命令打印线程栈中每个栈帧的详细信息，包括每个线程中持有的、等待的锁状态。

5.4.2 jstack 命令中的线程关键信息

方法栈信息是指线程栈中每一个栈帧中的信息概要，一部分连续的方法栈信息如图 5-14 所示。

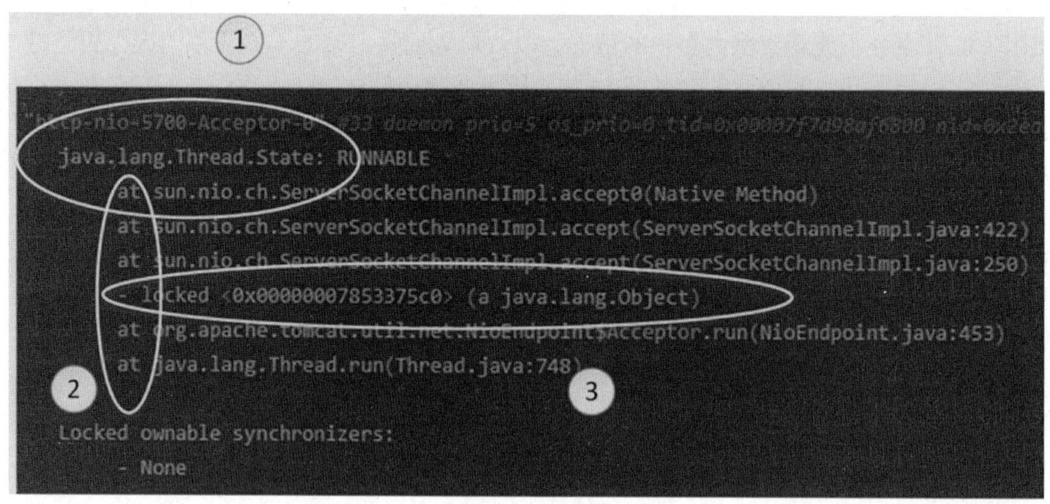

图 5-14

这是一个名称为 http-nio-5700-Acceptor-0 的线程（这个线程是笔者从 Spring boot 运行实例中截取的，主要用于使用 NIO（Non-Blocking IO，是 Java 提供的一种网络编程 API）接收 5700 端口上的 HTTP 请求，这个线程目前处于 RUNNABLE（就绪）状态。

前面提到，在 jstack 命令输出的信息中，有一个重要信息，即栈帧信息，它以 at 关键字开头。例如，在图 5-14 中，该线程的方法调用过程在 Thread 类中的第 748 行开始调用另一个方法（看过源码的读者可以发现，第 748 行源码就是执行 Thread 中 target 对象的 run()方法，源自 JDK 1.8）。紧接着在 NioEndpoint$Acceptor 类中的第 453 行（在 NioEndpoint$Acceptor.run()方法中）调用下一个方法。

需要注意的是，在方法栈中第三个方法的调用过程中，该线程持有一个对象的独占操作权（俗称锁），这个对象是一个 java.lang.Object 类的实例化对象。除非这个对象通过某种方式释放这个对象的独占操作权，否则一旦其他线程（记为线程 B）需要操作这个对象，并且试图获取这个对象的锁，线程 B 就会进入阻塞状态。阻塞状态的线程栈实例如图 5-15 所示。

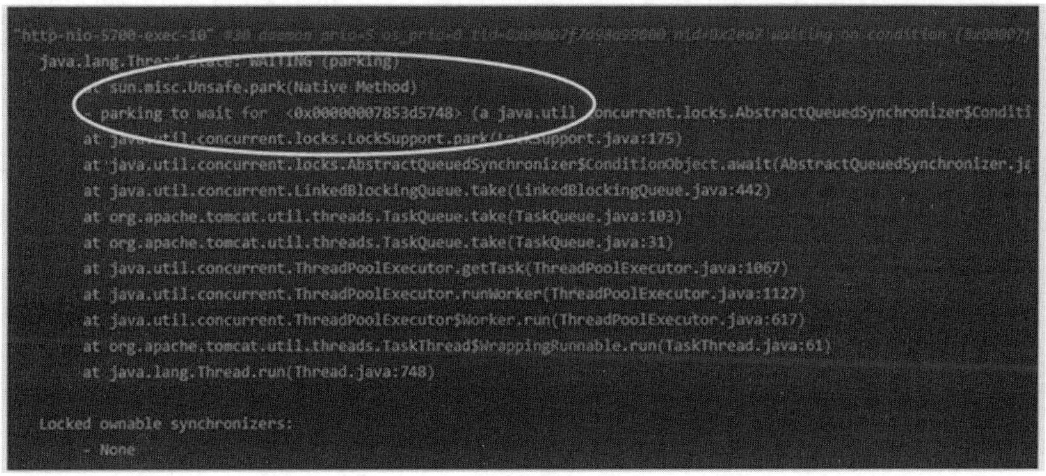

```
"http-nio-5700-exec-10" #30 daemon prio=5 os_prio=0 tid=0x00007f7d98a09000 nid=0x2ea7 waiting on condition [0x00007f
   java.lang.Thread.State: WAITING (parking)
        at sun.misc.Unsafe.park(Native Method)
        - parking to wait for  <0x00000007853d5748> (a java.util.concurrent.locks.AbstractQueuedSynchronizer$Conditi
        at java.util.concurrent.locks.LockSupport.park(LockSupport.java:175)
        at java.util.concurrent.locks.AbstractQueuedSynchronizer$ConditionObject.await(AbstractQueuedSynchronizer.j
        at java.util.concurrent.LinkedBlockingQueue.take(LinkedBlockingQueue.java:442)
        at org.apache.tomcat.util.threads.TaskQueue.take(TaskQueue.java:103)
        at org.apache.tomcat.util.threads.TaskQueue.take(TaskQueue.java:31)
        at java.util.concurrent.ThreadPoolExecutor.getTask(ThreadPoolExecutor.java:1067)
        at java.util.concurrent.ThreadPoolExecutor.runWorker(ThreadPoolExecutor.java:1127)
        at java.util.concurrent.ThreadPoolExecutor$Worker.run(ThreadPoolExecutor.java:617)
        at org.apache.tomcat.util.threads.TaskThread$WrappingRunnable.run(TaskThread.java:61)
        at java.lang.Thread.run(Thread.java:748)

   Locked ownable synchronizers:
        - None
```

图 5-15

这是一个名称为 http-nio-5700-exec-10 的线程，它是 http-nio-5700- Acceptor-0 线程在拿到准备好的 http 处理请求后，实际处理 http 处理请求的执行线程。

观察发现，这个线程处于阻塞状态。阻塞点在哪里呢？注意方法栈栈顶的两个方法：该线程在执行 LockSupport 类的第 175 行时（在 LockSupport.park()方法中，源自 JDK 1.8），调用了一个 JNI 方法（Unsafe.park()方法），在 Unsafe.park()方法内部，当前线程会等待内存起始地址为 0x00000007853d5748 的对象（AbstractQueuedSynchronizer$ConditionObject 类的一个对象）的操作权限，于是该线程进入阻塞状态。这是线程池中的线程利用 AQS 实现进入阻塞状态的常见场景，注意 WAITING 状态后的小括号中的标记说明“parking”，该标记说明和后面讲解的内容有关（详见 6.2 节中的内容）。

5.4.3 线程状态及切换方式（仅限 Object Monitor 模式）

1. 从 NEW 状态进入 RUNNABLE 状态

在使用 new 关键字创建一个线程（如 new Thread(r)）时，该线程还没有运行，它处于新建状态。处于新建状态的线程不能使用 jstack 命令进行观察，因为该线程还没有被托管到操作系统，但是我们可以通过 Java 代码调出当前线程的状态信息。

2. RUNNABLE 状态和 BLOCKED 状态之间的切换

如果某个线程需要得到指定 Object 对象的独占操作权，并且试图进入 synchronized 代码块，但发现不能获得 Object 对象的独占操作权，那么该线程会进入 BLOCKED 状态。示例代码和调试结果如图 5-16 所示。

```
/**
 * 根据多个线程的不同执行情况，观察对应的线程状态
 * @author yinwenjie
 */
public class TestStates {

  public static void main(String[] args) {
    Thread thread1 = new Thread(new MyThread(), "thread1");
    Thread thread2 = new Thread(new MyThread(), "thread2");
    thread1.start();
    thread2.start();
  }

  private static class MyThread implements Runnable {

    @Override
    public void run() {
      Thread currentThread = Thread.currentThread();
      System.out.println("112223 : " + currentThread.getName());
      synchronized (TestStates.class) {
        System.out.println("3456789");
      }
    }
  }
}
```

图 5-16

上述代码片段创建了两个线程，分别为 thread1 和 thread2。如果线程 thread2 先于线程 thread1 获得 TestStates.class 对象的独占操作权，并且进入 synchronized 代码块，那么线程 thread1 进入 BLOCKED 状态，使用 jstack 命令观察当前线程栈的状态，可以发现如下情况。

```
# jstack 197300
Full thread dump Java HotSpot(TM) 64-Bit Server VM (25.144-b01 mixed mode):
"DestroyJavaVM" #16 prio=5 os_prio=0 tid=0x0000000002fce000 nid=0x3b794 waiting on
condition [0x0000000000000000]
```

```
      java.lang.Thread.State: RUNNABLE
   "thread2" #15 prio=5 os_prio=0 tid=0x000000001ee53000 nid=0x368d8 runnable
[0x000000001febf000]
      java.lang.Thread.State: RUNNABLE
         at testThread.TestStates$MyThread.run(TestStates.java:23)
         - locked <0x000000076c5c4090> (a java.lang.Class for testThread.TestStates)
         at java.lang.Thread.run(Thread.java:748)
   "thread1" #14 prio=5 os_prio=0 tid=0x000000001ee52000 nid=0x3b80c waiting for
monitor entry [0x000000001fdbf000]
      java.lang.Thread.State: BLOCKED (on object monitor)
         at testThread.TestStates$MyThread.run(TestStates.java:23)
         - waiting to lock <0x000000076c5c4090> (a java.lang.Class for
testThread.TestStates)
         at java.lang.Thread.run(Thread.java:748)
   ......省去其余信息
```

线程 thread1 正在等待获取对象（0x000000076c5c4090，它是一个 java.lang.Class 类的实例化对象）的独占操作权，而当前持有该对象（0x000000076c5c4090）独占操作权的是线程 thread2。

3．RUNNABLE 状态和 WAITING 状态之间的切换

线程从 RUNNABLE 状态切换到 WAITING 状态的方法有很多。使用 wait()方法释放对象的独占操作权，可以使当前线程进入 WAITING 状态。当前线程调用某线程的 join()方法，在等待后者执行完成后，可以使当前线程进入 WAITING 状态。当前线程调用 sleep()方法、调用 LockSupport 工具类的 park()方法，也可以使当前线程进入 WAITING 状态。

需要说明的是，除了在 Object Monitor 模式下的操作可以使线程进入 WAITING 状态，还有一些操作场景也可以使线程进入 WAITING 状态（WAITING 状态表现的细节不一样）。但是限于本书讲解的顺序，此处只讲解在 Object Monitor 模式下进入 WAITING 状态的方法。

1）通过调用 wait()方法进入 WAITING 状态。

在 synchronized 代码块中调用 wait()方法，可以使当前线程让出对象的独占操作权，并且进入阻塞状态，示例代码如图 5-17 所示。

根据图 5-17 中的代码可知，虽然线程 thread1 可能先于线程 thread2 拿到 TestStates.class 对象的独占操作权，并且进入 synchronized 代码块，但是紧接着线程 thread1 调用 wait()方法让出了对象的独占操作权并进入了 WAITING 状态。这时还未进入 synchronized 代码块的线程 thread2 即可重新抢占并获得对象的独占操作权。线程 thread2 的状态也由 BLOCKED 状态切换成了 RUNNABLE 状态。使用 jstack 命令可以验证这样的状态切换，示例代码如下。

```java
9   public static void main(String[] args) {
10    Thread thread1 = new Thread(new MyThread(), "thread1");
11    Thread thread2 = new Thread(new MyThread(), "thread2");
12    thread1.start();
13    thread2.start();
14  }
15
16  private static class MyThread implements Runnable {
17
18    @Override
19    public void run() {
20      Thread currentThread = Thread.currentThread();
21      synchronized (TestStates.class) {
22        System.out.println("currentThread " + currentThread.getName() + " do something!!");
23        try {
24          TestStates.class.wait();
25        } catch (InterruptedException e) {
26          e.printStackTrace(System.out);
27        }
28      }
29    }
30  }
```

图 5-17

```
# jstack 246124
Full thread dump Java HotSpot(TM) 64-Bit Server VM (25.144-b01 mixed mode):
"thread2" #15 prio=5 os_prio=0 tid=0x000000001ef74800 nid=0x3c554 runnable
[0x000000001ffdf000]
   java.lang.Thread.State: RUNNABLE
       at testThread.TestStates$MyThread.run(TestStates.java:22)
       - locked <0x000000076c5c4090> (a java.lang.Class for testThread.TestStates)
       at java.lang.Thread.run(Thread.java:748)
"thread1" #14 prio=5 os_prio=0 tid=0x000000001ef73800 nid=0x3c5cc in Object.wait()
[0x000000001fedf000]
   java.lang.Thread.State: WAITING (on object monitor)
       at java.lang.Object.wait(Native Method)
       - waiting on <0x000000076c5c4090> (a java.lang.Class for
testThread.TestStates)
       at java.lang.Object.wait(Object.java:502)
       at testThread.TestStates$MyThread.run(TestStates.java:24)
       - locked <0x000000076c5c4090> (a java.lang.Class for testThread.TestStates)
       at java.lang.Thread.run(Thread.java:748)
// 其他输出省略
```

使用 jstack 命令，我们观察到：在线程 thread1 的线程栈中，从栈底开始的第二个栈帧获得了对象（0x000000076c5c4090）的独占操作权，并且执行到 TestStates$MyThread 类中的第 24 行。接着在 24 行调用了对象的 wait()方法（Object 类中的第 502 行），释放了对象的独占操作权，并且进入 WAITING (on object monitor)状态。然后线程 thread2 拿到了对象（0x000000076c5c4090）的独占操作权，并且正在执行 TestStates$MyThread 类中的第 22 行源码（同样在 TestStates$MyThread 类的 run()方法中，即示例代码中的 System.out.println()方法）。

2）通过调用 join ()方法进入 WAITING 状态。

使用 join()方法可以让一个线程进入 WAITING 状态，在另一个线程执行结束后，再继续执行。示例代码片断如下。

```
// 之前的代码片段省略
public static void main(String[] args) {
  Thread thread1 = new Thread(new MyThread1(), "thread1");
  Thread thread2 = new Thread(new MyThread2(thread1), "thread2");
  thread1.start();
  thread2.start();
}
private static class MyThread2 implements Runnable {
  private Thread joinThread;
  public MyThread2(Thread joinThread) {
    this.joinThread = joinThread;
  }
  @Override
  public void run() {
    Thread currentThread = Thread.currentThread();
    System.out.println("当前线程[" + currentThread.getName() + "]使用 join 进入等待");
    try { this.joinThread.join(); }
    catch (InterruptedException e) { e.printStackTrace(System.out); }
    System.out.println("当前线程[" + currentThread.getName() + "]已经完成等待");
  }
}
private static class MyThread1 implements Runnable {
  @Override
  public void run() {
    Thread currentThread = Thread.currentThread();
    System.out.println("当前线程[" + currentThread.getName() + "]正在运行");
  }
}
// 之后的代码片段省略
```

上述代码片段的其中一种运行情况如下：MyThread2 类的对象运行到第 21 行，即调用 join()方法的位置，这时这个线程会进入阻塞（WAITING）状态；而 MyThread1 类的对象运行到第 33 行，即刚完成 System.out 方法调用，但是整个方法还没有运行结束的位置，这时这个线程处于 RUNNABLE 状态。使用 jstack 命令验证线程状态，示例代码如下。

```
>jstack 289476
Full thread dump Java HotSpot(TM) 64-Bit Server VM (25.144-b01 mixed mode):
......
"thread2" #15 prio=5 os_prio=0 tid=0x000000001ec53000 nid=0x46064 in Object.wait()
[0x000000001fc5f000]
   java.lang.Thread.State: WAITING (on object monitor)
        at java.lang.Object.wait(Native Method)
        - waiting on <0x000000076c5c4910> (a java.lang.Thread)
```

```
        at java.lang.Thread.join(Thread.java:1252)
        - locked <0x000000076c5c4910> (a java.lang.Thread)
        at java.lang.Thread.join(Thread.java:1326)
        at testThread.TestJoin$MyThread2.run(TestJoin.java:25)
        at java.lang.Thread.run(Thread.java:748)
   "thread1" #14 prio=5 os_prio=0 tid=0x000000001ec52000 nid=0x46054 at
breakpoint[0x000000001fb5f000]
      java.lang.Thread.State: RUNNABLE
        at testThread.TestJoin$MyThread1.run(TestJoin.java:36)
        at java.lang.Thread.run(Thread.java:748)
   ......
```

根据 jstack 命令的输出结果可知，线程 thread2 在 TestJoin$MyThread2 类定义的 25 行调用了 join()方法，并且在 join()方法中获得了对象（0x000000076c5c4910）的独占操作权，继续执行 join()方法，到达第 1252 行。在这一行调用 wait()方法，释放对象(0x000000076c5c4910)的独占操作权，并且进入 WAITING 状态。在线程 thread2 进入 WAITING 状态后，其状态说明信息被标注为“(on object monitor)”，这是因为这种 WAITING 状态的本质和前面介绍的调用 wait()方法进入 WAITING 状态的本质是一样的。

注意：上述 jstack 命令是基于 JDK 1.8 的 JVM 运行的 Java 程序，使用该 jstack 命令进行线程栈分析，使线程进入 WAITING 状态的 wait()方法的调用位置在源码中的第 1252 行，如果使用基于 JDK 14 的 jstack 命令进行线程栈分析，那么使线程进入 WAITING 状态的 wait()方法的调用位置在源码中的第 1303 行。

5.5 Object Monitor 模式总结

5.5.1 as-if-serial 语义原则与 happens-before 规则

Java 如何从底层设计并实现 as-if-serial 语义和 happens-before 规则虽然不是本书的重点内容，但为了说清楚 Object Monitor 模式如何解决有序性问题和可见性问题，也为后续介绍 JUC 做铺垫，这里需要向读者简述如下两个知识点。

1. as-if-serial 语义原则

为了达到优化执行结果的目的，JIT（即时编译器）会对 class 文件中的执行指令进行重排（编译器优化重排），操作系统也会对并行指令进行重排（指令集并行重排）。但为了保证单线程执行过程不会出现错误，存在因果关系或数据依赖关系的执行指令是不会重排的。此外，无论怎么重排，都需要保证单线程场景中执行结果的一致性，示例代码如下。

```
int a=1;
int b=2;
int c=a+b;
```

在上述代码中，第 1 行代码和第 2 行代码是可以重排的，因为两行代码没有直接关联。但是第 3 行代码不会被排到第 1 行代码和第 2 行代码之前，因为第 3 行代码和前两行代码之间存在依赖关系，如果进行重排，则会使单线程内的执行结果发生错误。这样的执行原则称为 as-if-serial 语义原则。

注意：as-if-serial 语义原则只作用于单线程执行的场景中，那么在多线程协同工作的场景中，要如何保证执行顺序的正确性呢？

2. happens-before 规则

要保证多线程场景中执行顺序的正确性，在设计思路上，首先要保证线程安全的三性要求（可见性、有序性和原子性），然后在此基础上思考如何解决工作性能问题。

多线程场景中的内存可见性问题和有序性问题，本质上是由 JMM 工作过程和指令重排操作引起的，二者之间的相互作用是比较强的（前面已经介绍过相关实例）。

Java 为了解决 JMM 工作过程引起的问题，拟定了一种工作规则，称为 happens-before 规则（该规则属于 JRS-133 标准中的一个重要部分）。happens-before 规则规定了在进行指令重排操作时，或者在 JMM 的工作过程中，遵循什么样的设计要点可以有效避免可见性问题和有序性问题。

这些规则包括程序顺序规则（Program Order Rule）、管程锁定规则（Monitor Lock Rule）、可见性规则（Volatile Variable Rule）、线程启动规则（Thread Start Rule）、线程结束规则（Thread Termination Rule）、线程中断规则（Thread Interruption Rule）、终结规则（Finalize Rule）和传递性规则（Transitivity）。

对于 A happens-before B 最贴切的理解，并不是 A 操作要求在 B 操作之前发生，虽然这种理解站在程序员的角度看并没有错，但站在线程协作的角度看就有问题了（如循环中的处理过程）。对于 A happens-before B 最贴切的理解是，**A 操作的结果需要对 B 操作可见**。

需要注意的是，在使用 Object Monitor 模式时，程序员不需要额外关注带有 volatile 修饰符的共享变量，除非这个共享变量和当前的 Object Monitor 模式没有直接关系或根本没有被 synchronized 修饰符限制住。Object Monitor 模式的内部已经完成了一部分类似于 volatile 修饰符保证可见性的工作，而类似于 volatile 修饰符保证有序性的工作，则交给单线程所具备的执行单一性来实现。

5.5.2 Object Monitor 模式如何保证三性

Object Monitor 模式代表 Java 中一种管程的实现，因此 Object Monitor 模式可以在高并发场景中保证应用程序的三性。

1. Object Monitor 模式如何解决可见性问题

内存可见性问题主要是由 JMM 工作过程引起的（根本上是由内存、CPU 协同方式引起的）。synchronized 修饰符通过清理和重读当前线程中共享变量的值，解决内存可见性问题，主要过程如下。

在线程获取对象的独占操作权，开始执行 synchronized 代码块中的代码前，会清理该线程工作的内存空间中共享变量的副本信息，并且从主存中重新读取共享变量的值作为新的副本；在该线程释放对象的独占操作权前（使用 wait()等方法释放，或者 synchronized 代码块执行结束，需要释放），该线程会保证将修改后的副本值写入主存，然后释放对象的独占操作权，从而保证与 synchronized 修饰符有关的共享对象在各个线程间一定是最新值。

在使用 Object Monitor 模式进行线程安全控制时，只保证用 synchronized 修饰的对象的可见性是不能完整解决问题的，因为在 synchronized 代码块中还有许多其他共享变量，如果不能保证这些共享变量的可见性，那么执行过程仍然可能出现问题。关于解决这个问题的方法，将在进行内存屏障总结时讲解。

2. Object Monitor 模式如何保证操作的原子性

由于 synchronized 代码块能够保证该代码块中同一时间最多只有一个线程处于运行状态，因此单个线程在执行此部分代码时，主存和线程的内存工作区中的副本能够保持一致（保持可见性）。所以 synchronized 修饰符可以通过“单一执行”的思路保证 synchronized 代码块中执行的原子性，如图 5-18 所示。

3. Object Monitor 模式如何解决有序性的问题

在讲解 Object Monitor 模式如何保证有序性前，我们回顾一下有序性问题是如何产生的。在一般情况下，由 JVM 主导的指令重排操作和由操作系统主导的指令集并行重排是有益的，并且由于 as-if-serial 语义原则的限制，重排过程在单线程场景中对程序员是透明的，并且能够保证单线程场景执行结果的正确性。但如果在没有任何约束的前提下将指令重排操作带入多线程场景，就会导致多线程场景中的有序性问题。

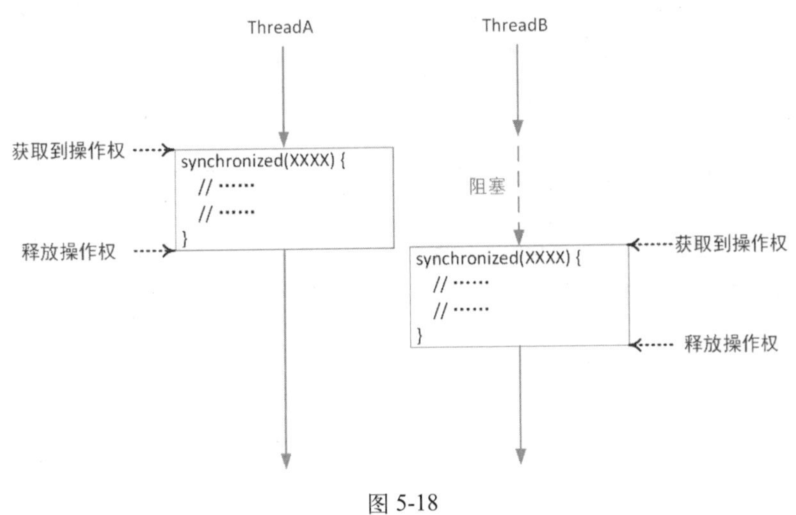

图 5-18

根据上述描述，通常直观想到的解决方法如下：直接禁止 synchronized 代码块内部所有代码的重排，让它们按照编写顺序依次执行，并且利用 Object Monitor 模式支持的内存可见性达到支持多线程场景中有序性的目标。这样做显然有一个风险，就是被禁止重排的代码块规模可能是很大的，因为 JVM 不可能预先知晓程序员会在 synchronized 代码块中编写多少行代码。事实上程序员在编写代码时，经常在一个 synchronized 代码块中编写大量逻辑（ConcurrentHashMap 集合中的 putVal()方法就是一个典型的例子）。如果将此代码块中的代码全部禁止指令重排操作，那么执行性能一定会受到较大的影响。

所以 **Object Monitor 模式并没有禁止指令重排**，虽然有内存屏障控制 synchronized 代码块的重排特征（内存屏障的知识点会在后续讲解 volatile 修饰符时讲解），但 synchronized 代码块中的代码并没有禁止指令重排操作。

虽然 synchronized 修饰符没有禁止源码在编译时的指令重排操作，但由于 Object Monitor 模式已经实现了在获取对象独占操作权的情况下，最多存在一个线程能够顺序执行，因此无论如何设计基于 happens-before 规则的 JMM 工作过程，单线程下的 as-if-serial 语义原则都可以得到保证。也就是说，**Object Monitor 模式将有序性问题的解决过程，简化成了在保证原子性的前提下，单线程遵循 as-if-serial 语义规则的执行过程，从而实现禁止与指令重排操作相似的效果。**

所以 Object Monitor 模式并没有完整解决所有三性问题，它可以依靠悲观锁的独占性规避产生问题的场景。这种做法在大部分情况下是没有问题的，程序员也愿意在 Object Monitor 模式内部原理透明的情况下直接使用它，因为它理解简单、上手方便、在大部分情况下保证了正确性和工作性能。

关于仅使用 Object Monitor 模式不能满足需求的场景，最典型的例子就是单例模式下单例对象的双重检查机制问题，有兴趣的读者可以查阅相关资料。这种问题在工作中并不会产生太大的实质影响，因为单例对象的创建场景一般不会有太大的并发性要求，但是通过这样的场景学习有助于加深对线程安全中三性问题的理解。

5.5.3 Object Monitor 模式如何解决互斥、同步问题

在解决三性问题后，Object Monitor 模式下一步要做的是，按照管程的基本要求为多线程操作提供互斥和同步机制，以及寻找各种提高工作性能的方法。

1．Object Monitor 模式提供的互斥机制

Object Monitor 模式主要通过执行边界（临界区）的方式提供互斥机制，其工作效果为，在任意时刻，synchronized 代码块中最多只有一个线程处于 RUNNABLE 状态，其他相关线程必然处于 WAITING 状态或 BLOCKED 状态。在 Object Monitor 模式的结构层面，在同一时间，对象独占操作权持有区域（Owner）中最多有一个线程，该线程可能来自 Entry Set 区域，也可能来自 Wait Set 区域。

Object Monitor 模式对互斥机制的支持，是基于操作系统提供的互斥锁 Mutex 实现的，互斥锁、信号量等是由操作系统提供的，用于支持多线程协同工作。各操作系统实现信号量的方式有较大差异，Java 通过 JVM 在操作系统层面为程序员屏蔽了这些差异，所以程序员在使用 Object Monitor 模式时，只需关注 Object Monitor 模式的使用要求，无须关注 JVM 在各操作系统中实现 Object Monitor 模式的细节差异。

2．Object Monitor 模式提供的同步机制

在多线程编程中，除了提供互斥机制，还要提供同步机制。同步机制可以理解为，线程如何通知其他线程自己的状态发生了变化。在 Object Monitor 模式下，主要使用一组 wait()、notify()、notifyAll()方法解决线程间的同步问题，其内在的工作思想是 Object Monitor 模式中三个区域（Owner、Entry Set、Wait Set）的切换。

由于 Object Monitor 模式的结构限制，因此对 wait()、notify()、notifyAll()等方法的执行顺序有一定的限制要求。例如，线程 A 中的 notify()方法先于线程 B 中的 wait()方法被调用，那么线程 B 是无法收到同步消息的，原因是线程 B 不在 Wait Set 区域。而这种限制要求通常会给程序员带来一些额外的设计关注点。**如果能找到一种方法，可以在不关注线程 A 和线程 B 的执行顺序的情况下实现线程间的同步，则可以显著降低多线程编程的设计成本和开发难度。**

3. 锁的升级、粗化和消除

从 JDK 1.6 开始，JVM 为 Object Monitor 模式引入了锁的升级技术。在通常情况下，虽然程序员编写了 synchronized 代码块，但应用程序在运行时不会立即将锁级别升级为重量级锁的状态，它会通过自旋操作、引用标记、基于 CAS 抢占等方式，尽可能地在操作系统层面减少多线程间的资源抢占现象。

在使用 synchronize 修饰符后，程序在运行时就一定会按照你的要求为对象加锁吗？不是的，这还要看 JVM 通过即时编译器进行最优化分析的结果。如果某个共享变量的加锁代码块过于分散，那么 JVM 会合并这些代码块；如果最优化分析结果显示，抢占的资源不涉及多线程操作，那么 JVM 会自动取消加锁过程。

第 6 章

JUC 的必要组成部分

为了给程序员提供更多在高并发场景中进行编程的方法，Java（JDK 1.5+）提供了专门的 JUC（java.util.concurrent，Java 并发工具包）。JUC 具有很强的扩展性，并且为解决高并发场景中各种编程问题提供了更好的思路。其中和本书主旨相关的特性，就是将 JCF 在高并发场景中的使用直接包含了进去。JUC 的主要体系结构如图 6-1 所示。

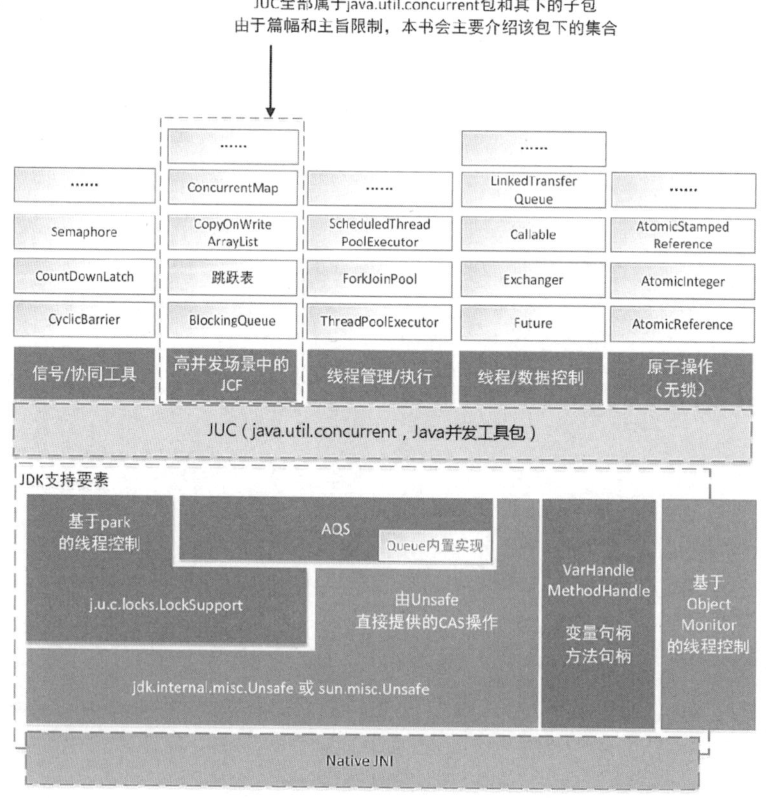

图 6-1

JUC 的体系结构分为多层，底层 Native JNI 外的上层分别由多个关键技术模块构成：AQS、CAS、LockSupport 和句柄（JDK 9 开始提供变量句柄）等。

Object Monitor 实际上也是一个支持模块，因为 JUC 中的一些工具类直接使用 Object Monitor 模式进行线程间的互斥和同步操作。但 Object Monitor 不属于核心技术模块，因为在 JCF 使用 Object Monitor 模式的场景中，一般在 Object Monitor 模式被正式调用前，资源抢占压力已经被前置的处理过程分担掉了。

变量句柄 VarHandle 是从 JDK 9 开始引入的较新技术，它具有 Unsafe 工具类的部分功能特性，为程序员进行变量的原子性操作、可见性操作（内存屏障方式）提供了一种新的途径。变量句柄 VarHandle 可以与任意字段、数组变量、静态变量进行关联，支持在不同访问模型中对这些变量的访问（包括但不限于简单的 read/write 访问、使用 volatile 修饰的 read/write 访问等。变量句柄 VarHandle 是 Java 官方推荐的，可以由程序员直接使用的编程工具，不用担心它像 Unsafe 工具类一样突破 Java 的安全性限制。

在这些关键技术模块的上层，JUC 提供了多种可以在高并发场景中直接使用的工具类，这些工具类主要分为如下五个维度。

- 信号：这些工具类主要基于 AQS 技术，用于解决线程间的同步和互斥问题，即解决多个线程的执行顺序控制问题。j.u.c.Semaphore 类、j.u.c.CyclicBarrier 类、j.u.c.CountDownLatch 类都属于这方面的工具类。
- 高并发场景中的 JCF：这些工具类是 Java 官方建议在高并发场景中优先考虑使用的工具类，如 j.u.c.ConcurrentHashMap 类、j.u.c.ConcurrentSkipListMap 类、j.u.c.ArrayBlockingQueue 类等。**换句话说，JCF 和 JUC 存在交集。**所以当后文对存在于 JUC 中的集合进行描述时，也会使用 JCF 来描述这些集合，这时读者需要清楚这样描述的含义。
- 线程管理/执行：这些工具类主要用于帮助应用程序控制线程规模，保证应用程序在高并发场景中不会开启过多线程，从而导致线程切换占用过多 CPU 资源，即帮助应用程序在线程规模和系统性能之间保持平衡。这些工具类包括我们经常使用的各类线程池线程管理工具类，如 j.u.c.ThreadPoolExecutor 类、j.u.c.ScheduledThreadPoolExecutor 类、j.u.c.ForkJoinPool 类。
- 线程/数据控制：这些工具类主要用于完成数据在各线程间的传递工作，或者帮助调用者完成线程间的异步调用工作，并且跟踪处理的状态和数据。这些工具类和信号工具类最大的区别是，前者着眼于一个线程，如果获得其他线程中的数据，并且对这些线程的执行顺序没有过多的要求，那么无论线程的运行先后顺序如何，数据都应该被正确传递。j.u.c.LinkedTransferQueue、j.u.c.Exchanger、j.u.c.Callable 等类或接口都属于这个类型的工具类。

- 原子性操作（无锁）：高并发场景中的操作原子性是编程过程中需要关注的另一个问题。JUC 中有一个子工具箱 java.util.concurrent.atomic，主要用于解决原子性操作问题，基本设计思想是 CAS。基于 Java 的内存结构，Java 中要求的原子性操作主要包括值的原子性操作和引用的原子性操作，这些控制都可以由 JUC 中的此部分工具类完成，如 j.u.c.a.AtomicReference 类、j.u.c.a.AtomicInteger 类、j.u.c.a.AtomicBoolean 类。

需要注意的是，这些工具类所解决的问题可能存在交集，从属于哪个维度的定位可能比较模糊。例如，用于解决线程间数据传递问题的工具类 LinkedTransferQueue，其本质是一种高并发场景中使用的队列，属于一种典型的 Queue 集合。所以要理解 JUC 中的工具类，主要从高并发场景中编程语言需要关注的几个重点问题进行学习和分析。

6.1 Unsafe 工具类

在正式介绍支持高并发场景的 JCF 集合前，需要先介绍 Java 中的 Unsafe 工具类。Unsafe 工具类是 Java 原子性操作、Park 线程控制及其他操作特性的底层支持类。

6.1.1 在源码中使用 Unsafe 工具类

在 JDK 的版本更换过程中，Unsafe 工具类发生了很大变化，最直观的表现是在 JDK 1.8 中，sun.misc.Unsafe 工具类存储于 sun.misc 包路径下，但是从 JDK 9 开始在 jdk.internal.misc 包路径下添加了另一个 Unsafe 工具类——jdk.internal.misc.Unsafe。jdk.internal.misc.Unsafe 工具类所处的层次更低，内置的功能方法更多。此外，sun.misc.Unsafe 工具类依赖于 jdk.internal.misc.Unsafe 工具类完成实际工作。sun.misc.Unsafe 工具类中的源码片段如下。

```
// 这是 sun.misc.Unsafe 工具类中的源码片段
public final class Unsafe {
  // 此处代码省略
  private static final jdk.internal.misc.Unsafe theInternalUnsafe = 
jdk.internal.misc.Unsafe.getUnsafe();
  // 此处代码省略
  // 方法内部直接调用 jdk.internal.misc.Unsafe 工具类中的方法
  @ForceInline
  public void putByte(long address, byte x) {
    theInternalUnsafe.putByte(address, x);
  }
  // 此处代码省略
  // 方法内部直接调用 jdk.internal.misc.Unsafe 工具类中的方法
  @ForceInline
```

```
    public final boolean compareAndSwapLong(Object o, long offset, long expected, long x) {
        return theInternalUnsafe.compareAndSetLong(o, offset, expected, x);
    }
    // 此处代码省略
}
```

根据上述源码片段可知，sun.misc.Unsafe 工具类依赖于 jdk.internal.misc.Unsafe 工具类完成实际工作。在本书后续的讲解中，如果没有特别说明，提到的 Unsafe 工具类都是 jdk.internal.misc.Unsafe 工具类，给出的 Unsafe 工具类中的源码片段也都是 jdk.internal.misc.Unsafe 工具类中的源码片段。

1．不能直接使用 Unsafe 工具类

出于对封装性和安全性的考虑，Java 不允许技术人员直接使用 Unsafe 工具类（包括 sun.misc.Unsafe 工具类和 jdk.internal.misc.Unsafe 工具类）和其中的各种方法。

虽然 jdk.internal.misc.Unsafe 工具类的访问级别是 public，但是我们不能在非 Java 原生类中直接使用该类，即使通过反射的方式使用也不行，因为该类在 Java 的安全性配置中进行了限定，只能被 Java 原生包中的类使用。读者可以查看 JDK 安装目录的 lib 目录下的源码，相关限定在 java-base 模块的配置源码中可以找到，源码片段如下。

```
module java.base {
  // 此处代码省略
  // 规定 jdk.internal.misc 包中的类只能由以下包中的类使用
  exports jdk.internal.misc to
        java.desktop,
        java.logging,
        java.management,
        java.naming,
        // 此处代码省略
        jdk.jfr,
        jdk.jshell,
        jdk.nio.mapmode,
        jdk.scripting.nashorn,
        jdk.scripting.nashorn.shell,
        jdk.unsupported; // 注意这里的导入
  // 此处代码省略
  }
```

sun.misc.Unsafe 工具类也不能直接使用，既不能使用 new 关键字直接创建该类的对象，又不能直接调用该类的静态方法；虽然 sun.misc.Unsafe 工具类有一个静态方法 getUnsafe() 能够获取 sun.misc.Unsafe 工具类的对象，但是调用该方法会抛出 SecurityException 异常，源码如下。

```
public final class Unsafe {
    @CallerSensitive
    public static Unsafe getUnsafe() {
      // 取得调用当前方法的类信息
      // 例如，A 类的实例化对象调用了 getUnsafe()方法，则此处会返回 A 类的对象
      Class<?> caller = Reflection.getCallerClass();
      // 取得当前调用类的 classloader
      // 如果条件成立，则说明这个 class 并不是由 PlatformClassLoader 加载的，
      // 目标 class 不是 Java 的原生类，因此会抛出 SecurityException 异常
      if (!VM.isSystemDomainLoader(caller.getClassLoader())) { throw new
SecurityException("Unsafe"); }
      return theUnsafe;
    }
}
public class VM {
  public static boolean isSystemDomainLoader(ClassLoader loader) {
    return loader == null || loader == ClassLoader.getPlatformClassLoader();
  }
}
```

如果出于学习、研究的目的需要直接使用 Unsafe 工具类，则可以通过 Java 提供的反射机制获取 sun.misc.Unsafe 工具类的对象，示例代码如下。

```
//此处代码省略
Field f = null;
sun.misc.Unsafe unsafe = null;
try {
  f = Unsafe.class.getDeclaredField("theUnsafe");
  f.setAccessible(true);
  // 得到 Unsafe 类的实例
  unsafe = (Unsafe) f.get(null);
} catch (NoSuchFieldException | IllegalAccessException e) { e.printStackTrace(); }
//此处代码省略
```

2. 没有直接使用 Unsafe 工具类的必要

- Java 不推荐开发人员直接使用 Unsafe 工具类。

Unsafe 工具类的作用是便于 Java 统一管理对上层具有支撑作用的各种 JNI 方法的工具类，它提供的操作包括内存控制操作、对象属性值获取操作、线程控制操作、原子性操作、可见性控制操作等。这些操作直接跳过了 Java 提供的安全性封装及访问规范要求，如果开发人员直接调用，那么无法保证程序的可靠性和安全性。因此，Java 将 Unsafe 工具类深度隐藏并将其命名为 Unsafe，并且在 JDK 9+中将其隐藏得更深。

- 没有必要直接使用 Unsafe 工具类。

如果开发人员遇上了需要使用 Unsafe 工具类提供的各种功能的场景，那么应该怎么办呢？实际上 Unsafe 工具类提供的功能，已经通过 Java 上层工具类进行了再次封装并提供给开发人员使用。这些上层工具类具有 Unsafe 工具类中的大部分功能。例如，如果需要通过 park 模式对线程的运行状态进行控制，则可以使用 j.u.c.locks.LockSupport 工具类；如果需要对对象或对象中的某个属性进行原子性控制，则可以使用 j.u.c.a.AtomicReferenceFieldUpdater 操作类或 j.u.c.a.AtomicReference 操作类，甚至可以直接使用 JDK 9+提供的变量句柄（VarHandle）。对于可以直接控制内存区域的操作方法（如 allocateMemory()方法、freeMemory()方法等），不推荐开发人员直接使用，因为这些方法太危险，稍有偏差就会使运行进程崩溃。

- Unsafe 工具类可作为研究 Java 底层工作方式的学习入口。

本书推荐将 Unsafe 工具类作为研究 Java 底层工作方式的学习入口，而在正式开发工作中尽可能使用 Java 在上层封装好的工具类。

6.1.2　Unsafe 工具类中的典型方法讲解

Unsafe 工具类中的底层方法涉及多个方面，包括（但不限于）内存控制、对象属性值获取、线程控制、原子性操作、可见性控制等。本书选取和本书内容主旨相关的几个主要方法进行讲解，以便为后续内容做好铺垫。

1. objectFieldOffset(Field)方法及类似方法

在 Unsafe 工具类中，objectFieldOffset(Field)方法主要用于返回类定义中某个属性在内存中设置的偏移量。还有几个类似的方法，如 objectFieldOffset(Class,String)、staticFieldOffset(Field)，它们的功能与 objectFieldOffset(Field)。objectFieldOffset(Field)方法的使用示例代码片段如下。

```
// 前面的代码省略
// 使用 unsafe 对象分别找到 UserPojo 类中的 child 属性和 name 属性的内存地址偏移量
// 首先是 UserPojo 类中的 child 属性，在内存中设置的偏移位置
Field field = UserPojo.class.getDeclaredField("child");
// UserPojo 类在完成实例化后，该属性在内存空间中的偏移位置
long offset = unsafe.objectFieldOffset(field);
System.out.println("child offset = " + offset);
// 然后是 UserPojo 类中的 name 属性，在内存中设置的偏移位置
Field fieldName = UserPojo.class.getDeclaredField("name");
long nameOffset = unsafe.objectFieldOffset(fieldName);
System.out.println("name offset = " + nameOffset);
// 后面的代码省略
```

objectFieldOffset(Field)方法及类似方法的使用场景比较多，通过它们获取的偏移量通常是一些逻辑处理过程的前提条件。例如，使用 Unsafe 工具类对对象中的属性进行操作时，需要先根据内存偏移量找到操作目标的偏移位置。

2．compareAndSetReference(Object, long, Object, Object)方法及类似方法

在 Unsafe 工具类中，compareAndSetReference(Object, long, Object, Object)方法及类似方法（如 compareAndSetInt(Object, long, int, int)方法、compareAndSetLong(Object , long, long, long)方法）的作用是，对属性进行比较并在满足预设条件的情况下进行替换（这种处理过程称为 Compare And Swap，简称 CAS）。这些方法是 JUC 原子性操作的底层支持方法。

如果在指定的对象中（第 1 个入参），指定属性（第 2 个入参）的值符合预期（第 3 个入参），那么将这个值替换成一个新的值（第 4 个入参）并返回 true；否则忽略本次操作并返回 false。

注意这些方法的第 2 个入参，这个入参是一个长整型数据，表示这个属性在对象中的内存偏移量（offset）是由调用类似于 objectFieldOffset(Field)的方法所取得的返回结果。对 Unsafe 工具类中此类方法的理解非常重要，因为后续对原子性操作的讲解和这些方法有关。compareAndSetReference(Object, long, Object, Object)方法的使用示例代码片段如下。

```
// 注意 UserPojo 类中有一个名为 sex 的成员属性，定义为“private Integer sex;”
UserPojo user = new UserPojo();
user.setName("yinwenjie");
user.setSex(11);
user.setUserId("userid");

// 获得 sex 属性在对象中的内存地址偏移量
Field field = UserPojo.class.getDeclaredField("sex");
long sexOffset = unsafe.objectFieldOffset(field);

// 比较并修改值
// 0 号索引位：需要修改的对象
// 1 号索引位：需要更改的属性的内存偏移量
// 2 号索引位：预期的值
// 3 号索引位：设置的新值
// compareAndSwapObject()方法依赖 compareAndSetReference()方法进行工作
if(unsafe.compareAndSwapObject(user, sexOffset, 11, 13)) {
   System.out.println("更改成功！");
} else {
   System.out.println("更改失败！");
}
```

首先创建一个 UserPojo 类的对象，这个对象有 3 个属性，分别为 name、sex 和 userId。然

后找到 sex 属性在对象中的偏移量 sexOffset 并进行 CAS 操作。注意 compareAndSwapObject()方法的 4 个入参。

在上述代码中的 compareAndSetReference()方法的执行过程中，如果当前 user 对象中的 sex 属性值为 11，则将 sex 属性的值修改为 13，并且返回 true；否则不修改 sex 属性的值，并且返回 false。

这里读者可能存在疑问，对象引用赋值操作是否是一种原子性操作？如果是一种原子性操作，那么为什么还需要提供 compareAndSetReference()方法和类似方法？

首先，对象引用赋值操作是一种原子性操作，这在 Java 官方资料中有详细说明，也可以通过查看源码编译形成的操作指令进行证明。

```
public void doSomething() {
  // new Object()操作不是原子性的
  Object yourObject = new Object();
  // 这里对局部变量 a 的赋值操作是原子性的
  Object a = yourObject;
}
```

将以上源码片段编译成 class 文件，会形成以下指令片段（可以使用 javap -v 指令查看，以下示例只给出部分相关指令）。

```
public void doSomething();
  descriptor: ()V
  flags: ACC_PUBLIC
  Code:
    stack=2, locals=3, args_size=1
     0: new        #3
     3: dup
     4: invokespecial #8
     7: astore_1
     8: aload_1
     9: astore_2
    10: return
  LineNumberTable:
    line 19: 0
    line 21: 8
    line 22: 10
  LocalVariableTable:
    Start  Length  Slot  Name   Signature
    0      11     0  this      Ledu/senior/reference/SimpleObjectReference4;
    8       3     1  yourObject   Ljava/lang/Object;
    10      1     2  a         Ljava/lang/Object;
```

注意源码片段中的“a = yourObject;”是程序员编写的代码，会形成两条指令（“8: aload_1”和“9：astore_2”），这两条指令最终将引用值赋给本地变量表中的第 3 个变量（a）。

由于指令重排，这两条指令之前和之后的指令可能出现编写顺序与执行顺序不一致的情况，但 JVM 会保证这两条指令的原子性。

需要注意的是，这里讨论的引用赋值场景并不是类似于“yourObject = new Object()”的代码编写场景。类似于“yourObject = new Object()”的代码执行的并不是原子性操作，因为“new Object()”由多条不保证操作原子性的指令构成，代码如下。

```
0: new        #3
3: dup
4: invokespecial #8
7: astore_1
```

“yourObject = new Object();”编译后的指令执行过程如下。在内存空间中为对象分配一个新的内存地址-> 将新的内存地址压入操作数栈->执行新对象的构造方法->将新的内存地址赋值给本地变量表中的第 1 个变量。

为什么引用赋值操作是原子性操作，但 Java 中仍然为这样的操作提供了基于 CAS 技术的功能？这是因为在多线程工作场景中，程序员需要知道本线程的这次引用赋值操作是否成功，然后根据不同结果完成不同的后续处理过程。下面来看一个实例，代码如下。

```
AtomicReference<Object> refer = new AtomicReference<Object>(myObject);
// 此处代码省略
// 如果使用 CAS 技术成功对 myObject 对象进行了引用赋值操作，
// 则执行 if 语句中的代码，否则执行 else 语句中的代码
if(refer.compareAndSet(null, new Object())) {
  // 逻辑段落 A
} else {
  // 逻辑段落 B
}
// 在经过这样的段落分割后，某对象在成功赋值后，在后续的操作过程中，值不会被其他线程改写
```

使用 AtomicReference 类提供的 set(V)方法，也可以证明 Java 中的对象引用赋值操作是原子性操作。AtomicReference 类是用于进行对象引用赋值操作的类，使用该类中的 set(V)方法，可以在保证原子性操作的前提下，完成对象引用赋值操作，源码如下。

```
public class AtomicReference<V> implements java.io.Serializable {
  // 此处代码省略
  public final void set(V newValue) {
    value = newValue;
  }
  // 此处代码省略
}
```

3．putReference(Object, long, Object)方法及类似方法

putReference(Object, long , Object)方法可以突破对象中的访问修饰符（public、protected、 private 和 default 修饰符）、属性封装性（是否有 get()、set()方法）的限制，将指定的引用值赋值给指定对象中的指定属性。类似的方法还有 putBoolean(Object, long, boolean)方法、putByte(Object, long, byte)方法、putDouble(Object, long, double)方法等。

putReference(Object, long , Object)方法的相关参数如下。

第 0 个参数（Object）：该参数主要用于指定需要操作的对象。

第 1 个参数（long）：该参数主要用于指定需要进行操作的属性在对象中的偏移量（使用 objectFieldOffset(Field)及类似方法获取）。

第 2 个参数（Object）：该参数是要赋给指定属性的值（引用），可以为 null。

该方法的使用示例代码如下（示例代码的输出结果为 null）。

```
// 对于 unsafe 对象的获取方式，这里不再赘述
UserVo user = new UserVo();
user.setField1("string value1");
user.setField2(123456);
// 取得 field1 属性的偏移量
Field field = UserVo.class.getDeclaredField("field1");
long offset = unsafe.objectFieldOffset(field);
// 同样，putObject()方法依赖于 putReference()方法工作
// 设置 field 属性的值为 null
unsafe.putObject(user, offset, null);
System.out.println("field1 value = " + user.getField1());
```

4．getReference(Object, long)方法及类似方法

getReference(Object, long)方法和 putReference(Object, long, Object)方法成对出现，它可以突破对象中的访问修饰符（public、protected、private 和 default 修饰符）、属性封装性（是否有 get()、set()方法）的限制，将指定对象中的指定属性的引用值返回。类似的方法还有 getFloat(Object, long)方法、getDouble(Object, long)方法、getInt(Object, long)方法等。

第 0 个参数（Object）：该参数主要用于指定需要操作的对象。

第 1 个参数（long）：该参数主要用于指定需要获取的属性在对象中的偏移量（使用 objectFieldOffset(Field)及类似方法获取）。

该方法的使用示例代码如下。

```
// 对于 unsafe 对象的获取方式，这里不再赘述
UserVo user = new UserVo();
user.setField1("string value1");
user.setField2(123456);
// 取得 field1 属性的偏移量
Field field = UserVo.class.getDeclaredField("field1");
long offset = unsafe.objectFieldOffset(field);
// 同样，getObject()方法依赖于 getReference()方法工作
```

```
Object result = unsafe.getObject(user, offset);
System.out.println("field1 value = " + result);
```

5. putReferenceOpaque(Object, long, Object)方法

putReferenceOpaque(Object, long, Object)方法内部调用了 Unsafe 工具类中的 putReferenceVolatile(Object, long, Object)方法，它的功能是在保证 volatile 语义的情况下，将指定对象中（第 0 个 Object 参数）内存偏移量（第 1 个 long 参数）上的属性拥有的引用值进行变更（第 2 个 Object 参数）。该方法的源码如下。

```
/** Opaque version of {@link #putReferenceVolatile(Object, long, Object)} */
@HotSpotIntrinsicCandidate
public final void putReferenceOpaque(Object o, long offset, Object x) {
  putReferenceVolatile(o, offset, x);
}
// Stores a reference value into a given Java variable, with
// volatile store semantics. Otherwise identical to {@link #putReference(Object,
long, Object)}
@HotSpotIntrinsicCandidate
public native void putReferenceVolatile(Object o, long offset, Object x);
```

6. park(boolean , long)方法和 unpark(Object)方法

park(boolean, long)方法主要用于基于 park 控制模式利用一个“许可”使线程进入阻塞状态，并且这个阻塞状态可以在使用 unpark(Object)方法授权“许可”后被解除。

park(boolean, long)方法可以传入两个参数，形参名称分别为 isAbsolute（boolean 数据类型）和 time（long 数据类型），这两个参数的意义如下。

- isAbsolute：park()方法可以指定当前线程进入阻塞状态后的最长阻塞时间，如果超过这个时间，那么该线程会退出阻塞状态。设置的时间可以是一个精确值，也可以是一个非精确值（允许有偏差）。如果 isAbsolute 为 true，则表示是精确时间，时间单位为毫秒；如果 isAbsolute 为 false，则表示是非精确时间，时间单位纳秒。
- time：线程阻塞的最长时间，超出这个时间会退出阻塞状态。isAbsolute 参数的设置不同，该参数的单位也不同。当 isAbsolute 参数的值为 true 时，该时间的单位为毫秒，反之为纳秒。如果该参数的值为 0，则表示调用者要求线程一直阻塞下去，直到当前线程获取“许可”。

park()/unpark()方法使线程阻塞/解除阻塞的原理和 Object Monitor 模式下线程阻塞/解除阻塞的原理不同。如果使用 wait()方法使线程进入阻塞状态，那么使用 unpark()方法是无法使线程退出阻塞状态的。

park()方法和 unpark()方法非常重要，在 JUC 中，通常使用这两个方法控制线程的阻塞状态。为了可以完成一些对线程对象 Thread 的附加操作，以及保证清晰的依赖关系，Java 提供了 LockSupport 工具类，用于封装这两个方法及其关联方法。

6.2 LockSupport 工具类

LockSupport 工具类属于 AQS 框架的底层支持部分，主要用于进行线程元语级别的执行/阻塞控制。LockSupport 工具类的主要方法有两个，分别为 park()方法和 unpark()方法。park()方法主要用于使当前线程进入阻塞状态，unpark()方法（及其重载方法）主要用于使指定线程退出阻塞状态。

park()方法和 unpark()方法类似于 Object Monitor 模式下的 wait()方法和 notify()方法，但 park()方法和 unpark()方法更灵活，它们无须关注两个或多个相互作用线程的执行顺序，无须像 wait()方法和 notify()方法那样需要配合使用(notify()方法要在 wait()方法之后调用)。这是因为 LockSupport 工具类采用“许可”（permit）的概念控制线程，“许可”（permit）在下层 JNI 源码中，表现为一个_counter 计数器（类型为整型，并且使用 volatile 修饰符进行修饰)。

这个“许可”有两个值，分别为 0 和 1。如果_counter 变量的值为 0，则表示当前线程没有获得“许可”；如果_counter 变量的值为 1，则表示当前线程获得了“许可”。在线程进入阻塞状态后，只要 JVM 判定当前线程已经获得了“许可”(_counter 变量的值为 1)，该线程就会退出阻塞状态，并且“许可”立即被消费掉（_counter 变量的值变为 0)。

如果在调用 park()方法后，发现当前线程已经获得了“许可”，那么该线程不会进入阻塞状态；如果在调用 park()方法后，发现当前线程还未获得“许可”，那么该线程进入阻塞状态，直到获得“许可”。因此，LockSupport 工具类提供的 park()方法和 unpark()方法只关心要求阻塞的线程是否获得了“许可”，而不关心两个或多个相互作用的线程的执行顺序。

6.2.1 park()方法和 unpark()方法的使用示例

park()方法和 unpark()方法的使用示例代码如下。

```
// 之前不相关的代码省略
  public static void main(String[] args) {
    Thread thread2 = new Thread(new MyThread2(), "thread2");
    Thread thread1 = new Thread(new MyThread1(thread2), "thread1");
    thread1.start();
    thread2.start();
  }
```

```
private static class MyThread2 implements Runnable {
  @Override
  public void run() {
    // 检查线程是否获得“许可”，如果没有，就使其进入阻塞状态
    LockSupport.park();
    System.out.println("// 每次应用程序运行，该线程无论如何，都会执行");
  }
}
private static class MyThread1 implements Runnable {
  private Thread targetThread;
  public MyThread1(Thread targetThread) {
    this.targetThread = targetThread;
  }
  @Override
  public void run() {
    // 目标线程获得“许可”
    LockSupport.unpark(targetThread);
  }
}
```

在上述代码中，无须过多关注线程 thread1 或线程 thread2 的执行顺序，如果线程 thread2 在进入阻塞状态前获得了“许可”，那么它不会进入阻塞状态，会继续执行后续代码。

需要注意的是，“许可”只能使用一次，也就是说，线程 thread1 每次执行 park()方法（或其多态形式的方法），“许可”都会失效，状态由 1 变为 0。如果线程 thread1 要在第二次执行 park()方法后解除阻塞，就必须再次获得“许可”，示例代码如下。

```
// 前面的代码不重要，直接省略
public static void main(String[] args) {
  Thread thread2 = new Thread(new MyThread2(), "thread2");
  Thread thread1 = new Thread(new MyThread1(thread2), "thread1");
  thread1.start();
  thread2.start();
}
// 线程 MyThread2
private static class MyThread2 implements Runnable {
  @Override
  public void run() {
    // 等待获取“许可”，每获取一次，“许可”的值都会变为 0
    for(int index = 0 ; index < 2 ; index++) {
      LockSupport.park();
      System.out.println(String.format("第%d 次获取了许可", index + 1));
    }
    System.out.println("MyThread2 正确的完成了");
  }
}
```

```
// 线程 MyThread1
private static class MyThread1 implements Runnable {
  private Thread targetThread;
  public MyThread1(Thread targetThread) {
    this.targetThread = targetThread;
  }
  @Override
  public void run() {
    // 试图使线程退出阻塞状态
    for(int index = 0 ; index < 2 ; index++) {
      LockSupport.unpark(targetThread);
    }
    System.out.println("MyThread1 运行完成了");
  }
```

在上述代码中，线程 MyThread1 在任何场景中都可以正确执行，但是线程 MyThread2 很有可能无法正确执行，因为虽然线程 MyThread1 发送了两次“许可”，但是线程 MyThread2 很可能认为只有一次“许可”。因此，当线程 MyThread2 进行第二次循环操作时，会因认为自己没有收到“许可”而一直阻塞下去。

6.2.2　LockSupport 工具类的主要属性和方法

1. 主要常量

在 JDK 14 中，LockSupport 工具类只有 430 行源码，其中的几个主要常量如下。

```
public class LockSupport {
  // 此处代码省略
  // Hotspot implementation via intrinsics API
  private static final Unsafe U = Unsafe.getUnsafe();
  // 使用 Unsafe 工具类中的 objectFieldOffset()方法，
  // 获取 Thread 类中 parkBlocker 属性的内存偏移量
  // 该属性主要用于记录在具体的 Thread 对象中，当前对象在进入指定的阻塞状态时所依据的阻塞对象
  // 注意：与 Object Monitor 模式下依据的获取独占操作权的对象不是一回事
  private static final long PARKBLOCKER = U.objectFieldOffset(Thread.class,
"parkBlocker");
  // 使用 Unsafe 工具类中的 objectFieldOffset()方法，获取 Thread 类中 tid 属性的内存偏移量
  // 该属性主要用于记录当前 Thread 对象在系统中唯一的 ID（线程 ID）
  private static final long TID = U.objectFieldOffset(Thread.class, "tid");
  // 此处代码省略
}
```

在前文介绍 Unsafe 工具类时已经介绍过 objectFieldOffset()方法，这个方法有多个多态表现，这里使用的方法为 Unsafe.objectFieldOffset(Class<?>, String)。其中第 0 个参数传入的

是类对象信息，第 1 个参数传入的是属性名信息。Thread 类中的相关属性源码如下。

```
public class Thread implements Runnable {
  // 此处代码省略
  // 线程 ID
  private final long tid;
  // 记录与 park 状态有关的一个对象，这个对象可以进行线程间的信息传输
  // 可另行参阅(private) java.util.concurrent.locks.LockSupport.setBlocker
  volatile Object parkBlocker;
  // 此处代码省略
}
```

根据上述源码可知，Thread 类中有两个对应的属性，这两个属性分别记录了当前线程的 id（全系统唯一），以及引起当前线程进入阻塞状态（park 方式）的对象（由该对象的属性值决定）。需要注意的是，parkBlocker 属性使用了 volatile 修饰符，可以保证其内存可见性（后面会详细讲解）。也就是说，可以依靠该属性进行两个线程间的数据交换，而不用担心出现值不一致的情况。

如果读者有耐心阅读 Thread 类中的源码，就可以发现，Thread 类中并没有直接读取/修改该属性值的相关方法（实际上该属性的注释也进行了说明）。该属性基本上是专门为 LockSupport 工具类的服务的，再具体一些就是为 LockSupport 工具类中的 setBlocker()方法和 getBlocker()方法服务的。

实际上，Thread 类中有许多类似的属性，这些属性作为 Thread 类的成员属性存在，但没有向程序员公布。如果要使用这些属性，则需要使用 objectFieldOffset()等方法获取偏移量，或者通过变量句柄代理使用。后面我们会介绍 ThreadLocalRandom 类中的探针功能，这个功能基于 Thread 类中的 threadLocalRandomProbe 属性工作，并且使用 objectFieldOffset()方法进行属性的读/写操作。

2. 主要方法——park()

该方法主要用于使用 parking 模式阻塞当前线程，如果当前线程获得“许可”，那么该线程会从阻塞状态切换为就绪状态。需要注意的是，如果当前线程在阻塞前判断已获取“许可”，那么该线程不会进入阻塞状态。“许可”的有效期只存在于一次 park()方法的调用过程中，在本次“许可”使用完成后，“许可”会被撤销。该方法内部实际上调用的是 Unsafe 工具类中的 Unsafe.park(boolean, long)方法，后者在前面介绍过，这里不再赘述。park()方法的源码如下。

```
  // Disables the current thread for thread scheduling purposes unless the permit is available.
  public static void park() {
    U.park(false, 0L);
  }
```

使用 park()方法进入阻塞状态的线程仍然可以接收 interrupt 中断信号。线程在收到 interrupt 中断信号后会立即激活（无须等待对象的独占操作权）。

park()方法有许多多态表现，需要重点关注的方法有 park(Object)方法和 parkUntil (Object, long)方法。park(Object)方法的源码如下。

```
public static void park(Object blocker) {
  Thread t = Thread.currentThread();
  // 设置当前线程的 parkBlocker 属性值
  setBlocker(t, blocker);
  U.park(false, 0L);
  // 设置当前线程的 parkBlocker 属性值为 null
  setBlocker(t, null);
}
private static void setBlocker(Thread t, Object arg) {
  U.putReferenceOpaque(t, PARKBLOCKER, arg);
}
```

park(Object)方法首先设置当前线程的 parkBlocker 属性值为当前传入的 arg 对象（可以为 null，这个对象主要用于进行当前线程和其他线程的数据交换，并且不用担心数据的可见性问题），然后判断“许可”情况，根据“许可”情况决定是否让当前线程进入阻塞状态。

parkUntil(Object, long)方法在上述基础上设置了一个最长阻塞时间（单位为毫秒），如果在达到最长阻塞时间后仍未获得“许可”，那么该线程会退出阻塞状态。实际上，该方法内部调用的也是 Unsafe.park(boolean, long)方法，只是传参信息不一样，具体源码如下。

```
public static void parkUntil(Object blocker, long deadline) {
  Thread t = Thread.currentThread();
  setBlocker(t, blocker);
  U.park(true, deadline);
  setBlocker(t, null);
}
```

3. 主要方法——unpark(Thread)

unpark(Thread)方法主要用于为指定的线程提供“许可”，帮助这个线程在下次进行阻塞判定时能正确获取“许可”。如果指定的线程由于未获得“许可”而进入了阻塞状态，那么使用该方法可以帮助它退出阻塞状态。

“许可”是一个具有原子性的单一值，要么为 1（获得“许可”），要么为 0（未获得“许可”）。“许可”还具有一次性使用的特点，也就是说，在本次使用完“许可”后，就不再具有“许可”，即使调用者多次提供“许可”，在使用“许可”时，也只会认为只“许可”了一次。

```
public static void unpark(Thread thread) {
  if (thread != null) {
    U.unpark(thread);
  }
}
```

unpark(Thread)方法实际上调用的是 Unsafe 工具类中的 Unsafe.unpark(Object thread)方法，后者已经在本书之前的内容中介绍过，此处不再赘述，但要注意以下几个要点（前面介绍过，但是有必要进行强调）。

- 该方法的入参可以为 null，这时该方法不会抛出异常，也不会报错，但是不会有任何操作效果。
- 该方法传入的线程必须是已经启动的线程，如果这个线程只是完成了创建，并没有启动（如没有使用 Thread.start()方法启动），则不会对指定的线程产生“许可”作用。
- 即使多次调用 unpark(Thread)方法或其重载方法，在目标线程没有使用“许可”前，也只会被目标线程视为一次“许可”。

6.3 线程状态

前面已经介绍过，使用 park()方法进入阻塞状态的线程，其阻塞机制和 Object Monitor 模式的阻塞机制是不一样的，前者主要基于原子化的 perm“许可”，并没有类似于 Wait Set、Entry Set 的工作区域。

不同的阻塞机制，在 JVM 的监控程序中表现出来的细节也是不一样的。本书同样使用 jstack 命令观察使用 park()方法进入阻塞状态的线程的效果。

6.3.1 使用 jstack 命令观察线程状态

在介绍 Object Monitor 模式时，介绍过如何使用 jstack 命令验证其下各种线程状态切换的效果。在完成 park()方法和 unpark()方法的介绍后，本书同样使用 jstack 命令对线程状态切换效果进行验证。

1. 使用 LockSupport.park()方法或类似方法进入阻塞状态

通过运行以下代码（片段），观察线程 Thread2 在没有获得“许可”的情况下，在使用 park()方法进入阻塞状态时，相关线程栈的监控情况。

```
// 忽略之前的代码
private static class MyThread2 implements Runnable {
  @Override
  public void run() {
    LockSupport.park(lockObject);
    // 此处代码省略
  }
}
// 忽略之后的代码
```

在运行程序后，使用 jstack 命令进行观察，可以看到以下线程栈信息（此为示例）。

```
jstack 341584
// 此处代码省略
"thread2" #14 prio=5 os_prio=0 tid=0x000000001ea99000 nid=0x53624 waiting on condition [0x000000001faae000]
     java.lang.Thread.State: WAITING (parking)
          at sun.misc.Unsafe.park(Native Method)
          - parking to wait for  <0x000000076c5c4f60> (a java.lang.Object)
          at java.util.concurrent.locks.LockSupport.park(LockSupport.java:175)
          at testThread.TestLockSupport$MyThread2.run(TestLockSupport.java:34)
          at java.lang.Thread.run(Thread.java:748)
"thread1" #15 prio=5 os_prio=0 tid=0x000000001ea98800 nid=0x532d0 at breakpoint[0x000000001f9af000]
     java.lang.Thread.State: RUNNABLE
          at testThread.TestLockSupport$MyThread1.run(TestLockSupport.java:26)
          at java.lang.Thread.run(Thread.java:748)
// 此处代码省略
```

在上述线程栈信息中，线程 thread2 的状态为 WAITING，其后括号内的信息为 parking，表示线程进入阻塞状态的原因是使用 park()方法获取“许可”失败。这与我们之前介绍的通过 Object Monitor 模式进入阻塞状态的 WAITING（object monitor）是不一样的。

在实际工作中，如果读者使用的是 Web Servlet 容器（如 Jetty、Spring Boot 内置的 Tomcat 等），那么读者在使用 JMX 及类似工具或 jstack 及类似命令查看线程栈状态时，会看到大部分线程都处于 WAITING(parking)状态。在一般情况下，这是正常效果，因为 Web Servlet 容器会大量使用 AQS 技术（更准确地说，是使用 JUC 中的线程池组件或周期线程池组件，这些组件基于 AQS 技术进行工作，而 AQS 技术进行线程阻塞的方式就是使用 park()方法），所以大量没有工作任务的线程会处于 WAITING(parking)状态，如图 6-2 所示。

2. 使用 LockSupport.parkNanos(long)方法或类似方法进入阻塞状态

LockSupport.parkNanos(long)方法的作用与 LockSupport.parkUntil(long)方法的作用类

似，只不过 LockSupport.parkNanos(long)方法的作用是将指定的线程等待获取“许可”的时间单位精确到纳秒（而非毫秒）。在等待获取“许可”期间，如果当前线程没有获取“许可”，则需要退出阻塞状态。示例代码片段如下。

```
// 省去前面的代码
private static class MyThread2 implements Runnable {
  @Override
  public void run() {
    // 单位为纳秒，此处将其设置为 100 秒
    LockSupport.parkNanos(100000000000l);
    System.out.println("最多阻塞 100 秒，就会继续运行到这里");
  }
}
// 省去后面的代码
```

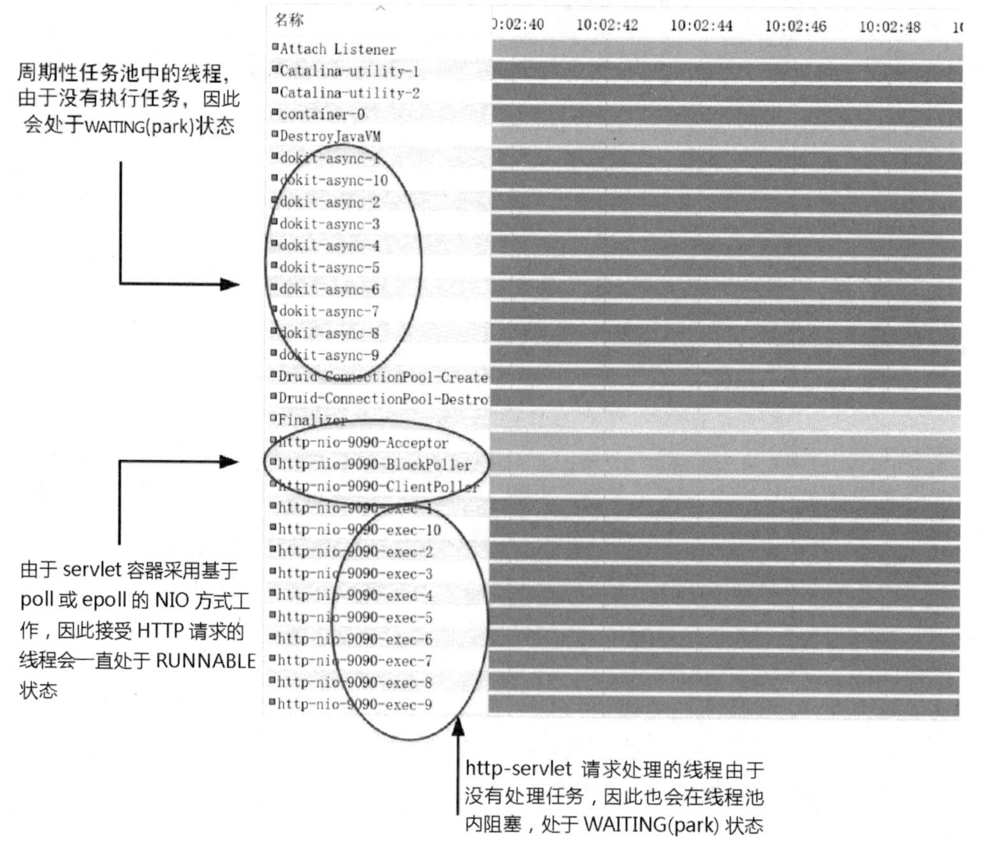

名称
周期性任务池中的线程，由于没有执行任务，因此会处于WAITING(park)状态
由于 servlet 容器采用基于 poll 或 epoll 的 NIO 方式工作，因此接受 HTTP 请求的线程会一直处于 RUNNABLE 状态
http-servlet 请求处理的线程由于没有处理任务，因此也会在线程池内阻塞，处于 WAITING(park) 状态

图 6-2

纳秒级别的时间单位和 Hz（赫兹）属于同一个维度，它们都是非常小的单位：1 毫秒=1 000 000 纳秒。Java 是无法精确控制 1 纳秒和 2 纳秒之间的时间差异的，因此只能实现基于纳秒的大致控制。使用 jstack 命令可以看到线程栈中各线程的状态，示例代码如下。

```
# jstack 58060
// 此处代码省略
"thread2" #14 prio=5 os_prio=0 tid=0x000000001e577800 nid=0x13eec waiting on
condition [0x000000001f4ef000]
   java.lang.Thread.State: TIMED_WAITING (parking)
       at sun.misc.Unsafe.park(Native Method)
       at java.util.concurrent.locks.LockSupport.parkNanos(LockSupport.java:338)
       at testThread.TestLockSupport$MyThread2.run(TestLockSupport.java:15)
       at java.lang.Thread.run(Thread.java:748)
// 此处代码省略
```

在上述代码中，对于线程 thread2 所呈现的状态，TIMED_WAITING 状态表示线程在进入阻塞状态后，需要等待一定的时间，其后括号中的 parking 关键字表示进入阻塞状态的原因是使用 park()方法要求获取“许可”，但是目前还没有获得。

6.3.2　更详细的线程状态说明

除了本章已介绍的 park()方法和 unprak()方法的相关知识点，还有几个知识点和注意事项需要强调，如图 6-3 所示。

图 6-3 中有一种阻塞状态为 TIMED_WAITING(sleeping)，在使用 Thread.sleep(long)方法时，线程会进入这种阻塞状态。这种方式有较多的局限性，在正式工作中，本书不推荐使用这种线程操作方式。但这种线程操作方式确实是程序员经常在测试代码中使用的一种线程操作方式，所以本书本着尽可能进行完整状态描述的介绍思路将其放进了图 6-3 中。

在图 6-3 中，虚线表示的线程切换途径是线程在处于阻塞状态时（任何一种细分的阻塞状态皆如此）收到 interrupt 中断信号的切换途径。在这种情况下，线程会根据线程状态切换原理，将线程切换为激活状态。但是否真的要结束线程处理任务，完全取决于在具体的逻辑处理过程中程序员的意愿。

虽然线程在阻塞状态下收到 interrupt 中断信号后会抛出 InterruptException 异常，但这也不是绝对的。例如，如果使用 park()方法进入阻塞状态，那么即使线程收到了 interrupt 中断信号，也不会抛出异常。由于 park()方法并不会抛出异常，因此需要程序员自行判断线程退出阻塞状态的原因。因此，**除非程序员清楚 LockSupport 工具类中各方法的工作细节，并且分析确认了直接使用 LockSupport 工具类不会出现无法覆盖各逻辑场景的情况，否则不建议直接使用 LockSupport 工具类中的各个方法。**

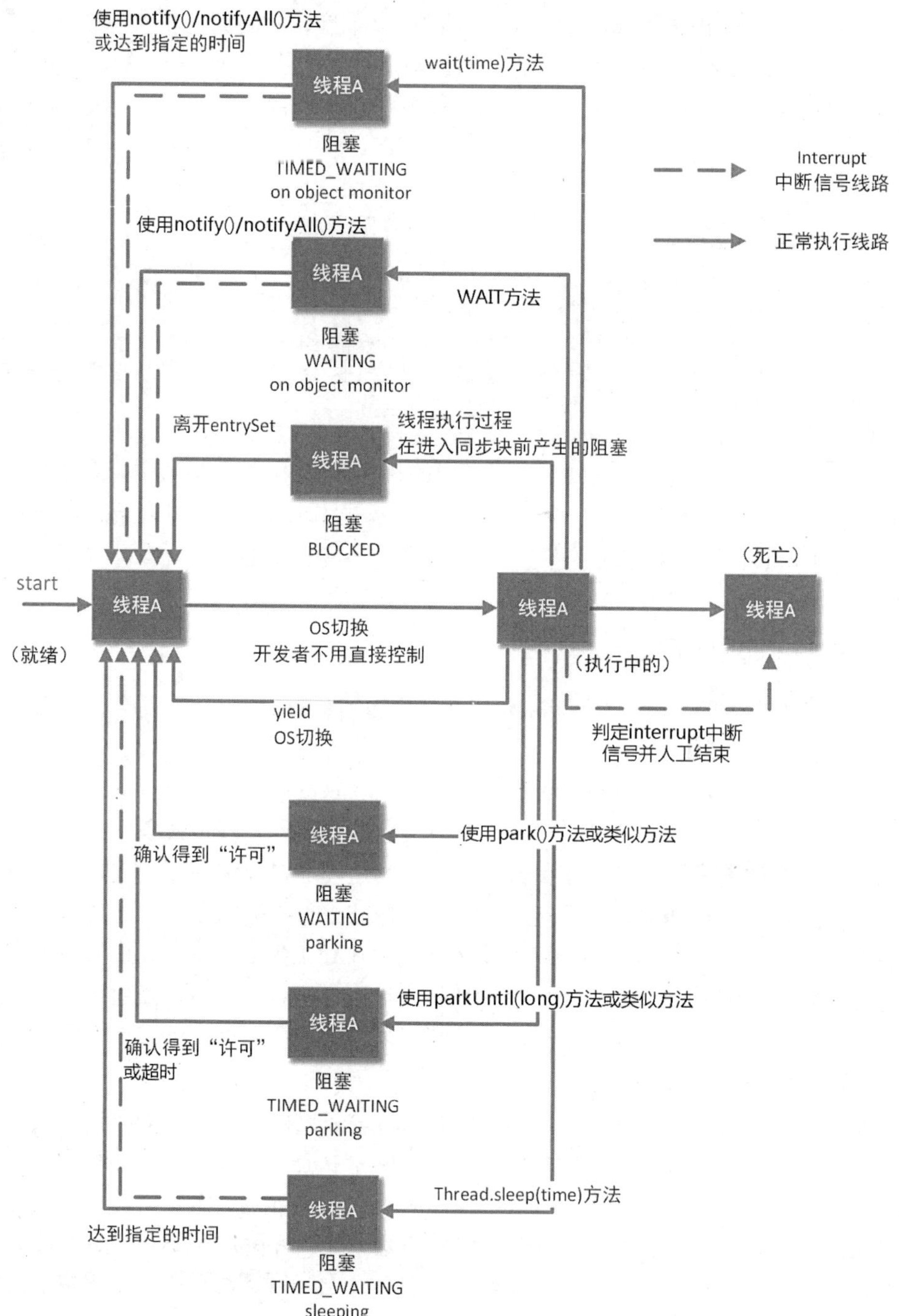
使用notify()/notifyAll()方法
或达到指定的时间
线程A
wait(time)方法
阻塞
TIMED_WAITING
on object monitor
Interrupt
中断信号线路
正常执行线路
使用notify()/notifyAll()方法
线程A
WAIT方法
阻塞
WAITING
on object monitor
离开entrySet
线程执行过程
在进入同步块前产生的阻塞
线程A
阻塞
BLOCKED
（死亡）
start
线程A
线程A
线程A
（就绪）
OS切换
开发者不用直接控制
（执行中的）
yield
OS切换
判定interrupt中断
信号并人工结束
线程A
使用park()方法或类似方法
确认得到“许可”
阻塞
WAITING
parking
使用parkUntil(long)方法或类似方法
线程A
确认得到“许可”
或超时
阻塞
TIMED_WAITING
parking
Thread.sleep(time)方法
线程A
达到指定的时间
阻塞
TIMED_WAITING
sleeping

图 6-3

注意已经介绍过的所有线程切换途径，它们所遵循的工作原理只对已开始的线程起作用，如果某个线程只是通过构造方法完成了实例化，但是并没有启动，那么它就没有纳入操作系统层面的管控，线程状态间的切换规则对它完全无效。这个特点在 park()方法和 unpark()方法中有非常明确的体现。

6.3.3　其他常用命令

除了 jstack 命令，Java 还提供了多种命令，用于从 JVM 运行的多个维度进行状态监控，这些命令都是程序员需要掌握的。限于本书篇幅和内容主旨，本节对这些常用命令进行一个大致的介绍，如果读者需要更详细的使用说明，可以自行查阅相关资料。

1．jps 命令

jps 命令主要用于查看在有权访问的虚拟机中工作的 Java 进程（默认为本操作系统）及其进程编号。jps 命令的使用方法如下。

```
usage: jps [-help]
       jps [-q] [-mlvV] [<hostid>]
```

jps 命令的使用示例如下。

```
# jps
26032
251056 Jps
11640
143420
// 以上是当前操作系统正在运行的 Java 进程，注意“251056 jps”也是一个 Java 进程
```

2．jinfo 命令

jinfo 命令主要用于查看正在运行的 Java 进程的运行参数和环境参数，在一些特定情况下，可以在运行时修改部分参数。jinfo 命令的使用方法如下。

```
Usage:
    jinfo [option] <pid>
        (to connect to running process)
    jinfo [option] <executable <core>
        (to connect to a core file)
    jinfo [option] [server_id@]<remote server IP or hostname>
        (to connect to remote debug server)

where <option> is one of:
    -flag <name>         to print the value of the named VM flag
    -flag [+|-]<name>    to enable or disable the named VM flag
```

```
Usage: jstat -help|-options
       jstat -<option> [-t] [-h<lines>] <vmid> [<interval> [<count>]]
Definitions:
  <option>     An option reported by the -options option
  <vmid>       Virtual Machine Identifier. A vmid takes the following form:
                    <lvmid>[@<hostname>[:<port>]]
               Where <lvmid> is the local vm identifier for the target
               Java virtual machine, typically a process id; <hostname> is
               the name of the host running the target Java virtual machine;
               and <port> is the port number for the rmiregistry on the
               target host. See the jvmstat documentation for a more complete
               description of the Virtual Machine Identifier.
  <lines>      Number of samples between header lines.
  <interval>   Sampling interval. The following forms are allowed:
                    <n>["ms"|"s"]
               Where <n> is an integer and the suffix specifies the units as
               milliseconds("ms") or seconds("s"). The default units are "ms".
  <count>      Number of samples to take before terminating.
  -J<flag>     Pass <flag> directly to the runtime system.
```

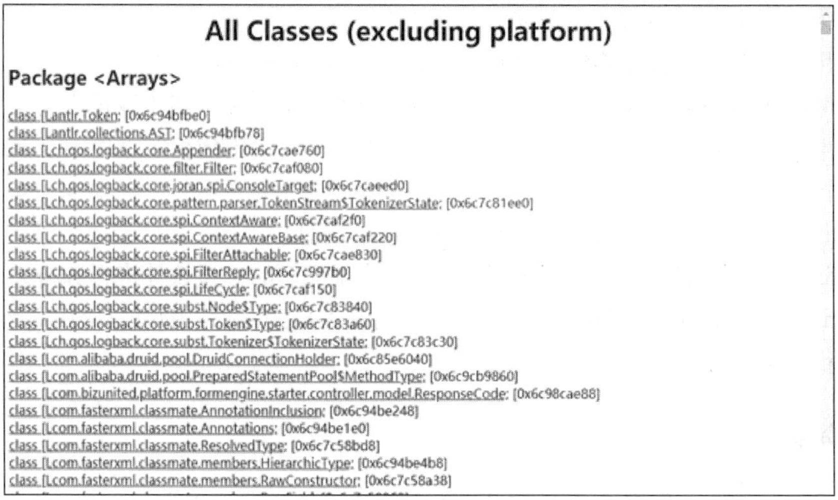

All Classes (excluding platform)

Package <Arrays>

class [Lantlr.Token; [0x6c94bfbe0]
class [Lantlr.collections.AST; [0x6c94bfb78]
class [Lch.qos.logback.core.Appender; [0x6c7cae760]
class [Lch.qos.logback.core.filter.Filter; [0x6c7caf080]
class [Lch.qos.logback.core.joran.spi.ConsoleTarget; [0x6c7caeed0]
class [Lch.qos.logback.core.pattern.parser.TokenStream$TokenizerState; [0x6c7c81ee0]
class [Lch.qos.logback.core.spi.ContextAware; [0x6c7caf2f0]
class [Lch.qos.logback.core.spi.ContextAwareBase; [0x6c7caf220]
class [Lch.qos.logback.core.spi.FilterAttachable; [0x6c7cae830]
class [Lch.qos.logback.core.spi.FilterReply; [0x6c7c997b0]
class [Lch.qos.logback.core.spi.LifeCycle; [0x6c7caf150]
class [Lch.qos.logback.core.subst.Node$Type; [0x6c7c83840]
class [Lch.qos.logback.core.subst.Token$Type; [0x6c7c83a60]
class [Lch.qos.logback.core.subst.Tokenizer$TokenizerState; [0x6c7c83c30]
class [Lcom.alibaba.druid.pool.DruidConnectionHolder; [0x6c85e6040]
class [Lcom.alibaba.druid.pool.PreparedStatementPool$MethodType; [0x6c9cb9860]
class [Lcom.bizunited.platform.formengine.starter.controller.model.ResponseCode; [0x6c98cae88]
class [Lcom.fasterxml.classmate.AnnotationInclusion; [0x6c94be248]
class [Lcom.fasterxml.classmate.Annotations; [0x6c94be1e0]
class [Lcom.fasterxml.classmate.ResolvedType; [0x6c7c58bd8]
class [Lcom.fasterxml.classmate.members.HierarchicType; [0x6c94be4b8]
class [Lcom.fasterxml.classmate.members.RawConstructor; [0x6c7c58a38]

图 6-4

在 jstat 命令的基本帮助信息中，并没有对 option 参数进行说明，但是读者可以使用以下命令列出 jstat 命令可以使用的 option 参数。

```
# jstat -options
  - class #用于显示加载的 class 对象数、所占空间等信息
  - compiler # 用于显示 JIT 编译器已经编译过的方法、耗时等信息
  - gc # 用于显示详细的 GC 信息、查看 GC 的次数，这个参数代表的各个显示列，将在后面进行详细说明
  - gccapacity # 用于显示 JVM 各内存结构中的容量情况，该参数将在后面进行详细说明
```

```
- gcnew # 用于显示新生代中的 GC 情况
- gcnewcapacity # 用于显示新生代中和容量有关的各种情况
- gcold # 用于显示老年代中的 GC 情况
- gcoldcapacity # 用于显示老年代中和容量有关的各种情况
- gccause # 用于显示最近一次 GC 的原因
- gcmetacapacity # 用于显示有关元数据空间大小的统计信息
- gcutil # 用于监控 GC 情况中各种已使用容量和总容量的百分比
- printcompilation # 用于输入已经被 JIT 编译过的方法
```

在工作中需要经常使用这些命令，尤其是在进行 JVM 进程调优和运行时问题排查时（也可以使用基于 JMX 协议的工具，但在正式的生产环境中，建议使用相关命令）。要掌握这些命令的组合使用方法，还需要较长期的实战。

6.4　volatile 修饰符

JUC 主要依靠 volatile 修饰符解决内存可见性问题，更确切地说是依靠 volatile 修饰符背后隐含的各种形式的内存屏障来解决内存可见性问题。volatile 修饰符主要用于以下场景中。

- 在多线程场景中，需要保证共享数据内存可见性的场景。
- 需要避免指令重排的场景（实际用于应对有序性问题）。

注意：

- 通常认为使用 volatile 修饰符不能达到保证原子性的目的，但在一些特定的场景中，volatile 修饰符可以保证操作的原子性，如保证 long、double 等基础类型数据的操作原子性。
- 使用 volatile 修饰符可以保证内存可见性，并且避免指令重排的场景，不仅针对使用 volatile 修饰的共享变量（简称 volatile 共享变量），还针对在 volatile 共享变量附近使用的其他变量。

6.4.1　为什么需要 Java 内存模型

有的读者会想，既然 Java 内存模型（JMM）会引起各种问题，那为什么会有 JMM 这样的结构设计呢？这是不是 Java 的一个设计缺陷呢？显然不是，这主要是由现代计算机硬件结构决定的。现代计算机的计算核心是 CPU，而且是多核 CPU，计算机的数据存储核心是内存（注意不是硬盘），其工作原理为读取内存中的指定数据，将其放入 CPU 中执行，并且将输出结果重新存储到内存中。

而内存频率和 CPU 频率在历史上曾经有很大的差距，当然这种差距目前正在缩小，但存取速度差距仍然很大。以 2020 年流行的基于 X86 架构的一种 CPU（AMD Ryzen 7 1700X）为例，其标准工作频率为 3.4GHz，一级缓存吞吐量为 700GB/s，一级缓存存储延迟平均为 1.2 纳秒；而 2020 年流行的 DDR4-3200 型内存，其工作频率通常为 3200MHz，数据吞吐量为 44GB/s，存储延迟平均为 47 纳秒。

由于存在较大的速度差距，如果直接让 CPU 和内存建立通信连接，就会显著拖慢 CPU 的工作速度，因此 CPU 一般会有多级高速缓存作用于 CPU 和内存通信的中间层，用于平衡二者的速度差。CPU 一般会在自己独有的或多核共有的高速缓存中读取数据（命中率一般很高），如果没有读取到数据，则逐层下行，最后在内存中读取数据。

同样以 CPU（AMD Ryzen 7 1700X）为例，它一共有 8 个内核，高速缓存有三级。一级缓存大小为 768KB，速度几乎和 CPU 内核的速度一样（前面提到了，平均延迟为 1.2 纳秒）。二级缓存大小为 4MB，速度稍慢（平均延迟为 3.1 纳秒）。一、二级缓存都是每个 CPU 内核独有的。三级缓存大小为 16MB，是每 4 个 CPU 内核所共有的。该 CPU 的总线有两个独立通道，用于和内存进行交互，可以使数据吞吐量增加 1 倍，如图 6-5 所示。

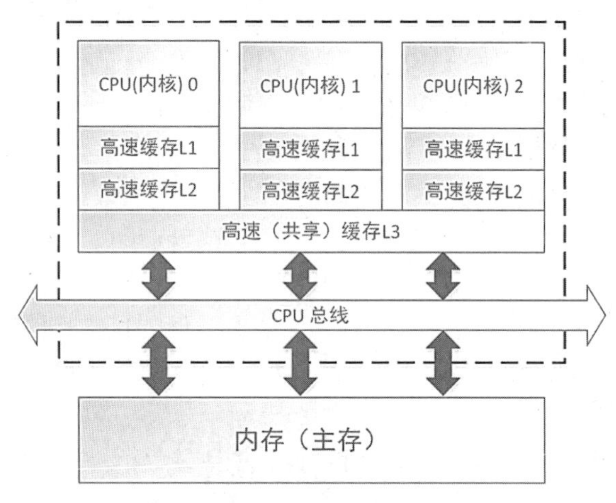

图 6-5

虽然 CPU 的基本工作原理相似，但是不同型号的 CPU、不同型号的内存，在不同操作系统中的工作细节是不一样的。由于 Java 语言的跨平台特性，因此 **JVM 需要一种工作模型，用于屏蔽这些硬件层面的细节差异**，这就是设计 JMM 的原因。

举一个反例，C++中没有 JVM 的概念，所以 C++针对不同操作系统的处理方式是在不同操作系统中重新进行编译（如我们常用的 GCC 编译器），由编译器帮助形成不同平台上的汇编信息，从而屏蔽平台差异，这就是 C++不具有跨平台特性的原因。不过这样做也有优势。例如，C++对于多线程场景的支持，是通过操作系统自身提供的特性完成控制的（如互斥量、信号量等），无须像 Java 一样在操作系统上层自行实现管程，再通过管程模拟信号量。

6.4.2　内存可见性问题和 MESI 协议

在实际工作中，CPU 内核、高速缓存和内存中的数据交互过程要复杂得多。为了讨论方便，本书不会刻意讨论多级高速缓存的数据同步问题，也不会讨论 CPU 内置的北桥如何协调地址总线传输地址信息。但一个无法避免的问题是，CPU、高速缓存和内存如何保证数据的一致性。

当数据 A 在多个处于运行状态的线程中进行共享数据读/写操作时（如线程 ThreadA、线程 ThreadB 和线程 ThreadC 同时对共享数据 A 进行读/写操作），可能出现多种情况。例如，多个线程可能在多个独立的 CPU 内核中同时修改数据 A，导致系统不知应该以哪次修改后的数据为准；或者线程 ThreadA 在对数据 A 进行修改后，没有及时将其写回内存，线程 ThreadB 和线程 ThreadC 没有及时获取最新的数据 A，导致最新修改的数据 A 对线程 ThreadB 和线程 ThreadC 不可见。

为了解决这些问题，CPU 工程师设计了一套数据状态的记录和更新协议——MESI 协议（CPU 缓存一致性协议）。这个协议实际上包含 4 种数据状态，如图 6-6 所示。

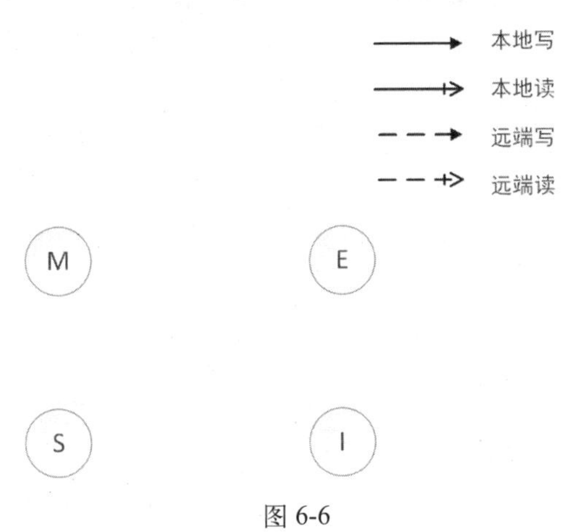

图 6-6

- E（Exclusive，专有）：高速缓存行中的数据和内存中的数据一样，并且其他处理器的高速缓存行中都没有这种状态数据的副本。
- M（Modified，可修改）：本地处理器已经修改高速缓存行（脏行），其中的数据与内存中的数据不一样。
- S（Shared，共享）：高速缓存行中的数据和内存中的数据一样，并且其他处理器的高速缓存行中也可能存在这种状态数据的副本。
- I（Invalid，无效）：缓存行失效，或者根本没有数据，不能使用。

CPU 对缓存状态的记录是以缓存行为单位的。 举个例子，一个 CPU 独立使用的一级缓存大小为 32KB，如果按照标准的一个缓存行为 64byte 计算，这个一级缓存最多可以有

512 个缓存行。一个缓存行中可能存储了多个变量值，如一个 64byte 的缓存行理论上可以存储 8（64÷8）个 long 型变量的值，因此只要这 8 个 long 型变量中的任意一个的值发生了变化，就会导致该缓存行的状态发生变化（这里涉及一个伪共享的话题，已经超出了本书知识范围，有兴趣的读者可以自行查看伪共享的相关资料）。

除了规定高速缓存行的状态，CPU 对高速缓存行还有以下四种读/写方式。

- 本地读：CPU 内核从本地高速缓存行中读取数据。
- 本地写：CPU 内核向本地高速缓存行中写入或修改数据。
- 远端读取：本 CPU 通过 CPU 总线监听到其他 CPU 内核从其后者的缓存行中读取数据。
- 远端写入：本 CPU 通过 CPU 总线监听到其他 CPU 内核向后者的缓存行中写入或修改数据。

下面对不同状态下的缓存行的关键工作分别进行描述，并且在最后进行总结。需要注意的是，为了便于理解，将当前缓存行命名为 X，将其他缓存行命名为 O。此外，MESI 协议主要描述的是高速缓存行的状态，不是内存数据的状态，所以如果 CPU 要求读取缓存行中的数据，发现没有数据可读，那么硬件系统会去下级缓存或内存中读取数据。怎样进行寻址、怎样传送数据并不在 MESI 协议的讨论范围。

高速缓存行将什么作为“相同”数据的判定标准呢？不是数据的值，而是数据的内存地址，只要内存地址相同，就认为是相同的数据。

1．E 状态下的工作要点和状态切换

E 状态为专有状态，在这种状态下，如果发生了本地读操作，那么高速缓存行状态不会发生变化，仍然为 E；如果发生了本地写操作，那么高速缓存行状态会从 E 变为 M。

在 E 状态下，当前高速缓存行 X 必须对其他高速缓存行 O 进行监听：如果监听到发生了远端读操作，那么将当前高速缓存行的状态改为 S。在这种情况下，其他高速缓存行 O 通常会直接从当前高速缓存行 X 中读取数据，无须从主存中读取。如果监听到发生了远端写操作，那么将当前高速缓存行的状态改为 I，表示本高速缓存行已经失效。

E 状态下的工作场景如图 6-7 所示。

2．M 状态下的工作要点和状态切换

M 状态为修改状态，在这种状态下，无论发生本地读操作，还是发生本地写操作，高速缓存行状态都不会发生变化，仍然为 M。

在 M 状态下，当前缓存行 X 必须对其他高速缓存行 O 进行监听：如果监听到远端读操作，那么提示对方中断等待，直到将本地数据更新到与主存中的数据重新一致为止；由于发生了远端读操作，因此数据副本肯定存在于多个缓存行中了，将当前高速缓存行的状

态改为 S。如果监听到远端写操作，那么提示对方中断等待，直到将本地数据更新到与主存中的数据重新一致为止；由于发生了远端写操作，因此本缓存行中的数据一定不是最新的，将当前高速缓存行的状态改为 I。

M 状态下的工作场景如图 6-8 所示。

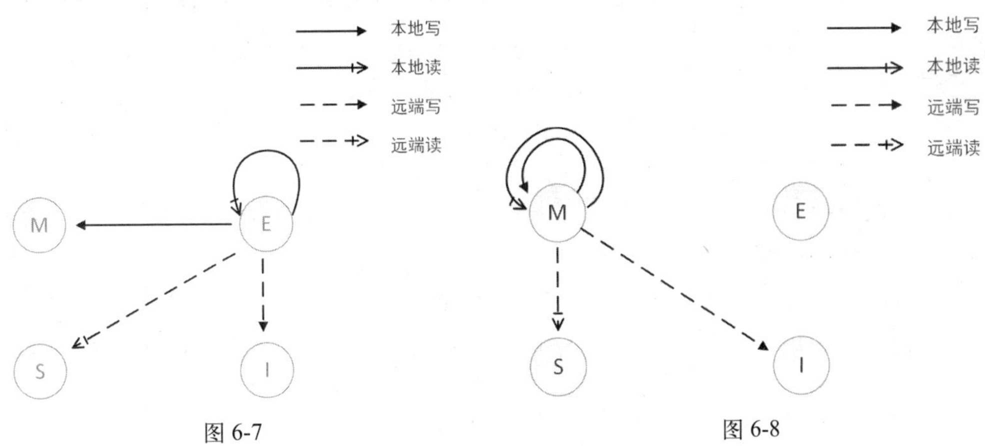

图 6-7　　　　图 6-8

3．S 状态下的工作要点和状态切换

S 状态为共享状态，在这种状态下，如果发生了本地读操作，那么高速缓存行状态不会发生变化，仍然为 S；如果发生了本地写操作，那么高速缓存行会向 CPU 总线发出指令，要求当前数据副本所在的其他高速缓存行 O 将状态改为 I，在其他高速缓存行没有反馈该指令的执行结果前，当前高速缓存行都会处于中断等待状态，这实际上是由 CPU 总线控制的一种缓存事务，用于保证对数据修改的原子性。由于在修改数据后，本地高速缓存行 X 中的数据一定发生了变化，因此当前高速缓存行的状态由 S 变为 M。

在 S 状态下，当前高速缓存行 X 必须对其他高速缓存行 O 进行监听：如果监听到远端读操作，那么状态不会发生变化，仍然为 S；如果监听到远端写操作，那么将当前高速缓存行 X 的状态改为 I。

S 状态下的工作场景如图 6-9 所示。

4．I 状态下的工作要点和状态切换

I 状态为无效状态，在这种状态下，如果 CPU 需要利用这个高速缓存行，则会从主存或其他高速缓存行 O 中重新读取数据到当前高速缓存行 X 中。**处于 I 状态的高速缓存行不需要监听远端读/写操作。**

处于 I 状态的高速缓存行在进行本地读操作时需要分情况考虑。

第一种情况是读取的数据已经存在于其他高速缓存行 O 中，并且其他高速缓存行 O 的

状态为 E 或 S。这时为了加快读取性能，当前高速缓存行 X 会直接通过 CPU 总线从其他高速缓存行 O 中读取数据，并且该高速缓存行和具有该数据的其他高速缓存行的状态都会变为 S。

第二种情况是读取的数据已经存在于其他高速缓存行 O 中，并且其他高速缓存行 O 的状态为 M，这时说明其他高速缓存行 O 已经修改了这条数据，并且拥有这条数据的其他高速缓存行状态都变成了 I。这时当前高速缓存行 X 会进行中断，等待将最新的数据写入主存，再进行读取操作。最终当前高速缓存行 X 的状态会变为 S。

第三种情况是读取的数据不在任何高速缓存行中，这时当前高速缓存行 X 会从主存中读取数据，并且将当前高速缓存行 X 的状态改为 E。

以上是高速缓存行在 I 状态下发生本地读操作的情况，那么在 I 状态下发生本地写操作，状态会如何切换呢？

第一种情况是修改的数据存在于其他高速缓存行中，并且其他高速缓存行 O 的状态为 E 或 S。这时当前高速缓存行 X 会通过 CPU 总线通知其他高速缓存行将状态修改为 I（同样是一个缓存事务），最后将当前高速缓存行的状态改为 M。

第二种情况是修改的数据存在于其他高速缓存行中，并且其他高速缓存行 O 的状态为 M，这时当前高速缓存行 X 会进行中断，等待将最新的数据写入主存，再进行写操作。最后将当前高速缓存行的状态改为 M。

第三种情况是修改的数据不存在于任何其他高速缓存行中，这时直接从主存中读取数据并进行修改，然后将当前高速缓存行的状态改为 M，这种状态无须通知其他高速缓存行修改状态。

I 状态下的工作场景如图 6-10 所示。

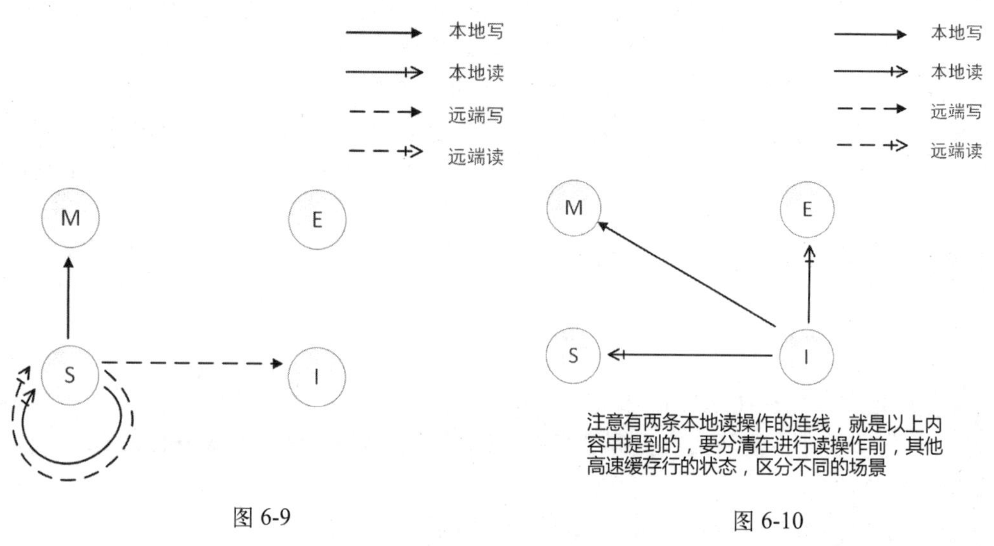

图 6-9　　图 6-10

需要注意的是，MESI 协议是一种为了保证多核 CPU 数据一致性的解决规则，其核心点在于硬件层面对多核 CPU 保证数据一致性的支持。不同的操作系统，对 MESI 协议的实现不同，甚至可以脱离 MESI 协议进行另一种规范的实现。

6.4.3　存储缓存和失效队列

下面总结一下 MESI 协议的几个工作特点和未解决的问题。

- MESI 协议的关键在于各状态向 M 状态的转变操作，只有 M 状态下的写操作，才被认为是有效的写操作。为了保证写操作的数据一致性，MESI 协议会将相同时间内具有该数据的其他高速缓存行 O 的状态设置为 I（并且操作过程必须全部成功）。这个过程称为 ROF 指令过程，它由 CPU 总线控制，是比较消耗 CPU 性能的一种处理过程。
- 处于 M 状态的高速缓存行具有最高处理权限还表现在对失效高速缓存行（状态为 I）的处理上，当处于 I 状态的高速缓存行需要读取副本时，会首先等待 CPU 总线给它的地址反馈，如果发现该数据已经存在于其他高速缓存行中，并且后者状态为 M，则需要中断等待，直到数据被写入主存。
- MESI 协议保证了高速缓存行的操作原子性（但是不能保证跨总线、跨多缓存行等情况的操作原子性）。M 状态就是保证这种操作原子性的外在体现。这实际上涉及了锁的概念，只有在获取锁的缓存行后才能进行缓存行的写操作，并且将状态改为 M 状态；如果没有获取锁的缓存行，那么无论什么时候监控到了远端写操作，状态都会被设置为 I 状态。
- MESI 缓存一致性协议并没有完全解决速度问题，在某些场景中高速缓存行仍然会中断等待。例如，在进行 S 状态到 M 状态的本地写操作时，会要求将其他高速缓存行的状态设置为 I，这个过程主要由总线控制器发出的 RFO 指令（总线事务指令）完成，并且需要等待所有相关高速缓存行回执操作结果。这个过程远比写操作本身耗费时间。

为了解决 MESI 协议的性能问题，CPU 设计者为每个 CPU 内核加入了两种技术，分别为存储缓存（Store Bufferes）技术和失效队列（Invalid Queue）技术。

1．存储缓存

前面提到，当前高速缓存行 X 在进行本地写操作时（在 S 状态下，E 状态因为是独享的，所以不会涉及这个问题），会将拥有相同数据的其他高速缓存行 O 的状态设置为 I。这个过程会通过 CPU 总线完成调度，并且需要中断等待，直到收到所有相关高速缓存行的回执结果，最后将值更新到主存中。在这之前，当前 CPU 内核对当前高速缓存行 X 的操作会中断等待。

如果引入存储缓存（Store Buffers）技术，那么在发送当前高速缓存行 X 要求其他高速缓存行将状态设置为 I 的请求后，当前高速缓存行 X 无须等待其他高速缓存行 O 的回执结果，先将修改后的值放入存储缓存，再继续进行后续的执行工作。将确认结果并提交缓存事务的工作交给存储缓存完成，只有在提交缓存事务后，当前高速缓存行 X 和主存中的数据才会被更新，如图 6-11 所示。

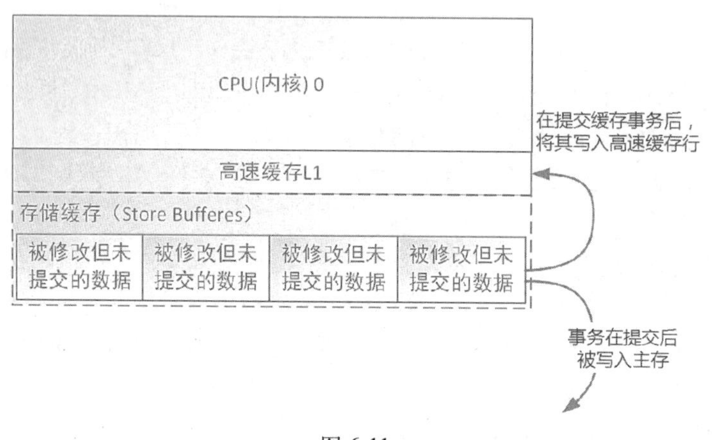

图 6-11

显然，存储缓存中的数据是还未完全提交的缓存事务涉及的数据。存储缓存保证了高速缓存进行本地写操作的性能，但是**本地写操作的数据一致性保证，从强一致性保证变成了弱一致性（最终一致性）保证**。

在引入存储缓存技术后，还有一个问题没有解决。当一个 CPU 内核连续读/写相同高速缓存行中的数据时，由于这个高速缓存行中的最新数据很可能还在存储缓存中，如果直接读取当前高速缓存行 X 中的数据，那么很可能读到旧值，而非新值。因此在读操作场景中，CPU 内核会先检索存储缓存中的数据，如果存储缓存中存在所需数据，则直接读取该数据。这种读取方式称为存储转发（Store Buffer Forwarding）。

2. 失效队列

但是问题仍然没有完全解决。存储缓存有长度限制，如果一个未提交的缓存事务因为客观原因占用存储缓存较长时间，那么存储缓存很快会被全部占用。此外，存储缓存无法加快远端高速缓存行 O 对 I 状态（失效状态）的更新速度。因此需要引入失效队列（Invalid Queue）技术，用于提高 I 状态切换的性能。如果当前高速缓存行 X 收到了 I 状态切换指令，则可以立即发送回执信息给 CPU 总线，无须等待状态彻底切换成功，并且将 I 状态的切换指令存储于失效队列中，在后续空闲时逐一进行处理，如图 6-12 所示。

需要注意的是，存储缓存技术和失效队列技术只对高速缓存行中存在共享数据的场景起作用，如果当前数据所在高速缓存行被标识为 E 状态（独占），则无须使用这两种技术。

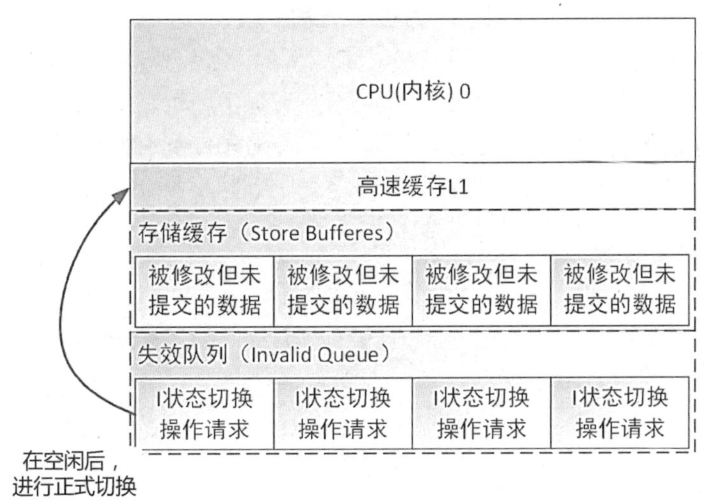

图 6-12

6.4.4　内存屏障与数据一致性

1．存储缓存和失效队列带来的问题

存储缓存技术和失效队列技术是进一步提高 CPU 执行性能的关键技术，但是在引入这两种技术后，**各高速缓存行之间只能保证数据的弱一致性（最终一致性），而放弃保证数据的强一致性**——因为时间单位是纳秒级别的，所以各 CPU 内核从高速缓存行中读取的数据可能是不一致的，但这些高速缓存行中的数据最终会变得一致。

如果各 CPU 内核对各线程的执行顺序、时钟周期不一致，那么在多线程处理共享数据时，存储缓存技术和失效队列技术可能会导致产生的结果不一致，如图 6-13 所示。

图 6-13 中一共有两个线程在两个不同的 CPU 内核中执行，每个 CPU 内核都有独立的高速缓存行、存储缓存和失效队列；两个线程共享的数据（变量）是 X 和 Y，并且没有对这些共享数据采取任何保证数据一致性的措施。

存储缓存和失效队列的相互作用会导致在进行输出时没有读取正确的 X 值。引起这个错误的原因，可能是正确的 X 值还在 CPU0 的存储缓存中，也可能是需要执行的失效操作还在 CPU1 的失效队列中。因此，相关高速缓存行的状态还没有转换为 I 状态，导致误认为当前处于 S 状态的高速缓存行中的是最新值。

2．基本内存屏障指令

根据以上描述可知，在高并发场景中，当多个线程频繁进行共享数值的读/写操作时，有一定的概率产生同一时刻各线程中数据不一致的问题。这是比较严重的问题，如果有万分之一的概率发生这种错误，则表示 1000 万次请求中会出现大约 1000 个的错误数据。所以在高并发场景中，对于共享数据，特别是要进行高频次读/写操作的关键共享数据，**操作系统需要在“保证数据的最终一致性”还是“保证数据的强一致性”之间做出选择**。也就是说，有时需要舍去一些性能来“保证数据的强一致性”。

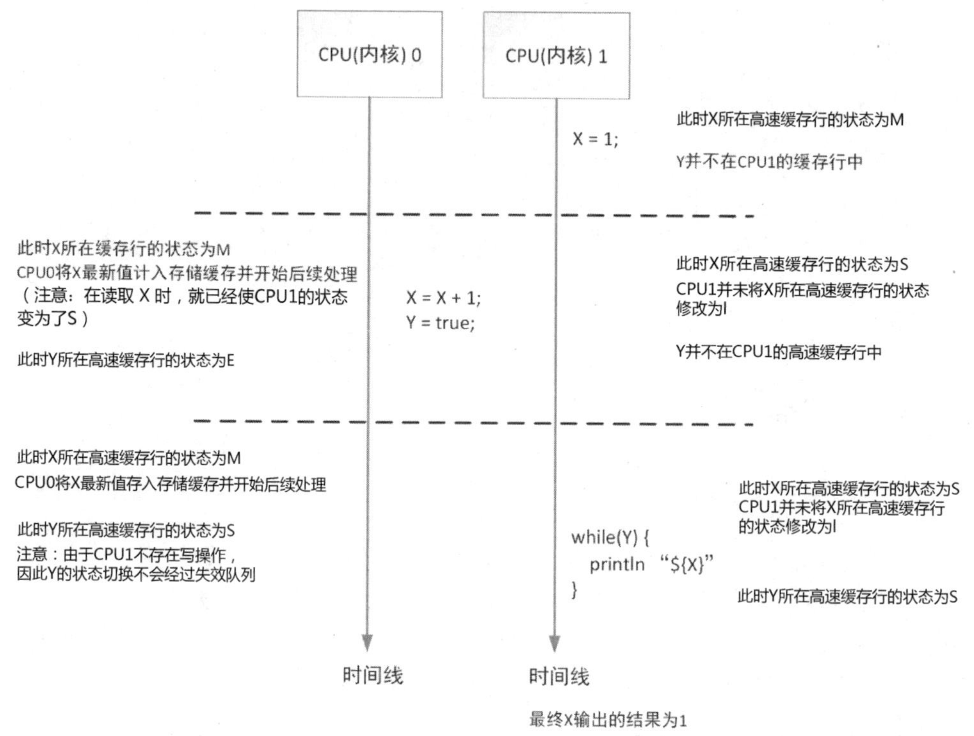

图 6-13

由于指令集、多级高速缓存、总线、内存等各种客观因素的限制，操作系统不可能清楚哪些数据是高并发场景中的关键共享数据，因此操作系统无法自动地在“保证数据的最终一致性”还是“保证数据的强一致性”之间做出选择。

但是程序员应该知道哪些是关键的共享数据，所以一种简单且直接的处理方式是，计算机硬件将以上问题交给程序员解决。

内存屏障（Memory Barrier）是一种 CPU 命令，它随着 ARM 指令集一起被提供出来供程序员使用。在操作系统层面上有很多内存屏障 API，它们不仅可以对存储缓存（Store Bufferes）和失效队列（Invalid Queue）进行操作，还可以在操作系统层面禁止特定的指令重排场景。操作系统层面主要提供了以下 4 种内存屏障。

- LoadLoad Barrier（Load Memory Barrier）：**该内存屏障主要用于保证高速缓存行在进**

行本地读操作时的内存可见性，即保证屏障后的本地读操作结果一定是最新的数据结果。具体做法如下。一旦本地 CPU 内核发现执行了 LoadLoad Barrier，则本地 CPU 内核将强制等待，直到失效队列（Invalid Queue）中所有应更新为 I 状态的操作全部执行完毕，才会继续执行后续读操作指令。这样，本地高速缓存行中后续读取的数据和内存中最新的数据就可以保持一致了。

- StoreStore Barrier（Store Memory Barrier）：**该内存屏障主要用于保证高速缓存行在进行本地写操作时的数据可见性，即保证屏障后的本地写操作对其他高速缓存行可见。**具体的做法是，一旦本地 CPU 内核发现执行了 StoreStore Barrier，则本地 CPU 内核会强制等待对存储缓存（Store Bufferes）中所有未提交数据的标记，再继续执行后续写操作指令。而 CPU 会保证存储缓存中被做过标记的数据一定先于发生内存屏障后的数据被提交到高速缓存和主存中，并且保证拥有这些数据副本的其他高速缓存行状态被标记为 I（注意：这个过程很可能只是对方的失效队列记录了这次 I 状态的变化并返回确认信息，而实际目标缓存行是否真的进行了更新，就不再是 StoreStore Barrier 所保证的了）。一部分型号的 CPU 在执行这种内存屏障时，会同时清理当前 CPU 的失效队列（Invalid Queue）。这样，本地高速缓存行中后续写入的数据和内存中最新的数据就可以保持一致了。
- StoreLoad Barrier（Full Barrier）：该内存屏障的性能不高，但是可以保证数据一致性，是操作系统提供的通用屏障。CPU 在执行过程中，一旦遇到这种屏障指令，就会强制等待，直到所属存储缓存中的数据全部提交，数据被写入当前高速缓存行中，并且当前 CPU 的失效队列也全部被清理为止。通用屏障是开销较大的一种内存屏障，程序员应尽量避免让 CPU 执行通用屏障。但是通用屏障确实可以替换 StoreStore Barrier、StoreLoad Barrier 和 LoadStore Barrier 的操作效果。
- LoadStore Barrier：在对存储缓存和失效队列的操作层面上，LoadStore Barrier 和 LoadLoad Barrier（Load Memory Barrier）没有太大的区别，但是 LoadStore Barrier 对指令重排做出了不同的限制，后面会进行相关介绍。

6.4.5 内存屏障与指令重排

1. 指令重排典型场景

为了优化执行过程、提高执行效率，Java 应用程序在执行过程中会进行指令重排操作。指令重排在部分资料中又称为 CPU 执行重排，主要分为两类，一类是编译器优化重排，一类是指令集并行重排。其中编译器优化重排是由 JVM 控制的，指令集并行重排是由操作系统和硬件系统控制的。

1）指令集并行重排。

产生指令集并行重排的目的是提高单个线程下 CPU 读/写指令的执行性能。前面已经提过，CPU 和内存的交互主要通过 CPU 总线进行。总线根据不同的传送内容，分为数据总线和地址总线，数据总线中传送的内容包括数据本身和操作指令（此处不对冯·诺依曼架构做更深层次的区分）。

控制指令在总线中进行传输时，会有一个指令周期的概念。如果在一个指令周期内，CPU 总线发现内存地址不可操作，就会将该指令存入指令序列中，并且尝试执行和前置指令不存在因果关系的后续指令，这个过程称为指令集并行重排。

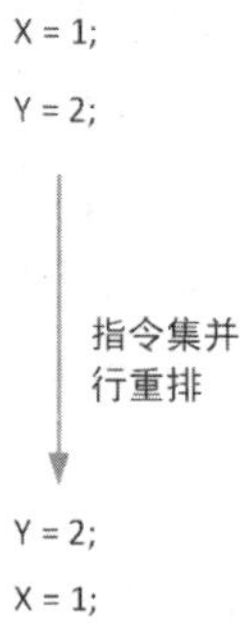

X = 1;
Y = 2;
指令集并行重排
Y = 2;
X = 1;

图 6-14

指令集并行重排是 CPU 体系提供的一种提高执行性能的方法，它可以在单线程场景中提高 CPU 对指令的执行速度。最典型的重排效果是，某个线程要求 CPU 执行的两条不相关的指令的最终执行顺序不一样，如图 6-14 所示。

指令集并行重排遵循 as-if-serial 原则（无论怎么重排，单个线程中程序的执行结果都不能改变，可见 as-if-serial 原则并不是 Java 独有的原则）。指令集并行重排确实能够提高 CPU 指令的执行效率，并且通常不会产生问题（因为在通常情况下，线程都是独立运行且不存在共享数据交互问题的）。

如果两个或多个线程存在共享变量，并且这些共享变量的交互在单个线程中没有因果关系，那么在重排后会影响输出结果。考虑以下伪代码的输出可能性。

```
// 以下都是共享数据
x = 0;
y = 0;
a = 0;
b = 0;
// 执行线程 1
thread1() {
  a = 1;
  x = b;
}
// 执行线程 2
thread2() {
  b = 1;
  y = a;
}
```

在线程 1 中，a 变量和 x 变量的写操作并没有因果关系，并且没有任何线程安全机制的限制，所以 CPU0 在执行时会认为这两个操作指令可以进行重排；在线程 2 中，b 变量和 y 变量的写操作并没有因果关系，并且同样没有任何线程安全机制的限制，所以 CPU1

在执行时会认为这两个操作执行也可以进行重排。因此，在执行时，“x=b”可能优先于“a=1”被执行，“y=a”可能优先于“b=1”被执行，在最后的执行结果中，x 变量和 y 变量的值都可能为 0。

2）编译器优化重排。

这里提到的编译器优化重排，并不是将 Java 源码编译成 class 字节码文件的编译器。事实上，将 Java 源码编译成 class 字节码文件的过程并不会进行任何指令重排操作。这里提到的编译器重排是指，JVM 内置的 JIT（即时编译器）在装载 class 字节码文件时的执行优化过程。如果读者对 JIT 没有概念，则可以自行查阅相关资料。在本书中，除了特别说明外，不会特意区分 JVM 中的特定模块。

JIT 编译器内部会经过一个复杂的过程，对源码执行顺序进行优化。在优化过程中，除了需要遵循 as-if-serial 原则，还需要遵循 JRS-133 提出的 happen-before 原则（前面已做概述），happen-before 原则既包括单一线程需要遵循的原则，又包括多线程需要遵循的原则。

3）重排的相关注意事项。

除了上面介绍的编译器优化重排和指令集并行重排，还有内存重排，但内存重排并不是真正的重排，而是由前面提到的 CPU-内存交互原理引起的数据不同步的情况（主要由存储缓存和失效队列共同作用形成）。

要彻底解决高并发场景中的数据一致性问题，除了要解决存储缓存和失效队列引起的数据一致性问题，还要解决由指令重排引起的执行结果一致性问题。解决由指令重排引起的执行结果一致性问题的有效方法是禁止指令重排，但是又不能全面禁止指令重排，那样会导致执行性能严重下降。此外，如果全面禁止指令重排，那么由于控制粒度过于粗放，会导致对最终执行结果没有影响的非关键数据也受到不必要的影响。所以禁止指令重排应该是分场景的细粒度控制方式。

2．基本内存屏障与禁止指令重排

基础内存屏障可以同时在编译器级别和操作系统级别禁止特定场景中的指令重排。4 种基本内存屏障代表可禁止的 4 种指令重排场景。这 4 种内存屏障对应的指令重排特征如下。

- StoreStore Barrier（Store Memory Barrier）：该内存屏障可以保证，在内存屏障前的任意写操作不会被重排到该内存屏障后的任意写操作的后面；在内存屏障后的任意写操作不会被重排到该内存屏障前的任意写操作的前面。
- LoadLoad Barrier（Load Memory Barrier）：该内存屏障可以保证，在内存屏障前的任意读操作不会被重排到该内存屏障后的任意读操作的后面；在内存屏障后的任意读操作不会被重排到该内存屏障前的任意读操作的前面。

- LoadStore Barrier：该内存屏障对存储缓存和失效队列的操作效果和LoadLoad Barrier的效果类似，但对指令重排层面上的效果是不一样的。该内存屏障可以保证，在内存屏障前的任意读操作不会被重排到该内存屏障后的任意写操作的后面；保证在内存屏障后的任意写操作不会被重排到该内存屏障前的任意读操作的前面。
- StoreLoad Barrier（Full Barrier）：该内存屏障又称为通用屏障，其禁止重排的效果是，可以保证在内存屏障前的任意写操作不会被重排到该内存屏障后的任意读操作的后面；该内存屏障后的任意读操作不会被重排到该内存屏障前的任意写操作的前面。

3．Java 提供的内存栅栏

从 JDK 9 开始，Java 通过 SDK 将基本内存屏障指令（组合）完全开放给程序员，称为内存栅栏（Fence）。从使用的角度来看，JVM 层面一共有 5 种内存栅栏供给程序员使用，具体如下。

- 存储栅栏（storeStore Fence，VarHandle.storeStoreFence()）：存储栅栏在编译器中的禁止重排效果和 Store Memory Barrier 基本内存屏障的禁止重排效果一致，即对内存屏障前的任意写操作和当前内存屏障后的任意写操作禁止重排。
- 加载栅栏（loadLoad Fence，VarHandle.loadLoadFence()）：加载栅栏在编译器中的禁止重排效果和 Load Memory Barrier 基本内存屏障的禁止重排效果一致，即对内存屏障前的任意读操作和当前内存屏障后的任意读操作禁止重排。
- 获取栅栏（acquire Fence，VarHandle.acquireFence()）：该栅栏的禁止重排效果是 LoadLoad Barrier + LoadStore Barrier 的禁止重排效果的组合。它可以对内存屏障后的任意读/写操作和当前内存屏障前的任意读操作禁止重排。
- 释放栅栏（release Fence，VarHandle.releaseFence()）：该栅栏的禁止重排效果是 StoreStore Barrier + LoadStore Barrier 的禁止重排效果组合。它可以对内存屏障前的任意读/写操作和当前内存屏障后的任意写操作禁止重排。
- 全栅栏（full Fence，VarHandle.fullFence()）：该栅栏是存储栅栏（storeStore Fence）+加载栅栏（loadLoad Fence）+通用屏障（StoreLoad Barrier）的禁止重排效果组合，它可以对内存屏障前的任意读/写操作和当前内存屏障后的任意读/写操作禁止重排。

注意： 这 5 种由 JVM 封装或组合后提供的内存栅栏，在 Unsafe 工具类或 VarHandle 变量句柄类中都有所体现，读者可以尝试在相关类中寻找这些方法。而本书后续提到的屏障操作效果，都是指在 JVM 层面上封装实现的重排效果和可见性效果。

6.4.6　volatile 修饰符和内存屏障

在正式介绍 volatile 修饰符如何利用内存屏障达到它的语义目标前，我们先来总结一下本节介绍的内存屏障具有哪些工作特点。需要注意的是，JVM 和操作系统都会根据内存屏障的工作要求，在自己的管辖范围内落实对应的工作任务，如图 6-15 所示。

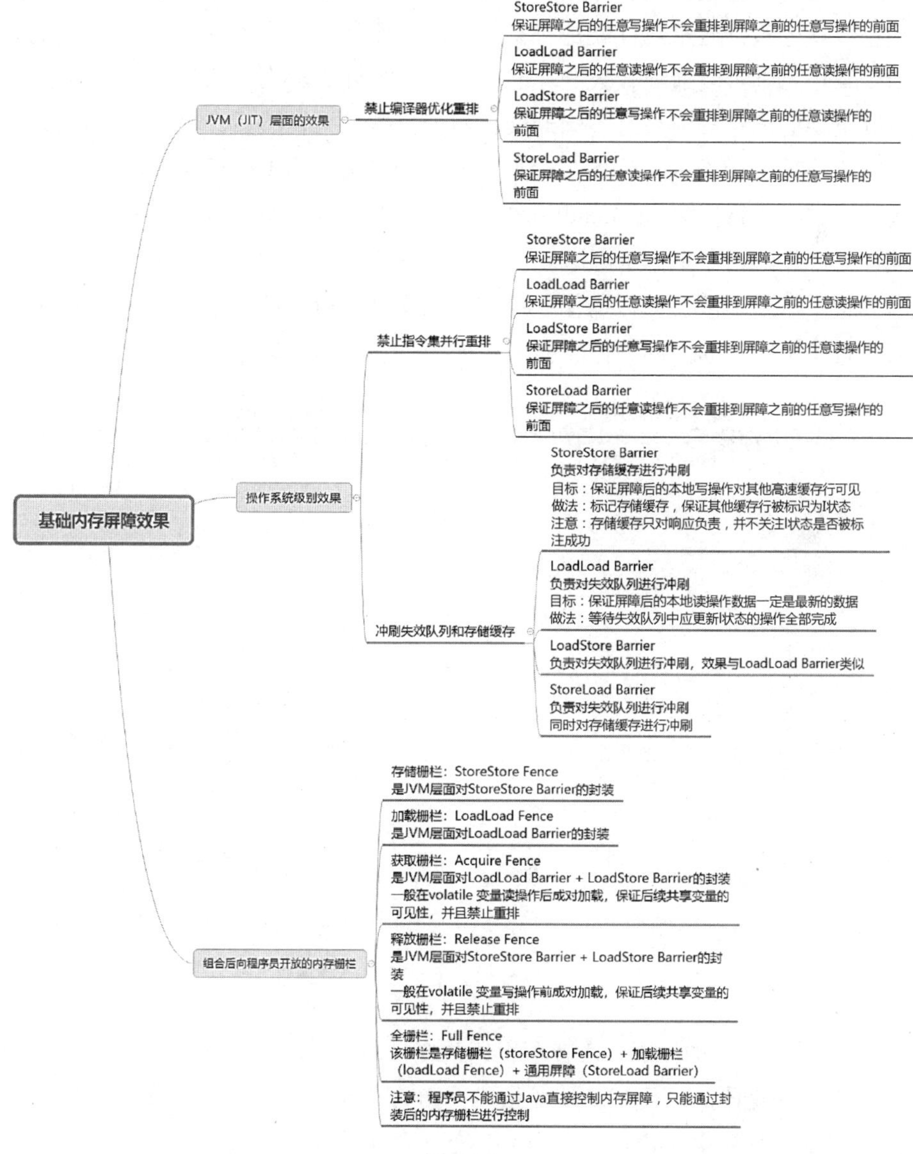

图 6-15

volatile 修饰符为了达到自己的语义目标，需要对内存屏障的工作特征进行组合，分别在 volatile 变量的读操作场景中和写操作场景中完成保证可见性和有序性的任务。

1．为了解决有序性问题，应该怎样设计 volatile 修饰符的工作方式

本书前面多次提到，要解决多线程场景中的有序性问题，需要在关键控制位置禁止指令重排，也就是说，让编译器和操作系统按照程序员指定的顺序执行这些代码。这样做也会存在问题：指令重排通常对性能是有益的，而程序员编写代码的方法千差万别，如果全面禁止指令重排，则可能造成较大的性能差异。一个好的解决方法是，引入内存屏障的概念，让不同类型的内存屏障具有不同的禁止指令重排效果，然后让程序员根据自己的需求使用这些特定的禁止指令重排效果。对于其他非特定场景的重排任务，会继续按照操作系统的优化逻辑进行运行。例如，LoadLoad Barrier 只禁止了数据读操作的相关指令重排，并没有对数据写操作的指令重排加以限制。

下面分析一下在不涉及独占操作权控制和原子性支持的前提下，在多线程编程中，程序员如何进行多个线程的协同工作（程序员视角），如图 6-16 所示。

图 6-16

图 6-16 中的代码为伪代码，读者不用纠结变量命名等问题。其中，X、Y、FLAG 变量为多线程间的共享变量，并且 FLAG 变量为关键共享变量，使用 volatile 修饰符进行修饰，线程间根据该变量判断业务状态。a、b、d 变量可能是局部变量，也可能是全局变量，但

一定是没有添加 volatile 修饰符的变量，这些变量从业务逻辑上看，其读/写操作对线程间的数据交互没有实质影响，但其赋值的因果关系可能和其他共享变量有关。

1）对写操作线程 ThreadA 的分析。

程序员在编写该线程的业务逻辑时，会在“FLAG=true”写操作前完成所有共享数据的读/写操作，即线程 ThreadA 的操作步骤 1。在这个过程中，对共享变量的写操作的关注更多，因为读操作不会改变这些变量的内在状态，所以只需保证读操作的值是最新的。例如，如果系统将代码“b = X + Y;”和“print b;”重排到“FLAG=true”写操作的后面，那么对程序逻辑没有实质影响；但是，如果在保证单线程中依赖关系的前提下，系统将代码“Y = 2;”重排到“FLAG=true”写操作后面，那么会出现问题。

2）对读操作线程 ThreadB 的分析。

程序员在读关键共享变量 FLAG 前，不会对多线程相关的共享数据进行任何读/写操作，因为程序员知道在 FLAG 为 true 之前，其他线程并没有做好相关的数据准备。即使“FLAG=true”之前的代码出现了写操作，也只会是对基于线程 ThreadB 内部的私有数据或不会影响线程间交互的共享数据进行的写操作，而这些写操作在保证 as-if-serial 原则的前提下，是可以在任意位置进行的。

在关键共享变量 FLAG 之后的读操作非常重要，因为在 FLAG 满足本线程的执行条件后，后续的读/写操作都可能是基于关键共享变量 FLAG 为 true 的前提、基于其他线程已经准备好所有共享数据的前提进行的。所以在对 FLAG 变量进行读操作后的操作不应该被排到对 FLAG 变量进行读操作之前，如代码“d = X + Y”不能被重排到代码“FLAG == true”之前执行。

3）综合进行总结分析。

可以看出写操作线程 ThreadA 的处理逻辑和读操作线程 ThreadB 的处理逻辑是相对应的，二者涉及交互数据的主要操作都是根据关键共享变量 FLAG 进行区分的。

写操作线程 ThreadA 要先完成与共享变量相关的写操作，再对关键共享变量 FLAG 进行写操作，并且该线程无须关心之后的读/写操作，因为之后的读/写操作不涉及本次线程间数据协同的相关操作（不讨论程序员写错代码的情况）。在此过程中，该线程要保证对 FLAG 变量的写操作要在对所有共享变量的写操作后进行。

读操作线程 ThreadB 在对关键共享变量 FLAG 进行读操作并确保 FLAG 的值正确后，才开始进行关键的读/写操作。该线程不太关心读取共享变量 FLAG 之前的写操作，因为这些操作与线程间的数据协作状态没有太大关系。

在 JSR-133 官方文档中，volatile 修饰符禁止进行指令重排的要求如表 6-1 所示。需要注意的是，表 6-1 中的要求并不是 JMM 规范，而是对 volatile 修饰符支持禁止指令重排效果的基本要求，也就是说，对于表 6-1 中列为“不可进行指令重排”的要求，无论 JVM 如何实现，都必须得到满足；对于表 6-1 中列为“可以进行指令重排”的要求，对 volatile 修饰符如何实现语义没有硬性标准。

```
This table is not itself the JMM specification; it is just a useful way of viewing its main consequences for compilers and runtime systems.
```

表 6-1

第 1 个操作	第 2 个操作：普通读/写操作	第 2 个操作：volatile 读操作	第 2 个操作：volatile 写操作
普通读/写操作	可以进行指令重排	可以进行指令重排	不可进行指令重排
volatile 读操作	不可进行指令重排	不可进行指令重排	不可进行指令重排
volatile 写操作	可以进行指令重排	不可进行指令重排	不可进行指令重排

注意：在表 6-1 中，第 1 个操作和第 2 个操作不是指两个操作之间隔着内存屏障，而是指两个连续的操作；普通读/写操作是指对普通变量进行读/写操作，volatile 读/写操作是指对 volatile 变量进行读/写操作。下面对指令重排的几个关键特点进行说明。

根据表 6-1 可知，不可以对代码段落中的任意 volatile 读/写操作进行指令重排，因为内存屏障是基于对 volatile 变量的观察进行插入的，也就是说，这些被程序员认为标记了线程间数据协作状态的 volatile 变量，必须固定下来作为观察基点。

如果第 1 个操作为普通读/写操作，第 2 个操作也是普通读/写操作，那么这两个操作是允许进行重排的。

如果第 1 个操作为普通读/写操作，第 2 个操作是 volatile 读操作，那么由于在进行 volatile 读操作前并没有为保证有序性而增加任何内存屏障，因此 volatile 读操作和之前的普通读/写操作是可以进行指令重排的，指令重排也不会影响程序员编写代码的逻辑思路。

如果第 1 个操作为 volatile 写操作，第 2 个操作为普通读/写操作，则可以进行指令重排。这和前文介绍的 volatile 写操作前所关注的操作核心点不冲突，无非在重排后，将 volatile 写操作之后不影响线程间协同工作的读/写操作前置了。

如果第 1 个操作为 volatile 读操作，那么由于 LoadLoad Barrier + LoadStore Barrier 组合的共同作用，第 2 步进行的任意读/写操作都不允许重排到 volatile 读操作之前进行。

综上所述，为了解决有序性问题，需要按照如图 6-17 所示的方式为 volatile 修饰符增加基本内存屏障。

在 JSR 官方文档中有明确的要求，禁止普通读/写操作和 volatile 写操作的指令重排。对于禁止普通写操作—volatile 写操作进行指令重排的原因，前面已经介绍了，此处不再赘述。但是，在 volatile 写操作前的普通读操作与 volatile 写操作并不存在任何冲突，为什么要禁止普通读操作—volatile 写操作进行指令重排呢？这要从 volatile 修饰符综合考虑对可见性问题的支持来进行说明。

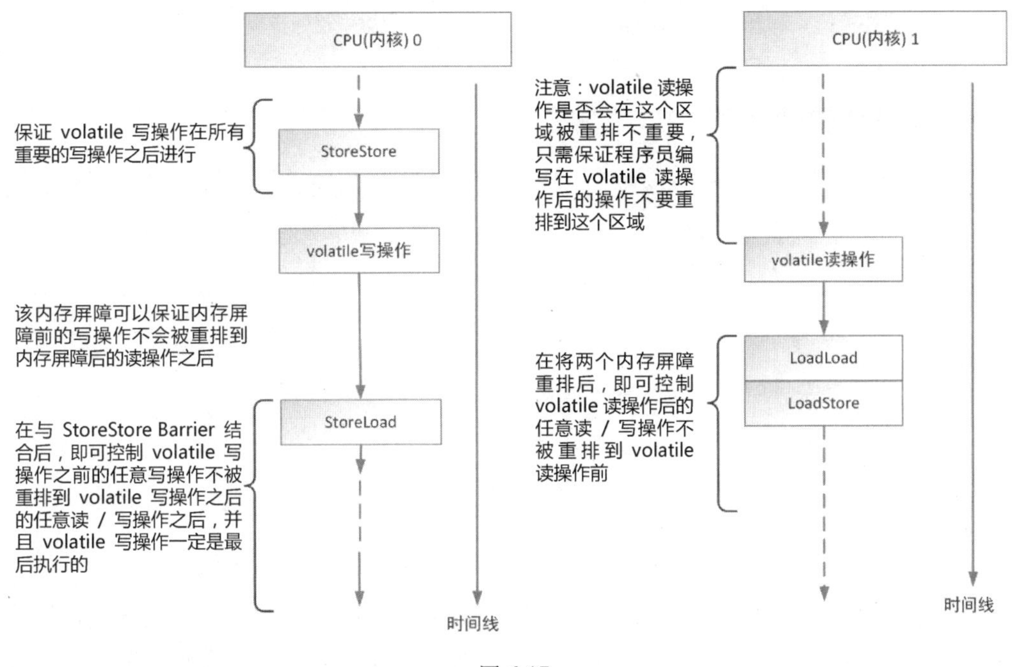

图 6-17

2. 为了解决可见性问题，应该怎样设计 volatile 修饰符的工作方式

根据前面介绍的指令重排规则，可以解决以 volatile 读/写操作为关注点的指令重排问题，即解决执行的有序性问题，让程序在支持部分重排的前提下，遵循程序员原本的编码逻辑（从程序员视角来看）。但是因为涉及线程间的数据协作问题，还需要解决可见性问题，也就是说，还需要解决 JMM 中关于失效队列和存储缓存控制的问题。

同样以图 6-16 中的伪代码为例，介绍读/写操作线程对关键共享变量所关心的可见性问题，如图 6-18 所示。也就是说，要保证在对数据进行写操作后，这些值都被提交到了主存中，而不是仅存储于存储缓存中；在对数据进行读操作时，要保证这些值都是主存中的最新值，不能因为失效队列而获取未变化的历史值。

所以，volatile 修饰符可能还需要操作额外的内存屏障，这种操作不是为了保证有序性，而是为了保证可见性。

1）对写操作线程 ThreadA 的分析。

写操作线程 ThreadA 需要保证当前进行写操作的关键共享变量基于的值是来自主存中的最新值，而不是因为失效队列存在的历史值，这涉及冲刷失效队列的操作。

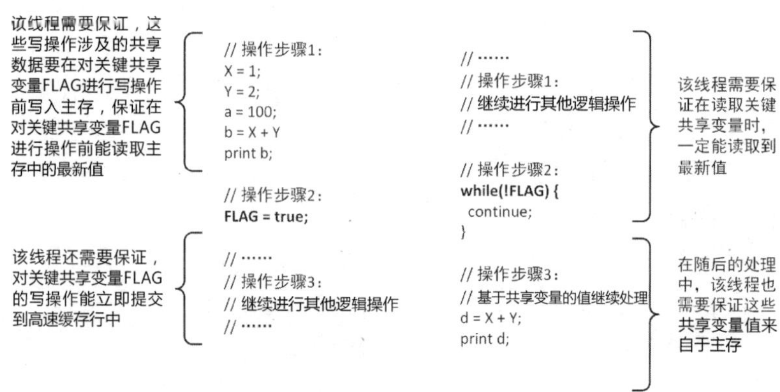

图 6-18

此外，写操作线程 ThreadA 需要保证，在对关键共享变量 FLAG 进行写操作后，对关键共享变量 FLAG 进行的写操作及之前的所有写操作都对主存可见，这涉及冲刷存储缓存的操作。所以写操作线程 ThreadA 需要一个内存屏障，用于在对关键共享变量 FLAG 进行写操作前对存储缓存和失效队列进行冲刷，如图 6-19 所示。

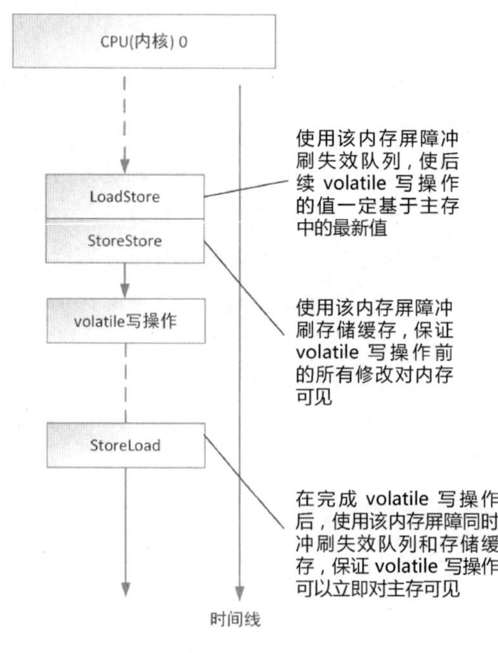

图 6-19

细心的读者已经观察到，StoreStore Barrier + LoadStore Barrier 组合的工作效果与释放栅栏（Release Fence）的工作效果相同。**释放栅栏可以保证，在对使用 volatile 修饰的关键共享变量 FLAG 进行写操作前，任意读/写操作都先于 volatile 写操作被提交到主存中。**

2）对读操作线程 ThreadB 的分析。

如果读操作线程 ThreadB 知道关键共享变量 FLAG 的值发生了变化，则该线程一定知道在写操作线程 ThreadA 中发生于 FALG 值变化前的所有读/写操作的最新值。这当然有赖于写操作线程 ThreadA 所加载的内存屏障，但如果读操作线程 ThreadB 不加载任何与之对应的内存屏障，也无法达到要求。此外，还应该保证读操作线程 ThreadB 可以尽快知道写操作线程 ThreadA 的变化情况。所以读操作线程 ThreadB 需要按照如图 6-20 所示的方式加载内存屏障。

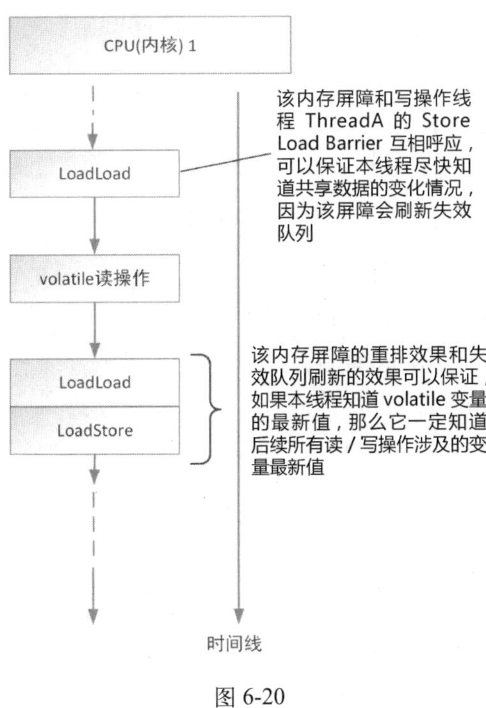

图 6-20

细心的读者已经发现，LoadLoad Barrier + LoadStore Barrier 组合的工作效果与获取栅栏（acquire Fence）的工作效果相同。获取栅栏可以保证，**只有在对使用 volatile 修饰的关键共享变量 FLAG 进行写操作后，才会执行程序员要求执行的读/写操作代码，并且这些读/写操作一定基于主存中的最新值。**

3．volatile 写操作过程总结

JVM 在对 volatile 共享变量进行写操作后，会要求 JMM 先将该线程工作区中的数据刷

新到主存。其主要原理是插入相应的屏障指令，即在硬件层面上保证数据的强一致性。此外，操作系统在发现内存屏障指令后，会从硬件执行层面上禁止指令重排，即禁止指令集并行重排。最后编译器在发现内存屏障后，会按照内存屏障的要求，禁止编译器优化指令重排。

在对 volatile 变量进行写操作前，JVM 会插入释放栅栏（Release Fence），注意释放栅栏禁止指令重排的意义和可见性操作的意义。由于释放栅栏是两个内存屏障的组合，因此它可以保证在内存屏障前的任意读/写操作不会被重排到内存屏障后的写操作后，也可以保证在正式进行 volatile 写操作前，所有变量的写操作对其他线程可见（因为冲刷了存储缓存）。这样，其他读操作线程就不需要担心在感知 volatile 变量发生变化后，在读取其他任意数据时会出现读不到最新值的情况。

在对 volatile 变量进行写操作后，JVM 会插入 StoreLoad Barrier，该内存屏障对存储缓存（Store Bufferes）和失效队列（Invalid Queue）的冲刷操作，可以保证已完成的 volatile 写操作的结果立即被其他线程可见，如图 6-21 所示。

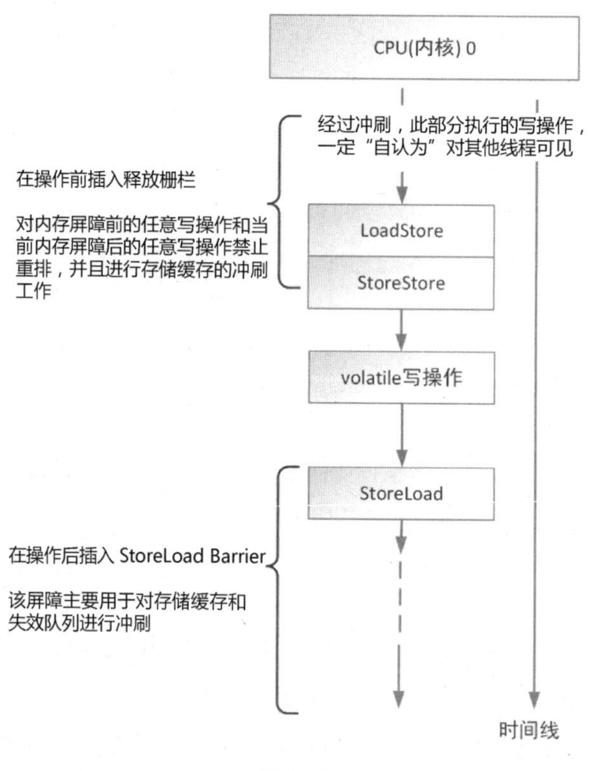

图 6-21

为什么在进行 volatile 写操作前插入的 StoreStore Barrier 在进行存储缓存的冲刷后，只可以达到“自认为”对其他线程可见的效果呢？这是因为存储缓存中的数据是否完成了提交，主要根据其他高速缓存行是否提交了 I 状态，而其他高速缓存行在标记 I 状态时，可能只是在失效队列中记录了标记任务，而没有进行真实更新。

一些资料指出，为了达到禁止重排的目的，只需在 volatile 写操作前插入 StoreStore Barrier，无须插入 LoadStore Barrier。根据 LoadStore Barrier 禁止指令重排的效果可知，是否让内存屏障前的读操作重排到内存屏障后的写操作后，实际上并不会影响其他线程对所有写操作变化的可见性。但是从 LoadStore Barrier 对失效队列的冲刷效果来看，只有在对 volatile 变量进行写操作前保证对失效队列的冲刷，才能保证 volatile 写操作前的数据一定和主存中的数据一致（因为在对 volatile 变量进行写操作前，该变量的最终状态 I 可能还存储于失效队列中）。

根据 Java 对基础内存屏障的使用情况可知，**内存屏障必然是成对出现的**。例如，在进行 volatile 写操作前，插入的释放栅栏必然和 volatile 读操作后插入的获取栅栏（acquire Fence）相对应。

4．volatile 读操作过程总结

在对 volatile 共享变量进行读操作前，JVM 会先插入 LoadLoad Barrier，该内存屏障可以在硬件层面和编译器层面上禁止对之前的读操作和之后的读操作进行指令重排。此外，对该指令所代表的失效队列（Invalid Queue）的冲刷操作，其目的是保证后续发生的读操作取得的数据一定和主存中的数据一致。

这个过程刚好和 volatile 写操作线程的处理过程相对应。前面已经讲过，volatile 写操作会插入 StoreLoad Barrier，用于保证 volatile 写操作的数据对其他线程可见。但这种可见只是写操作线程"自认为"的，因为该数据的 I 状态更新任务可能只存在于读操作线程的失效队列中。所以在进行 volatile 写操作前，插入的 LoadLoad Barrier 会帮助冲刷当前读操作线程的失效队列，以便读操作线程真正看到和主存中数据一致的数据。

JVM 还会在进行 volatile 读操作后插入获取栅栏（Acquire Fence），该获取栅栏的工作效果是 LoadLoad Barrier + LoadStore Barrier 组合的工作效果，可以保证在内存屏障后的任何读/写操作都不会被重排到内存屏障前的读操作前，从而保证 volatile 读操作一定先读取 volatile 变量的最新值，再进行后续的读/写操作。此外，获取栅栏对失效队列的冲刷效果可以保证后续的读/写操作一定是基于主存中的最新数据（保证可见性）进行的，如图 6-22 所示。

在进行 volatile 读操作后插入获取栅栏（acquire Fence）的过程，刚好和在进行 volatile 写操作前插入释放栅栏（release Fence）的过程相对应。它们的配对使用，可以保证 volatile 变量附近的普通共享变量在多个线程间的可见性和相对的执行有序性，对应关系如图 6-23 所示。

图 6-23 中的 volatile 变量是关键共享变量 FLAG。基于 CPU 0 运行的线程对 FLAG 变量进行写操作（简称 FLAG 写操作），基于 CPU 1 运行的线程对 FLAG 变量进行读操作（简称 FLAG 读操作）。需要注意的是，获取栅栏一定是配合 volatile 读操作使用的，释放栅栏一定

是配合 volatile 写操作使用的。这种配对特性在后面介绍变量句柄的使用方法时还会提及。

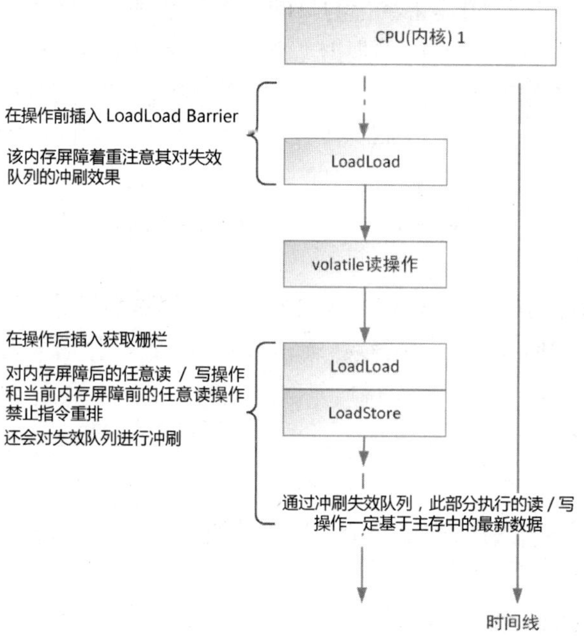

图 6-22

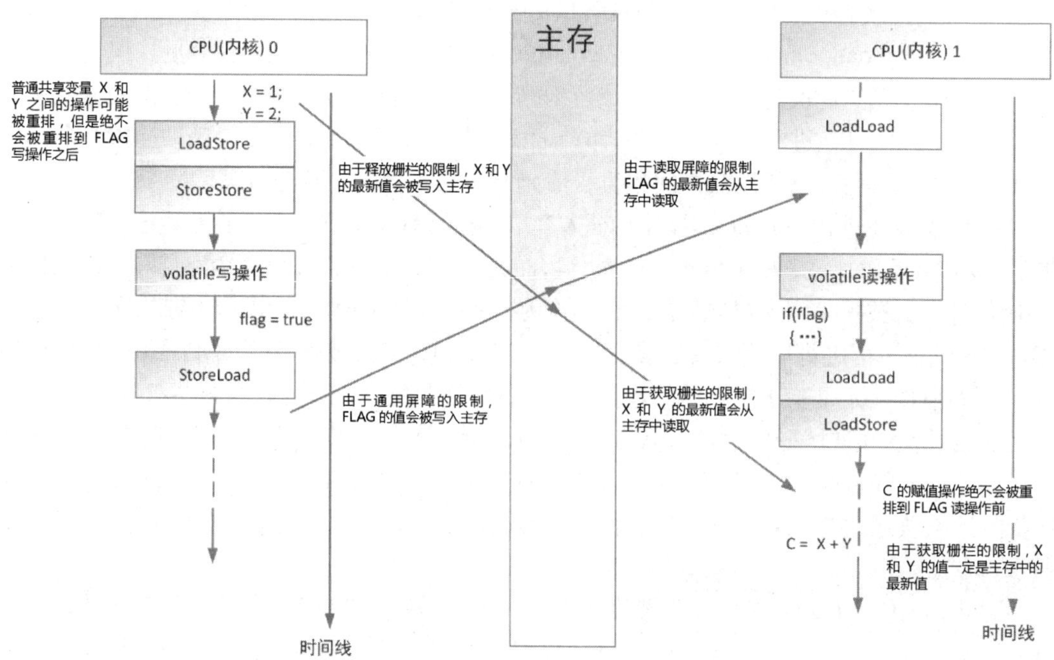

图 6-23

注意：本节（6.4 节）讨论的内存屏障和 volatile 修饰符的相关操作都基于被 JMM 抽象后的底层 CPU 结构和操作系统结构。但 JVM 在实际运行中，会基于不同的 CPU 结构和操作系统结构插入基本内存屏障的实际情况是有差异的。这种差异包括在 Object Monitor 模式下对基本内存屏障的实际插入情况。

5. Object Monitor 临界区与内存屏障

在 5.5 节进行 Object Monitor 模式的总结时，本书谈到 Object Monitor 模式在 synchronized 代码块内部并没有禁止指令重排（单独使用 volatile 修饰符的情况除外），但在 synchronized 代码块的执行边界提供了有序性保证。此外，Object Monitor 模式会在某个线程释放锁和获取锁时，保证使用 synchronized 修饰的对象的可见性。但是，由于 5.5 节并没有介绍内存屏障的相关知识，因此当时只进行了大致叙述。既然现在已经介绍了基本内存屏障及 volatile 修饰符的相关知识，那么如何在 Object Monitor 模式下保证边界的有序性和可见性呢？

我们可以将某个线程获取对象独占操作权的操作看作 volatile 读操作，将线程释放对象独占操作权的操作看作 volatile 写操作。这个类比很好理解，在线程获取对象独占操作权前，一定需要获得对象的最新状态，这和 volatile 读操作一样。在线程释放对象独占操作权前，一定需要使对象的最新状态保持主存可见，以便后续执行的线程能够读取最新值，这和 volatile 写操作一样，如图 6-24 所示。

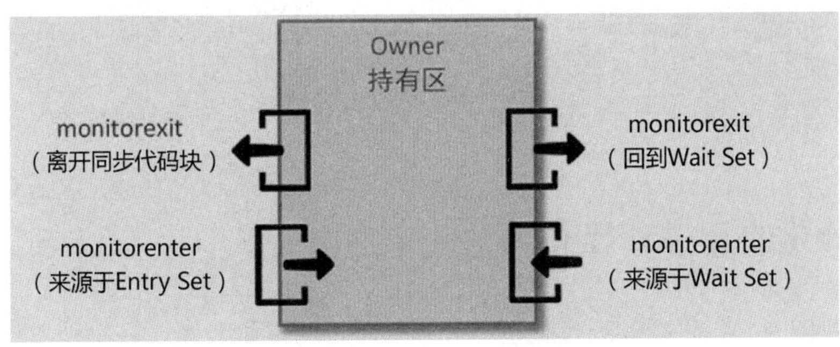

图 6-24

线程在持有对象独占操作权前，只能在同步代码块的边界外阻塞等待，等待区域可能是 Entry Set 区域，也可能是 Wait Set 区域。只有在获得对象独占操作权后，才能从 monitorenter 区域进入 Owner 区域，以便继续执行同步代码块。如果出于某种原因，当前已获得对象独占操作权的线程需要释放对象独占操作权，这个线程就会从 monitorexit 区域离开 Owner 区域，至于是回到 Wait Set 区域还是正式离开同步代码块（不可能再回到 Entry Set 区域）并不重要。

应用程序会在 monitorexit 区域遵循 volatile 写操作的内存屏障插入效果，在 monitorenter

区域遵循 volatile 读操作的内存屏障插入效果，从而保证相关场景的有序性和可见性，如图 6-25 所示。

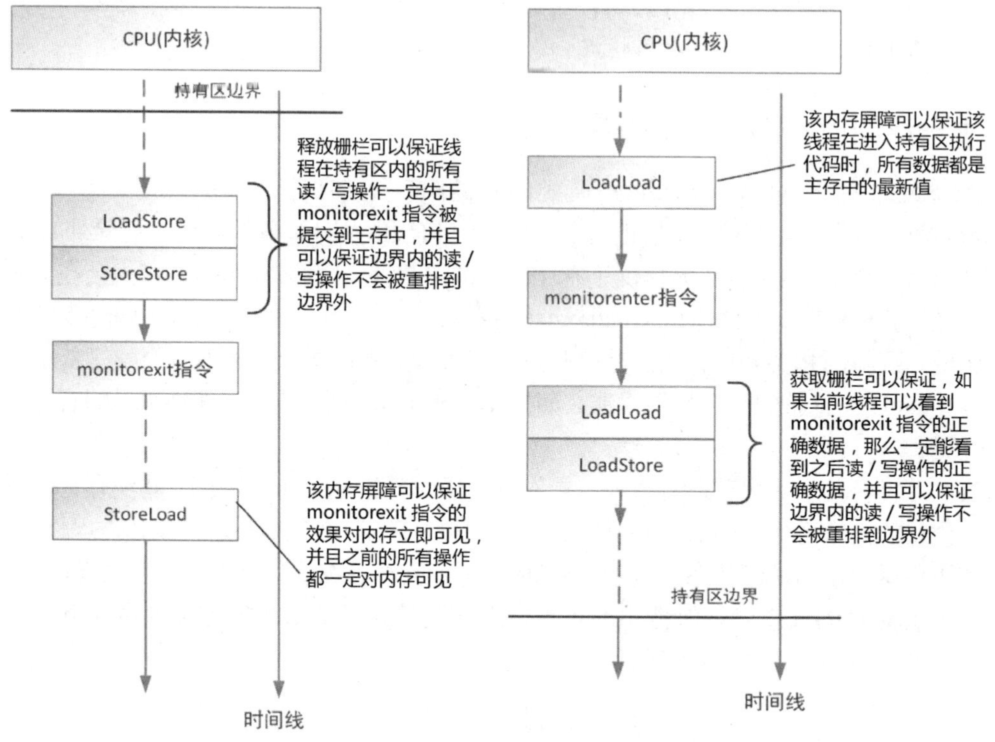

图 6-25

6.5 轻量化的原子性操作方法

原子性是指一行代码或一段代码是不可分割执行的整体，要么一次性执行完，要么都不执行。6.4 节介绍了在不使用 Object Monitor 模式的场景中，如何使用 volatile 修饰符保证该修饰符附近操作的可见性和该修饰符附近操作的有序性。但高并发编程需要解决的三性问题中的原子性问题，却不在 volatile 修饰符的任务范围内，所以 Java 需要提供一种用于解决原子性问题的功能。

JUC 提供了一种保证执行过程原子性的操作方法，它主要使用乐观锁（无锁）的思想保证操作的原子性——使用 Compare And Swap/Compare And Set 无锁操作。该方法的底层实现主要借助了 Unsafe 工具类。需要注意的是，无锁并不代表没有 CPU 性能损耗，实际上在 JVM 层面上，无锁操作调用了操作系统提供的额外 CPU 指令。

6.5.1　原子性操作——AtomicInteger 类

在 JUC 中，有一个原子性操作工具类 AtomicInteger，它易于理解和使用，是程序员最常使用的原子性操作工具类之一。该工具类可以完成一个整数值的原子性操作，包括对整数值的获取、增加、减少等操作。相关示例代码如下。

```
// 此处代码省略
// 初始化一个 AtomicInteger 类的对象 atomicInteger，将整数值初始化为 1
AtomicInteger atomicInteger = new AtomicInteger(1);
// 先获取 atomicInteger 对象的整数值
// 再将该整数值自增 1
atomicInteger.getAndIncrement();
// 先将 atomicInteger 对象的整数值自增 1，再获取该整数值
// 如果需要进行自减操作，则使用 AtomicInteger 类提供的 decrement 的相关方法
int value = atomicInteger.incrementAndGet();
System.out.println("value = " + value);
// 还可以使用以下方法，在保证原子性操作的前提下，完成特定数值的增减操作
value = atomicInteger.addAndGet(5);
System.out.println("value = " + value);
// 此处代码省略
```

对于一个整数 i，在没有任何线程安全性保证的前提下，是无法保证类似于“i++”这种操作的原子性的，即使使用 volatile 修饰符也不行（只可以保证可见性和有序性）。因为容易导致多个线程在同时进行 i++操作后，得到的最终结果和预想的结果不一样。

在上述场景中，要保证操作的原子性，程序员可以使用 AtomicInteger 等原子性操作工具类，保证“i++”等操作的原子性，最终在多线程同时操作的场景中获得正确的结果。

6.5.2　原子性操作——AtomicStampedReference 类

CAS 原子性操作并非完全没有问题，A-B-A 问题就是 CAS 思想落地过程中需要避免的一种问题。A-B-A 问题是指一个线程 X 在使用 CAS 技术更新数据时，将数据从 A 值换成了 B 值，然后在下一次 CAS 操作重新将数值替换回 A 值。这时在另一个线程 Y 看来，数值是没有变化的。线程 Y 会认为自己的 CAS 过程判定成功，于是会将数值替换为 C。实际上，当线程 X 在进行第一次 A-B 的 CAS 过程时，已经完成了相关的业务操作，最终导致这两个或多个线程的关联操作出现问题。

一个典型问题是资金使用问题，X 线程负责借款业务，它在发现资金池数值匹配后，会将款项借出并开始计息。在资金被使用一段时间后，本金会重新返回资金池中。这时由于没有操作上下文的状态记录，因此如果将资金数值作为“是否已计息”的唯一依据，那

么后续业务不可能清楚资金被借出了多少次、产生了多少利息。

要解决 CAS 中的 A-B-A 问题，最简单的方法是加入一个版本号，将版本号的值作为操作的上下文，从而保证任何对数值进行 CAS 操作的线程都可以知晓“当前的 A 值是否就是自己想要的 A 值”。JUC 中的 AtomicStampedReference 原子性操作工具类可以提供这样的功能，示例代码如下。

```
// 此处代码省略
// （在装箱和拆箱后的对象引用情况，本书默认读者都清楚该知识）
// 构造方法 0 号索引位上的值，用于确认要进行 CAS 原子性操作的对象
// 构造方法 1 号索引位上的值，用于确认原子性操作工具类的对象的初始化版本号
AtomicStampedReference<Float> stampedReference = new 
AtomicStampedReference<Float>(10.0f , 1);
// 获取当前的版本号（戳）
int stamp = stampedReference.getStamp();
// 获取当前要进行 CAS 原子性操作的对象
Float var = stampedReference.getReference();
// 进行第一次 CAS 操作
// 第 1 个参数：表示当前要判定的值
// 第 2 个参数：如果版本号和数值都对比成功，那么替换成新的值
// 第 3 个参数：表示当前要判定的版本号（戳号）
// 第 4 个参数：如果版本号和数值都对比成功，那么替换成新的版本号（戳号）
stampedReference.compareAndSet(var, var + 1.0f, stamp, stamp + 1);
System.out.println("value = " + stampedReference.getReference());
// 此处代码省略
```

以上示例代码的输出结果为“value = 11.0”。

注意：上述代码只是 AtomicStampedReference 原子性操作工具类的简单使用方法，但实际上该工具类所承载的是引用，并不是数值本身。AtomicStampedReference.compareAndSet() 方法中 4 个参数的相关说明如下。

- 第 1 个参数：表示参照进行对比的对象引用，主要用于判断该对象引用是否和当前 AtomicStampedReference 类的引用对象相同。
- 第 2 个参数：如果版本号（戳）和引用对象相同，则将引用对象替换成一个新的对象。
- 第 3 个参数：表示参照进行对比的版本号，主要用于判断该版本号是否和当前 AtomicStampedReference 类的对象值是否相同。
- 第 4 个参数：如果版本号（戳）和引用对象相同，则将版本号替换为新的版本号。

基于以上说明，以下示例代码是一个匹配错误的场景。

```
// 此处代码省略
AtomicStampedReference<Float> stampedReference = new 
AtomicStampedReference<Float>(10.0f , 1);
// 获取当前的版本号（戳）
```

```
    int stamp = stampedReference.getStamp();
    // 获取当前要进行 CAS 原子性操作的对象
    Float var = stampedReference.getReference();
    // 虽然数值相同，但 var 和 var1 是两个不同的对象
    Float var1 = 10.0f;
    // 所以 CAS 判定会失败
    stampedReference.compareAndSet(var1, var + 1.0f, stamp, stamp + 1);
    System.out.println("value = " + stampedReference.getReference());
    // 此处代码省略
```

上述代码片段的输出结果为“value = 10.0”。这主要是因为在调用 compareAndSet()方法时，传入的 0 号索引位上的参数是一个会匹配失败的对象引用。

根据引用进行 CAS 判定和操作的工具类有 AtomicReference 类及类似的类，它们主要用于进行对象引用的原子性操作，其进行 CAS 判定的目标并非某一种数值。

6.5.3 使用变量句柄完成原子性操作

由于 Unsafe 工具类并不建议由最终开发者直接使用，并且目前对高并发场景中数据原子性的操作需求量越来越大，因此从 JDK 9 开始提供了一种变量句柄工具，主要用于向最终开发者提供一种全新的保证数据原子性读/写操作、保证可见性读/写操作的方式。使用变量句柄的简单示例代码如下。

```
    // 此处代码省略
    // 通过变量句柄的 lookup()方法找到指定类中要操作的属性成员 x
    VarHandle varHandle = MethodHandles.lookup().findVarHandle(TestVarHandle.class,
"x", int.class);
    TestVarHandle targetObject = new TestVarHandle();
    // 通过变量句柄进行值的简单设置
    varHandle.set(targetObject , 20);
    // 通过变量句柄进行值的简单获取
    Object getVar = varHandle.get(targetObject);
    System.out.println("targetObject.x = " + getVar);

    // ======== 以下方式可以进行原子性操作
    // 1 号索引位上的值是指进行对比的值
    // 2 号索引位上的值是指在对比成功后，要替换成的值
    // 注意：该方法具有 volatile 修饰符代表的原子性操作语意
    // 其他可参考 varHandle.compareAndSet()方法
    varHandle.compareAndExchange(targetObject , 20 , 30);
    System.out.println("targetObject.x = " + targetObject.x);
    // 此处代码省略
```

上述代码只展示了变量句柄 varHandle 的一种创建方式及一种简单使用方法，相关原

理前面已经介绍过，此处不再赘述。

变量句柄为程序员提供了手动插入获取栅栏、释放栅栏操作，这两种操作的效果分别等同于 LoadLoad + LoadStore 组合的效果及 LoadStore + StoreStore 组合的效果，它们分别可以在独立的读操作或写操作场景中的保证可见性和禁止指令重排的效果，示例代码如下。

```
// 此处代码省略
// 在保证完整的 volatile 读操作的情况下获取数据对象
Object result = varHandle.getVolatile(targetObject);
System.out.println("result = " + result);

// 通过变量句柄进行属性的读操作
// 在读操作后插入获取栅栏，保证特定的禁止重排场景，从而保证可见性和有序性
// 这里的禁止重排场景：内存屏障之后的任意读/写操作不会被重排到当前内存屏障的读操作的前面
varHandle.getAcquire(targetObject);

// 通过变量句柄进行属性的写操作
// 在写操作前插入释放栅栏，保证特定的禁止重排场景，从而保证可见性和有序性
// 这里的禁止重排场景：内存屏障之前的任意读/写操作不会被重排到当前内存屏障的写操作的后面
varHandle.setRelease(targetObject , 40);
// 此处代码省略
```

获取栅栏只适用于读操作场景，通过对基本内存屏障指令的组合，可以保证代码中当前读操作后的任意读/写操作不会被重排到当前读操作前。所以实际上读者无法在变量句柄中找到 getRelease()等方法。变量句柄除了提供手动插入获取栅栏和释放栅栏的功能，还提供手动插入存储栅栏和加载栅栏的功能。

```
// 此处代码省略
// 参考 6.4.5 节中的相关描述
VarHandle.loadLoadFence();
VarHandle.storeStoreFence();
VarHandle.acquireFence();
VarHandle.releaseFence();
VarHandle.fullFence();
// 此处代码省略
```

第 7 章

另一种管程实现——AQS 技术

操作系统允许高级编程语言自行实现线程互斥和同步方案。Java 通过管程的方式自行解决线程互斥和同步的问题，Object Monitor 模式就是一种管程的实现。Java 中另一种管程的实现是 AQS（Abstract Queued Synchronizer，抽象队列同步器）技术。

这两种管程实现有很多不同之处。例如，二者的实现原理是不同的，但是驱使 Java 提供两种管程控制的原因，一定不只是从技术层面产生的，应该从使用场景的角度去思考。

Object Monitor 模式实现的管程是 Java 内置的一种控制模式，它处于 JVM 层面，程序员只能按照特定的方式使用它，程序员不能根据自己的业务形态基于管程原理扩展新的功能。但是**使用 AQS 技术实现的管程处于 SDK 层面，程序员可以在了解 AQS 原理后，基于这种管程的控制思路，对控制功能进行扩展，从而实现自身业务所需的控制功能。**

实际上，根据 AQS 技术的名称也可以看出这个主要特性：既然是抽象队列同步器，就需要程序员继承这个同步器，并且根据自己的需要重写一些关键功能，从而实现功能扩展。JUC 中有大量 AQS 的子类，如图 7-1 所示。

```
AbstractOwnableSynchronizer - java.util.concurrent.locks
  AbstractQueuedSynchronizer - java.util.concurrent.locks
    NonReentrantLock - org.jboss.netty.util.internal
    Sync<V> - com.google.common.util.concurrent.AbstractFuture
    Sync - java.util.concurrent.CountDownLatch
    Sync - java.util.concurrent.locks.ReentrantLock
      FairSync - java.util.concurrent.locks.ReentrantLock
      NonfairSync - java.util.concurrent.locks.ReentrantLock
    Sync - java.util.concurrent.locks.ReentrantReadWriteLock
      FairSync - java.util.concurrent.locks.ReentrantReadWriteLock
      NonfairSync - java.util.concurrent.locks.ReentrantReadWriteLock
    Sync - java.util.concurrent.Semaphore
      FairSync - java.util.concurrent.Semaphore
      NonfairSync - java.util.concurrent.Semaphore
    Worker - java.util.concurrent.ThreadPoolExecutor
```

图 7-1

本书介绍 AQS 技术，是因为在 JUC 中，用于在高并发场景中使用的各种集合的实现结构高度依赖于 AQS 技术。

7.1 AQS 技术的基本原理

JDK 14 前的多个版本对 AQS 技术的内部实现过程进行了较大幅度的调整，但基本原理是没有变化的。例如，在 AQS 中使用继承而非状态码区分节点，使用位运算进行节点状态的修改和使用，等等。在 JDK 14 中，AQS 类的源码从两千多行减少到了 1800 多行，使用继承而非状态码区分节点，以便开发人员阅读。

如果读者没有下载 JDK 14 的源码，则可以先安装相应版本，再跟随后续的源码做同步推进了解。

7.1.1 AQS 技术的工作过程概要及使用示例

AQS 技术是一种管程的实现，它至少需要解决两个问题，即两个或多个线程的互斥问题和同步问题：这些线程可以按照业务要求在需要时进行排他操作，只有指定的线程（一个或多个）可以运行，其他线程（一个或多个）会阻塞等待；这些线程还需要找到一种机制，用于通知线程间的状态变化。

下面引用 Java 源码中由 Doug Lea 讲述的一个使用案例：使用 AQS 技术提供一个具有线程互斥效果的控制工具，从而实现互斥锁（这个案例也可能看成，使用 Java 管程实现模拟操作系统级别的互斥锁功能）。这个案例可以用于正式环境中。在以下代码片段中，英文注释是案例中自带的，中文注释是笔者加上的说明。

```
// 前面的代码省略
// 这是一个 java AbstractQueuedSynchronizer 类中自带的 Mutex 互斥锁的实现
// @author Doug Lea
class Mutex implements Lock, java.io.Serializable {
  // AbstractQueuedSynchronizer 类就是 AQS
  private static class Sync extends AbstractQueuedSynchronizer {
    // tryAcquire()方法被重写，当前线程在试图获取 AQS 独占操作权时，会调用该方法
    // 如果获取独占操作权成功，则返回 true，否则返回 false
    public boolean tryAcquire(int acquires) {
      assert acquires == 1;
      // compareAndSetState()方法很重要，使用该方法修改 AQS 的状态并保证修改操作的原子性
      // 在这个案例的代码段落中，具体的工作特点如下：比较当前 AQS 的 state 值，
      // 如果 state 的值为 0，那么将 state 的值修改为 1，并且返回 true；
      // 否则放弃对 state 值的修改操作，并且返回 false
```

```
      if (compareAndSetState(0, 1)) {
        // 如果成功设置当前 AQS 的 state 值为 1，则说明当前线程获得了 AQS 的独占操作权
        // 使用 setExclusiveOwnerThread()方法，将获取 AQS 的独占操作权的线程设置为当前线程
        setExclusiveOwnerThread(Thread.currentThread());
        return true;
      }
      return false;
    }
    // tryRelease()方法被重写，当前线程释放 AQS 的独占操作权，该方法被调用
    protected boolean tryRelease(int releases) {
      assert releases == 1;
      // isHeldExclusively()方法主要用于判定目前获得 AQS 独占操作权的线程是否是当前线程
      // 如果条件不成立，则说明 AQS 的状态控制出现了问题，抛出异常
      if (!isHeldExclusively()) { throw new IllegalMonitorStateException(); }
      // 使用 setExclusiveOwnerThread()方法设置获得 AQS 独占操作权的线程为 null，
      // 并且设置 state 状态值为 0
      setExclusiveOwnerThread(null);
      setState(0);
      return true;
    }
    // Reports whether in locked state
    // 查询当前 AQS 是否已经被某个线程独占了
    public boolean isLocked() { return getState() != 0; }
    // isHeldExclusively()方法被重写，这个方法主要用于反馈当前 AQS 队列是否由本线程独占操作权
    public boolean isHeldExclusively() {
      return getExclusiveOwnerThread() == Thread.currentThread();
    }
    // java.util.concurrent.locks.Condition 接口将在后面介绍
    public Condition newCondition() { return new ConditionObject(); }
    // 此处代码省略
  }
  // 以下是对具体 AQS 实现类 Sync 的使用过程
  private final Sync sync = new Sync();
  // 使用该方法进行加锁，实际上就是调用 AQS 的 acquire()方法
  // 这里的参数 1，会出现在 tryAcquire()方法中
  // 如果加锁成功（获取 AQS 独占操作权的操作成功），
  // 那么其他试图加锁（试图获取 AQS 独占操作权）但又没有成功的线程会进入阻塞状态
  public void lock() { sync.acquire(1); }
  // 尝试加锁（尝试获取 AQS 独占操作权），如果成功，则返回 true；
  // 如果没有成功，则返回 false，这时当前线程还可以继续执行
  public boolean tryLock() { return sync.tryAcquire(1); }
  // 解除当前线程的独占状态，AQS 会在执行过程中调用 Mutex.Sync 中的 tryRelease()方法
  public void unlock() { sync.release(1); }
  // 此处代码省略
}}
```

Mutex 的运行效果如下。因为是基于 AQS 中的独占模式进行实现的，所以在某一个线程获得 AQS 独占操作权的情况下，其他线程就不能获得 AQS 的独占操作权了，后者要么进入阻塞状态，等待获取 AQS 独占操作权；要么放弃抢占 AQS 独占操作权，继续执行当前线程的后续操作。

```
public static void main(String[] args) {
  final Mutex mutex = new Mutex();
  for(int index = 0 ; index < 3 ; index++) {
    new Thread(() -> {
      try { mutex.lock(); }
      finally {
        // 如果不调用unlock()方法，那么线程的独占状态不会被解除，其他线程会一直处于阻塞状态
        mutex.unlock();
      }
    } , "index" + index).start();
  }
}
```

7.1.2　AQS 技术中的关键定义

第一次接触 AQS 的读者理解上一节中的示例代码可能会比较吃力，可以尝试多阅读几次。即使不理解也没有关系，本节讲解 AQS 的主要工作原理。

AQS 内部工作结构的基本组织方式如图 7-2 所示。

AQS 本质上是一种管程实现，其内部有一个双端队列，称为 CLH 队列（CLH 队列以其三位主要提出人 Craig、Landin、Hagersten 命名），这个队列的主要特点是，利用双向链表的操作特点（FIFO，先入先出）保证资源操作权分配的公平性，利用双向链表的结构特点保证各节点间的操作状态可知，利用 Node 节点所代表的线程的自旋（由 Thread.onSpinWait()方法提供操作基础）操作方式提高资源操作权获取性能。

AQS 中实现的 CLH 队列有以下几个工作特点。

- 所有状态正常的节点只能由队列头部离开队列。但是当 CLH 队列主动清理状态不正常的节点（CANCELLED 状态的节点）时，这些状态不正常的节点不一定从队列头部离开队列。
- CLH 队列只能从尾部添加节点，由于存在多个线程同时要求添加节点的场景，因此 CLH 队列要解决的一个关键问题是如何从尾部正确添加节点。
- CLH 队列在初始化完成的瞬间，其头节点引用 head 和尾节点引用 tail 指向同一个节点，这时这个节点没有任何实际意义。也就是说，真正被阻塞等待获取资源操作权的节点，至少是从 CLH 队列的第二个节点开始的（本书称为有效阻塞节点或有效节点），而不是头节点开始的。头节点引用 head 要么代表当前已经获取资源操作权的节点，要么没有实际意义。

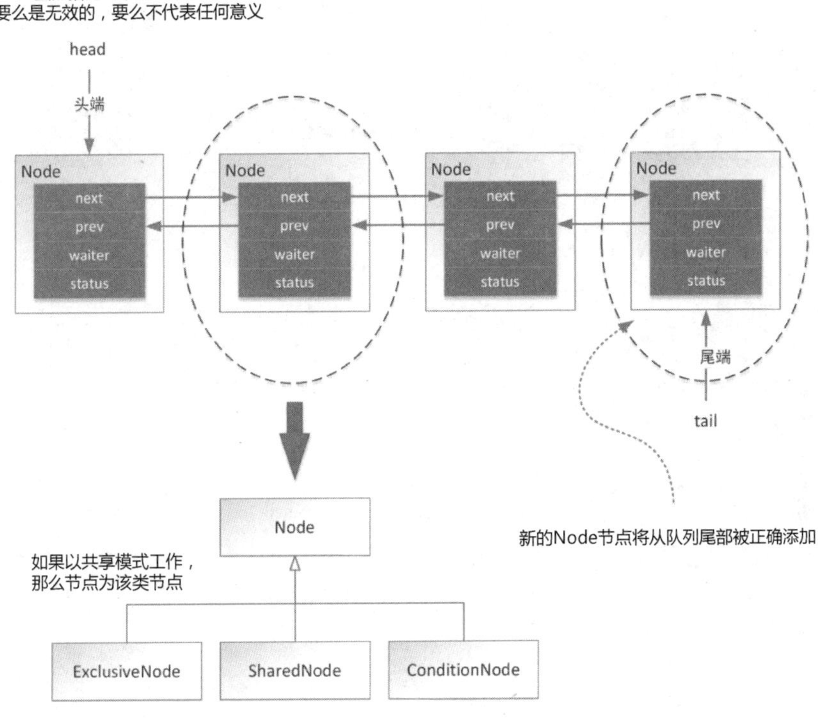

图 7-2

- CLH 队列中的节点一共有两种工作模式，分别为独占模式（Exclusive）和共享模式（Share）。独占模式是指 CLH 队列中能够在同一时间获取资源操作权的申请者最多只有一个，如果 CLH 队列以独占模式工作，那么队列中的 Node 节点为 ExclusiveNode 节点；共享模式是指 CLH 队列中能够在同一时间获取资源操作权的申请者可以有多个，如果 CLH 队列以共享模式工作，那么队列中的 Node 节点为 SharedNode 节点。
- 在申请资源操作权时，只有没有立即申请到资源操作权的线程，才会有对应的 Node 节点进入 CLH 队列，立即申请到资源操作权的线程，不会有对应的 Node 节点进入 CLH 队列，甚至在申请过程中都不会产生对应的 Node 节点（没有申请到资源操作权的线程，会先进行自旋操作，再进行 CLH 队列的添加操作）。

1. AQS 中的属性、状态和关键方法

1）AQS 中的属性和状态。

AQS 中的重要属性如下。

```
public abstract class AbstractQueuedSynchronizer extends
AbstractOwnableSynchronizer
    implements java.io.Serializable {
    // 此处代码省略
    // 指向等待队列的头节点
    private transient volatile Node head;
    // 指向等待队列的尾节点，只能使用 casTail()方法进行修改
    private transient volatile Node tail;
    // AQS 的同步状态，该状态值比较特别，后面会进行详细讲解
    private volatile int state;
    // 此处代码省略
}
// 以下是 AQS 父类 AbstractOwnableSynchronizer 中的重要属性
public abstract class AbstractOwnableSynchronizer implements java.io.Serializable {
  // 此处代码省略
  // 这个属性记录了当前拥有 AQS 独占操作权的线程
  // 如果当前 AQS 工作在共享模式下，那么该属性不会有值
  // 该值也比较特别，会在讲解 state 属性时进行详细讲解
  private transient Thread exclusiveOwnerThread;
  // 此处代码省略
}
```

AQS 的重要属性有 head、tail 和 exclusiveOwnerThread，其作用已经在上述源码中进行了说明，此处不再赘述。这里主要说明一下 state 属性。

上面已经提到，AQS 包括两种工作模式：独占模式（Exclusive）和共享模式（Share）。在这两种模式下 AQS 具有不同的状态，不同状态对应着不同的 state 属性值。

需要注意的是，虽然 state 是 AQS 工作状态的重要表达，但**实际上 state 的具体值并没有一个统一的业务意义，这是 AQS 抽象特征的一种表现**。AQS 将 state 属性值的业务意义交给了下层具体队列同步器进行定义。但在大部分情况下，state 属性的值具有以下约定俗成的意义。

- state == 0，表示 AQS 并没有被任何线程独占操作权，当然也不排除其他意义。
- state == 1，表示 AQS 可能已经成功帮助某个（至少一个）线程获取了资源的独占操作权，当然也不排除其他意义。

这样的描述可能有一些难以理解，下面举例说明。

- CountDownLatch 是一种常用的信号量控制器，它是基于 AQS 实现的，其内部的 Sync 类继承了 AbstractQueuedSynchronizer 类。CountDownLatch 会在初始化时将 state 属性设置为一个正数值，表示属性倒数计数的开始值。每有一个线程进行倒数计数，state 属性的值都会减 1（由于使用了 state 属性值的原子性操作支持，因此不用担心 state 属性的值会因为非原子性操作而产生错误）。

- Semaphore 也是一种常用的信号量控制器（使用 AQS 模拟操作系统提供的信号量功能），其内部的 Sync 类也继承了 AbstractQueuedSynchronizer 类。Semaphore 会在初始化时将 state 属性设置为一个整数值，代表可分配的证书总数量。当一个线程获取了一个或多个证书时，state 属性的值会减去一个相应的数值（在保证原子性的前提下）。

2）AQS 中的节点描述。

在 AQS 中，Node 节点的重要属性如下。

```
// 此处代码省略
// 节点状态
// 阻塞状态
static final int WAITING   = 1;
// 需要是一个负数
static final int CANCELLED = 0x80000000;
// 正在参与 Condition 控制
static final int COND = 2;
// CLH 队列中每一个节点的属性
abstract static class Node {
  // 指向前置节点
  volatile Node prev;
  // 指向后置节点
  volatile Node next;
  // 如果因为该节点的存在，某个线程进入了阻塞状态，
  // 那么该属性指向这个线程
  Thread waiter;
  // 节点状态
  volatile int status;
  // 此处代码省略
  // 使用 Unsafe 工具类记录内存偏移位，以便后续进行原子性操作
  private static final long STATUS = U.objectFieldOffset(Node.class, "status");
  private static final long NEXT = U.objectFieldOffset(Node.class, "next");
  private static final long PREV = U.objectFieldOffset(Node.class, "prev");
}
// 此处代码省略
```

以上源码片段记录了 Node 节点的重要属性，其中 prev 属性、next 属性、waiter 属性都比较好理解。下面主要对 status 属性进行说明，status 属性主要用于记录当前的节点状态，在 JDK 14+中，status 属性主要包括以下 4 种状态（注意和 JDK 8 中源码的区别）。

- WAITING：status 的值为 1，表示当前节点的操作权请求操作正等待被 AQS 的处理队列处理。当前节点对应的操作权请求操作线程处于阻塞状态。
- CANCELLED：status 的值为负数，表示当前节点对应的线程等待超时或收到 interrupt

中断信号，已经取消了其在 AQS 队列中的操作权申请，处于这种状态下的节点不会继续被本 AQS 队列阻塞，随后会被清理出 ASQ 队列。

- COND：当前节点的操作权请求操作已经被 Condition 控制托管。
- 0：当前节点刚完成初始化操作或该节点对应的操作权请求操作线程正在运行，没有被阻塞。

这里只是介绍了 status 属性的字面含义，这些字面含义查看 Node 节点的源码即可看到。读者需要着重理解的，是这些状态如何在 Node 节点的工作过程中发挥作用。

2. AQS 中的关键方法

1）需要选择性覆盖的方法。

AQS 之所以称为抽象队列同步器，是因为程序员需要基于 AQS 的基本工作思路进行继承，并且实现自己的操作逻辑。所以 AQS 的子类可以根据自己的操作逻辑，选择覆盖 AQS 中的一些关键方法，从而达到自己对 AQS 的操作要求，这些关键方法如下。

- **protected boolean tryAcquire(int)**：在独占模式下，当线程尝试获取 AQS 的独占操作权时，该方法被触发。如果程序员确认当前线程获取了 AQS 独占操作权，则返回 true，否则返回 false。
- **protected boolean tryRelease(int)**：在独占模式下，当线程尝试释放 AQS 的独占操作权时，该方法被触发。如果程序员确认当前线程释放了 AQS 的独占操作权，则返回 true，否则返回 false。如果 AQS 场景没有涉及独占模式，则无须覆盖 tryAcquire()方法和 tryRelease()方法。
- **protected int tryAcquireShared(int)**：在共享模式下，当线程尝试获取 AQS 的共享操作权时，该方法被触发。如果程序员确认当前线程获取了 AQS 的共享操作权，并且后续请求 AQS 共享操作权的线程可以继续尝试获得 AQS 的共享操作权，则返回一个正整数；如果程序员确认当前线程获取了 AQS 的共享操作权，但不允许后续请求 AQS 共享操作权的线程继续尝试获取 AQS 的共享操作权，则返回 0；如果是其他情况，则返回一个负数（一般为-1）。
- **protected boolean tryReleaseShared(int)**：在共享模式下，当线程尝试释放 AQS 的共享操作权时，该方法被触发。如果程序员确认当前线程成功释放了 AQS 的共享操作权，则返回 true，否则返回 false。如果 AQS 场景没有涉及共享模式，则无须覆盖 tryAcquireShared()方法和 tryReleaseShared()方法。
- **protected boolean isHeldExclusively()**：当 AQS 需要检查当前线程是否在独占模式下拥有 AQS 的独占操作权时，该方法被触发。如果程序员确认当前线程在独占模式下拥有 AQS 的独占操作权，则返回 true，否则返回 false。需要注意的是，该方法只有在 Condition 控制的实现逻辑（ConditionObject）中才会被 AQS 调用，如果读者根据业务实现的 AQS 逻辑无须进行 Condition 控制，则不用覆盖该方法。

2）需要重点理解功能意义的方法。

除了以上可以由 AQS 工作逻辑触发、由程序员根据自己的业务逻辑选择性覆盖的方法，进行 AQS 开发的技术人员还需要掌握以下关键方法的功能。

- **getState()方法、setState()方法和 compareAndSetState()方法**：getState()方法主要用于获取当前 AQS 队列的 state 属性值；setState()方法主要用于为 AQS 队列设置新的 state 属性值。由于 AQS 中的 state 变量为 volatile 变量，因此可以保证操作的可见性和有序性；compareAndSetState()方法采用 CAS 技术，在保证了操作原子性的前提下，可以在对比成功后为 state 属性设置新值。例如，compareAndSetState(0, 1)表示如果当前 AQS 队列的 state 属性值为 0，则设置 state 属性值为 1 并返回 true。
- **acquire(int)方法和 acquireInterruptibly(int)方法**：acquire(int)方法主要用于在独占模式下尝试获取锁并忽略线程的 interrupt 中断信号。如果没有获取锁，那么当前线程会在 AQS 队列中排队，并且当前试图获取 AQS 独占操作权的线程会继续阻塞（parking）或中断阻塞。acquireInterruptibly(int)方法和 sync.acquire(int)方法类似，只是前者会检查当前操作线程的 interrupt 中断信号。
- **acquireShared(int)方法和 acquireSharedInterruptibly(int)方法**：acquireShared(int)方法主要用于尝试在共享模式下获取 AQS 的共享操作权并忽略线程的 interrupt 中断信号。如果没有获取 AQS 的共享操作权，那么当前线程会在 AQS 队列中排队，并且当前试图获取 AQS 共享操作权的线程会继续阻塞（parking）或中断阻塞。acquireSharedInterruptibly(int)方法和 acquireShared(int)方法类似，只是前者会检查当前操作线程的 interrupt 中断信号。在以上方法中，传入的 int 类型的参数值都会传入开发者可能已经重写的 tryAcquire()、tryAcquireShared()方法中。
- **release(int)、releaseShared(int)方法**：release(int)方法主要用于在独占模式下释放 AQS 的独占操作权。releaseShared(int)主要用于在共享模式下释放 AQS 的共享操作权。

AQS 存在两种工作模式，即独占（Exclusive）模式和共享（Share）模式。为了防止最终调用者胡乱进行过程的调用，使内部工作原理对最终调用者保持透明，**基于 AQS 实现具体管控逻辑的程序员需要对实现逻辑进行封装，然后以一种最终调用者能够理解的业务语言向后者描述服务方法**。类似的设计效果可以参考 CountDownLatch、ReentrantLock、Semaphore、ThreadPoolExecutor 等基于 AQS 工作的工具类。

3. AQS 的工作模式——独占模式和共享模式

AQS 的独占模式主要通过调用 AQS 提供的 acquire(int)、acquireInterruptibly(int)、release(int)等方法工作，AQS 的共享模式主要通过调用 AQS 提供的 acquireShared(int)、 acquireSharedInterruptibly(int)、releaseShared(int)等方法工作。这些方法在实际运行时最终都调用了 acquire(Node, int, boolean, boolean, boolean, long)方法，只是传递的参数不一样。所以对后者的分析是理解 AQS 工作过程的重要途径。

注意：在这些方法中，int 类型的入参并没有固定的意义，完全是根据程序员自己实现的具体 AQS 场景要求传递的，但在一般情况下，都会结合 AQS 中 state 属性的值进行读/写操作。

1）acquire(Node, int, boolean, boolean, boolean, long)方法详解。

acquire(Node, int, boolean, boolean, boolean, long)方法是 JDK 9+中，AQS 的核心方法之一，其关键点是基于 AQS 技术对资源操作权进行申请。调用者每一次申请资源操作权（无论是在独占模式下，还是在共享模式下），如果不能立即得到操作结果，就会在 CLH 队列中形成对应的 Node 节点。**该方法是一个无限执行的方法，直到本次操作权请求返回申请结果。**

该方法的源码如下（内容比较多，读者可以先查阅源码详解后的归纳说明，再返回来阅读源码注释）。

```
    // 该方法是当前线程获取资源操作权的主要方法
    // 涉及获取 AQS 操作权的 acquire()、acquireInterruptibly()等方法都会调用该方法，
    // 用于完成真实的资源操作权请求逻辑
    // node：该参数一般为 null，表示在处理 Condition 条件逻辑时，传入的 AQS 中的一个 Node 节点
    // arg：这是一个由 AQS 调用者传入的整数参数，根据不同的业务场景，所表示的意义不一样
    // acquire：方法本身的处理过程并不会关注这个参数，也不会受该参数的任何影响，
    // 只会将该参数原封不动的传递给 tryAcquireShared()方法或 tryAcquire()方法
    // shared：如果该参数值为 true，则表示共享模式；否则表示独占模式
    // interruptible：表示本次资源操作权获取操作是否不能忽略 interrupt 中断信号
    // timed：当需要阻塞本次操作权请求的对应线程时，是否有一个线程阻塞的最长时间的计时
    // time：如果支持线程阻塞的最长计时，那么该参数为传入的最长计时时间
    // @return 返回值主要用于表示最后是否获得了资源操作权，如果是，则返回一个正数；
    // 如果获取超时，则返回 0；如果收到 interrupt 中断信号，则返回负数
    final int acquire(Node node, int arg, boolean shared, boolean interruptible, boolean
timed, long time) {
      // 表示进行本次操作权（无论是独占模式还是共享模式）获取的线程
      Thread current = Thread.currentThread();
      // 这是一个利用位运算工作的计数器，表示自旋次数，又称为自旋计数器
      // 通过 spins 和 postSpins 两个变量的配合，进行自旋倒数操作
      byte spins = 0, postSpins = 0;
      // 在处理过程中，是否已出现 interrupt 中断信号
      boolean interrupted = false;
      // 正在进行本次操作权获取所代表的 Node 节点是否是 CLH 队列认可的首个有效阻塞节点
      // 它在 CLH 队列的位置，是 head 节点的第一个后置节点
      boolean first = false;
```

```
// 该属性主要用于记录当前节点成功进入 CLH 队列后的前置节点引用
// 如果该属性值为 null，则表示代表本次请求操作的 Node 节点还没进入 CLH 队列
Node pred = null;

// 该方法在没有处理完本次调用者的操作权申请并得到处理结果前会不断重试
// 处理逻辑主要分为三步
// 第一步：判断一个节点是不是 CLH 队列中的第一个有效阻塞节点
// 如果不是，则保证其前置节点的状态是正常的，否则进行队列清理操作
// （这里有一种特殊情况，在这个节点将要成为首个有效阻塞节点时，会在自旋后重试）
// 如果是，则进入第二步
//
// 第二步：进行操作权的获取操作，
// 期间根据不同的操作模式，调用由程序员实现的 tryAcquireShared()方法或 tryAcquire()方法
//
// 第三步：如果不满足第二步的操作场景或第二步获取操作权失败，则进入第三步
// 第三步的主要目的：从 CLH 队列的尾部正确地添加代表本次操作权获取操作的 Node 节点
// 因为存在多线程抢占情况，所以第三步中又存在多个处理场景，
// 每次重试循环都只处理其中一个场景，然后进行下一次循环
// 这些场景分别如下：
// a. 如果代表本次操作权处理的 Node 节点还没有被创建，则创建这个 Node 节点
//  b.如果这个 Node 节点没有正确地从尾部进入 CLH 队列(最可能的原因是其他线程同时在进行请求操作，
// 导致 CAS 操作失败),则重试
// c. 如果这个 Node 节点对应的线程，在操作权获取过程中进入过阻塞状态且刚刚解除，则重试
// d. 如果没有将这个将要进入阻塞状态的 Node 节点的状态正确设置为 WAITING，那么在进行设置后重试
// e. 如果以上场景都不满足，则说明这个 Node 节点对应的线程需要进入阻塞状态
// 在理解 acquire()、cleanQueue()方法时，需要注意这些方法同时有多个线程在执行
//
// 只要操作没有达到最终目的，就一直重试，直到某一次操作的结果达到某种操作目的，然后退出
for (;;) {
  // =============== 第一步：
  // 进入场景的要求：代表当前操作权请求的节点不是 CLH 队列中的第一个有效阻塞节点
  if (!first && (pred = (node == null) ? null : node.prev) != null && !(first =
(head == pred))) {
    // 如果条件成立，说明 pred 引用的前置节点的状态为 CANCELLED，
    // 那么需要对队列进行清理操作，从而保证 CLH 队列的稳定性
    // 使用 cleanQueue()方法可以尽可能多地移除 CLH 队列中的无效节点，后面将单独介绍这个方法
    // 在清理工作完成后重试
    if (pred.status < 0) {
      cleanQueue();
      continue;
```

```
    }
    // 特殊情况：当前节点即将成为 CLH 队列中的第一个有效阻塞节点，
    // 此时执行任何后续工作都会造成浪费（至少需要浪费一次循环周期）
    // 应该先让线程自旋一下，再进行重试
    else if (pred.prev == null) {
      Thread.onSpinWait();
      continue;
    }
  }
  // =============== 第二步：
  // 进入要求：本次操作权获取操作所代表的 Node 节点是 CLH 队列中的第一个有效节点，
  // 或者本次操作权获取操作所代表的节点还没有进入 CLH 队列（甚至压根还没有对应的 Node 节点）
  if (first || pred == null) {
    boolean acquired;
    // 前面介绍过，程序员需要根据具体业务自行实现 tryAcquireShared()、tryAcquire()方法
    // 这里的主要处理过程，就是调用这些方法。前面已经对返回值的意义进行了说明，这里不再赘述
    try {
      if (shared) { acquired = (tryAcquireShared(arg) >= 0); }
      else { acquired = tryAcquire(arg); }
    } catch (Throwable ex) {
      // 如果tryAcquireShared()、tryAcquire()方法抛出异常,则设置本节点的状态为 CANCELLED
      cancelAcquire(node, interrupted, false);
      throw ex;
    }
    // 如果在调用 tryAcquireShared()、tryAcquire()方法后，
    // 程序员确认本次操作权的申请是成功的，则执行以下 if 代码块中的操作
    if (acquired) {
      // 如果以上条件成立，并且当前节点是 CLH 队列中的第一个有效阻塞节点
      // 那么执行以下 if 代码块中的操作：割裂当前节点 node 和其前置节点引用 pred 指向的节点的关联
      if (first) {
        node.prev = null;
        head = node;
        pred.next = null;
        node.waiter = null;
        // 如果当前工作模式是共享模式，那么唤醒当前节点的后置节点所涉及的其他操作线程
        // 不用担心 node.next.waiter 为 null 的问题，
        // 因为 LockSupport.unpark()方法内部进行了判定
        if (shared) { signalNextIfShared(node); }
        if (interrupted) { current.interrupt(); }
      }
      return 1;
    }
  } // first || pred == null
```

```
// ========================== 第三步:
// 如果条件成立, 则是场景 a
// 在这种情况下, 直接创建节点(当然要区分共享模式和独占模式)
// 在节点创建完成后, 重试
if (node == null) {
    if (shared) { node = new SharedNode(); }
    else { node = new ExclusiveNode(); }
}
// 如果条件成立, 则是场景 b
// 判定依据是代表当前操作权请求操作的 Node 节点还没有进入 CLH 队列
// 这时试图将 node 节点从 CLH 队列尾部正确地放入 CLH 队列 (这个过程非常关键)
else if (pred == null) {
  node.waiter = current;
  Node t = tail;
  // 为当前节点设置前置节点 t, 即将当前节点放置到 CLH 队列尾部
  // 注意:这时 t 可能为 null
  node.setPrevRelaxed(t);
  // 在该场景中, 还需要注意 CLH 队列中可能没有任何节点, 所以可能需要对 CLH 队列进行初始化操作
  // 初始化操作就是设置 CLH 队列中的 head 和 tail 变量, 使其指向同一个新的 Node 节点(独占类型)
  // 注意: tryInitializeHead()方法内部使用原子性操作,
  // 防止同时有多个线程进行 CLH 队列的初始化操作
  // 在初始化操作完成后, 回到 for(;;)的位置, 重试
  if (t == null) { tryInitializeHead(); }
  // 如果 t 不为 null, 则说明 CLH 队列无须进行初始化操作
  // 这时使用 casTail()方法试图让当前节点 node 成为新的尾节点
  // 由于 casTail()方法内部保证了操作的原子性,
  // 因此在多线程抢占操作权的情况下, 只有一个线程能够成功
  // 失败的线程重新设置 node 节点的前置节点为 null 并重试(成功的线程也会重试)
  else if (!casTail(t, node)) { node.setPrevRelaxed(null); }
  // 如果成功抢占 tail 位置, 正确地从 CLH 队列的尾部完成了入队操作,
  // 那么 node 节点就是真正的尾节点, 将 t 代表的历史尾节点的后置节点引用 next 指向 node,
  // 从而真正完成 node 节点的入队操作, 然后重试
  else { t.next = node; }
}
// 如果条件成立, 则是场景 c
// 判定依据是代表当前操作权请求操作的 Node 节点是 CLH 队列中的第一个有效阻塞节点
// 但在上一次获取操作权的尝试中失败了
// 这时, 已无必要让其进入阻塞状态, 因为下次重试很有可能会获得操作权
// 所以通过将 spins 计数器和 onSpinWait()自旋方法配合使用, 让线程在自旋一段时间后, 直接重试
else if (first && spins != 0) {
```

```
        --spins;
        Thread.onSpinWait();
      }
      // 如果条件成立，则是场景 d
      // 在这种场景中，代表 node 节点的状态还没有被设置过
      // 这时设置 node 节点的状态为 WAITING，然后重试
      else if (node.status == 0) {
        node.status = WAITING;
      }
      // 如果条件成立，则是场景 e
      // 在这种场景中，当前节点所代表的操作权请求操作无法立即被响应
      // 这时按照程序员的要求，对当前请求的线程进行阻塞，并且修改计数器的值
      // 以便在解除阻塞后，AQS 可以尽可能减少多个线程竞争的不公平情况
      else {
        long nanos;
        // 自旋计数器 spins = 自旋计数器 postSpins * 2 + 1
        spins = postSpins = (byte)((postSpins << 1) | 1);
        // 如果没有设置线程阻塞的时间上限，则使用 park()方法进行阻塞等待
        if (!timed) { LockSupport.park(this); }
        // 如果设置了线程阻塞的时间上限，则使用 parkNanos()方法进行阻塞
        else if ((nanos = time - System.nanoTime()) > 0L) { LockSupport.parkNanos(this,
nanos); }
        // 如果没有正确设置阻塞时间，或者已经达到最长阻塞时间，则退出循环
        // 注意：退出循环意味着当前 node 节点已经主动取消了操作权请求
        // 当前 node 节点的状态应该变为无效，所以一旦跳出循环，就执行 cancelAcquire()方法
        else { break; }
        // 在解除阻塞后，应该立即清理节点状态，并且将 status 属性值设置为 0
        // 表示 node 节点已经解除了阻塞
        node.clearStatus();
        if ((interrupted |= Thread.interrupted()) && interruptible) { break;}
      }
    }
    return cancelAcquire(node, interrupted, interruptible);
  }
```

以上源码是本书中篇幅最长的一段源码，实际上要理解以上源码并不难，只需搞清楚以下几个关键点。

- head 节点可以为空，head 节点、tail 节点在初始化后为同一个节点，队列中的 head 节点不是有效节点，一般从 head 节点的后置节点才可能是有效节点。
- 上述源码中的操作步骤（场景）在正式执行时，不一定会按照步骤顺序向下执行，某个步骤执行与否完全看当次循环时的队列状态和 Node 节点所满足的条件。

- 如果 CLH 队列中存在代表正常完成 AQS 执行过程的线程的 Node 节点，那么只可以从队列头部将这个 Node 节点移出 CLH 队列，相关代码可参考 if (first) {...}代码块。而在 AQS 的工作过程中，对于出于各种客观原因而取消操作权申请的线程，会使用 cleanQueuc()方法将其清理出 CLH 队列。
- Thread.onSpinWait()方法：该方法是 JDK 9+提供的一个方法，根据方法名可知，它的作用是让线程在自旋过程中等待。这种自旋过程由 JVM 控制完成，并且不会释放 CPU 资源。由于使用了@HotSpotIntrinsicCandidate 注解，因此该方法会由 JVM 在特定操作系统和硬件架构场景中自行优化（关于@HotSpotIntrinsicCandidate 注解的工作机制，可自行参考相关资料），其性能比传统使用的 Thread.sleep()方法要好得多。
- 在以上源码中，存在一个 signalNextIfShared(Node)方法，类似的方法还有 signalNext(Node)方法，这些方法会在特定的工作模式下，试图唤醒 CLH 队列中的下一个 Node 节点。这两个方法都调用了一个由 Node 类提供的原子性操作方法——Node.getAndUnsetStatus(int)。Node.getAndUnsetStatus(int)方法的内部实现通常使用当前 status 属性值的反码进行与运算。使用该方法，可以在返回现有的 Node 节点状态后，在保证原子性操作的前提下取消节点的某种状态。
- Node.getAndUnsetStatus(int)方法之所以可以消除Node节点的某种状态，是因为Node节点可能同时存在两种状态。例如，COND 状态和 WAITING 状态共存，表示因 Condition 控制引起的阻塞状态；在代码实践中，通过“node.setStatusRelaxed(COND|WAITING)”语句进行设置。由于 COND 常量的二进制表达为“0000 0010”，而 WAITING 常量的二进制表达为“0000 0001”，因此设置后的 Node 节点状态为“0000 0011”。这时如果使用 Node.getAndUnsetStatus(COND)方法进行状态值的剔除操作，那么 Node 节点的状态为“0000 0001”，只剩下了 WAITING 状态。这个设置规则很重要，后续介绍基于 AQS 的 Condition 控制时会用到这个设置规则。

读者最需要关注的是第三步中的各个场景。前面已经提到，acquire()方法的主要工作目标是，在某个线程进行资源占用申请，并且不能第一时间返回处理结果时，从 CLH 队列尾部正确地放入代表本次申请操作的 Node 节点。可以思考一下，在只有一个线程工作的情况下，要将一个 Node 节点从队列尾部放入，是否至少需要连续完成以下操作。

（1）如果没有 Node 节点，则需要初始化一个 Node 节点，并且设置 Node 节点的 waiter 等属性。

（2）如果队列没有初始化，则需要初始化队列。

（3）将 Node 节点的前置节点引用 prev 指向 tail 节点。

（4）将 tail 节点的后置节点引用 next 指向 Node 节点。

（5）将 tail 节点的后置引用指向 Node 节点。

（6）将 Node 节点的状态更改为 WAITING。

（7）使用 LockSupport.park()方法或类似方法，对 Node 节点中 waiter 属性所关联的线程正式进行阻塞。

（8）至此，完成了对 Node 节点的操作，接着将下一个 Node 节点从 CLH 队列的队尾加入队列，以此类推。

以上是理想情况，即只有一个线程运行的情况。但是 AQS 技术是一种管程技术，它无法使用 Java 中的其他管程技术保证线程的安全性。对于 AQS 技术，Java 只为其提供了以下基本安全操作要素。

- 要保证操作的原子性，可以使用 Unsafe 工具类提供的各种原子性操作封装方法或变量句柄 VarHandle 的相关封装方法。
- 要保证操作的有序性和可见性，可以使用 volatile 修饰符或 Unsafe 工具类、变量句柄 VarHandle 的相关封装方法。
- 要对一个线程进行阻塞，可以使用 LockSupport 工具类提供的 park()方法或类似方法；如果要解除某个线程的阻塞，则可以使用 LockSupport 工具类提供的 unpark()方法或类似方法。
- 而 AQS 和其中的 Node 类已对原子性操作进行了基本的封装；在 head、tail、state、Node.prev、Node.next、Node.status 等关键属性上也使用了 volatile 修饰符。

由于只有这些基本操作要素，因此 AQS 工作的任意时刻都存在多线程抢占执行的情况发生，每个线程的执行速度、顺序都无法精确控制。也就是说，在 AQS 处理逻辑中，如果不加限制，那么很难保证相同线程中上一步处理的结果和下一步处理的前置状态保持一致。

为了保证 Node 节点能正确添加到 CLH 队列中，必须在每一次修改操作后，进行节点状态的修正和队列状态的修正。此时操作步骤如下：创建节点 -> 修正 -> 初始化队列 -> 修正 -> 修改 tail 引用的节点位置 -> 修正 -> ……，相应的逻辑流程图如图 7-3 所示。

2）cleanQueue()方法及队列清理。

cleanQueue()方法主要用于进行队列清理操作，status 属性值为 CANCELLED 的 Node 节点会被清理出队列。每次执行 cleanQueue()方法，都会从 CLH 队列的尾部清理一个 status 值为 CANCELLED 的 Node 节点，然后返回 CLH 队列的尾部进行重试，在清理操作到达 CLH 队列的头部时结束。在理解 cleanQueue()方法的工作逻辑时，需要注意同时存在多个线程进行处理的情况。cleanQueue()方法的详细源码如下。

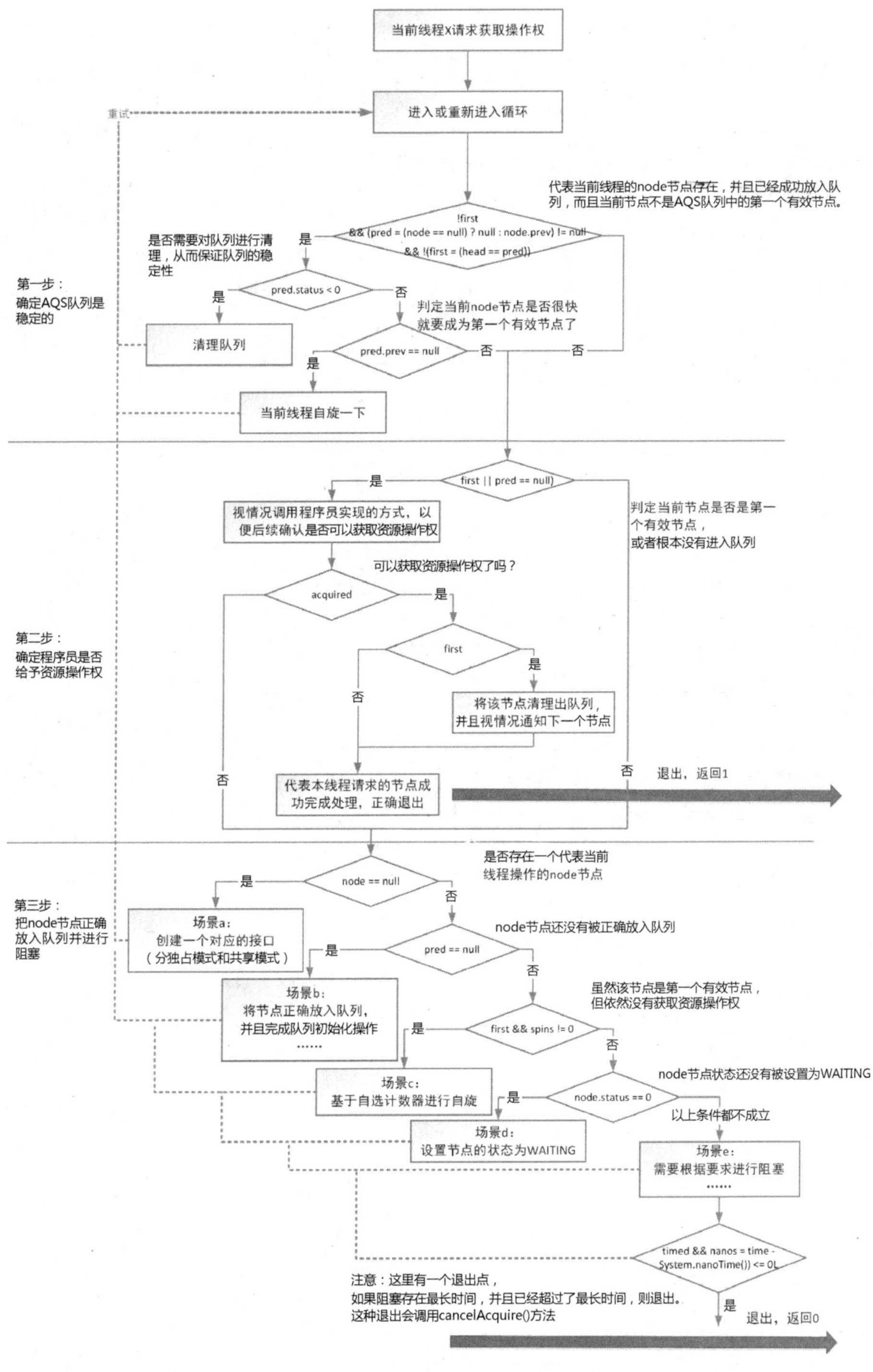

当前线程X请求获取操作权
进入或重新进入循环
重试
代表当前线程的node节点存在，并且已经成功放入队列，而且当前节点不是AQS队列中的第一个有效节点。
!first && (pred = (node == null) ? null : node.prev) != null && !(first = (head == pred))
是否需要对队列进行清理，从而保证队列的稳定性
是
否
第一步：确定AQS队列是稳定的
pred.status < 0
判定当前node节点是否很快就要成为第一个有效节点了
清理队列
pred.prev == null
当前线程自旋一下
first || pred == null
视情况调用程序员实现的方式，以便后续确认是否可以获取资源操作权
判定当前节点是否是第一个有效节点，或者根本没有进入队列
可以获取资源操作权了吗？
acquired
第二步：确定程序员是否给予资源操作权
first
将该节点清理出队列，并且视情况通知下一个节点
代表本线程请求的节点成功完成处理，正确退出
退出，返回1
是否存在一个代表当前线程操作的node节点
node == null
第三步：把node节点正确放入队列并进行阻塞
场景a：创建一个对应的接口（分独占模式和共享模式）
node节点还没有被正确放入队列
pred == null
场景b：将节点正确放入队列，并且完成队列初始化操作……
虽然该节点是第一个有效节点，但依然没有获取资源操作权
first && spins != 0
场景c：基于自选计数器进行自旋
node节点状态还没有被设置为WAITING
node.status == 0
以上条件都不成立
场景d：设置节点的状态为WAITING
场景e：需要根据要求进行阻塞……
timed && nanos = time - System.nanoTime()) <= 0L
注意：这里有一个退出点，如果阻塞存在最长时间，并且已经超过了最长时间，则退出。这种退出会调用cancelAcquire()方法
退出，返回0

图 7-3

```
// 该私有方法会从队列的尾部开始进行失效节点的清理操作
// 由于存在多个线程同时执行清理过程，因此该方法中的执行逻辑也存在进行重试的情况
// 也就是说，重新回到最新的队尾节点，然后重新向前进行失效节点的清理操作
private void cleanQueue() {
  // 该方法的执行过程同样采用乐观锁思想进行设计
  // 在没有达到执行方法所认可的队列状态前，会一直执行下去
  for (;;) {
    // 每一次队列清理过程，都从当前队列尾部开始，并且准备 s、p、n 三个局部变量
    // q: 在当前从队列尾部到头部的清理过程中，正在进行清理判定的节点
    // s: 在循环中，上一次完成清理判定的节点（可能为 null）
    // p: 在循环中，本次正准备进行清理判定的节点 q 的前置节点引用 prev（不为 null，否则在处理前会
退出操作）
    // n: 在循环中，p 节点的后置节点引用 next（可能为 null，
    // 如果在本线程处理过程中结构发生了变化，则 n 不一定等于 q）
    for (Node q = tail, s = null, p, n;;) {
      // 如果当前正在清理的节点或其前置节点为空，则说明节点清理工作结束，退出处理过程
      if (q == null || (p = q.prev) == null) { return; }
      // 注意：由于相同的 AQS 队列可能同时被多个线程执行，
      // 有的线程可能正在进行其他操作，因此在 cleanQueue() 方法的执行过程中，
      // AQS 队列的整个结构可能已经发生了变化，
      // cleanQueue() 方法一旦感知到这种变化，就会回到队尾重试清理过程
      if (s == null ? tail != q : (s.prev != q || s.status < 0)) { break; }
      // ======= 在执行完以上代码，确定 AQS 队列结构没有发生变化后，再对 AQS 队列进行节点清理操作
      // 如果当前在 AQS 队列中的节点，出于某种原因已经取消了自己的操作权申请，
      // 这时代表这个申请操作的 Node 节点的 status 属性处于取消状态（CANCELLED），
      // 那么需要将节点 q 移出 AQS 队列，并且再次回到最新的 tail 位置（队尾）重试节点清理操作
      if (q.status < 0) {
        // 根据 q 节点是否是本次清理过程所认为的尾节点，将 q 节点的清理操作分为两种处理方式
        // 无论采用哪种处理方式，都需要保证操作的原子性，因为可能有其他线程也在做相同处理
        if ((s == null ? casTail(q, p) : s.casPrev(q, p)) && q.prev == p) {
          p.casNext(q, s);
          // 如果条件成立，那么当前 p 节点是队列的头节点
          // 调用 signalNext() 方法，试图取消 p 节点后续节点 q 对应线程的阻塞状态
          if (p.prev == null) { signalNext(p); }
        }
        break;
      }
      // 如果条件成立，则说明之前对 q 节点的清理操作不完整，
      // 只通过 s.casPrev(q, p) 方法完成了一部分的移除工作
      // 需要进行另一部分的移除工作
      if ((n = p.next) != q) {
        if (n != null && q.prev == p) {
          p.casNext(n, q);
```

```
                if (p.prev == null) { signalNext(p); }
              }
              break;
            }
            // 基于 AQS 队列结构寻找当前要处理 q 节点的前置节点引用，
            // 并且将原有的 q 节点记为 s 变量，s 变量表示“已经完成检查操作的节点”
            // 注意：在操作完成后，q 不一定等于 p，但这种情况和 AQS 检查的关联已经不大了
            s = q;
            q = q.prev;
          }
        }
      }
```

CLH 队列的清理操作逻辑相对简单，其工作要点是在考虑有多个线程同时进行清理操作的场景中，保证满足“status < 0”条件的节点能被正确地清理出队列。在使用 cleanQueue()方法进行一次完整的清理工作后，CLH 队列并不一定是绝对干净的。

由于 CLH 队列是一个双端队列，因此要移除 CLH 队列中的一个 Node 节点，至少要达到如图 7-4 所示的队列节点状态。

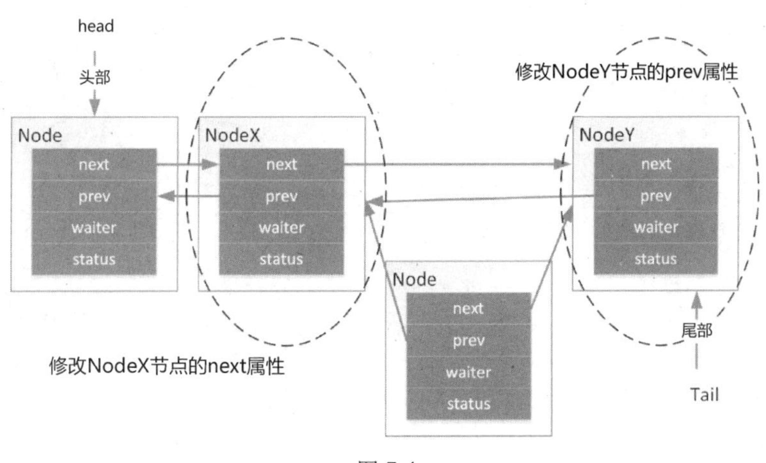

图 7-4

要从 CLH 队列中移除 Node 节点，需要将 NodeX 节点的 next 属性从 Node 节点更改成 NodeY 节点，再将 NodeY 节点的 perv 属性从 Node 节点更改成 NodeX 节点。这样的操作过程始终需要对原子性进行控制，所以采用的操作逻辑是，每一次重试只进行一步操作，无论是否成功，都会在下一次重试时进行后续操作。

3）cancelAcquire(Node, boolean, boolean)方法详解。

cancelAcquire(Node, boolean, boolean)方法是 acquire()方法中的另一个关键辅助方法，主要用于取消指定节点所代表线程获取独占操作权的申请，即移除 AQS 队列中的指定节点。如果调用该方法，则表示该节点所代表的操作权申请线程已经出于一些客观原因取消了获取

资源操作权的申请，因此该 Node 节点无须继续在 AQS 队列中排队了。需要注意的是，cancelAcquire()方法本身是不负责清理工作的，那是 cleanQueue()方法的工作。cancelAcquire()方法的工作任务是修改对应节点的状态，以便 cleanQueue()方法能够判定这种状态。

```
// 取消当前节点所代表的操作权申请操作
// 注意：node 节点可能为 null，因为操作权申请操作在没有形成对应的 Node 节点前，就已经被通知取消
// node：代表当前操作权申请操作的节点
// interrupted：当前对 cancelAcquire()方法的调用，
// 是否是因为线程收到的 interrupt 中断信号引起的
// interruptible：是否将当前 interrupt 中断信号报告给调用者
private int cancelAcquire(Node node, boolean interrupted, boolean interruptible) {
  // 如果当前节点存在，则设置其 status 属性值为负数
  // 然后调用 cleanQueue()方法进行队列清理操作
  if (node != null) {
    node.waiter = null;
    node.status = CANCELLED;
    if (node.prev != null) { cleanQueue(); }
  }
  // 根据 interrupt 中断信号的接收情况确认返回值
  // 如果收到了 interrupt 中断信号，并且允许将 interrupt 中断信号报告给调用者，则返回负数
  // 如果收到了 interrupt 中断信号，但是无须将 interrupt 中断信号报告给调用者，
  // 则保持 interrupt 中断信号即可
  // 如果是其他情况，则返回 0，表示因为请求操作超时而导致的取消
      if (interrupted) {
    if (interruptible) { return CANCELLED; }
    else { Thread.currentThread().interrupt(); }
  }
  return 0;
}
```

4. AQS 中的 state 属性和 exclusiveOwnerThread 属性

细心的读者可能会发现一个问题，到目前为止，7.1.2 节提到的两个关键属性 state 和 exclusiveOwnerThread 还没有涉及任何操作逻辑。事实就是这样的，在 AQS 技术的关键实现逻辑中，这两个属性不涉及任何核心逻辑。但为什么这两个属性是重要属性呢？这是因为参与 AQS 约束的多个线程，为了形成良好的配合逻辑（实际上就是实现线程间同步），需要知晓一个统一的上下文信息，并且这个上下文信息需要保证可见性、有序性和原子性。state 属性提供了这种上下文信息的记录位置，实现 AQS 技术的程序员根据 state 属性，即可方便地建立起各个线程间的信息联系。

exclusiveOwnerThread 属性的作用也很明确，由于 AQS 技术中没有保证该属性原子性的方法，甚至该属性都没有添加 volatile 修饰符，因此它的作用主要是在独占操作权已经确定的情况下，作为信息的记录和判定结果的依据。

7.2　AQS 实现——ReentrantLock 类

7.2.1　ReentrantLock 类的使用方法

ReentrantLock（可重入锁）类是一种常用的基于 AQS 技术的工具类，在工作中，它可以满足多线程控制场景中的大部分控制需求。或者说，**ReentrantLock 类的功能是基于 AQS 技术对 Java 中另一种管理 Object Monitor 的工作效果进行模拟**。该工具的使用方法如下。

```
// 这是我们测试用的 ReentrantLock 类的对象（简称 ReentrantLock 对象）
// 构造方法传入 true，表示它的工作模式为公平模式
private ReentrantLock myReentrantLock = new ReentrantLock(true);
public static void main(String[] args) {
  TestReentrantLock test = new TestReentrantLock();
  Thread myThread1 = new Thread(test.new MyThreadA());
  Thread myThread2 = new Thread(test.new MyThreadB());
  myThread2.start();
  myThread1.start();
}
public class MyThreadA implements Runnable {
  @Override
  public void run() {
    for(int index = 0 ; index < 10 ; index++) {
      try {
        myReentrantLock.lock();
        // 此处代码省略
        // 这里可以进行开发人员所需业务操作
        // 此处代码省略
      } finally {
        // 有多少次成功的 lock 操作，就必须有多少次成功的 unlock 操作
        myReentrantLock.unlock();
      }
    }
  }
}
// 对比 MyThreadA 和 MyThreadB 中的 unlock() 方法
public class MyThreadB implements Runnable {
  @Override
  public void run() {
    for(int index = 0 ; index < 10 ; index++) {
      myReentrantLock.lock();
```

```
      // 此处代码省略
      // 这里可以进行开发人员所需的业务操作
      // 此处代码省略
    }
    // 有多少次成功的lock操作，就必须有多少次成功的unlock操作
    int holdCount = myReentrantLock.getHoldCount();
    for(int index = 0 ; index < holdCount ; index++) {
      myReentrantLock.unlock();
    }
  }
}
```

以上实例源码很简单，无须做过多介绍，只需说明以下几个注意点。

- ReentrantLock 类使用 AQS 技术中的独占模式进行工作。lock()方法表示当前线程向 ReentrantLock 对象申请资源独占操作权，如果申请成功，那么当前线程继续执行；如果申请失败，那么当前线程阻塞等待。
- 当前获得资源独占操作权的线程调用 lock()方法或类似方法正确加锁的次数会被记录下来，当这个线程需要释放资源独占操作权时，必须调用相同次数的 unlock()方法，否则不认为释放了资源独占操作权，后续等待资源独占操作权的其他线程也不会退出阻塞状态。
- ReentrantLock 类中提供的 getHoldCount()方法，主要用于返回当前拥有资源独占操作权的线程成功加锁的次数（实际上是一个计数器），从而帮助程序员调用相同次数的 unlock()方法。
- 可重入的意思可以理解为，ReentrantLock 类会用计数器记录当前获得资源独占操作权的线程进行了多少次加锁操作。理论上只要线程获取了资源独占操作权，就可以进行不限次数的加锁操作（上限是 int 类型数据的数值上限）。
- 根据后续的源码分析可知，ReentrantLock 类在基于 AQS 技术工作时，AQS 队列中的 state 属性起到了计数器的作用。
- ReentrantLock 类中的“资源”，并不是类似于 Object Monitor 模式中使用 synchronized 修饰符修饰的任意对象，单纯是指 ReentrantLock 对象本身。

ReentrantLock 类提供了两种工作模式，分别为公平模式和非公平模式。

- 公平模式：申请资源独占操作权的多个线程，会按照申请操作的顺序进行排队，越先申请的一定越先获得资源独占操作权。
- 非公平模式（默认）：申请资源独占操作权的多个线程，虽然可以按照申请操作顺序进行排队，但并不保证它们获取资源独占操作权的顺序，出于对速度优先的考虑，后申请资源独占操作权的线程有可能先获取资源独占操作权。可以使用 ReentrantLock 类的构造方法设置 ReentrantLock 对象的工作模式。

7.2.2　AQS 技术如何帮助 ReentrantLock 类工作

AQS 是如何帮助 ReentrantLock 类工作的呢？前面已经详细介绍了 AQS 中的主要方法，为了节省篇幅，下面直接给出一些关键的控制点，如图 7-5 所示。

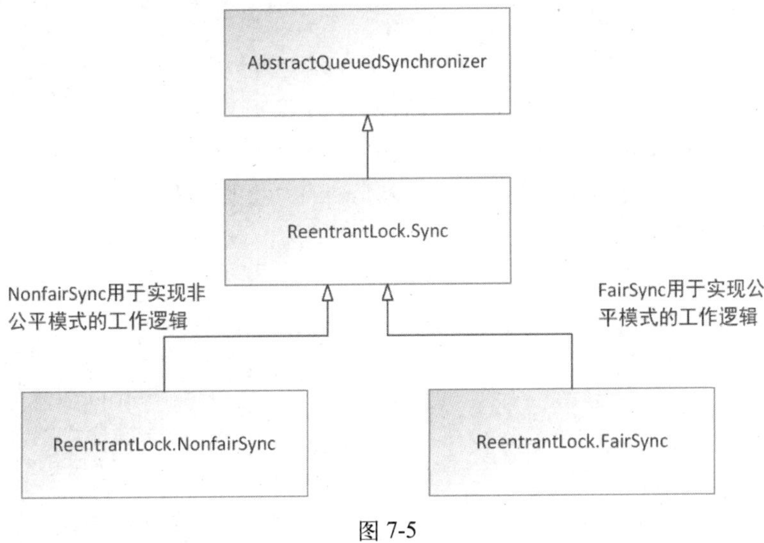

图 7-5

图 7-5 展示了 ReentrantLock 类内部与 AQS 的协作关系。ReentrantLock 类中有一个 Sync 子类，后者继承了 AQS 类，大部分需要由 ReentrantLock 类的设计者完成的工作逻辑都在 Sync 子类中进行了编写，但由于 ReentrantLock 对象本来具备两种工作模式，因此两种工作模式的差异逻辑分别由 ReentrantLock.NonfairSync 子类和 ReentrantLock.FairSync 子类完成。

实际上，由于 ReentrantLock 类采用的是 AQS 技术中的独占模式，并且提供了 Condition 控制逻辑，因此只需实现 AQS 中的 3 个关键方法：tryAcquire()方法、tryRelease()方法和 isHeldExclusively()方法。

1．ReentrantLock.lock()方法

线程通过调用 ReentrantLock.lock()方法获取资源的独占操作权；ReentrantLock 类在不同的工作模式下，lock()方法的实现逻辑不同，但逻辑步骤是一样的。

首先使用 initialTryLock()方法判断当前线程的独占操作权请求，是否无须 AQS 干预就可以获取成功。如果不能获取成功，则调用 AQS 提供的 acquire(int)方法，利用 CLH 队列进行获取。lock()方法的具体实现逻辑在 ReentrantLock.Sync 子类中，源码如下。

```
abstract static class Sync extends AbstractQueuedSynchronizer {
  // 此处代码省略
  abstract boolean initialTryLock();
  // 很简单，无须逐行注释
  final void lock() {
    if (!initialTryLock()) { acquire(1); }
  }
  // 此处代码省略
}
```

JDK 14 中的源码逻辑和设计思路与老版本（如 JDK 1.8）中的源码逻辑和设计思路有少许不同，笔者认为新版的实现逻辑更符合程序员的阅读习惯。这样看来，lock()方法的关键点是在公平模式和非公平模式下对 initialTryLock()方法的实现。

- 在非公平模式下，实现 initialTryLock()方法的源码如下。

```
// 在非公平模式下
static final class NonfairSync extends Sync {
  // 此处代码省略
  private static final long serialVersionUID = 7316153563782823691L;
  // 该方法在正式调用 AQS 的 acquire(int)方法申请资源独占操作权前，
  // 会先确认一下，不使用 AQS 技术的逻辑控制是否能获取资源独占操作权
  final boolean initialTryLock() {
    Thread current = Thread.currentThread();
    // 确认依据很简单，就是当前 AQS 中的 state 状态是否为 0,
    // 如果为 0，则说明在抢占资源独占操作权的瞬间，没有任何线程获取了资源独占操作权
    // 无论这些线程是否在 AQS 内部的 CLH 队列中排序
    if (compareAndSetState(0, 1)) {
      setExclusiveOwnerThread(current);
      return true;
    }
    // 如果没有获取资源独占操作权，则判定是否是锁的重入场景
    // 即在已经获得独占操作权的线程中多次使用 lock()方法或类似方法加锁
    // 如果是，那么也算处理成功，使用计数器的方式将 state 属性的值+1
    else if (getExclusiveOwnerThread() == current) {
      int c = getState() + 1;
      if (c < 0) { throw new Error("Maximum lock count exceeded"); }
      setState(c);
      return true;
    }
    // 否则返回 false
    else { return false; }
  }
  // 此处代码省略
}
```

由于在非公平模式下，因此当前请求资源独占操作权的线程，可以首先忽略在它之前是否已经有 Node 节点在 CLH 队列中排队等待，先做一次获取操作权的尝试，如果尝试成功，则无须进入 CLH 队列。这种处理方式显而易见的优点是增加了资源抢占操作的灵活性，在一定程度上减轻了 CLH 队列的处理压力。

- 在公平模式下，实现 initialTryLock()方法的源码如下。

```
// 在公平模式下
static final class FairSync extends Sync {
  // 此处代码省略
  // 在公平模式下，可重入锁会在正式调用 AQS 的 acquire(int)方法申请资源独占操作权前，
  // 通过该方法确认一下，不使用 AQS 技术的逻辑控制是否能获取资源独占操作权
  // 确定能获取资源独占操作权的限制比在非公平模式下的限制更严格
  final boolean initialTryLock() {
    Thread current = Thread.currentThread();
    int c = getState();
    // 当前 AQS 中的 state 状态为 0，也就是说，没有线程获取了资源独占操作权
    // 当前 CLH 队列中没有任何状态正常的排队线程（多代表的节点）
    // 在同时满足以上两个操作要求的前提下，再次尝试进行进入 CLH 队列前的资源独占操作权抢占操作
    if (c == 0) {
      if (!hasQueuedThreads() && compareAndSetState(0, 1)) {
        setExclusiveOwnerThread(current);
        return true;
      }
    }
    // 如果没有抢占到资源独占操作权，那么处理逻辑和在非公平模式下的处理逻辑相同
    else if (getExclusiveOwnerThread() == current) {
      if (++c < 0) {throw new Error("Maximum lock count exceeded");}
      setState(c);
      return true;
    }
    return false;
  }
  // 此处代码省略
}
```

再次说明，本书中的所有源码只要不进行特别说明，都是指 JDK 14 中的源码。在 JDK 1.8 中，此段源码的设计思路有少许不同。在公平模式下，所有申请过程都要使用 AQS 技术的逻辑控制进行确认，从而保证公平性。

可以看出，无论是公平模式，还是非公平模式，如果使用者调用 ReentrantLock 对象中的 lock()方法或类似方式申请资源独占操作权，那么 ReentrantLock 对象内部的实现会先使用 initialTryLock()方法试探一下不使用 AQS 技术的逻辑控制是否能分配资源独占操作权，

试探的依据是 AQS 中的 state 属性值和使用 hasQueuedThreads()、getExclusiveOwnerThread()等方法获取的 CLH 队列的实时状态。为了保证公平性，在公平模式下的试探要求更严格。

2．ReentrantLock.unlock()方法

unlock()方法调用了 AQS 提供的 release(int)方法，可以进行独占操作权的释放操作。在 release(int)方法的执行逻辑中，需要程序员自行实现 tryRelease(int)方法，以便告诉 AQS，程序员是否认可让当前线程释放资源独占操作权。

ReentrantLock.Sync 子类实现的 tryRelease(int)方法的本质逻辑是，将 state 属性作为计数器进行减法运算。只有当 state 属性值减为 0 时，才认为资源独占操作权释放成功。tryRelease(int)方法的源码如下。

```
abstract static class Sync extends AbstractQueuedSynchronizer {
  // 此处代码省略
  // 当 AQS 试图释放指定线程的资源独占操作权时，该方法被触发
  // 以便程序员能根据业务判断当前线程的资源独占操作权释放操作是否成功
  protected final boolean tryRelease(int releases) {
    // releases()方法入参的值是 1，由上层的 release(1)调用的方法进行传入
    int c = getState() - releases;
    if (Thread.currentThread() != getExclusiveOwnerThread()) { throw new
IllegalMonitorStateException(); }
    boolean free = false;
    // 判断依据，只有当计数器的值为 0 时，才认为当前线程释放资源独占操作权成功
    if (c == 0) {
      free = true;
      setExclusiveOwnerThread(null);
    }
    setState(c);
    return free;
  }
  // 此处代码省略
}
```

根据上述源码可知，为什么前面一直强调在一个线程通过 ReentrantLock 对象获得资源独占操作权后，有多少次成功的加锁次数，就需要有多少次 unlock 释放动作：只有当计数器的值为 0 时，才认为当前线程释放资源独占操作权成功。而 AQS 中的 state 属性就充当了这个计数器。

3．ReentrantLock.trylock()方法

ReentrantLock 类提供的 trylock()方法是我们在实际工作中经常使用的一个方法，它强制工作在非公平模式下。该方法的意义是立即尝试让当前线程获得资源独占操作权，无论

当前 CLH 队列中是否有线程在排队。如果获取资源独占操作权成功或持有资源独占操作权的线程就是本线程，则返回 true，否则返回 false。该方法的工作逻辑源码如下。

```
// 该方法不需要进行逐句注释说明了，因为这段源码在前面出现过
final boolean tryLock() {
  Thread current = Thread.currentThread();
  int c = getState();
  if (c == 0) {
    if (compareAndSetState(0, 1)) {
      setExclusiveOwnerThread(current);
      return true;
    }
  } else if (getExclusiveOwnerThread() == current) {
    if (++c < 0) { throw new Error("Maximum lock count exceeded"); }
    setState(c);
    return true;
  }
  return false;
}
```

该工作逻辑和在非公平模式下 initialTryLock()方法的工作逻辑相同。只有在 state 值为 0（没有任何线程拥有资源独占操作权）时才进行资源独占操作权抢占操作。如果当前线程之前已经获得资源的独占操作权，则将 AQS 的 state 属性值加 1。

4．ReentrantLock 类的其他重要操作方法

由于篇幅和本书主旨限制，因此对 ReentrantLock 类的源码只进行简单介绍。本书主要通过介绍 ReentrantLock 类，向读者展示 AQS 技术在 JUC 中的实际应用，以便读者深入理解前者的工作原理和使用特点。ReentrantLock 类还提供了一些重要的方法，虽然本书不能逐条对源码进行详细分析，但仍需要对这些常用的、重要的方法进行简要说明。

- **lockInterruptibly()**：该方法的功能和 lock()方法的功能类似，都是基于 AQS 申请资源的独占操作权，如果获得了资源独占操作权，则当前线程继续工作，否则当前线程进入阻塞状态。该方法与 lock()方法的不同之处是，该方法允许对 interrupt 中断信号进行响应，也就是说，如果阻塞的线程收到了 interrupt 中断信号，甚至在进行资源独占操作权申请前就收到了 interrupt 中断信号，那么该方法会抛出 InterruptedException 异常。
- **getHoldCount()**：该方法在之前的示例中已经使用过，主要用于在当前线程已获得资源独占操作权的前提下，获得锁的重入计数。如果当前线程没有获得资源独占操作权，则一直返回 0。每成功调用一次 lock()方法或其类似方法，计数器都会加 1。

- **isHeldByCurrentThread()**：该方法主要用于确认目前获得 ReentrantLock 对象独占操作权的线程是否是当前线程。如果是，则返回 true，否则返回 false。
- **getOwner()**：该方法主要用于获取当前拥有 ReentrantLock 对象独占操作权的线程，如果没有任何线程拥有 ReentrantLock 对象的独占操作权，则返回 null。

7.3 AQS 实现——Condition 控制

既然 ReentrantLock 类能够基于 AQS 技术模拟 Object Monitor 模式的外在功能，那么 ReentrantLock 类中应该有类似于 Object Monitor 模式中负责完成线程间同步功能的方法，如 wait 方法()、notify()方法等。

ReentrantLock 类基于 Condition 控制向程序员提供如下控制功能：使用 await()方法，使获得资源独占操作权的线程暂时释放资源独占操作权并进入阻塞状态，但并不放弃该线程重新抢占资源独占操作权的权力；而其他线程在获得资源独占操作权后，也可以向使用 await()方法进入阻塞状态的线程发送 signal 信号，以便后者可以重新抢占资源独占操作权。

Condition 控制在 Java 中，特别是在 JUC 中有很多应用场景，如 ThreadPoolExecutor、PriorityBlockingQueue、DelayQueue 等。下面介绍 Condition 控制的使用方法及其关键的内部实现。

7.3.1 基本使用方法

虽然两者的外在功能表现相似，但读者应该知道，使用 Condition 控制和使用 Object Monitor 模式的线程间同步功能的内部工作原理是不一样的。Condition 控制的简单使用方法源码如下。

```
public class TestCondition {
  // 这是我们测试使用的 ReentrantLock 对象
  // 构造方法传入 true，表示它的工作模式为公平模式
  private ReentrantLock myReentrantLock = new ReentrantLock(true);
  // 使用 Condition 控制取代 Object Monitor 模式
  private Condition myCondition = null;
  public TestCondition() {
    // 创建一个 Condition 控制过程，其内部实际上创建了一个 conditionObject 对象
    this.myCondition = this.myReentrantLock.newCondition();
  }
  public static void main(String[] args) {
    TestCondition test = new TestCondition();
    Thread myThread1 = new Thread(test.new MyThreadA());
```

```
    Thread myThread2 = new Thread(test.new MyThreadB());
    myThread1.start();
    myThread2.start();
  }
  // 该线程使用 Condition 控制在获得资源独占操作权的情况下,
  // 使用 await()方法进入阻塞状态，并且暂时释放资源的独占操作权
  private class MyThreadA implements Runnable {
    @Override
    public void run() {
      myReentrantLock.lock();
      try {
        myCondition.await();
      } catch (InterruptedException e) {
        e.printStackTrace();
      } finally {
        myReentrantLock.unlock();
      }
    }
  }
  // 该线程使用 Condition 控制，在获得资源独占操作权的情况下,
  // 对 AQS 中使用 await()方法（或类似方法）进入阻塞状态的线程进行通知
  private class MyThreadB implements Runnable {
    @Override
    public void run() {
      try {
        myReentrantLock.lock();
        // 注意: signal()方法和 await()方法的配合使用有先后顺序
        myCondition.signal();
      } finally {
        myReentrantLock.unlock();
      }
    }
  }
}
```

AQS 是一个使用 abstract 修饰的类，不能直接被实例化。要使用 AQS 提供的 Condition 控制功能，必须使用一个具体的 AQS 实现类的对象。例如，使用 ReentrantLock 对象获得 Condition 控制对象，或者通过 ReentrantReadWriteLock 读/写分离的可重入锁对象获得 Condition 控制对象，不过读/写分离的可重入锁对象的读锁和写锁的 Condition 控制是相对独立的，从属于两个不同的 AQS，这个需要读者注意区分。

Condition 控制的功能很好理解，await()方法的工作效果与 Object Monitor 模式下的 wait()方法的工作效果类似，signal()方法和 signalAll()方法的工作效果与 Object Monitor 模

式下的 notify()方法和 notifyAll()方法的工作效果类似。await()方法同样存在多态表达，如可以传入阻塞的最长等待时间。

7.3.2 ReentrantLock 类如何进行 Condition 控制

Condition 控制的核心逻辑通过 AQS 中的 ConditionObject 类进行实现，并且使用一种相对独立的 ConditionNode（控制节点）类进行描述。ConditionNode 类的相关源码如下。

```
// ConditionNode 类主要用于描述一个线程的 Condition 控制请求
static final class ConditionNode extends Node implements ForkJoinPool.ManagedBlocker {
  // 这些控制请求相对独立的连接成一个单向链表
  ConditionNode nextWaiter;
  // 如果返回 false，则说明该节点代表的 Condition 控制请求的线程需要被阻塞
  public final boolean isReleasable() {
    return status <= 1 || Thread.currentThread().isInterrupted();
  }
  // 该方法主要用于阻塞对应的请求线程
  public final boolean block() {
    while (!isReleasable()) { LockSupport.park(); }
    return true;
  }
}
```

ConditionNode 类实现了 Java Fork/Join 框架中的 ManagedBlocker 接口。在实现该接口后，可以将处理逻辑托管给一个 Fork/Join 线程池，或者在当前线程中形成一个固定的阻塞逻辑，这个逻辑由两个方法构成。

- boolean isReleasable()方法：该方法主要用于判定一个线程的业务状态是否“不需要阻塞”，如果不需要阻塞，则返回 true，否则返回 false。
- boolean block()方法：如果使用 isReleasable()方法判定一个线程的业务状态需要阻塞（返回 false），则使用该方法进行阻塞。在 block()方法内部，程序员可能需要重复调用 isReleasable()方法的判定逻辑。block()方法会阻塞当前线程（通过 parking 方式），直到判定当前线程不需要继续阻塞了，会返回 true。

基于这两个方法，在当程序员使用 ForkJoinPool.managedBlock(ManagedBlocker)静态方法调用这个固定阻塞逻辑时，其内部会进行如下工作。

```
public static void managedBlock(ManagedBlocker blocker) throws InterruptedException {
  if (blocker == null) throw new NullPointerException();
  // 此处代码省略
  // 一段涉及 ForkJoinWorkerThread 的工作场景可以省略
  // 此处代码省略
  else {
    // 循环会一直继续，直到 isReleasable()方法和 block()方法中的其中一个返回 true
```

```
      do {} while (!blocker.isReleasable() && !blocker.block());
    }
  }
```

可能有些读者不清楚 Java Fork/Join 框架，可以将它理解为一个 MapReduce 的单机版本，它使 Java 能够尽可能多地利用本机 CPU 多核资源和内存资源，将一个复杂任务拆分为多个并发子任务，并且分别完成这些并发子任务，最终将并发子任务的计算结果合并成复杂任务的计算结果。关于 Java Fork/Join 框架，读者可以自行参考第三方资料。

此外，在 ConditionNode 类的定义中，读者还可以看到一个叫作 nextWaiter 的关键属性，该属性连接着相同的 Condition 控制中的另一个 ConditionNode 节点，**这些节点被 nextWaiter 属性串联起来，形成一个单向链表。然后使用 ConditionObject 类中的 firstWaiter 属性和 lastWaiter 属性分别记录这个单向链表的头节点和尾节点**，这两个属性的源码如下。

```
// ConditionObject 类主要用于描述主要的 Condition 控制逻辑
public class ConditionObject implements Condition, java.io.Serializable {
  // 此处代码省略
  // 该属性指向 Condition 单向链表的头节点
  private transient ConditionNode firstWaiter;
  // 该属性指向 Condition 单向链表的尾节点
  private transient ConditionNode lastWaiter;
  // 此处代码省略
}
```

Condition 单向链表的工作结构如图 7-6 所示。

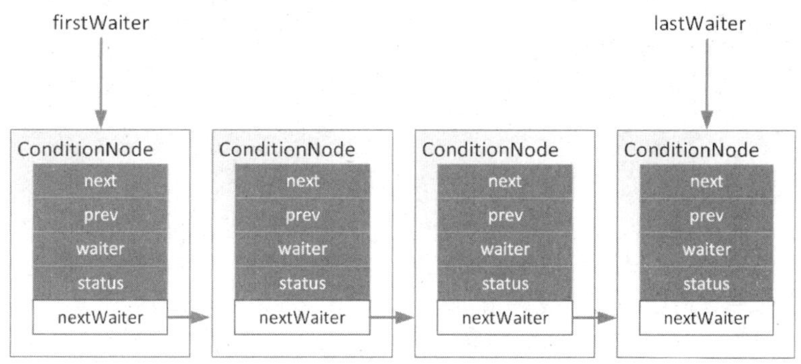

图 7-6

通过 nextWaiter 属性组成的 Condition 单向链表和 AQS 内置的 CLH 队列相对独立。只要工作过程中没有发生特别的情况（如收到 interrupt 中断信号），那么 ConditionNode 节点最终会进入 CLH 队列。每一个 ConditionObject 对象都能够独立管理这样一个 Condition 单向链表，也就是说，如果在一个 AQS 控制中创建多个 ConditionObject 对象，则表示有多个独立的 Condition 单向链表。

如果非要用 Object Monitor 模式的工作结构进行类比的话，那么 ReentrantLock 类中的 CLH 队列相当于 Object Monitor 模式中 Wait Set 区域的已授权集合，由 ConditionNode 节点组成的 Condition 单向链表相当于 Object Monitor 模式中 Wait Set 区域的待授权集合。

当使用 await()方法阻塞某个线程时，与这个线程对应的 ConditionNode 节点会被按顺序加入 Condition 单向链表的尾部，成为新的 lastWaiter 引用节点；当使用 signal()方法发出一个 signal 信号时，放在 Condition 单向链表头部的 ConditionNode 节点会最先获得这个 signal 信号，并且优先进入 CLH 队列。

1. await()方法及其多态表现

await()方法及其多态表现主要用于在一个线程已经获取资源独占操作权的情况下，释放资源独占操作权并进入阻塞状态，直到收到 signal 信号或收到 interrupt 中断信号（多种场景）或达到阻塞的最长等待时间，这时代表当前线程的 ConditionNode 节点会根据实际情况被放入 CLH 队列，重新参与资源独占操作权的抢占工作。await()方法的主要源码片段如下。

```
public final void await() throws InterruptedException {
  if (Thread.interrupted()) { throw new InterruptedException(); }
  // ===========第一步：
  // 为当前 Condition 控制请求创建一个对应的 ConditionNode 节点，即 node 节点
  // 并且在设置状态后，将其放入 CLH 队列
  ConditionNode node = new ConditionNode();
  //使用 LockSupport 工具类提供的阻塞功能对当前线程进行阻塞操作
  // enableWait()方法主要用于将代表当前线程的 node 节点放入 Condition 单向链表（从尾部）
  // 该方法的返回值表示当前线程进入阻塞时的 AQS state 属性值，
  // 在代表当前线程的 node 节点重新进入 CLH 队列，并且参与资源独占操作权抢占工作后，
  // 在调用 acquire()方法时，将 state 属性值作为入参
  int savedState = enableWait(node);
  LockSupport.setCurrentBlocker(this);
  boolean interrupted = false, cancelled = false;
  // ===========第二步：
  // 如果代表当前 Condition 控制请求的 node 节点没有重新进入 CLH 队列，
  // 则说明当前 Condition 控制请求对应的线程需要继续阻塞
  while (!canReacquire(node)) {
    // 如果条件成立，则说明已经收到了 interrupt 中断信号
    // 这时如果当前节点还具有 COND 状态，则需要去掉该状态
   if (interrupted |= Thread.interrupted()) {
```

```
      if (cancelled = (node.getAndUnsetStatus(COND) & COND) != 0) {
        break;
      }
    }
    // 如果当前节点还具有COND状态，则使用ForkJoinPool类提供的逻辑进行阻塞
    else if ((node.status & COND) != 0) {
      try {
        ForkJoinPool.managedBlock(node);
      } catch (InterruptedException ie) {
        interrupted = true;
      }
    }
    // 如果当前条件成立，说明node节点不具有COND状态了
    // 那么最有可能的情况是，这个节点此时此刻已经进入（或正在进入）CLH队列
    // 此时最好的处理方式是，在自旋一下后，重新循环进行canReacquire判定
    else { Thread.onSpinWait(); }
  }
  // ==========以下进入第三步：
  // 在经过以上阻塞后，通常代表该Condition控制请求的node节点已经放入了CLH队列，
  // 并且试图使用acquire()方法请求激活该节点
  // 注意一种特例，在进入第一步后、收到signal信号前，收到了interrupt中断信号
  LockSupport.setCurrentBlocker(null);
  node.clearStatus();
  // acquire()方法前面已经介绍过，这里不再赘述
  // 这里只需要注意一个关键点：如果使用acquire()方法请求资源独占操作权不成功，
  // 那么node节点会被正确地添加到CLH队列的尾部
  acquire(node, savedState, false, false, false, 0L);
  // 在node节点所代表的线程进入第一步后、收到signal信号前收到interrupt中断信号的情况下，
  // 该节点不需要进入CLH队列，断开该节点在Condition单向链表中的关联，
  // 并且抛出InterruptedException异常
  if (interrupted) {
    if (cancelled) {
      unlinkCancelledWaiters(node);
      throw new InterruptedException();
    }
    Thread.currentThread().interrupt();
  }
}
// 如果最初存在于Condition单向链表中的node节点现在已经放入了CLH队列，
// 则该方法返回true，否则返回false
private boolean canReacquire(ConditionNode node) {
  return node != null && node.prev != null && isEnqueued(node);
}
```

await()方法一共分为三个处理步骤。

（1）创建代表本次 Condition 控制的 ConditionNode 节点，并且将该节点放入独立的 Condition 单向链表中。在这个过程中，如果 Condition 单向链表没有初始化，则需要进行初始化。整个过程由 enableWait()方法进行控制。

（2）该步是一个循环操作，如果这个 ConditionNode 节点没有进入 CLH 队列，则调用 ForkJoinPool 类提供的阻塞控制方法，使其保持阻塞状态。一旦代表当前 Condition 控制的 node 节点进入了 CLH 队列，或者失去了 COND 状态，则进入第 3 步。

（3）清理当前节点的状态，并且试图使用 acquire()方法请求激活该节点。

这三个处理步骤比较清楚，需要重点介绍的是 enableWait()方法。enableWait()方法主要用于向 Condition 单向链表中放入 ConditionNode 节点，具体过程参见如下源码。

```
// enableWait()方法主要用于将代表当前线程的 ConditionNode 节点放入 Condition 单向链表
private int enableWait(ConditionNode node) {
  // 只有在当前 AQS 中获得资源独占操作权的线程才可以执行该段逻辑代码
  if (isHeldExclusively()) {
    node.waiter = Thread.currentThread();
    // 设置当前节点兼具 COND 状态和 WAITING 状态，或者由 Condition 控制引起的 WAITING 状态
    node.setStatusRelaxed(COND | WAITING);
    // 如果 Condition 单向链表没有初始化，则对其进行初始化，
    // 并且从 Condition 单向链表的尾部放入代表当前线程的 ConditionNode 节点
    ConditionNode last = lastWaiter;
    if (last == null) { firstWaiter = node; }
    else { last.nextWaiter = node; }
    lastWaiter = node;
    // 记录当前 AQS 的状态，以便进行返回
    // 能够正确返回的前提是调用 release()方法
    // 程序员认为当前线程可以释放资源独占操作权
    int savedState = getState();
    if (release(savedState)) { return savedState; }
  }
  node.status = CANCELLED;
  throw new IllegalMonitorStateException();
}
```

关于 enableWait(ConditionNode)方法，有以下几个细节需要注意。

- enableWait(ConditionNode)方法内部无须使用过多的线程安全性方法或保证原子性操作的方法，因为只有工作在 AQS 独占模式下，当前拥有资源独占操作权的线程才能执行该方法中的主要逻辑。如果不满足上述条件的线程执行该方法，则会抛出 IllegalMonitorStateException 异常。
- 由于 enableWait(ConditionNode)方法的主要作用是让代表当前线程的 ConditionNode 节点进入专门为 Condition 控制准备的单向链表，并且释放当前线程的独占操作权，因此该方法会调用由程序员覆盖的 release(int)方法。如果程序员认为当前线程不能释放独占

操作权（release()方法返回 false），则该方法同样会抛出 IllegalMonitorStateException 异常。

- enableWait(ConditionNode)方法会为 ConditionNode 节点设置基本属性，其中包括通过代码“node.setStatusRelaxed(COND | WAITING)”对 ConditionNode 节点的 status 属性进行设置。前面已经讲过了，在经过这样的设置后，该节点表现为兼容两种状态（COND 控制状态和 WAITING 阻塞状态），换句话说就是，当前 ConditionNode 节点的状态因为 Condition 控制而进入了阻塞状态。

在理解 await()方法时，应该着重理解该方法中对 interrupt 中断信号的处理。在调用 await()方法时，有以下几种收到 interrupt 中断信号的情况。

- 处理逻辑还没有进入 await()方法的任何实质处理步骤，就收到了 interrupt 中断信号。在这种情况下，直接抛出 InterruptedException 异常即可，因为这时当前线程还没有执行 enableWait()方法，所以还没有失去独占操作权。
- await()方法内部已经完成第一步处理过程，也就是说，已经调用了 enableWait()方法，失去了当前资源的独占操作权。在这种情况下，即使收到了 interrupt 中断信号，当前 ConditionNode 节点也需要进入 CLH 队列进行排队，并且需要从 Condition 单向链表中移除该节点。这个过程由“cancelled = (node. getAndUnsetStatus(COND) & COND) != 0”、“acquire(node, savedState, false, false, false, 0L);”等代码配合完成。

2．signal()方法和 signalAll()方法

在前面介绍 Condition 控制实例时已经提到了 signal()方法和 signalAll()方法的主要作用：在当前线程已经获得资源独占操作权的前提下，向因为 Condition 控制调用 await()方法（或相似方法）而处于阻塞状态的线程发出 signal 信号，以便代表这些线程的 ConditionNode 节点可能重新参与独占操作权的抢占工作。

从工作本质上来说，调用 signal()方法和 signalAll()方法的工作逻辑是将处于 Condition 单向链表中的一个或多个 ConditionNode 节点放入 CLH 队列。在发出 signal 信号的线程调用 unlock()方法后，在 awiat()方法中阻塞的线程会根据实际情况被激活，并且进入 await()方法逻辑中的第（3）步。

与 await()方法相比，signal()方法和 signalAll()方法的工作逻辑要简单很多，实际上二者都调用了一个 doSignal()方法，只是传递的参数值不同，源码片段如下。

```
// 将等待时间最长的节点（Condition 单向链表中的第一个节点）移入 CLH 队列
public final void signal() {
  ConditionNode first = firstWaiter;
  // 该方法只能由获得资源独占操作权的线程调用，否则会抛出 IllegalMonitorStateException 异常
  if (!isHeldExclusively()) { throw new IllegalMonitorStateException(); }
  if (first != null) { doSignal(first, false); }
```

```
}
// 将 Condition 单向链表中的所有节点移入 CLH 队列
public final void signalAll() {
  ConditionNode first = firstWaiter;
  // 该方法只能由获得资源独占操作权的线程调用，否则会抛出 IllegalMonitorStateException 异常
  if (!isHeldExclusively()) { throw new IllegalMonitorStateException(); }
  // 与 signal()方法相比，传递的参数值不同
  if (first != null) { doSignal(first, true); }
}
// signal()方法和 signalAll()方法实际调用的方法
// 第 1 个参数代表当前 Condition 单向链表中的第一个节点，即 firstWaiter 引用的节点
// 第 2 个参数是一个布尔型参数，
// 如果该参数值为 true，那么需要通知 Condition 单向链表中的所有 ConditionNode 节点；
// 如果该参数值为 false，那么只需通知 Condition 单向链表中的第一个 ConditionNode 节点
private void doSignal(ConditionNode first, boolean all) {
  while (first != null) {
    ConditionNode next = first.nextWaiter;
    if ((firstWaiter = next) == null) { lastWaiter = null; }
    // 如果当前 ConditionNode 节点具有 COND 状态，则在解除 COND 状态后，进入 if 条件内部
    // if 条件内部的处理工作是将当前 Condition 单向链表中的第一个节点放入 CLH 队列
    if ((first.getAndUnsetStatus(COND) & COND) != 0) {
      enqueue(first);
      // 如果需要通知下一个节点，则进行下一次循环，以便处理下一个节点
      if (!all) { break; }
    }
    // 代码运行到这里，说明当前的 ConditionNode 节点虽然还处于 Condition 单向链表中，
    // 但是由于某些原因(如收到 interrupt 中断信号)，该节点已经不具有 COND 状态了，
    // 接着处理下一个节点
    first = next;
  }
}
```

signal()方法和 signalAll()方法的本质是将处于 Condition 单向链表中的 ConditionNode 节点放入 CLH 队列，这些节点通常在 Condition 单向链表中具有两种状态，分别为 COND 和 WAITING，如果在放入 CLH 队列前，ConditionNode 节点不再具有 COND 状态（通常是因为收到了 interrupt 中断信号），则放弃本次放入 CLH 队列的操作。最后，ConditionNode 节点在放入的 CLH 队列中会以独占模式工作。

3. Condition 控制的工作总结

Condition 单向链表中的 ConditionNode 节点进入 AQS 管理的 CLH 队列的过程如图 7-7 所示。

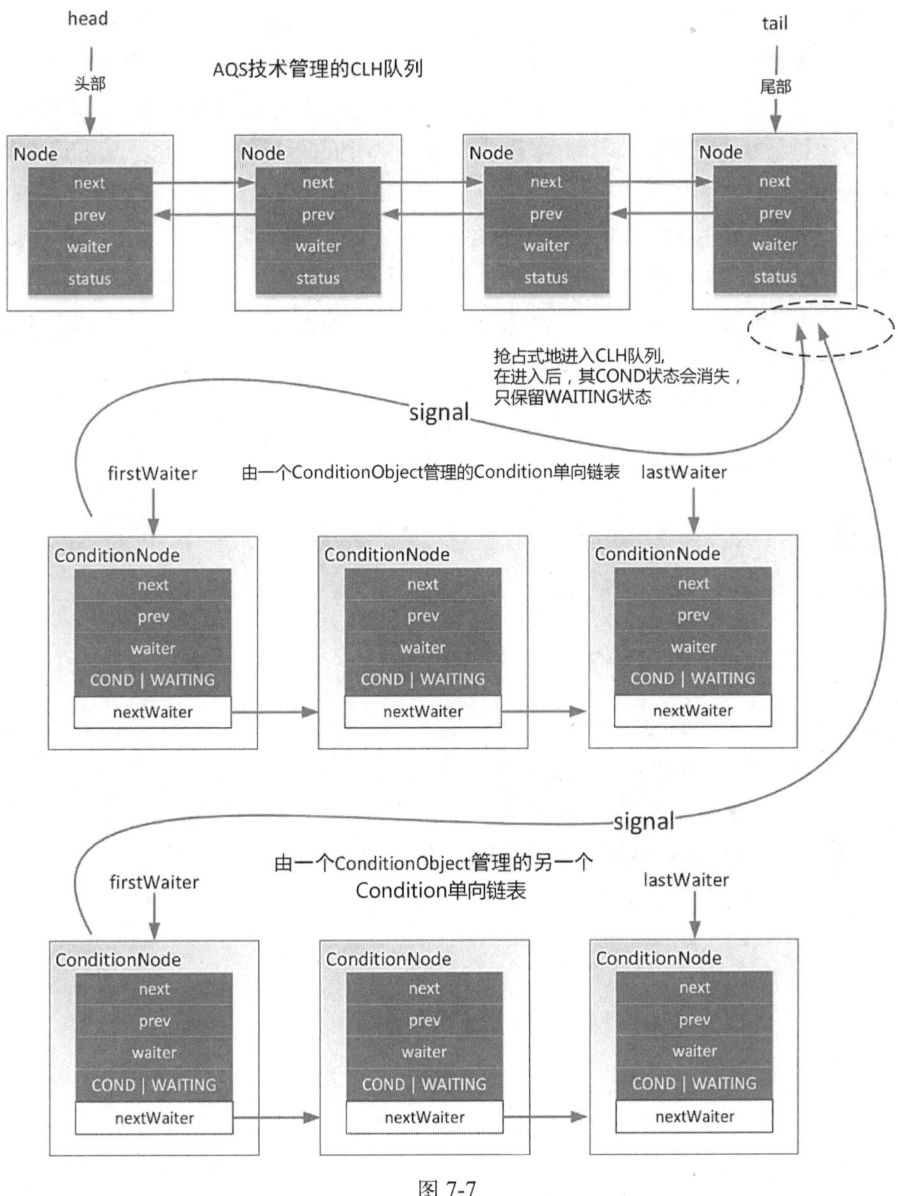

图 7-7

- 在 AQS 技术下，一个 ReentrantLock 对象管控的 Condition 单向链表可以有多个，可以这样认为：ReentrantLock 对象管控的每个 ConditionObject 对象都可以管理一个独立的 Condition 单向链表。Condition 单向链表中的 ConditionNode 节点通常具有两种状态，分别是 COND 和 WAITING，这是一种可借鉴的编程技巧，即使用或运算实现状态叠加效果“node.setStatusRelaxed(COND | WAITING);”。

- Condition 控制可以保证资源的独占操作权，也就是说，如果某个线程因为 await()方法（或类似方法）放弃了资源独占操作权，那么即使它在阻塞过程中收到了 interrupt 中断信号，也需要继续阻塞，直到当前线程重新获得资源独占操作权，才能继续运行。这个运行效果与 Object Monitor 模式下相同场景的运行效果一致。其工作本质也是将收到 interrupt 中断信号的线程所对应的 ConditionNode 节点放入 CLH 队列进行排队。
- 对于 Condition 控制中的单向链表操作，无须做过多的 CAS 重试，因为对 Condition 控制进行操作的前提是当前线程已经获得了共享资源（如 ReentrantLock 对象）的独占操作权。

7.4 AQS 技术总结

AQS 是一种管程技术，可以和 Object Monitor 管程技术一样，解决前面提到的在高并发场景中应用程序所关注的问题。

1. AQS 技术是 Java 实现的另一种管程技术

AQS 技术虽然是一种悲观锁的工作效果，但其底层实现是基于乐观锁完成的。AQS 技术可以完整模拟另一种管程的外在功能（使用 ReentrantLock 类和 Condition 控制进行模拟），或者完整模拟操作系统级别提供的高并发场景支持功能，如信号量、互斥锁等（使用基于 AQS 技术实现的 Semaphore 工具进行信号量模拟，对于操作系统互斥锁 Mutex 的模拟，可以通过一个官方示例给出，这个官方示例可以在 AbstractQueuedSynchronizer 类的注释中找到）。

2. AQS 技术弥补了 Object Monitor 管程技术的一些不足

因为 Java 具有跨平台特性，具体来说，Java 使用抽象的 JMM 屏蔽各种操作系统的处理细节，所以 Java 需要自行实现对高并发场景的支持。操作系统和硬件只为编程语言提供完成任务的基本要素支持，如内存屏障、原子性操作、线程控制、CPU 指令集等。对高并发场景的支持，Java 可以选择使用信号量实现，也可以选择使用管程实现，最终 Java 选择使用两种管程实现（Java 选择管程而非信号量的原因可以参考第三方资料）。

Object Monitor 管程技术在 JVM 层面进行实现和控制，程序员对其没有过多的干预权限，只能通过 Object Monitor 管程技术向 SDK 层提供的特定线程互斥与线程同步方法实现并发编程场景。例如，程序员不能决定在调用 notify()方法或 notifyAll()方法后，阻塞的线程会以什么顺序被激活，甚至不能控制哪个阻塞的线程会被激活。程序员也不能监控管程中的很多状态。例如，在Object Monitor模式下，程序员不能通过SDK很容易地获取当前阻塞等待资源独占操作权的线程数量。

在Java SDK层面上实现和控制的AQS管程技术，除了特定的工作逻辑无法改变外（如无法改变CLH队列的结构和状态意义），在此工作逻辑下的控制权和干预权会毫无保留地交给程序员。程序员使用AQS管程技术可以自行控制线程互斥的方式，可以自行决定哪个或哪些线程在什么样的业务场景中需要被激活或阻塞，这些线程的激活顺序是什么样的，可以轻松获取所有应暴露给程序员的监控信息，如可以轻松获取还有多少线程由于没有资源独占操作权而处于阻塞状态。

3. 两种管程技术的性能差异

AQS技术底层使用基于CAS的乐观锁作为实现思想；Object Monitor模式的底层借助操作系统的互斥锁（Mutex）完成工作，但这只是在Object Monitor模式升级为重量级锁的情况下。

Object Monitor管程技术在经过JDK 1.6、JDK 1.8等多个版本优化后（加入了偏向锁、轻量级锁等设计思想），其性能和AQS管程技术差异不大（除非程序员使用错误）。在将要介绍的高并发集合框架中，基于Object Monitor管程技术的synchronized修饰符也有大量应用。但是AQS的控制性、干预性、可调整的控制粒度都要优于前者。因此，如何选择两种管程技术，主要取决于程序员对具体业务的高并发场景匹配要求。

4. AQS技术可以完整模拟Object Monitor模式的工作效果

虽然两种管程技术的实现原理不一样，但是基于AQS技术实现的ReentrantLock类和Condition控制功能，AQS技术可以完整模拟Object Monitor模式的工作效果。其工作本质是通过signal()方法signalAll()方法和await()方法（及其类似方法）的配合，对独立的Condition单向链表进行控制，使用await()方法向Condition单向链表的尾部添加ConditionNode节点，使用signal()方法signalAll()方法将Condition单向链表中最前面的ConditionNode节点添加到CLH队列中。

5. AQS技术如何确立相关线程间的同步机制

AQS技术内部的CLH队列，为AQS控制的多个线程建立同步机制打下了基础。AQS通过对内部CLH队列的控制，可以知晓哪些线程参与了资源独占操作权抢占工作，它们的申请状态如何，优先顺序如何。程序员可以根据在AQS不同的工作模式下的逻辑差异，实现自己的线程控制方式。

注意AQS中的state属性。为了保证参与AQS控制的多个线程能正确地同步信息，AQS

中内置了一个保证可见性、有序性和原子性的 state 属性。在通常情况下，这些线程可以通过改变 state 属性的值，通知其他线程关键的同步信息。state 属性不会参与 CLH 队列的控制过程，它只专注于向相关线程表达业务意义，也就是说，state 属性在不同场景中可以表示不同的业务含义。例如，在基于 AQS 技术实现的 ReentrantLock 类的工作逻辑中，state 属性的值表示当前获得资源独占操作权的线程累计成功加锁的次数，相当于一个计数器。

6. AQS 技术是否承诺不发生死锁情况

发生死锁的情况是不可避免的，就像在使用 Object Monitor 模式时，如果程序员没有正确使用，就会发生死锁；线程互斥/同步有没有发生死锁，并不是 AQS 技术所承诺的保证。是否会发生死锁情况，完全取决于程序员对 AQS 技术的使用。一个显而易见的例子就是，如果程序员在不了解其工作特点的情况下错误地使用了基于 AQS 技术工作的 ReentrantLock 类，那么容易发生死锁情况。

第 III 部分　在高并发场景中工作的集合

在高并发场景中工作的集合，实际上是由 JUC 提供的一个功能维度。**高并发场景中的集合，其优先关注的问题通常不是集合的整体性能，而是工作的稳定性和在特定场景中的高性能。**如果读者的业务源码中不存在多个线程同时操作同一个集合的场景，那么不需要使用这些由 JUC 提供的集合。如下源码场景就是一个不推荐使用线程安全集合的典型场景。

```
// 此处代码省略
public void resolve() {
  // 此处代码省略
  Set<String> mySet = new ConcurrentSkipListSet<>();
  mySet.add("a");
  mySet.add("b");
  mySet.add("c");
  mySet.add("d");
  // 此处代码省略
}
// 此处代码省略
```

ConcurrentSkipListSet 集合是一种存在于 JUC 中，基于跳跃表结构的线程安全的 Set 集合。在上述源码中，变量 mySet 引用的对象是 resolve()方法的局部变量，根据 JVM 的内存结构（特别是栈结构）可知，这种局部变量只要没有被全局变量引用，就不存在线程安全性问题。所以在上述源码中，建议直接使用类似于 TreeSet 的集合，而不是类似于 ConcurrentSkipListSet 的集合。

第 8 章

高并发场景中的 List、Map 和 Set 集合

8.1 List 集合实现——CopyOnWriteArrayList

8.1.1 CopyOnWriteArrayList 集合概述

Copy On Write 的字面意思是**写时复制**。当进行指定数据的写操作时，为了不影响其他线程同时在进行的集合数据读操作，可以使用如下策略：在进行写操作前，首先复制一个数据副本，并且在数据副本中进行写操作；在副本中完成写操作后，将当前数据替换成副本数据。

很多软件在设计上都存在 Copy On Write 思想，被技术人员广泛熟知的是 Redis 中对 Copy On Write 思想的应用。Redis 为了保证其读操作性能，在周期性进行 RDB（持久化）操作时使用了 Copy On Write 思想。由于 RDB 的操作时间主要取决于磁盘 I/O 性能，因此如果内存中需要进行持久化操作的数据量过大，就会产生较长的操作时间，从而影响 Redis 性能。改进办法是，在进行持久化操作前，先做一个当前数据的副本，并且根据副本内容进行持久化操作，从而使当前数据的状态被固定下来，并且不影响对原始数据的任何操作，如图 8-1 所示。

Copy On Write 思想在 Java 中的一种具体实现是 CopyOnWriteArrayList 集合，该集合在进行写操作时会创建一个内存副本，并且在副本中进行相关操作，最后使用副本内存空间替换真实的内存空间。但是创建副本内存空间是有性能消耗的，特别是当 CopyOnWriteArrayList 集合中的数据量较大时。因此 **CopyOnWriteArrayList 集合适合用于读操作远远多于写操作，并且在使用时需要保证集合读操作性能的多线程场景**。下面详细介绍 CopyOnWriteArrayList 集合的内部结构和工作原理。

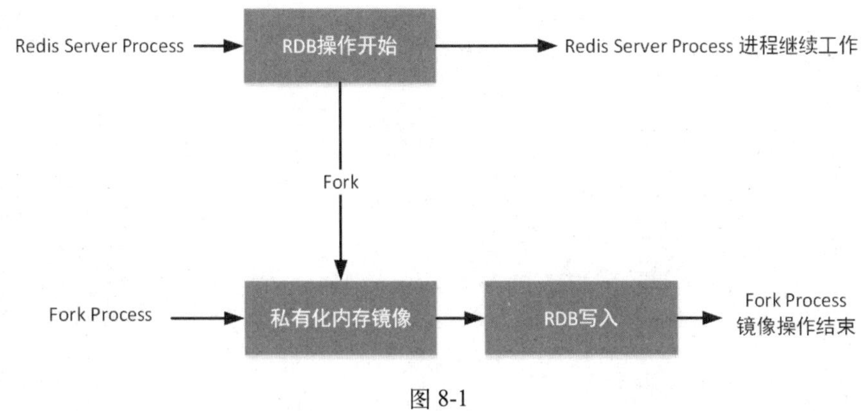

图 8-1

1. CopyOnWriteArrayList 集合的内部结构和工作原理

CopyOnWriteArrayList 集合的主要属性如下。

```
public class CopyOnWriteArrayList<E>
    implements List<E>, RandomAccess, Cloneable, java.io.Serializable {
  // 此处代码省略
  // 这个锁不是为了保证读/写互斥特性，
  // 这个锁的主要作用是保证多线程在同时抢占集合的写操作权限时的线程安全性
  final transient ReentrantLock lock = new ReentrantLock();
  // 该属性是一个数组，主要用于存储集合中的数据
  private transient volatile Object[] array;
  // 此处代码省略
}
```

在以上源码中，CopyOnWriteArrayList 集合中只有两个关键属性。lock 属性是前面已经介绍过的 ReentrantLock 对象，CopyOnWriteArrayList 集合在高并发场景中，主要使用 lock 属性控制线程操作权限，从而保证集合中数据对象在多线程写操作场景中的数据正确性。

CopyOnWriteArrayList 集合除了直接实现了 java.util.List 接口，还实现了 java.util.RandomAccess 接口。java.util.RandomAccess 接口是一种标识接口，表示实现类在随机索引位上的数据读取性能不受存储的数据规模影响，即进行数据读操作的时间复杂度始终为 $O(1)$。

2. 不支持的使用场景

因为 CopyOnWriteArrayList 集合在进行数据写操作时，会依靠一个副本进行操作，所以不支持必须对原始数据进行操作的功能。例如，不支持**在迭代器上进行的数据对象更改操作（使用 remove()方法、set()方法和 add()方法）**，源码如下。

```
  public class CopyOnWriteArrayList<E> implements List<E>, RandomAccess, Cloneable,
java.io.Serializable {
    // 此处代码省略
    private transient volatile Object[] array;
    // 此处代码省略
    public Iterator<E> iterator() {
      return new COWIterator<E>(getArray(), 0);
    }
    // 这是存在于 CopyOnWriteArrayList 集合内部的迭代器
    private static class COWSubListIterator<E> implements ListIterator<E> {
      // 与以下读操作方法类似的方法不受影响
      public boolean hasNext() {
        return nextIndex() < size;
      }
      // 此处代码省略
      // 与以下写操作方法类似的方法，由于不能直接在非副本区域进行写操作，因此都不支持写操作
      // 不允许通过迭代器直接进行移除操作
      public void remove() {
        throw new UnsupportedOperationException();
      }
      // 不允许通过迭代器直接修改数据对象
      public void set(E e) {
        throw new UnsupportedOperationException();
      }
      // 不允许通过迭代器直接添加数据对象
      public void add(E e) {
        throw new UnsupportedOperationException();
      }
    }
  }
```

8.1.2　CopyOnWriteArrayList 集合的主要构造方法

CopyOnWriteArrayList 集合一共有 3 个构造方法，源码如下。

```
  public class CopyOnWriteArrayList<E> implements List<E>, RandomAccess, Cloneable,
java.io.Serializable {
    // 此处代码省略
    // 该属性的意义已经介绍过，这里不再赘述
    private transient volatile Object[] array;
    // 默认的构造方法，当前 array 数组的集合容量为 1，并且唯一的索引位上的数据对象为 null
    public CopyOnWriteArrayList() {
      setArray(new Object[0]);
    }
```

```
  // 该构造方法可以接受一个外部第三方集合，并且对其进行实例化
  // 在进行实例化时，第三方集合中的数据对象会被复制（引用）到新创建的 CopyOnWriteArrayList 集合的对象中
  public CopyOnWriteArrayList(Collection<? extends E> c) {
    // 此处代码省略
  }
  // 该构造方法从外部接受一个数组，并且使用 Arrays.copyOf()方法
  // 形成 CopyOnWriteArrayList 集合中基于 array 数组存储的数据对象（引用）
  public CopyOnWriteArrayList(E[] toCopyIn) {
    setArray(Arrays.copyOf(toCopyIn, toCopyIn.length, Object[].class));
  }
  final void setArray(Object[] a) {
    array = a;
  }
}
```

8.1.3　CopyOnWriteArrayList 集合的主要方法

下面列举 CopyOnWriteArrayList 集合中的几个主要方法，帮助读者理解该集合是如何基于一个内存副本完成写操作的，以及这样做的优点和缺点。

1．get(int)方法

get(int)方法主要用于从 CopyOnWriteArrayList 集合中获取指定索引位上的数据对象，该方法无须保证线程安全性，任何操作者、任何线程、任何时间点都可以使用该方法或类似方法获取 CopyOnWriteArrayList 集合中的数据对象，**因为该集合中的所有写操作都在一个内存副本中进行，所以任何读操作都不会受影响**，相关源码如下。

```
public E get(int index) { return get(getArray(), index); }
// Gets the array.  Non-private so as to also be accessible
// from CopyOnWriteArraySet class.
final Object[] getArray() { return array; }
@SuppressWarnings("unchecked")
private E get(Object[] a, int index) { return (E) a[index]; }
```

因为这种数据读取方式不需要考虑任何锁机制，并且数组支持随机位置上的读操作，所以其操作方法的时间复杂度在任何时候都为 $O(1)$，并且性能很好。

2．add(E)方法

add(E)方法主要用于向 CopyOnWriteArrayList 集合中数组的最后一个索引位上添加一个新的数据对象，添加的数据对象可以为 null，源码片段如下。

```
public boolean add(E e) {
  final ReentrantLock lock = this.lock;
  // 使用 lock()方法获取以下代码的操作权
  lock.lock();
  try {
    // 获取当前集合使用的数组对象
    Object[] elements = getArray();
    // 获取当前集合的容量值
    int len = elements.length;
    // 使用 Arrays.copy()方法创建一个内存副本 newElements 数组
    // 注意：副本数组的容量比当前 CopyOnWriteArrayList 集合的容量值大 1
    Object[] newElements = Arrays.copyOf(elements, len + 1);
    // 在 newElements 数组的最后一个索引位上添加这个数据对象（引用）
    newElements[len] = e;
    // 最后将当前使用数组替换成副本数组，使副本数组成为 CopyOnWriteArrayList 集合的内部数组
    setArray(newElements);
    return true;
  } finally {
    // 最后释放操作权
    lock.unlock();
  }
}
```

注意：在 add()方法所有处理逻辑开始前，先进行 CopyOnWriteArrayList 集合的操作权获取操作，它并不影响 CopyOnWriteArrayList 集合的读操作，因为根据前面介绍 get()方法的源码可知，CopyOnWriteArrayList 集合的读操作完全无视锁权限，也不会有多线程场景中的数据操作问题。**类似于 add()方法的写操作方法需要获取操作权的原因是，防止其他线程可能对 CopyOnWriteArrayList 集合同时进行写操作，从而造成数据错误**。

根据 add(E)方法的详细描述可知，该集合通过 Arrays.copyOf()方法（其内部是 System.arraycopy 方法）创建一个新的内存空间，用于存储副本数组，并且在副本数组中进行写操作，最后将 CopyOnWriteArrayList 集合中的数组引用为副本数组，如图 8-2 所示。

3. set(int, E)方法

set(int, E)方法主要用于替换 CopyOnWriteArrayList 集合指定数组索引位上的数据对象。该方法的操作过程和 add()方法类似，相关源码如下。

```
public E set(int index, E element) {
  final ReentrantLock lock = this.lock;
  // 取得锁操作权限
  lock.lock();
  try {
    // 获取当前集合的数组对象
```

```
    Object[] elements = getArray();
    // 获取这个数组指定索引位上的原始数据对象
    E oldValue = get(elements, index);
    // 如果原始数据对象和将要重新设置的数据对象不同（依据内存地址），
    // 则创建一个新的副本并进行替换
    if (oldValue != element) {
      int len = elements.length;
      Object[] newElements = Arrays.copyOf(elements, len);
      newElements[index] = element;
      setArray(newElements);
    }
    // 如果原始数据对象和将要重新设置的数据对象相同（依据内存地址）
    // 那么从理论上讲，无须对 CopyOnWriteArrayList 集合的当前数组重新进行设置，
    // 但这里还是重新设置了一次
    else {
      setArray(elements);
    }
    // 在处理完成后，该索引位上的原始数据对象会被返回
    return oldValue;
  } finally {
    lock.unlock();
  }
}
```

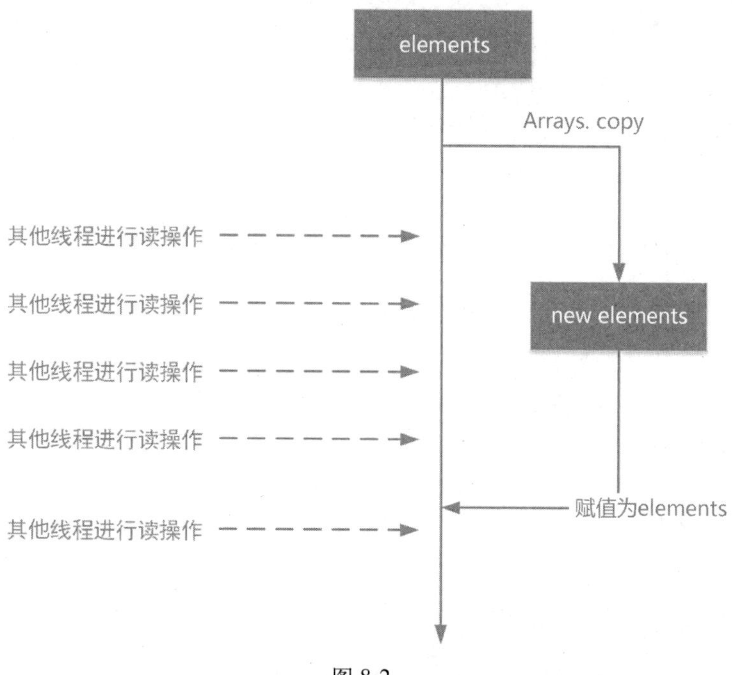

图 8-2

如果查看源码，那么注意源码中的注释“Not quite a no-op; ensures volatile write semantics”，当指定数组索引位上的原始数据对象和要新替换的数据对象相同时，从理论上讲，不需要创建副本进行写操作，也不需要使用 setArray()方法进行数组替换操作。

但根据以上源码可知，在以上场景中，源码仍然调用了 setArray()方法进行数组的设置操作，为什么会这样呢？这主要是为了保证外部调用者调用的非 volatile 修饰的变量遵循 happen-before 原则。

8.1.4 java.util.Collections.synchronizedList()方法的补充作用

1. CopyOnWriteArrayList 集合工作机制的特点

根据 CopyOnWriteArrayList 集合的相关介绍，可以大致归纳出 CopyOnWriteArrayList 集合的特点，具体如下。

- 该集合适合应用于多线程并发操作场景中，如果读者使用集合的场景中不涉及多线程并发操作，那么不建议使用该集合，甚至不建议使用 JUC 中的任何集合，使用 java.util 包中符合使用场景的基本集合即可。
- 该集合在多线程并发操作场景中，优先关注点集中在**如何保证集合的线程安全性和集合的数据读操作性能**。因此，该集合以显著牺牲自身的写操作性能和内存空间的方式换取读操作性能不受影响。这个特征很好理解，在每次进行读操作前，都要创建一个内存副本，这种操作一定会对内存空间造成浪费，并且内存空间复制操作一定会造成多余的性能消耗。
- 该集合适合应用于多线程并发操作、多线程读操作次数远远多于写操作次数、集合中存储的数据规模不大的场景中。

2. java.util.Collections.synchronizedList()方法

Java 中有没有提供一些适合在多线程场景中使用，读操作性能和写操作性能保持一定平衡性，虽然整体性能不是最好，但仍然保证线程安全的 List 集合呢？答案是有的。

java.util.Collections 是 Java 为开发人员提供的一个和集合操作有关的工具包（从 JDK 1.2 开始提供，各版本进行了不同程度的功能调整），其中提供了一组方法，可以将 java.util 包下的不支持线程安全性的集合转变为支持线程安全的集合。**实际上是使用 Object Monitor 机制将集合方法进行了封装**。java.util.Collections.synchronizedList()方法的相关源码如下。

```
// 此处代码省略
// 使用 java.util.Collections 提供的 synchronizedList()方法
// 将线程不安全的 ArrayList 集合封装为线程安全的 List 集合
```

```
    List<String> syncList = java.util.Collections.synchronizedList(new ArrayList<>());
    // 对使用者来说，集合的增删改查功能不受影响
    syncList.add("a");
    syncList.add("b");
    syncList.add("c");
    // 此处代码省略

    // 使用 java.util.Collections 提供的 synchronizedList()方法，
    // 将线程不安全的 TreeSet 集合封装为线程安全的 Set 集合
    Set<String> syncSet = java.util.Collections.synchronizedSortedSet(new
TreeSet<>());
    syncSet.add("a");
    syncSet.add("b");
    syncSet.add("c");
    // 此处代码省略
```

在使用经过 java.util.Collections 工具包封装的集合时，需要特别注意：原始集合的迭代器（iterator）、可拆分的迭代器（spliterator）、处理流（stream）、并行流（parallelStream）的运行都不受这种封装机制的保护，如果用户需要使用集合中的这些方法，则必须自行控制这些方法的线程安全。下面基于 java.util.Collections.synchronizedList()方法，简述对集合操作的线程安全性进行封装的工作原理，源码如下。

```
public class Collections {
  private Collections() { }
  // 此处代码省略
  // 其中包括了 Collection 接口中各方法的实现
  static class SynchronizedCollection<E> implements Collection<E>, Serializable {
    // 被封装的真实集合，由该属性记录（引用）
    final Collection<E> c;
    // 在整个集合线程安全性封装的机制中，使用该对象管理 Object Monitor 模式下的锁机制
    final Object mutex;
    // 此处代码省略
    // size()、add()等集合操作方法，全部基于 Object Monitor 模式进行封装
    public int size() { synchronized (mutex) {return c.size();} }
    public boolean add(E e) { synchronized (mutex) {return c.add(e);} }
    // 此处代码省略
    // 以下方法没有进行线程安全封装，需要用户自行控制
    public Iterator<E> iterator() { return c.iterator(); }
    @Override
    public Spliterator<E> spliterator() { return c.spliterator(); }
    @Override
    public Stream<E> stream() { return c.stream(); }
    @Override
    public Stream<E> parallelStream() { return c.parallelStream(); }
```

```
    }
    // 此处代码省略
    // 该类继承于 SynchronizedCollection 类
    static class SynchronizedList<E> extends SynchronizedCollection<E> implements
List<E> {
      // 被封装的真实 List 集合，由该属性记录（引用）
      final List<E> list;
      // 通过重写构造方法，将父类中的 c 属性赋值为当前的 list 属性
      SynchronizedList(List<E> list) {
        super(list);
        this.list = list;
      }
      SynchronizedList(List<E> list, Object mutex) {
        super(list, mutex);
        this.list = list;
      }
      // 此处代码省略
      // 以下由 list 接口定义的操作方法也会被重新封装
      public E get(int index) { synchronized (mutex) {return list.get(index);} }
      public E set(int index, E element) { synchronized (mutex) {return list.set(index,
element);} }
      public void add(int index, E element) {synchronized (mutex) {list.add(index,
element);}}
    }
    // 此处代码省略
    // 该类继承于 SynchronizedList 类
    // 如果封装的 List 集合支持 RandomAccess（随机访问），则使用该类进行线程安全性封装
    static class SynchronizedRandomAccessList<E> extends SynchronizedList<E>
implements RandomAccess {
      public List<E> subList(int fromIndex, int toIndex) {
        synchronized (mutex) {
          return new SynchronizedRandomAccessList<>(list.subList(fromIndex, toIndex),
mutex);
        }
      }
    }
  }
```

上述源码展示了工具类 SynchronizedRandomAccessList、SynchronizedList 和 SynchronizedCollection 的继承关系，以及它们是如何配合完成集合线程安全性封装的，如图 8-3 所示。

下面看一下，当调用 java.util.Collections.synchronizedList()方法时，发生了什么事情。

```
  public static <T> List<T> synchronizedList(List<T> list) {
```

```
    // 如果当前 List 集合支持 RandomAccess（随机访问），
    // 则使用 SynchronizedRandomAccessList 类对集合进行线程安全性封装，
    // 否则使用 SynchronizedList 类对集合进行线程安全性封装
    return
      (list instanceof RandomAccess ? new SynchronizedRandomAccessList<>(list) : new
SynchronizedList<>(list));
  }
```

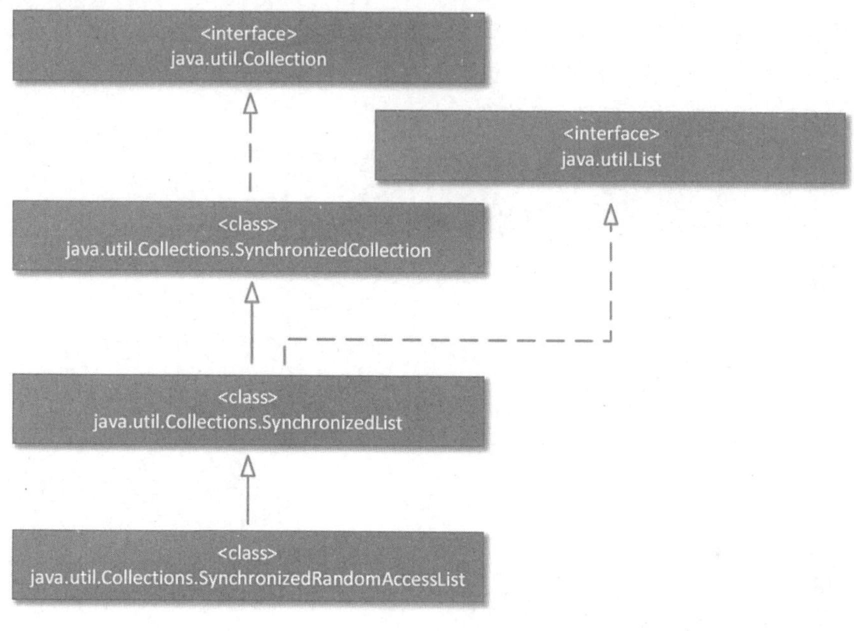

图 8-3

8.2　Map 集合实现——ConcurrentHashMap

8.2.1　ConcurrentHashMap 集合概述

ConcurrentHashMap 集合是在高并发场景中最常使用的集合之一，这种集合的内部结构和本书第 II 部分已经介绍过的 HashMap 集合的内部结构一致，并且在此基础上增加了“桶锁”的概念，用于保证其在高并发场景中正常工作。ConcurrentHashMap 集合也是 JUC 中使用 Object Monitor 模式（管程）参与线程安全性管控的集合，这并不是出于对性能的考虑，而是因为 ConcurrentHashMap 集合中的“桶锁”更适合使用 Object Monitor 模式进行管控。

在从 JDK 1.7 到 JDK 1.8 的升级过程中，ConcurrentHashMap 集合的内部结构发生了一些重大变化，主要是取消了难以阅读理解和管理的 Segments 数组结构（这是进行独占操作权控制的最小单位），而改用了 CAS + Object Monitor 模式的设计思想。在 JDK 1.8+中，基本上未对 ConcurrentHashMap 集合的内部工作逻辑进行过多变动，表示 CAS + Object Monitor 模式的设计思想从结构特点、性能要求等多个方面，都得到了实际应用的验证。

ConcurrentHashMap 集合的基本继承体系如图 8-4 所示。就像上面提到的那样，ConcurrentHashMap 集合的内部结构和 HashMap 集合的内部结构一致，也就是说，ConcurrentHashMap 集合的内部结构也是数组+链表+红黑树的组合结构，并且在达到关键阈值后，链表和红黑树结构可以互相转换。

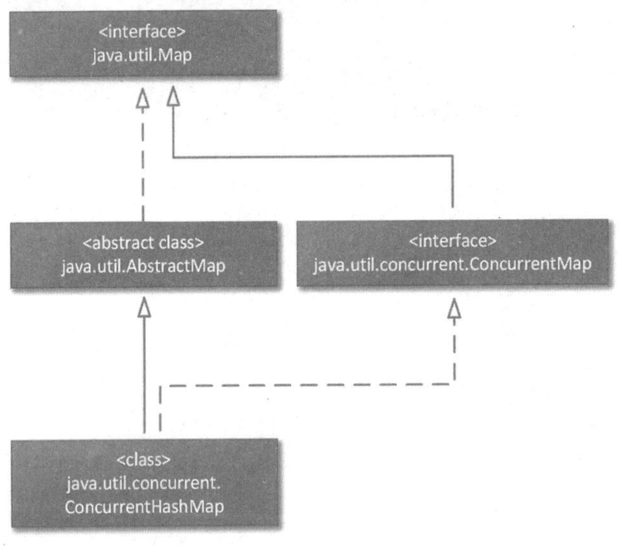

图 8-4

数组中的每一个有效数据对象都可以作为链表或红黑树的起始节点，将起始节点的数据结构称为一个桶结构。一个桶中节点添加、节点修改、结构转换等**大多数操作**只能由获得这个桶的独占操作权的线程进行，如图 8-5 所示。

上面提到了“大多数操作”，也就是说，并不是对桶结构的所有操作都需要获得桶的独占操作权，如查询数据对象总量（该操作的设计非常有趣，后文会进行详细讲解）、查询指定 K-V 键值对节点、对桶的头节点进行添加、协助扩容过程等操作。

下面对 ConcurrentHashMap 集合的关键工作过程进行讲解。

注意：由于本书之前的内容已经花费了较长篇幅介绍 HashMap 集合，因此与之重复的内容本节不再赘述，而将关注点集中在 ConcurrentHashMap 集合在主要的工作过程中如何借助 CAS + Object Monitor 模式保证线程安全性和高并发场景中性能的描述上。

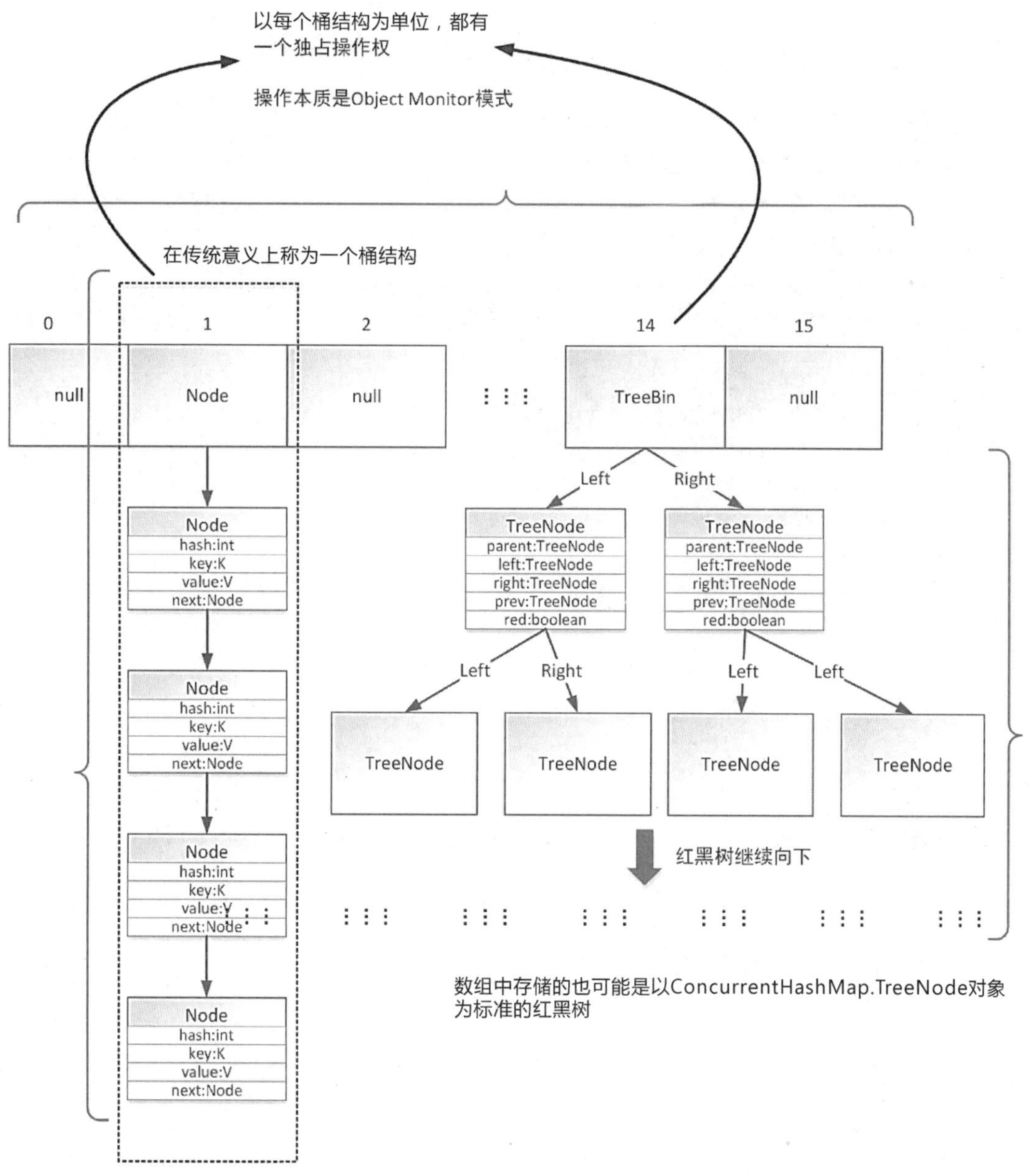
以每个桶结构为单位，都有
一个独占操作权
操作本质是Object Monitor模式
在传统意义上称为一个桶结构
0
1
2
14
15
null
Node
null
TreeBin
null
Node
hash:int
key:K
value:V
next:Node
Node
hash:int
key:K
value:V
next:Node
Node
hash:int
key:K
value:V
next:Node
Node
hash:int
key:K
value:V
next:Node
Left
Right
TreeNode
parent:TreeNode
left:TreeNode
right:TreeNode
prev:TreeNode
red:boolean
TreeNode
parent:TreeNode
left:TreeNode
right:TreeNode
prev:TreeNode
red:boolean
Left
Right
Left
Left
TreeNode
TreeNode
TreeNode
TreeNode
红黑树继续向下
数组中存储的也可能是以ConcurrentHashMap.TreeNode对象
为标准的红黑树
数组中存储的可能是以ConcurrentHashMap.Node对象
为标准的单向链表

图 8-5

8.2.2 ConcurrentHashMap 集合的主要属性

前面已经提到，ConcurrentHashMap 集合的工作原理完全借鉴 HashMap 集合，所以 ConcurrentHashMap 集合中也包括描述红黑树转换、负载因子的常量属性。此外，由于 ConcurrentHashMap 集合需要基于 CAS + Object Monitor 模式的设计思想保证高并发场景中的数据安全性，因此它还具备任务所需的其他重要属性，源码如下。

```
public class ConcurrentHashMap<K,V> extends AbstractMap<K,V>
   implements ConcurrentMap<K,V>, Serializable {
  // 此处代码省略
  // 非常重要的桶结构中索引位上头节点的标识
  // MOVED：如果集合结构正在扩容，并且当前桶已经完成了扩容操作中的桶数据对象迁移工作
  // 那么头节点的 Hash 值为-1
  static final int MOVED     = -1;
  // 如果当前桶结构是红黑树结构，那么头节点的 Hash 值为-2
  static final int TREEBIN   = -2;
  // 在集合中还有一类节点专门用于进行“占位”操作，这类节点的 Hash 值为-3
  static final int RESERVED  = -3;

  // 这个属性的意义同 HashMap 集合中 table 属性的意义相同
  // 主要用于描述集合内部的主要数组结构
  transient volatile Node<K,V>[] table;
  // 主要用于进行集合扩容操作的属性，该属性在扩容过程中负责对扩容后的数组进行引用
  // 在没有进行扩容操作时，该属性值为 null
  private transient volatile Node<K,V>[] nextTable;

  // 基础计数器，在没有并发竞争的场景中，主要用于记录当前集合中的数据对象总量
  private transient volatile long baseCount;
  // 表示目前 CounterCells 数量计数器是否由于某种原因无法工作，0 表示可以工作，1 表示不能工作
  // 当 CounterCells 数量计数器被扩容或被初始化时，该值为 1，其他时间为 0
  private transient volatile int cellsBusy;
  // 该数组又称为计数盒子，主要用于在高并发场景中进行集合中数据对象数量的计数
  private transient volatile CounterCell[] counterCells;
  // 非常重要的数组容量控制数值，当集合处于不同的工作状态时，这个数值具有不同的用途
  // 例如，在进行扩容操作时，该数值表示扩容状态，在扩容操作完成后，该数值表示下次扩容的数值计数
  private transient volatile int sizeCtl;
  // 在扩容过程中，每个有效的桶都会被拆分成两个新的桶结构
  // 这个问题已经在讲解 HashMap 集合时讲解过
  // 该数值为帮助扩容的线程指明了下一个要被拆分的桶所在的索引位
  private transient volatile int transferIndex;
```

```
    // 此处代码省略
}
```

在 ConcurrentHashMap 集合的工作过程中，有几个属性会频繁使用，甚至会作为处理过程的主要逻辑依据，所以需要进行详细说明。

- sizeCtl：多个正在同时操作 ConcurrentHashMap 集合的线程，会根据该属性值判断当前 ConcurrentHashMap 集合所处的状态，该属性值会在数组初始化、扩容等处理环节影响处理结果。
  - 0：表示当前集合的数组还没有初始化。
  - -1：表示当前集合正在被初始化。
  - 其他负数：表示当前集合正在进行扩容操作，并且这个负数的低 16 位可表示参与扩容操作的线程数量（减 1），后面将进行详细讲解。
  - 正整数：表示下次进行扩容操作的阈值（一旦达到这个阈值，就需要进行下一次扩容操作），并且当前集合并没有进行扩容操作。
- transferIndex：后面会进行介绍，ConcurrentHashMap 集合的扩容操作基于 CAS 思想进行设计，并且充分利用了多线程的处理性能。也就是说，当某个线程发现 ConcurrentHashMap 集合正在进行扩容操作时，可能会参与扩容过程，帮助这个扩容过程尽快完成。扩容过程涉及现有的每个桶中数据对象迁移的问题，而该数值（加 1）主要用于帮助这些线程共享下一个进行数据对象迁移操作的桶结构的索引位。
- 以上源码片段中提到的每个桶结构头节点的 Hash 值（MOVED、TREEBIN、RESERVED）都为负数，表示特定处理场景中的节点类型，并且桶结构中没有存储真实的 K-V 键值对节点。而链表结构的头节点的 Hash 值为正常的 Hash 值，并且链表结构中存储了真实的 K-V 键值对节点。
- baseCount、cellsBusy 和 counterCells：当前 ConcurrentHashMap 集合中 K-V 键值对节点的总数量并不是由一个单一的属性记录的，而是由 3 个属性配合记录的。如果集合的工作场景并发规模不大，则使用 baseCount 属性进行记录；如果并发规模较大，则使用 counterCells 数组进行记录。cellsBusy 属性主要用于记录和控制 counterCells 数组的工作状态。

8.2.3　ConcurrentHashMap 集合的主要工作过程

1．ConcurrentHashMap 集合中的 put()方法

put()方法主要用于将一个不为 **null** 的 **K-V** 键值对节点添加到集合中，如果集合中已经存在相同的 **Key** 键信息，则进行 **Value** 值信息的替换。**put()**方法内部实际上调用了一个

putVal()方法，后者主要有 **3** 个传入参数，并且主要考虑两种添加场景：一种场景是添加某个数组索引位上的节点，即链表结构的根节点；另一种场景是在获得独占操作权的桶结构上添加新的红黑树节点或新的链表节点。相关源码分析如下。

```
// 该方法主要由 put()方法和 putIfAbsent()方法进行调用，是添加 K-V 键值对节点的主要方法
// key：本次需要添加的 K-V 键值对节点的 Key 键信息，不能为 null
// value：本次需要添加的 K-V 键值对的 Value 值信息，不能为 null
// onlyIfAbsent：当发现 Key 键信息已经存在时，是否要进行替换操作
// 如果该值为 false，则表示需要进行替换操作
final V putVal(K key, V value, boolean onlyIfAbsent) {
  if (key == null || value == null) { throw new NullPointerException(); }
  int hash = spread(key.hashCode());
  int binCount = 0;
  // 整个添加过程基于 CAS 思路进行设计，
  // 在多线程并发场景中，在没有得到可预见的正确操作结果前，会不停重试
  for (Node<K,V>[] tab = table;;) {
    Node<K,V> f; int n, i, fh; K fk; V fv;
    // ======== 以下是第一个处理步骤：
    // 准备集合的内部工作结构，准备符合要求的数组索引位上的第一个 Node 节点

    // 如果成立，说明 ConcurrentHashMap 集合的内部数组还没有准备好，那么首先初始化内部数组结构
    if (tab == null || (n = tab.length) == 0) {tab = initTable();}
    // 通过以下代码，依据取余结果计算出当前 K-V 键值对节点应该放置于哪一个桶索引位上
    // 如果这个索引位上还没有放置任何节点，则通过 CAS 操作，在该索引位上添加首个节点
    // 如果节点添加成功，则认为完成了主要的节点添加过程，跳出 for 循环，不再重试
    else if ((f = tabAt(tab, i = (n - 1) & hash)) == null) {
      if (casTabAt(tab, i, null, new Node<K,V>(hash, key, value))){break;}
    }
    // 如果条件成立，则说明当前集合正在进行扩容操作，并且这个桶结构已经完成了数据对象迁移操作
    // 但整个数据对象迁移过程还没有完成，所以本线程通过 helpTransfer()方法加入扩容过程，
    // 从而帮助整个集合尽快完成所有的扩容操作
    else if ((fh = f.hash) == MOVED) {tab = helpTransfer(tab, f);}
    // 如果条件成立，则说明这个桶结构的头节点和当前要添加的 K-V 键值对节点相同
    // 如果没有设置更新要求，则工作结束
    else if (onlyIfAbsent && fh == hash &&
            ((fk = f.key) == key || (fk != null && key.equals(fk))) && (fv = f.val) !=
null) {
      return fv;
    }

    // ======= 以下是第二个处理步骤：
    // 在符合要求的数组索引位上已经具备第一个 Node 节点的前提下（在特定的桶结构中），
    // 在使用 Object Monitor 模式保证当前线程得到第一个 Node 节点的独占操作权的前提下，
    // 进行链表结构或红黑树结构中新的 K-V 键值对节点的添加（或修改）操作
    else {
```

```
V oldVal = null;
// synchronized(f)就是对当前桶的操作进行加锁
// 通过获取桶结构中头节点的独占操作权的方式，获取整个桶结构的独占操作权
synchronized (f) {
 // 如果条件不成立，则说明在本线程获得独占操作权前，该桶结构的头节点已经由其他线程添加完毕，
 // 所以本次操作需要回到 for 循环的位置进行重试
  if (tabAt(tab, i) == f) {
    // 这是第二个步骤可能的第 1 个处理分支:
    // 如果满足条件，则说明以当前 i 号索引位上的节点为起始节点的桶结构是一个链表结构，
    // 使用该 if 代码块的逻辑结构完成节点添加（或修改）操作
    // 该 if 代码块中的处理逻辑和 HashMap 集合中对应的处理逻辑一致，此处不再赘述
    if (fh >= 0) {
      binCount = 1;
      for (Node<K,V> e = f;; ++binCount) {
        K ek;
        if (e.hash == hash && ((ek = e.key) == key || (ek != null && key.equals(ek)))) {
          oldVal = e.val;
          if (!onlyIfAbsent) {e.val = value;}
          break;
        }
        Node<K,V> pred = e;
        if ((e = e.next) == null) {
          pred.next = new Node<K,V>(hash, key, value);
          break;
        }
      }
    }
   // 这是第二个处理步骤可能的第 2 个处理分支:
   // 如果条件成立，则说明以当前 i 号索引位为起始节点的桶结构是一个红黑树结构
   // 使用该 if 代码块的逻辑结构完成节点添加（或修改）操作
   // 该 if 代码块中的处理逻辑和 HashMap 集合中对应的处理逻辑基本一致，此处不再赘述
    else if (f instanceof TreeBin) {
      Node<K,V> p;
      binCount = 2;
      if ((p = ((TreeBin<K,V>)f).putTreeVal(hash, key, value)) != null) {
        oldVal = p.val;
        if (!onlyIfAbsent) {p.val = value;}
      }
    }
   // 如果头节点为“占位”作用的预留节点，则抛出异常
    else if (f instanceof ReservationNode) {
      throw new IllegalStateException("Recursive update");
    }
  }
```

```
      } // synchronized (f) 同步块终止位置

      // 以下是第三个处理步骤:
      // 在完成节点添加操作后，如果链表结构中的数据对象数量已经满足链表结构向红黑树结构转换的要求，
      // 那么进行数据结构的转换（当然，在 treeifyBin()方法内部还要进行合规判定）
      // 注意：treeifyBin()方法中的转换过程同样需要获取当前桶的独占操作权
      if (binCount != 0) {
        if (binCount >= TREEIFY_THRESHOLD) {treeifyBin(tab, i);}
        if (oldVal != null) {return oldVal;}
        break;
      }
    }
  }
  // 增加集合中的数据对象数量
  addCount(1L, binCount);
  return null;
}
```

使用 putVal()方法进行 K-V 键值对节点的添加操作，主要分为三步。

（1）定位、验证、初始化操作。定位操作是依据当前 K-V 键值对节点中 Key 键信息的 Hash 值取余后（基于目前数组的长度通过与运算进行取余）的结果，确定当前 K-V 键值对节点在桶结构中的索引位。验证操作是保证当前集合结构和桶结构处于一个正确的状态，可以进行节点添加操作，如果在验证过程中发现集合正在进行扩容操作，则参与扩容操作（根据条件）。初始化操作是在集合数组没有初始化的情况下，首先完成集合数组的初始化。这一步主要基于 CAS 思想进行设计，如果没有达到工作目标，则进行重试。

（2）正式的 K-V 键值对节点添加操作。这个操作分为两个场景，如果当前桶结构基于链表进行数据组织（判定依据是当前桶结构的头节点拥有一个“正常”的 Hash 值“fh >= 0”），那么将新的 K-V 键值对节点添加到链表的尾部；如果当前桶结构基于红黑树进行数据组织（判定依据是当前桶结构的头节点类型为 TreeBin），那么使用 putTreeVal()方法，在红黑树的适当位置添加新的 K-V 键值对节点。如果线程要进行第（2）步操作，则在 Object Monitor 模式下获得当前桶结构的独占操作权。获得桶结构独占操作权的依据是，获得当前桶结构的头节点的独占操作权。

（3）验证桶结构并伺机进行桶结构转换操作。该操作的判定依据和 HashMap 集合中相关工作的判定依据一致，即当前以链表结构组织的桶中的数据对象数量大于 TREEIFY_THRESHOLD 常量值，并且集合中的 table 数组长度大于 MIN_TREEIFY_CAPACITY 常量值（该判定在 treeifyBin()方法中进行）。

第（3）步中所使用的 treeifyBin()方法，其核心逻辑已经在介绍 HashMap 集合时进行了讲解，此处不再赘述。不过要注意以下几个不同点。

- 如果要在 treeifyBin()方法中进行红黑树的转化工作，则必须获得当前桶结构的独占

操作权，也就是说，对于同一个桶结构，要么进行节点添加操作，要么进行数据结构转换操作，不可能同时进行两个处理过程。

- 和 HashMap 集合的数据处理过程不同的是，ConcurrentHashMap 集合中某个桶结构上如果是红黑树，那么其头节点（红黑树根节点）的节点类型并不是 TreeNode 而是 TreeBin，后者的 Hash 值减 2。

在成功完成节点添加操作后，最后需要进行数量计数器的增减操作，并且检查是否需要因为链表中数据对象过多而转换为红黑树，或者是否需要进行数组扩容操作和桶数据对象迁移操作。这些操作在 treeifyBin()方法和 addCount()方法中进行，并且这些方法在数组长度小于设置常量值的情况下（小于 MIN_TREEIFY_CAPACITY 的常量值 64）优先进行数组扩容操作和桶数据对象迁移操作。

2. ConcurrentHashMap 集合的扩容过程和协助扩容过程

虽然 ConcurrentHashMap 集合在进行扩容操作时，对数组的扩容思路和对每一个桶结构中数据对象的迁移思路都和 HashMap 集合中相关功能的设计思路是一致的。但 ConcurrentHashMap 集合工作在多线程并发场景中，所以 ConcurrentHashMap 集合在进行扩容操作时还需要考虑以下细节。

- ConcurrentHashMap 集合需要找到一种防止重复扩容的方法。这是因为在连续多次的节点添加操作过程中，很有可能出现两个或更多个线程同时认为 ConcurrentHashMap 集合需要扩容，最后造成 ConcurrentHashMap 集合重复进行同一次扩容操作多次的情况。
- ConcurrentHashMap 集合工作在多线程并发场景中，可以利用这个特点，在扩容过程中，特别是在扩容操作的数据对象迁移过程中，让多个线程同时协作，从而加快数据对象迁移过程。
- ConcurrentHashMap 集合在成功完成新 K-V 键值对节点的添加操作后，还会进行数量计数器的增加操作，但如果数量计数器只是一个单独的属性，那么势必导致多个同时完成节点添加操作的线程都在抢占这个计数器进行原子性操作，最终形成较明显的性能瓶颈。因此 ConcurrentHashMap 集合需要找到一种方法，用于显著降低进行数量计数器操作时的性能瓶颈。

ConcurrentHashMap 集合是如何设计扩容操作的呢？简单来说，就是**使用 CAS 技术避免同一次扩容操作被重复执行多次，采用数据标记的方式（sizeCtl）在各个参与操作的线程间同步集合状态，同样通过数据标记的方式（transferIndex）指导各个参与线程协作完成集合扩容操作和数据对象迁移操作，使用计数盒子（counterCells）解决计数器操作竞争的问题。**

1）在 ConcurrentHashMap 集合中如何进行扩容操作。

在什么场景中需要进行扩容操作呢？这在 ConcurrentHashMap 集合中的 addCount()方法和 treeifyBin()方法中可以找到答案，简单来说主要是两个场景，第一个场景是在某个桶结构满足红黑树转换的最小数量要求（TREEIFY_THRESHOLD），但是数组容量还没有达到最小容量要求（MIN_TREEIFY_CAPACITY）时，会优先进行扩容操作；第二个场景是在成功进行了一个新的 K-V 键值对节点的添加操作后，正在进行数量计数器的增加操作时，发现增加后的计数器值已经大于 sizeCtl 属性的值。sizeCtl 属性的值最初可以是根据负载因子计算得到的值，也可以是上次扩容操作计算出的下次扩容的阈值。第二个场景更常见。

- addCount()方法的相关逻辑源码如下。

```
// 该方法主要用于在增加数量计数器的值后，基于当前的数据对象数量确认是否需要进行扩容操作
private final void addCount(long x, int check) {
  CounterCell[] cs; long b, s;
  // 该 if 条件块中的代码，主要用于在并发冲突情况下进行数据对象数量的修正操作
  // 后续在讲解 counterCells 计数器时会进行介绍
  if ((cs = counterCells) != null ||
    !U.compareAndSetLong(this, BASECOUNT, b = baseCount, s = b + x)) {
    // 这里省略了一些代码（用于高并发场景计数的代码，后面会进行讲解）
  }
  // 一般需要检查是否需要进行扩容操作，但有时不需要检查
  // 例如，在进行替换或清理操作时，就不需要检查
  if (check >= 0) {
    Node<K,V>[] tab, nt; int n, sc;
    // 进行扩容操作的前提是，当前数据对象数量 s 大于或等于 sizeCtl 所控制的扩容阈值
    // 当前集合数组的长度未达到容量上限
    while (s >= (long)(sc = sizeCtl) && (tab = table) != null && (n = tab.length)
< MAXIMUM_CAPACITY) {
      // rs 变量一定是一个负数，最高位是符号位，符号位的值一定为 1，表示是一个负数；
      // 剩下的高 15 位，表示扩容前的数组容量值
      // 这个数值还有一个低 16 位，表示当前参与扩容操作的线程数量
      int rs = resizeStamp(n) << RESIZE_STAMP_SHIFT;
      // 如果 sizeCtl 是一个负数，则说明在本线程执行到这里之前，集合已经进入了扩容状态
      // 此时试图将当前线程加入扩容过程，帮助扩容过程尽快完成
      if (sc < 0) {
        // 如果条件成立，则说明无须帮助扩容
        // 最常见的情况是 transferIndex <= 0，说明每一个任务块都已经完成或已经有其他线程帮助
        if (sc == rs + MAX_RESIZERS || sc == rs + 1 || (nt = nextTable) == null ||
transferIndex <= 0) {break;}
        // 执行到这里，让 sizeCtl 的低位+1，
        // 证明有一个新的线程开始帮助扩容，并且正式调用 transfer()方法
        if (U.compareAndSetInt(this, SIZECTL, sc, sc + 1)) {transfer(tab, nt);}
      }
```

```
      // 如果 sizeCtl 不是一个负数，则说明至少此时当前集合并没有进入扩容状态
      // 这时，当前线程会试图在 rs 低位+2 的情况下，将 sizeCtl 属性值设置为一个负数
      // 如果设置成功，则代表本线程将集合设置为扩容状态，
      // 并且保证了 rs 的低 16 位正好是当前参与扩容线程的数量+1;
      else if (U.compareAndSetInt(this, SIZECTL, sc, rs + 2)) {transfer(tab, null);}
      // 在扩容操作结束后，重新取得当前集合中的数据对象总量并重试循环，直到不再满足扩容条件为止
      s = sumCount();
    }
  }
}
```

根据上述源码可知，如果当前线程在容量检查阶段发现需要进行扩容操作，那么会面临两种情况。第一种情况是发现扩容操作正在进行，此时试图加入这个扩容过程；第二种情况是扩容操作还没有开始，此时由本线程开始这个操作，并且使用保证原子性操作的方法，将 sizeCtl 变为一个负数。最核心的扩容逻辑主要由 transfer()方法进行控制。

- transfer()方法的相关逻辑源码如下。

```
private final void transfer(Node<K,V>[] tab, Node<K,V>[] nextTab) {
  int n = tab.length, stride;
  // 处理过程的第一个步骤是基于当前计算机的内核数量，
  // 计算每个参与数据对象迁移操作的线程负责的桶区域数量，桶区域数量最小为 16
  if ((stride = (NCPU > 1) ? (n >>> 3) / NCPU : n) < MIN_TRANSFER_STRIDE) { stride
= MIN_TRANSFER_STRIDE; }
  // 处理过程的第二个步骤，是在没有指定目标数组的情况下，对扩容迁移的目标数组进行初始化
  // 新的数组容量值=原有容量值 * 2
  if (nextTab == null) {
    try {
      @SuppressWarnings("unchecked")
      Node<K,V>[] nt = (Node<K,V>[])new Node<?,?>[n << 1];
      nextTab = nt;
    } catch (Throwable ex) {
      sizeCtl = Integer.MAX_VALUE;
      return;
    }
    nextTable = nextTab;
    transferIndex = n;
  }
  int nextn = nextTab.length;
  // ForwardingNode 节点主要用于在原数组中标记已经迁移完成的桶
  ForwardingNode<K,V> fwd = new ForwardingNode<K,V>(nextTab);
  // 该属性表示当前线程在处理的桶区域内，上一个桶结构是否处理完毕，
  // 是否可以步进到下一个桶结构进行处理了，
  // 或者是否可以跳过确认下一个桶索引位的步骤，继续后续步骤的处理
  boolean advance = true;
  // 该标记标识所有的桶数据已经全部迁移完成
```

```
  boolean finishing = false;

  // 后续的处理过程都会依据 CAS 进行实现，如果没有达到操作目的，就进行重试，直到达到操作目的为止
  // i 表示正在处理的桶结构的索引值
  // 在当前线程负责处理的桶区域中，从索引值最大的索引位开始（也就是降序确认索引位）
  for (int i = 0, bound = 0;;) {
    Node<K,V> f; int fh;
    // 处理的第三个步骤（while 循环内），是确认本次要处理的桶索引位，或者为该线程分配新的桶区域
    while (advance) {
      int nextIndex, nextBound;
      // 第三个处理步骤，分为 3 个分支场景
      // 分支场景 3.1======
      // 如果条件成立，则说明当前线程已经分配到了桶区域的处理任务，并且没有完成对这些桶的处理工作，
      // 此时将索引值 i 减 1，然后进行下一个桶的处理工作
      if (--i >= bound || finishing) {advance = false;}
      // 分支场景 3.2========
      // 如果条件成立，则说明集合中的所有桶区域都已经分配了处理线程
      // 本次申请新的桶区域的线程，可以执行下一步（退出过程）操作
      else if ((nextIndex = transferIndex) <= 0) {
        i = -1;
        advance = false;
      }
      // 分支场景 3.2=======
      // 如果条件成立，则说明还有桶区域没有分配线程，本线程可以通过原子性操作分配一个新的桶区域
      // 在分配成功后，transferIndex 属性会记录后续没有分配处理线程的桶区域的索引值（+1）
      else if (U.compareAndSetInt(this, TRANSFERINDEX, nextIndex,
            nextBound = (nextIndex > stride ? nextIndex - stride : 0))) {
        bound = nextBound;
        i = nextIndex - 1;
        advance = false;
      }
    }
    // 处理过程的第四个步骤，根据索引值 i，确认是否还有后续桶结构需要处理，
    // 或者确认某个桶结构或集合中的所有桶结构是否都处理完成了
    // 分支场景 4.1: ========
    // 如果条件成立，则说明当前处理的索引位已经超界，此时不用进行处理了
    // 这里实际上要进行两个过程：
    // 第一个过程参见代码“U.compareAndSetInt(this, SIZECTL, sc = sizeCtl, sc - 1)”的位置
    if (i < 0 || i >= n || i + n >= nextn) {
      int sc;
      // 第二个过程是在将 finishing 设置为 true 的前提下
      // 将当前集合的 table 使用 nextTab 进行替换
      // 将 sizeCtl 重新恢复为一个有效的扩容阈值（恢复成正数）
      if (finishing) {
```

```
      nextTable = null;
      table = nextTab;
      sizeCtl = (n << 1) - (n >>> 1);
      return;
    }
    // 第一个过程，将 sizeCtl 的值减 1，因为之前该线程在参与迁移操作时，将 sizeCtl 的值加了 1，
    // 然后将结束标记 finishing 设置为 true（注意：要将其设置为 true，还需满足内层的 if 条件）
    if (U.compareAndSetInt(this, SIZECTL, sc = sizeCtl, sc - 1)) {
      // 如果条件成立，则说明虽然当前线程协助完成了扩容和数据对象迁移操作，
      // 但还有其他线程仍然在工作，所以不能将 finishing 设置为 true
      // 本线程直接退出数组扩容和数据对象迁移过程即可
      // 否则说明所有负责数据对象迁移操作的线程都已经完成工作，可以将 finishing 设置为 true
      if ((sc - 2) != resizeStamp(n) << RESIZE_STAMP_SHIFT){return;}
      finishing = advance = true;
      i = n;
    }
  }
  // 分支场景 4.2：========
  // 这个分支说明当前桶结构中没有任何数据对象
  // 通过 CAS 方式设置 ForwardingNode 节点，表示当前桶已经处理完成
  else if ((f = tabAt(tab, i)) == null) {advance = casTabAt(tab, i, null, fwd);}
  // 分支场景 4.3：========
  // 这个分支说明当前桶结构已经完成了数据对象迁移操作
  // 将 advance 设置为 true，以便在下次重试时，对下一个桶进行处理
  else if ((fh = f.hash) == MOVED) {advance = true; }

  // 分支场景 4.4：========
  // 这个分支正式开始进行桶数据对象的迁移和拆分操作
  // 必须获取桶结构的独占操作权
  // 也就是说，针对特定的桶结构，不能同时进行数据对象迁移、数据对象添加等操作
  else {
    synchronized (f) {
      if (tabAt(tab, i) == f) {
        Node<K,V> ln, hn;
        // 如果条件成立，则说明该桶的数据结构是链表结构
        if (fh >= 0) {
          // 此处代码省略
          // 这里是在链表的场景中，进行数据对象的迁移、拆分操作
          // 在介绍 HashMap 集合时已经介绍过相关逻辑，此处不再赘述
          // 此处代码省略
          setTabAt(nextTab, i, ln);
          setTabAt(nextTab, i + n, hn);
          setTabAt(tab, i, fwd);
          advance = true;
```

```
            }
            // 如果条件成立，则说明该桶的数据结构是红黑树结构
            else if (f instanceof TreeBin) {
              // 此处代码省略
              // 这里是在红黑树的场景中，进行数据对象的迁移、拆分操作
              // 在介绍 HashMap 集合时也已经介绍过相关逻辑，此处不再赘述
              // 此处代码省略
              setTabAt(nextTab, i, ln);
              setTabAt(nextTab, i + n, hn);
              setTabAt(tab, i, fwd);
              advance = true;
            }
            // 如果是其他情况的桶结构，那么在进行数据对象的迁移、拆分操作时，会抛出异常
            else if (f instanceof ReservationNode) {
              throw new IllegalStateException("Recursive update");
            }
          }
        }
      }
    }
  }
```

根据以上源码片段，可以了解以下几个关键事实。

- transfer()方法主要使用 CAS + Obect Monitor 模式进行逻辑实现。在确认当前线程负责的桶区域后，检查特定的桶是否完成了处理工作。在进行清退线程任务等操作时，主要使用 CAS 思想进行执行；而在正式进行某个桶结构的数据对象迁移操作时，主要使用 Object Monitor 模式工作——以当前线程是否获得了桶结构头节点的独占操作权来判断是否获得了当前桶的独占操作权。
- transfer()方法的主要过程可以划分为四个处理步骤，其中第三步和第四步都放置于 CAS 重试循环中。第四步非常关键，是对指定的桶结构进行真实处理的过程。在完成了处理工作后，即可在集合原来的 table 数组中对应的索引位上使用 ForwardingNode 节点进行标识。具体步骤如图 8-6 所示。
- transfer()方法的第四步有多个处理分支，其中处理分支 4.4 是在当前桶结构中存在数据对象的情况下，对桶结构中的数据对象正式进行迁移操作，迁移过程已经在介绍 HashMap 集合的章节中进行了详细说明，这里只需注意处理上的差异。在 ConcurrentHashMap 集合中，当原有 table 数组中指定桶索引位上的数据对象完成了向新数组的迁移、拆分操作后，需要将原来 table 数组中这个桶索引位上的节点类型更换为 ForwardingNode，以便向其他试图操作该桶结构的线程表明，该桶已经被迁移，无法再进行任何读/写操作。桶结构中的数据对象迁移过程是一种链表结构中的数据对象迁移过程，如图 8-7 所示。

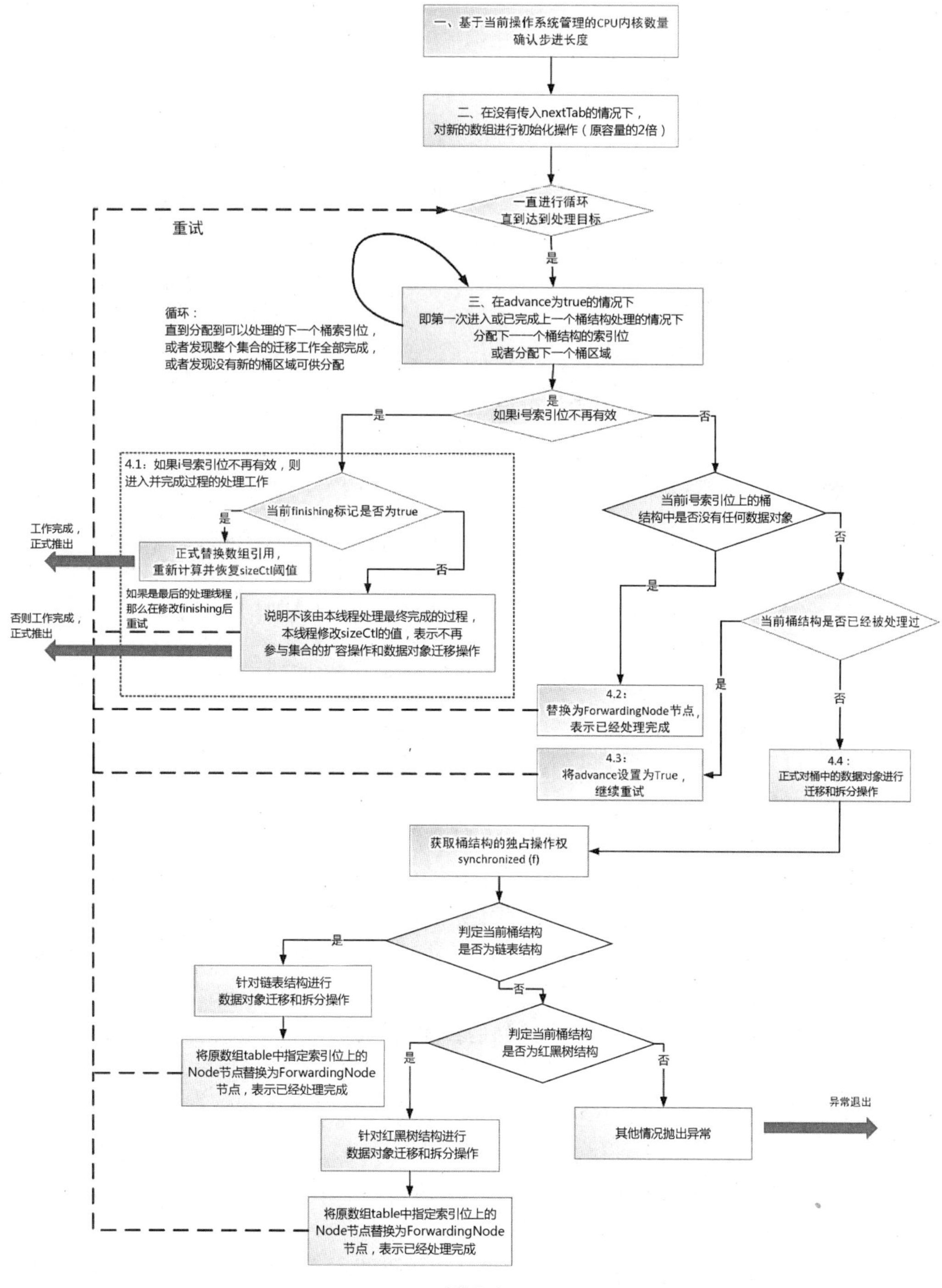
一、基于当前操作系统管理的CPU内核数量
确认步进长度
二、在没有传入nextTab的情况下，
对新的数组进行初始化操作（原容量的2倍）
一直进行循环
直到达到处理目标
重试
是
三、在advance为true的情况下
即第一次进入或已完成上一个桶结构处理的情况下
分配下一个桶结构的索引位
或者分配下一个桶区域
循环：
直到分配到可以处理的下一个桶索引位，
或者发现整个集合的迁移工作全部完成，
或者发现没有新的桶区域可供分配
是
如果i号索引位不再有效
是
否
4.1：如果i号索引位不再有效，则
进入并完成过程的处理工作
当前finishing标记是否为true
是
工作完成，
正式推出
正式替换数组引用，
重新计算并恢复sizeCtl阈值
否
如果是最后的处理线程，
那么在修改finishing后
重试
否则工作完成，
正式推出
说明不该由本线程处理最终完成的过程，
本线程修改sizeCtl的值，表示不再
参与集合的扩容操作和数据对象迁移操作
当前i号索引位上的桶
结构中是否没有任何数据对象
否
是
当前桶结构是否已经被处理过
是
否
4.2：
替换为ForwardingNode节点，
表示已经处理完成
4.3：
将advance设置为True，
继续重试
4.4：
正式对桶中的数据对象进行
迁移和拆分操作
获取桶结构的独占操作权
synchronized (f)
判定当前桶结构
是否为链表结构
是
针对链表结构进行
数据对象迁移和拆分操作
否
判定当前桶结构
是否为红黑树结构
是
否
将原数组table中指定索引位上的
Node节点替换为ForwardingNode
节点，表示已经处理完成
其他情况抛出异常
异常退出
针对红黑树结构进行
数据对象迁移和拆分操作
将原数组table中指定索引位上的
Node节点替换为ForwardingNode
节点，表示已经处理完成

图 8-6

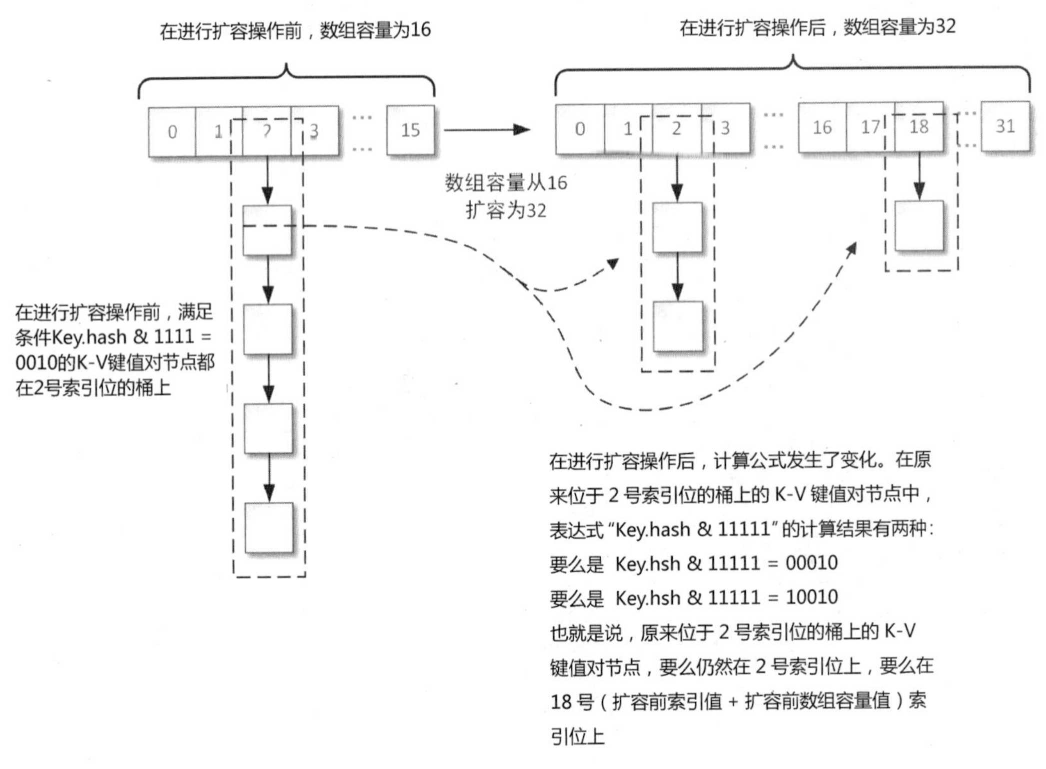

图 8-7

- transfer()方法比较有特色的设计思想，就是可以使用多个线程进行同一个数据对象迁移操作，从而加快数据对象迁移过程。在设计 transfer()方法时，Doug Lea 和他的同事提出了桶区域的概念，也就是说，将单个线程负责的数据对象迁移任务确定为多个连续的桶结构（称为 stride 跨度，最小值为 16，通过 MIN_TRANSFER_STRIDE 常量进行表达）。在进行桶数据对象迁移操作时，一个桶区域会被分配给一个线程进行处理，在将该桶区域中的数据对象全部迁移后，才会给这个线程分配另一个桶区域。
- 集合中的 transferIndex 属性非常重要，它表示下一个桶区域的开始索引值（+1）。如果 transferIndex 属性的值在保证操作原子性的前提下被成功减少 stride（跨度）的值，则说明一个桶区域被分配给了一个处理线程。如果 transferIndex 属性的值小于或等于 0，则说明所有的桶区域都已经分配了处理线程并在处理过程中，或者已经处理完成，如图 8-8 所示。

stride 跨度的值，会在 transfer()方法的第一个处理步骤中得到确认，它和当前进程所运行的操作系统下的 CPU 核心数量有直接关系。计算公式为当前数组长度 × 8÷CPU 核心数量。如果计算结果小于 MIN_TRANSFER_STRIDE 常量（值为 16），则以后者为跨度标准。

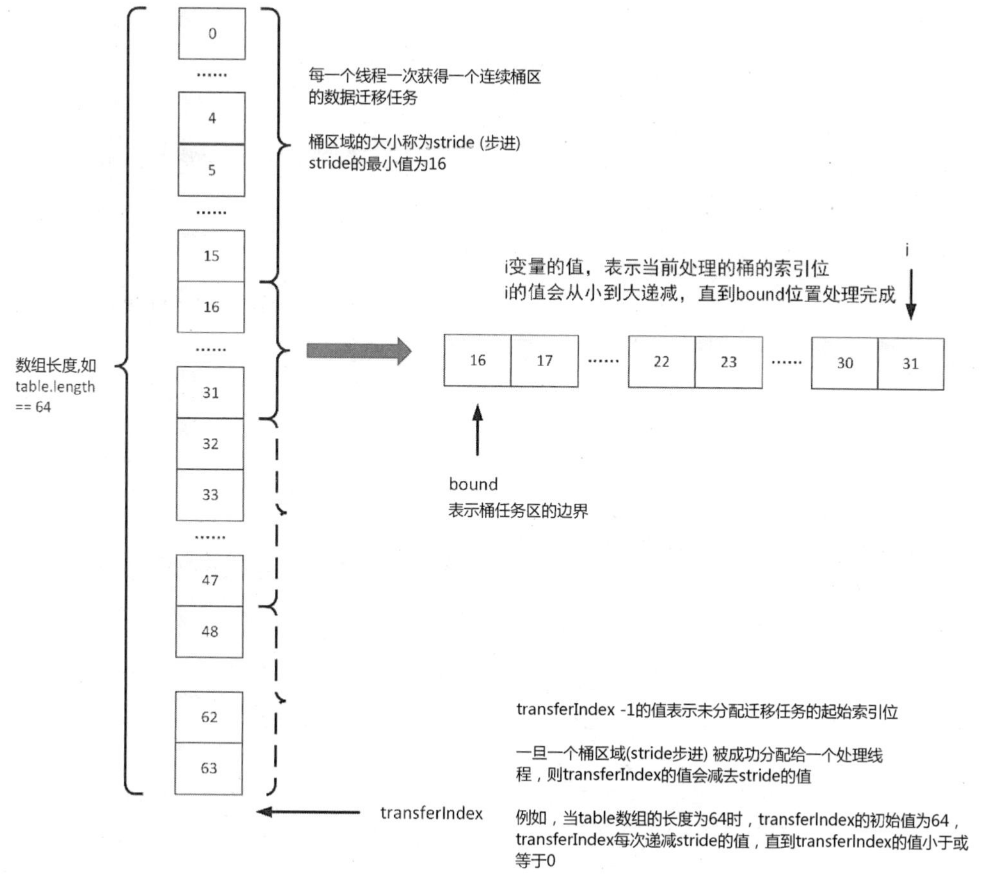

图 8-8

2）使用 sizeCtl 属性巧妙地记录扩容过程。

前面已经提到，sizeCtl 属性的值有多种含义。例如，在 ConcurrentHashMap 集合还没有初始化时，sizeCtl 属性的值为 0；如果 ConcurrentHashMap 集合正在进行初始化，则 sizeCtl 属性的值为-1；如果 ConcurrentHashMap 集合没有进行任何扩容操作，那么 sizeCtl 属性的值为一个正数，表示下一次集合扩容所需要达到的 K-V 键值对节点总数量的阈值；如果 ConcurrentHashMap 集合正在进行扩容操作和数据对象迁移过程，那么 sizeCtl 属性的值为一个小于-1 的负数，其高 16 位和低 16 位代表的意义是不一样的。

当前正在对 ConcurrentHashMap 集合进行写操作的各个线程，是通过使用 volatile 修饰符修饰的、保证可见性和有序性的 sizeCtl 属性进行 ConcurrentHashMap 集合状态的同步的。那么为什么在 ConcurrentHashMap 集合进行扩容操作时，sizeCtl 属性的值为负数呢？此时

sizeCtl 属性的值又代表什么含义呢？相关说明如图 8-9 所示。

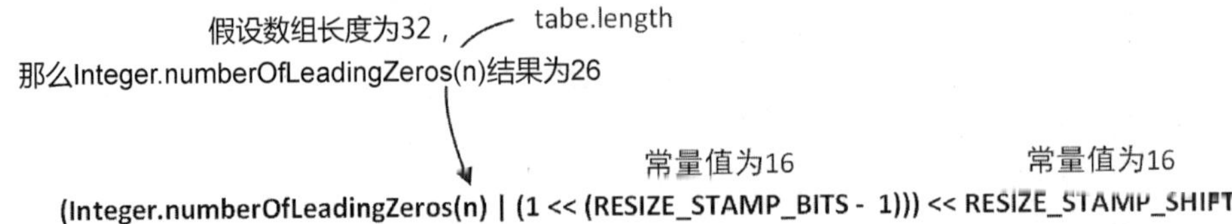

1 << (RESIZE_STAMP_BITS - 1的计算结果：

0000 0000 0000 0000 1000 0000 0000 0000

“Integer.numberOfLeadingZeros(n) | ” 运算后的计算结果：

0000 0000 0000 0000 1000 0000 0001 1010

“<< RESIZE_STAMP_SHIFT” 运算后的计算结果：

1000 0000 0001 1010 0000 0000 0000 0000

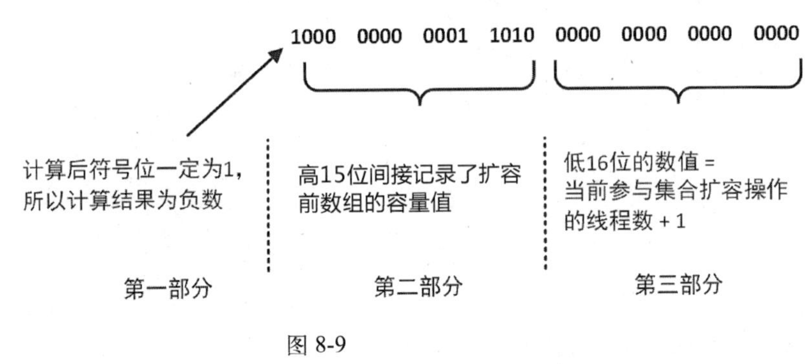

图 8-9

图 8-9 中的 32 位整数被拆分为三部分。

- 第一部分为符号位，使用 resizeStamp()方法中的“1 << (RESIZE_STAMP_BITS - 1)”运算式进行确认，注意 RESIZE_STAMP_BITS 常量值为 16，再使用 add()方法中的“<< RESIZE_STAMP_SHIFT”运算式将处于第 16 位上的“1”移动到最高的第 32 位上，所以在经过 add()方法的相关操作后，rs 变量的值一定为负数。
- 第二部分，使用 resizeStamp()方法中的“Integer. numberOfLeadingZeros(n)”方法获得，numberOfLeadingZeros()方法的功能是返回整数入参的 32 位二进制表达的右侧有多少位连续的“0”。**由于集合中数组的长度都是 2 的幂数，因此返回的值可以间接记录扩容前集合中数组的原始长度。**

- 第三部分，即执行“<< RESIZE_STAMP_SHIFT”运算式后留下来的低 16 位，其值等于当前参与扩容和数据对象迁移操作的线程数量加 1。使用 addCount()方法和 transfer()方法中保证原子性操作的加减方法，所有相关线程都可以第一时间知晓当前有多少线程参与本次集合的扩容和数据对象迁移操作。**这种控制方式可以保证多个线程不会重复进行扩容操作，要么在 sizeCtl 的值不为负数时进行一次扩容和数据对象迁移操作；要么在 sizeCtl 的值为小于-1 的负数时进行一次扩容和数据对象迁移操作**。最后，如果某个线程在进行写操作时，发现当前集合正在进行扩容操作，则可以使用 helpTransfer()方法进行协助。

3. CounterCell 并发计数

在讨论 ConcurrentHashMap 集合中经典的扩容和数据对象迁移过程时，本书介绍了重要的 addCount()方法，但只介绍了该方法的一部分，未介绍的部分源码实际上和 ConcurrentHashMap 集合中对 K-V 键值对节点总数量的读数处理逻辑有关系。

下面思考一个简单场景：调用者如何取得当前 ConcurrentHashMap 集合中的数据对象总量？可能一些读者会说直接调用 ConcurrentHashMap 集合提供的 size()方法即可；或者一些读者会更近一步说，前面已经提到 ConcurrentHashMap 集合提供了一个 baseCount 属性，在添加操作完成后，ConcurrentHashMap 集合会在 addCount()方法中利用保证原子性的操作更新 baseCount 属性的值。

以上两种方法都没有错，但是需要考虑一个前提，就是 ConcurrentHashMap 集合工作在高并发场景中，随时可能有多个线程在进行读/写操作。在这样的前提下，以上两种方法可能就存在问题了。

使用 size()方法取得的当前集合中数据对象总量，很可能不是一个精确值，在调用 size()方法还未得到返回值时，集合中的数据对象总量可能就已经发生了变化。

在 addCount()方法中，确实可以利用保证原子性的操作更新 baseCount 属性的值。但是如果 baseCount 属性的值更新失败了怎么办？最直观的处理思路是，一旦 baseCount 属性的值更新失败，则进行重试。但 baseCount 属性是一个被多线程共享操作的属性，如果采用典型的 CAS 设计思路——操作失败就重试，那么在多线程操作下，该值的更新大概率会失败且重试多次，从而在并发场景中，形成 ConcurrentHashMap 集合的节点添加操作的明显瓶颈，如图 8-10 所示。

为了解决这个问题，在 JDK 14+中，ConcurrentHashMap 集合在设计时的主要思路是基于线程稳定不变的“探针”功能，设置多个不同的“计数槽”，从而保证大多数线程在更新计数值时，不会产生原子性操作冲突。该设计思路是 ConcurrentHashMap 集合中的另一个值得读者学习和在实际工作中借鉴的设计思路。

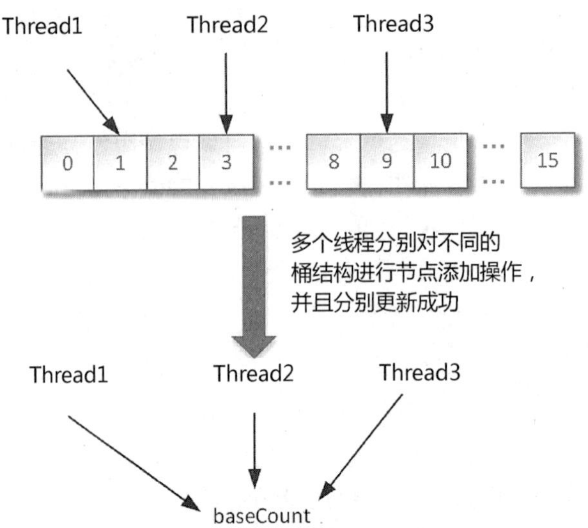

图 8-10

1）ConcurrentHashMap 集合中和计数有关的属性。

ConcurrentHashMap 集合中和计数有关的属性主要有 3 个，源码如下。

```
public class ConcurrentHashMap<K,V> extends AbstractMap<K,V>
   implements ConcurrentMap<K,V>, Serializable {
  // 此处代码省略
  // 基础计数器，在没有并发竞争的场景中，记录当前集合中的数据对象总量
  private transient volatile long baseCount;
  // 表示当前 counterCells 并发计数器是否由于某种原因无法工作。0 表示可以工作，1 表示不能工作
  // 当 counterCells 并发计数器被扩容或被初始化时，该值为 1，其他情况为 0
  private transient volatile int cellsBusy;
  // 在高并发场景中，集合使用一个 CounterCell 数组，基于线程“探针”进行数据对象总量的记录
  private transient volatile CounterCell[] counterCells;
  // 此处代码省略
}
```

2）counterCells 并发计数器的工作过程概要。

concurrentHashMap 集合的瞬时数据对象总量 = baseCount + counterCells 数组中所有索引位上已记录的值。ConcurrentHashMap 集合中 size()方法的源码如下。

```
public int size() {
  long n = sumCount();
```

```
    return ((n < 0L) ? 0 : (n > (long)Integer.MAX_VALUE) ? Integer.MAX_VALUE : (int)n);
  }

  // 该方法是统计集合中数据对象总量的方法
  final long sumCount() {
    // 统计方式是以 baseCount 值为基础，累加 counterCells 数组中每一个索引位上的数据对象值
    CounterCell[] cs = counterCells;
    long sum = baseCount;
    if (cs != null) {
      for (CounterCell c : cs) {
        if (c != null) {sum += c.value;}
      }
    }
    return sum;
  }
```

如果 ConcurrentHashMap 集合工作在一个并发不高的场景中，那么 ConcurrentHashMap 集合会在将 K-V 键值对节点添加到集合中后，直接使用保证原子性操作的 compareAndSetLong()方法完成 baseCount 计数器的数值增加工作；如果当前集合工作在并发较高的场景中（依据是使用 compareAndSetLong()方法更新 baseCount 计数器失败），那么初始化 counterCells 数组，并且在后续的处理过程中，在 counterCells 数组中的特定索引位上增加计数值。这个过程就是 addCount()方法中的第一个逻辑步骤。

```
  // 该方法主要用于为数量计数器增加数值，基于当前的数据对象总量确认是否需要进行扩容操作
  private final void addCount(long x, int check) {
    // 这是该方法中的第一个逻辑步骤，
    // 主要用于分场景进行数量计数器+1 的操作
    // 如果当前集合中已经存在并发计数器，或者更新 baseCount 的值失败
    // 就进入这个逻辑过程，将数量增加情况记录到新的或已有的 counterCells 数组中
    if ((cs = counterCells) != null ||
        !U.compareAndSetLong(this, BASECOUNT, b = baseCount, s = b + x)) {
      CounterCell c; long v; int m;
      // 该变量主要用于说明是否是一个默认的无并发竞争环境
      boolean uncontended = true;
      // 程序代码试图在 counterCells 数组正确、counterCells 中特定索引位上数据对象正确的前提下，
      // 直接累加更新这个索引位上的 value 数据
      // 如果条件不满足或更新失败，
      // 则进入 fullAddCount()方法，进行一个完整的 counterCells 初始化和数值累加过程
      if (cs == null || (m = cs.length - 1) < 0 || (c = cs[ThreadLocalRandom.getProbe()
& m]) == null
          || !(uncontended = U.compareAndSetLong(c, CELLVALUE, v = c.value, v + x))) {
```

```
        fullAddCount(x, uncontended);
        return;
      }
      if (check <= 1) { return; }
      s = sumCount();
    }

    // 检查是否进行扩容操作和数据对象迁移操作，前面已经提到过，这里不再赘述
    if (check >= 0) {
      // 这里省略了一些代码（上面已经进行过讲解）
    }
  }
```

下面对几个关键点进行说明。

- ConcurrentHashMap 集合使用 counterCells 数组而不是 baseCount 属性记录集合中的 K-V 键值对节点数量，前提条件是使用 compareAndSetLong()方法进行 baseCount 属性操作失败。
- ConcurrentHashMap 集合对 counterCells 数组进行计数增加和扩容操作的处理过程，放置在 fullAddCount()方法中。fullAddCount()方法主要用于对 counterCells 数组进行初始化，它将 counterCells 数组的初始化长度设置为 2。counterCells 数组中每一个索引位上的值只能通过保证原子性操作的 compareAndSetLong()方法进行写操作。
- addCount()方法中使用 ThreadLocalRandom 类提供的 getProbe()方法获取当前线程的“探针”值。这是一个没有公布给程序员使用的功能，该功能可以为调用者返回一个在当前线程中稳定不变且全进程唯一的 Hash 值。这个 Hash 值可以在 ThreadLocalRandom 对象调用 advanceProbe()方法后发生变化。可以使用“探针值”和 counterCells 数组长度通过与运算取余数的方式，计算某个线程的计数值应该存储于 counterCells 数组中的哪一个索引位上。
- counterCells 数组的初始化长度只有 2，也就是说，此时只允许两个操作线程对 counterCells 数组中不同索引位上的计数值进行成功修改，但该数组是可以扩容的。每次扩容操作都按照 counterCells 数组原始容量的 2 倍进行（容量值始终为 2 的幂数），并且容量上限为当前进程可使用的 CPU 内核个数（*N*）。超过当前进程可使用的 CPU 内核个数的 counterCells 数组容量是没有意义的，因为不会有那么多并发线程。
- counterCells 数组扩容的条件很微妙，它并不是以某个特定的阈值为扩容标准，而是以“当前进行 ConcurrentHashMap 集合操作的多个线程，在更新 counterCells 数组中某个索引位上的数值时，是否仍然存在操作冲突的情况”为依据，决定是否进行

counterCells 数组的扩容。简单来说，在执行“compareAndSetLong(c, CELLVALUE, v = c.value, v + x)”语句时返回了 false 的场景。

- 为保证所有操作线程都能知道 counterCells 数组目前正在进行扩容操作，在进行扩容操作时（或者在对 counterCells 数组进行初始化时，或者在对 counterCells 数组中某一个索引位上的数据对象值进行初始化时），cellsBusy 属性会被标记为 1。counterCells 数组的多个核心要点如图 8-11 所示。

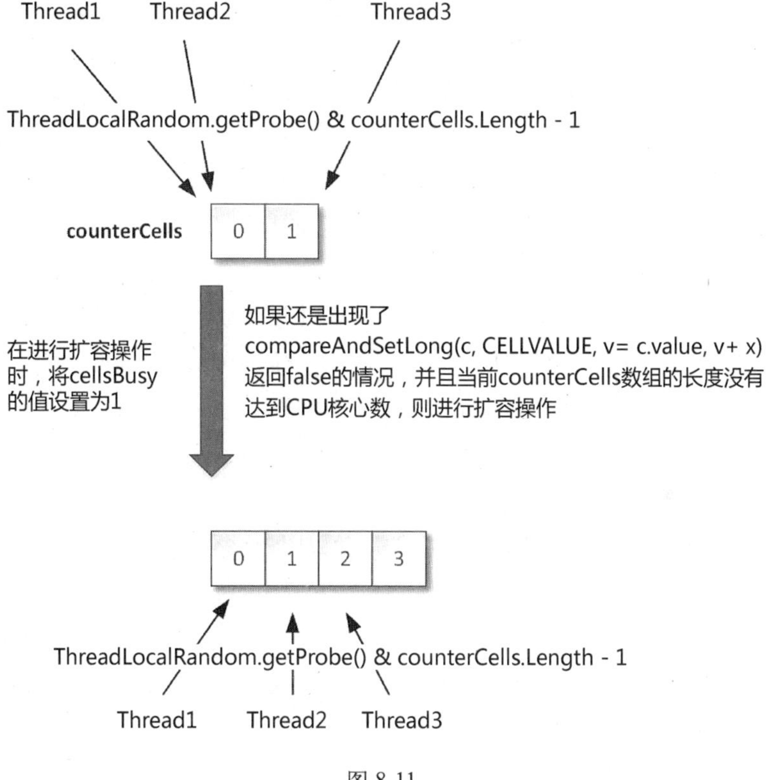

图 8-11

在 counterCells 数组中，某个索引位上的计数值是由哪个线程进行增加的，实际上对 ConcurrentHashMap 集合来说并不重要，重要的是保证数值可以正确地进行记录。也就是说，在上一次 Thread1 完成数据对象添加操作后，可能在 counterCells 数组中的 0 号索引位上进行计数值增加（+1）操作，但是在下一次 Thread1 完成数据对象添加操作后，可能在 counterCells 数组中的 3 号索引位上进行计数值增加（+1）操作。

线程和其操作的 counterCells 数组索引位的对应关系是会发生变化的，最典型的情况是当前 Thread 线程使用原子性操作更新某个索引位上的计数值失败，但因为达到了 counterCells 数组的扩容上限而无法进行扩容操作，所以系统会调用 Thread 线程对应的 ThreadLocalRandom

工具类的 advanceProbe()方法，以便改变线程的“探针”值，最终更改 counterCells 数组中索引位上的计数值。

4．其他说明

既然已经存在 counterCells 数组进行数据对象总量计数，并且可以有效缓解多线程并发场景中的计数操作瓶颈问题，那么为什么不直接使用 counterCells 数组，还要增加一种 baseCount 属性在并发不高的场景中进行数据对象总量计数呢？

这主要是出于对兼容性的考虑。例如，在 JDK 1.7 中，由于 ConcurrentHashMap 集合采用了 Segment 的概念，因此在进行数据对象总量统计时，数据对象总量和每个 Segment 中的 modCount 属性有关。也就是说，每个 JDK 版本中的 ConcurrentHashMap 集合的设计结构差异较大，当低版本的 ConcurrentHashMap 集合对象在高版本的 JDK 中进行反序列化操作时，很显然无法找到对应的 counterCells 数组，最直接的解决方法是将数据对象数量记录到 baseCount 属性下。

此外，虽然 JDK 1.8+中取消了 Segment 数组结构，但并不表示整个 Segment 类的定义都被取消了。事实上，JDK 1.8+中仍然保留了一个精简版本的 Segment 类的定义，用于兼容之前版本的 ConcurrentHashMap 集合对象的序列化或反序列化操作。

8.3 高并发场景中的 List、Map、Set 集合说明

由于篇幅有限，本章只介绍了 Java 中几种工作在高并发场景中的典型集合。事实上 JUC 中还有很多原生的 List 集合、Map 集合和 Set 集合，下面对它们进行简要说明。

- CopyOnWriteArrayList：该集合已经在本章中进行了讲解，此处不再赘述。
- CopyOnWriteArraySet：该集合是一种 Set 集合，并且可以工作在高并发场景中。该集合实际上是对另一种集合的封装，不过并不是对某种 Map 集合的封装，而是对 CopyOnWriteArrayList 集合的封装，因为该集合需要满足 CopyOnWrite 工作要求。
- ConcurrentHashMap：该集合已经在本章中进行了讲解，此处不再赘述。
- WeakHashMap：如果读者对 Java 对象引用的高级知识有所了解，就会知道 Java 对象的引用类型一共有四种：强引用、软引用、弱引用和虚引用。而 WeakHashMap 集合是 Java 早期版本就原生提供的一种和弱引用配合使用的集合。其外在工作特性与 HashMap 集合的外在工作特性一致，不过在此基础上，WeakHashMap 集合增加了“弱建”的概念：如果存在于 WeakHashMap 集合中的 K-V 键值对节点的 Key 键

对象没有任何外部的强引用（或软引用），那么在 GC 回收时，会将该 Key 键对象回收。

- ConcurrentSkipListMap：由于篇幅有限，本书没有为读者详细介绍基于跳跃表结构的 ConcurrentSkipListMap 集合。出于研究集合设计的目的，跳跃表确实值得读者仔细研究并应用到日常工作中。ConcurrentSkipListMap 集合结构在外在使用效果上与 TreeMap 集合类似（注意：这两个集合的工作场景和内在结构都不一样），两种集合都需要添加到集合中的节点支持某种排序逻辑。
- ConcurrentSkipListSet：该集合是一种 Set 集合，其内部是对 ConcurrentSkipListMap 集合的封装。这种封装的设计思路，类似于普通集合包中各种 Set 集合对 Map 集合的封装设计思路。

第 9 章

高并发场景中的 Queue 集合

9.1 概述

JUC 中提供了大量的 Queue/Deque 集合，用于满足程序员在多种高并发场景中的数据管理和数据通信需求，常用的 Queue/Deque 集合如图 9-1 所示（后面多处使用队列称呼 Queue/Deque 集合，实际上只是从不同的维度称呼同样的事物）。

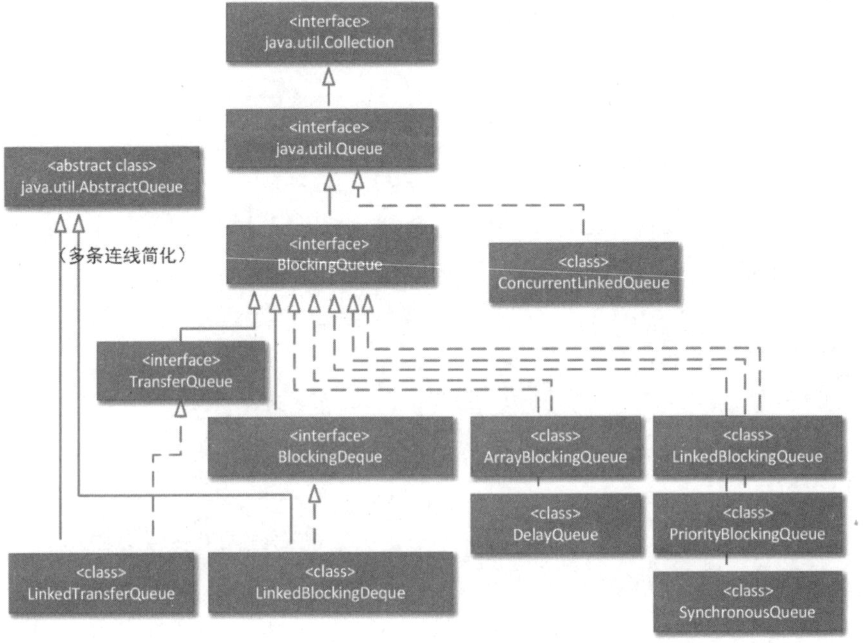

图 9-1

前面已经介绍了队列的基本工作特点：从队列的头部取出数据对象，并且在队列的尾部添加数据对象，也就是说，先进入队列的数据对象会先从队列中取出（先进先出，FIFO）。此外，图 9-1 中的队列都有一些自身的工作特点。

- **ArrayBlockingQueue**：这是一种内部基于数组的，在高并发场景中使用的阻塞队列，是一种有界队列。该队列的一个显著工作特点是，存储在队列中的数据对象数量有一个最大值。
- **LinkedBlockingQueue**：这是一种内部基于链表的，在高并发场景中使用的阻塞队列，是一种无界队列。该队列最显著的工作特点是它的内部结构是一个链表，这保证了它可以在有界队列和无界队列之间非常方便地进行转换。
- **LinkedTransferQueue**：这是一种内部基于链表的，可以在高并发场景中使用的阻塞队列，是一种无界队列。可以将它看成 LinkedBlockingQueue 队列和 ConcurrentLinkedQueue 队列优点的结合体，既能关注集合的读/写操作性能，又能维持队列的工作特性。在实际应用中，经常使用该队列进行线程间的消息同步操作。
- **PriorityBlockingQueue**：这是一种内部基于数组的，采用小顶堆结构的，可以在高并发场景中使用的阻塞队列，是一种无界队列。该队列最显著的工作特点是，队列中的数据对象按照小顶堆结构进行排序，从而保证从该队列中取出的数据对象是权值最小的数据对象。
- **DelayQueue**：这是一种内部依赖 PriorityQueue 的，采用小顶堆结构的，可以在高并发场景中使用的阻塞队列，是一种无界队列。该队列的一个显著工作特点是，队列中的数据对象除了会按照小顶堆结构进行排序外，这些数据对象还会通过实现 java.util.concurrent.Delayed 接口定义一个延迟时间，只有当延迟时间最小的数据对象的值都小于或等于 0 时（延迟时间会作为节点的权重值参与排序），该数据对象才会被外部调用者获得。

9.1.1 什么是有界队列，什么是无界队列

- 有界队列：队列容量有一个固定大小的上限，一旦队列中的数据对象总量达到容量上限时，队列就会对添加操作进行容错性处理。例如，返回 false，证明操作失败；抛出运行时异常；进入阻塞状态，直到操作条件满足要求。也就是说，不再允许立即添加数据对象了。
- 无界队列：队列容量没有一个固定大小的上限，或者容量上限值是一个很大的理论上限值（如常量 Integer.MAX_VALUE 的最大值为 2 147 483 647）。由于这种队列理论上没有容量上限，因此理论上调用者可以将任意数量的数据对象添加到集合中，

而不会使添加操作出现容量异常。

无界队列是不是真的无界呢？显然不是的，根据上面的描述可知，一部分无界队列是可以在进行实例化时设置其队列容量上限的。例如，LinkedBlockingQueue 队列默认的容量值是 Integer.MAX_VALUE（相当于无界），但是我们也可以将 LinkedBlockingQueue 队列的容量值设置为一个特定的值。

此外，无界队列不能保证其容量无限大的另一个原因是 JVM 可管理的堆内存是有上限的，当超过堆内存容量且 JVM 无法再申请新的内存空间时，应用程序会抛出 OutofMemoryError 异常。

9.1.2 什么是阻塞队列，什么是非阻塞队列

我们知道，Queue 接口是 BlockingQueue 接口的父级接口，前者定义了一些与队列有关的接口，后者在此基础上补充了一些接口功能，Queue 接口的主要方法如下。

```
// 以下是 java.util.Queue 接口的主要定义
public interface Queue<E> extends Collection<E> {
  // 这是一种添加操作，如果不违反 Queue 集合的容量限制要求，
  // 则立即向 Queue 集合中添加新的数据对象并返回 true
  // 如果是其他情况，则添加失败，并且抛出 IllegalStateException 异常
  boolean add(E e);
  // 这也是一种添加操作，如果不违反 Queue 集合的容量限制要求，
  // 则立即向 Queue 集合中添加新的数据对象并返回 true
  // 如果是其他情况，则返回 false（不抛出异常）
  // add()方法和()offer 方法，在添加操作的边界校验中，也有一些共同的限制
  // 例如，如果添加的数据对象是 null，则抛出 NullPointerException 运行时异常；
  // 如果添加的数据对象类型不符合要求，则抛出 ClassCastException 运行时异常
  boolean offer(E e);
  // 这是一种移除操作，该操作会从队列头部移除数据对象，移除的数据对象会被返回给调用者
  // 如果在操作时队列中没有数据对象，则抛出 NoSuchElementException 异常
  E remove();
  // 这也是一种移除操作，该操作会从队列头部移除数据对象，移除的数据对象会被返回给调用者
  // 如果在操作时队列中没有数据对象，则返回 null
  E poll();
  // 这是一种查询操作，该操作会查询当前队列头部的数据对象（但不会移除）并进行返回
  // 如果在操作时队列中没有数据对象，则抛出 NoSuchElementException 异常
  E element();
  // 这也是一种查询操作，该操作会查询当前队列头部的数据对象（但不会移除）并进行返回
  // 如果在操作时队列中没有数据对象，则返回 null
  E peek();
}
```

根据上述源码可知，java.util.Queue 接口中主要定义了 6 个方法，这 6 个方法可以分为两类：一类是在操作时如果 Queue 集合的状态不符合要求，就会抛出异常的；另一类是在操作时如果集合的状态不符合要求，则尽可能不抛出异常的——通过返回一些特定的值进行替换。这 6 个方法的详细分类如表 9-1 所示。

表 9-1

操 作 类 型	抛出异常的操作	返回特定值的操作（null 或 false）
添加操作	add()	offer()
移除操作	remove()	poll()
查阅操作	element()	peek()

这里要特别说明的情况是，由于这些方法的操作场景相似，只对异常抛出的要求或对返回值的要求做出了描述，因此在实现了 BlockingQueue 接口的具体集合中，通常可以看到这些方法间存在相互调用的情况。例如，在无界队列中，经常可以看到队列的 add()方法直接调用了队列的 offer()方法。在有界队列中，通常会对 offer()方法返回 false 的情况进行抛出异常处理。例如，本书后面将要详细介绍的有界队列 ArrayBlockingQueue，其内部的 add()方法就对调用 offer()方法返回值进行了特别判定，源码如下。

```
public abstract class AbstractQueue<E> extends AbstractCollection<E> implements
Queue<E> {
  // 此处代码省略
  public boolean add(E e) {
    if (offer(e)) { return true;}
    else { throw new IllegalStateException("Queue full"); }
  }
  // 此处代码省略
}
public class ArrayBlockingQueue<E>
    extends AbstractQueue<E> implements BlockingQueue<E>, java.io.Serializable {
  // 此处代码省略
  public boolean add(E e) { return super.add(e); }
  // 此处代码省略
}
```

作为 Queue 接口的子级接口，BlockingQueue 接口在 Queue 接口功能的基础上又提出了多个新的功能，源码如下。

```
public interface BlockingQueue<E> extends Queue<E> {
  // 此处代码省略
  // 这是一种添加功能，其工作特点是，如果出于一些客观原因（通常是集合容量问题），
  // 在调用该方法时，不能基于集合完成数据对象添加操作，则当前线程会阻塞等待，
  // 直到成功添加，或者当前线程收到 interrupt 中断信号
  void put(E e) throws InterruptedException;
```

```
    // 这是 Queue 集合中 offer()方法的一种多态表现
    // 当进行数据对象添加操作时，如果出于一些客观原因（通常是集合容量问题），
    // 在调用该方法时，不能基于集合完成数据对象添加操作，则当前线程会阻塞等待，
    // 直到成功添加，或者达到阻塞最长等待时间，或者当前线程收到 interrupt 中断信号
    boolean offer(E e, long timeout, TimeUnit unit)  throws InterruptedException;

    // 这是一种移除功能，其工作特点是，如果出于一些客观原因（通常是集合中没有数据对象），
    // 该方法不能从集合中移除并获取数据对象，则当前线程会阻塞等待，
    // 直到该方法能从集合中获取数据对象，或者当前线程收到 interrupt 中断信号
    E take() throws InterruptedException;

    // 这是 Queue 集合中 poll()方法的一种多态表现
    // 当进行数据对象移除操作时，如果出于一些客观原因（通常是集合中没有数据对象），
    // 该方法不能从集合中移除并获取数据对象，则当前线程会阻塞等待，
    // 直到该方法能从集合中获取数据对象，或者达到阻塞最长等待时间，或者当前线程收到 interrupt 中断信号
    E poll(long timeout, TimeUnit unit)  throws InterruptedException;
    // 此处代码省略
}
```

可以发现以上方法的共同特点：在调用方法时，如果出于一些客观原因无法立即完成工作，那么调用方法的线程会进入阻塞状态，直到满足某种条件，才会退出阻塞状态（能够成功完成操作，或者达到阻塞最长等待时间，或者当前线程收到 interrupt 中断信号）。

在高并发场景中，Queue/Deque 集合除了可以充当多线程间数据操作的载体，还可以主导线程间的数据协作工作。要完成数据传输的主导工作，这种集合就一定有对应的功能。因此，我们可以给阻塞队列一个通俗的描述，即阻塞队列是实现了 j.u.c.BlockingQueue 接口的队列，并且其能够提供这样一组方法功能：当调用者通过这组方法对队列进行读/写操作，发现不满足操作条件时，参与者所在线程会进入阻塞状态，直到满足某种条件，才会退出阻塞状态继续工作。

9.2 Queue 集合实现——ArrayBlockingQueue

ArrayBlockingQueue 队列是一种经常使用的线程安全的 Queue 集合实现，它是一种内部基于数组的，可以在高并发场景中使用的阻塞队列，也是一种容量有界的队列。该队列符合先进先出（FIFO）的工作原则，也就是说，该队列头部的数据对象是最先进入队列的，也是最先被调用者取出的数据对象；该队列尾部的数据对象是最后进入队列的，也是最后被调用者取出的数据对象。

在多线程同时读/写 ArrayBlockingQueue 队列中的数据对象时，该队列还支持一种公平性策略，这是一种为生产者/消费者工作模式提供的功能选项（可以将 ArrayBlockingQueue 队列的读取操作线程看成消费者角色，将写入操作线程看成生产者角色），如果启用了这个功能选项，那么 ArrayBlockingQueue 队列会分别保证多个生产者线程和多个消费者线程获取 ArrayBlockingQueue 队列操作权限的顺序——先请求操作的线程会先获得操作权限。ArrayBlockingQueue 队列的基本继承体系如图 9-2 所示。

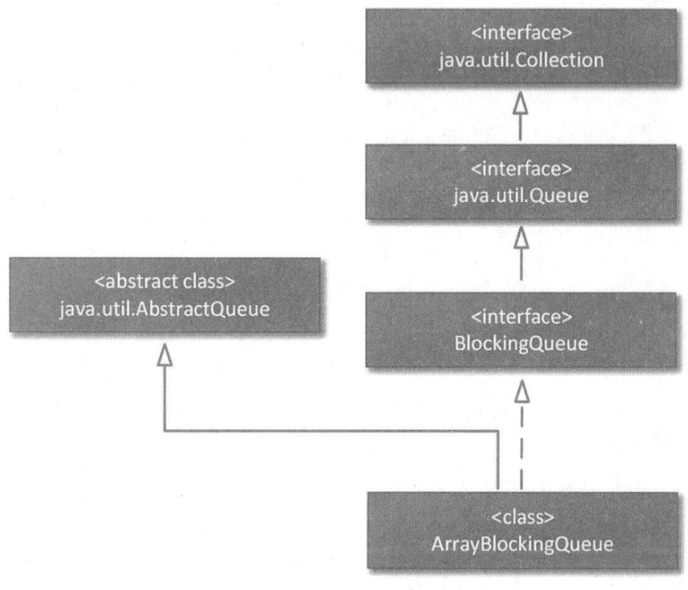

图 9-2

该队列的公平性策略实际上基于 ReentrantLock 类的公平模式，下面我们介绍几种使用 ArrayBlockingQueue 队列的基本场景。

9.2.1　ArrayBlockingQueue 队列的基本使用方法

```
// 此处代码省略
// 设置一个最大容量值为 5 的队列
ArrayBlockingQueue<String> queue = new ArrayBlockingQueue<>(5);
// add()方法是在 Queue 接口中定义的方法（BlockingQueue 接口中有重复的定义）
// 该方法没有阻塞线程的特性，如果 add()方法发现队列的容量已经达到上限，就会抛出异常
queue.add("1");
queue.add("2");
queue.add("3");
queue.add("4");
```

```
try {
  // put()方法是在BlockingQueue接口中声明的方式，它有阻塞线程的特性
  // 如果put()方法发现队列的容量达到上限，就会阻塞线程
  queue.put("5");
  // 也就是说，在该代码的工作位置，线程会进入阻塞状态
  queue.put("6");
} catch(InterruptedException e) {
  Thread.currentThread().interrupt();
  e.printStackTrace(System.out);
}
// 此处代码省略
```

上述源码展示了一种 ArrayBlockingQueue 队列在单线程工作场景中的使用方法。按照之前的相关介绍，本书并不推荐在单线程工作场景中使用实现了 BlockingQueue 接口的集合，在正式的业务编码活动中，完全可以使用 ArrayList 等集合代替。

1．在高并发场景中使用 ArrayBlockingQueue 队列

包括 ArrayBlockingQueue 队列在内的所有实现了 BlockingQueue 接口的队列，其典型的高并发场景是生产者和消费者操作场景——由一个或多个生产者线程生产数据对象，然后按照业务要求将数据对象放入队列中，并且由一个或多个消费者线程从队列中取出数据对象进行处理。不同的阻塞队列对生产者线程如何放入数据对象、数据对象在队列中如何排列、消费者线程如何取出数据对象的规则都有不同的设计特点。例如，ArrayBlockingQueue 队列对生产者线程如何放入数据对象的规定为，如果当前队列中没有多余的空间可供生产者线程向队列中添加数据对象，那么生产者线程可以进入阻塞状态，直到队列中有新的空间出现；在上述场景中，该队列会提供生产者线程直接抛出异常的处理方式。下面我们看一下在使用 ArrayBlockingQueue 队列时，生产者线程和消费者线程的源码。

- 生产者线程源码如下。

```
// 生产者线程源码非常简单，不用过多注释说明
public static class Producer implements Runnable {
  // 生产者线程生产的数据对象会被放入该队列
  private BlockingQueue<String> queue;
  public Producer(BlockingQueue<String> queue) {
    this.queue = queue;
  }
  @Override
  public void run() {
    String uuid = UUID.randomUUID().toString();
    int count = 0;
```

```
    while(count++ < Integer.MAX_VALUE) {
      // 如果不能添加到队列，则本生产者线程阻塞等待
      try { this.queue.put(uuid);}
      catch (InterruptedException e) { e.printStackTrace(System.out); }
    }
  }
}
```

● 消费者线程源码如下。

```
// 消费者线程源码也很简单，也不用过多注释说明
public static class Consumer implements Runnable {
  // 消费者线程会从该队列中取出数据对象进行处理
  private BlockingQueue<String> queue;
  public Consumer(BlockingQueue<String> queue) {  this.queue = queue; }
  @Override
  public void run() {
    int count = 0;
    while(count++ < Integer.MAX_VALUE) {
      try {
        String value = this.queue.take();
        // 这里省略处理过程
      } catch (InterruptedException e) {
        e.printStackTrace(System.out);
      }
    }
  }
}
```

以上给出的生产者线程源码和消费者线程源码适用于多种实现了 BlockingQueue 接口的队列，在后续内容中，不会再给出生产者线程源码和消费者线程源码。

● 启动消费者线程和生产者线程，源码如下。

```
// 此处代码省略
// 在正式编程过程中，建议使用线程池管理线程，而不是直接创建 Thread 对象
ThreadPoolExecutor serviceExecutor =
    new ThreadPoolExecutor(10, 10, 1000, TimeUnit.SECONDS, new
LinkedBlockingQueue<>());
// 这个队列主要用于承载连接生成者线程和消费者线程的数据关系，队列容量上限为 100
BlockingQueue<String> queue = new ArrayBlockingQueue<>(100);
// 提交 5 个生产者线程和 5 个消费者线程
serviceExecutor.submit(new Producer(queue));
serviceExecutor.submit(new Producer(queue));
serviceExecutor.submit(new Producer(queue));
```

```
// 省略一些重复代码
serviceExecutor.submit(new Consumer(queue));
serviceExecutor.submit(new Consumer(queue));
serviceExecutor.submit(new Consumer(queue));
// 此处代码省略
```

Java 中的原生线程池的使用方法并不在本书介绍的内容范围内（原生线程池也是基于 AQS 技术进行工作的），如果读者需要进行详细了解，可以查阅第三方资料。

2．使用 ArrayBlockingQueue 队列的公平性策略

在上一节的源码中，当队列中没有多余的存储空间时，所有生产者线程都会先后进入阻塞状态，并且在队列有空余位置时被唤醒，但是 ArrayBlockingQueue 队列并不保证线程唤醒的公平性，也就是说，**队列并不保证最先进入阻塞状态的生产者线程最先被唤醒**。

如果在一些特定的业务场景中，需要保证生产者线程和消费者线程的公平性原则，则需要启用 ArrayBlockingQueue 队列的公平性策略，方法如下。

```
// 此处代码省略
// if true then queue accesses for threads blockedon insertion or removal, are processed in FIFO order;
// if false the access order is unspecified.
BlockingQueue<String> queue = new ArrayBlockingQueue<>(100, true);
// 此处代码省略
```

ArrayBlockingQueue 队列向使用者提供的公平性策略和非公平性策略，依赖于前面介绍的 AQS 技术中的公平性策略和非公平性策略，不清楚的读者可以查阅第 7 章中的相关内容。

9.2.2 ArrayBlockingQueue 队列的工作原理

ArrayBlockingQueue 队列是一个可循环使用数组空间的有界阻塞队列，使用可复用的环形数组记录数据对象。其内部使用一个 takeIndex 变量表示队列头部（队列头部可以是数组中的任何有效索引位），使用一个 putIndex 变量表示队列尾部（队列尾部不是数组中的最后一个索引位）；从 takeIndex 到 putIndex 的索引位，是数组中已经放置了数据对象的索引位，从 putIndex 到 takeIndex 的索引位是数组中还可以放置新的数据对象的索引位，相关原理如图 9-3 所示。

根据图 9-3 可知，ArrayBlockingQueue 队列的数组是一个环形数组，该数组首尾相连。takeIndex 变量指向的索引位是下一个要取出数据对象的索引位，putIndex 变量指向的索引位是下一个要添加数据对象的索引位。为了支撑这个环形数组的工作，ArrayBlockingQueue 队列使用了很多辅助的变量信息。

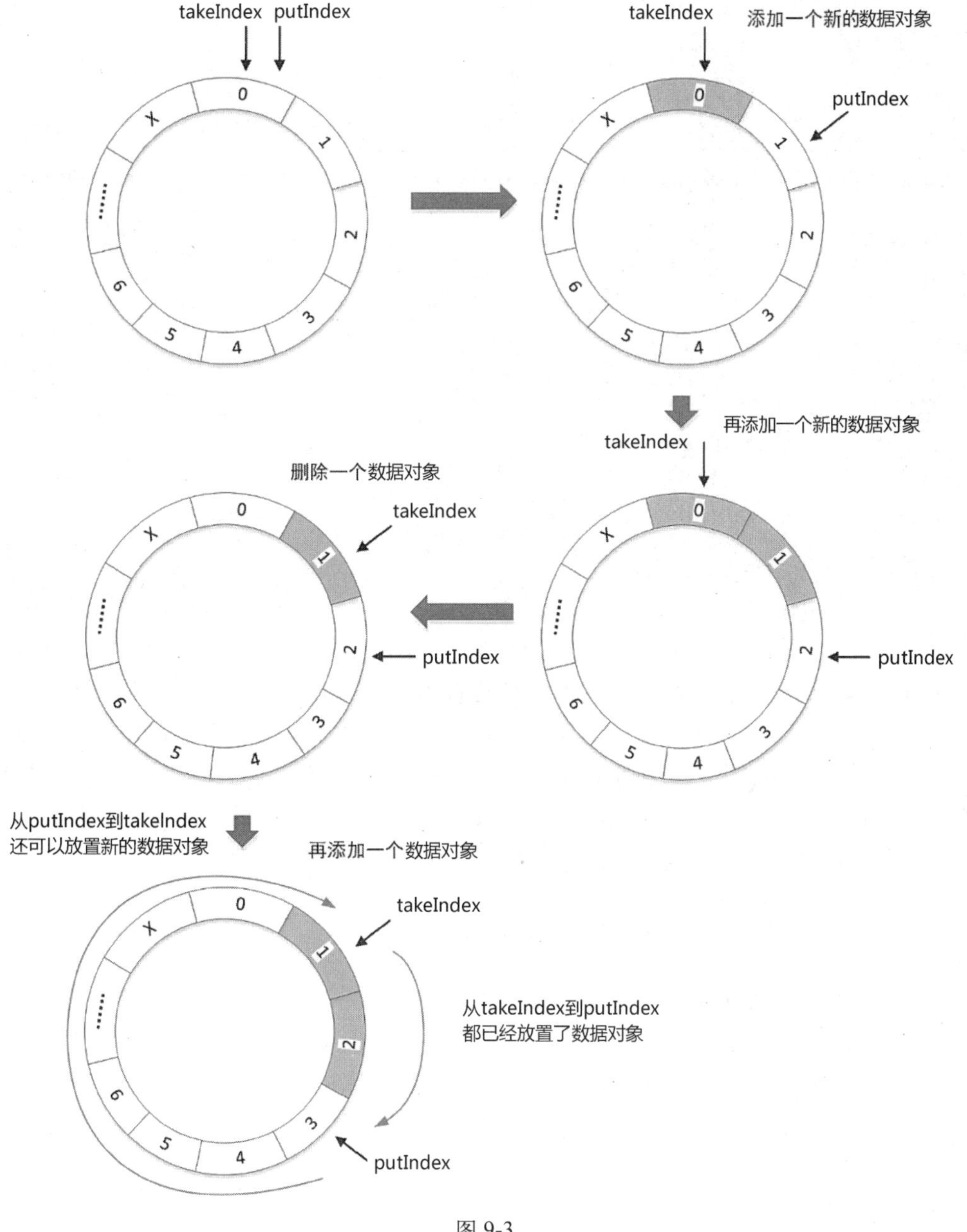

图 9-3

1. ArrayBlockingQueue 队列的主要属性

```
public class ArrayBlockingQueue<E> extends AbstractQueue<E>
  implements BlockingQueue<E>, java.io.Serializable {
  // 这个数组是 ArrayBlockingQueue 队列用于存储数据的数组
```

```
  final Object[] items;
  // 该属性记录的索引位是下一次从队列中移除的数据对象的索引位，
  // 这个移除操作方法可能是 take()方法、poll()方法、peek()方法或 remove()方法
  int takeIndex;
  // 该属性指向的索引位是下一次添加到队列中的数据对象的索引位，
  // 这个添加操作方法可能是 put()方法、offer()方法或 add()方法
  int putIndex;
  // 该属性表示当前在队列中的数据对象总量
  int count;
  // ArrayBlockingQueue 队列使用基于 AQS 技术的 ReentrantLock 类进行线程安全性控制，
  // 并且采用双条件控制方式对数据对象移除、添加操作进行交互控制
  final ReentrantLock lock;
  // 主要用于控制数据对象移除操作条件
  private final Condition notEmpty;
  // 主要用于控制数据对象添加操作条件
  private final Condition notFull;
  // ArrayBlockingQueue 队列的迭代器（以及后续几个队列的迭代器）
  transient Itrs itrs = null;
}
```

这里需要注意两个 Condition 对象，notEmpty 对象主要用于在 ArrayBlockingQueue 队列变为非空的场景中，进行生产者线程和消费者线程的协调工作，具体来说，是给消费者线程发送信号，告诉它们线程队列中又有新的数据对象可以取出了；notFull 对象主要用于在队列变为非满的场景中，进行生产者线程和消费者线程的协调工作，具体来说，是给生产者线程发送信号，告诉它们线程队列中又有新的索引位可以放置新的数据对象了。

两个 Condition 对象表示两个独立的 Condition 单向链表。

2. ArrayBlockingQueue 队列的入队和出队过程

在 ArrayBlockingQueue 队列中，负责向队列中添加数据对象的核心方法只有一个，就是 enqueue()方法；从队列中移除数据对象的核心方法也只有一个，就是 dequeue()方法。ArrayBlockingQueue 队列向外暴露的大部分操作方法，都对上述两个方法进行了封装调用，所以我们首先需要剖析这两个方法。

1）enqueue()方法。

```
public class ArrayBlockingQueue<E> extends AbstractQueue<E>
  implements BlockingQueue<E>, java.io.Serializable {
  // 此处代码省略
  // 该方法主要用于在 putIndex 变量指定的索引位上添加新的数据对象
  // 该方法内部虽然没有进行线程安全性操作，但是对该方法的调用者都有“持有锁”的要求：
  // Call only when holding lock.
  private void enqueue(E x) {
```

```
    final Object[] items = this.items;
    // 将入参 x 数据对象添加到指定的数组索引位上
    items[putIndex] = x;
    // 在添加数据对象后，如果下一个索引位超出了边界，则将 putIndex 重新指向 0 号索引位
    if (++putIndex == items.length) { putIndex = 0; }
    // 集合中数据对象总量的计数器 + 1
    count++;
    // 发出信号，帮助在集合为空时处于阻塞状态的线程（消费者线程）退出阻塞状态
    notEmpty.signal();
  }
  // 此处代码省略
}
```

根据上述源码可知，enqueue()方法的操作过程为，在 putIndex 指向的索引位上添加新的数据对象，并且将 putIndex 指向的索引位向后移动一位，如果在移动后超出了数组边界，则将 putIndex 重新指向 0 号索引位。

2）dequeue()方法。

```
public class ArrayBlockingQueue<E> extends AbstractQueue<E>
  implements BlockingQueue<E>, java.io.Serializable {
  // 此处代码省略
  // 该方法主要用于从 takeIndex 指向的索引位上移除一个数据对象
  // 该方法内部虽然没有进行线程安全性操作，但是对该方法的调用者都有“持有锁”的要求:
  private E dequeue() {
    final Object[] items = this.items;
    @SuppressWarnings("unchecked")
    E x = (E) items[takeIndex];
    // 将 takeIndex 指向的索引位上的数据对象设置为 null，以便帮助可能的 GC 动作
    items[takeIndex] = null;
    // 在移除数据对象后，如果下一个索引位超出了边界，则将 takeIndex 重新指向 0 号索引位
    if (++takeIndex == items.length) { takeIndex = 0; }
    // 集合中数据对象总量的计数器 - 1
    count--;
    // 如果存在迭代器（们），则迭代器也需要进行数据清理
    if (itrs != null) { itrs.elementDequeued(); }
    // 发出信号，帮助在集合已满时进入阻塞状态的线程（生产者线程）退出阻塞状态
    notFull.signal();
    return x;
  }
  // 此处代码省略
}
```

根据上述源码可知，dequeue()方法的操作过程为，将 takeIndex 指向的索引位上的数据对象移除，并且将 takeIndex 指向的索引位向后移动一位，如果在移动后超出数组边界，则

将 takeIndex 重新指向 0 号索引位。

enqueue()方法和 dequeue()方法都没有进行线程安全性控制，因此需要这两个方法的调用者自行控制线程的安全性。

3. ArrayBlockingQueue 队列的主要构造方法

ArrayBlockingQueue 队列一共有 3 个构造方法，源码如下。

```
public class ArrayBlockingQueue<E>
extends AbstractQueue<E> implements BlockingQueue<E>, java.io.Serializable {
  // 此处代码省略
  // 该构造方法可以指定一个 capacity 容量值，
  // 用于设置 ArrayBlockingQueue 队列中环形数组的最大容量，
  // 即 ArrayBlockingQueue 队列的最大容量
  // 注意：如果 capacity < 1，则会抛出异常
  public ArrayBlockingQueue(int capacity) { this(capacity, false); }

  // 该构造方法可以指定两个值，用于进行 ArrayBlockingQueue 队列的实例化
  // capacity：表示当前 ArrayBlockingQueue 队列的最大容量值
  // fair：表示是否启用公平锁方式，在默认情况下不启用
  public ArrayBlockingQueue(int capacity, boolean fair) {
    if (capacity <= 0) { throw new IllegalArgumentException(); }
    this.items = new Object[capacity];
    lock = new ReentrantLock(fair);
    notEmpty = lock.newCondition();
    notFull =  lock.newCondition();
  }

  // 该构造方法可以指定 3 个值，用于进行 ArrayBlockingQueue 队列的实例化
  // capacity：表示当前 ArrayBlockingQueue 队列的最大容量值
  // fair：表示是否启用公平锁方式，在默认情况下不启用
  // c：这是一个外部集合，这个集合不能为 null，否则会报错
  // 这些集合中的数据对象会按照特定的顺序被复制到 ArrayBlockingQueue 队列中
  public ArrayBlockingQueue(int capacity, boolean fair, Collection<? extends E> c) {
    this(capacity, fair);
    final ReentrantLock lock = this.lock;
    lock.lock();
    try {
      final Object[] items = this.items;
      int i = 0;
      try {
        for (E e : c) { items[i++] = Objects.requireNonNull(e);}
      } catch (ArrayIndexOutOfBoundsException ex) {
        throw new IllegalArgumentException();
```

```
      }
      count = i;
      putIndex = (i == capacity) ? 0 : i;
    } finally {
      lock.unlock();
    }
  }
  // 此处代码省略
}
```

ArrayBlockingQueue 队列中的方法，与其下的 Itr 迭代器和 Itrs 迭代器分组相比，要简单得多。这里只需要注意构造方法中创建的两个 Condition 控制对象，说明其处理逻辑中有两个独立工作的 Condition 单向链表。

notEmpty 对象主要用于在 ArrayBlockingQueue 队列中至少有一个数据对象的场景中，通知可能处于阻塞状态的消费者线程退出阻塞状态；notFull 对象主要用于在 ArrayBlockingQueue 队列中至少有一个空余的索引位可以放入新的数据对象时，通知可能处于阻塞状态的生产者线程退出阻塞状态。

4．ArrayBlockingQueue 队列的主要方法

ArrayBlockingQueue 队列实现了 java.util.concurrent.BlockingQueue 接口，ArrayBlockingQueue 队列中的主要方法与 BlockQueue 接口中的相应方法遵循相同的处理逻辑，区别点主要在于不能正常操作时的处理方式。下面选择几个具有代表性的操作方法进行介绍。

1）offer(E)方法。

根据官方描述，offer(E)方法的主要工作过程是将特定的数据对象添加到队列尾部，这个数据对象不能为 null。如果添加操作成功，则返回 true，否则返回 false。

```
public boolean offer(E e) {
  // 进行添加的数据对象，不能为 null
  Objects.requireNonNull(e);
  // 获取队列的操作权限
  final ReentrantLock lock = this.lock;
  lock.lock();
  try {
    // 如果条件成立，则说明 ArrayBlockingQueue 队列中已经没有多余的空间进行数据对象添加操作，
    // 返回 false
    if (count == items.length) { return false; }
    // 这个 else 表示有多余的空间进行数据对象添加操作
    else {
      // 使用 enqueue()方法添加新的数据对象，最后返回 true
      enqueue(e);
      return true;
```

```
    }
  } finally { lock.unlock(); }
}
```

2）put(E)方法。

和 offer(E)方法类似的还有 put(E)方法，二者的区别是，如果 ArrayBlockingQueue 队列不能（已经没有多余的空间）进行数据对象添加操作，那么 put(E)方法会使进行数据对象添加操作的线程（生产者线程）进入阻塞状态，直到这个线程被唤醒并能够进行数据对象添加操作为止。put(E)方法的源码如下。

```
public void put(E e) throws InterruptedException {
  Objects.requireNonNull(e);
  final ReentrantLock lock = this.lock;
  // 在获取当前队列的操作权后，才能进行后续操作
  lock.lockInterruptibly();
  try {
    // 如果条件成立，说明当前队列中已经没有空间进行数据对象添加操作，那么进入阻塞状态
    while (count == items.length) { notFull.await(); }
    // 使用 enqueue()方法进行数据对象添加操作
    enqueue(e);
  } finally { lock.unlock(); }
}
```

lock.lock()方法和 lock.lockInterruptibly()方法的区别，在之前介绍 AQS 时已经进行了说明，这里再做一次简单说明：lockInterruptibly()方法在获取锁之前会确认线程的 interrupt 中断信号（Thread.interrupted()），如果收到线程 interrupt 中断信号，则会抛出 InterruptedException 异常；而 lock()方法不会确认线程的 interrupt 中断信号。

3）take()方法。

使用 take()方法可以从 ArrayBlockingQueue 队列头部移除一个数据对象，如果当前 ArrayBlockingQueue 队列中已经没有数据对象可以移除，那么用于移除数据对象的线程（消费者线程）会进入阻塞状态。take()方法中实际移除数据对象的方法是前文中已经介绍过的 dequeue()方法，相关源码如下。

```
public E take() throws InterruptedException {
  final ReentrantLock lock = this.lock;
  lock.lockInterruptibly();
  try {
    while (count == 0) { notEmpty.await(); }
    return dequeue();
  } finally {
    lock.unlock();
  }
}
```

5. 另一种类似实现——Disruptor

通过对 ArrayBlockingQueue 队列的分析可知，ArrayBlockingQueue 队列主要依靠基于 AQS 的悲观锁进行工作，为了避免竞争，其读/写操作都采用同一把锁进行控制，也就是说，读/写操作都需要互相等待。

在学习了 Java 中关于乐观锁和悲观锁的实现，了解了 AQS、Object Monitor 如何完成悲观锁的工作、如何借助 CAS 的支持进行乐观锁的实现后，能否对 ArrayBlockingQueue 队列在性能方面做出改进思考呢？我们首先来分析一下，可以有哪些明显的改进点。

- 虽然 ArrayBlockingQueue 队列主要采用基于 AQS 的悲观锁进行实现，但也有可以借鉴的设计思路。例如，为了充分利用有限的存储空间，ArrayBlockingQueue 队列采用了一种环状数组，就是值得借鉴的。
- ArrayBlockingQueue 队列的锁的控制粒度较为粗放（较大），使用一把锁控制所有读/写操作，锁的粒度可以再优化。例如，在进行写操作时，多个线程对于写操作的冲突点是某个索引位是否能进行写操作，是分配给线程 A 进行写操作，还是分配给线程 B 进行写操作。
- 在写操作线程分配到各自的数据对象索引位后，后续负责记录集合中现有数据对象总量的属性 count 可能会成为操作瓶颈，要么再加锁，让这些线程依次完成计数；要么找到一种方式，让多个写操作线程可以同时完成工作（如 ConcurrentHashMap 集合采用的相关设计思路就很好）。
- 既然锁的粒度可以进行细化，那么是否可以采用基于 CAS 的乐观锁替换悲观锁的工作机制，使以上所有操作基于原子性变成可以全部同时执行的效果。

对于读操作，多个读操作不会使用一把锁进行互斥控制，并且多个读操作是可以同时进行的，只需保证读操作是在环状数组中稳定的索引区域读取数据。

注意：如果弃用基于悲观锁的实现，而改用基于乐观锁的实现，那么在关键场景中，程序员需要通过自旋或临时降低线程优先级的方式对将要发生的事情进行性能保证。例如，某线程的某次 CAS 失败，但是发现集合正处于临界状态，这时最好的解决方法并不是让出操作权，而是让线程在自旋一下后立即进入下一次乐观锁重试操作。这种技巧在 ConcurrentHashMap 集合中有大量应用，在后续介绍的集合中也会有大量应用。最后，如果能解决高速缓存切换时的伪共享问题，那么性能会更好。

2011 年，LMAX 公司发布了一款用于高并发场景中的队列——Disruptor，该队列针对以上改进点对 ArrayBlockingQueue 队列进行了优化，将基于悲观锁的操作优化为基于乐观锁的操作，并且在多个设计细节上进行了调整。使用 Disruptor 队列可以覆盖

ArrayBlockingQueue 队列的使用场景，并且前者性能比后者性能提高了 5～8 倍，在国内大部分公司的生产环境中，Disruptor 队列都有广泛应用。Disruptor 队列的使用示例代码如下。

```
    // 第 1 个参数 eventFacotry：数据对象工厂
    // 第 2 个参数 ringBufferSize：集合大小
    // 第 3 个参数 executor：线程池（这里默认读者清楚线程池的知识）
    // 第 4 个参数 ProducerType：生产者线程类型（有多种）
    // 第 5 个参数 waitStartegy：消费者线程等待策略（有多种）
    Disruptor<OrderEvent> disruptor =
    new Disruptor<>(EventFactory,ringBufferSize,executor, ProducerType.SINGLE,new
BlockingWaitStrategy());
    // 设置消费者线程处理器
    disruptor.handleEventsWith(new OrderEventHandler());
    // 启动集合，让其主导消费者线程和生产者线程间的数据协作
    disruptor.start();

    // 此处代码省略
```

9.3 Queue 集合实现——LinkedBlockingQueue

上一节介绍的 ArrayBlockingQueue 队列，已经具有了其他支持高并发工作场景的 Queue 集合的大部分设计特点。

- 大部分阻塞队列会通过 Condition 控制条件（如对 notEmpty 和 notFull 进行判定）协调对生产者线程和消费者线程的控制。但也有例外，阻塞队列 LinkedTransferQueue 可以直接通过基于 CAS 的乐观锁对生产者线程和消费者线程进行控制，这主要和 LinkedTransferQueue 队列的工作场景有关。
- 大部分队列都通过类似于 count 的属性记录队列中的数据对象总量。有界队列需要通过 capacity 等属性记录队列的容量上限；而无界队列对于容量的记录要求相对较宽松，甚至没有直接记录容量上限的属性。
- 大部分具有线程安全性的阻塞队列可以通过 ReentrantLock 对象保证线程安全性（基于 AQS 的悲观锁方式），但也有具有线程安全性的队列使用 CAS 的乐观锁保证线程安全性。
- 为了保证多线程操作场景中多个迭代器的工作稳定性，这些队列结构中的迭代器都做了较复杂的设计，其中 ArrayBlockingQueue 队列的迭代器具有较强的代表性。

- 为了保证设计思路的可靠性，Java 原生的线程安全队列涉及的数据结构只有几种：数组、链表（单向链表、双向链表）、树（如小顶堆）。这样做的原因主要是这些数据结构在某个或多个工作场景中有较好的稳定性；这样做的目的主要是承接基础 JCF 的设计思想，以及保证使用者对工作原理的理解具有继承性。

基于介绍 ArrayBlockingQueue 队列时的设计共性，本节介绍另一个重要的阻塞队列——LinkedBlockingQueue。LinkedBlockingQueue 队列是一种内部基于链表，应用于高并发场景中的阻塞队列，而且该队列可以依据初始化时的传入参数，在有界队列和无界队列的工作模式之间进行切换。LinkedBlockingQueue 队列的基本内部结构如图 9-4 所示。

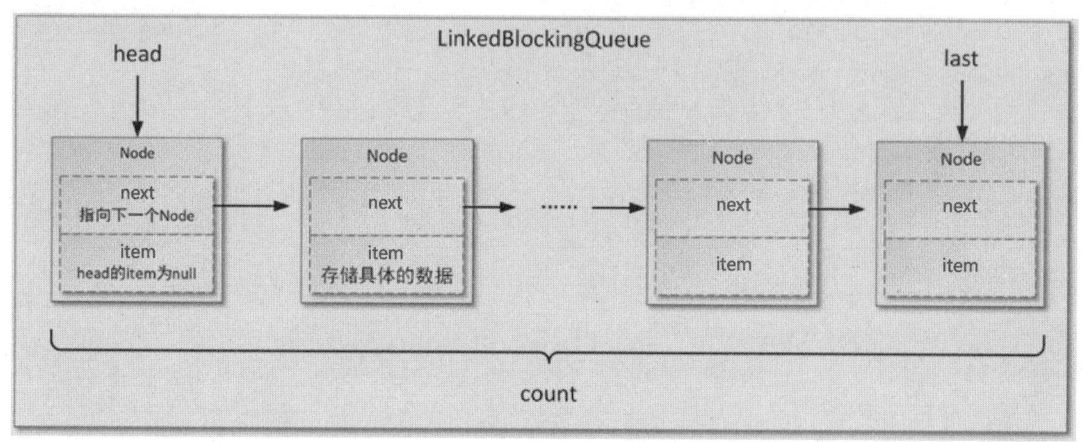

图 9-4

即使读者没有接触过 LinkedBlockingQueue 队列的源码，以上图示也非常容易理解。需要注意的是，LinkedBlockingQueue 队列的头节点中的 item 属性不存储数据对象。

9.3.1 LinkedBlockingQueue 队列的重要属性

根据图 9-4 可知，LinkedBlockingQueue 队列通过一个单向链表存储数据对象，其中的 head 属性指向单向链表的头节点，last 属性指向单向链表的尾节点，capacity 属性表示 LinkedBlockingQueue 队列的容量上限。LinkedBlockingQueue 队列中的重要属性如下。

```
public class LinkedBlockingQueue<E>
  extends AbstractQueue<E> implements BlockingQueue<E>, java.io.Serializable {
  // 此处代码省略
  // 该属性表示当前 LinkedBlockingQueue 队列的容量上限，
  // 如果在初始化 LinkedBlockingQueue 队列时没有设置，就默认为 Integer.MAX_VALUE
```

```
    // 此时，可以将 LinkedBlockingQueue 队列看作一个无界队列使用
    private final int capacity;
    // 当前 LinkedBlockingQueue 队列中的数据对象总量，使用基于 CAS 技术的 AtomicInteger 的原因是，
    // LinkedBlockingQueue 队列的读/写操作分别由两个独立的可重入锁进行控制
    private final AtomicInteger count = new AtomicInteger();
    // head 指向单向链表的头节点。注意：head 不会为 null
    transient Node<E> head;
    // last 指向单向链表的尾节点。注意：laset 也不会为 null
    // 有的时候 head 属性和 last 属性可能指向同一个节点
    private transient Node<E> last;
    // 这个可重入锁主要用于保证取出数据对象时的安全性，保证类似于 take()、poll()的方法的操作正确性
    private final ReentrantLock takeLock = new ReentrantLock();
    // 这个 Condition 对象会在队列中至少有一个数据对象时进行通知
    @SuppressWarnings("serial")
    private final Condition notEmpty = takeLock.newCondition();
    // 这个可重入锁主要用于保证添加数据对象时的安全性，保证类似于 put()、offer()的方法的操作正确性
    private final ReentrantLock putLock = new ReentrantLock();
    // 这个 Condition 对象会在队列中至少有一个空闲的可添加数据对象的索引位时进行通知
    @SuppressWarnings("serial")
    private final Condition notFull = putLock.newCondition();
    // 此处代码省略
    // 这是一个 Node 节点的定义，其中包括两个属性：
    // item：主要用于存储当前节点引用的数据对象（可能为 null）
    // next：主要用于指向当前节点的后置节点（可能为 null）
    static class Node<E> {
      E item;
      Node<E> next;
      Node(E x) { item = x; }
    }
    // 此处代码省略
}
```

在阅读了 ArrayBlockingQueue 队列的源码后，以上源码片段是不是有一种似曾相识的感觉？这是因为这两种 BlockingQueue 队列的基本设计思路是相似的。根据以上源码片段可知，后者和前者的区别，除了一个使用单向链表结构，一个使用数组结构，还有一个区别是，LinkedBlockingQueue 队列中有两个可重入锁（putLock 属性和 takeLock 属性），分别用于控制数据对象添加过程和数据对象移除过程在并发场景中的正确性，**换句话说，LinkedBlockingQueue 队列的数据对象添加过程和数据对象移除过程是不冲突的**，如图 9-5 所示。

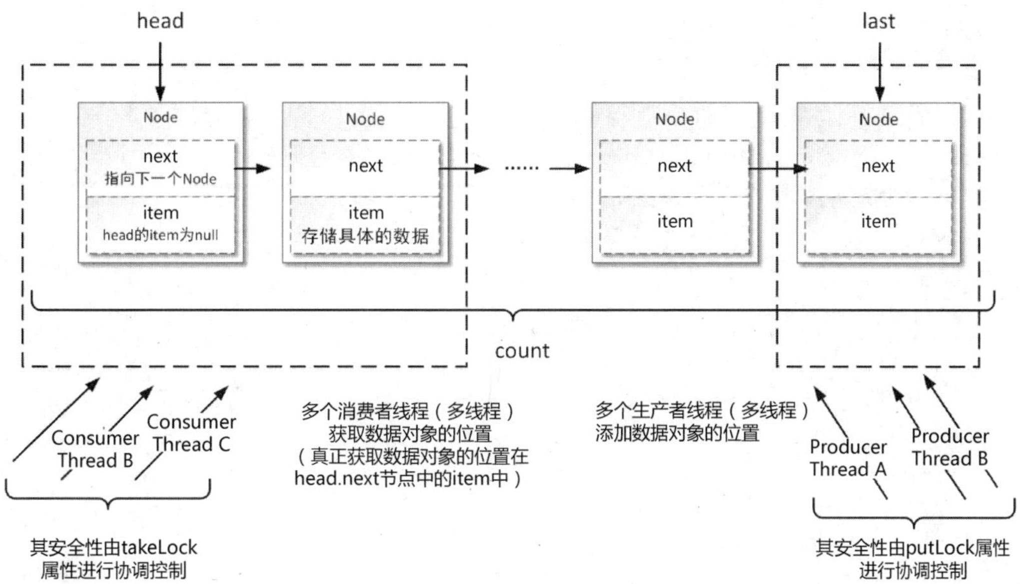

图 9-5

9.3.2 LinkedBlockingQueue 队列的构造方法

LinkedBlockingQueue 队列一共有 3 个可用的构造方法，源码片段如下。

```
public class LinkedBlockingQueue<E>
  extends AbstractQueue<E> implements BlockingQueue<E>, java.io.Serializable {
  // 这是默认的构造方法，其中调用了 LinkedBlockingQueue(int)构造方法
  // 设置 LinkedBlockingQueue 队列的容量上限为 Integer.MAX_VALUE（相当于无界队列）
  public LinkedBlockingQueue() { this(Integer.MAX_VALUE); }
  // 该构造方法可以由调用者设置 LinkedBlockingQueue 队列的容量上限
  // 如果设置的容量上限小于或等于 0，则会抛出异常
  public LinkedBlockingQueue(int capacity) {
    if (capacity <= 0) { throw new IllegalArgumentException();}
    this.capacity = capacity;
    // 为 LinkedBlockingQueue 队列初始化一个单向链表，
    // 单向链表中只有一个 Node 节点，并且这个节点没有 item 数据
    last = head = new Node<E>(null);
  }
  // 该构造方法在完成 LinkedBlockingQueue 队列的初始化操作后，
  // 将一个外部集合 c 中的数据对象添加到 LinkedBlockingQueue 队列中
  // 集合 c 不能为 null，否则会抛出异常；集合 c 中被取出的数据对象也不能为 null，否则同样会抛出异常
  public LinkedBlockingQueue(Collection<? extends E> c) {
    // 进行 LinkedBlockingQueue 队列默认的初始化过程
```

```
    this(Integer.MAX_VALUE);
    final ReentrantLock putLock = this.putLock;
    // 获取添加操作的操作权
    // 注意：由于是对象的实例化过程，因此这里实际上不会有操作权抢占的问题
    // 但是出于对整个 LinkedBlockingQueue 队列相关操作规范性和代码可读性的考虑，这个操作是必要的
    putLock.lock();
    try {
      int n = 0;
      for (E e : c) {
        // 从外部集合 c 中取出的数据对象不能为 null
        if (e == null) { throw new NullPointerException(); }
        // 这条代码可避免外部集合 c 中的数据对象总量大于 Integer.MAX_VALUE 的值
        // 基本上不会出现这种情况，但还是进行了限制
        if (n == capacity) { throw new IllegalStateException("Queue full"); }
        // 依次进行数据对象添加操作
        // enqueue()方法和 dequeue()方法，下文中将立即进行介绍
        enqueue(new Node<E>(e));
        ++n;
      }
      // n 代表在初始化操作完成后，LinkedBlockingQueue 队列中的数据对象总量
      // 将 LinkedBlockingQueue 队列中的数据对象总量值赋给 count 属性（该属性的类型是
AtomicInteger）
      count.set(n);
    } finally {
      putLock.unlock();
    }
  }
}
```

在 LinkedBlockingQueue 队列完成实例化后，最常见的情况（无须依据外部集合对 LinkedBlockingQueue 队列中的数据对象进行初始化的情况）如图 9-6 所示。

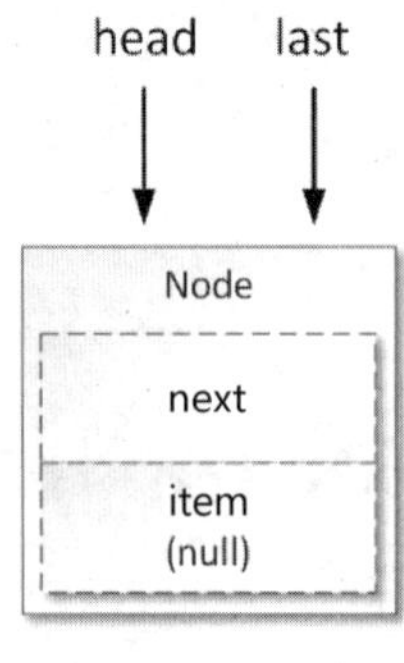

图 9-6

实例化过程实际上就是初始化 head 属性、last 属性的过程——这两个属性会引用同一个 Node 节点。此时 LinkedBlockingQueue 队列中只有一个 Node 节点，并且该节点的 item 属性值为 null。**在后续操作中，LinkedBlockingQueue 队列会保证最前面的 Node 节点的 item 属性值一直为 null。**

9.3.3　入队操作和出队操作

LinkedBlockingQueue 队列的数据对象入队操作和数据对象出队操作是基于两个私有方法进行的，这两个私有方法分别是 enqueue()方法和 dequeue()方法。在调用这两个私有方法前，调用者必须获取队列操作权。

1．入队操作方法 enqueue(Node)

```
// 该私有方法主要用于进行数据对象入队操作，
// 即在当前队列尾部（last 指向的节点之后）添加一个新的 Node 节点
// 该方法的调用者需要满足两个前提条件：
// 1. 外部调用者所在线程必须已经获取了 putLock 锁对象的独占操作权
// 2. 当前 last 节点的 next 属性值为 null
private void enqueue(Node<E> node) {
  // 只有这一条代码
  last = last.next = node;
}
```

enqueue(Node)方法中只有一条代码，主要过程如下：首先将传入的 node 节点引用至当前 last 节点的后置节点（next 属性引用的节点），然后将 last 属性的引用位置向后移动，如图 9-7 所示。

2．出队操作方法 dequeue()

在 LinkedBlockingQueue 队列使用的单向链表中，其 head 属性引用的 Node 节点的 item 属性都为 null。为了保持这样的结构特点，LinkedBlockingQueue 队列中的 dequeue()方法比 enqueue(Node)方法稍微复杂一点。

```
// 该方法主要用于进行数据对象出队操作，即将当前队列头部的数据对象移出队列
// 该操作同样需要满足两个前提条件：
// 1. 外部调用者所在线程必须已经获取了 takeLock 锁对象的独占操作权
// 2. 当前 head 节点的 item 属性值为 null
private E dequeue() {
  // 需要新创建两个局部变量，用于指向 head 节点和 head 节点的后置节点（后者可能为 null）
  Node<E> h = head;
  Node<E> first = h.next;
```

```
// 将 head 节点的后置节点引用（head.next 属性的引用）指向自己，用于帮助进行垃圾回收
// 这种引用方式还可以帮助迭代器进行校验的处理过程
  h.next = h;
  // 将当前 head 的位置向后移动
  head = first;
// 从局部变量 first 所指向 Node 节点中移除本次要出队的数据对象，
// 并且让该 Node 节点成为下一个 head 节点
  E x = first.item;
  first.item = null;
  // 返回移除的数据对象
  return x;
}
```

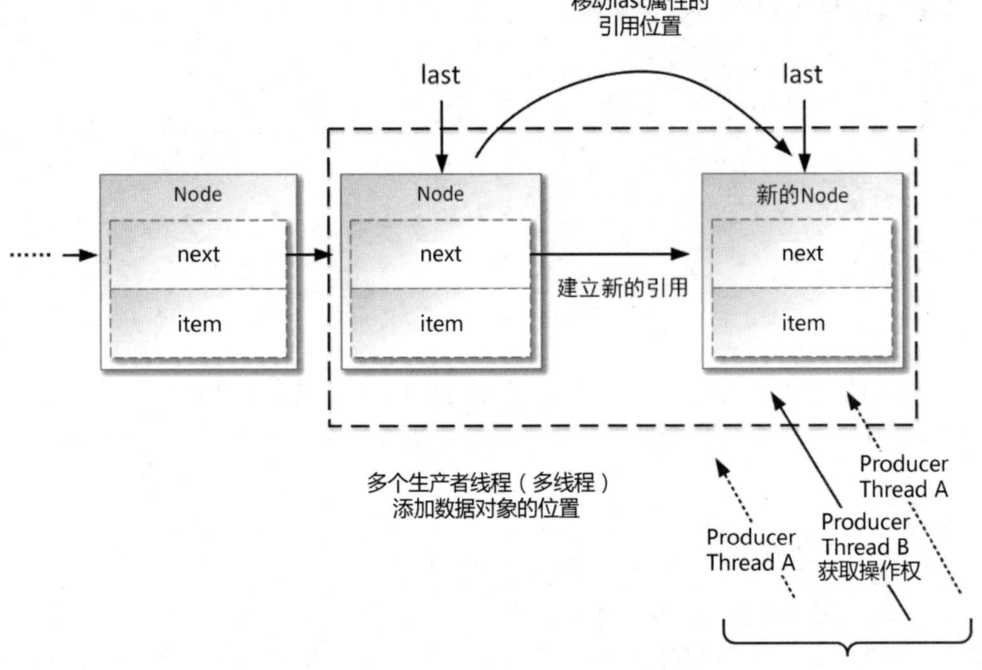

图 9-7

dequeue()方法的上述操作过程如图 9-8 所示。

这里重点说明一下代码“h.next = h”，根据字面意思可知，这条代码主要用于将 head.next 属性引用的节点指向 head 节点本身，也就是指向当前队列中的第一个节点（头节点）。

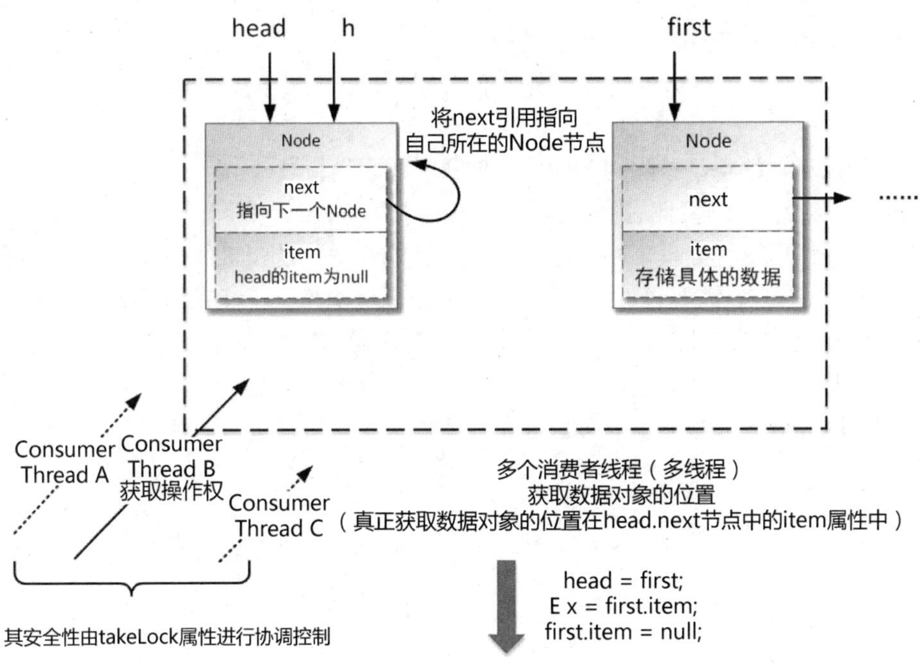
head
h
first
Node
next
指向下一个Node
item
head的item为null
将next引用指向
自己所在的Node节点
Node
next
item
存储具体的数据
……
Consumer
Thread A
Consumer
Thread B
获取操作权
Consumer
Thread C
多个消费者线程（多线程）
获取数据对象的位置
（真正获取数据对象的位置在head.next节点中的item属性中）
其安全性由takeLock属性进行协调控制
head = first;
E x = first.item;
first.item = null;

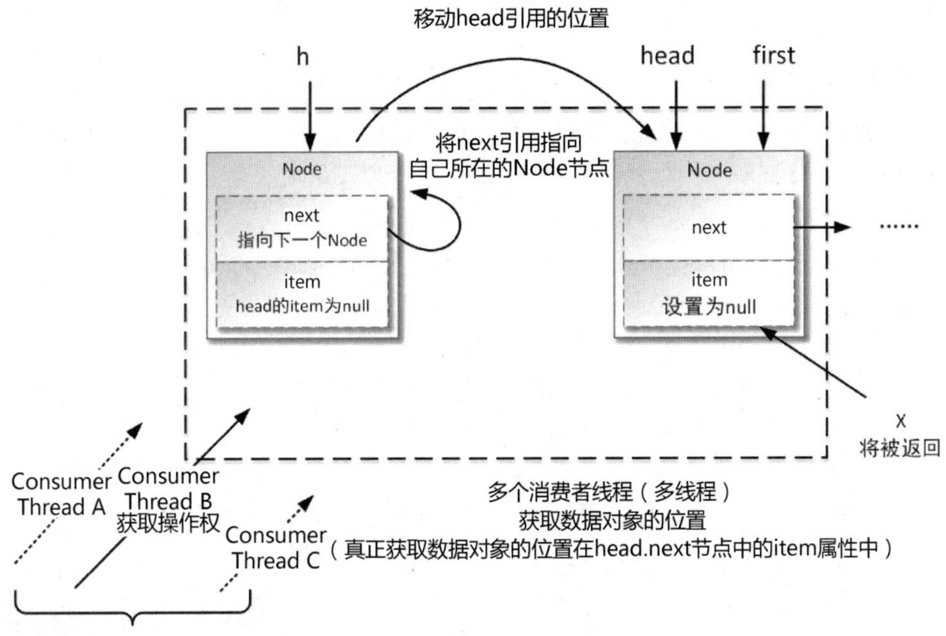
移动head引用的位置
h
head
first
Node
next
指向下一个Node
item
head的item为null
将next引用指向
自己所在的Node节点
Node
next
item
设置为null
……
X
将被返回
Consumer
Thread A
Consumer
Thread B
获取操作权
Consumer
Thread C
多个消费者线程（多线程）
获取数据对象的位置
（真正获取数据对象的位置在head.next节点中的item属性中）
其安全性由takeLock属性进行协调控制

图 9-8

我们知道，如果需要垃圾回收器在下一个回收周期清理某个对象，那么一般将该地址上的所有对象引用设置为 null。如果当前对象已经没有强引用可达，那么垃圾回收器会回收这个对象（可达性是判定垃圾回收器是否回收对象的主要依据，读者可以自行查阅相关资料）。

这里为什么不直接将已移除的 Node 节点的 next 属性设置为 null，而将 next 属性引用至自身 Node 节点呢？首先可以肯定的是，在这种引用方式下，Node 节点仍然会被垃圾回收器回收掉。之所以这样处理，主要是因为这时可能有迭代器在工作，而迭代器正好遍历或即将遍历 Node 节点，需要告诉迭代器 Node 节点已经失效，不能在后续的遍历中将当前 Node 节点返回给迭代器的使用者，并且重新修正迭代器。具体的判定代码如下（后面还会进行较详细讲解）：

```
//此处代码省略
Node<E> succ(Node<E> p) {
  if (p == (p = p.next)) { p = head.next; }
  return p;
}
//此处代码省略
```

9.3.4 LinkedBlockingQueue 队列的主要方法

1. put(E)方法

使用 put(E)方法可以在 LinkedBlockingQueue 队列的尾部添加一个新的数据对象，如果 LinkedBlockingQueue 队列中的数据对象总量已经达到了最大容量，则该方法会被阻塞。put(E)方法的执行逻辑有以下 3 个核心点。

- 该方法和 LinkedBlockingQueue 队列中其他数据对象添加方法的工作原理类似，都必须先获得 putLock 锁对象的独占操作权，才能进行实际的添加操作。
- 其二，添加过程的主要逻辑是调用前面介绍过的 enqueue(E)方法。
- 其三，如果在添加过程中发现 LinkedBlockingQueue 队列中已经没有多余的容量用于存储数据对象，则通过 notFull Condition 控制让当前线程进入阻塞状态（parking_waiting）。
- put(E)方法的源码片段如下。

```
public void put(E e) throws InterruptedException {
  // 要添加的数据对象不能为 null
  if (e == null) {throw new NullPointerException();}
  final int c;
  // 这个新创建的节点 node，就是要添加到队列尾部的 Node 节点
  // 其中的 item 属性引用了要添加的新数据对象 e
  final Node<E> node = new Node<E>(e);
```

```
    final ReentrantLock putLock = this.putLock;
    // 计数器一定要使用遵循 CAS 原则的 AtomicInteger,
    // 主要是因为 putLock 和 takeLock 是相对独立的
    final AtomicInteger count = this.count;
    putLock.lockInterruptibly();
    try {
      // 如果当前条件成立，则说明队列中的数据对象数量已经达到最大值
      // 这时不能再添加新的数据对象了，通过 notFull Condition 使当前线程进入阻塞状态
      while (count.get() == capacity) { notFull.await(); }
      // 使用 enqueue()方法进行入队操作,
      // 该方法已在之前内容中进行了详细介绍，这里不再赘述
      enqueue(node);
      // 在添加数据对象后，获取当前数据对象的容量计数器的值，然后将计数器的值+1
      // 如果在本次数据对象添加操作完成后，操作队列仍然可容纳多个数据对象,
      // 则唤醒可能还处于阻塞状态的有数据对象添加操作需求的其他线程
      c = count.getAndIncrement();
      if (c + 1 < capacity) {notFull.signal();}
    } finally {
      // 无论本次添加操作是否成功，都要释放操作权限
      putLock.unlock();
    }

    // 如果在添加成功前，队列中的数据对象总量为 0,
    // 那么代码运行到这里，在通常情况下队列中至少有一个数据对象了
    // 这时唤醒之前有移除数据对象操作需求的消费者线程，使其退出阻塞状态
    // 后续会介绍为什么是“在通常情况下”
    if (c == 0) { signalNotEmpty(); }
  }
```

- count.get() == capacity。

count 是一个 AtomicInteger 对象，这条代码实际上是有问题的，因为在进入 put(E)方法时和在调用 count.get()方法时，count 对象的计数值可能发生了变化，这是因为使用 take()、pull()等用于移除数据对象的方法会导致 count 对象的计数值发生变化。但实际上这种变化并不会影响这里的判定目标，因为在前面提到的方法中，计数器变化都是使数值减少的变化。而可能导致 count 对象的计数值增加的变化，都是使用 put(E)、offer(E)等添加数据对象的方法导致的，并且这些方法都受 putLock 的控制。

- 源码片段最后的“c == 0”判定条件。

在上述源码片段中，本书标注判定条件“c = = 0”的注释时，使用了“在通常情况下”，这是因为 LinkedBlockingQueue 队列中的数据对象添加操作和数据对象移除操作是由两个独立的可重入锁控制的，并且这两种操作共享同一个 AtomicInteger 计数器。所以在对条件“c = = 0”进行判定时，LinkedBlockingQueue 队列中的实时数据对象总量可能已经不等于 c

变量的值了。但是这同样不影响该判定式所要达到的工作目的。

为什么 LinkedBlockingQueue 队列中的计数器采用的是 AtomicInteger 计数器，而不是类似于 ConcurrentHashMap 集合中的“计数盒子”呢？根本原因是 LinkedBlockingQueue 队列采用的是基于 AQS 的悲观锁实现，它的计数器的并发操作量不大，最多是两个线程，所以完全没有必要采用“计数盒子”。

2. take()方法

使用 take()方法可以从 LinkedBlockingQueue 队列头部移除数据对象，但实际上移除的 Node 节点是最接近头节点的第二个 Node 节点。如果 LinkedBlockingQueue 队列中已经没有可以移除的 Node 节点，那么调用该方法的线程会进入阻塞状态，直到收到可进行数据对象移除操作的通知。

该方法也涉及三个核心要点：该方法在工作时，必须基于 takeLock 获得操作权；数据对象移除操作的主要逻辑是调用上面介绍的 dequeue()方法；如果队列中已无数据对象可取，那么当前调用该方法的线程会进入阻塞状态。take()方法的源码片段如下。

```
public E take() throws InterruptedException {
  final E x;
  final int c;
  final AtomicInteger count = this.count;
  final ReentrantLock takeLock = this.takeLock;
  takeLock.lockInterruptibly();
  // 基于 takeLock 成功获取操作权后，开始执行以下代码
  try {
    // 如果条件成立，说明当前 LinkedBlockingQueue 队列中没有数据对象可以移除
    // 那么当前进行数据对象移除操作的线程会进入阻塞状态
    while (count.get() == 0) { notEmpty.await(); }
    // 使用 dequeue()方法移除 LinkedBlockingQueue 队列中的 Node 节点
    // 前面已经对 dequeue()方法进行了详细介绍，这里不再赘述，x 就是要被返回的数据对象
    x = dequeue();
    // 获取当前计数器的值，并且将计数器的值-1
    c = count.getAndDecrement();
    // 如果取得的计数器值大于 1，则通知可能处于阻塞状态的有移除数据对象需求的线程，使其退出阻塞状态
    if (c > 1) { notEmpty.signal(); }
  } finally {
    // 无论本次数据对象添加操作是否成功，都要释放操作权
    takeLock.unlock();
  }
  // 如果在进行数据对象移除操作时，获得队列中数据对象总量计数器的值 c,
  // 则说明已经达到队列的容量上限
  // 这通常说明在本次数据对象移除操作成功后，队列中至少空出来一个位置，用于存放新的数据对象
```

```
  // 基于putLock，发送通知给可能处于阻塞状态的有添加数据对象需求的线程，使其退出阻塞状态
  if (c == capacity) { signalNotFull(); }
  // 最后向调用者返回本次的移除的数据对象
  return x;
}
```

take()方法和 put(E)方法虽然功能相斥，但有类似的工作思路。

- 数据对象移除操作和数据对象添加操作都需要获取相应的操作权限才能进行。数据对象移除操作必须先通过 takeLock 对象获取相应的操作权限，数据对象添加操作必须先通过 putLock 对象获取相应的操作权限。
- 数据对象移除操作和数据对象添加操作的核心处理逻辑分别由一个私有方法进行控制，分别是 dequeue()方法和 enqueue(Node)方法。
- 在数据对象移除操作和数据对象添加操作完成后，会互相进行通知。例如，在数据对象移除操作完成后，都会通知可能被阻塞的生产者线程，可以继续进行生产；在数据对象添加操作完成后，都会通知可能被阻塞的消费者线程，可以继续进行数据对象移除操作。

3．iterator 迭代器

LinkedBlockingQueue 队列的迭代器要保证在多线程并发场景中稳定工作，并且正常、正确地进行数据对象遍历操作。LinkedBlockingQueue 队列的迭代器设计充分考虑了 LinkedBlockingQueue 队列的多个关键的结构特点，也充分考虑了对 fail-fast 机制的匹配。例如，基于这些考虑，LinkedBlockingQueue 队列的迭代器需要在遍历每个数据对象前，修正迭代器的各种定位情况。

1）LinkedBlockingQueue 队列中 iterator 迭代器的构造方法。

迭代器 Itr 的构造方法和主要属性如下。

```
// 此处代码省略
private class Itr implements Iterator<E> {
  // 该属性引用了在下一次执行next()方法时，被遍历的Node节点
  private Node<E> next;
  // 该属性引用了在下一次执行next()方法时，调用者将获得的数据对象信息
  private E nextItem;
  // 该属性引用了之前最后一次（上一次）执行next()方法时，被遍历的Node节点
  private Node<E> lastRet;
  // 该属性主要在迭代器的remove()方法中使用，用于帮助处理过程断开lastRef属性所引用的Node节点
  private Node<E> ancestor;
  // 这是LinkedBlockingQueue队列的迭代器Itr的构造方法
  Itr() {
    fullyLock();
    try {
```

```
      // 代码片段很简单，将 LinkedBlockingQueue 队列的 head.next 属性引用的 Node 节点
      // 赋值给迭代器的 next 属性，作为第一次运行 next()方法时 next 属性引用的 Node 节点
      // 如果 next 属性在进行赋值操作后不为 null，则需要设置 nextItem 属性
      if ((next = head.next) != null) { nextItem = next.item; }
    } finally {
      fullyUnlock();
    }
  }
  // 通过 putLock 和 takeLock,
  // 同时获取 LinkedBlockingQueue 队列的数据对象添加操作和数据对象移除操作的操作权
  void fullyLock() {
    putLock.lock();
    takeLock.lock();
  }
}
// 此处代码省略
```

以上源码片段没有太多需要单独介绍的内容，其主要作用是在迭代器实例化后，为第一次调用 hasNext()方法或 next()方法准备正确的数据状态，其操作结果如图 9-9 所示。

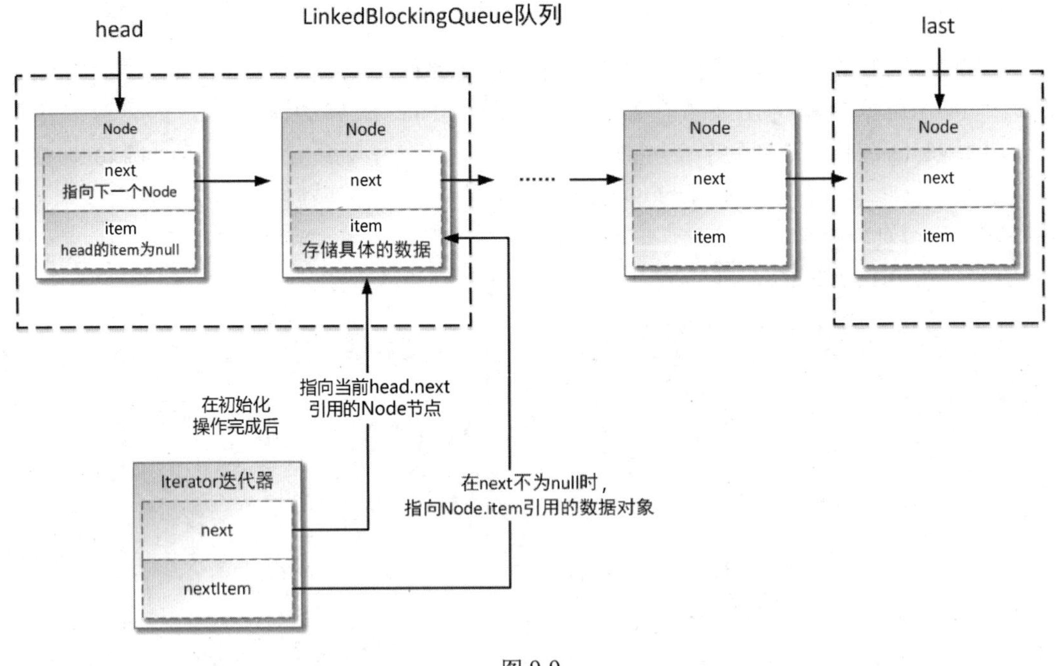

图 9-9

注意：图 9-9 展示了当 LinkedBlockingQueue 队列中至少有一个数据对象（head 节点之后至少有一个 Node 节点）时的初始化场景。而当 LinkedBlockingQueue 队列中没有任何数

据对象时，Iterator 迭代器的 next 属性和 nextItem 属性都为 null。

2）iterator 迭代器的 hasNext()方法和 next()方法。

hasNext()方法和 next()方法通常是配合使用的，所以本书同时介绍两个方法，相关源码片段如下。

```
// 此处代码省略
// 该方法主要用于判定 Node 节点是否是一个自引用的节点
// 如果是，则修正 p 变量的引用到队列的 head.next 引用的位置
// 实际上就是修正 p 变量引用的位置
Node<E> succ(Node<E> p) {
  if (p == (p = p.next)) { p = head.next; }
  return p;
}
private class Itr implements Iterator<E> {
  // 此处代码省略
  // hashNext()方法判定迭代器是否有遍历的数据对象的依据很简单，
  // 就是看迭代器的 next 属性是否为 null
  public boolean hasNext() { return next != null; }
  // 每一次调用 next()方法，
  // 迭代器 Itr 都会对 LinkedBlockingQueue 队列中下一个 Node 节点进行遍历操作
  public E next() {
    Node<E> p;
    // 为了不会抛出该异常，在每一次调用 next()方法前，
    // 都需要先调用 hasNext()方法或进行和 hasNext()方法类似的确认
    if ((p = next) == null) { throw new NoSuchElementException(); }
    // 局部变量 p 就是这次调用 next()方法要处理的 Node 节点
    // 将 p 节点赋值给 lastRet 属性，将其设置成最后一次调用 next()方法所处理的 Node 节点
    lastRet = p;
    // 局部变量 x 就是本次 next()方法要返回的数据对象
    E x = nextItem;
    // 接下来的处理过程，
    // 必须在获取 LinkedBlockingQueue 队列的数据对象添加操作和数据对象移除操作的操作权后才能进行
    fullyLock();
    try {
      E e = null;
      // 在上一次调用 next()方法后，在本次调用 next()方法时，队列的状态可能已经发生了变化，
      // 需要根据当前 LinkedBlockingQueue 队列的状态，确认是否要重新定位进行遍历的位置
      for (p = p.next; p != null && (e = p.item) == null; ) {
        // 通过该方法可以重新定位 head.next 引用的新位置，
        // 以便从新的 head.next 引用的位置开始进行数据对象遍历操作
        // 后面还会进行详细介绍
        p = succ(p);
      }
```

```
      // 重新确认 next 属性和 nextItem 属性，为下一次调用 next()方法做准备
      next = p;
      nextItem = e;
    } finally { fullyUnlock(); }
    return x;
  }
}
```

以上 hasNext()方法和 next()方法的工作逻辑基本上可以概括如下：将实例化时或上次调用 next()方法时已预先获得的 nextItem 属性作为本次调用 next()方法的返回结果。

除了这些简单易懂的部分外，以上源码片段中需要详细讲解的是 for 循环语句“for (p = p.next; p != null && (e = p.item) == null;)”。这条代码的实际作用是帮助**迭代器在两次操作间隙，在 LinkedBlockingQueue 队列中的数据对象发生变化的场景中，对迭代器的遍历位置进行校验和调整，从而保证迭代器工作的稳定性**。

在讲解以上源码片段的工作逻辑前，需要对之前介绍的 LinkedBlockingQueue 队列（单向链表）的工作特性做一个总结。

- LinkedBlockingQueue 队列一般应用于高并发场景中。也就是说，如果没有发生多线程抢占操作权的情况，则不推荐使用 LinkedBlockingQueue 队列（或其他可以保证线程安全性的队列）。
- LinkedBlockingQueue 队列内部是一个单向链表，从链表的尾部添加数据对象，从链表的“头部”取出数据对象。单向链表中的每个 Node 节点都没有重复使用的情况——类似于 ArrayBlockingQueue 队列的环形数组。
- 上一个工作特性中“头部”用双引号引起来的原因，是单向链表会保证头节点永远不存储数据对象，真正存储数据对象的 Node 节点，是头节点的 next 属性引用的节点，即单向链表中的第二个 Node 节点。
- LinkedBlockingQueue 队列中的数据对象存储于单向链表的 Node 节点中，并且只有两种主要方式可以将特定的 Node 节点从单向链表中移除：使用 dequeue()方法从队列“头部”移除，或者使用 remove(Object)方法从队列的某个特定位置移除。不论通过什么方式移除，被移除的 Node 节点都具有两个特点：这个 Node 节点的 item 属性值为 null，并且这个 Node 节点的 next 属性会引用至自己。
- LinkedBlockingQueue 队列的数据对象添加操作和数据对象移除操作，采用两个独立的可重入锁进行控制（分别是 putLock 和 takeLock），理论上，这两种操作可以独立进行，互不影响（但实际上存在相互进行通知的情况）。而迭代器为了保证每次遍历数据对象的正确性，需要同时获取两种操作的锁权限。

下面考虑一种典型的多线程场景，同一个 LinkedBlockingQueue 队列被至少两个线程同时操作：在 LinkedBlockingQueue 队列被创建并添加了一些数据对象后，A 线程创建了一个迭代器，然后 B 线程使用 take()方法从 LinkedBlockingQueue 队列中连续取出了一系列数据

对象，如图 9-10 所示。

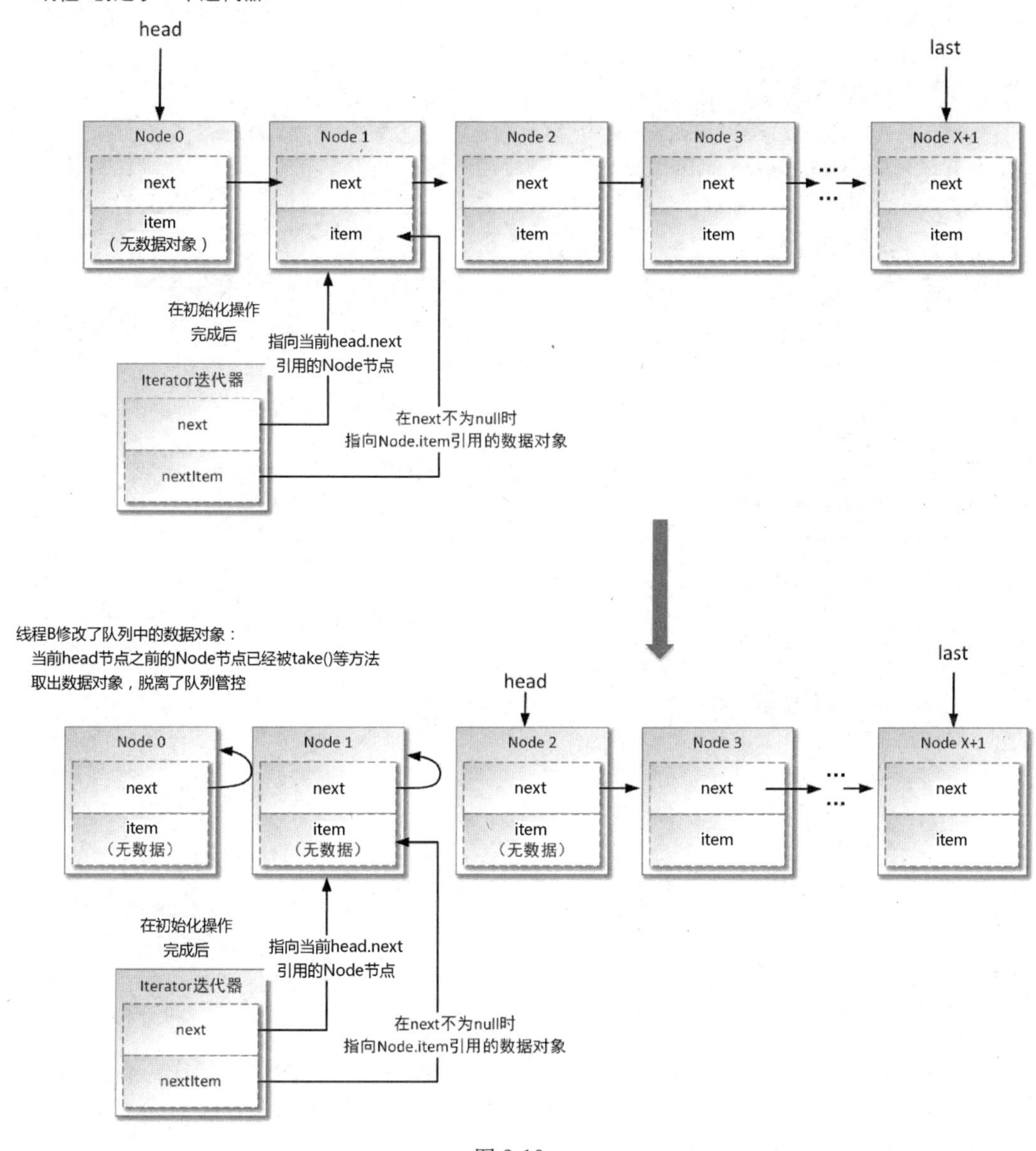

图 9-10

在图 9-10 中，在 B 线程修改了 LinkedBlockingQueue 队列中的数据对象后，Node1 节点和 Node2 节点已经被移出队列，它们的共同特点是 item 属性值为 null，并且 next 属性引用至自己。

然后线程 A 创建的迭代器配合使用 hasNext()方法和 next()方法（或迭代器的 forEachRemaining()方法）对 LinkedBlockingQueue 队列中数据对象进行遍历。在执行 hasNext()方法时，由于迭代器的 next 属性不为 null，因此前者会返回 true。下面分析一下在执行 next()方法时，会发生的处理逻辑，源码如下。

```
// 该方法会在每次进行遍历操作前调用，用于校验 Node 节点 p 的位置，
// 并且将其修正为 LinkedBlockingQueue 队列中的第一个有数据对象的 Node 节点
Node<E> succ(Node<E> p) {
  if (p == (p = p.next)) { p = head.next; }
  return p;
}
// 此处代码省略
private class Itr implements Iterator<E> {
  // 此处代码省略
  public E next() {
    // 此处代码省略
    // 对于获得操作权前的操作过程，此处不再赘述，
    // 可以查看前文的详细注释
    fullyLock();
    try {
      E e = null;
      // 根据上面已经介绍过的代码片段，p 变量的初始值是迭代器 Itr 中 next 属性的引用
      // 将上一个记录的 next 位置作为位置校验的初始位置
      // 如果当前遍历校验的 p 位置中的 item 属性值为 null，则说明这个位置已经出现了问题
      // 最可能的情况是 p 节点已经被移出队列，这时调用 succ()方法对 p 节点进行修正
      for (p = p.next; p != null && (e = p.item) == null; ) { p = succ(p); }
      // 重新确认 next 属性和 nextItem 属性的引用，为调用下一次 next()方法做准备
      next = p;
      nextItem = e;
    } finally {
      fullyUnlock();
    }
    return x;
  }
  // 此处代码省略
}
```

以上源码片段的示意图如图 9-11 所示。

在线程 B 改变 LinkedBlockingQueue 队列中的数据对象后，迭代器目前指向的 Node1 节点已经被移出队列，要遍历的 Node2 节点虽然还在队列中，但是该 Node 节点中已经没有数据对象了。这时，迭代器在执行 next()方法时，必须进行遍历位置的校验和修正，从而保证迭代器能继续遍历 LinkedBlockingQueue 队列中的后续数据对象。

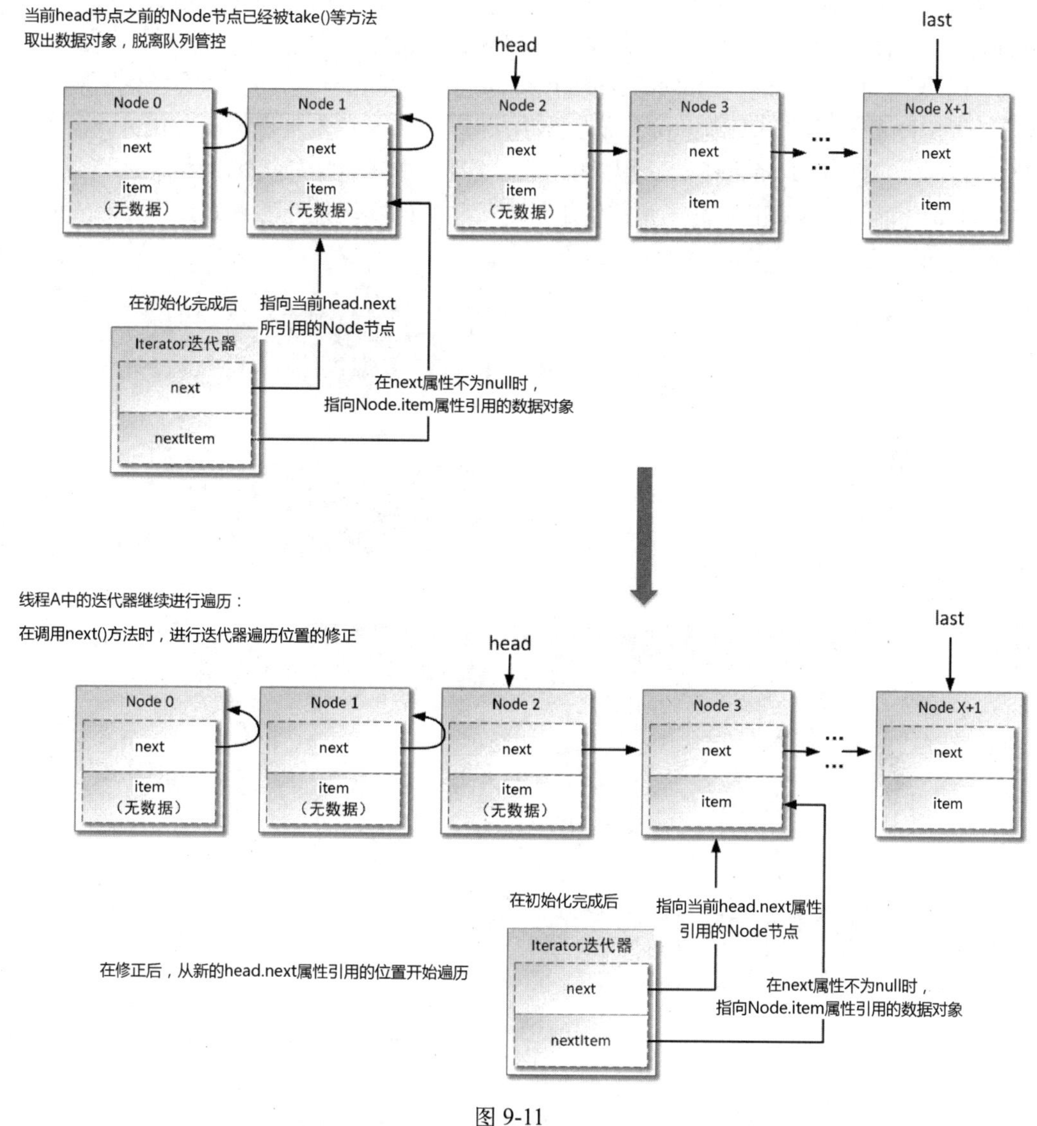

图 9-11

9.4　Queue 集合实现——LinkedTransferQueue

LinkedTransferQueue 队列是从 JDK 1.7 开始提供的一个无界阻塞式队列，它是 JCF 中的一种比较特殊的阻塞式队列，特殊性主要体现在它实现了 TransferQueue 接口。这个接口可定义一种消费者线程和生产者线程的配对交换方式，用于保证生产者线程和消费者线程的配对处理（注意：不是数据对象配对，而是线程配对）。在保证高并发场景中操作正确性的前提下，可以实现消费者线程和生成者线程的高性能配对传输。

为了保证更高的性能，LinkedTransferQueue 队列内部没有采用上面介绍的两种队列中基于 AQS 技术实现的悲观锁方式，而是改用了基于 CAS 技术实现的乐观锁方式。而且从 JDK 9 开始，LinkedTransferQueue 队列内部的实现机制进行了较大的调整，使用变量句柄代替了 sun.misc.Unsafe 工具类，并且优化了内部结构的实现性能。LinkedTransferQueue 队列的主要继承体系如图 9-12 所示。

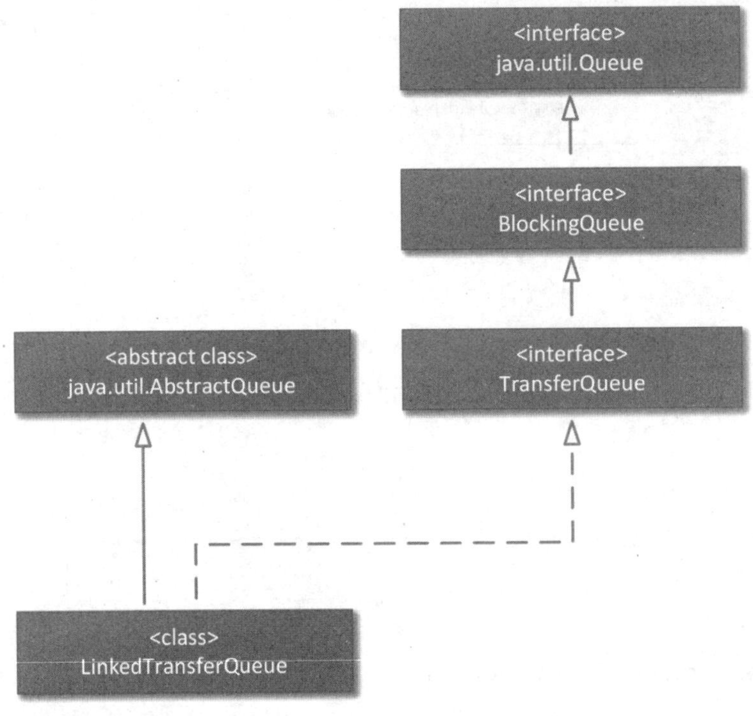

图 9-12

9.4.1 LinkedTransferQueue 队列的基本使用场景

LinkedTransferQueue 队列的使用场景同样是基于生产者线程和消费者线程的高并发场景的，在程序员最终使用的层面上，该队列的使用方法和本书已经介绍过的 ArrayBlockingQueue、LinkedBlockingQueue 等队列的使用方法类似，源码如下（同样是简单的消费者线程和生产者线程的数据对象交换示例）。

```
// 此处代码省略
```

```
    public static void main(String[] args) {
      // 在正式工作中，本书建议使用线程池管理线程，而不是直接创建 Thread 对象
      ThreadPoolExecutor serviceExecutor =
          new ThreadPoolExecutor(10,10,1000,TimeUnit.SECONDS,new
LinkedBlockingQueue<>());
      // 这是一个 LinkedTransferQueue 队列
      LinkedTransferQueue<String> queue = new LinkedTransferQueue<>();
      // 多个消费者线程和多个生产者线程
      serviceExecutor.submit(new Producer(queue));
      serviceExecutor.submit(new Producer(queue));
      serviceExecutor.submit(new Consumer(queue));
      serviceExecutor.submit(new Consumer(queue));
    }

    // 消费者线程
    public static class Consumer implements Runnable {
      // 此处代码省略
      @Override
      public void run() {
        int count = 0;
        // 随时准备从队列中取得数据对象
        while(count++ < Integer.MAX_VALUE) {
          try {
            String value = this.queue.take();
            System.out.println(value);
          } catch (InterruptedException e) {
            e.printStackTrace(System.out);
          }
        }
      }
    }

    // 生产者线程
    public static class Producer implements Runnable {
      // 此处代码省略
      // 将生产者线程生产的数据对象放入该队列
      @Override
      public void run() {
        String uuid = UUID.randomUUID().toString();
        int count = 0;
        while(count++ < Integer.MAX_VALUE) {
          // 使用 transfer()方法进行数据对象添加操作
          try { this.queue.transfer(uuid); }
          catch (InterruptedException e) { e.printStackTrace(System.out); }
```

```
        }
    }
}
```

和之前利用 ArrayBlockingQueue 队列、LinkedBlockingQueue 队列实现的生产者线程/消费者线程进行比较，最典型的特点是生产者线程可以采用 transfer()方法将数据对象添加到 LinkedTransferQueue 队列中，如果这个数据对象暂时没有消费者线程将其取出处理，则当前生成者线程会进入阻塞状态。而基于 LinkedTransferQueue 队列工作的消费者线程也可以使用类似的方法（如 take()方法）试图从队列中取出数据对象，如果没有数据对象可以取出，则消费者进入阻塞状态。

9.4.2 LinkedTransferQueue 队列的主要结构

LinkedTransferQueue 队列内部有一个无界单向链表，用于连续记录需要从 LinkedTransferQueue 队列中移除数据对象的消费者线程，或者向 LinkedTransferQueue 队列添加数据对象的生产者线程，如图 9-13 所示。

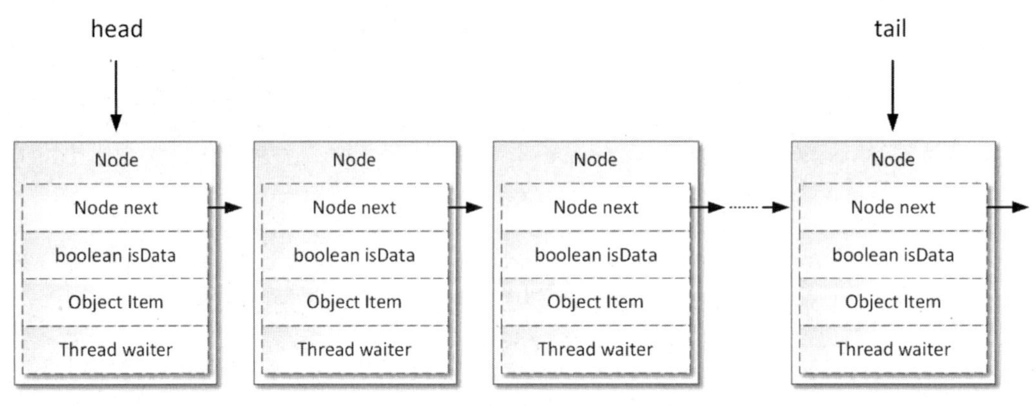

图 9-13

注意：在图 9-13 中，head 引用位置不一定在单向链表中的首个 Node 节点上，tail 引用位置也不一定在单向链表中的最后一个 Node 节点上。单向链表中的每一个 Node 节点都是一个 LinkedTransferQueue.Node 类的对象，每一个 Node 节点的 item 属性不一定有引用对象，Node 节点的 waiter 属性也不一定有消费者线程或生产者线程的对象引用。Node 类的源码片段如下。

```
public class LinkedTransferQueue<E> extends AbstractQueue<E>
    implements TransferQueue<E>, java.io.Serializable {
    // 此处代码省略
    // 该属性主要用于记录单向链表中最新知晓的第一个有效 Node 节点的位置
```

```
    transient volatile Node head;
    // 该属性主要用于记录单向链表中最新知晓的在多线程操作场景中正确入队的最后一个Node节点的位置
    private transient volatile Node tail;
    // 此处代码省略
    static final class Node {
      // 此处代码省略
      // 表示该Node节点是否存储了数据对象
      // 在有效情况下，如果没有存储数据对象，则说明这个节点记录的是一个消费者线程
      // 否则就是记录的消费者线程
      final boolean isData;
      // 如果该节点记录了数据对象，则数据对象通过该属性被引用
      volatile Object item;
      // 该属性指向当前节点的下一个节点，以便构成一个链表
      volatile Node next;
      // 当前Node节点所对应的请求线程
      volatile Thread waiter;
      // 此处代码省略
    }
    // 此处代码省略
}
```

注意：如果 Node 节点是有效的，那么 Node 节点的 isData 属性和 item 属性所描述的结论应该是一致的。也就是说，当 isData 属性值为 false 时，item 属性值应该为 null；当 isData 属性值为 true 时，item 属性值应该不为 null。但是**在单向链表工作过程中，会出现 isData 属性和 item 属性描述的结论不一致的情况，这是正常情况，这种节点称为虚拟节点**（或无效节点），并且这些主要属性在 LinkedTransferQueue 队列中被托管给相应的变量句柄进行操作，源码如下（在后续讲解中会看到对这些变量句柄的操作）。

```
public class LinkedTransferQueue<E> extends AbstractQueue<E>
    implements TransferQueue<E>, java.io.Serializable {
  // 此处代码省略
  // 将这些主要属性托管给相应的变量句柄
  private static final VarHandle HEAD;
  private static final VarHandle TAIL;
  // 此处代码省略
  static final VarHandle ITEM;
  static final VarHandle NEXT;
  static final VarHandle WAITER;
  static {
    try {
      MethodHandles.Lookup l = MethodHandles.lookup();
      // Node类的head属性的操作句柄
      HEAD = l.findVarHandle(LinkedTransferQueue.class, "head", Node.class);
      // Node类的tail属性的操作句柄
```

```
      TAIL = l.findVarHandle(LinkedTransferQueue.class, "tail", Node.class);
      // 此处代码省略
      // Node 类的 item 属性的操作句柄
      ITEM = l.findVarHandle(Node.class, "item", Object.class);
      // Node 类的 next 属性的操作句柄
      NEXT = l.findVarHandle(Node.class, "next", Node.class);
      // Node 类的 waiter 属性的操作句柄
      WAITER = l.findVarHandle(Node.class, "waiter", Thread.class);
    } catch (ReflectiveOperationException e) {
      throw new ExceptionInInitializerError(e);
    }
  }
  // 此处代码省略
}
```

当一个消费者线程向 LinkedTransferQueue 队列请求移除数据对象时，如果 LinkedTransferQueue 队列中没有任何可以移除的数据对象，那么为这个移除数据对象的请求创建一个 Node 节点，这个节点会被添加到当前链表的尾部，同时这个移除数据对象的请求线程会进入阻塞状态（parking_waiting）。当然如果调用方法不同，那么移除数据对象的请求线程有可能不会被阻塞，但是这对 LinkedTransferQueue 队列的核心工作原理并没有本质影响。

当一个生产者线程向 LinkedTransferQueue 队列请求添加数据对象时，会从单向链表的 head 节点开始匹配，如果发现某个节点是一个移除数据对象的请求任务类型的节点（这个节点的 isData 属性值为 false，item 属性值为 null），则将数据对象添加到这个节点上，并且通知移除数据对象的请求线程退出阻塞状态，如图 9-14 所示（以消费者线程阻塞等待生产者线程为示例场景）。

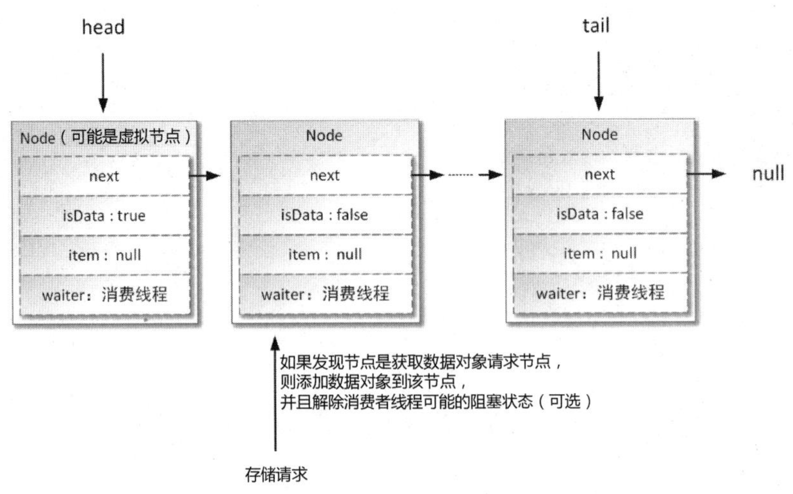

图 9-14

在图 9-14 中，head 引用位置上的节点可能是一个无效节点，这时的处理逻辑是继续向后寻找有效的 Node 节点，直到匹配成功。

以上处理规则是可以反过来的：当一个生产者线程向 LinkedTransferQueue 队列请求添加数据对象时，如果 LinkedTransferQueue 队列中没有任何代表移除数据对象请求的对应节点，那么为这个生产者线程的添加请求创建一个对应的 Node 节点，这个节点将会被添加到当前链表的末尾，同时这个生产者线程会根据调用情况进入阻塞状态（parking_waiting），如图 9-15 所示。

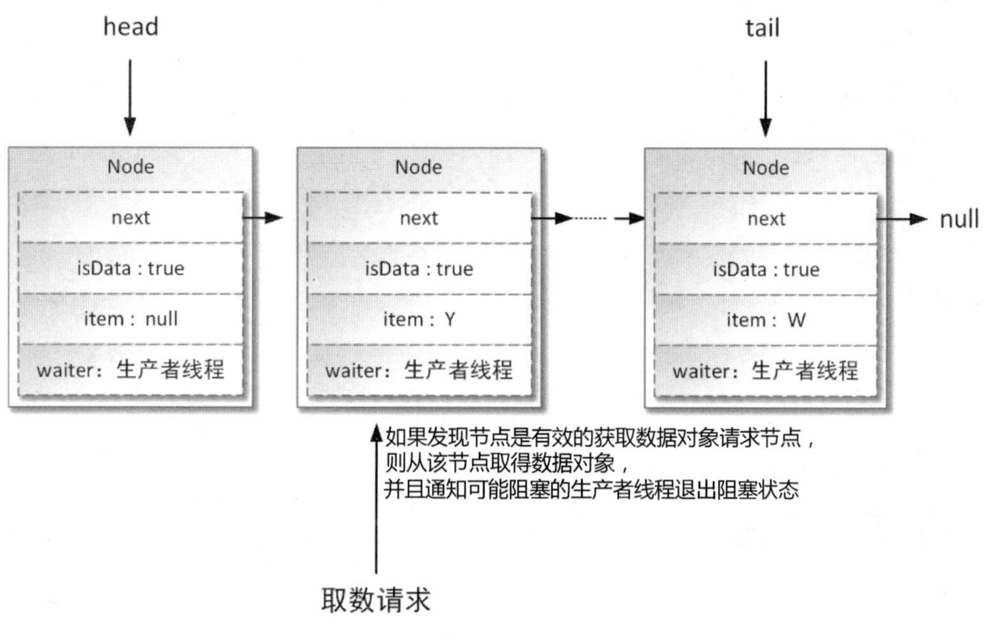

图 9-15

以上处理逻辑隐含了一个潜在规则：LinkedTransferQueue 队列内部链表上的有效节点，**要么都是由代表移除数据对象请求（消费者线程）的 Node 节点，其 isData 属性值为 false，item 属性值为 null；要么就都是由代表存储数据对象请求的 Node 节点，其 isData 属性值为 true，item 属性值不为 null。**

因此，与之对应的消费者线程或生产者线程，只需从 head 属性引用的位置开始，找到第一个有效节点，判定其是否可以存储/添加数据对象，无须对这个链表中的所有节点进行判定。通过对 LinkedTransferQueue 队列处理逻辑进行初步分析，我们可以得出以下几个显而易见的结论。

- 基于 LinkedTransferQueue 队列工作的生产者线程和消费者线程，其添加/移除数据对象的理论时间复杂度为 $O(1)$。

- LinkedTransferQueue 队列基于 CAS 技术而非 AQS 技术完成线程安全性控制。
- 要保证 LinkedTransferQueue 队列的线程安全性，本质上是在多线程高并发场景中保证这个单向链表的正确性。因为在实际工作场景中，会有多个生产者线程和消费者线程同时发起对这个单向链表的操作请求，如图 9-16 所示。

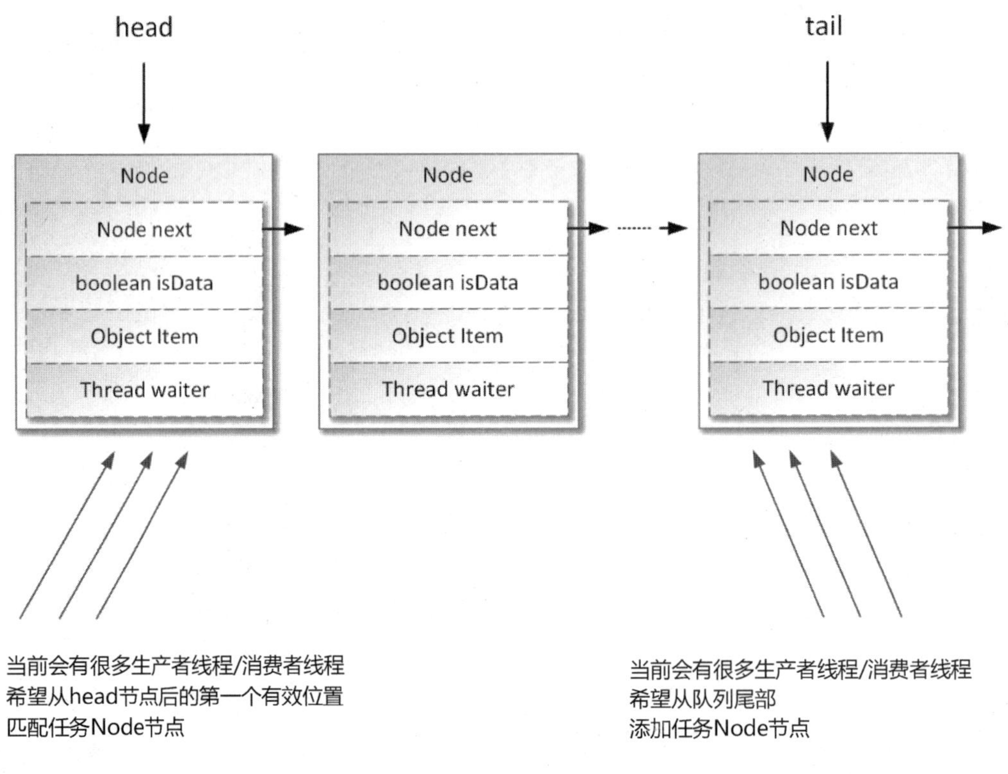

图 9-16

9.4.3 LinkedTransferQueue 队列的主要工作过程

1. LinkedTransferQueue 队列的初始化过程

在初始化 LinkedTransferQueue 队列时，会让 LinkedTransferQueue 队列内部的单向链表结构具有一个 Node 节点，但是这个 Node 节点不具有任何业务意义，这种节点称为虚拟节点（无效节点），其中的 isData 属性和 item 属性会专门设置一个错误的对应关系，以便后续在 xfer()方法中能够区分这种节点。LinkedTransferQueue 队列的初始化方法源码如下。

```
public class LinkedTransferQueue<E> extends AbstractQueue<E>
implements TransferQueue<E>, java.io.Serializable {
```

```
    public LinkedTransferQueue() {
      // 队列中的 head 属性和 tail 属性都会引用这个虚拟节点
      head = tail = new Node();
    }
    // 此处代码省略
    // 这是 Node 类中对应的初始化代码
    static final class Node {
      // 故意在 item 属性值为 null 的情况下，设置 isData 属性值为 true，用于构造这个虚拟节点
      Node() {
        isData = true;
      }
    }
    // 此处代码省略
  }
```

LinkedTransferQueue 队列在初始化完成后的单向链表结构如图 9-17 所示。

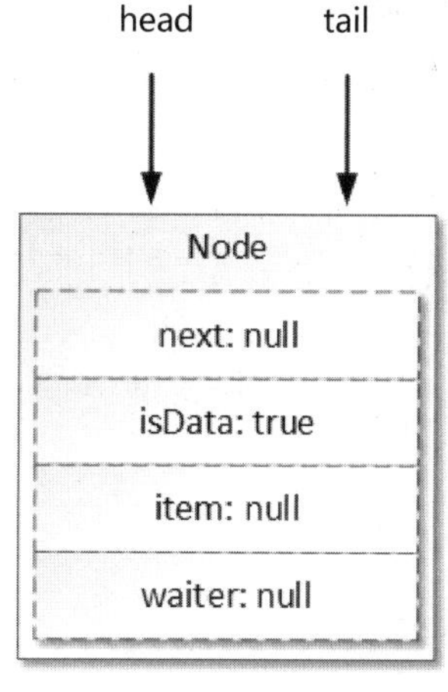

图 9-17

2．xfer()方法的工作过程

xfer()方法可以直译为“传送”，它是指通过多种操作模式，利用 LinkedTransferQueue 队列内部的单向链表，使生产者线程和消费者线程能够进行一对一匹配并完成数据传递。**xfer()方法是 LinkedTransferQueue 队列最核心的操作方法之一，其支持 offer()、add()、put()、transfer()、tryTransfer()、take()、poll()等方法的内部实现。**从 JDK 9 开始，对 xfer()方法的逻辑做了一次较大的改造，使其处理逻辑变得更加高效。

xfer()方法的调用方式主要分为 4 种工作模式，这 4 种工作模式在 xfer()方法的入参中

表现为 4 个不同的数值（通过该方法中的 int how 参数进行指定）。

- NOW（0）：即时模式，当 xfer()方法被调用时，如果操作线程无法立即得到调用结果，则返回 null。NOW 所代表的即时模式在生产者和消费者调用中都有应用场景，例如 tryTransfer()方法、poll()方法。
- SYNC（2）：同步模式，当 xfer()方法被操作线程调用时，只有 xfer()方法的操作过程达到了调用线程所期望的结果（或抛出异常），调用者才会继续向下执行，否则会一直处于阻塞状态。例如，在消费者线程使用 SYNC 同步模式调用 xfer()方法时，除非从 LinkedTransferQueue 队列中移除了数据对象，否则消费者线程会一直处于阻塞状态。SYNC 所表示的同步模式，在生产者线程和消费者线程调用中有多种应用场景，如 transfer()方法、take()方法。
- TIMED（3）：限时（超时）模式，当 xfer()方法被操作线程调用时，如果在限定的时间内调用线程没有达到所期望的结果，那么调用者不再等待结果，并且退出阻塞状态。例如，生产者线程在规定的时间内没有等到任何消费者线程取出对应的数据对象，那么生产者线程不再继续等待。TIMED 所表示的超时模式，在生产者线程和消费者线程调用中都有应用场景，如 tryTransfer()方法、poll()方法。
- ASYNC（1）：异步模式，当 xfer()方法被操作线程调用时，无论 xfer()方法的操作过程是否完成，调用者都不会阻塞等待，后者会继续进行自身业务过程的处理。**ASYNC 所表示的异步模式主要出现在生产者线程调用的场景中**，如 offer()方法、add()方法、put()方法。

xfer()方法的源码片段如下。本书先进行概要解读，再使用消费者线程和生产者线程的调用场景进行示例讲解。

```
// 此处代码省略
private E xfer(E e, boolean haveData, int how, long nanos) {
  if (haveData && (e == null)) { throw new NullPointerException(); }
  // 最外层的 for 循环，遵循基于 cas 的乐观锁设计，只要操作不符合预期，就不停地重新操作，
  // 直到操作结果符合预期为止
  restart: for (Node s = null, t = null, h = null;;) {
    // 初始化时决定当前 p 的引用位置是依据当前单向链表的 head 节点进行引用
    // 还是依据当前单向链表的 tail 节点进行引用
    // 其判定的本质是，当前操作是入队操作还是出队操作
    // 更本质的判定是，确认当前 xfer()方法的操作性质（haveData）
    // 和当前链表 tail 引用位置所描述的操作性质（t.isData）是否一致
    // 如果操作性质一致，那么当前 xfer()方法的操作从 tail 引用位置开始进行入队操作
    // 如果操作性质不一致，那么当前 xfer()方法的操作从 head 引用位置开始进行出队操作
    for (Node p = (t != (t = tail) && t.isData == haveData) ? t : (h = head);; ) {
      final Node q; final Object item;
```

```
// ========= 出队操作的场景，其处理策略在此代码段落
// 只有当前处理节点 p 的 isData 标识和入参的 haveData 标识一致，
// 并且当前处理节点 p 真实的数据对象存在状况和入参的 haveData 标识一致，这才符合要求
if (p.isData != haveData && haveData == ((item = p.item) == null)) {
  // 将局部变量 h 引用为当前单向链表的 head 位置
  // 避免在多线程情况下 head 引用被改变引起的处理错误
  if (h == null) { h = head; }
  // 对当前节点进行原子性赋值操作:
  // 如果是生产者任务从队列中取出,那么在赋值成功后,当前节点 p 的 item 属性值为 e(不会为 null)
  // 如果是消费者任务从队列中取出，那么在赋值成功后，当前节点 p 的 item 属性值为 null
  if (p.tryMatch(item, e)) {
    // 在链表中进行数据对象移除操作时，当前处理节点 p 可能和 h 不一致，
    // 但一定是在 h 节点“附近”
    // 所以，如果条件成立，就要进行以 h 节点为基点的链表清理操作
    if (h != p) { skipDeadNodesNearHead(h, p); }
    return (E) item;
  }
}
// ========== 入队操作的场景，其处理策略在此代码段落
// 加入队列的可能是消费者任务，也可能是生产者任务
// 根据之前对单向链表 tail 节点的描述，tail 节点不一定是单向链表的最后一个节点
// 所以首先将 p 节点移动到链表的最后一个节点，否则不进行业务逻辑处理
// 注意：即使不能进行出队处理，也要移动 p 节点的位置，以便确认下一个有效的 Node 节点
if ((q = p.next) == null) {
  // 操作方式为 NOW 的入队操作会被忽略
  if (how == NOW) { return e; }
  // 入队操作需要生成一个新的 Node 节点
  if (s == null) { s = new Node(e); }
  // 使用原子性操作，将当前操作的 s 节点引用到当前 p 节点的 item 属性
  // 如果操作失败，说明 p 节点的 next 属性已经被其他线程中的操作所引用，
  // 那么通过内层的 for 循环继续进行（重试）操作
  if (!p.casNext(null, s)) { continue; }
  // 当前 p 节点引用和 t 节点引用与单向链表中的 tail 节点引用可能不一样
  // 导致这个结果的原因有很多
  // a. 当前 xfer()方法中为 p 节点关联 next 属性的操作：p.casNext(null, s)不停失败，
  // 不停地在第二层 for 循环中进行 q = p.next 和 p == (p = q)操作，
  // 以便 p 节点的位置向后移动
  // b. 虽然 xfer()方法的操作成功了，
  // 但是当前线程连续进行了两次 xfer()方法的调用操作
  if (p != t) { casTail(t, s); }
```

```
        if (how == ASYNC) { return e; }
        return awaitMatch(s, p, e, (how == TIMED), nanos);
      }
      // 让 p 节点引用指向当前节点的下一个节点
      // 如果当前节点的 next 属性指向自己，则说明当前节点已经被移除队列
      // 按照 cas 的思路，本次 xfer()方法的操作需要重试
      if (p == (p = q)) { continue restart;}
    }
  }
}
// 此处代码省略
// 这是 LinkedTransferQueue.Node 类中的方法
// 在该方法中，如果当前 Node 节点的 item 属性值为 cmp，则将其重新赋值为 val，
// 如果设置成功，则解除当前 Node 节点所代表的等待线程的阻塞状态
// 这个处于阻塞状态的线程可能是生产者线程，也可能是生产者线程
final boolean tryMatch(Object cmp, Object val) {
  if (casItem(cmp, val)) {
    LockSupport.unpark(waiter);
    return true;
  }
  return false;
}
// 这是 LinkedTransferQueue.Node 类中的方法
// 在该方法中，如果当前 Node 节点的 item 属性值为 cmp，则将其重新赋值为 val，并且返回 true，
// 否则返回 false
final boolean casItem(Object cmp, Object val) {
  // 需满足 isData == (cmp != null);
  // 需满足 isData == (val == null);
  // 需满足 !(cmp instanceof Node);
  return ITEM.compareAndSet(this, cmp, val);
}
// 此处代码省略
```

xfer()方法中一共有 4 个入参信息。

- **e**：该参数是本次传输的数据对象，如果当前 xfer()方法被消费者线程调用，那么 e 为 null。
- **haveData**：该参数主要用于指示本次 xfer()方法的调用是否有数据对象通过上一个 e 参数进行传入，也就是说，e 和 haveData 这两个参数是配对使用的。当 e 为 null 时，haveData 应该为 false；当 e 不为 nul 时，haveData 应该为 true。
- **how**：本次 xfer()方法的操作模式。一共有 4 种，分别为 NOW、ASYNC、SYNC、

TIMED，前面已经进行了介绍，此处不再赘述。

- **nanos**：本次 xfer()方法的操作超时时间（单位纳秒），当本次操作的操作模式为 TIMED 时（限时/超时模式），需要通过该参数指定本次操作的超时时间。

LinkedTransferQueue 队列内部的单向链表中一定至少有一个 Node 节点，即 LinkedTransferQueue 队列通过默认的构造方法进行实例化时构建的虚拟节点。该节点的 isData 属性值为 true，并且和该节点的 item 属性实际引用数据对象的情况冲突（item 属性值为 null）。

无论 xfer()方法进行的是入队操作还是出队操作，这个虚拟节点都会被排除在操作逻辑外。因为“q = p.next”和“p = q”表示当前正在处理的 p 节点引用会向单向链表的后续节点移动。下面几种单向链表的示意图都是在处理过程中可能出现的场景。

- head 引用的节点是虚拟节点，链表是由任务模式全为存储任务（生产者任务）的 Node 节点构成的单向链表，如图 9-18 所示。

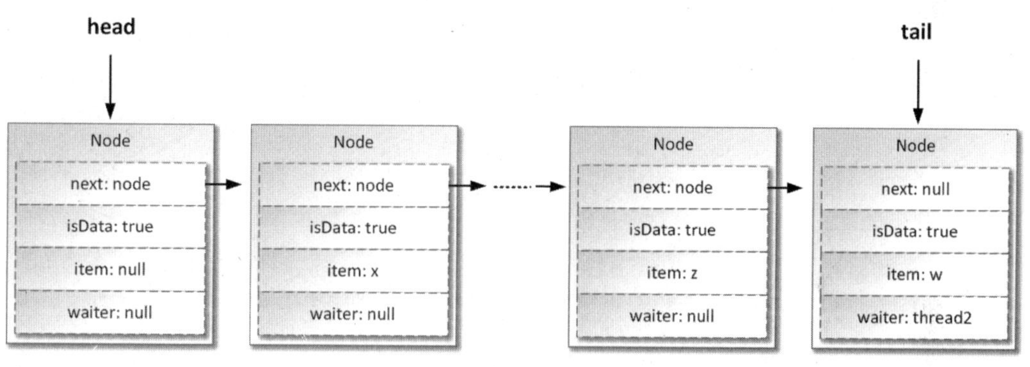

图 9-18

- 链表是由任务模式为取数任务（消费者任务）的 Node 节点的单向链表，如图 9-19 所示。

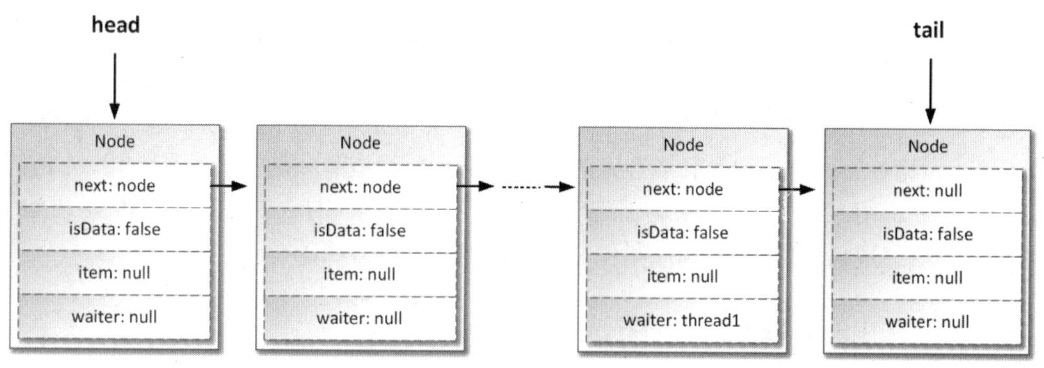

图 9-19

- 链表是由任务模式为存储任务（生产者任务）的 Node 节点的单向链表，但是 tail 属性引用的 Node 节点不在链表末尾，如图 9-20 所示。

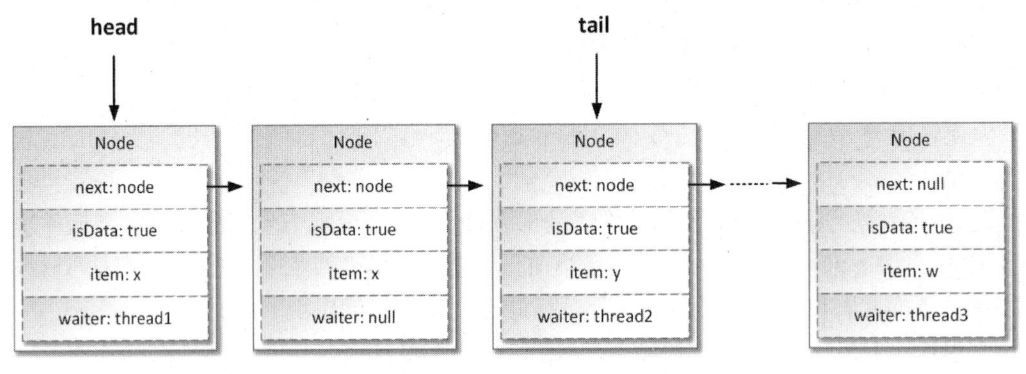

图 9-20

- 既有存储任务（生产者任务），又有取数任务（消费者任务）的单向链表是不可能出现的，如图 9-21 所示（注意，是反例）。

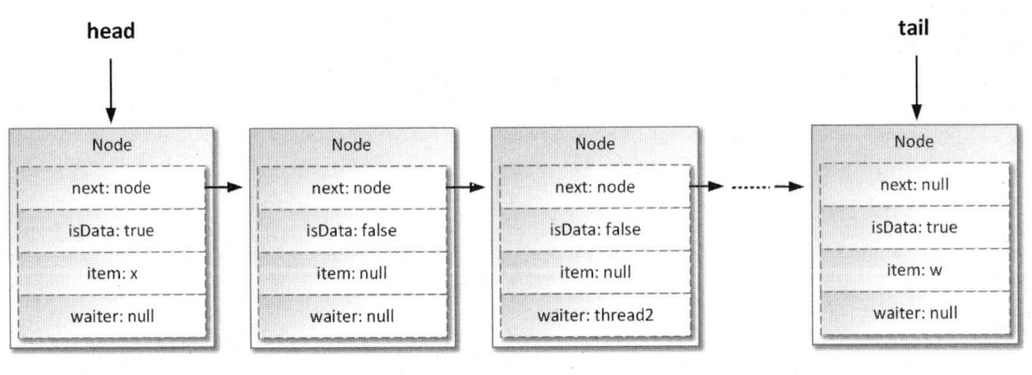

图 9-21

可以设想如下典型应用场景：有多个生产者线程调用 LinkedTransferQueue 队列中的方法，将数据对象添加到队列中，然后有多个消费者线程从 LinkedTransferQueue 队列中取出数据对象。下面用图文方式，基于以上描述的 xfer()方法逻辑，对这种场景进行详细介绍。为了便于讨论，下面主要讨论代表生产者线程的节点所组成队列的操作场景，代表消费者线程的节点所组成队列的操作场景逻辑相同，操作结果相反。此外，在假设初始化 LinkedTransferQueue 队列时，程序员使用的都是默认构造方法。

3．xfer()方法中的 awaitMatch()方法过程

xfer()方法会对 awaitMatch()方法进行调用。虽然在之前的内容中没有提过 awaitMatch()

方法，但是这个方法也是非常重要的。该方法主要用于在同步工作模式下（SYNC），对存储于队列中的节点进行阻塞，以便等待与其匹配的请求。该方法中有以下几个工作特点。

- 该方法主要用于在 Node 节点正确进入单向链表后，将 Node 节点所代表的请求线程进行阻塞（通过 LockSupport 工具类提供的方法）。
- 考虑到 LinkedTransferQueue 队列的工作场景，awaitMatch()方法内部并不会立即对请求线程进行阻塞，它会根据具体的工作场景先让线程自旋一些时间，如果在自旋后仍然没有匹配到对应的处理线程，再对其进行阻塞（这种临界状态自旋的设计思路，之前已经多次提到）。
- awaitMatch()方法还会在该请求匹配成功后，修改这个 Node 节点中的内容，以便帮助完成 GC 过程。

awaitMatch()方法的具体工作过程如下。

```
// 该方法中一共有 5 个入参，它们的意义如下：
// s：当前需要阻塞等待匹配请求的 Node 节点
// pred：当前 s 节点的前置节点
// e：当前 s 节点中的数据对象
// timed：表示是否有一个最长的阻塞时间（单位纳秒）
// nanos：如果 timed 属性值为 true，则该参数表示最长的阻塞时间（单位纳秒）
private E awaitMatch(Node s, Node pred, E e, boolean timed, long nanos) {
  final long deadline = timed ? System.nanoTime() + nanos : 0L;
  Thread w = Thread.currentThread();
  // 自旋周期，非常有用，如果该值为负数，则表示没有设置自旋周期值
  int spins = -1;
  ThreadLocalRandom randomYields = null;
  for (;;) {
    final Object item;
    // 如果条件成立，则说明当前 s 节点已经退出阻塞状态，并且匹配到了对应的处理请求
    // 这时需要设置 Node 节点的 item 属性和 waiter 属性，用于帮助 GC 回收
    if ((item = s.item) != e) {
      s.forgetContents();
      @SuppressWarnings("unchecked") E itemE = (E) item;
      return itemE;
    }
    // 如果当前线程收到了 interrupt 中断信号或阻塞超时，则在这里进行处理
    // 处理逻辑是将当前 Node 节点设置为无效，并且让当前节点脱离单向链表
    else if (w.isInterrupted() || (timed && nanos <= 0L)) {
      if (s.casItem(e, s.isData ? null : s)) {
        unsplice(pred, s);
        return e;
      }
    }
```

```
    // 如果条件成立，则根据 Node 节点的请求在单向链表中的场景，设置自旋周期值（次数），
    // 并且通过下一个判定分支“spins > 0”开始进行自旋
    else if (spins < 0) {
      if ((spins = spinsFor(pred, s.isData)) > 0) {
        randomYields = ThreadLocalRandom.current();
      }
    }
    // 如果条件成立，则说明自旋还没有倒数到 0，这时应该继续自旋
    // 注意自旋并不意味着线程退让，只是有一定的概率进行线程退让
    else if (spins > 0) {
      --spins;
      if (randomYields.nextInt(CHAINED_SPINS) == 0) {
        Thread.yield();
      }
    }
    // 为将要进入阻塞状态的 Node 节点设置 waiter 属性
    else if (s.waiter == null) { s.waiter = w;}
    // 以下两个判定分支会根据设置的 timed 情况决定采用哪种阻塞方式
    else if (timed) {
      nanos = deadline - System.nanoTime();
      if (nanos > 0L) {LockSupport.parkNanos(this, nanos);}
    }
    else { LockSupport.park(this);}
  }
}
```

根据上述源码可知，awaitMatch()方法中的处理场景主要包括：要阻塞的线程进行自旋时（分为计算自旋周期和正式进行自旋两个场景）的处理方式、线程正式进入阻塞时（分为有最大阻塞时间和没有最大阻塞时间）的处理方式、阻塞结束并已经匹配到对应的处理线程后的处理方式。这里注意以下两个工作要点。

- 为什么阻塞结束并已经匹配到对应的处理线程后的场景，其进入条件是“item = s.item) != e”？这个进入条件换成注释的意思是，变量 s 所指向的 Node 节点，其 item 属性值已经和原始的 item 属性值（由变量 e 表示）不一样了。这个原因可以从 tryMatch()方法中找到答案，在 Node 节点匹配成功后，tryMatch()方法会将 Node 节点中的 item 值替换成新的值，造成原始值和新值不一样。
- 注意 ThreadLocalRandom 工具类。本书默认 ThreadLocal 类的作用和 Random 工具类的作用，前者主要用于帮助程序员统一管理同一线程的上下文，后者主要用于帮助程序员在处理过程中获取随机数。而 ThreadLocalRandom 工具类基于线程上下文，优化了 Random 工具类在多线程抢占场景中的性能问题（这个现象通过 JMX 协议等监控工具进行观察，效果非常明显）。

4．xfer()方法支持的入队过程（生产者线程举例）

在阅读包括 LinkedTransferQueue 队列在内的所有由 JUC 提供的集合的源码时，需要随时注意源码的讨论场景，即同一时刻有多个线程针对同一个集合在进行不同的读/写操作。以 LinkedTransferQueue 队列为例，最初结构中的单向链表只有一个虚拟节点，LinkedTransferQueue 队列中的 head 属性、tail 属性都会引用它，如图 9-22 所示。

由于是生产者线程调用 xfer()方法，因此 xfer()方法中的 4 个入参值如下：e 是该生产者线程添加的数据对象（不为 null）；haveData 参数的值为 true；对于 how 参数和 nanos 参数，会有多种值的情况，但是并不影响我们进行讨论。在继续运行内层 for 循环时，由于判定条件语句的判定结果为 true，因此 p 变量引用的 Node 节点以当前队列中的 tail 属性引用的 Node 节点为准。

```
(t != (t = tail) && t.isData == haveData)
```

以上文字描述的判定场景如图 9-23 所示。

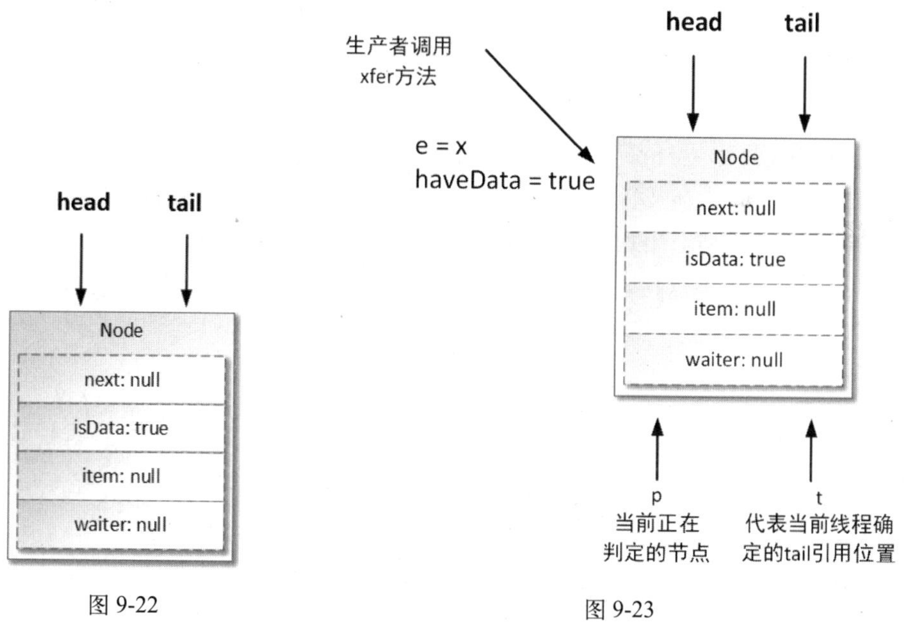

图 9-22　　　　图 9-23

只有在当前处理节点 p 的 isData 属性值和入参的 haveData 属性值一致，并且当前处理节点 p 的真实数据对象存在情况和入参的 haveData 属性值一致，即以下判定式的结果为 true 时，才可以判定为出队操作。

```
p.isData != haveData && haveData == ((item = p.item) == null) { // 此处代码省略 }
```

注意：由于虚拟节点的 isData 属性及其 item 属性存在悖论，因此无论当前正在处理的是消费者线程还是生产者线程，以上判定式的结果都为 false。**结果就是当前 xfer()方法的操作不会进入出队处理逻辑**。

p 变量（代表当前正在处理的单向链表中的 Node 节点）会从 tail 属性引用的节点开始，在经过以下语句逻辑后，p 节点就指向当前单向链表中的最后一个 Node 节点。需要注意的是，“最后一个 Node 节点”可能并不是 tail 属性引用的节点，并且“最后一个 Node 节点”的位置可能在本线程操作过程中发生了变化，因为还有其他生产者线程在同时操作。

```
// 此处代码省略
// 通过以下的语句模式，p 变量所代表的节点终会是某一次循环时，
// 成为当前单向链表中的最后一个 Node 节点
restart: for (Node s = null, t = null, h = null;;) {
  for (Node p = (t != (t = tail) && t.isData == haveData) ? t : (h = head);; ) {
    // 此处代码省略
    if ((q = p.next) == null) {
      // 此处代码省略
    }
    if (p == (p = q)) { continue restart; }
    // 此处代码省略
  }
}
// 此处代码省略
```

判定式“(q = p.next) == null”一旦成立，本次 xfer()方法的操作就进行了入队处理逻辑。通过“s = new Node(e);”创建新的 Node 节点；通过“p.casNext(null, s)”原子性操作，试图将创建的新节点 s 成功引用到单向链表的末尾；通过“casTail(t, s)”试图重新为 tail 属性指定新的引用位置（以上操作是否当次成功都无所谓，因为会重试到成功，无非是多重试几次而已）；试图使用 awaitMatch()方法让操作线程进入阻塞状态，一种可能成功的操作状态如图 9-24 所示。

上述操作场景如果置换成多个消费者线程进行讨论，那么处理情况是类似的：head 属性引用的位置是一个虚拟节点，在保证操作原子性的前提下，每一个代表消费者线程的 Node 节点都会试图从单向链表的末尾被正确添加到单向链表中，然后消费者线程会根据工作场景进入阻塞状态。

而两种场景细微的区别是，在置换成多个消费者线程的操作场景后，因为无法匹配对应的生产者线程而构成单向链表，所以单向链表中的所有有效 Node 节点的 item 属性值都为 null，isData 属性值都为 false。

5．xfer()方法支持的出队过程（消费者线程举例）

假设在多个消费者线程操作前，LinkedTransferQueue 中的单向链表呈现的状态如图 9-25 所示。

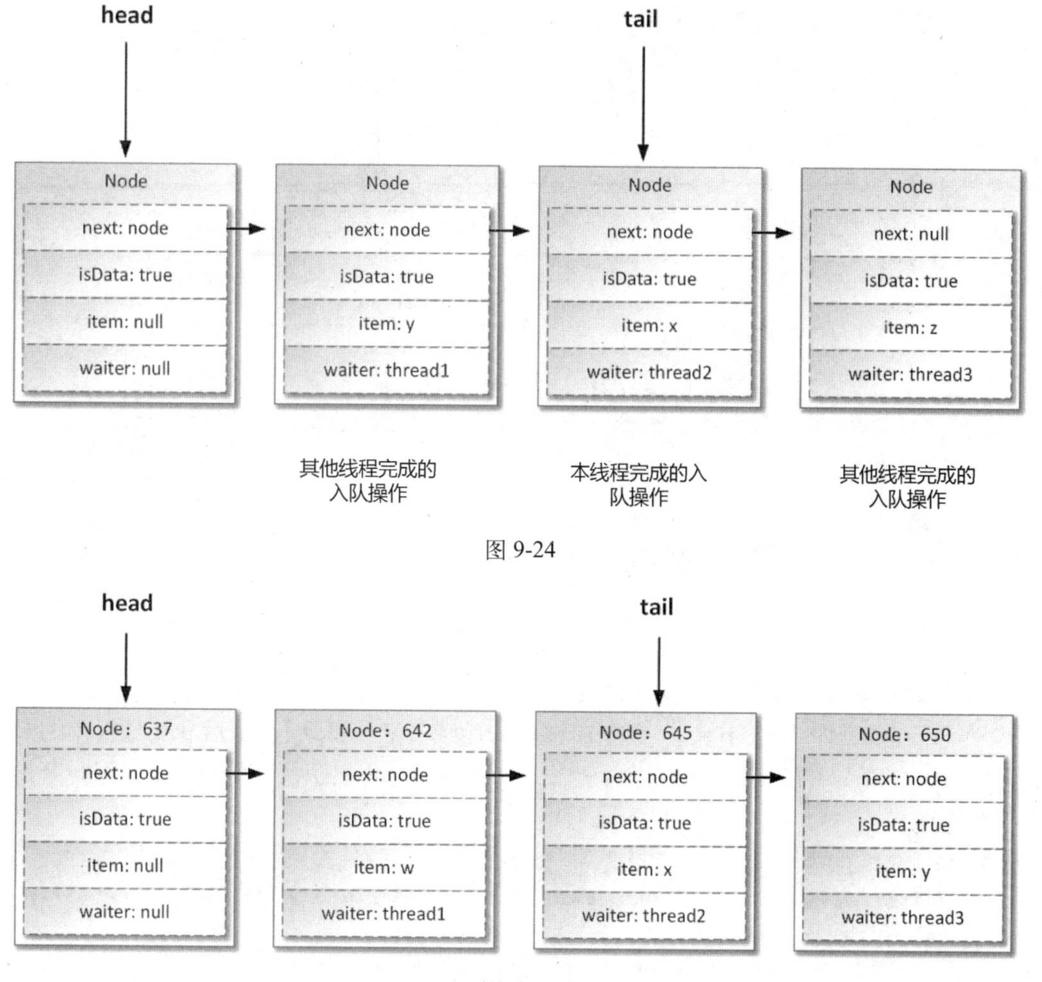

图 9-24

图 9-25

head 引用指向的 Node 节点是一个虚拟节点，该节点是在 LinkedTransferQueue 队列初始化时创建的，其 isData 属性的值和 item 属性的值是相悖的，这种无效节点会在 skipDeadNodesNearHead()方法中被清理掉。

当（多个）消费者线程调用 xfer()方法时，入参 e 的值为 null，haveData 的值为 false。在开始进入 xfer()方法时，在通过后者外层 for 循环的初始表达式进行判定后，局部变量 p 会被赋值为 head 属性引用的节点，源码片段如下。

```
// 由于 tail 引用的对象的 isData 属性值与入参 haveData 的值不一致，
// 因此 p 变量会被赋值为 head 属性引用的节点
for (Node p = (t != (t = tail) && t.isData == haveData) ? t : (h = head);; ) {
  // 此处代码省略
}
```

图形化的表达方式如图 9-26 所示。

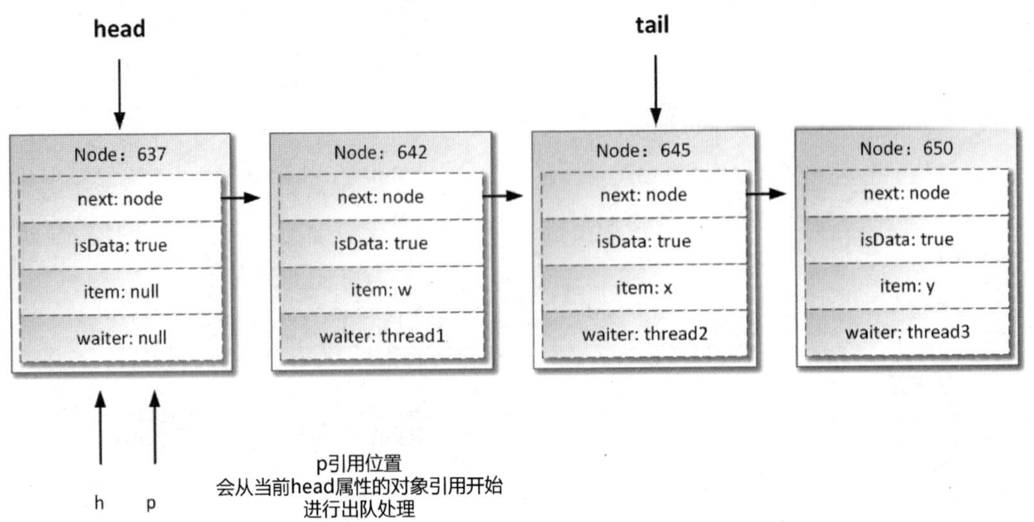

图 9-26

由于 head 属性引用的节点是一个虚拟节点（无效节点），因此 p 变量引用节点的位置会基于“q = p.next”和 “p = q”语句向链表的后续节点“移动”，随后 p 变量引用的节点指向对象 id 为 642 的 Node 节点。由于这个 Node 节点符合出队操作的判定式，因此开始执行出队逻辑。

```
// 此处代码省略
// 对象 id 为 642 的 Node 节点，其 isData 属性值和入参 haveData 的值相悖，
// 并且其 item 属性的数据情况也和入参 haveData 的值相悖
// 注意：不要看到“==”就认为结果是 true，需要仔细分析判定场景
if (p.isData != haveData && haveData == ((item = p.item) == null)) {
  // 此处为出队逻辑
  // 此处代码省略
}
// 此处代码省略
```

需要注意的是，由于多个出队操作同时进行，因此当前 p 变量所引用 Node 节点的数据对象可能已经被某个操作线程取出（甚至该节点已经被 skipDeadNodesNearHead()方法作为虚拟节点清理，变成了自引用状态），导致以上表达式可能不成立，需要按照 CAS 的思路重新确认 p 变量引用的节点，然后重新开始处理逻辑。注意出队逻辑中的如下代码：

```
// 此处代码省略
// 在示例的操作场景中，由于单向链表由生产者模式下的 Node 节点构成，
// 因此消费者线程在进行出队操作时，如果以下方法调用成功，那么将 p 节点的 item 属性值设置为 null
```

```
if (p.tryMatch(item, e)) {
  // 此处代码省略
}
// 此处代码省略
```

tryMatch()方法的内部逻辑源码如下。

```
final boolean tryMatch(Object cmp, Object val) {
  // 使用原子性操作设置当前 Node 节点的 item 属性值为 null
  // 如果设置成功，则通知 Node 节点中可能记录的 waiter 线程（等待匹配操作的线程）退出阻塞状态
  // LockSupport 工具类在前面已经介绍过了，这里不再赘述
  if (casItem(cmp, val)) {
    LockSupport.unpark(waiter);
    return true;
  }
  return false;
}
```

一个中心思想是，在 p 变量引用的 Node 节点成功调用 tryMatch()方法后，这个 Node 节点的 isData 属性和 item 属性中实际的数据对象引用情况就会变得相悖——通过改变 item 属性的值实现。也就是说，这个 Node 节点变成了一个虚拟节点，如图 9-27 所示（对象 id 为 642 的 Node 节点变成了虚拟节点）。

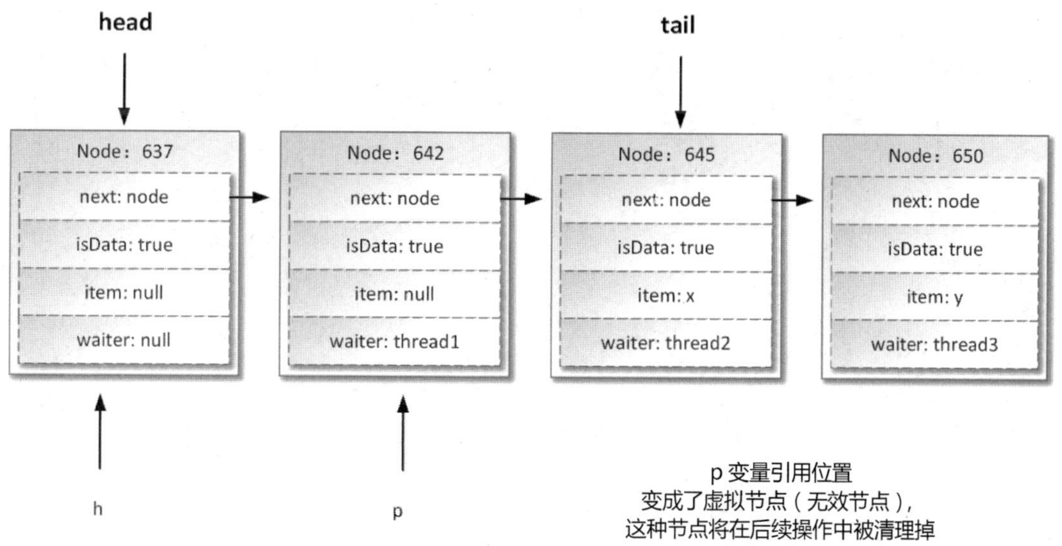

图 9-27

虚拟节点（无效节点）是可以通过 skipDeadNodesNearHead()方法进行清理的。接下来，由于判定式“p != h”成立，因此处理逻辑会调用 skipDeadNodesNearHead()方法，将 h 变量指向的节点（包含）和 p 变量指向的节点（包含）间的所有节点作为虚拟节点清除掉，

并且重新设置 LinkedTransferQueue 队列中 head 属性引用的节点。skipDeadNodesNearHead()方法内部的工作流程如下。

```
// 该方法主要用于清理单向链表中的无效节点，即 isData 属性值和 item 属性值相悖的节点
// h 变量表示清理的开始（节点）位置
// p 变量表示清理的结束（节点）位置，p 变量引用的 Node 节点一定是一个无效节点
private void skipDeadNodesNearHead(Node h, Node p) {
  // 循环的目的并不是 CAS 原理，而是为了找到单向链表中离链表头部最近的有效节点
  for (;;) {
    final Node q;
    // 如果清理过程发现已经达到当前链表中的最后一个节点，那么 p 变量引用的节点不能再“向后移动”了
    // 注意：每次循环都会有一个变量 q，指向当前 p 变量所指向 Node 节点对象的下一个 Node 节点
    if ((q = p.next) == null) { break; }
    // 如果 q 变量指向的 Node 节点是有效的，则说明已经找到单向链表中离链表头部最近的有效节点了
    // 将 q 变量的值赋给 p 变量，以便达到“向后移动”的目的，并且不需要继续向后找了，退出循环
    else if (!q.isMatched()) {
      p = q;
      break;
    }
    // 如果以上条件不成立，则需要将 q 变量的值赋给 p 变量，并且通过循环继续向链表的后续节点寻找
    // 注意：如果 p 变量引用的节点出现了自循环的情况，
    // 表示 p 变量引用的节点已经被其他线程的调用过程清理出了队列，
    // 那么直接退出处理即可
    else if (p == (p = q)) { return; }
  }

  // 当以上操作成功找到自己认为的最接近链表头部的有效节点时，
  // 通过原则操作，重新设置单向链表中的 head 节点，
  // 并且将原来的 h 变量引用至自身
  // 表示这个节点已经被移出队列
  if (casHead(h, p)) { h.selfLink(); }
}

// 该方法主要用于确认当前 Node 节点对象的 isData 属性值和 item 属性值是否相悖（是否有效）
// 所谓相悖，是指如下两种情况中的一种：
// a.当 isData 属性值为 true 时，item 属性却为 null
// b.当 isData 属性值为 false 时，item 属性却不为 null
// 如果两个属性的值相悖，则返回 true
final boolean isMatched() { return isData == (item == null); }
```

调用 skipDeadNodesNearHead()方法，如果 CAS 操作成功，那么单向链表呈现的状态如图 9-28 所示。

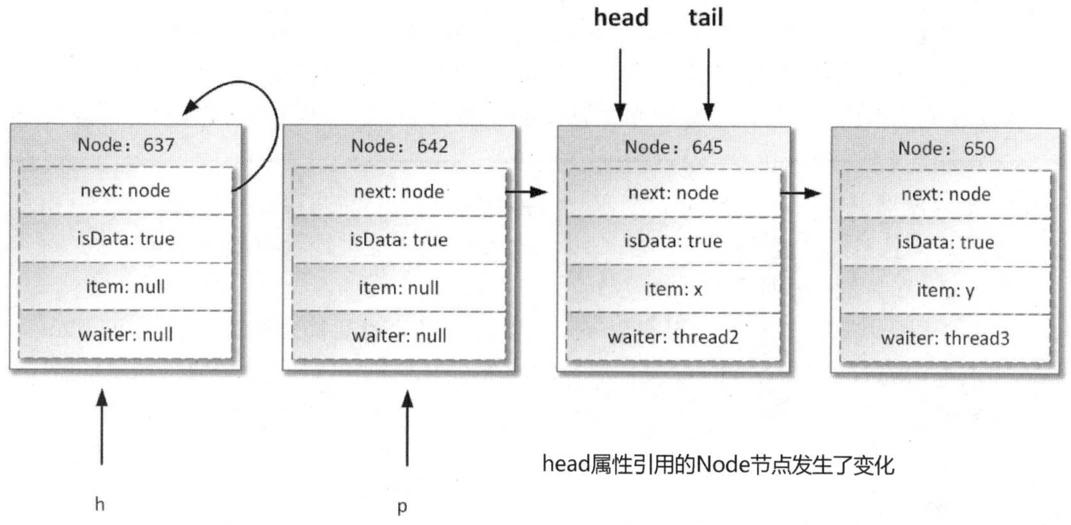

图 9-28

以上描述过程，即使换成生成者线程进行讨论，情况也是类似的。当 LinkedTransferQueue 队列中的链表都是由消费者请求类型的 Node 节点构成时（当 isData 属性值为 false，item 属性值为 null 时），生产者线程会对队列进行数据对象存储操作。这时以 head 节点为起点的第一个有效 Node 节点会匹配这次请求，由 Node 节点所代表的消费者线程会获得数据对象，并且进入阻塞状态。head 节点也会顺着 Node 节点的 next 属性移动到后续 Node 节点上，之前已经无效的 Node 节点会被清理。

此外，被匹配成功的节点所代表的阻塞线程（如对象 id 为 642 的节点的 waiter 属性记录的线程）一旦被唤醒，并且继续进行其在 awaitMatch()方法中的处理工作，就会在 awaitMatch()方法中调用 forgetContents()方法，至少清理掉这个 Node 节点的 waiter 属性。所以这时 Node 节点的 waiter 属性值会变为 null，而其 item 属性值也会在 forgetContents()方法中根据 isData 属性的情况进行属性值的改变。

6．xfer()方法的工作过程总结

前面我们逐句阅读了 xfer()方法的源码，并且通过一个典型的多生产者、多消费者的使用场景讨论了 LinkedTransferQueue 队列的工作过程。需要说明的是，无论是前面提到的生产者线程先工作，消费者线程后工作；还是消费者线程先工作，生成者线程后工作；还是生产者线程和消费者线程一同工作，LinkedTransferQueue 队列中单向链表的基本工作原理都相同。因此，我们基本可以总结出 LinkedTransferQueue 队列内部单向链表工作的以下几个特点。

- 在单向链表中，所有节点不一定都有效（有虚拟节点存在），但除了虚拟节点外，单向链表中的所有有效节点只可能是同一种任务模式——要么全是取数任务（消费者线程等待匹配的场景），要么全是存储任务（生产者线程等待匹配的场景）。
- tail 属性引用的位置不一定在单向链表的尾部，这可能是多线程并发操作导致的，也可能是在同一线程中两次连续操作导致的。
- head 属性引用的位置也不一定在单向链表的头部，这也可能是多线程并发操作导致的。而且单向链表还保证了在 head 属性引用位置之前还没有脱离单向链表的所有 Node 节点都是虚拟节点（无效节点）。
- 基于以上描述，我们还可以得出一个结论：head 属性可能在某种情况下指向 tail 节点之后的 Node 节点（head 属性引用的位置在 tail 属性引用的位置之后），如图 9-29 所示。

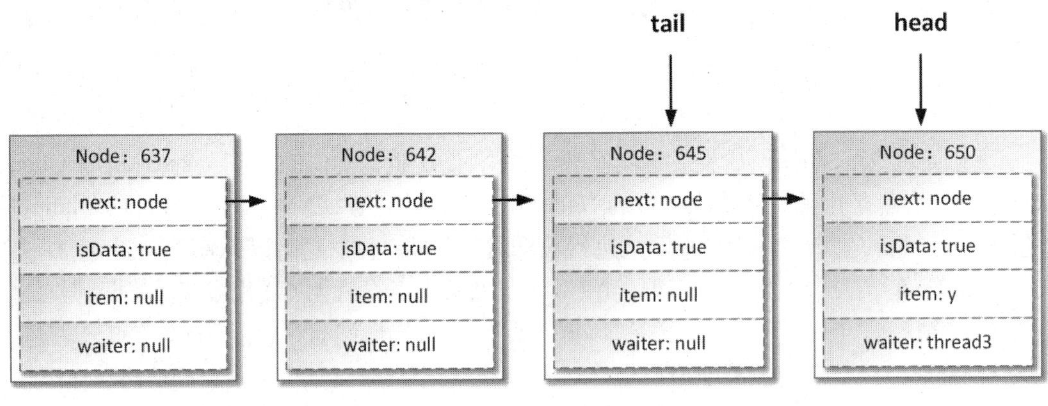

图 9-29

出现这种情况最典型的场景是，在多线程的操作场景中，出队操作追赶上了入队操作，或者说入队操作还没有来得急修正 tail 节点，刚入队的 Node 节点就被出队了。

当 xfer()方法通过 skipDeadNodesNearHead()方法清理无效 Node 节点时，并不是直接将无效节点设置为 null，而是将无效节点的 next 属性引用向它自己，这样做主要有以下两个原因。

- 让无效 Node 节点失去引用路径可达性，以便帮助垃圾回收器进行回收。
- 以上原因并不是最主要的原因，毕竟即使不将无效节点的 next 属性引用向它自己，无效 Node 节点也会因为 head 属性引用的位置后移而失去路径可达性。这样做的主要原因是在多线程场景中方便告知处理进度落后于自己的出队处理线程，它们正在处理的 Node 节点已经被当前线程完成了出队处理，变成了无效状态，需要它们重新进行自己的出队逻辑。这就是 xfer()方法中“p == (p = q) {continue restart;}”语句的意义。

9.4.4　LinkedTransferQueue 队列的主要方法

在理解了 LinkedTransferQueue 队列中的 xfer()方法和其内部方法后，LinkedTransferQueue 队列提供的 add()、put()、offer()、take()、tryTransfer()、transfer()等主要调用方法就容易理解了，实际上这些方法就是对 xfer()方法的调用封装，只是传入的具体参数不一样，导致了 xfer()方法以不同的逻辑进行工作。本书仅对几个关键方法进行讨论。

1．add(E)方法

add(E)方法主要由生产者线程进行调用，它可以向 LinkedTransferQueue 队列中添加一个数据对象，并且当前生产者线程不用阻塞等待匹配的消费者线程从集合中将数据对象取出，就可以继续进行后续的工作。实际上 add(E)方法会让 LinkedTransferQueue 队列中代表当前请求操作的 Node 节点以异步模式进行工作，源码如下。

```
// 使用 add()方法向队列的尾部添加数据对象
// 该方法实际上会让 xfer()方法以 ASYNC（异步）模式进行工作
public boolean add(E e) {
  xfer(e, true, ASYNC, 0);
  return true;
}
```

2．transfer(E)方法

transfer(E)方法和 add()方法的工作过程类似，主要由生产者线程进行调用，用于将数据对象传输给某个匹配的消费者线程。不同的是，该方法封装调用了 xfer()方法，用于进行 SYNC 同步模式进行工作。也就是说，如果没有成功匹配消费者线程，那么调用该方法的生产者线程都会处于阻塞状态，源码片段如下。

```
// 将数据对象传输给某个匹配的消费者线程，在成功匹配前，调用该方法的生产者线程都会处于阻塞状态
public void transfer(E e) throws InterruptedException {
  // 该方法实际上会调用 xfer()方法，让 xfer()方法以 SYNC（同步）模式进行工作
  if (xfer(e, true, SYNC, 0) != null) {
    Thread.interrupted();
    throw new InterruptedException();
  }
}
```

3．take()方法

take()方法主要由消费者线程调用，它可以向 LinkedTransferQueue 队列中匹配一个处于阻塞状态的生产者线程，也可以阻塞等待后续的生产者线程与它进行匹配。除非匹配成功，

否则该消费者线程会一直处于阻塞状态，源码片段如下。

```
// 匹配或等待匹配一个生产者线程，
// 在成功匹配前，调用该方法的消费者线程都会处于阻塞状态
public E take() throws InterruptedException {
  // 该方法实际上会调用 xfer() 方法，使 xfer() 方法以 SYNC（同步）模式进行工作
  E e = xfer(null, false, SYNC, 0);
  if (e != null) {return e;}
  Thread.interrupted();
  throw new InterruptedException();
}
```

9.5 Queue 集合实现——PriorityBlockingQueue

PriorityBlockingQueue 队列是一种无界阻塞队列，其内部数据结构和 2.3 节介绍的 PriorityQueue 队列的内部数据结构类似，都是基于小顶堆工作。对于小顶堆的结构和工作原理，读者可参考 2.2 节中的相关内容。本节主要介绍保证 PriorityBlockingQueue 队列在高并发场景中正常工作的关键点。PriorityBlockingQueue 队列的基本使用方法源码如下。

```
// 此处代码省略
// 创建一个 PriorityBlockingQueue 队列对象
PriorityBlockingQueue<Integer> queue = new PriorityBlockingQueue<>(16 , new
Comparator<Integer>() {
  @Override
  public int compare(Integer o1, Integer o2) { return o1 - o2;}
});
// 向 priorityQueue 队列中添加数据对象
queue.add(11);
queue.add(88);
queue.add(8);
queue.add(19);
queue.add(129);
// 此处代码省略
queue.add(15);
queue.add(198);
queue.add(189);
queue.add(200);
// 从 PriorityBlockingQueue 队列中移除数据对象
for (int index = 0 ; index < queue.size() ; ) {
  System.out.println("priorityBlockingQueue item = " + queue.poll());
```

```
}
// 此处代码省略
```

注意：由于小顶堆的排序特点和队列的工作特点，因此 PriorityBlockingQueue 队列与 PriorityQueue 队列一样，只需保证数组头部要取出的数据对象满足权值最小的要求。PriorityBlockingQueue 队列的基本继承体系如图 9-30 所示。

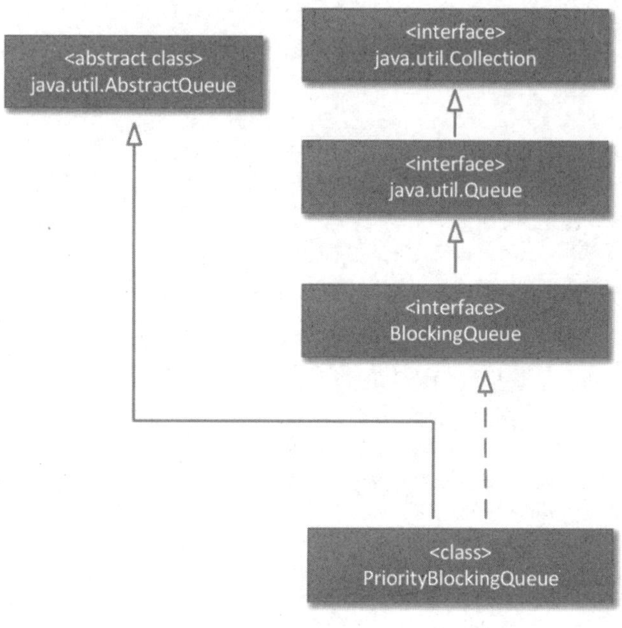

图 9-30

9.5.1　PriorityBlockingQueue 队列的主要属性

为了了解 PriorityBlockingQueue 队列如何支持在高并发场景中的正常工作，首先分析一下该队列中有哪些重要属性，源码如下。

```
// 此处代码省略
public class PriorityBlockingQueue<E>
  extends AbstractQueue<E> implements BlockingQueue<E>, java.io.Serializable {
  // 此处代码省略
  // 该常量主要用于描述该队列默认的初始化容量
  private static final int DEFAULT_INITIAL_CAPACITY = 11;
  // PriorityBlockingQueue 队列本质上是有界的（只是这个界限非常大）
  // 该常量主要用于描述该队列支持的最大容量上限
  private static final int MAX_ARRAY_SIZE = Integer.MAX_VALUE - 8;
  // 在小顶堆在 JCF 中，通常以数组形式进行表达（一种树结构的降维表达）
```

```
    // 所以 PriorityBlockingQueue 队列内部也是使用数组进行数据对象存储的
    // 树节点的左、右儿子节点在数组中的索引位具有以下特点：
    // 如果当前节点的索引值为 n,
    // 其左儿子节点的索引值为 2*n+1，其右儿子节点的索引值为 2*(n+1)
    private transient Object[] queue;
    // 该变量主要用于记录当前 PriorityBlockingQueue 队列的大小
    // 注意容量和大小的区别
    private transient int size;
    // 用于对当前队列中数据对象进行排序的比较器，如果该比较器为 null，
    // 那么使用数据对象自带的比较器进行排序比较
    private transient Comparator<? super E> comparator;
    // 通过这个 ReentrantLock 对象控制队列中所有写操作的线程安全性
    private final ReentrantLock lock = new ReentrantLock();
    // 该控制条件主要用于在队列中至少有一个数据对象时，唤醒可能处于阻塞状态的消费者线程；
    // 或者在队列中没有数据对象时，让消费者线程进入阻塞状态
    @SuppressWarnings("serial")
    private final Condition notEmpty = lock.newCondition();
    // allocationSpinLock 属性主要用于队列的扩容过程
    // 它保证扩容过程不会重复进行，并且尽可能少地产生性能影响
    private transient volatile int allocationSpinLock;
    // 该属性仅用于 PriorityBlockingQueue 队列对象的序列化和反序列化过程
    // 这是一个巧妙的设计，可以避免多个 JDK 版本在进行对象序列化和反序列的过程中发生兼容性问题
    private PriorityQueue<E> q;
    // 此处代码省略
  }
  // 此处代码省略
```

PriorityBlockingQueue 队列通过 ReentrantLock 对象保证多线程场景中队列的线程安全性，这个思路和之前我们讲解过的 ArrayBlockingQueue、LinkedBlockingQueue 等队列保证线程安全性的思路大同小异。

9.5.2 PriorityBlockingQueue 队列的主要构造方法

PriorityBlockingQueue 队列一共有 4 个构造方法，其中 3 个都很简单，与 PriorityQueue 队列的构造方法类似，源码如下。

```
// 此处代码省略
public class PriorityBlockingQueue<E>
  extends AbstractQueue<E> implements BlockingQueue<E>, java.io.Serializable {
  // 此处代码省略
  // 默认的构造方法，这是队列没有设置的公共比较器
  // 队列初始化容量为 11（DEFAULT_INITIAL_CAPACITY 常量决定）
  public PriorityBlockingQueue() { this(DEFAULT_INITIAL_CAPACITY, null); }
  // 在使用该构造方法初始化对象时，
```

```
    // 队列没有设置公共的比较器，但是可以传入一个初始化的容量值
    // 该初始化容量值应该大于或等于 1，否则会抛出异常
    public PriorityBlockingQueue(int initialCapacity) { this(initialCapacity, null); }
    // 以上两个构造方法，实际上都是对这个构造方法的调用，可以设置公共的比较器及队列的初始化容量值
    public PriorityBlockingQueue(int initialCapacity, Comparator<? super E>
comparator) {
      if (initialCapacity < 1) { throw new IllegalArgumentException(); }
      this.comparator = comparator;
      this.queue = new Object[Math.max(1, initialCapacity)];
    }
    // 此处代码省略
  }
  // 此处代码省略
```

以上 3 个构造方法都很简单，第 4 个构造方法 PriorityBlockingQueue(Collection<? extends E> c)会参考一个外部集合完成 PriorityBlockingQueue 队列的实例化，这个被参考的外部集合不能为 null。

```
  // 此处代码省略
  public PriorityBlockingQueue(Collection<? extends E> c) {
    // 如果该变量为 true，则说明在代码执行后，并不知道当前传入队列中的数据对象是否是有序的
    boolean heapify = true;
    // 如果该变量为 true，则说明经过处理逻辑，并不能排除当前队列中的数据对象没有为 null 的情况，
    // 所以需要进行排查
    boolean screen = true;
    // 如果条件成立，则说明源集合中的数据对象是有序的，
    // 尝试获取 SortedSet 集合中可能存在的排序器
    if (c instanceof SortedSet<?>) {
      SortedSet<? extends E> ss = (SortedSet<? extends E>) c;
      this.comparator = (Comparator<? super E>) ss.comparator();
      heapify = false;
    }
    // 如果条件成立，说明源集合是一个 PriorityBlockingQueue 队列，
    // 那么源集合中可能存在的排序器是新的 PriorityBlockingQueue 队列的排序器
    else if (c instanceof PriorityBlockingQueue<?>) {
      PriorityBlockingQueue<? extends E> pq = (PriorityBlockingQueue<? extends E>) c;
      this.comparator = (Comparator<? super E>) pq.comparator();
      // 不需要进行数据对象为 null 的排除操作
      screen = false;
      // 如果这个判定条件成立，则说明当前的源集合 c 完全匹配 PriorityBlockingQueue 队列
      // 这是多余的判定吗？显然不是
      // 例如，如果源集合 c 是 PriorityBlockingQueue 队列的子类对象，那么这个判定结果为 false
      if (pq.getClass() == PriorityBlockingQueue.class) { heapify = false; }
    }
    // 源集合 c 不能为 null，否则这里会报错
```

```
    // 数组 es 记录了源集合 c 中的数据对象
    Object[] es = c.toArray();
    int n = es.length;
    // 如果数组 es 不是一个一维数组，那么这里的操作可以将其转换为一维数组
    if (es.getClass() != Object[].class) { es = Arrays.copyOf(es, n, Object[].class); }
    // ==========接下来开始进行数据对象的清理工作
    if (screen && (n == 1 || this.comparator != null)) {
      for (Object e : es) {
        if (e == null) { throw new NullPointerException(); }
      }
    }
    this.queue = ensureNonEmpty(es);
    this.size = n;
    // 如果装入当前 PriorityBlockingQueue 队列的数据对象数组需要被重新排列，
    // 则使用该方法进行小顶堆排序
    if (heapify) { heapify(); }
  }
  // 此处代码省略
```

9.5.3 PriorityBlockingQueue 队列的扩容过程

PriorityBlockingQueue 队列和 PriorityQueue 队列的扩容过程是类似的，但由于 PriorityBlockingQueue 队列工作在多线程高并发场景中，因此对其扩容操作进行了有针对性的优化。PriorityBlockingQueue 队列中关于扩容操作的源码如下。

```
// 此处代码省略
private void tryGrow(Object[] array, int oldCap) {
  // tryGrow()方法主要由 offer(E)方法进行调用
  // 调用 tryGrow()方法的第一个操作是释放当前线程获取的锁操作权
  // 改用 CAS 思想进行扩容操作
  lock.unlock();
  // 该变量主要用于判定当前线程是否进行了实际的扩容操作
  Object[] newArray = null;
  // 从 JDK 9 开始，该判断条件变成了现在的语句，
  // 实际上和之前版本中使用 UNSAFE.compareAndSwapInt()方法的目的一致：
  // 将 allocationSpinLock 属性的值设置为 1，
  // 保证成功设置 allocationSpinLock 为 1 的线程能进行真正的扩容操作
  if (allocationSpinLock == 0 && ALLOCATIONSPINLOCK.compareAndSet(this, 0, 1)) {
    try {
      // 实际的扩容逻辑和 PriorityQueue 队列的扩容逻辑一致：
      // 如果原始容量值小于 64，那么进行双倍扩容操作（实际上是双倍容量值+2）
      // 如果原始容量值大于 64，那么进行 50%的扩容操作
      int newCap = oldCap + ((oldCap < 64) ? (oldCap + 2) : (oldCap >> 1));
```

```
        // 如果条件成立，说明在进行扩容操作后，新的容量值已经超过了容量上限，
        // 那么将最大允许的容量作为新的容量
        if (newCap - MAX_ARRAY_SIZE > 0) {
          int minCap = oldCap + 1;
          if (minCap < 0 || minCap > MAX_ARRAY_SIZE) { throw new OutOfMemoryError(); }
          newCap = MAX_ARRAY_SIZE;
        }
        // 基于扩容后的新容量初始化一个数组
        // 这个数组会在随后的操作中替换掉当前队列正在使用的 queue 数组
        if (newCap > oldCap && queue == array) {
          newArray = new Object[newCap];
        }
      } finally {
        // 在操作完成后，将 allocationSpinLock 属性的值设置为 0，
        // 以便进行下一次扩容操作
        allocationSpinLock = 0;
      }
    }
    // 如果条件成立，则说明当前操作线程没有获得进行扩容操作的实际操作权
    // 这时让当前线程让出 CPU 资源（传统意义上讲的降低优先级），
    // 从而保证完成实际扩容操作的线程能够随后抢占到锁操作权
    if (newArray == null) { Thread.yield(); }
    lock.lock();
    // 进行实际的扩容操作——进行数组拷贝
    if (newArray != null && queue == array) {
      queue = newArray;
      System.arraycopy(array, 0, newArray, 0, oldCap);
    }
  }
// 此处代码省略
```

扩容操作的发生条件是一种极端场景：队列中用于存储数据对象的 queue 数组不再够用，并且通常由队列的生产者线程发起扩容操作。在这种场景中，扩容操作者会通过整个对象共享的可重入锁获取操作权，但实际上扩容操作只对数据对象添加操作有影响，对 PriorityBlockingQueue 队列的数据对象读取操作并没有影响。

在进行扩容操作时，需要其他消费者线程继续从队列中取出数据对象，所以扩容操作释放了可重入锁的操作权。但这又引来一个新问题：可能有多个生产者线程同时调用扩容请求，而扩容请求不能重复操作，否则容易造成 queue 数组（队列容量上限）的数值错误。

为了避免这个问题，PriorityBlockingQueue 队列改用保证原子性的控制来保证同一时间只有一个扩容请求得到实际操作，其他扩容操作请求保持自旋，直到扩容操作结束。关键属性为扩容方法中使用的 allocationSpinLock 属性。

9.5.4 PriorityBlockingQueue 队列的典型操作方法

在 PriorityBlockingQueue 队列中，大部分关于队列的读/写操作的设计思路是在原有 PriorityQueue 队列操作的设计思路上，增加基于 ReentrantLock 类在高并发场景中的安全性控制，并且使用 Condition 控制处理线程间的同步与互斥。下面对一些典型方法进行简要介绍，以便帮助读者理解。

1．take()方法负责的出队操作

PriorityBlockingQueue 队列可以使用 take()方法从队列中移除数据对象，并且这个数据对象一定位于小顶堆的顶部。如果使用 take()方法没有获得队列中的数据对象，则当前调用 take()方法的线程（一般是消费者线程）会进入阻塞状态，直到获得数据对象或收到 interrupt 中断信号。具体的处理过程如下。

```
// 通过该方法在保证线程安全性的前提下,
// 从小顶堆的顶部移除数据对象，如果没有移除，那么当前调用该方法的线程会进入阻塞状态
public E take() throws InterruptedException {
  // 只有获得了资源的独占操作权，才能继续执行
  final ReentrantLock lock = this.lock;
  lock.lockInterruptibly();
  E result;
  // 通过 while 循环的方式，连续移除数据对象
  // 如果没有获得数据对象，则进入阻塞状态，直到其他生产者线程将其唤醒
  try {
    while ( (result = dequeue()) == null) {
      notEmpty.await();
    }
  } finally {
    // 最终都要释放资源的独占操作权
    lock.unlock();
  }
  return result;
}
```

2．offer()方法负责的入队操作

操作者可以使用 offer()方法，在保证线程安全性的前提下，将数据对象放入 PriorityBlockingQueue 队列。实际上该方法是很多方法的封装，如 PriorityBlockingQueue 队列中的 add()方法、put()方法的内部都会对 offer()方法进行调用。

在生产者/消费者模式下，只有生产者线程才会调用 offer()方法或类似方法，所以这种

方法内部无须通过 await()方法或类似方法进行阻塞，其工作前提是，使用 lock()方法获得资源的独占操作权即可进行工作。offer()方法内部的逻辑源码如下。

```
public boolean offer(E e) {
  // 添加的数据对象不能为 null
  if (e == null) {throw new NullPointerException();}
  // 只有当前线程使用 lock()方法获取了资源独占操作权，才能继续执行
  final ReentrantLock lock = this.lock;
  lock.lock();
  int n, cap;
  Object[] es;
  // 如果条件成立，则需要进行扩容操作，扩容操作前面已经介绍过，这里不再赘述
  while ((n = size) >= (cap = (es = queue).length)) {
    tryGrow(es, cap);
  }
  // 正式的添加过程从这里开始，分为两种情况：
  // 一种情况是通过队列设置的 Comparator 接口进行入队和比较操作
  // 另一种是通过数据对象自身实现的 Comparable 接口进行入队和比较操作
  try {
    final Comparator<? super E> cmp;
    if ((cmp = comparator) == null) { siftUpComparable(n, e, es); }
    else { siftUpUsingComparator(n, e, es, cmp); }
    size = n + 1;
    // 向可能因为 await()方法或类似方法而阻塞的消费者线程发出通知，
    // 以便消费者线程可以将数据对象取走
    notEmpty.signal();
  } finally {
    lock.unlock();
  }
  return true;
}
```

3. 使用 size()方法获取队列中的数据对象总量

在 PriorityBlockingQueue 队列中，还需要保证用于读取队列中数据对象总量的 size()方法的线程安全性，源码如下。

```
// 只有获得了资源独占操作权，才能返回 size 属性的值
public int size() {
  final ReentrantLock lock = this.lock;
  lock.lock();
  try { return size;}
  finally { lock.unlock(); }
}
```

9.6 Queue 集合实现——DelayQueue

DelayQueue 队列是 JUC 中另一个重要的队列，其主要作用是保证消费者线程和生产者线程在交换数据对象时产生一个使用者要求的时间差。具体来说就是数据对象在被放入 DelayQueue 队列后，在没有达到指定的时间前不会离开队列被消费者线程获得。

DelayQueue 队列主要应用于有延迟处理需求的场景中。例如，根据业务逻辑需要暂停当前的业务处理过程，让处理过程在 10 分钟后继续执行，但是不能一直占用一个工作线程（因为工作线程是有限的）；在这种情况下，可以将当前处理过程的业务数据描述成一个对象并将其放入 DelayQueue 队列，然后将工作线程交还业务线程池（以便处理另一个业务）；在到达延迟等待时间后，由 DelayQueue 队列的消费者线程将其重新放入业务线程池继续执行。DelayQueue 队列的基本继承体系如图 9-31 所示。

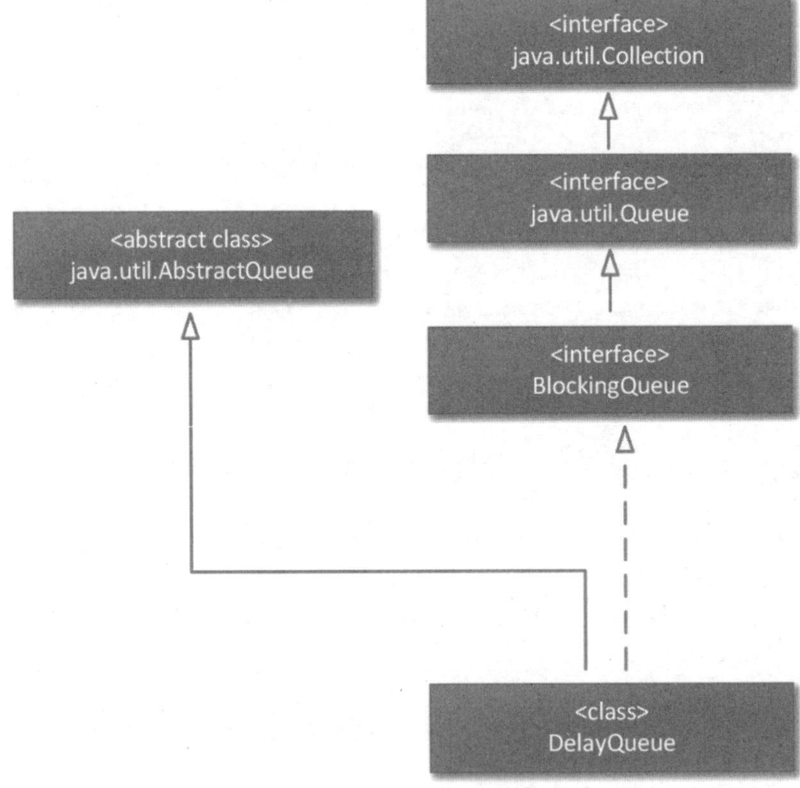

图 9-31

9.6.1　java.util.concurrent.Delayed 接口与基本使用方法

要放入 DelayQueue 队列的数据对象，必须实现 Delayed 接口，这个接口主要规定了进入 DelayQueue 队列的数据对象需要有怎样的阻塞等待逻辑。DelayQueue 队列的使用示例代码如下。

```
// 程序员需要进入 DelayQueue 队列的节点信息
public static class YourInfoNode implements Delayed {
  // 输出的业务信息
  private String message;
  // 从进入队列开始计时，在等待多久后离开队列(单位：秒)
  private int waitSecond = 0;
  // 到期时间(单位：毫秒)
  private long expireTime;
  public YourInfoNode(int waitSecond , String message) {
    this.waitSecond = waitSecond;
    this.message = message;
    // 注意这里时间转换的方式
    expireTime = System.currentTimeMillis()
        + TimeUnit.MILLISECONDS.convert(waitSecond, TimeUnit.SECONDS);
  }
  // 该方法主要用于将当前操作节点和 DelayQueue 队列中的另一个节点进行权值比较
  // 返回值为离开 DelayQueue 队列的优先级，优先级越低返回值越大
  @Override
  public int compareTo(Delayed target) {
    if(!(target instanceof YourInfoNode)) {
      throw new IllegalArgumentException("错误的队列节点类型");
    }
    // 返回值越小，说明当前节点拥有的离开队列的优先级越高
    return this.waitSecond - ((YourInfoNode)target).waitSecond;
  }
  // 该方法主要用于返回在当前时间点，该数据对象还需要多少时间才能离开队列(默认为微秒)
  // 如果返回值为负数或 0，则说明当前数据对象可以离开队列了
  @Override
  public long getDelay(TimeUnit unit) {
    long currentTimeMillis = System.currentTimeMillis();
    return unit.convert(this.expireTime - currentTimeMillis,
TimeUnit.MILLISECONDS);
  }
}

// 该类充当 DelayQueue 队列中数据对象的消费者线程
public static class ConsumerRunnable implements Runnable {
```

```
    private DelayQueue<YourInfoNode> delayQueue;
    public ConsumerRunnable(DelayQueue<YourInfoNode> delayQueue) {
      this.delayQueue = delayQueue;
    }

    @Override
    public void run() {
      // 每一个消费者线程都一直接收 delayQueue 队列中的数据对象并显示 message 输出信息
      for(;;) {
        try {
          YourInfoNode info = this.delayQueue.take();
          System.out.println("info = " + info.message);
        } catch (InterruptedException e) {
          e.printStackTrace(System.out);
        }
      }
    }
  }

  public static void main(String[] args) {
    DelayQueue<YourInfoNode> delayQueue = new DelayQueue<>();
    // 首先为 DelayQueue 队列准备一个消费者线程
    Thread consumerThread = new Thread(new ConsumerRunnable(delayQueue));
    consumerThread.start();
    // 接着无序地放入一些数据对象
    delayQueue.add(new YourInfoNode(20, "我等待了 20 秒"));
    delayQueue.add(new YourInfoNode(5, "我等待了 5 秒"));
    delayQueue.add(new YourInfoNode(10, "我等待了 10 秒"));
    delayQueue.add(new YourInfoNode(70, "我等待了 70 秒"));
    delayQueue.add(new YourInfoNode(40, "我等待了 40 秒"));
    delayQueue.add(new YourInfoNode(90, "我等待了 90 秒"));
    delayQueue.add(new YourInfoNode(50, "我等待了 50 秒"));
  }
```

以上示例代码的输出结果如下。

```
info = 我等待了 5 秒
info = 我等待了 10 秒
info = 我等待了 20 秒
info = 我等待了 40 秒
info = 我等待了 50 秒
info = 我等待了 70 秒
info = 我等待了 90 秒
```

9.6.2　DelayQueue 队列的主要属性和构造方法

DelayQueue 队列内部使用 ReentrantLock 对象保证多线程在高并发场景中的运行稳定性，并且使用上面介绍的 PriorityQueue 队列的处理方式对数据对象进行排序（实际上是直接使用 PriorityQueue 队列）：只将最近要移出队列的数据对象放在小顶堆的顶部，可以明显提高 DelayQueue 队列的工作性能。DelayQueue 队列中的主要属性如下。

```
public class DelayQueue<E extends Delayed> extends AbstractQueue<E>
  implements BlockingQueue<E> {
  // 此处代码省略
  // 使用 ReentrantLock 对象保证多线程在高并发场景中的运行稳定性
  private final transient ReentrantLock lock = new ReentrantLock();
  // 使用 PriorityQueue 队列保证数据对象的排列顺序
  private final PriorityQueue<E> q = new PriorityQueue<E>();
  // 这是一种简易的主从模式实现，
  // 这个 leader 消费者线程（主消费者线程）主要用于等待小顶堆中第一个数据对象离开队列
  // 这个属性很有意思，在后续讲解 DelayQueue 队列如何工作时，会进行详细说明
  private Thread leader;
  // 基于 ReentrantLock 对象工作的 Condition 控制对象
  private final Condition available = lock.newCondition();
  // 此处代码省略
}
```

DelayQueue 队列内部使用 PriorityQueue 队列作为真实的数据对象存储结构，所以 DelayQueue 队列内部封装使用了一个小顶堆结构，通过 Delayed 接口中实现的 compareTo(Delayed)方法进行判定，越早离开队列的数据对象越靠近堆的根节点，如图 9-32 所示。

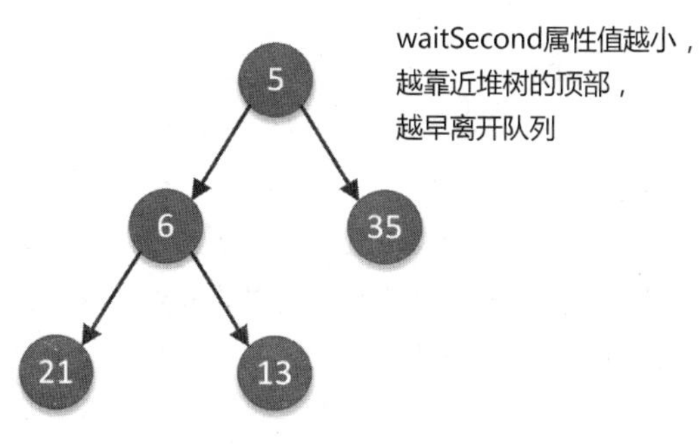

图 9-32

leader 属性记录了一个因为执行 take()方法或 poll()方法而进入阻塞状态的线程，当移除数据对象或添加数据对象的时机来临时，该线程会优先退出阻塞状态并继续执行。此外，

该线程作为 leader 消费者线程，对其他因为执行 take()方法或 poll()方法而阻塞的线程负有通知义务。

最后，由于 DelayQueue 队列内部使用 PriorityQueue 队列作为真实的数据对象存储结构，所以它的构造方法完全依托 PriorityQueue 队列进行封装，其源码非常简单，具体如下。

```
  // DelayQueue 队列一共有两个构造方法
  public class DelayQueue<E extends Delayed> extends AbstractQueue<E> implements
BlockingQueue<E> {
    // 此处代码省略
    // 默认的构造方法
    public DelayQueue() {}
    // 使用一个外部集合进行初始化
    public DelayQueue(Collection<? extends E> c) {
      this.addAll(c);
    }
    // 此处代码省略
  }
```

9.6.3 DelayQueue 队列的主要工作过程

1. DelayQueue 队列中的 take()方法

当消费者线程需要移除队列中的数据对象时，可以使用 take()方法移除数据对象。程序员必须知道 take()方法的以下几个工作要点。

- 由于 DelayQueue 队列内部使用了小顶堆结构，因此使用 take()方法获得的数据对象都是堆的根节点上权值最小的节点。节点的权值大小比较结果，通过节点实现的 compareTo()方法的返回值作为依据。
- 由于 DelayQueue 队列内部使用了小顶堆结构，因此多个消费者线程只能从堆的顶部移除数据对象，不存在 *N* 个消费者线程同时从小顶堆中 *N* 个不同位置取得 *N* 个不同数据对象的常规使用方法。
- 由于 DelayQueue 队列中的节点具有延迟性，因此虽然当前 DelayQueue 队列中只有一个数据对象，但如果该数据对象所实现的 getDelay()方法返回了一个正整数，则说明延迟时间还没有到，这时调用 take()方法的消费者线程仍然不会获得任何数据对象，还会继续阻塞等待。

```
  public E take() throws InterruptedException {
    final ReentrantLock lock = this.lock;
    lock.lockInterruptibly();
    try {
```

```
  // 一个基于 CAS 的乐观锁实现
  for (;;) {
    // 在获得独占操作权后，取得当前队列中的第一个数据对象
    // 这个数据对象是在进行权值比较后，放置在小顶堆顶部的节点
    E first = q.peek();
    // 如果没有这样的节点，那么当前进行数据对象移除操作的线程会进入阻塞状态，直到被通知退出阻塞状态
    if (first == null) {available.await();}
    // 否则进行出队操作
    else {
      // 出队操作也存在两种场景
      // 场景一，如果使用 first 节点的 getDelay() 方法获取一个负数或 0，
      // 则说明可以直接出队
      long delay = first.getDelay(NANOSECONDS);
      if (delay <= 0L) {return q.poll();}

      // 场景二，如果使用 first 节点的 getDelay() 方法获取一个正数，
      // 则说明当前顶部节点还没有达到应该出队的时间，还需要继续阻塞等待
      // 如果要进行阻塞等待，就需要将 first 属性值设置为 null，因为在阻塞过程中，小顶堆顶部可能变化
      first = null;
      // 如果当前队列设置了主要的出队消费者线程，那么该线程会一直阻塞，
      // 以便让 leader 消费者线程继续处理出队逻辑
      if (leader != null) {available.await();}
      // 如果当前队列中还没有 leader 消费者线程，则将该线程设置为 leader 消费者线程
      // 从而避免在阻塞过程中，发生 leader 消费者线程的切换
      else {
        Thread thisThread = Thread.currentThread();
        leader = thisThread;
        // leader 消费者线程阻塞等待的时间，就是该节点的 getDelay() 方法返回的纳秒数
        // 在阻塞结束后，将 leader 消费者线程设置为 null，并且进行下一次 for 循环重试
        try {
          available.awaitNanos(delay);
        } finally {
          if (leader == thisThread) {leader = null;}
        }
      }
    }
  }
} finally {
  // 注意：在释放操作权前，发现当前队列中没有设置 leader 消费者线程，并且队列中存在数据对象
  // 引起这种情况的场景，可能是因为 leader 消费线程出现了问题（如收到 interrupt 中断信号）
  // 需要发送 signal 信号，让另一个消费者线程接管数据对象移除工作
  if (leader == null && q.peek() != null) {available.signal();}
```

```
        lock.unlock();
    }
}
```

为什么会有一个记录主消费者线程的 leader 属性（也可以称为前导线程）呢？要说清楚这个问题，需要先查看以下示意图，如图 9-33 所示（注意：该示意图使用降维后的数组表示小顶堆）。

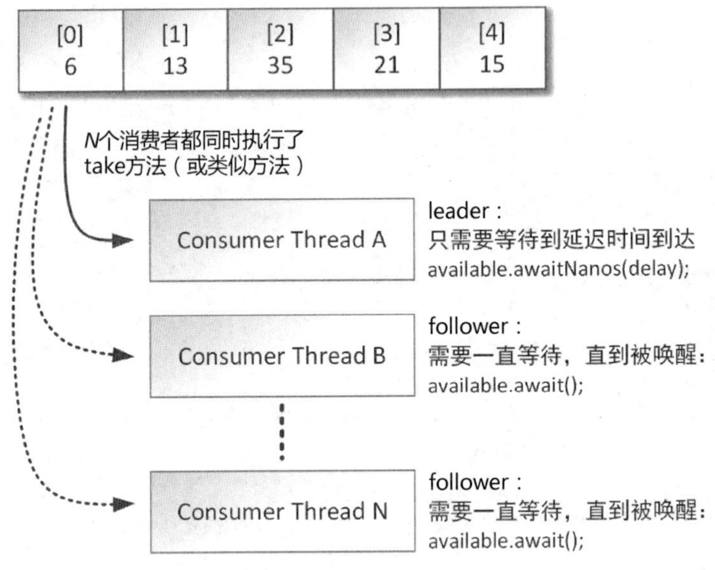

图 9-33

前面已经提到，由于 DelayQueue 队列工作在多线程高并发场景中，因此同一时间会有多个消费者线程调用 take()方法，而 take()方法遵循同一个工作准则，无论有多少个消费者线程调用，都只允许数据对象从堆顶移除。

依据这样的原则，即使有多个消费者线程同时调用 take()方法，也只有一个消费者线程最终移除数据对象。这个最终被允许移除数据对象的消费者线程就是 leader 消费者线程；而其他消费者线程就是 follower 消费者线程（备份消费者线程）。这种逻辑控制方式显然能避免真实移除数据对象的消费者线程频繁切换，从而保证业务逻辑的可理解性。

leader 消费者线程在数据对象没有达到出队时间（getDelay()方法返回的一个正数 x）前，也会进入阻塞状态，只不过它只会设置最大阻塞时间为出队时间 x，而不会像 follower 消费者线程一样会一直阻塞下去。

如果 leader 消费线程出现异常，如收到 interrupt 中断信号，那么 take()方法会激活一个 follower 消费者线程进行替换。

2. DelayQueue 队列中的 offer()方法

DelayQueue 队列中的 offer()方法是 DelayQueue 队列中多种数据对象添加方法（add()方法、put()方法）所依赖的实际工作方法，主要用于将一个不为 null 的数据对象添加到队列中，并且管理这些数据对象在队列中的排序位置。该方法的源码如下。

```
// 该方法将指定的数据对象放入 DelayQueue 队列，并且保证排序正确
public boolean offer(E e) {
  // 使用可重入锁控制并发场景中的安全性
  // 只有在通过 lock 获取资源的独占操作权后，才能继续执行 lock()方法后的代码
  final ReentrantLock lock = this.lock;
  lock.lock();
  try {
    // 将数据对象放入内部的 PriorityQueue 队列中
    // 这些数据对象会根据其实现的 compareTo()方法，决定在堆中的排序位置
    q.offer(e);
    // 如果当前添加到 PriorityQueue 队列中的数据对象被放置到了堆顶，
    // 则取消可能存在的 leader 消费者线程标识设置，并且向 follower 消费者线程发送激活信号
    if (q.peek() == e) {
      leader = null;
      available.signal();
    }
    return true;
  } finally {
    // 在处理完成后，释放资源的独占操作权
    lock.unlock();
  }
}
```

需要注意的是，一旦某个数据对象通过 offer()方法或类似方法被放入了 DelayQueue 队列，并且这个数据对象占据了小顶堆的堆顶，那么之前的 leader 消费者线程的标识设置就没有意义了，并且需要立即发出一个 signal 信号，以便阻塞的消费者线程能立即开始处理这个新的堆顶数据对象。

第 10 章

高并发场景中的集合总结

10.1 还有哪些高并发场景中的常用集合没有被提及

由于篇幅所限，本书不能一一概括 JUC 中的所有集合，下面对 Java 中的其他原生集合进行补充说明。

- SynchronousQueue 队列：这是一个内部只能存储一个数据对象的阻塞队列，很明显它也是一个有界队列。该队列最显著的工作特点是，一个调用者在向该队列中放入一个数据对象后，会进入阻塞状态，直到另一个调用者将队列中的这个数据对象取出；如果一个调用者需要从该队列中取出一个数据对象，但该队列中恰好没有数据对象，那么该调用者也会进入阻塞状态，直到另一个调用者向该队列中放入一个数据对象为止。总而言之，就是向队列中放入数据对象的生产者线程和从队列中取出数据对象的消费者线程要成对出现。
- ConcurrentLinkedQueue 队列：和 LinkedBlockingQueue 队列相比，这也是一种内部基于链表的，可以在有高并发场景中使用的容量无界的、具有先进先出工作特点的队列。但它不是一种阻塞队列，其内部主要使用基于 CAS 的乐观锁进行实现。
- LinkedBlockingDeque 队列：该队列覆盖了 LinkedBlockingQueue 队列提供的功能，并且在此基础上增加了双端队列的工作特点，甚至其内部的实现原理也借鉴了 LinkedBlockingQueue 队列内部的实现原理，如主要使用基于 AQS 的悲观锁进行实现。两种队列在设计细节上还是有所区别的。例如，LinkedBlockingDeque 双端队列内部只有一把锁，该锁可以同时对读/写操作进行互斥控制，并且通过两个独立的 Condition 控制器对读/写操作线程进行同步控制。

10.2　典型集合对应关系对比

Java 提供的典型原生集合（List 集合、Map 集合、Set 集合）一般可以在 JUC 中找到对应的支持高并发场景的集合（但也并不是必然能找到），其对应关系如表 10-1 所示。

表 10-1

原生 JCF 集合	原生 JUC 集合	内部结构是否一致	备注说明
ArrayList	CopyOnWriteArrayList	一致	
Vector Stack LinkedList ArrayDeque	ConcurrentLinkedDeque	不一致	Vector、Stack、LinkedList 三种集合具有演进关系
HashMap	ConcurrentHashMap	一致	
LinkedHashMap	无	—	虽然原生 JUC 中并没有提供与之对应的支持高并发场景的集合，但是在一些常用的第三方工具中，提供了这样的集合，如 Google 提供的工具包中的 ConcurrentLinkedHashMap 集合
TreeMap	ConcurrentSkipListMap	不一致	ConcurrentSkipListMap 集合的内部结构是一种基于查找树结构的跳跃表结构
HashSet	CopyOnWriteArraySet	不一致	这两种由 Java 提供的原生集合，在使用层面上具有互补性，但其内部结构完全不同
LinkedHashSet	无	—	—
TreeSet	ConcurrentSkipListSet	不一致	ConcurrentSkipListSet 集合的内部结构仍然是跳跃表
PriorityQueue	PriorityBlockingQueue	一致	两种场景互补的集合，内部结构都为小顶堆

10.3　高并发场景中的集合可借鉴的设计思想

根据本书对 JUC 中的集合（包括 Queue 集合、Deque 集合、Map 集合、List 集合、Set 集合等）进行的介绍可知，Java 提供的工作在高并发场景中的原生集合的性能并不是在任何使用场景中都是最好的。这一点在各种常用的 Queue/ Deque 集合中表现得尤其明显。一些第三方组织或公司通常需要根据自己的性能要求，基于 Java 提供的保证线程安全的基本要素，重新设计所需的集合。此外，这些第三方组织或公司会公布一些已经成熟、稳定的集合供程序员使用。

不过 JUC 提供的集合在大部分高并发场景中已足够稳定，并且适合运行在大部分高并发场景中。其反映出来的设计思路具有通用性，读者可以在掌握了原子性、可见性和有序性的保障要领、解决并发冲突的战术技巧后，改良现有的集合，或者重新设计新的适合工作在更高并发场景中的集合。

10.3.1 使用 JUC 提供的基本要素保证线程安全性

要保证线程安全性，至少需要保证三方面的要求：对内存可见性的要求，对执行有序性的要求、对操作原子性的要求。在保证了线程安全性在这三方面的要求后，即可根据工作场景提高工作性能，主要的设计思路包括寻找平均时间复杂度更低的操作方式，寻找减少线程间不必要协作（互斥与同步）的方式，寻找具有更优线程操作平衡性的方式，等等。

下面讲解 JUC 提供的集合如何解决线程安全性问题。实际上 JUC 提供了两种解决线程安全性问题的方法，这个在本书中多次提及。一种方法是基于悲观锁思想的 AQS 技术（注意 AQS 底层也是基于 CAS 技术进行实现的），另一种方法是基于乐观锁思想的 CAS 技术。这两种技术在 JUC 提供的各种集合中都有体现。

如果使用 AQS 技术保证线程安全性，那么集合内部无须分别针对有序性、原子性、可见性进行单独处理，因为 AQS 技术本身已经将资源的操作权单一化，所以基于 AQS 技术工作的高并发集合的关键共享属性不会单独使用 volatile 修饰符进行修饰，也不会独立调用任何 CAS 执行工具，其核心逻辑的处理过程相对简单。这种集合有 ArrayBlockingQueue 队列、LinkedBlockingQueue 队列、PriorityBlockingQueue 队列、DelayQueue 队列、CopyOnWriteArrayList 集合等。

AQS 技术为上层的程序员屏蔽了更多线程安全性问题的处理细节，可以让程序员专注于对所需业务的处理工作，而不用关注如何保证线程安全性的特定要素。对于实现乐观锁思想的 CAS 技术，需要程序员自行分析和解决编码过程中保证线程安全性的三大问题，这主要是因为 CAS 技术只能保证操作的原子性，无法保证内存可见性和执行的有序性。而程序员能够观察到的效果是，那些直接基于 CAS 技术工作的集合，其主要的共享属性都需要自行使用 volatile 修饰符进行修饰，并且需要随时考虑处理过程中无序操作的边缘性问题。这种集合有 TransferQueue 队列、ConcurrentHashMap 集合（一部分场景）、ConcurrentSkipListMap 集合等。

注意并发性能非常好的 ConcurrentSkipListMap 集合的实现，虽然本书没有介绍该集合。ConcurrentSkipListMap 集合主要使用基于 CAS 技术的乐观锁实现，通过观察该集合在 JDK 9+中的实现可以发现，该集合的关键属性并没有使用 volatile 修饰符进行修饰。那么 ConcurrentSkipListMap 集合如何保证线程安全性呢？

前面介绍过，volatile 修饰符的底层技术是内存屏障，内存屏障可以保证数据对象的可见性和有序性。为了提高性能，在 JDK 9+中，Java 直接在 VarHandle 变量句柄工具类中封装了内存屏障（组合）指令，程序员可以直接使用特定的内存屏障（组合）指令，用于保证只增加符合执行要求的最小内存屏障。ConcurrentSkipListMap 集合进行数据对象添加操作的示例代码如下。

```
// 该方法主要用于在 ConcurrentSkipListMap 集合中添加数据对象
private V doPut(K key, V value, boolean onlyIfAbsent) {
  if (key == null) {throw new NullPointerException();}
  Comparator<? super K> cmp = comparator;
  for (;;) {
    Index<K,V> h; Node<K,V> b;
    // 获取内存屏障,
    // 保证在内存屏障之后的任意读/写操作的后续读/写操作不会被重排到当前内存屏障之前的读操作的前面
    VarHandle.acquireFence();
    // 此处代码省略
  }
}
```

10.3.2 通过复合手段保证多场景中的性能平衡性

在保证线程安全性的前提下，JUC 中的集合是如何解决特定场景中的处理性能问题的？可以这样说，乐观锁设计思想和悲观锁设计思想在实现某个集合的多种功能时，通常不是单独存在的，通常以一种设计思想为主，以另一种设计思想为辅进行实现。

典型的例子可以参考 PriorityBlockingQueue 队列的扩容问题。PriorityBlockingQueue 队列主要基于 AQS 技术实现高并发场景，当操作线程要对 PriorityBlockingQueue 队列进行读/写操作时，首先需要获得 PriorityBlockingQueue 队列的独占操作权。在对该集合内部的堆进行扩容操作时，会出现两个问题，首先堆的扩容操作花费的时间较长，如果所有线程全部阻塞等待，则会使所有线程的阻塞时间明显变长，导致不必要的性能损耗；其次堆的扩容操作不需要移动数据对象，因此那些因为读操作而阻塞的操作线程没有必要在扩容阶段继续阻塞下去。

那么 PriorityBlockingQueue 队列在扩容阶段放弃了使用基于 AQS 技术的悲观锁处理方法，释放掉了当前进行扩容操作的线程拥有的独占操作权，转而使用保证原子性的 CAS 技术完成扩容操作。使用 CAS 技术完成扩容操作还有一个好处，就是可以顺带解决重复扩容的问题：由于释放掉了当前进行扩容操作的线程拥有的独占操作权，因此可能造成多个写操作线程同时进入扩容过程，但没有关系，因为只有正确操作了 allocationSpinLock 属性的线程，才能真正完成扩容操作。

这种复合手段在 ConcurrentHashMap 集合中也有应用，后者在工作中主要应用基于

CAS 技术的乐观锁对数组进行处理。例如，对数组进行数据对象添加操作，对数组进行扩容操作，对数组进行数据对象迁移操作，等等。在数组对加锁维度进行细化后，采用基于 Object Monitor 模式的悲观锁进行对象独占操作权的控制，可以使加锁操作基本保持在 JVM 对锁自旋或锁偏向的控制级别，而无须将锁升级为重量级锁（为什么使用 Object Monitor 模式而非 AQS 技术，在介绍 ConcurrentHashMap 集合时已经进行了说明，此处不再赘述）。

简单地说，一种单一的锁实现方式，并不能解决高并发场景中集合工作的全方位问题，在保证线程安全的情况下，只有针对不同的工作场景采用不同的工作模式，才能对集合的工作性能进行平衡。

10.3.3 更多提升性能的手段

1. 尽量将特定数据结构的时间复杂度降到更低

在保证了线程安全性的前提下，由 JUC 提供的集合如何从数据结构的选择层面上提高集合的性能呢？JCF 采取的方法是，尽可能采用统一的数据结构，尽可能选择时间复杂度更低的数据结构。但是由于任何数据结构在特定场景中都有缺点，因此 JCF 会通过特定的技术手段降低特定数据结构在特定场景中的时间复杂度。

Java 原生的集合结构（无论是支持高并发场景的集合，还是不支持高并发场景的集合）都有一个特点：这些集合的内部工作结构均采用时间复杂度和空间复杂度都较低的数据结构（JCF 中利用的主要数据结构包括线性表结构的数组和链表，还包括堆和红黑树），然后采用算法调整或场景限定的方式，降低特定数据结构在不擅长的场景中工作的时间复杂度，甚至将以上几种数据结构结合，使不同的数据结构负责各自擅长的工作场景。

典型例子是 ConcurrentHashMap 集合及类似的集合。ConcurrentHashMap 集合利用数组结构保证数据对象的散列分布，目的是平衡当数据量较大时的查找性能，并且在此基础上对并发操作冲突进行了第一次分散操作，从而显著降低单个桶上发生多线程操作冲突的概率。ConcurrentHashMap 集合还会尽量避免时间复杂度较高（$O(n)$）的数组遍历问题，该集合采用 Hash 值取余的方式定位数据对象的索引位，因此在进行数据读/写操作时，无须对数组进行遍历操作，最终将确定数据对象在数组中位置的时间复杂度降为 $O(1)$。

为了保证 ConcurrentHashMap 集合读/写操作性能的平衡性，该集合在数组的基础上引入了链表 + 红黑树的切换结构，链表结构进行添加操作的平均时间复杂度为 $O(n)$，因为链表结构需要进行遍历操作，但这个问题对 ConcurrentHashMap 集合的影响不大，因为如果链表过长，那么该集合会将当前桶结构转换为红黑树结构，而红黑树进行添加操作的平均时间复杂度为 $O(\log_2 n)$。

尽量将特定数据结构的时间复杂度降到更低的另一个典型例子是 LinkedTransferQueue

队列，该队列内部采用的一个单向链表结构。单向链表在进行查询操作时会进行遍历操作，因此其平均时间复杂度为 $O(n)$。但这个问题对 LinkedTransferQueue 队列的影响不深，因为通过设计，可以 LinkedTransferQueue 队列的大部分操作固定在单向链表的头部和尾部附近，从而保证该集合操作的时间复杂度趋近为 $O(1)$，如图 10-1 所示。

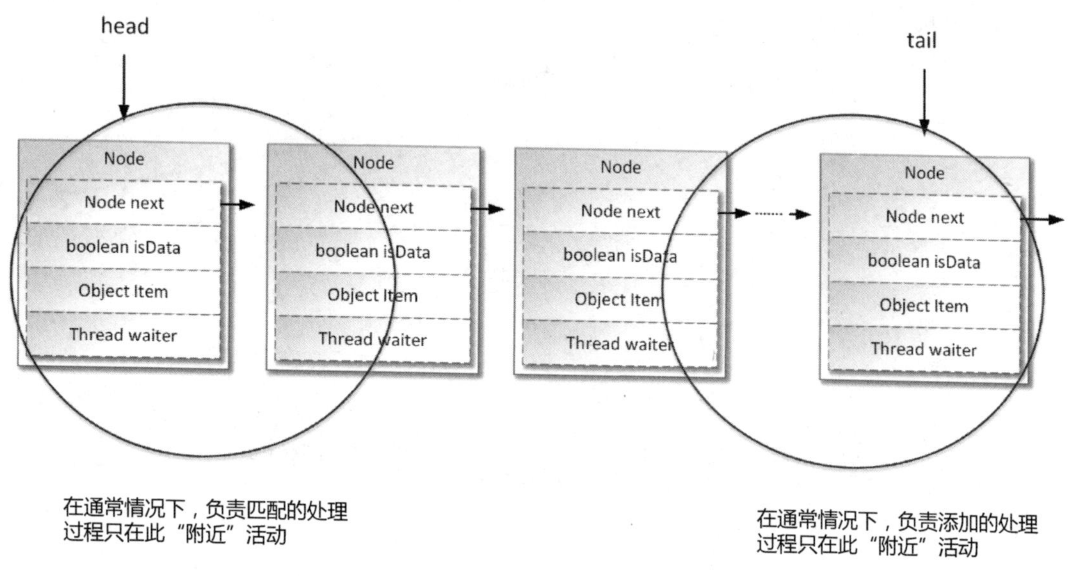

图 10-1

2．采用空间换时间的设计思想

可以采用空间换时间的思想解决集合的性能瓶颈问题，在 JUC 中有很多应用，如对 ConcurrentHashMap 集合中数据对象总量进行计数。

ConcurrentHashMap 集合采用 baseCount 基础计数属性 + CounterCell 计数盒子的复合方式完成数据对象总量的计数工作，这主要是因为在 ConcurrentHashMap 集合中，在多个线程完成数据写操作（添加数据对象或移除数据对象）后，都需要对数据对象总量计数进行修改。如果只使用 baseCount 基础计数属性进行计数，那么 baseCount 基础计数属性会成为操作瓶颈。

因此，ConcurrentHashMap 集合在 baseCount 基础计数属性的基础上引入了 CounterCell 计数盒子，进用于行高并发场景中的计数操作。工作原理如下：如果在基于 CAS 操作更新 baseCount 基础计数属性的值时发生了更新冲突，则改用 CounterCell 计数盒子进行计数操作。counterCells 计数盒子是一个数组，该数组的初始容量值为 2，最大容量值为当前进程能操作的 CPU 内核数量，并且为 2 的幂数。所有需要更新计数值的线程，会根据线程稳定的探针值，通过取余运算得到自己在 CounterCell 计数盒子上的计数索引位，从而保证不同的操作线程能够同时更新计数值。

如果某个线程在CounterCell计数盒子的某个索引位上更新计数值时仍然发生了更新冲突，则对 CounterCell 计数盒子进行扩容操作（扩容操作必须按照 2 的幂数进行），如果无法再进行扩容操作，则修改线程的探针值，对线程使用的 CounterCell 计数盒子的索引位进行调整，如图 10-2 所示。

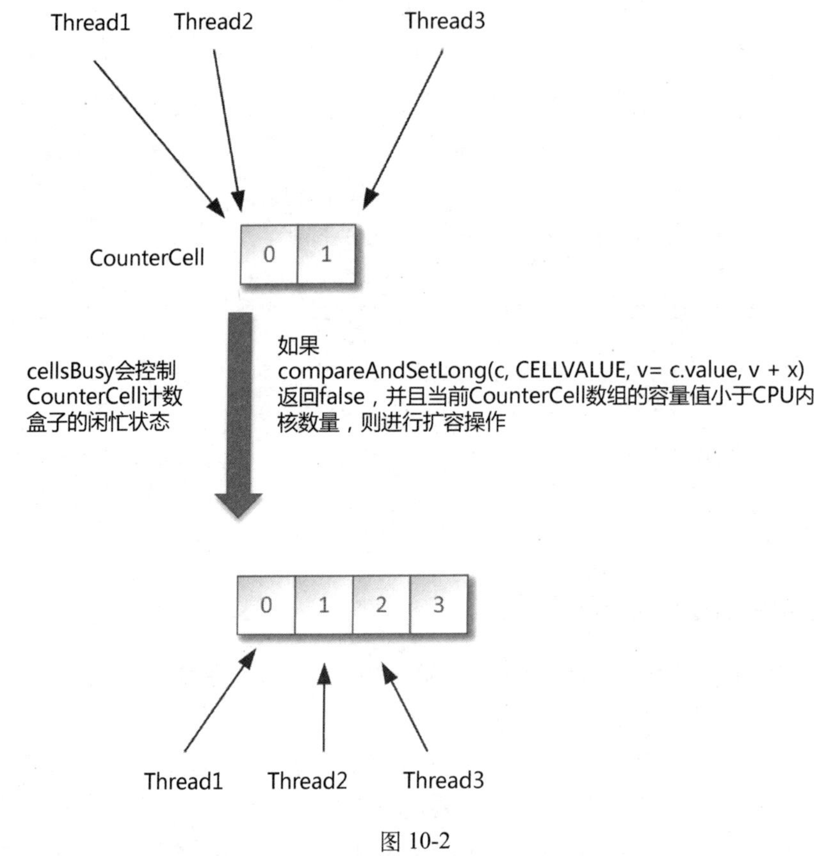

图 10-2

3. 充分利用锁的自旋而非线程切换来缓解冲突

无论是基于 CAS 技术的乐观锁，还是基于 AQS 技术的悲观锁，还是基于 Object Monitor 模式的悲观锁，在将它们应用于支持高并发场景中集合的逻辑实现时，根据源码可知，它们采用的都是利用自旋来解决资源抢占的实现技巧。这背后的理论知识是，当发生操作冲突时，**如果让线程自旋一下就可以大概率解决（或缓解）冲突，那么比让线程真正阻塞并切换上下文要高效得多**，后者的上下文切换操作在 JVM 层面、操作系统层面、硬件指令层面都要进行相应的资源调度。

自旋的应用在本书讲解的大部分支持高并发场景的集合中都有涉及，经典例子是 PriorityBlockingQueue 队列的扩容操作。为什么 PriorityBlockingQueue 队列在进行扩容操作时，主要负责扩容操作的线程会释放掉独占操作权，本书多处已经给出了解答，这里不再赘述。因为堆的数组表达形式，所以在进行扩容操作时无须进行数据对象的迁移操作（数据对象的位置不会变化），只需进行数组的复制及扩容操作。因此那些因释放独占操作权而退出阻塞状态，并且没有获得 allocationSpinLock 操作标识的写操作线程，只需进行一次自旋操作并通过“Thread.yield()”语句让出线程优先级。这个线程在下次获取独占操作权的操作中，扩容操作大概率已经完成了。

利用自旋解决（缓解）冲突的另一个例子是 LinkedTransferQueue 队列对生产者线程和消费者线程的匹配操作。在 LinkedTransferQueue 队列将当前未匹配到生产者线程或消费者线程的请求节点放入队列后，在正式阻塞掉请求节点对应的线程前，会自旋一定的时间。并且如果当前节点所处的场景不同，那么自旋的周期也不同。如果当前节点的前置节点根本就没有阻塞，或者也在进行自旋，或者没有前置节点，或者前置节点的数据状态（isData 属性）和当前节点的数据状态不一样，则表示在通常情况下，会很快轮到当前节点进行生产者线程或消费者线程的匹配了，所以当前节点所代表的线程完全没有必要真正进行阻塞，进行自旋操作更为恰当。

自旋的应用在 AQS 技术和 Condition 控制的实现中也有所体现。基于 Object Monitor 模式的悲观锁实现也涉及通过自旋优化锁性能的设计思想，这个工作特性由 JVM 自行控制。

4．充分利用多线程计算资源

对于优化高并发场景中的性能问题，还有一种显而易见的解决方法是充分利用多线程的并发特性，提供一种工作模式，让多线程能够对同一个工作进行分工协作。桶分组是经常用于线程分工协作工作中的一种方法，它的思路是将一个任务或一个问题拆分成不相干的多个细分任务或细分问题，再由不同的线程分别进行并行处理，最后将这些处理结果合并起来，从而完成原任务或解决原问题。

桶分组思想的关键在于如何控制任务粒度，如果粒度太粗、子任务太少，则可能无法完全发挥多线程的计算效能；如果粒度太细、子任务太多，则会增加大量线程上下文切换的时间。因此，如何进行桶分组，应该对计算的数据规模、进程在同一时间能利用的 CPU 内核数量进行综合考虑。

在本书介绍过的集合中，ConcurrentHashMap 集合的数据对象迁移操作就采用了桶分组的设计思想，让合理数量的线程同时参与数据对象的迁移过程，加快数据对象迁移过程完成的速度。ConcurrentHashMap 集合将一个桶分组称为一个 stride（步进），一个 stride 的长度最小为 16，也就是说，至少包括 table 数组中连续 16 个索引位上的桶结构。ConcurrentHashMap

集合还会基于当前数组长度规模（桶数量）和可利用的 CPU 内核数量对 stride 进行控制，从而保证参与数据对象迁移操作的线程数量不会太多，也不会太少，如图 10-3 所示。

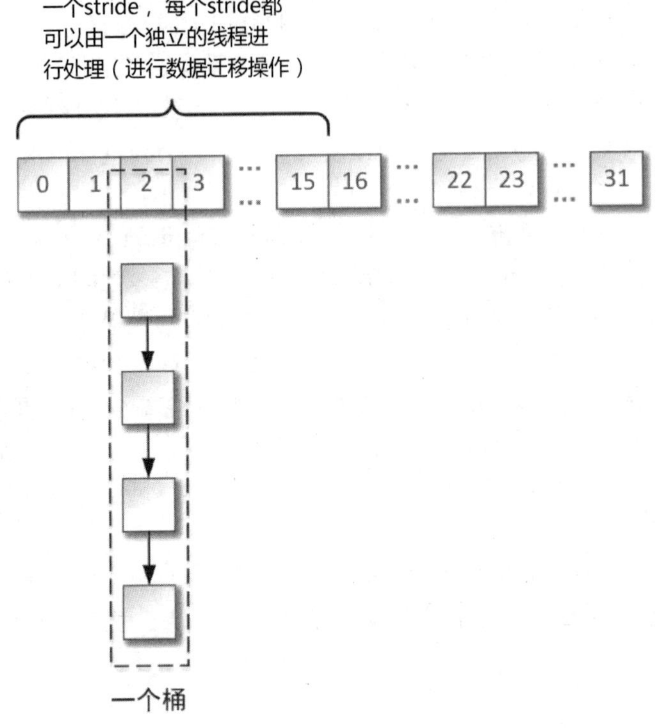

图 10-3

分组-归集的处理思想在 Java 基础包中还有一种实现，即 Fork/Join 工作框架，这是线程池的一种分类，实际上可以将其理解为单机版本的 map-reduce 工作框架，有兴趣的读者可以参考第三方资料。